新型自动气象站观测业务技术

黄思源　刘　钧　主编

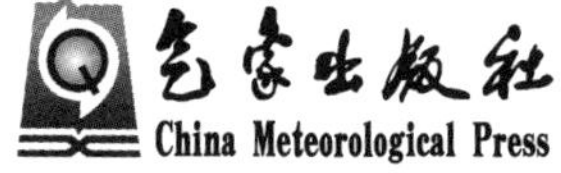

内 容 简 介

本书全面介绍了最新的地面综合气象观测业务技术，以国家级气象观测站使用的新一代集成式自动气象站为基础，以台站地面综合观测业务软件为核心，从硬件结构、软件功能、业务流程和技术保障等四个方面深入浅出地进行了系统介绍。附录提供数据文件格式、新型自动站终端指令、技术指标和数据质控规则等有关技术资料。

本书全面介绍了地面观测自动化和最新观测业务技术，适合从事地面气象观测的业务人员、管理人员、各级技术保障人员、气象仪器生产厂技术服务人员等参考，既可作为地面观测业务工作参考书，也可作为技术培训教材或教学参考资料。

图书在版编目(CIP)数据

新型自动气象站观测业务技术 / 黄思源，刘钧主编. —北京 ：气象出版社，2014.12.(2016.1 重印)

ISBN 978-7-5029-6058-2

Ⅰ. ①新… Ⅱ. ①黄… ②刘… Ⅲ. ①自动气象站—气象观测 Ⅳ. ①P415.1

中国版本图书馆 CIP 数据核字(2014)第 278132 号

Xinxing Zidong Qixiangzhan Guance Yewu Jishu

新型自动气象站观测业务技术

黄思源　刘　钧　主编

出版发行：气象出版社

地　　址：北京市海淀区中关村南大街 46 号　　**邮政编码**：100081

总 编 室：010-68407112　　**发 行 部**：010-68409198，68406961

网　　址：http：// www.qxcbs.com　　**E-mail**：qxcbs@cma.gov.cn

责任编辑：王萃萃　　**终　　审**：周诗健

封面设计：易普锐创意　　**责任技编**：吴庭芳

印　　刷：北京中新伟业印刷有限公司

开　　本：787 mm×1092 mm　1/16　　**印　　张**：35

字　　数：900 千字　　**彩　　插**：8

版　　次：2014 年 12 月第 1 版　　**印　　次**：2016 年 1 月第 2 次印刷

定　　价：150.00 元

本书如存在文字不清、漏印以及缺页、倒页、脱页等，请与本社发行部联系调换

编写委员会

主　　编　黄思源　刘　钧

编　　委　杨志勇　王祥猛　郑丽英

杨　豪　白陈祥　徐爱国

朱　平　杜　坤　莫春燕

何利德　谢　凤

前 言

随着传感器技术和通信技术的发展，气象观测仪器设备更新换代，为实现气象观测自动化提供了可能。自2004年地面气象自动站在基层台站广泛使用以来，地面气象观测发生巨大的变化，人工观测逐步被自动观测所取代。要建立一套功能完备的观测系统，并满足日益增长的气象预报服务需求，还要经历一个复杂而艰巨的转型过程。按照中国气象局《综合气象观测系统发展规划(2014—2020年)》要求，到2020年“地面观测、高空观测和专业气象观测实现自动化，观测准确度全面达到WMO业务要求”。近年来地面气象观测业务经过数次调整，并启用了新型自动气象观测站，为全面实现地面观测自动化开启了新的篇章。

在实现自动化的过程中，设备更新、软件升级、业务流程和技术规定变化对广大的业务技术人员带来了前所未有的挑战。需要全面更新业务知识，掌握对自动化观测设备的使用方法，提高技术保障能力。由于集成式新型自动气象站在台站投入观测业务使用时间比较短，缺少全面和系统介绍自动化观测设备以及业务软件的资料和书籍。本书是集硬件结构、软件功能、业务流程和技术保障等为一体，层次清晰、图文并茂的观测业务指导书。全书主要分为硬件篇、软件篇、业务篇、保障篇四大部分，另外在附录中提供了丰富的相关技术资料。本书内容力求通俗易懂，避免过于理论性的叙述。对于不同的读者可以有针对性地选择阅读的内容。如对测报业务人员而言，掌握了业务篇就可以熟练开展观测业务工作，需要进一步掌握软件详细功能可仔细查阅软件篇。对于保障人员只要了解硬件篇和软件篇，掌握保障篇，可以按图索骥排除故障，做好保障工作。因此，本书既适合业务技术和管理人员，也适合技术保障和气象仪器生产厂技术服务人员。

本书作者既有从事气象观测设备和测报业务软件研发的专家，也有基层台站业务技术骨干。主编都是“全国地面气象观测自动化创新团队”的成员，主持和开发了“台站地面综合观测业务软件”的业务软件，还参与了新型自动气象站的研发。在作者团队中还有来自气象设备生产企业的专家，倾注了他们多年来对自动气象站的研究成果和经验。

本书在编写过程中得到“全国地面气象观测自动化创新团队”的指导和关

心，得到中国气象局北京城市气象研究所、浙江省气象局、宁波市气象局的大力支持，还得到了华云升达(北京)气象科技有限责任公司、江苏省无线电科学研究所有限公司、凯迈(洛阳)环测有限公司等气象设备生产企业的帮助和技术支持，在此一并表示衷心的感谢！

由于地面气象观测自动化新技术应用时间短，积累经验少，加之编写时间紧，内容涉及面广，且作者水平所限，不足之处在所难免，诚挚地欢迎读者批评指正。

作者

2014 年 9 月

目 录

硬 件 篇

软 件 篇

业　务　篇

保障篇

附 录

第1章 概 述

1.1 地面气象观测自动化业务发展概况

地面气象观测业务是综合气象观测业务的重要组成部分，是我国各级气象观测站所承担的主要任务之一。随着传感器技术和计算机及网络等信息技术的发展，推动了地面气象观测自动化的进程。21世纪初我国基层气象站在地面气象观测业务中逐渐开始使用自动气象站，全国2400多个国家级地面气象观测站全部实现温度、湿度、气压、风速、雨量等基本气象要素的观测自动化，观测精度达到了世界气象组织的观测要求。利用通信网络技术，收集气象资料的时效大大提高。但是，由于传感器技术的原因，部分观测项目（如云、能见度、天气现象等）还依赖于人工观测，气象电报不能完全实现自动编发。这种以自动观测为主，人工观测为辅的双轨制运行模式不但没有减轻测报业务人员的工作量，而且对测报业务人员的素质要求更高。

为了加快地面气象观测业务改革和气象观测自动化，中国气象局制定了《综合气象观测系统发展规划（2010－2015年）》和《综合气象观测系统发展指导意见》，对地面气象观测业务提出"完成多要素集成的新型自动气象站的考核定型，以及配套业务处理软件的开发；完善数据采集质量控制功能，优化采样和算法，提高自动气象站采集数据的精度和准确性；增强自动气象站运行监控和通信传输功能"。"全面实现地面基本气象要素自动化观测；建立观测数据统一收集平台；调整地面人工观测业务，逐步取消基本观测业务'双轨制'运行；开展云、能见度、天气现象、固态降水等自动化观测试验和业务化试点，并逐步纳入基本业务"。统一编制了《新型自动气象站功能需求书》，组织厂家对新型自动站进行设计和研发，2011年完成试验考核和设计定型。新型自动气象站的出现为全面实现地面气象观测自动化奠定了良好基础，也为地面气象观测业务改革提供了基本保障。新型自动气象站在大多数省份正式投入测报业务使用。为了建立以新型自动站为核心的地面气象观测业务体系，中国气象局在部分省（市）试点的基础上，2014年1月1日对全国2203个地面气象观测站进行地面气象观测业务调整，优化国家级台站观测任务，取消云状和烟幕等13种天气现象观测，调减人工观测时次，取消夜间观测，调整部分编发报任务。在地面气象观测业务创新和改革方面迈进了一大步。

随着新型自动气象站在基层台站推广使用，需要全面提升测报业务人员的业务技术水平，掌握新型自动气象站的使用、维护、维修等技术，以及地面综合观测业务软件平台的使用技巧，更好地适应新的气象观测业务技术发展要求。

1.2 地面气象观测系统组成

自动化的地面气象观测系统大致包括地面自动化观测设备、数据采集业务处理平台，数据通信网络，数据收集分发、质控审核、归档存储、资料应用共享等子系统；在分布的层次上从县级气象观测站、省级气象数据中心到国家级气象数据中心。系统运行需配套技术规范、标准和业务工作流程等。自动化发展目标是要建成一个精细化、自动化与智能化运行，具有结构合理、集约高效、技术先进、功能完备、稳定可靠的地面气象综合观测业务系统。

本书所指的地面气象观测系统是针对国家级气象观测站承担的地面气象观测业务所组成的系统，即台站级的观测系统，包括以新型自动气象站为核心的自动化观测设备和地面综合观测业务软件平台两部分。

硬 件 篇

第 2 章　新型自动气象站

2.1　新型自动气象站特点

新型自动气象站属于分布式结构自动气象站，是基于现代总线技术和嵌入式系统技术构建，采用国际标准并遵循开放的技术路线进行设计。按照统一的功能规格书为设计标准进行研制开发，并由中国气象局组织统一考核定型。被统一命名为 DZZx 系列(DZZ 为型号代码，x 序号表示不同生产厂家代码)型号自动气象站，进入地面气象观测业务系列装备。

新型自动气象站主要特点和性能如下。

(1)采用“主采集器、分采集器、传感器、外部总线、外围设备”的组合结构。“主/分采集器”挂接设计方式，充分考虑实现全要素的综合观测能力，同时具备高性能、多功能的数据处理能力。

(2)主采集器系统采用嵌入式技术，大大提高数据处理能力，可以实现高速、大数据量和复杂的运算处理。在数据采集处理方面，提高了数据采样频率，规范了数据处理算法，加入了数据质量控制处理，提高气象观测数据的有效性和客观性。

(3)主采集器采用 Linux 操作系统，可支持多任务管理操作，综合处理能力更加完善，且保证了系统运行的稳定性和可靠性。

(4)主采集器加载标准 FAT32 文件系统，简化了观测数据记录存储处理操作。采用标准格式生成存储观测数据记录文件，同时支持大容量数据存储卡(CF 卡)功能，而且存储卡数据文件可通过计算机直接进行拷贝、读取处理。

(5)主采集器采用外部总线技术连接各分采集器，并通过 CANopen 协议实现分采集器向主采集器传输观测数据和主采集器向分采集器发送处理命令的功能。通过 CAN 总线使得分采集系统及智能传感器的接入变得十分方便，对系统的扩展也非常灵活。

新型自动气象站在设计方面充分考虑了各种业务应用需求，既能满足复杂多要素综合观测系统要求，又能兼顾基本观测系统。能满足国家基准站、基本站、一般站及区域站的各种类型自动气象观测站的观测业务需求。

新型自动气象站的观测项目除了常规气象要素以外，可以通过综合集成控制器连接能见度仪、天气现象仪、称重降水计、激光云高仪等自动观测设备。

2.2　新型自动气象站结构

2.2.1　基本单元

(1)主采集器系统

主采集器是新型自动气象站的核心主控制单元，通过接入的基本气象观测传感器，可以构成基本气象观测系统。主采集器通过采集基本气象观测数据和通过外部总线接收其他分采集器的观测数据,获取气象观测要素数据,并完成相关的数据处理、统计计算、记录存储和数据上传。

(2)分采集器系统

分采集器是新型自动气象站的数据采集处理单元,具有对多传感器接入和预处理的功能,是对主采集器功能的扩展。可根据应用需求选择添加相应的分采集器。主要的分采集器有:温湿度分采集器、地温分采集器系统、辐射分采集器系统等。辐射分采集器也可作为智能传感器直接接入综合集成控制器。

(3)气象传感器

气象传感器为新型自动气象站提供气象要素探测感应单元。

(4)电源系统

电源系统为新型自动气象站提供电源,根据实际需求,选择太阳能、交流电、交流电加太阳能、风能光能互补等多种供电方式。

(5)通信系统

通信系统为新型自动气象站与外部数据交换提供数据通信传输功能,通信系统既可采用本地有线传输,也可采用无线远程数据传输。

(6)其他

新型自动气象站在应用过程中,不断地引入新技术和新的处理方法使新型自动气象站的总体结构和处理方法已经产生了改变。特别是随着数据字典及综合集成控制器技术的引入,新型自动气象站的应用模式和扩展能力发生了相当大的改变。

2.2.2 CAN 总线

在新型自动气象站中使用 CAN(Controller Area Network,控制器局域网)总线实现主采集器与各分采集器之间的连接,通过 CAN 总线和 CANopen 协议进行数据传输和命令发送。在 CAN 总线技术中,采用的硬件控制技术和软件控制协议,足以保障 CAN 总线进行数据传输时的高速传输和稳定可靠。

CAN 总线主要有以下技术特点:

(1)结构简单,使用双绞线;

(2)具有硬件控制功能,能够自动控制线上的冲突,传输效率高、速度快;

(3)总线的稳定性好。

2.2.3 结构组成

新型自动气象站是以主采集器为核心,配置基本观测要素传感器,或通过分采集器扩展配置传感器,再加外围设备(包括:电源系统、通信系统等)组成系统结构。主采集器直接配置气象要素传感器可以构成基本的气象观测系统,接口包括:风向、风速、气温、相对湿度、气压、雨量、能见度、蒸发和一个保留的总辐射观测。分采集器按照采集要素种类分为:温湿度分采集器(亦称智能温湿传感器)、地温分采集器等。

2.3 集成式新型自动气象站

随着自动化智能传感器的发展和观测要素的增加，按照原有功能规格书上的新型自动气象站功能已经不能满足观测业务发展需求，对具有高采样频率、复杂数据处理的智能化传感器在地面观测领域的应用受到了制约。为此，引入了综合集成控制技术，一种新型集成式自动气象站应运而生，由综合集成控制器承担接收数据的功能，使得系统具有更强大的扩展能力。集成式自动气象站是在分布式结构自动气象站的基础上增加综合集成控制器，并将分布式自动站作为一个"多要素智能传感器"看待，与其他智能化传感器一起集成到串口服务器中，把多个串口通信转换为一个网络通信。通过基于TCP/IP的网络实现对各个智能化传感器设备的实时监控和数据采集。一个综合集成控制器可以接入多路串口信号，任何智能化传感器不经过主采集器接入，也就不需要修改主采集器的内部程序，只要在终端计算机上的测报业务软件挂接该设备就可以方便地获取观测数据。另外，还引入了数据对象字典处理技术，既提高了数据综合集成处理的能力，又降低了主采集器的负担。同时也提高了数据采集处理部分的标准化程度。集成式新型自动气象站的总体结构如图2.1所示。实际应用布局结构图详见彩页。

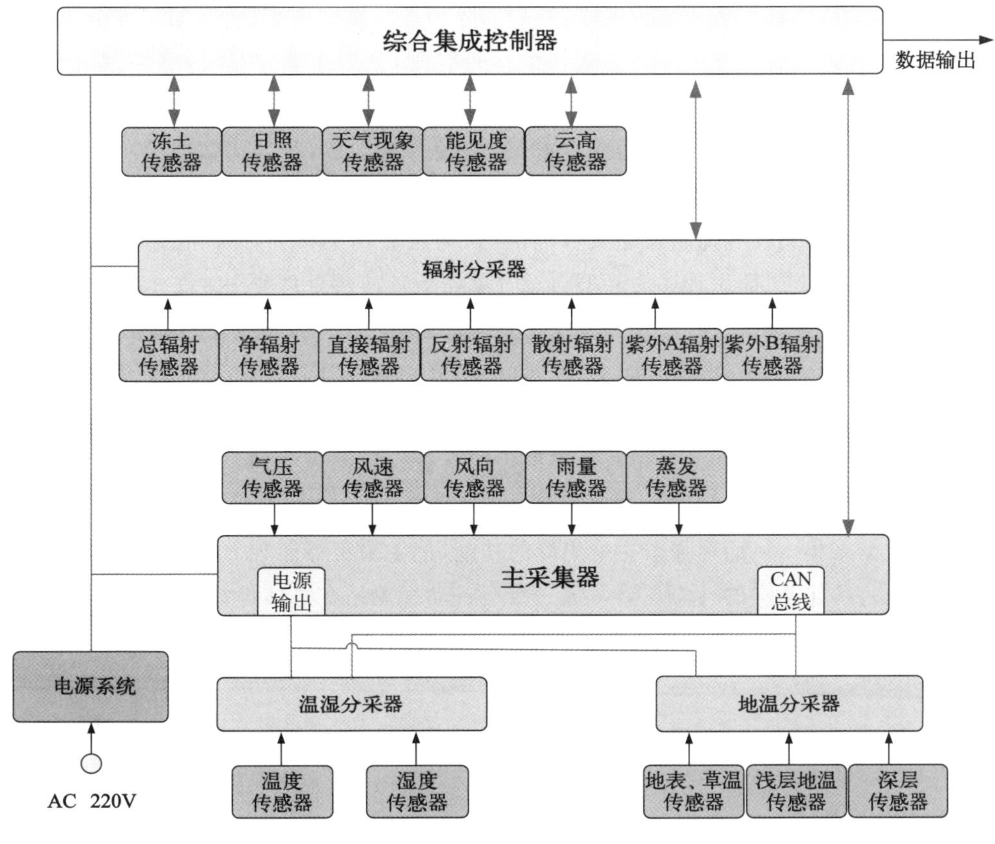

图2.1 集成式新型自动气象站构架图

2.4 主采集器系统

新型自动气象站的核心控制部件单元是主采集器，整个系统的流程控制、数据处理、数据存储及数据传输都由主采集器完成。

2.4.1 主采集器组成设计

主采集器的硬件部分是以高性能微处理器为核心的数据处理控制电路。主采集器的CPU采用32位的ARM9微处理器，加其他外部电路构成主采集器的核心处理单元，包括：NORFLASH、NANDFLASH、SDRAM、看门狗及复位管理、高精度时钟、CF卡控制器、以太网控制器、IDE控制器、USB控制器、CAN总线控制器、串口以及扩展串口控制器电路等。外部接口电路主要为外部设备、外部端口的驱动控制接口电路，主要包括：大容量数据Flash存储器、CF存储卡、RJ45网络端口驱动、USB端口驱动、多个RS232/RS485串口驱动、CAN端口驱动等。另外，包括：系统运行状态指示灯、电源变换处理单元、内部总线扩展电路等。

主采集器的软件部分由两部分组成：第一部分为底层操作系统软件；第二部分为上层应用软件。底层操作系统软件用于主采集器的运行管理，其中主要包括：内部控制流程管理、设备部件的操作管理、多任务进程管理等。主采集器加载Linux操作系统。Linux操作系统为免费的开源系统，而且系统运行稳定好，所需硬件资源少，所以在数据控制处理系统中得到广泛应用。在主采集器系统中还加载FAT32文件处理系统，从而使主采集器具备了便捷地组织、管理数据文件和控制程序文件的能力，而且数据文件为标准格式，可以直接在计算机上读写处理。上层应用程序为新型自动气象站业务应用处理程序。

主采集器的微处理器核心硬件加载操作系统后，成为一个功能强大的单板电脑，因而大大提高了主采集器对数据处理的能力，从而可以满足各种复杂气象观测系统的数据处理要求。

在主采集器内部还增加了一个对常规气象要素进行数据采集的单元。在气象要素数据采集板中，可以完成对风速、风向、空气温度、相对湿度、降水、气压、蒸发及能见度等气象要素的探测、数据采集。从而增强了主采集器的功能，使主采集器能独立成为一个高性能的气象数据采集器，构建基本的气象观测系统。新型自动气象站在总体设计上采用分布式结构，以满足国家级观测站的地面气象基本业务需求。新型自动气象站的主采集器的结构设计如图2.2所示。

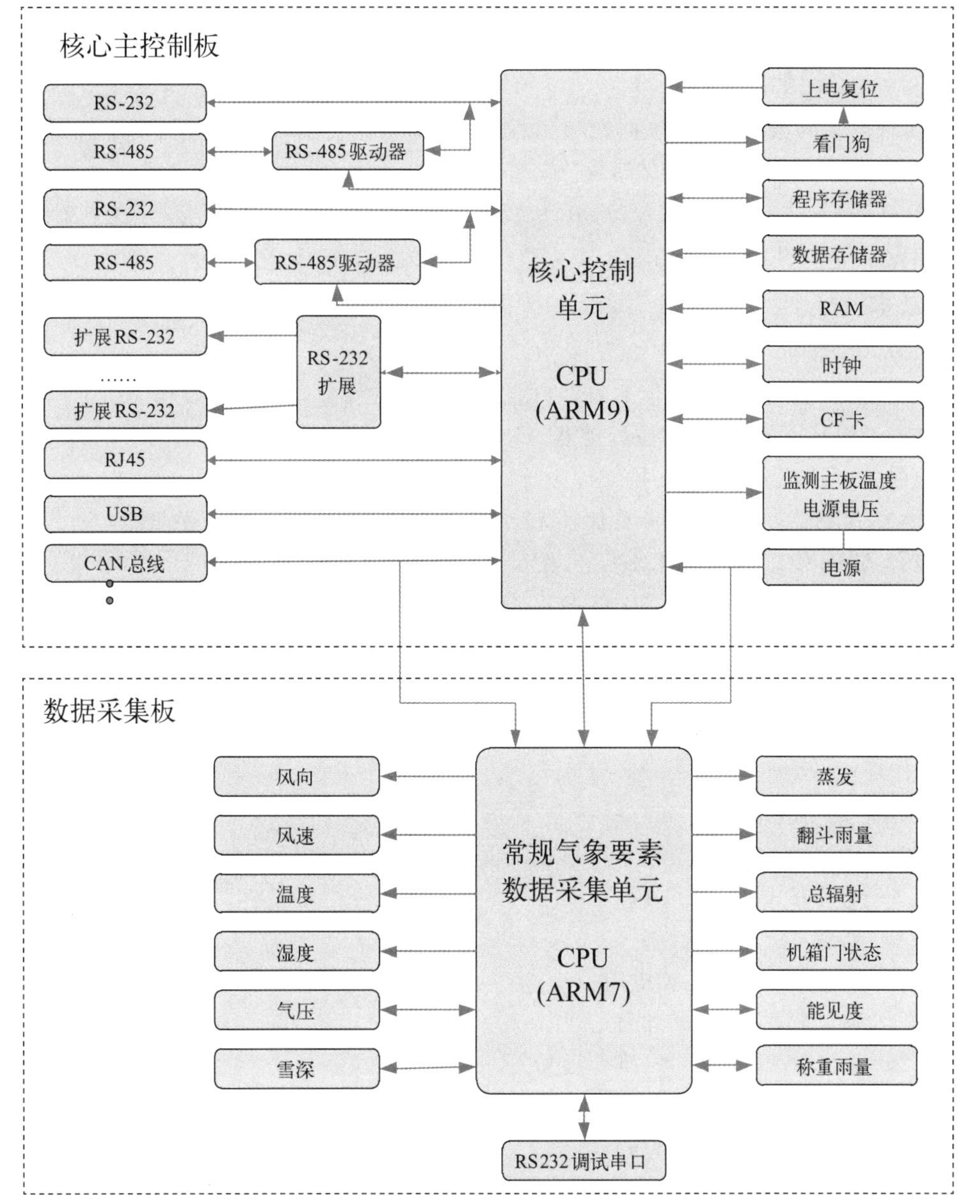

图 2.2 主采集器结构设计图

2.4.2 主采集器基本功能和技术指标

(1)主要功能

主采集器主要有两大功能:一是完成基本气象要素传感器和各个分采集器的数据采样,对采样数据进行控制运算、数据计算处理、数据质量控制、数据记录存储,实现数据通信和传输,与终端微机或远程数据中心进行交互;二是担当管理者角色,对构成自动气象站的其他分采集器进行管理,包括网络管理、运行管理、配置管理、时钟管理等,以协同完成自动气象站的功能。

主采集器的嵌入式软件运行在实时多任务操作系统的基础上，主要功能是：

① 实现 CANopen 主站协议，包括 NMT 管理、心跳消息检测、同步信号发送、PDO 发送和接收、SDO 服务、TimeStamp 发送；

② 实现基本的数据采集、数据处理、数据存储和数据传输功能。在内部存储器和外部存储卡上实现 FAT 文件系统，存储数据文件、参数文件、配置文件、日志文件等；

③ 建立 Web 控制台(Web Console)，实现远程参数的设置、数据监视、数据文件下载、主采集器复位等功能。

(2)技术指标

①基本功能指标

主采集器作为新型自动气象站的多功能数据采集、控制、处理的主要功能指标：

a)核心 CPU：主板采用 32 位处理器 ARM9；

b)支持 Linux 操作系统，支持文件系统；

c)RAM 存储器 64 M，Flash 存储器 128 M，支持 2G 以上的 CF 卡存储器；

d)支持 USB 接口，RJ45 网络接口，具有 CAN 总线接口；

e)支持多串口：具有 6 个 RS-232 串口，其中两个支持 RS232 和 RS485 复用；

f)指示灯：系统指示灯和 CF 卡操作指示灯各 1 个；

g)电源供电：7～15 VDC；功耗电流：小于 120 mA；

h)时钟：±15 s/月；

i)工作环境：－40～＋80℃、0～100%。

②数据采集功能指标

主采集器配置的常规气象要素采集板测量通道的功能指标：

a)风向：测量方式 7 位格雷码；

b)风速：测量方式脉冲频率；

c)气温：测量方式 Pt100 铂电阻；

d)湿度：测量方式 0～1 V 电压；

e)雨量：测量方式通断信号(翻斗雨量)；

f)蒸发：测量方式 4～20 mA 电流，或测量电压为 0.5～2.5 V；

g)总辐射：测量方式差分电压；

h)气压：测量方式 RS232 串口数据；

i)能见度：测量方式 RS232 或 RS485 串口数据。

③数据采集板其他功能指标

a)CPU：RAM7 或高性能、低功耗的 SoC(Sytem on Chip)器件；

b)A/D：16 位；

c)差分电压测量精度：10 μV；单端电压测量精度：1‰；

d)电压测量范围：0～2.5 V；电阻测量精度：0.04 Ω；

e)模拟量采样频率：50 次/s；频率测量范围：0～3 kHz；

f)状态监测，包括：主板温度、电源电压以及机箱门开关状态。

2.4.3 主采集器软件工作流程

气象要素从电信号变换成采样值，再经过数据质量检查程序等后续处理，最终写入数据文件中，并且通过通信协议发送到测报终端微机。主采集器数据采集工作流程如图2.3所示。

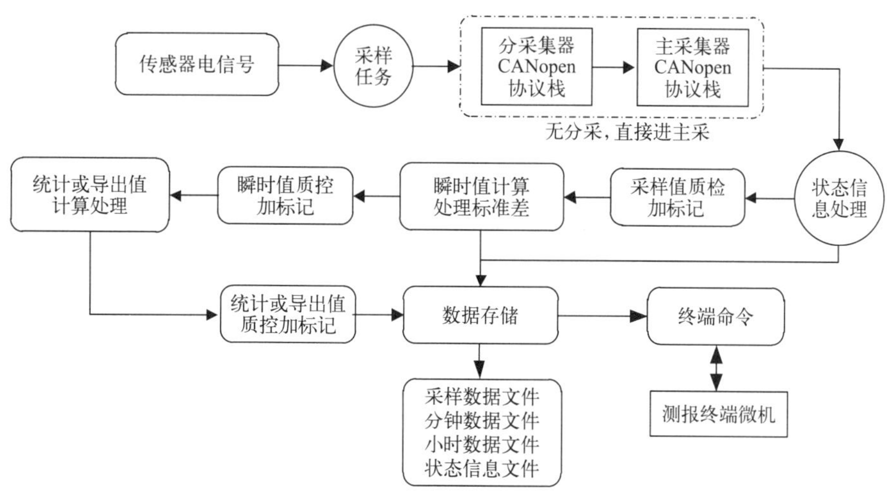

图2.3 主采集器数据采样工作流程

2.4.4 采样频率和时序

(1)采样频率

常规气象要素的采样频率及数值计算详见表2.1，其他采样频率详见附录。

表2.1 常规要素采样频率及数值计算表

测量要素	采样频率	计算平均值	计算累计值	计算极值
气压	30次/min	每分钟算术平均	—	小时内极值及出现时间
气温				
湿度				
草温				
地温				
日照	1次/min	—	每分钟、小时累计值	—
风速	4次/s	以0.25s为步长求3s滑动平均值；以1s为步长(取整秒时的瞬时值)计算每分钟的1 min、2 min算术平均；以1 min为步长(取1 min平均值)计算每分钟的10 min滑动平均	—	每分钟、每小时内3s极值(即极大风速)；每小时内10 min极值(即最大风速)；小时内极值对应时间

续表

测量要素	采样频率	计算平均值	计算累计值	计算极值
风向	1 次/s	求 1 min、2 min 平均；以 1 min 为步长（取 1 min 平均值）计算每分钟的 10 min 平均	—	对应极大风速和最大风速时的风向
降水量	1 次/min	—	每分钟、小时累计值	—
蒸发量	6 次/min	每分钟水位的算术平均		
能见度（气象光学视程）	4 次/min	1 min 内采样数据的算术平均值计算 1 min 平均能见度（瞬时值）；以 1 min 为时间步长，对每分钟的 1 min 平均值求每分钟的 10 min 滑动平均	—	小时内极值及出现时间（记终止时间） 最小能见度取小时内最小 10 min 平均能见度
天气现象	1 次/min			

(2)采样时序

在实时多任务操作系统的支持下，分别设置主、分采集器各传感器的采样任务，各任务在规定的时间内进行采样。

主采集器对直接挂接的各要素传感器按规定的时序要求进行采集，并为采样值加上时间标志，交给后续处理。主采集器通过 CAN 总线实时接收各分采集器主动上传的相关要素采样值，并为各采样值加上时间标志，交给后续处理。分采集器按规定的时序对其挂接的各要素传感器进行采集，将采样到的数据立即通过 CANopen 协议发送到 CAN 总线供主采集器接收。

表 2.2　主采集器要素采样时间顺序

要素	采样开始时刻	采样窗口长度
风速(250 ms)	hh:mm:ss nnn-250 ms，且 nnn 为 250 的倍数	250 ms
风速(1s)	hh:mm:ss 000-1 s	1s
风向		5 ms
气温	hh:mm:ss 000，且 ss 为 2 的倍数	0.2 s
湿度		0.2 s
气压		1 s
草温		0.2 s
地表温度		0.2 s
红外地表温度		0.2 s
辐射辐照度		0.2 s
辐射传感器腔体温度		0.2 s
土壤水分		3 s

续表

要素	采样开始时刻	采样窗口长度
通风速度	hh:mm:00 000	1 s
日照		1 s
降水量(翻斗或容栅式)	hh:mm:00 000-1 min	1 min
降水量(称重降水,频率值)		1 min
蒸发量(水位值)		1 min
地下水位	hh:mm:00 000	1 s

2.4.5 数据质量控制

为保证观测数据的质量在数据采集过程中须进行质量控制。主采集器的嵌入式软件通过对原始采样值和瞬时观测值等进行质量检查,为每个采集的数据添加质量控制标识(详见图 2.3 数据采样流程)。主要通过对各要素极值范围、允许变化速率和变化率值等参数的对比实现质量控制。

(1)数据质量控制标识

数据质量控制过程中,需要对瞬时采样值和瞬时气象值是否经过数据质量控制,以及质量控制的结果进行标识,这种标识用于定性描述数据置信度。标识的规定见表 2.3。

表 2.3 数据质量控制标识代码表

标识代码	意义	描述
0	正确	数据没有超过给定界限
1	存疑	不可信的
2	错误	错误数据,已超过给定界限
3	不一致	一个或多个参数不一致,不同要素的关系不满足规定的标准
4	校验过的	原始数据标记为存疑、错误或不一致,利用其他检查程序确认为正确的
8	缺失	缺失数据
9	没有检查	该变量没有经过任何质量控制检查
N	无数据	没有传感器,无数据

注:对于瞬时气象值,若属采集器或通信原因引起数据缺测,在终端命令数据输出时直接给出缺失,相应质量控制标识为“8”;若有数据,质量控制判断为错误时,在终端命令数据输出时,其值仍给出,相应质量控制标识为“2”,但错误的数据不能参加后续相关计算或统计。

(2)瞬时采样值的质量控制

对瞬时采样值的质量控制包括数据的变化极限范围和变化速率的检查。正确数据的基本条件是瞬时采样值,应在传感器的测量范围内,且相邻两个值最大变化值在允许范围内。传感器测量下限和上限范围依照传感器指标确定,允许最大变化值判断条件详见表 2.4。

①极限范围检查

验证每个瞬时采样值,在传感器的正常测量范围内标为“正确”;超出的标为“错误”。标识“错误”的采样值不能用于计算瞬时气象值。

②变化速率检查

验证相邻瞬时采样值之间的变化量，检查出不符合实际的跳变。每次采样后，将当前瞬时采样值与前一个瞬时采样值做比较。若变化量未超出允许的变化速率，标识“正确”；若超出，标识“存疑”。标识“存疑”的，不能用于计算瞬时气象值，但仍用于下一次的变化速率检查（即将下一次的瞬时采样值与该“存疑”值作比较）。该规程的执行结果是，如果发生大的噪声，将有一个或两个连续的瞬时采样值不能用于计算。

③瞬时气象值的计算

应有大于66%(2/3)的瞬时采样值可用于计算瞬时气象值（平均值）；对于风速应有大于75%的瞬时采样值可用于计算2 min或10 min平均值。若不符合这一质量控制规程，则判定当前瞬时气象值计算缺少样本，标识为“缺失”。

表 2.4　瞬时采样值的允许最大变化值判断条件

序号	气象变量	允许最大变化值（适用于采样频率5～10次/min以上）
1	气压	0.3 hPa
2	气温	2℃
3	地表和土壤温度	2℃
4	露点温度	2℃
5	相对湿度	5%
6	风向	—
7	风速	20 m/s
8	降水量	—
9	辐射（辐照度）	800 W/m^2
10	日照时数	—
11	能见度	—
12	蒸发量	0.3 mm

(3)瞬时气象值的质量控制

对瞬时气象值的质量控制包括数据的变化极限范围、变化速率，以及内部一致性检查。变化速率包括最大允许变化速率、最小应该变化速率、标准偏差的计算。具体判断条件详见表2.5。表中列出的下限和上限属于宽范围通用值。用户可以根据季节和当地的气候条件通过终端指令进行设置。通常可以根据当地的气候极值作适当放宽；或以传感器的测量范围作为下限和上限；或设置为业务管理部门统一规定的通用值。

①极限范围检查

瞬时气象值在可接受的上下限范围内标识“正确”；超出的，若下限和上限值由当地气候极值确定，则标识为“存疑”。

②变化速率检查

瞬时气象值的变化速率，检查出不符合实际的尖峰信号或跳变值，以及由传感器故障引起的测量死区。相邻两个值的变化速率应在允许范围内，在一个持续的测量期(1 h)内应该有一个最小的变化速率。

a)瞬时气象值的“最大允许变化速率”:当前瞬时气象值与前一个值的差大于“存疑的变化速率”,则当前瞬时气象值,标识为“存疑”。若大于“错误的变化速率”,则标识为“错误”。在极端天气条件下,气象变量可能会发生不同寻常的变化。这种情况下,正确的数据也有可能被标上“存疑”。所以,“存疑”的数据不能被丢弃,而应传输至终端计算机,有待作进一步验证。

b)瞬时气象值的“过去 60 min 最小应该变化的速率”:瞬时气象值的示值更新周期都为 1 min,也就是说瞬时气象值每分钟都被接受检查。在过去的 60 min 内,规定气象瞬时值的“最小应该变化的速率”,同样能帮助验证该值是正确的还是错误的。如果这个值未能通过最小应该变化速率的检查,应标记“存疑”。

表 2.5　瞬时气象值的判断条件

序号	气象变量	下限	上限	存疑的变化速率	错误的变化速率	过去 60 min 最小应该变化的速率
1	气压	400 hPa	1100 hPa	0.5 hPa	2 hPa	0.1 hPa
2	气温	−75℃	80℃	3℃	5℃	0.1℃
3	露点温度	−80℃	50℃	传感器测量:2～3℃;导出量:4～5 ℃	5℃	0.1℃
4	相对湿度	0%	100%	10%	15%	1%(U<95%)
5	风向	0°	360°	—	—	10°(10 min 平均风速大于 0.1 m/s 时)
6	2 min、10 min 风速	0 m/s	75 m/s	10 m/s	20 m/s	—
7	瞬时风速	0 m/s	150 m/s	10 m/s	20 m/s	—
8	降水量(0.1 mm)	0 mm/min	10 mm/min	—	—	—
9	降水量(0.5 mm)	0 mm/min	30 mm/min	—	—	—
10	草面温度	−90℃	90℃	5℃	10℃	
11	地表温度	−90℃	90℃	5℃	10℃	0.1℃(雪融过程中会产生等温情况)
12	5 cm 地温	−80℃	80℃	2℃	5℃	可能很稳定
13	10 cm 地温	−70℃	70℃	1℃	5℃	
14	15 cm 地温	−60℃	60℃	1℃	3℃	
15	20 cm 地温	−50℃	50℃	0.5℃	2℃	
16	40 cm 地温	−45℃	45℃	0.5℃	1.0℃	
17	80 cm、160 cm、320 cm 地温	−40℃	40℃	0.5℃	1.0℃	
18	总辐射	0 W/m^2	2000 W/m^2	800 W/m^2	1000 W/m^2	—
19	净全辐射					
20	直接辐射	0 W/m^2	1400 W/m^2	800 W/m^2	1000 W/m^2	—
21	散射辐射	0 W/m^2	1200 W/m^2	800 W/m^2	1000 W/m^2	—
22	反射辐射	0 W/m^2	1200 W/m^2	800 W/m^2	1000 W/m^2	—

续表

序号	气象变量	下限	上限	存疑的变化速率	错误的变化速率	过去 60 min 最小应该变化的速率
23	紫外辐射 UVA	0 W/m^2	200 W/m^2	50 W/m^2	90 W/m^2	—
24	紫外辐射 UVB	0 W/m^2	100 W/m^2	20 W/m^2	30 W/m^2	—
25	日照时数	0 min	1 min	—	—	—
26	能见度	0 m	70 km	—	—	—
27	蒸发量	0 mm	100 mm	—	—	—

c)标准偏差的计算：本部分待试验验证后再补充(目前还未启用)。

③内部一致性检查

用于检查数据内部一致性的基本算法是基于两个气象变量之间的关系。符合下列条件认为是一致的：

a)露点温度 $t_d \leqslant t$(气温)；

b)风速 $WS=00$,则风向 WD 一般不会变化；

c)风速 $WS \neq 00$,则风向 WD 一般会有变化；

d)分钟极大风速大于或等于 2 min 和 10 min 平均风速；

e)如果日照时间 $SD>0$,而太阳辐射 $E=0$,这两个瞬时气象值均不可信；

f)如果太阳辐射 $E>500$ W/m^2,而日照时间 $SD=0$,这两个瞬时气象值均不可信；

g)各极值及出现时间应与对应时段相应要素瞬时气象值不矛盾；

h)各累计量应与对应时段相应要素各瞬时气象值不矛盾。

如果某个值不能通过内部一致性检验,应标识为“不一致”。内部一致性检查目前不在主采集器的嵌入式软件中,仅在业务软件中进行一致性检查。

2.5 分采集器系统

分采集器系统在新型自动站中用于扩展气象观测要素使用。分采集器是按照应用的不同分类。在新型自动气象站的原始设计方案中包括了：用于观测气候要素的气候分采集器；用于观测辐射要素的辐射分采集器；用于观测土壤温度要素的地温分采集器；用于观测土壤水分要素的土壤水分分采集器；用于观测海洋气象要素的海洋分采集器；用于观测云能天要素的分采集器；以及其他根据观测需求扩充出相关的分采集器。

2.5.1 分采集器组成

分采集器由硬件和嵌入式软件组成。分采集器的硬件是以微处理器为核心的数据采集电路,能够支持嵌入式实时操作系统的运行。其中 CPU 采用 32 位的 ARM7 微处理器(或者采用高性能、低功耗的 SoC 微处理器芯片)。其他外部电路,包括：高精度的 A/D 电路、EEPROM、数据 FLASH、看门狗及上电复位电路、时钟电路、SD 卡控制器、CAN 总线控制器、RS232/RS485 驱动控制电路等。另外,还包括：系统运行状态指示灯、电源变换处理单元等。

由于气象要素的多样性,所以气象传感器的输出信号也同样是多种多样,主要分为三大类，即：

(1)模拟信号：单端电压、差分电压、电流、电阻信号等；

(2)数字信号：脉冲频率信号、通断(开关)信号、数字电平信号等；

(3)串口数据：标准串行数据。

因此，分采集器在设计方面必须考虑到能够采集、接收、处理各种类型的传感器数据的需求。所以分采集器在数据测量方面采用了通用化设计，通道的功能采用为可配置的处理方式。

2.5.2 测量功能可配置设计

(1)模拟信号测量：模拟信号测量采用AD转换方式，把模拟信号转换成数字信号，实现数据采集。为了保证测量精度选用16位以上的外置AD器件。模拟信号测量采用多通道、多模式的测量方式。通过多路模拟开关方式选择测量通道；通过多路开关门阵列控制选择配置测量通道的测量模式，包括：电压(单端、差分)、电流、电阻等；另外可以给被测传感器施加激励，包括：电流激励或电压激励等。

(2)数字信号测量：可以配置为脉冲频率测量或是I/O数字电平测量。

(3)串口数据测量：通过串口读取/接收标准串行数据。

新型自动气象站的分采集器的电路结构设计如图2.4所示。

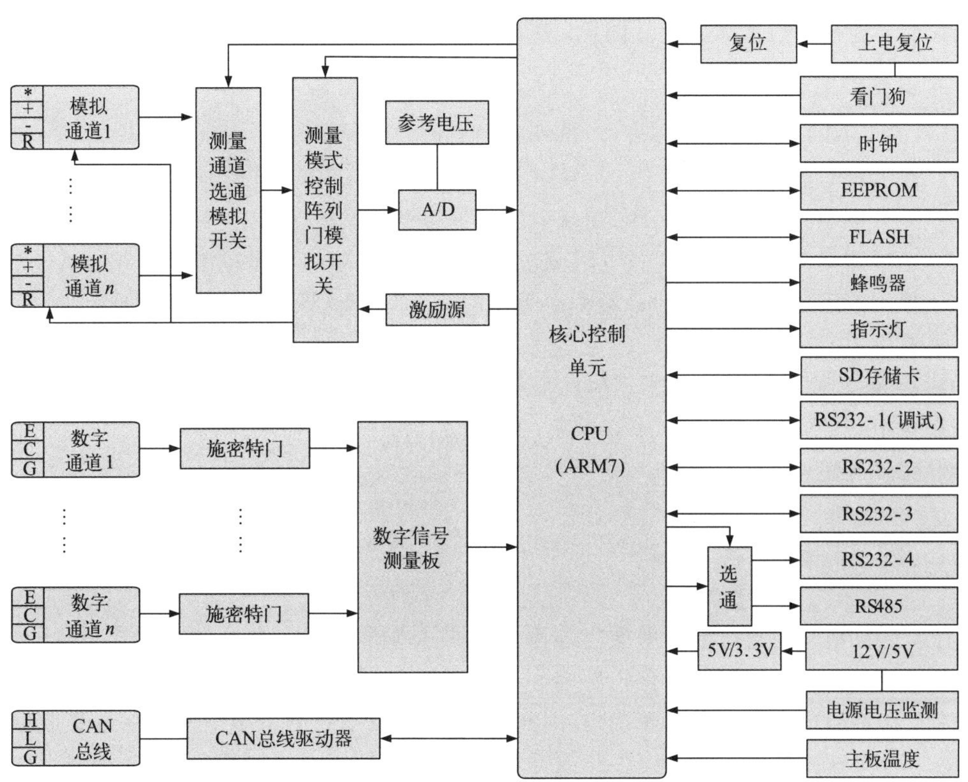

图2.4 分采集器结构设计图

2.5.3 基本功能及技术指标

(1)数据采集功能指标

具有通用化配置处理功能,其中通过选配硬件电路板来选配测量通道,硬件测量电路分为模拟信号测量电路板和数字信号测量电路板,通过软件设置测量通道。

① 模拟测量通道配置:每个通道有四个接入端子,即:E、+、-、R,可以配置为以下几种方式:差分电压测量、单端电压测量、电流测量方式、铂电阻温度测量。

② 数字测量通道:每个通道都可定义开关量输入、频率量输入、输出三种方式。

(2)串口通信功能指标

分采集器一般配置 4 个串口,其中:

① 1 个 RS-232 调试口,作为系统设备调试使用或数据通信使用;

② 2 个 RS-232 通信口,作为输入口,接收串口输出的数据传感器使用或数据通信使用;

③ 1 个 RS-232/485 通信口,作为输入口,接收串口输出的数据传感器。

(3)存储功能

分采集器配置存储器功能,用于数据的存储。包括两部分:Flash 存储器 16M 和 SD 卡 2G。存储功能可以根据需要设计配置。

(4)其他性能

① CPU:ARM7 内核(或高性能、低功耗的 SoC),时钟频率 12~44 MHz;

② A/D:16 位;

③ 差分电压测量精度:10 μV;单端电压测量精度:1‰;

④ 电压测量范围:0~2.5 V;电阻测量精度:0.04 Ω;电流测量范围:0~25 mA;

⑤ 模拟量采样频率:50 次/s;频率测量范围:0~3 kHz;频率测量精度:1 Hz;

⑥ 时钟:±15 s/月;

⑦ 存储:7 天分钟观测数据,3 个月正点观测数据;

⑧ 供电:12 VDC;功耗:小于 0.5 瓦;工作电流:25 mA;

⑨ 工作环境:-40~+80℃、0~100%。

2.6 综合集成控制器

在新型自动气象站业务应用推广过程中,特别是随着地面气象观测自动化进程的推进,尤其是近些年在一些新型智能化传感器在自动观测方面的应用,突显出以主采集器为核心的新型自动站显现出一些问题和缺陷,因此,地面气象自动观测系统中引入综合集成控制器技术。综合集成控制器主要承担多路数据集成、传输和通信方式转换等功能,类似于串口服务器。综合集成控制器的电路结构设计如图 2.5 所示。

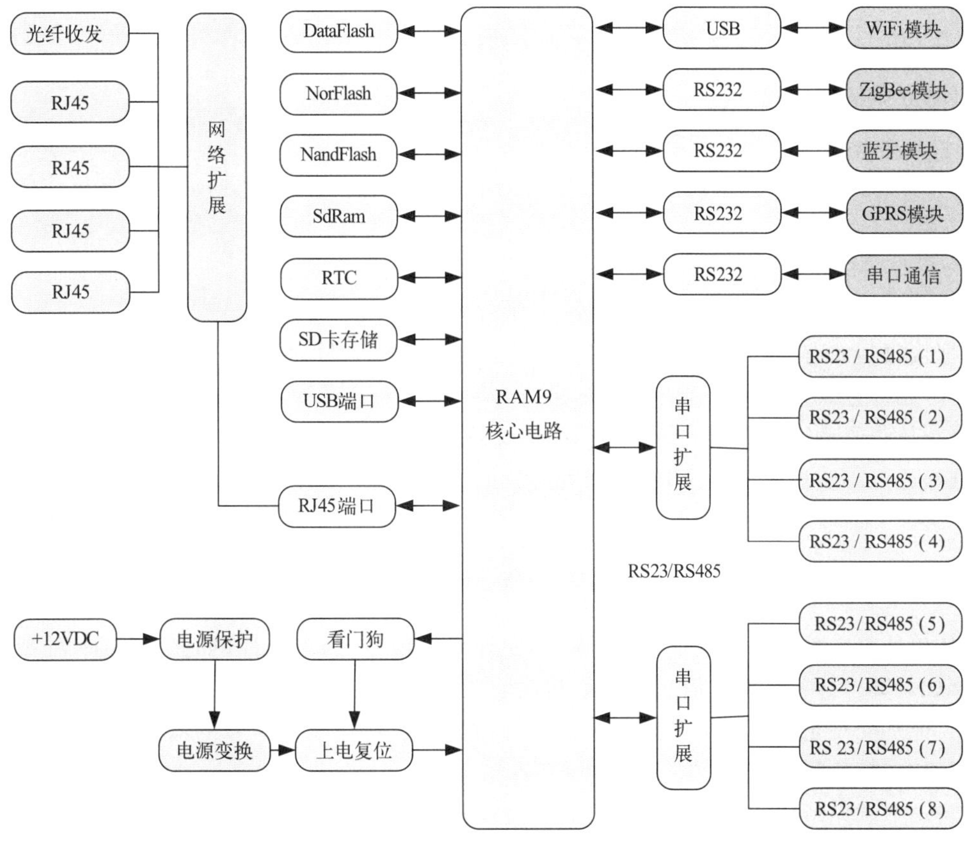

图 2.5　综合集成控制器设计图

2.6.1　基本电路组成

综合集成控制器的基本电路组成主要包括以下几个部分。

(1)嵌入式系统核心电路。使用 32 位高性能微处理器,构成综合集成控制器的核心控制单元。

(2)8 串口扩展电路。为满足接收多个以串行数据方式输出的智能传感器或采集器系统的需求,扩展输入串口 8 个或以上,每个串口可以挂接一个串行数据输出的智能传感器。分布式新型自动气象站也是以串口方式接入综合集成控制器。

(3)网络扩展电路及光纤驱动电路。综合集成控制器与终端计算机之间采用可靠性高,传输速度快的网络通信,设计了网络扩展电路,满足光纤或 RJ45 网络接口的数据传输。

(4)电源控制电路。为综合集成控制器提供电源。

2.6.2　数据集成

接收各种智能传感器、采集器输出的地面气象观测数据。

(1)接收数据方式

① 串口(RS232/RS485/RS422)接收各观测子系统的观测数据;

② ZigBee 无线通信方式接收传感器数据。

③ WiFi 或蓝牙等无线通信方式接收传感器数据。

(2)数据通信格式

① 以数据对象字典格式输出的气象观测数据；

② 非数据对象字典格式输出的气象观测数据，并处理转换为数据对象字典格式的观测数据。

2.6.3 数据传输

把接收到的有效气象观测数据进行上传。传输方式与目标：

(1)光纤方式上传到本地终端计算机；

(2)长线驱动串口方式上传到本地终端计算机；

(3)通过无线通信方式(GPRS)把观测数据传输至远程中心站数据接收平台。

2.7 传感器原理及维护

传感器是一种物理装置，能够探测、感受外界的信号、物理条件(如光、热、湿度)或化学组成(如烟雾)，并将探知的信息传递给其他装置。国家标准 GB 7665－87 对传感器下的定义是："能感受规定的被测量并按照一定的规律转换成可用输出信号的器件或装置，通常由敏感元件和转换元件组成。"

自动气象站所选用的传感器根据输出信号的特点分为三类，如表 2.6 所示。

(1)模拟传感器：输出模拟量信号的传感器；

(2)数字传感器：输出数字量(含脉冲和频率)信号的传感器；

(3)智能传感器：一种带有嵌入式处理器的传感器，具有基本的数据采集和处理功能，可以输出并行或串行数据信号。

模拟传感器、数字传感器与主采集器(分采集器)挂接，智能传感器可以直接挂在主采集器或接入综合集成控制器。

表 2.6 自动气象站常用传感器种类

种 类	名 称
模拟传感器	气温、地温、草温传感器
	湿度传感器
	蒸发传感器
	辐射类传感器
数字传感器	翻斗式雨量计
	风向、风速传感器
	气压传感器
智能传感器	称重降水传感器
	雪深传感器
	能见度传感器

2.7.1 温度传感器

温度是表示物体冷热程度的物理量，微观上来讲是物体分子热运动的剧烈程度。温度只能通过物体随温度变化的某些特性来间接测量，而用来量度物体温度数值的标尺叫温标。它规定了温度的读数起点（零点）和测量温度的基本单位。国际单位为热力学温标（K）。目前国际上用得较多的其他温标有华氏温标（℉）、摄氏温标（℃）和国际实用温标。

空气温度（简称气温）是表示空气冷热程度的物理量。地面观测中测定的是离地面 1.50 m 高度处的气温。自动气象站中一般使用铂电阻温度传感器测量温度，外形如图 2.6 所示。

（1）铂电阻温度传感器

铂电阻温度传感器是利用金属铂在温度变化时自身电阻值也随之改变的特性来测量温度的，显示仪表将会指示出铂电阻的电阻值所对应的温度值。当被测介质中存在温度梯度时，所测得的温度是感温元件所在范围内介质层中的平均温度。铂电阻温度传感器精度高，稳定性好。

铂电阻温度传感器可用来测量空气温度、地表温度、浅层地温、深层地温。感应部件位于测温杆头部，外有金属保护套管或一层滤膜保护。通常使用的铂电阻温度传感器零度阻值为 100 Ω，测温部分采用四线测量法测量，以减少导线电阻引起的测量误差。温度升高或者降低 1℃，电阻增加或降低 0.385 Ω，电阻值与温度的关系为：

当 $-50℃<t<0℃$ 时：

$$R_t=R_0[1+At+Bt^2+C(t-100)t^3]$$

当 $0℃<t<80℃$ 时：

$$R_t=R_0(1+At+Bt^2)$$

式中：R_t——温度在 t（℃）时铂电阻的电阻值；

t——温度；

R_0——温度在 0℃时铂电阻的电阻值；

A——常数，其值为 $3.908\times10^{-3}℃^{-1}$；

B——常数，其值为 $-5.775\times10^{-7}℃^{-2}$；

C——常数，其值为 $-4.1835\times10^{-12}℃^{-4}$。

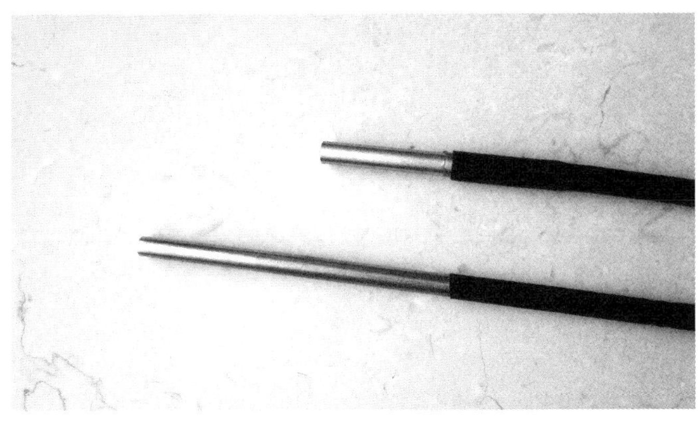

图 2.6 铂电阻温度传感器实物图

(2)技术指标

表 2.7 温度传感器技术指标

项目名称	技术指标
测量范围	－50～＋50℃
分辨力	0.1℃
精度	±0.2℃
输出	80.31～119.40Ω
测温元件型号	Pt100

2.7.2 湿度传感器

湿度，表示大气干燥程度的物理量。在一定的温度下一定体积的空气里含有的水汽越少，则空气越干燥；水汽越多，则空气越潮湿。空气的干湿程度叫做“湿度”。在此意义下，常用绝对湿度、相对湿度、混合比、饱和差以及露点等物理量来表示。

空气湿度(简称湿度)是表示空气中的水汽含量和潮湿程度的物理量。地面观测中测定的是离地面 1.50 m 高度处的湿度。自动气象站通常使用湿敏电容湿度传感器测量空气相对湿度。

(1)湿敏电容式湿度传感器原理

湿敏电容一般是用高分子薄膜电容制成的，常用的高分子材料有聚苯乙烯、聚酰亚胺、酷酸醋酸纤维等。当环境湿度发生改变时，湿敏电容的介电常数发生变化，使其电容量也发生变化，其电容变化量与相对湿度成正比。湿敏电容的主要优点是灵敏度高、产品互换性好、响应速度快、湿度的滞后量小、便于制造、容易实现小型化和集成化，其精度一般比湿敏电阻要低一些。

以 HYHMP155A 温湿度传感器(图 2.7)为例，该传感器可同时测量空气温度和相对湿度。感应部件位于杆头部，外有保护套管。测湿部分为湿敏电容湿度传感器，输出信号为 0～1 V 电压，所对应的相对湿度为 0～100%RH。

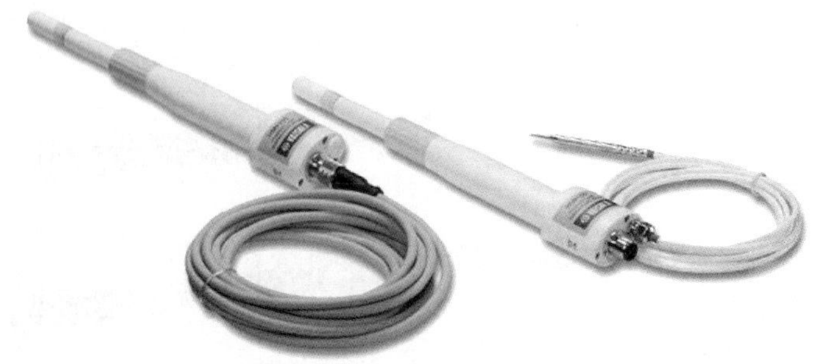

图 2.7 湿敏电容式湿度传感器

(2)技术指标

表2.8　湿度传感器技术指标

项目名称	技术指标
测量范围	0%～100%RH
精度	±2%RH(0%～90%RH),±3%RH(90%～100%RH)
输出	0%～100%RH,对应0～1VDC
温度特性	±0.05%RH/℃

2.7.3　风向、风速传感器

地面气象观测中测量的风是两维矢量(水平运动),用风向和风速表示。风向是指风的来向,最多风向是指在规定时间段内出现频数最多的风向。人工观测,风向用十六方位法;自动观测,风向以度(°)为单位。风速是指单位时间内空气移动的水平距离。风速以米/秒(m/s)为单位,取一位小数。最大风速是指在某个时段内出现的最大十分钟平均风速值。极大风速(阵风)是指某个时段内出现的最大瞬时风速值。瞬时风速是指三秒钟的平均风速。风的平均量是指在规定时间段的平均值,有三秒钟、两分钟和十分钟的平均值。

自动气象站中多使用风杯风速传感器测量风速,单翼风向传感器测量风向。

(1)风杯风速传感器

风杯式风速传感器是用于测量风速并转换为电脉冲信号的仪器。应用范围广泛,如气象台站、船舶、石油平台、环境保护等方面。

传感器由风杯部件、壳体(内装风速转换系统)和插座等主要部分所组成。具体结构,外形尺寸与安装尺寸如图2.8所示。

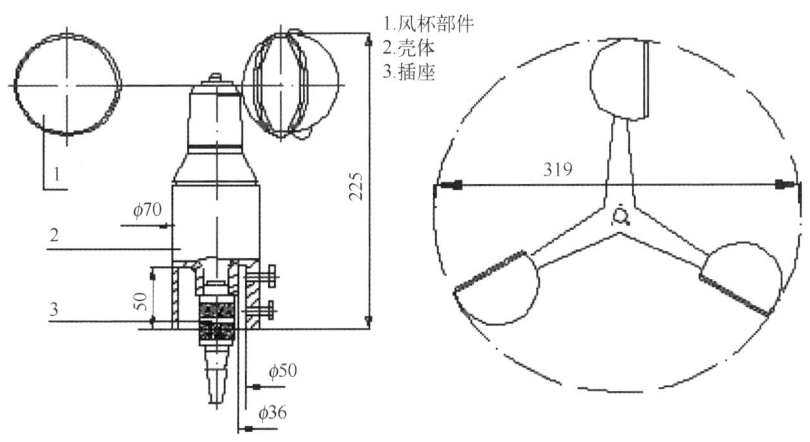

图2.8　风杯风速传感器外形结构

风速测量是利用一个低惯性的风杯部件作为感应部件,其感应部件随风旋转并带动风速码盘进行光电扫描,输出相应的电脉冲信号,其具体输出特性如表2.9所示。

表 2.9 风速与脉冲频率对照表

风速值(m/s)	0.3	0.5	1	1.5	2	5	10	15
输出脉冲(Hz)	0～1	4	14	25	35	96	198	300
风速值(m/s)	20	25	30	35	40	50	60	
输出脉冲(Hz)	402	504	606	708	811	1016	1221	

传感器的输入、输出端均采用瞬变抑制二极管进行过载保护,其中 EL15-1 型另含电子调节加热系统,如图 2.9 所示,以保证仪器在冬季正常运行。外部零件选用耐腐蚀的材料制造并有喷涂层保护,密封采用迷宫结构和 O 型环保护仪器内部的敏感元件不受恶劣环境的影响。

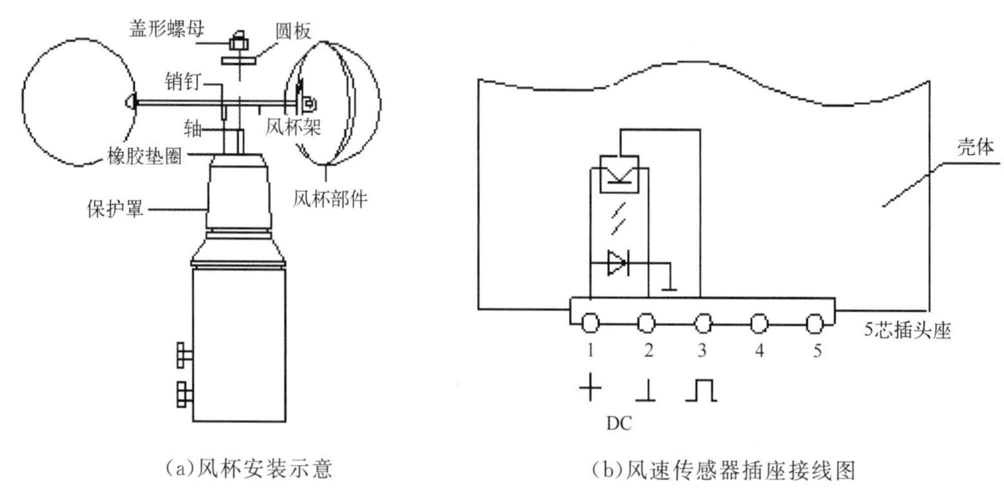

(a)风杯安装示意　　(b)风速传感器插座接线图

图 2.9 风杯式风速传感器

(2)单翼风向传感器原理

单翼风向传感器是用于测量风的水平风向的专业气象仪器。应用范围广泛,如气象台站、船舶、石油平台、环境保护等方面。本传感器由风向标部件,壳体(内装风向转换系统 EL15-2 带加热系统)和插座等主要部分所组成。具体结构,外形尺寸与安装尺寸如图 2.10 所示。

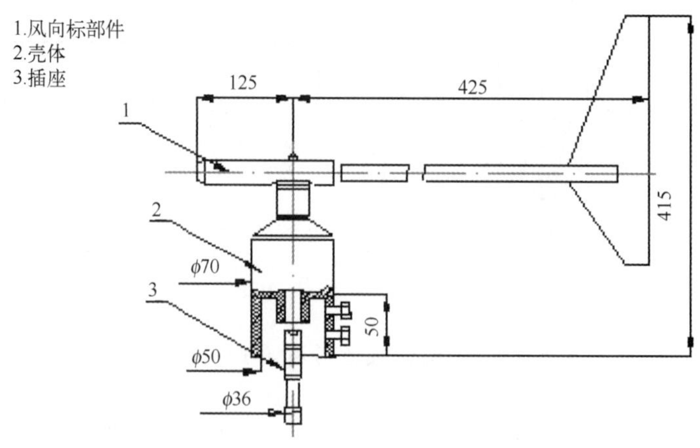

图 2.10 单翼风向传感器外形结构

风向测量是利用一个低惯性的风向标部件作为感应部件，风向标部件随风旋转，带动转轴下端的风向码盘，此码盘按 EL15-2A 为 8 位格雷码，EL15-2C，EL15-2CA，EL15-2CB，EL15-2F 为 7 位格雷码编码进行光电扫描输出脉冲信号，EL15-2D 和 EL15-2E 为 7 位格雷码盘进行光电扫描后经数一模转换，输出为模拟信号。如图 2.11～2.13 所示，格雷码具体详见附录。

本传感器的输入、输出端均采用瞬变抑制二极管进行过载保护。外部零件选用耐腐蚀的材料制造并有喷涂层保护，密封采用迷宫结构和 O 型环保护仪器内部的敏感元件不受恶劣环境的影响。

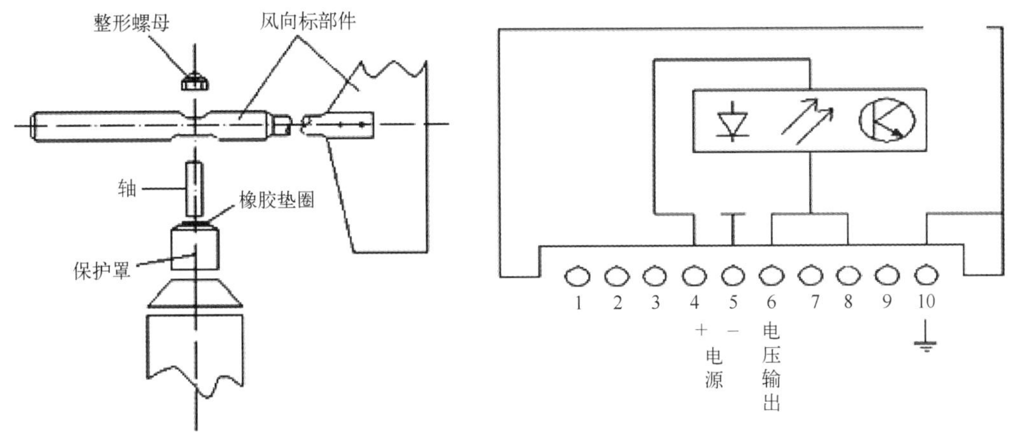

(a)风向标部件安装示意图　　(b)EL15-2D、EL15-2E 插座接线图

图 2.11　单翼风向传感器

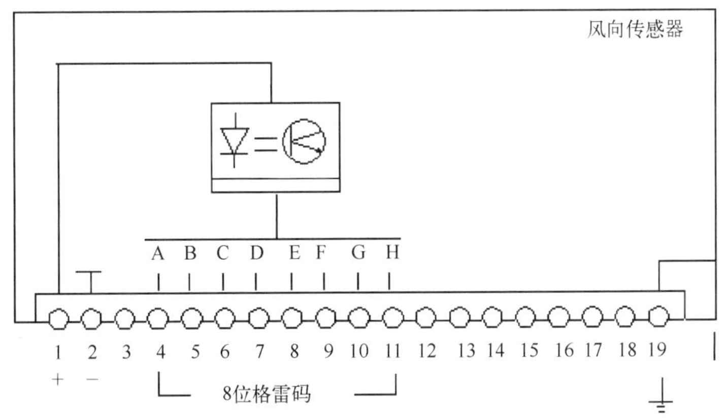

图 2.12　EL15-2A 插座接线图(其他七位格雷码传感器 11 脚无信号)

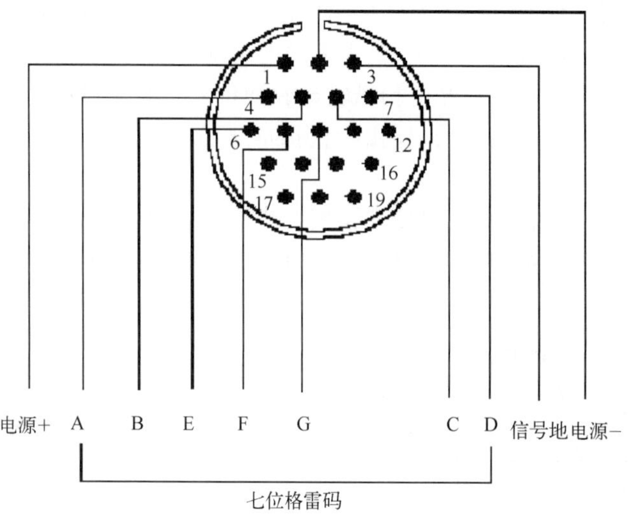

图 2.13　EL15-2C/2CA/2CB 19 芯插座接线图

(3)主要技术指标

表 2.10　风速传感器技术指标

参数指标	EL15-1CB 型	EL15-1A 型	EL15-1C 型
	推荐型号	采集器阈值小于 5V 时 EL15-1CB 可直接代用	EL15-1CB 可直接代用
测量范围	0.3～60 m/s		
起动风速	0.3 m/s		
分辨力	0.05 m/s		
最大允许误差	±0.3 m/s(≤10 m/s)　±(0.03 V)　(>10 m/s)		
输出脉冲	0～5 V	0.7 V—电源电压	0.7～5 V
电源电压	DC 5～15 V	DC 12～15 V	DC 5 V
重量	1 kg		
外形尺寸	319 mm×225 mm		
抗风强度	75 m/s		
使用环境	－40～60℃　0～100%RH		

表 2.11　风向传感器技术指标

传感器型号	EL15-2A	EL15-2CB	EL15-2C	EL15-2CA	EL15-2D	EL15-2E	EL15-2F
	8 位格雷码输出	7 位格雷码输出			模拟输出		7 位格雷码反码输出
		推荐型号	EL15-2CB 可直接代用				
测量范围	0°～360°						
起动风速	0.3 m/s(风向标偏转 30°时)						
分辨力	2.5°	3°					

续表

<table>
<tr><td rowspan="3">传感器型号</td><td>EL15-2A</td><td>EL15-2CB</td><td>EL15-2C</td><td>EL15-2CA</td><td>EL15-2D</td><td>EL15-2E</td><td>EL15-2F</td></tr>
<tr><td rowspan="2">8 位格雷码输出</td><td colspan="3">7 位格雷码输出</td><td colspan="2" rowspan="2">模拟输出</td><td rowspan="2">7 位格雷码反码输出</td></tr>
<tr><td>推荐型号</td><td colspan="2">EL15-2CB 可直接代用</td></tr>
<tr><td>最大允许误差</td><td>±3°</td><td colspan="6">±5°</td></tr>
<tr><td>风向输出</td><td>0.7～15 V</td><td>0～5 V</td><td>0.7～12 V</td><td>0～5 V</td><td>0～2.48 V</td><td>0～12 V</td><td></td></tr>
<tr><td>电源电压</td><td>DC 15 V</td><td>DC 5～15 V</td><td>DC 12～15 V</td><td>DC 5 V</td><td>DC 12 V</td><td>DC 5 V</td><td>DC 12 V</td></tr>
<tr><td>重量</td><td colspan="7">1.8kg</td></tr>
<tr><td>外形尺寸</td><td colspan="7">550 mm×415 mm</td></tr>
<tr><td>抗风强度</td><td colspan="7">75 m/s</td></tr>
<tr><td>使用环境</td><td>温度：
-50～60℃
湿度：
0～100%RH</td><td colspan="6">温度：-40～60℃　湿度：0～100%RH</td></tr>
</table>

2.7.4　降水类传感器

降水是指从天空降落到地面上的液态或固态(经融化后)的水。降水量是指某一时段内的未经蒸发、渗透、流失的降水，在水平面上积累的深度。以毫米(mm)为单位，取一位小数。气象站观测每分钟、时、日降水量。常用测量降水的仪器有雨量器、翻斗式雨量计、虹吸式雨量计和双阀容栅式雨量传感器等。

自动气象站中一般使用翻斗雨量传感器测量液态降水，北方地区多采用称重式降水传感器测量固态和液态的降水。

(1)翻斗雨量传感器

翻斗雨量传感器用来测量地面降雨。适用于气象台(站)、水文测站、农、林业等有关部门用以测量液体降水量、降水强度。仪器感应器用二芯电缆连接，输出机械触点(干簧管)信号。

翻斗雨量传感器由承水器、上翻斗、计量翻斗、计数翻斗等组成。雨水由承水口汇集，进入上翻斗。上翻斗的作用是使降水强度近似大降水强度，然后进入计量翻斗计量，计量翻斗翻动一次为 0.1 mm 降水量。随之雨水由计量翻斗倒入计数翻斗。外形和结构如图 2.14 所示。

在计数翻斗的中部装有一块小磁钢，磁钢的上面装有干簧开关，计数翻斗翻转一次，干簧管因磁化而瞬间闭合一次送出一个信号。输出信号由红黑接线柱引出。

(a)翻斗雨量传感器外观

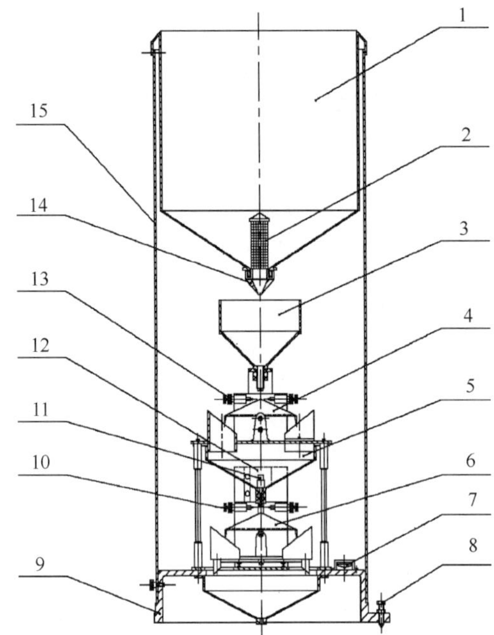

(b)翻斗雨量传感器内部部件定义

图 2.14　翻斗雨量传感器

翻斗雨量传感器内部部件定义如下：

①承水器，②网罩，③漏斗，④上翻斗，⑤汇集漏斗，⑥计量(计数)翻斗，⑦水平泡，⑧调整六角螺钉，⑨底盘，⑩容量调节螺钉，⑪磁钢，⑫干簧继电器，⑬定位螺钉，⑭清洗拆卸螺帽，⑮筒身。

(2)称重式降水量传感器

称重式降水传感器是一种可以长期在野外使用并自动测量降雨和降雪的设备，如图2.15所示。

收集降水的集水桶经称重单元悬挂在圆柱体支座的上法兰盘上，集水桶内的降水由称重单元进行称重。根据称得的降水重量即可换算成降水量。

称重单元是利用内部的振动金属线被测量重物(降水)拉紧的程度来称重，称得的重量由输出的频率量来表示。该频率量为0～5 V的方波信号，使信号很容易传输。

数据处理单元测出称重单元传送来的频率量 f，使用以下计算公式即可计算得到集水桶内的降水量。

$$P = A(f - f_0) + B(f - f_0)^2$$

其中，P 是以 cm 表示的降水量；A 和 B 是常数(在称重单元校准卡内给出)；f_0 是空集水桶时传感器输出的频率(在称重单元校准卡内给出)；f 是称重单元输出频率。

在连续测量时，用本次测得的降水量减去前次测得的降水量即可得到两次测量间隔间的实际降水量。

称重单元是该降水传感器的重要组成部分，主要由载荷元件和信号变换电路组成，载荷

图 2.15 称重式降水传感器外观

元件是称重单元的核心，通过对重量变化的快速响应测量降水。称重单元通过温度补偿、数字滤波等技术达到全量程范围内的降水准确测量。外形结构如图 2.16 所示。

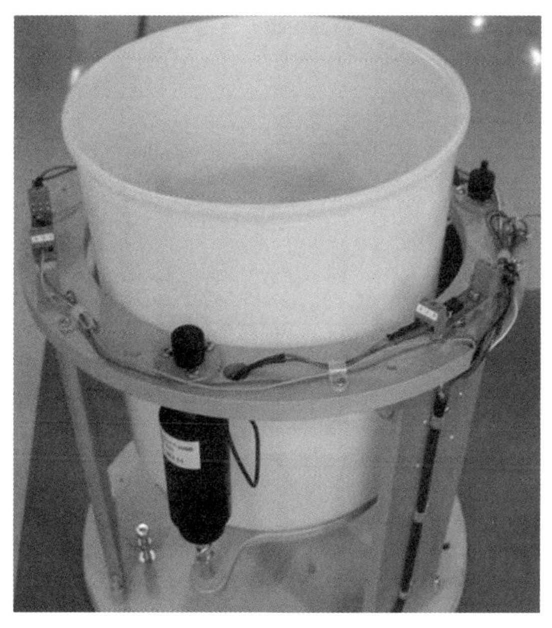

图 2.16 DSC2 称重式降水传感器的称重单元

根据载荷元件测量原理来分，载荷单元测量技术采用的是振弦技术：以弦丝为弹性原件，根据其重量与振动频率的对应关系，通过相应的测量电路得到重量。载荷元件外形如图 2.17a 所示。

振弦载荷单元通过测量输出的频率值，可由给出的公式计算出降水(雪)量。

DSC2 称重式降水传感器的载荷单元是由三只振弦组成，以确保在一根振弦出现故障的情况下数据记录仍然可以持续进行；同时也保证了该传感器在轻微偏离水平面的情况下测量数据不会受到影响。

信号变换电路的作用是将载荷元件测得的信号进行转换，再通过温度修正处理后，得到重量数据，如图 2.17b 所示。DSC1 型的称重雨量与 DSC2 的测量原理基本相同，只是称重单元的传感器等有区别。

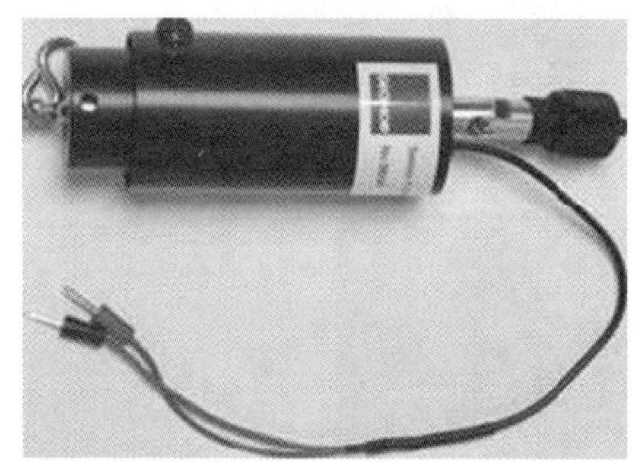

(a)DSC2 称重式降水传感器的载荷单元

(b)DSC2 称重式降水传感器的信号变换电路

图 2.17　DSC2 称重式降水传感器单元

(3)技术指标

表 2.12　翻斗雨量传感器技术指标

性能	技术指标
承水口直径	ø200 mm
环境温度	0～60℃
分辨力	0.1 mm
测量范围	0～4 mm/min
测量允许误差	±4%
输出信号	脉冲(1 脉冲=1 mm 降水)

表 2.13　称重式雨量传感器技术指标

性能	技术指标
承水口直径	$\varphi\ 200_{0}^{+0.6}$ mm
容量	0～400 mm 降水量(包括防冻液，防蒸发液)
雨/雪采集面积	314 cm^2
分辨力	0.1 mm
准确度	±0.4 mm(≤10 mm)/ ±4%(>10 mm)
数据输出	脉冲(通断信号)；RS232(115200,N,8,1)
电压	9～15 V

2.7.5 气压传感器

气压是作用在单位面积上的大气压力，即等于单位面积上向上延伸到大气上界的垂直空气柱的重量。气压国际制单位为帕斯卡，简称帕。在气象上常用的单位是百帕，用符号“hPa”表示。气压也常用毫米水银柱高表示。在标准状态下，760 mm 高的水银柱产生的压强为 1013.25 hPa，简称 1 个标准大气压。气象观测中常用的测量气压的仪器有水银气压表、空盒气压表、气压计。

自动气象站中大都使用硅膜盒电容式气压传感器，测量出来的是本站气压。

(1)气压传感器原理

① 硅膜盒电容式气压传感器

硅膜盒电容式气压传感器的感应元件是电容式硅膜盒。当该电容硅膜盒外界大气压力发生变化时，单晶硅膜盒的弹性膜片随着发生形变而引起硅膜盒平行电容器电容量的改变，通过测量电容量来计算本站气压。当气压增加时，单晶硅膜盒的弹性膜片向下弯曲，电压增大；当气压减小时，单晶硅膜盒的弹性膜片向上弯曲，电压减小。传感器基于一个高级的 RC 振荡电路和 3 个基准电容，连续测量电容压力传感器及电容温度传感器，微处理器自动进行压力线性补偿及温度补偿。硅膜盒电容式气压传感器的型号有多种，典型的有 DYC1 与 HYPTB220。

DYC1 型气压传感器是气象站、数据浮标、船舶、机场和环境土壤学等应用领域的理想选择，也是激光干涉仪和发动机试验台等工业设备压力检测的优秀解决方案。DYC1 型气压传感器主要优点：较低的迟滞性、优良的可重复性、较低的温度依赖性与卓越的长期稳定性，还具有分辨力和灵敏度高，动态特性好。HYPTB220 型气压传感器可进行数字调整，并可使用电子工作标准进行校准。微调和使用高精度压力校准仪校准的高精度气压传感器的压力量程为 500～1100 hPa。

② 硅谐振式压力传感器

硅谐振式压力传感器是一种新型的结构型压力传感器，和传统的硅压阻压力传感器相比具有更高的分辨率、灵敏度、精度和稳定性。

硅谐振式压力传感器的基本原理是利用硅谐振器与选频放大器构成一个正反馈振荡系统，当此系统受到压力作用时，其固有的振荡频率发生变化，因此，根据其频率的变化就可以测量出压力的大小。

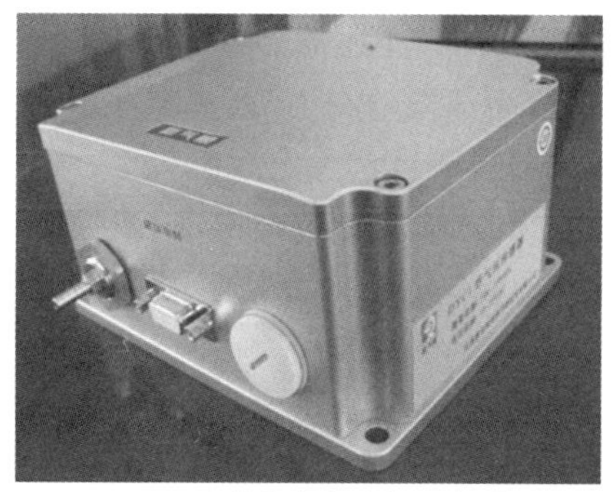

(a) DYC1 硅膜盒电容式气压传感器

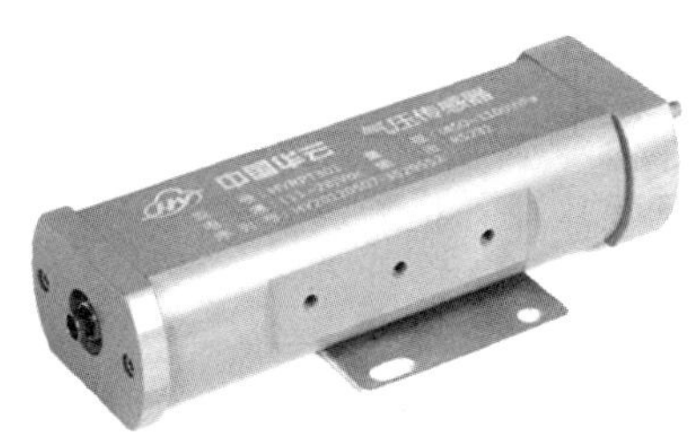

(b) HYRPT301 硅谐振式气压传感器

图 2.18 气压传感器

(2)技术指标

表 2.14　气压传感器技术指标

项目	HYPTB220 型技术指标	DYC1 型技术指标	HYRPT301 型技术指标
测量范围	500～1100 hPa		
分辨力	0.1 hPa		
精度	±0.25 hPa(气压在 800～1050 hPa 温度在＋5～＋55℃)		
工作温度	－40～＋60℃		
湿度	不凝结		
供电电压	10～30 V	10～30 V	9～28 V
输出	RS232		

2.7.6　超声波蒸发传感器

水由液态转变成气态，逸入大气中的过程成为蒸发，蒸发与降水、降雪是两个相反且相互依存的过程。蒸发量是指在一定时段内，水分经蒸发而散布到空中的量，通常用蒸发掉的水层厚度的毫米数表示。气象上常用小型蒸发皿或大型蒸发器观测蒸发量。自动观测蒸发量是在大型蒸发器的基础上通过超声传感器自动测量水面高度从而计算出蒸发量。

自动气象站使用的蒸发传感器一般采用超声原理测距，通过计算水面高度得出单位时间内的蒸发量。

(1)蒸发传感器

蒸发传感器采用超声波测距和连通器原理。测量探头通过检测测量筒内超声波脉冲发射和返回的时间差来测量水位变化情况并转换成电信号输出，测量探头的输出为 4～20 mA 电流信号，可以进行远距离传输。超声波蒸发传感器的外形和结构如图 2.19 所示，接线盒如图 2.20 所示。

整套蒸发测量系统由水位测量探头、测量筒、蒸发桶、连通器、水圈、小百叶箱等组成。测量筒和测量探头置于小百叶箱内，使用连通管和大型蒸发桶相连，大大降低了水面波动对蒸发测量的影响，改善了测量环境，有效地提高了测量准确度和稳定性。

蒸发传感器选用超声蒸发传感器，该传感器运行稳定，测量数据准确，满足业务观测需求。蒸发桶采用业务观测台站常用的 E-601B 蒸发桶，并对它进行改造，使它与测量筒形成一连通器。

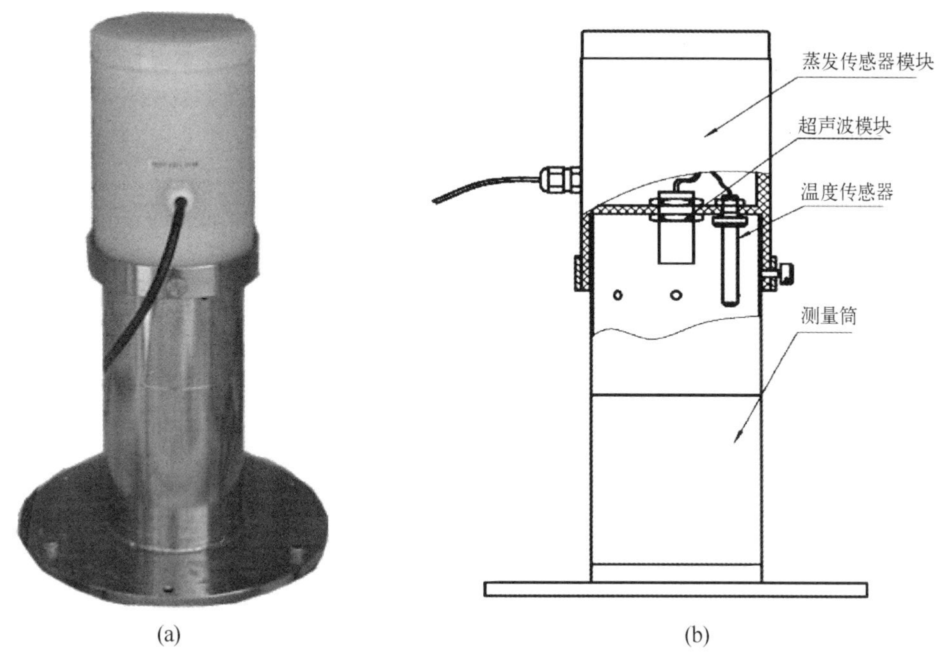

图 2.19 超声波传感器外观(a)和结构(b)示意图

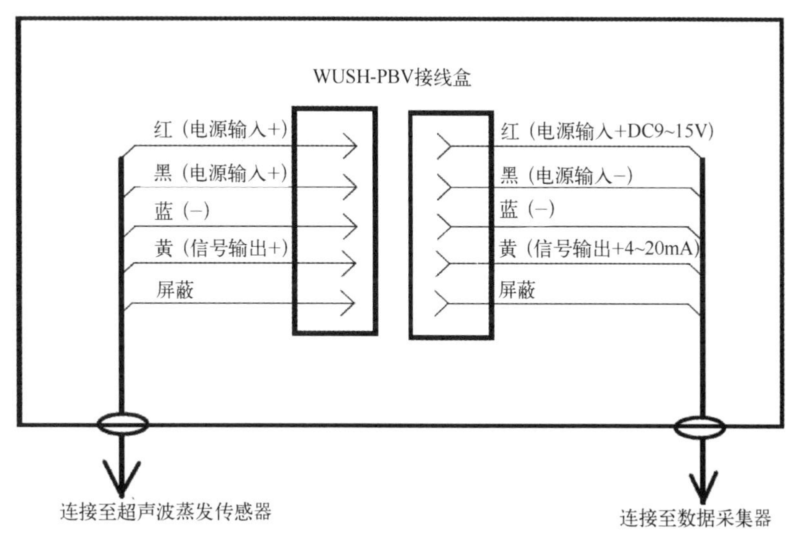

图 2.20 超声波传感器接线盒接线图

(2)蒸发传感器维护

蒸发传感器用水的要求：应尽可能用代表当地自然水体(江、河、湖)的水，在取自然水困难的地区，也可使用饮用水(井水、自来水)；器内水要保持清洁，水面无漂浮物，水中无小虫及悬浮污物，无青苔，水色无显著改变；一般每月换一次水。蒸发传感器换水时应清洗蒸发桶，换入水的温度应与原有水的温度相接近。

冬季结冰期停止观测，应将蒸发桶内和连通管内的水排净，以免冻裂。

每年在汛期前后(长期稳定封冻的地区，在开始使用前和停止使用后)，应各检查一次蒸发器的渗漏情况等；如果发现问题，应进行处理。调节水位高度时，要求不锈钢测量筒高水位刻度线和蒸发桶溢流口下沿持平，或不锈钢测量筒高水位刻度线高于蒸发桶溢流口下沿 5 mm 以内。调节方法是用长乳胶管灌入 90％水，两端两个水位线应分别与蒸发传感器高水位刻度线和蒸发桶溢流口下沿一致。也可使蒸发桶装满水，分别测量蒸发桶内水位和不锈钢测量筒内水位。

水圈内的水面应与蒸发桶内的水面接近。当水位即将高于不锈钢测量筒高水位刻度线(或即将接近蒸发桶溢流口)时，应及时将蒸发桶内的水舀出。当水位即将低于不锈钢测量筒低水位刻度线(或即将低于溢流口向下 10 cm 刻度线)时，应及时向蒸发桶内加水。

(3)技术指标

表 2.15　蒸发传感器技术指标

项目名称	技术指标
测量范围	0～100 mm(传感器 0～98.1 mm)
分辨率	0.1 mm
允许误差	±15％(满量程)
输出	4～20 mA
供电	10～15V
工作温度	0～＋50℃

2.7.7　辐射传感器

辐射自动观测传感器种类有：总辐射表、直接辐射表、净全辐射表、反射辐射表、散射辐射表等。辐射表安装在专用的架子上，由辐射传感器与分采集器组成辐射采集系统。

(1)热电传感器

热电式传感器是将温度变化转换为电量变化的装置。它是利用某些材料或元件的性能随温度变化的特性来进行测量的。

热电式辐射表的感应元件是该表的核心部分，它由快速响应的线绕电镀式热电堆组成。感应面涂无光黑漆，感应面为热接点，当有阳光照射时温度升高，它与另一面的冷接点形成温差电动势，该电动势与太阳辐射强度成正比。热电式辐射表的双层玻璃罩是为了减少空气对流对辐射表的影响。内罩是为了截断外罩本身的红外辐射而设计的。

热电式辐射传感器有国产 TBQ-2-B、FS-S6 和进口的 Kipp&Zone 的 CMP/CMA 系列辐射表，如图 2.21 所示。

图 2.21　Kipp&Zone 的 CMP/CMA 系列辐射表

(2)光电传感器

光电式传感器是将光通量转换为电量的一种传感器，光电式传感器的基础是光电转换元件的光电效应。由于光电测量方法灵活多样，可测参数众多，具有非接触，高精度，高可靠性和反应快等特点，使得光电传感器在检测和控制领域获得了广泛的应用。光电式辐射表即为光电式传感器在太阳辐射测量中的典型应用。

光电式辐射表有 Li-cor 的辐射表、Kipp&Zone 的 SP-lite 系列及 PQS 系列光合辐射表，如图 2.22 所示。

图 2.22　Kipp&Zone 的 PQS 1 光合辐射表

(3)传感器维护

连续工作的辐射表每天至少检查一次，操作顺序为：

①玻璃罩应保持清洁，经常用软布或毛皮擦净。

②玻璃罩不准拆卸或松动，以免影响测量精度。

③罩内防止结水，应定期更换干燥剂。

对直接辐射表还应进行如下的检查：

①检查安装是否水平；

②应检查进光筒石英玻璃窗口是否清洁，如有灰尘、水汽凝结物，应及时用吸耳球或用软布、光学镜片纸擦净，切忌划伤；

③每天工作至少要检查一次跟踪情况并及时调整仰角和时间(对光点)；

④为保持光筒中空气干燥，应定期(6 个月左右)更换一次干燥剂。

2.7.8 雪深传感器

雪深是从积雪表面到地面的垂直深度，人工测量以厘米(cm)为单位，自动测量以毫米(mm)为单位。雪深的观测地段，应选择在观测场附近平坦、开阔的地方。入冬前，应将选定的地段平整好，清除杂草，并作上标志。

自动气象站中使用的雪深测量一般采用超声波传感器或激光传感器。雪深传感器先测量雪面高度，通过与地面固定距离的比较得出雪深数据。雪深测量仪外观示意图见图 2.26。

(1)超声波雪深传感器

超声波测距传感器测量从传感器到目标的距离。最常见的应用是测量积雪深度和水位。传感器是基于 50kHz(超声波)静电传感器。传感器确定目标距离是通过发送超声波脉冲，接收从目标反射的回声，根据回声的传输时间测距目标距离。

由于声波在空气中传播速度随温度而变化，为此超声波测距单元需要独立的温度测量作温度补偿。

超声波测距传感器能够发现小目标或高度吸收声音目标，如低密度雪。使用一个独特的回波处理算法，以确保测量的可靠性。如果需要，还可以输出数据值来标明测量质量。

图 2.23　SR50A 超声波雪深传感器

(2)激光雪深传感器

激光雪深传感器采用相位法激光测距原理，激光测距单元的测距距离为 0～2 m，测距分辨力为 1 mm，测距重复精度为±1 mm。

相位差采用差频测量方法，将调制激光信号和接收信号分别与中频本振信号进行差频混频后，得到两个相位差不变但是频率较低的信号，使高精度相位差检测易于实现。混频后的信号通过数字鉴相器进行相位差检测，有利于简化电路，提高相位差检测的稳定性和精确度。相位差检测的原理，如图 2.24 所示。

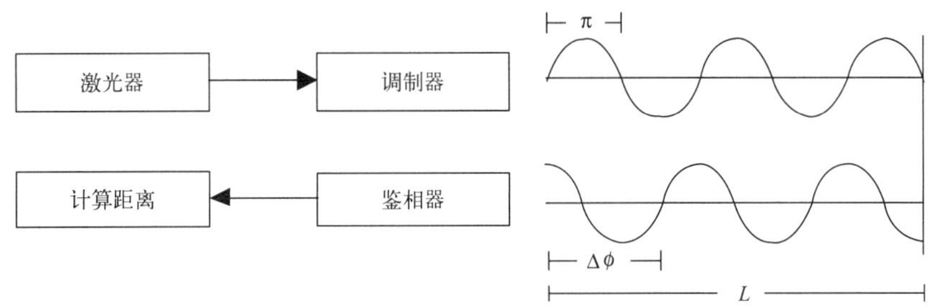

图 2.24 激光雪深传感器测量原理

激光测距单元由高稳定的激光发射器、接收器、前置控制器组成，采用相位法测距，用无线电波段的频率，对激光束进行调制并测定调制光往返测线一次所产生的相位延迟，再根据调制光的波长，换算此相位延迟所代表的距离，即用间接方法测定出光经往返测线所需的时间，得到距离值。同时，激光测距单元还检测反射激光信号的强度变化。距离、信号强度等数据送至处理单元进行处理。

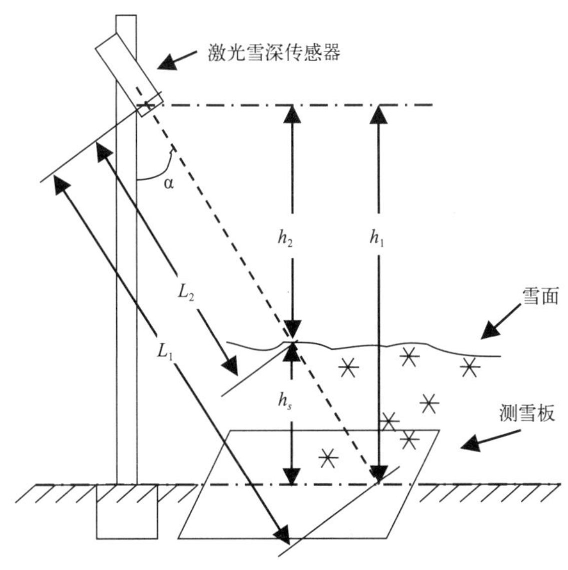

图 2.25 激光雪深传感器测量示意图

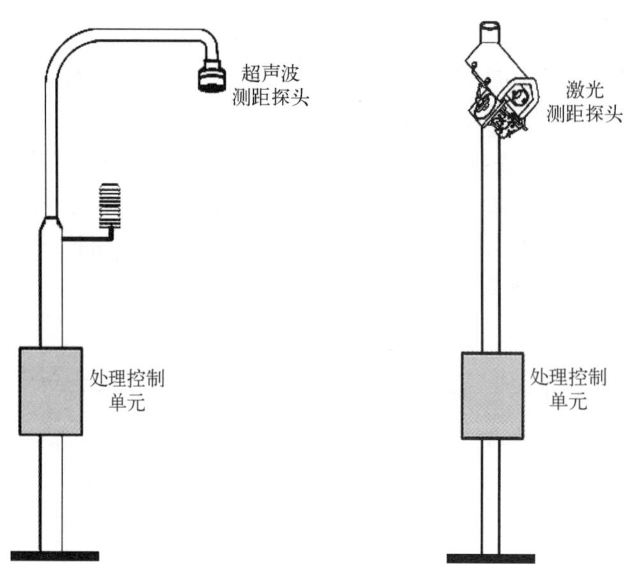

图 2.26　雪深测量仪外观示意图

(2)技术指标

表 2.16　超声波雪深传感器技术指标

项目名称	技术指标
测量范围	0～1500 mm
分辨力	0.25 mm(有温度补偿时)
允许误差	±5 mm 或者 0.4%×距离（二者选最大） 该指标不包括温度补偿错误时的情况
输出	RS-232（1200～38400 BAUD） RS-485（1200～38400 BAUD）
供电	9～18V
测量时间	<1.0s
工作温度	−45～+50℃
功耗	<0.9W（RS-232/RS485） 峰值电流典型值 290 mA

2.7.9　能见度仪

能见度用气象光学视程表示。气象光学视程是指白炽灯发出色温为 2700K 的平行光束的光通量在大气中削弱至初始值的 5%所通过的路途长度。

人工观测能见度，一般指有效水平能见度。有效水平能见度是指四周视野中二分之一以上的范围能看到的目标物的最大水平距离。取一位小数，第二位小数舍去，不足 0.1 km

记<0.1。

能见度观测仪测定的是一定基线范围内的能见度。自动气象站中一般使用前向散射能见度传感器测能见度。自动能见度观测记录以米为单位。

(1)前向散射能见度传感器

前向散射式能见度传感器由发射器、接收器、电源/控制器和机架等部分组成。探测原理见图 2.27 和图 2.28。

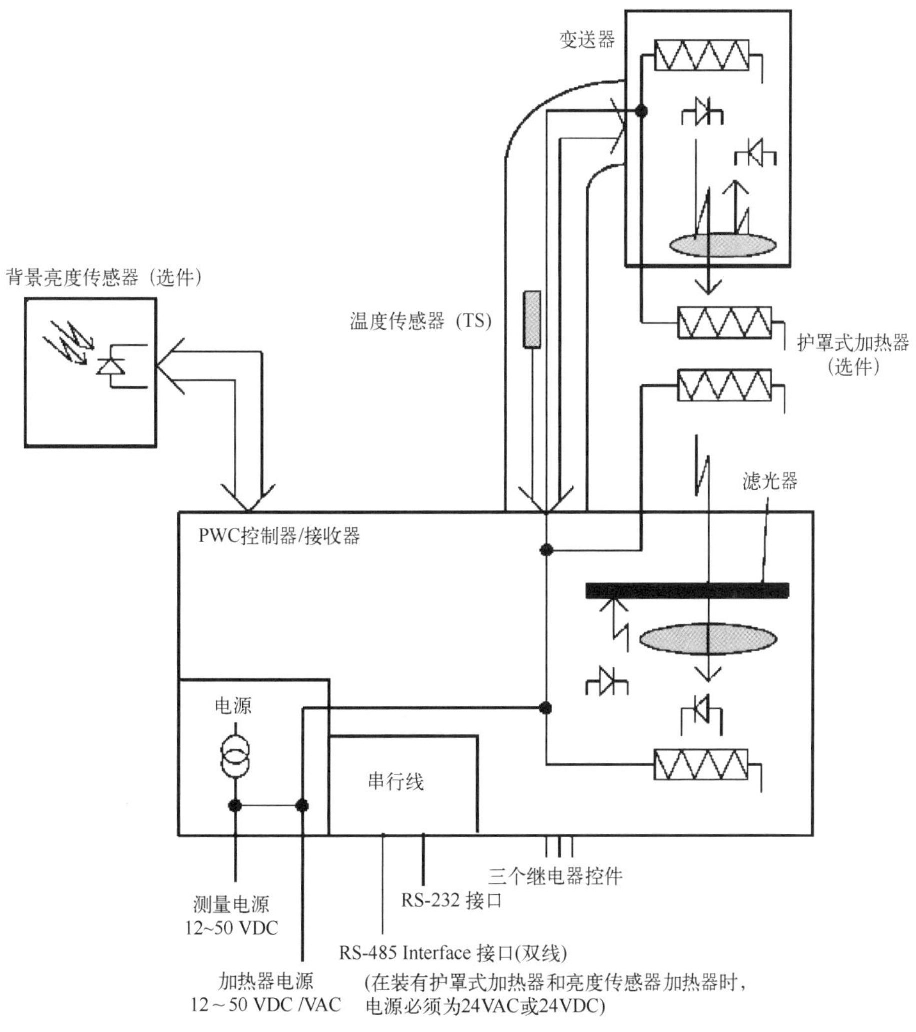

图 2.27 前向散射式能见度仪探测原理图

发射器装置由红外线 LED、控制和触发电路、红外线强度传感器(光二极管)和反向散射信号强度传感器(光二极管)组成。变送器装置以 2kHz 的频率使红外线 LED 产生脉冲波。光二极管监控发射光强度,测量的变送器强度用于自动使红外线 LED 的强度保持为预设值。"LEDI"反馈电压由 CPU 监控,以获取有关红外线 LED 的老化情况和可能的缺陷的信息。反馈回路对红外线 LED 的温度和老化效应进行补偿。另一方面,主动补偿会略微加速红外线 LED 老化。因此,初始 LED 电流设置为一个值,这可确保装置运行几年而无需维护。额外的光二极管测量从镜头、其他对象或污染物向后散射的光，此信号也由 CPU 监控。

温度传感器是固定到横臂上的 Pt100 热敏电阻。使用高精度 A/D 转换器，每分钟测量一次温度。

光接收器由 PIN 光二极管、前置放大器、电压到频率转换器、反向散射测量光源 LED 以及一些控制和定时电子器件组成。接收 PIN 光二极管检测从采样空气柱内悬浮颗粒散射且被镜头聚焦(特定方向的散射光)的光脉冲。信号电压由与变送器同步的相敏锁定放大器进行过滤和检测。高达 30 kcd/m^2 的环境光照水平不会影响光二极管的检测，也不会使前置放大器饱和。

发射器通过红外发光管，产生红外光通过镜头在大气中形成接近平行的光柱。接收器将采样区内大气特定方向的前向散射光汇集到光电传感器的接收面上，并将其转换为与大气能见度成反比关系的电信号。此信号经处理后送至控制器的数据采集板. 经 CPU 取样和计算得到采样区内大气的特定方向的前向散射光的强度值，由此估算出总的散射量(与仪器结构决定的采样角度有关)，从而得到透过量，由此计算得到大气能见度的值。

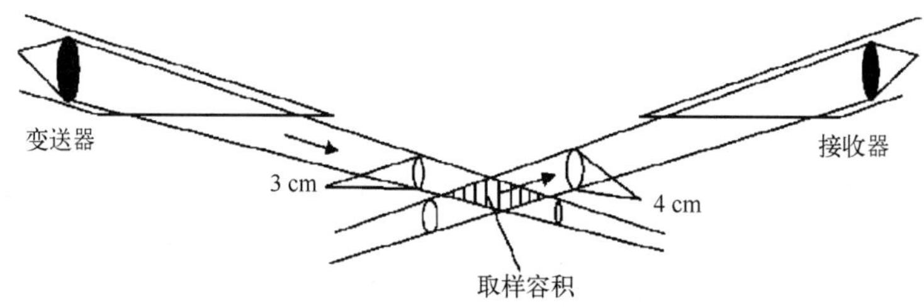

图 2.28　光学测量示意图

能见度传感器的具体组成如图 2.29 所示，总体上由 7 个部分构成。使用安装法兰将其固定到桅杆侧面或横臂。前向散射能见度仪整体安装如图 2.30 所示。

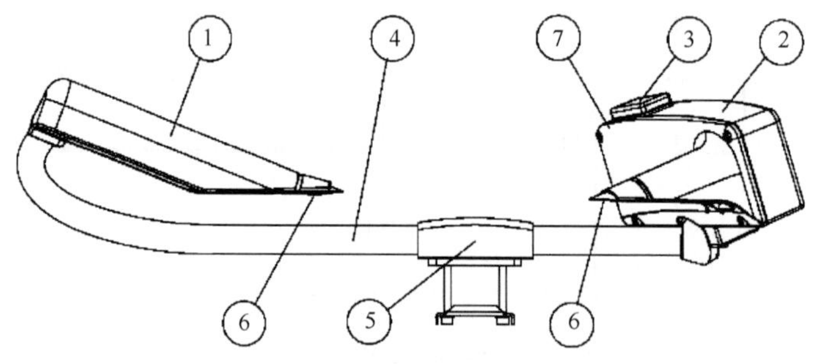

图 2.29　DNQ1 前向散射式能见度仪

它的 7 部分组成分别为：①变送器/发射器，②控制器/接收器，③空白面板，④管中的 Pt100 温度传感器，⑤安装座，⑥护罩式加热器(可选)，⑦亮度传感器 PWL111(可选)的位置。

图2.30 DNQ1前向散射式能见度仪的整体安装图

(2)技术指标

表2.17 前向散射式能见度传感器技术指标

项目名称	技术指标
测量范围	10～35000 m
精度	±10%,10～10000 m;±15%,10～35 km
仪器一致性	+ 5%
时间常数	60 s
更新间隔	15 s
输出接口	RS-232 RS-485

(3)设备维护

为获取可靠的结果,变送器和接收器装置的镜头应相对保持干净,否则会影响能见度的测量准确性。应定期对能见度的镜头进行清洁处理，具体间隔取决于能见度仪的使用环境条件。

完整的清洁过程如下：

①用异丙醇润湿无绒软布，然后擦拭镜头。注意不要刮伤镜头表面。

②确保护罩和镜头没有冷凝水、积雪或积冰。

③擦去护罩内表面和外表面的灰尘。

④正确清洁光学表面后，通过终端计算机向能见度仪发送 CLEAN 指令。

2.7.10 云高仪

云是悬浮在大气中的小水滴、过冷水滴、冰晶或它们的混合物组成的可见聚合体；有时也包含一些较大的雨滴、冰粒和雪晶，其底部不接触地面。云高指云底距测站的垂直距离，以米为单位，记录取整数。

自动气象站中一般使用激光测距的方式，通过计算传感器与云底部的距离得到云高。

(1)激光云高仪工作原理

仪器由发射望远镜、接收望远镜和电子门组成。当激光通过发射望远镜发射激光的同时由参考脉冲使电子门打开，于是计数电路就对时标脉冲计数。激光脉冲遇到云层被云滴散射，其中后向散射部分被接收望远镜接收后，通过光电转换系统指令电子门关闭，计数停止。计数电路记下从电子门开放到关闭的时间间隔，即为激光在测云仪和被测目标物之间往返一次所经过的时间。

如：脉冲发射后 67 ns 采集的数据代表 10 m 高度大气的信息，133 ns 的数据代表 20 m 高度大气的信息，依次 49933 ns 的数据对应 7490 m 的高度，如图 2.31 所示。激光云高仪的外观如图 2.32 所示。

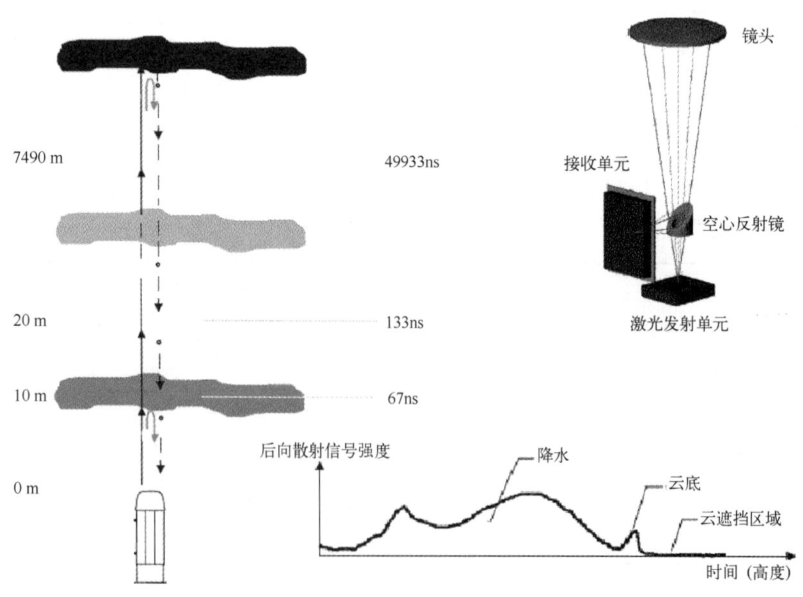

图 2.31 激光云高仪工作原理示意图

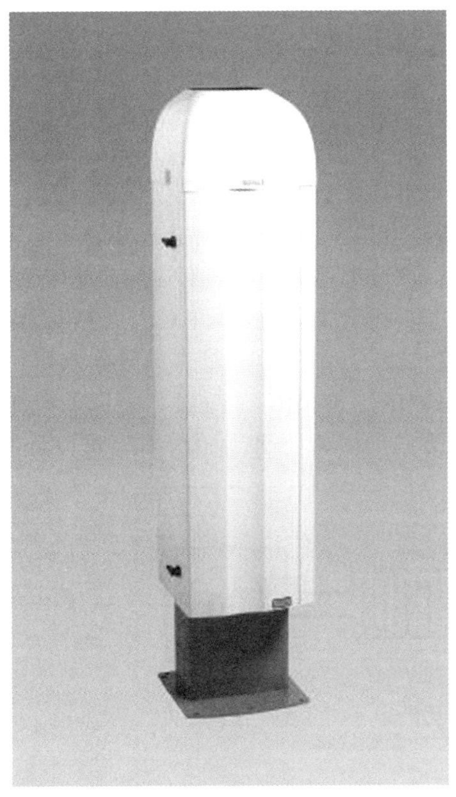

图 2.32 激光云高仪外观图

(2)技术指标

表 2.18 激光云高仪技术指标

项目名称	技术指标
测量范围	0～15 km
分辨力	10 m,20 m
报告间隔	6～120 s
测量间隔	6 s 默认
温度	－40～＋60℃
供电	220VAC

2.7.11 降水现象仪

降水现象是指在大气中冷凝的水汽以不同方式下降到地球表面的天气现象。

根据现行规定的降水类天气现象共分成 8 种,其中液态降水有雨、毛毛雨、阵雨,固态降水有雪、阵雪、冰雹,还有混合型降水有雨夹雪、阵性雨夹雪。此外,根据降水性质,分阵性降水、连续性降水和间歇性降水等三种类型。

自动气象站中一般使用降水天气现象传感器来观测降水现象。

(1)降水现象传感器原理

① 感应式传感器

降水天气现象传感器的主体结构是前向散射仪加上雨感器。雨感器安装在前向散射式能见度仪上。参见图 2.29 DNQ1 前向散射式能见度仪图，部件③为安装雨感器的部位。

雨感器的工作原理是通过两组密集的电梳对其表面物质的介电系数的改变使其内部相应振荡电路的频率发生改变，测量电路的输出频率达到测量表面含水量，进而测量降水。探测表面经过细致的设计和加工，内含加热电路，并且表层具有亲水特性；定时的加热可以恢复探测的灵敏度和电路的复位，可以灵敏地测量表面吸附水汽的量、降水的测量，降雪到其表面融化后也被测量。雨感器的结构如图 2.33 所示。为了增加对空间的敏感性其有两个探测面，交角 90°，呈现不同方向的两个“下坡”，有降水时可以自然流过探测表面。

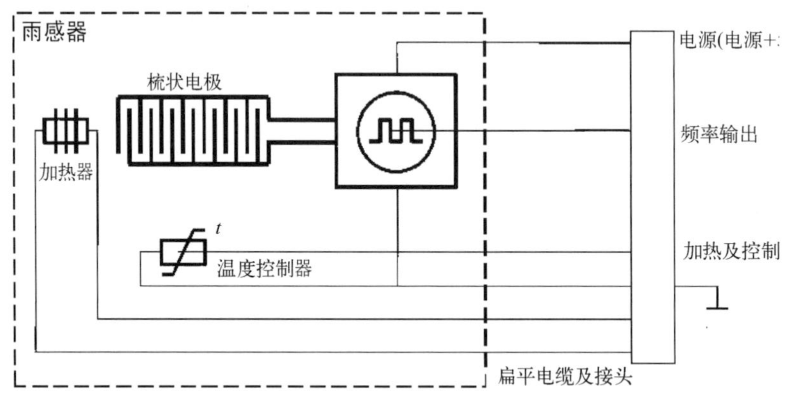

图 2.33 感应式雨感器原理图

② 前向散射式传感器

该传感器是利用光的前向散射原理，从发射器发出一束中心波长为 0.87μm 的红外光射入大气中，红外光遇到大气中的气溶胶粒子以及降水颗粒发生前向散射，接收器将散射光汇聚到硅光电传感器的接收面上并将其转换为电信号。此信经号经处理后送至数采板。根据不同降水的颗粒大小和下降速率等换算为不同的降水类型。传感器外观如图 2.34 所示。

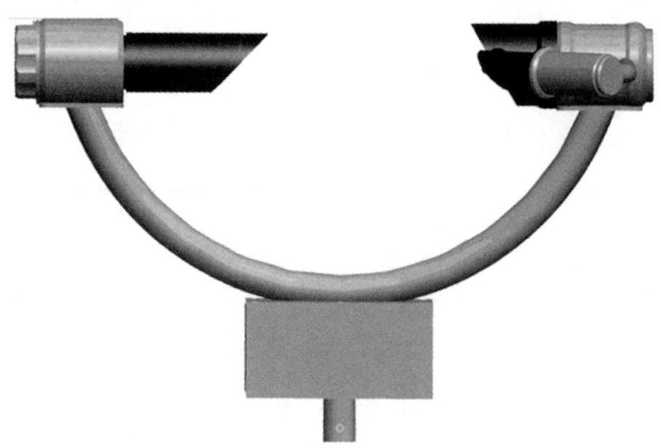

图 2.34 前向散射式传感器外观

(2)技术指标

表 2.19 降水现象仪技术指标

项目名称	技术指标
能见度测量范围	10～35000 m
能见度精度	±10%,10～10000 m;±15%,10～35 km
降水性天气现象判别	雨、阵雨、毛毛雨、雪、阵雪、雨夹雪、阵性雨夹雪、冰雹
仪器一致性	+ 5%
时间常数	60 s
更新间隔	15 s
输出	RS-232,RS-485 模拟输出
温度	−40～+55℃
最大功率	3 W;12～50VDC 可选亮度传感器:2 W,24 V;可选护罩加热器:65 W,24 V

软 件 篇

第3章 软件概述

3.1 系统组成

台站地面综合观测业务软件(Integrated Surface Observation System 简称 ISOS)由采集软件(Surface Meteorological Observation 简称 SMO)、业务软件(Manual Operation Integration Platform 简称 MOI)和通信软件(与 MOI 配套的 FTP 通信软件,简称 MOIFTP)组成。三个软件既相对独立,又相互关联。它们之间通过数据交换实现对观测设备的实时数据采集、业务处理、报表制作,能通过多种通信方式将数据按照一定的格式实时发送到省级和国家级信息中心。系统整体构架图如图 3.1 所示。

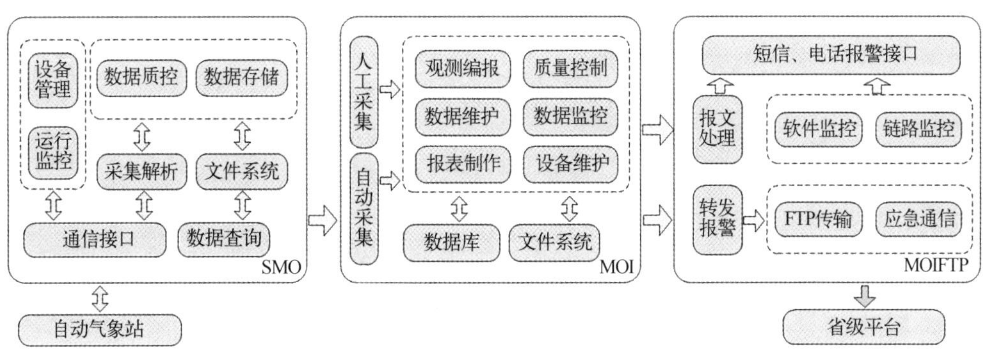

图 3.1 台站地面综合观测业务软件系统构架图

SMO 主要实现数据采集功能,是从观测设备中采集数据和对设备进行管理。此外,还具有数据查询、质量控制、视程障碍综合判断、数据流通信等辅助功能。通过配置通信参数,挂接各类气象要素观测设备,以串口方式与自动气象站实现通信。可以在设备管理功能中对采集器发送终端操作指令,实现各种交互操作功能。按照一定时序扫描,对所挂接的设备,采集观测数据和检查工作状态。对采集的数据依照预设规则进行检查和质量控制,并通过格式转换保存到分钟数据和小时数据文件中,为后续业务处理软件 MOI 提供原始数据。SMO 还具有对自动观测站工作状态显示和数据分类查询等功能。

MOI 是地面综合观测业务系统中的测报业务处理软件。数据源来自两个方面,一方面是 SMO 自动观测数据;另一个方面是人工观测数据。通过数据维护和质量控制,实现自动或人工的各种气象电报和数据文件的生成,并由 MOIFTP 软件进行发送。MOI 还具有各类气象报表编制、实时数据和运行监控、测报业务管理等功能。配合 SMO 还可以对设备维护期间的数据进行必要的业务处理。

MOIFTP是通信软件，主要通过FTP方式将MOI生成的气象电报和实时数据文件上传到上级数据中心。该软件还具有监控、报警、应急无线通信等三大功能。监控主要是对网络通信的链路、定时发送文件任务、MOI监控报警信息和对SMO、MOI软件的实时监控，一旦发现需要提醒或报警的信息，即通过报警模块实现报警功能。软件提供多种提醒和报警方式，如声音、文字或短信、电话等形式将异常信息发送给业务值班人员。MOIFTP结合专用无线移动通信硬件设备，可以自动切换通信链路，实现应急通信功能，可确保文件及时上传到上级数据中心。

3.2 数据流程

SMO,MOI,MOIFTP三个软件以文件系统的形式完成数据交互过程。MOI读取由SMO采集、质控后的自动观测数据，根据预设数据质量控制检查流程或人工干预完成一系列操作，形成通用格式的文件存放到对应目录。MOIFTP通过FTP通信方式实时将发送缓存目录中的文件上传到上一级数据中心的服务器中。在MOI中生成Z文件的数据流如图3.2所示。

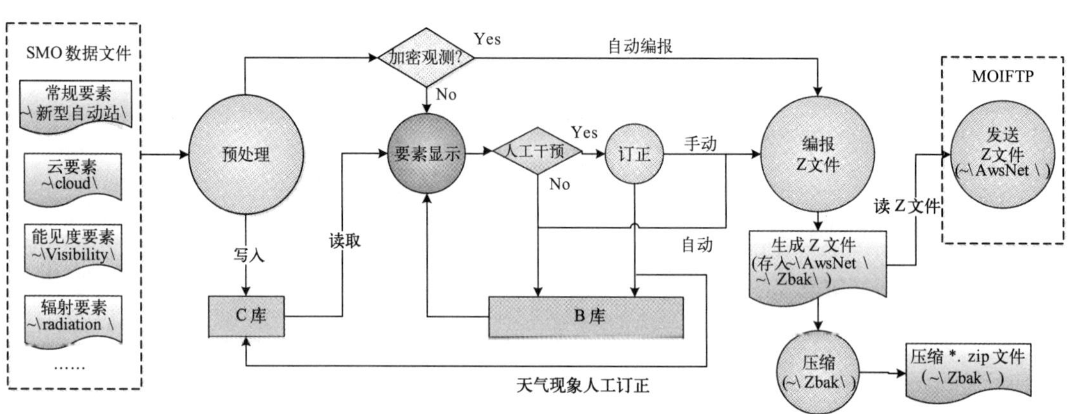

图3.2 Z文件生成数据流图

3.3 软件目录结构

3.3.1 采集软件目录结构

SMO软件包括backup，bin，dataset，log，metadata，netlog，outlog，plugin，Skins，template等子目录，如表3.1所示。

表 3.1 SMO 目录结构

<table>
<tr><th>序号</th><th>一级目录</th><th>二级目录</th><th>主要存放文件种类或内容说明</th></tr>
<tr><td>1</td><td>dataset</td><td>省份</td><td>数据文件、台站参数、计划任务、补调日志</td></tr>
<tr><td rowspan="3">2</td><td rowspan="3">bin</td><td></td><td>主程序目录、运行所需的动态链接库文件</td></tr>
<tr><td>cache</td><td>缓存目录</td></tr>
<tr><td>log</td><td>操作日志文件</td></tr>
<tr><td>3</td><td>plugin</td><td></td><td>外挂插件所需的动态链接库文件</td></tr>
<tr><td>4</td><td>metadata</td><td></td><td>配置文件,包括设备挂接、资料质控规则库、报警设置、帮助文件等</td></tr>
<tr><td>5</td><td>template</td><td></td><td>默认配置模板文件</td></tr>
<tr><td>6</td><td>log</td><td></td><td>软件运行日志文件</td></tr>
<tr><td>7</td><td>netlog</td><td></td><td>网络通信日志文件</td></tr>
<tr><td>8</td><td>outlog</td><td></td><td>传输日志文件</td></tr>
<tr><td>9</td><td>skins</td><td></td><td>程序皮肤文件</td></tr>
<tr><td>10</td><td>backup</td><td></td><td>备份配置文件</td></tr>
<tr><td>11</td><td>待发送</td><td></td><td>待上传的数据流文件</td></tr>
</table>

其中,dataset 目录用于存放 SMO 台站参数和各种采集数据,“…dataset\省名\站号\”目录下包括 AWS、AWS_PC、AWS_RAW_、AWS_RAW_CLOUD、AWS_RAW_RADIATION、AWS_RAW_SUNSHINE_、AWS_RAW_VISIBILITY_、AWS_RAW_WEATHER、补调计划、观测员排班、历史计划等目录,详见表 3.2。

表 3.2 dataset 子目录

序号	目录名称	存放文件种类
1	AWS	数据文件、数据质控配置等文件
2	AWS_PC	主机状态信息日志
3	AWS_RAW_	新型站采集通信日志
4	AWS_RAW_CLOUD	云数据采集通信日志
5	AWS_RAW_RADIATION	辐射数据采集通信日志
6	AWS_RAW_SUNSHINE_	日照采集通信日志
7	AWS_RAW_VISIBILITY_	独立能见度采集通信日志
8	AWS_RAW_WEATHER	天气现象仪通信日志
9	补调计划	补调自动站资料的任务计划文件
10	观测员排班	观测员排班脚本文件
11	历史计划	历史执行任务计划文件

其中，AWS 目录用于存放所有分类的观测数据和质控配置文件。主要有 cloud、radiation、sunlight、visibility、weather、新型自动站、天气现象综合判断等目录。除天气现象综合判断数据外，其他数据按质量控制的等级分别有"设备"、"质控"、"订正"三个目录存放，每个目录下还有分钟(Minute)或小时数据的目录。在 AWS 目录中还存放数据采集流程配置文件(AWS. dev)，数据结构定义文件(AWS. lib)，补调资料和校时设置文件(AWS. script)，传感器质控参数文件(自动站 . qc)。

(1)设备目录:该目录下通常有设备状态(State)文件目录、数据文件目录(Value)，存放的是从采集器中读取的设备运行状态文件和原始观测数据文件。除了新型自动站包括小时数据目录(Hour)外，其他观测项目均为分钟数据目录(Minute)。

(2)质控目录:与"设备目录"不同的是没有设备状态文件目录，只有数据文件目录。这些数据文件是根据预设质控规则经过检查和处理后的数据。MOI 获取的数据来自这个目录。

(3)订正目录:该目录中存放的是经过自动质控，并又经过人工订正或质控的数据。由于目前人工订正或质控功能主要集中在 MOI 软件中完成，所以 SMO 的人工订正功能基本没有使用。

具体见表 3.3。

表 3.3　AWS 子目录

序号	目录名称	存放文件种类
1	新型自动站	新型自动站数据和设备状态文件
2	Visibility	独立能见度数据和设备状态文件
3	cloud	云数据和设备状态文件
4	radiation	辐射数据和设备状态文件
5	weather	天气现象数据和设备状态文件
6	sunlight	日照数据和设备状态文件
7	天气现象综合判断	视程障碍综合判别数据文件

3.3.2　业务软件目录结构

MOI 目录下包括 AwsDataBase，AwsNet，alert，Aviation，Configure，Log，MOIRecord，Music，PDFReader，ReportFiles，Synop，ZBak，x64，x86 等目录，详见表 3.4。MOI 的主程序和运行所需的动态链接库均在 MOI 本级目录下。

MOI 的数据文件目录有两个，一个是基本数据文件目录(AwsDataBase)，另一个是报表数据文件(ReportFiles)。从 SMO 的"质控"目录下读取的数据分类保存到 AwsDataBase 目录下，主要以 SQLite 数据库的方式保存。AwsDataBase 目录下的 CIIiii_yyyy. db(以下简称 C 库文件)存放的原始的分钟和小时数据，以及包括人工观测的各种天气现象数据；DIIiii_yyyyMMddHH. db(以下简称 D 库文件)存放的是近一小时的质控数据和近一小时包含人工观测的天气现象数据；BIIiii_yyyy. db(以下简称 B 库文件)中存放的是 MOI 小时质控编报后的数据，常规日数据，日照数据，报表封面封底，大气浑浊度和作用层状态，软件升级记录等(注：IIiii 表示区站号，MM 表示月份，yyyy 表示年份，dd 表示日，HH 表示小时，mm 表示分钟，ss 表示秒)。MOI 的目录结构说明见表 3.4。

表 3.4 MOI 目录结构

序号	一级目录	二级目录	主要存放文件种类或内容说明
1	AwsDataBase		B 库文件，存放正点编报、日数据、报表等数据。C 库文件，存放原始的分钟、小时数据。D 库文件，存放最近一个小时数据。
2	ReportFiles	AFile	A 文件
		RFile	R 文件
		PDFFiles_A	A 文件生成的 PDF 格式的月报表、年报表文件
		PDFFiles_R	R 文件生成的 PDF 格式的辐射报表文件
3	Configure		台站参数、航危报参数、设备参数等配置文件
		RuleBase	地面审核规则库和辐射审核规则库文件
4	MOIRecord		当天 Z 文件发送任务、重要报编报等记录文件
5	AwsNet		待发送文件缓存目录，主要 Z、辐射、日数据、日照和状态文件等
6	Aviation		航空危险报待发送文件缓存目录
		Backup	航空危险报报文备份目录
7	Synop		重要天气报待发送文件缓存目录
		Backup	重要天气报报文备份目录
8	ZBak		Z 文件、日数据文件、日照数据文件的压缩文件存放目录
9	x64		操作 SQLite 所需的组件，基于 x64 系统
10	x86		操作 SQLite 所需的组件，基于 x86 系统
11	Log		软件运行日志文件
12	alert		报警信息文件(供 MOIFTP 调用)
13	Music		报警提醒用的音乐文件
14	～BackupTemp		B 库、C 库自备份目录，一般情况下用户看不到是个隐藏目录。
15	PDFReader		PDF 阅读工具程序

3.3.3 通信软件目录结构

MOIFTP 目录是与 MOI 同一级的目录，是与 MOI 配套的上传数据文件的 FTP 通信软件。其下包括 alert，Record，BackZfile，BSynop，x64，x86 等子目录。MOIFTP 的主程序和运行所需的动态链接库、参数文件均在 MOIFTP 本级目录下。具体目录结构说明见表 3.5。通信参数文件为 MobileNum.xml。

表 3.5　MOIFTP 的目录结构

序号	目录	主要存放文件种类或内容说明
1	alert	缺报提醒文件
2	Record	发送任务记录、通信日志、链路监测、出错信息等文件
3	BackZfile	第二通道 Z 文件发送缓存目录
4	BSynop	第二通道重要天气报发送缓存目录
5	x86	操作 SQLite 所需的组件，基于 x86 系统
6	x64	操作 SQLite 所需的组件，基于 x64 系统

第4章 系统安装

4.1 运行环境

4.1.1 计算机配置

计算机配置要求建议:CPU主频≥2.0GHz,内存≥4G,硬盘≥160G,虚拟内存:4G,显示器分辨率≥1024×768。

4.1.2 操作系统

本软件需要在微软Windows XP或以上版本的操作系统上运行,建议使用Windows 7或以上的专业版或旗舰版操作系统(32位或64位均可)。也支持Windows Server 2003或以上的服务器操作系统。若使用Ghost等类似一键安装的系统,可能会因为缺少相关系统组件,影响程序正常运行。

4.2 安装前准备

软件安装在Windows XP,Windows Server 2003,Windows Server 2008操作系统上之前,需要先给计算机操作系统安装.Net Framework 4.0和2007 Office system驱动程序(Access Database Engine)。

在Windows 7操作系统中由于自带了.Net Framework 4.0,因此,不需安装。但需安装2007 Office system驱动程序(Access Database Engine)。Windows 7对于程序运行有安全性控制,需要以管理员身份关闭系统用户账户控制(User Account Control,简称UAC)。Windows 7系统中的UAC功能可以避免可疑的系统动作或者软件的行为,通过黑屏并提示来提醒用户是否允许其运行。这对于计算机启动就要运行的业务软件,必须满足自启动的要求,所以要取消该项功能。

4.3 软件安装

4.3.1 采集软件安装

(1)为保证文件存放位置的统一性,建议在计算机D盘目录下新建ISOS文件夹,后面的软件安装在D:\ISOS文件夹下面。

(2)可以从中国气象局气象探测中心网站的下载中心下载“台站地面综合观测业务软件(ISOS-SS)”(网址为：http://www.moc.cma.gov.cn/web/aoc/16)。

解压“台站地面综合观测业务软件安装包”后可以看到有两个压缩文件，一个是 SMO 安装包、另一个是 MOI+MOIFTP 安装包。解压 SMO 安装包，打开“台站地面综合观测业务软件－SMO4.0.7 安装包.exe”，出现安装向导对话框如图 4.1 所示，浏览选择 D:\ISOS 文件夹，点击“下一步”进行安装。

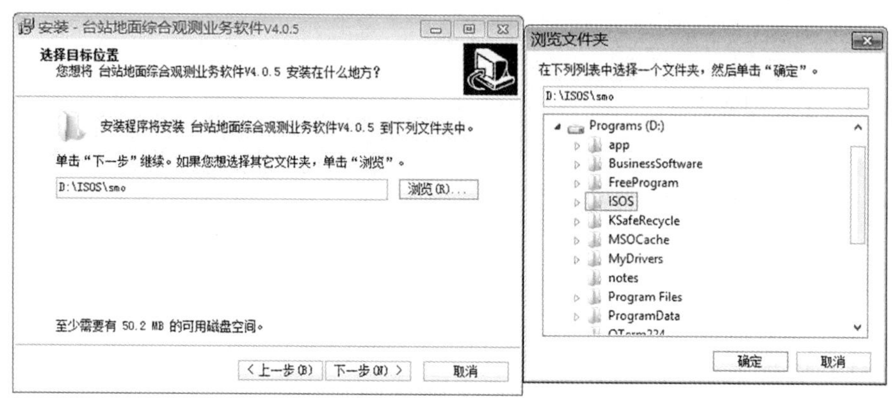

图 4.1　选择安装 SMO 的目标位置

(3)根据提示选择本省的省份名称，点击“下一步”。

(4)填写本站的台站号，点击“下一步”。

(5)选择新型站工作模式对应的组件。通常选择“单套设备 TCP 传输”选项。如果是双套自动站的则选择“双套设备 TCP 传输”。若有特殊需要通过消息中间件传输数据流到省里的台站，则要选择消息中间件传输的对应选项。如图 4.2 所示，点击“下一步”。

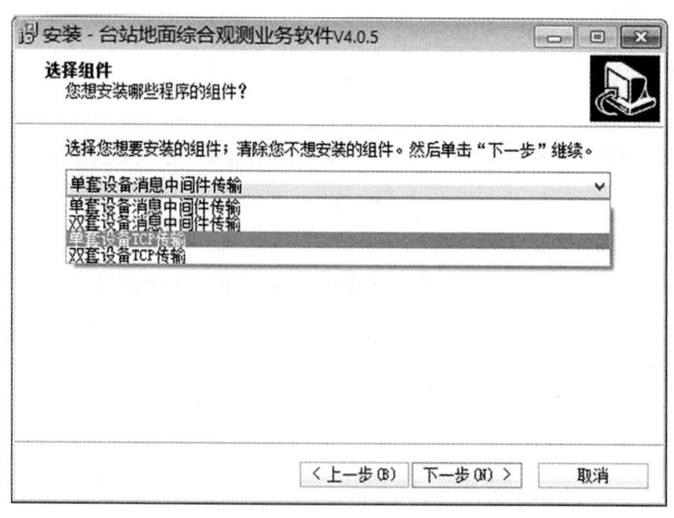

图 4.2　选择新型自动站工作模式的组件

(6)选择开始菜单文件夹，默认是“地面气象观测业务集成平台”，建议改为“地面气象观测业务采集平台”，点击“下一步”。

(7)显示所有的已经选择的选项，下一步就开始正式安装，点击“安装”按钮。

(8)安装完成后，选择是否直接打开台站地面综合观测业务软件，点击“完成”即可，首次运行需进行项目参数配置，详见第 5 章“参数设置”。

4.3.2 业务软件和通信软件安装

(1)解压 MOI＋MOIFTP 安装包，双击“台站地面综合观测业务软件 V2.0.8.0.exe”安装包程序，弹出软件安装向导窗口。

(2)点击“下一步”，出现如图 4.3 所示界面，安装目标文件夹默认为“D:\ISOS”。

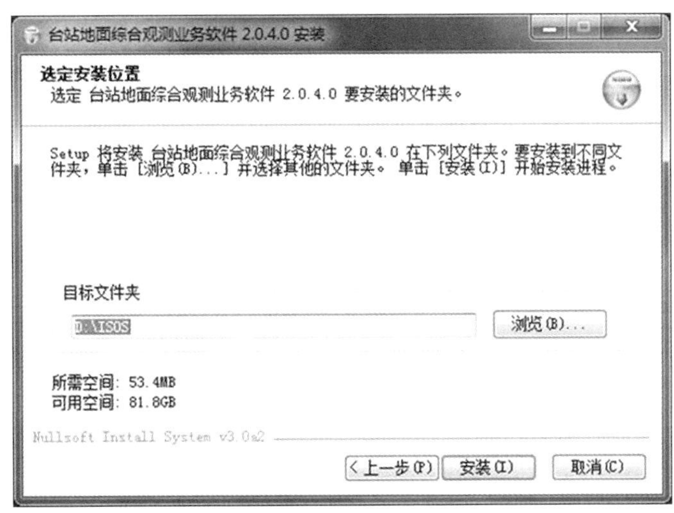

图 4.3　选择安装 MOI 的目标位置

(3)点击“安装”按钮进行安装。完成后选择是否直接打开台站地面综合观测业务软件，点击“完成”即可。首次运行需进行项目参数配置，详见第 5 章“参数设置”。

4.4 软件升级

软件升级可从中国气象局气象探测中心网站的下载中心下载升级包，也可以根据业务管理部门下发的最新升级版本一次性升级到位。升级之前最好将整个软件和资料进行备份，万一升级出现异常可以通过拷贝恢复原有数据和程序。

4.4.1 采集软件升级

SMO 升级与重新安装有点相似。选择正确的安装目录非常重要，否则有可能安装到 SMO 的下一级目录中，升级会不成功。升级要避开正点观测时间，防止升级造成 Z 文件的迟发或漏发。软件升级前要做一下准备工作：

(1)备份所有参数。利用 SMO 软件提供的参数备份功能，将区站参数、分钟极值参数、小时极值参数先导出到一个指定目录下，用于升级结束以后导入。

(2)记录观测设备对应的通信串口号和本站挂接的观测设备种类。便于升级过程中参数设置时对照。最简单的方法就是对主界面左侧的设备挂接显示窗口进行截屏，保存图片。

(3)安装升级包。双击升级包,启动安装程序,按照初次安装的顺序和要求将程序安装完毕。

(4)设置参数。挂接观测设备,选择观测项目和本站参数。导入升级前准备好的参数文件,分别将区站参数、分钟极值参数、小时极值参数导入到程序中,并保存。

(5)重启软件,升级完成。软件自动会补调升级期间的分钟资料。在软件主界面的运行监控区看到运行状态为绿色指示灯说明与采集器的通信正常,升级成功。

4.4.2 业务软件升级

MOI 升级比较简单,只要选择正确的安装目录就可以一键式升级。在升级前要关闭运行的 MOI 和 MOIFTP,尤其是要注意关闭托盘区的“分钟数据入库”程序。升级不影响所有的数据文件和参数文件,只是对主程序和有关的动态链接库进行升级。

4.5 软件卸载

(1)在开始菜单中找到“台站地面综合观测业务软件”选项,选择“卸载台站地面综合观测业务软件”,即可完成对采集软件的卸载。

(2)如需卸载业务和通信软件,在开始菜单同一位置,选择“卸载业务软件”即可。或者进入 ISOS 目录双击 uninst. exe 文件进行卸载。

卸载本软件还可通过操作系统控制面板中的“添加或删除程序”(Windows 7 中是“卸载或更改程序”)功能,指定卸载对应的程序即可。

卸载只会删除主程序,不会删除数据文件。如需彻底清楚所有数据文件,则可手动删除剩下的目录和文件。

第5章 参数设置

5.1 采集软件参数设置

SMO已内置大多数默认参数，但有些参数是必须配置的。第一次运行软件时，需要配置台站参数、观测项目、极值参数、系统相关设置等内容，如图5.1所示。点击“下一步”后，会进入区站参数设置界面。在平常需要改变相关参数时，可以通过主菜单上的“参数设置”功能打开对应参数设置界面修改参数。

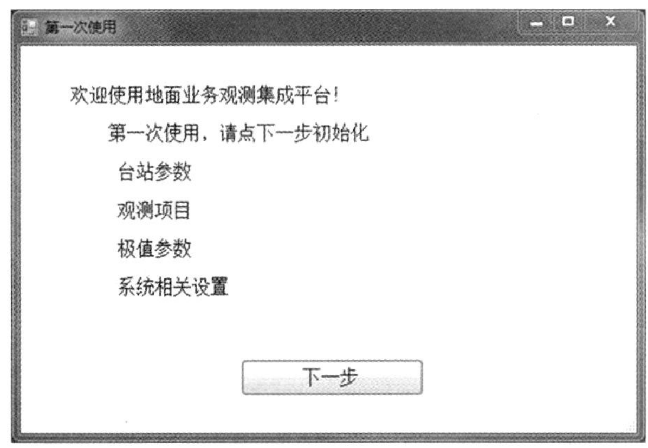

图5.1 第一次运行软件开始设置参数

5.1.1 区站参数

在【参数设置】下拉菜单中选择【区站参数】选项，或者SMO软件初次运行时弹出如图5.2所示对话框信息。

在输入框中输入相应的参数，其中“历年平均本站气压”单位为百帕(hPa)，高度单位均为米(m)，除“省编档案号”和“经度”、“纬度”信息外，其他数字参数保留一到两位小数。鼠标悬停在对应的文本框中会有提示，根据提示的格式和本站实际情况填入合适的参数，完成参数设置或修改后需点击“保存”按钮。

其中气压表海拔高度是指测站水银气压表的象牙针海拔高度；气压传感器海拔高度是指观测场自动站气压传感器所处的海拔高度。历年平均本站气压为观测站气压的气候平均值；历年平均气温为本站气温的气候平均值；地段海拔高度即为本站海拔高度，大多数台站该数据与观测场海拔高度是相同的。总(辐射)表离地高度、净(辐射)表离地高度、直(接辐

图 5.2　区站参数设置界面

射）表离地高度、散射辐射表离地高度、反（射辐射）表离地高度、紫外（辐射）表离地高度、大气长波（辐射表）离地高度、地面长波（辐射表）离地高度、光合（有效辐射表）离地高度等辐射观测项目，本站如无设备，无需填写。

地方时差为 SMO 自动计算参数，根据用户输入的台站经纬度信息，计算本站地方时与北京时（120°E 时区）的时差；计算结果以分钟显示。当台站所处经度小于 120°E 时，该项显示为负值，表示测站所处地方时早于北京时；当台站所处经度大于 120°E 时，该项显示为正值，表示测站地方时晚于北京时。

【区站参数】也可以通过“导入”按钮，选择以前保存的参数文件导入；“导出”按钮则是用来为台站参数进行备份，便于下次导入。

5.1.2　观测项目挂接

SMO 对于观测设备的接入采用挂接的方式，具备灵活增减观测项目的功能。在第一次运行之前必须进行观测设备的挂接设置。挂接的观测项目实际是对应观测的设备，主要分为新型站主机、新型自动站、云、能见度、天气现象、视程障碍、辐射、日照等项目，每个项目下面可包含一种或多种传感器。初次运行挂接的设备，要根据本站实际观测项目和安装的设备进行选择，没有该设备就不能挂接。

观测项目挂接设置界面，如图 5.3 所示。

“地面综合观测主机”和“新型自动站”是必须挂接的。新型自动站中对应常规气象要素，根据本站的实际情况选择对应的传感器。若本站还有云、独立能见度、天气现象、辐射等观测设备，也需对这些项目进行挂接。

需要指出的是能见度挂接有两种方式，对应能见度传感器的接入方式不同。如果能见度传感器是通过新型自动站接入的，则成为“新型站能见度”，需要在观测项目挂接设置中选择“/新型自动站/常规气象要素/能见度传感器”；如果能见度传感器不经过新型自动站接入

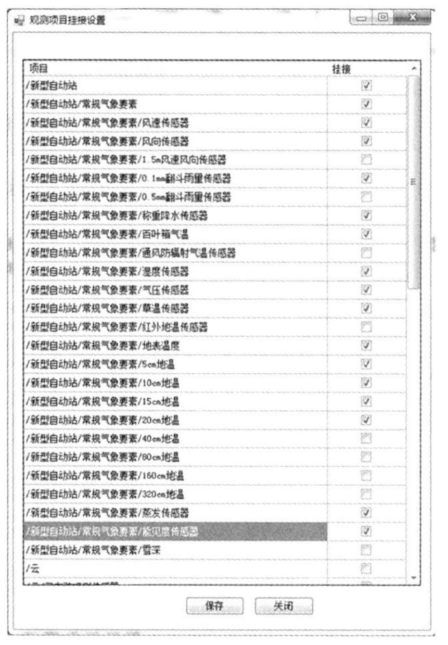

图 5.3 观测项目挂接设置界面

而是作为独立能见度设备接入到串口服务器的，就要挂接根目录下的“/能见度”选项。能见度挂接后，需同时选择“/视程障碍判别”选项。没有能见度自动观测设备则无须挂接视程障碍。如果有自动观测能见度，但视程障碍现象还是规定为人工观测的，这项也可以不挂接。

雨量传感器同样需要区分称重雨量传感器和翻斗雨量传感器，通常翻斗雨量传感器是必须挂接的；而称重雨量传感器要根据本站安装情况选择挂接。通常翻斗雨量传感器给出了 0.1 mm 分辨率和 0.5 mm 分辨率，挂接时需选择对应测量精度的。

确定选择要挂接的项目后，点击“保存”按钮即可。挂接后 SMO 软件主界面左侧显示设备挂接树形结构列表，如图 5.4 所示。

图 5.4 设备挂接树形列表

5.1.3 分钟、小时极值参数

分钟、小时极值参数主要用来对 SMO 采集的数据进行质控。在【参数设置】下拉菜单中选择【分钟极值参数】或【小时极值参数】，或者 SMO 软件初次运行时会弹出参数设置界面。下面以分钟极值参数设置为例加以说明(小时极值参数设置类同)，如图 5.5 所示。

分月极值参数　其他极值参数

项目	一月	二月	三月	四月	五月	六月
本站气压/本站气压气候极限最高值	1045.70	1045.50	1037.50	1028.20	1024.10	1017.50
本站气压/本站气压气候极限最低值	1001.70	991.10	991.50	985.10	985.50	983.50
气温（百叶箱）/气温气候极限最高值	14.00	19.50	29.50	32.70	37.80	39.60
气温（百叶箱）/气温气候极限最低值	-16.70	-14.70	-10.10	-1.70	5.20	10.10
湿球温度/湿球温度气候极限最低值	-12.00	-7.50	-5.00	3.00	5.00	10.00
水汽压/水汽压气候极限最高值	5.60	9.20	12.60	22.30	28.20	30.60
露点温度/露点温度气候极限最高值	-1.10	5.80	8.30	16.70	21.60	24.40
露点温度/露点温度气候极限最低值	-35.40	-34.90	-28.90	-24.80	-19.20	-7.00
地表温度/地面温度气候极限最高值	22.70	34.10	48.20	56.10	63.70	66.40
地表温度/地面温度气候极限最低值	-27.60	-21.50	-13.80	-6.70	-0.80	8.30
5CM地温/5CM地温气候极限最高值	8.10	17.90	25.70	37.20	41.90	46.80
5CM地温/5CM地温气候极限最低值	-10.40	-12.30	-5.60	1.60	6.30	13.80
5CM地温/02时5CM地温日际变化最大值	5.70	7.20	7.60	8.60	12.80	9.70
5CM地温/08时5CM地温日际变化最大值	6.10	7.80	7.90	9.60	16.20	13.60
5CM地温/14时5CM地温日际变化最大值	7.50	12.70	14.20	15.30	20.80	21.40
5CM地温/20时5CM地温日际变化最大值	4.40	8.70	10.30	11.50	17.10	17.60
10CM地温/10CM地温气候极限最高值	2.10	12.20	19.90	29.10	35.40	38.20
10CM地温/10CM地温气候极限最低值	-8.00	-7.70	-2.10	4.20	9.30	15.50
10CM地温/02时10CM地温日际变化最大值	4.10	4.00	5.10	7.10	10.80	9.10
10CM地温/08时10CM地温日际变化最大值	4.30	4.90	5.50	6.70	10.50	6.80
10CM地温/14时10CM地温日际变化最大值	3.10	7.70	8.20	8.90	12.00	12.90
10CM地温/20时10CM地温日际变化最大值	2.40	7.40	7.80	8.50	11.50	13.00
15CM地温/15CM地温气候极限最高值	-0.20	9.40	16.40	24.70	31.70	35.00
15CM地温/15CM地温气候极限最低值	-6.10	-4.90	-0.30	5.40	10.80	16.70
15CM地温/02时15CM地温日际变化最大值	2.90	2.30	3.80	5.50	8.60	7.40
15CM地温/08时15CM地温日际变化最大值	3.30	3.30	4.20	5.30	8.50	6.30
15CM地温/14时15CM地温日际变化最大值	2.90	5.00	5.20	6.10	8.00	7.80

导入　导出　整行修改　保存　关闭

图 5.5　分月极值参数设置界面

(1)分月极值参数

分钟极值参数中，默认打开“分月极值参数”选项卡。表中有自带默认的数据，可以直接在表中修改(双击单元格即可修改)。对于刚开始使用新型自动站的测站，可以利用导入功能将 OSSMO 2004 里的审核规则库，通过浏览找到文件 SysLib.mdb 导入。如果以前有备份的，则可以通过“导入”按钮，选择需导入的文件格式，找到相应文件进行导入。窗口上的“导出”按钮，可以将本站的现有参数导出备份。

当需要对“分月极值参数”进行修改时，首先选择所需修改的行，以气压为例，如“本站气压/本站气压气候极限最高值”这行，点击“整行修改”按钮，弹出如图 5.6 所示的对话框，选择放大倍数(气压值乘以 10 倍数即为本站气压气候极值)，修改对应的数据，并对修改结果进行保存。

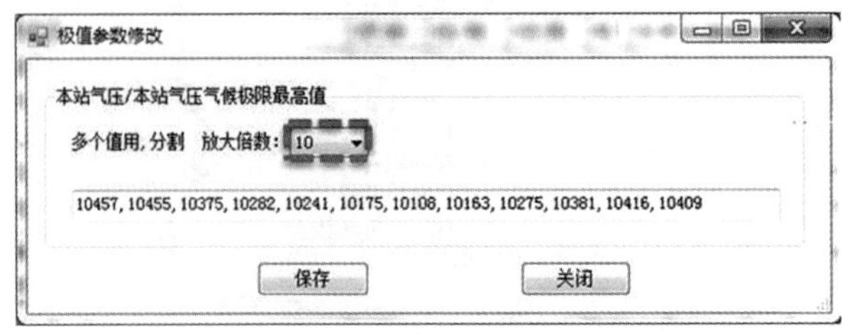

图 5.6　极值参数修改界面

(2)其他极值参数

点击【其他极值参数】选项卡，显示如图 5.7 所示的对话框。其中“导入”、“导出”、“整行修改”、“保存”、“关闭”等操作功能类同“分月极值参数”。

图 5.7 其他极值参数修改界面

5.1.4 系统设置

选择【参数设置】菜单下的【系统设置】子菜单，或者 SMO 软件初次运行时会弹出该参数设置界面，如图 5.8 所示。建议在“首页控件显示要素所在数据表”中选择“常规要素每日逐分钟质控数据表”；在“首页综合判别结果数据表”中选择“天气现象综合判别每日逐分钟数据表”。这两张表是 MOI 软件数据主要来源，可方便进行数据监控和对照，选定后点击“保存”按钮进行保存。

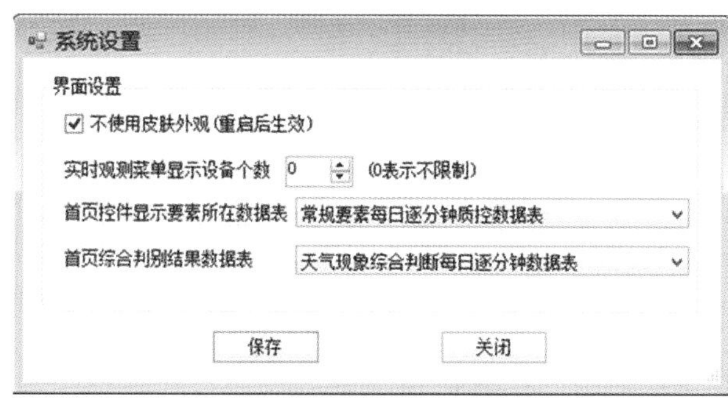

图 5.8 系统设置界面

5.1.5 报警设置

SMO 报警参数设置包括计算机环境报警参数、自动流程报警参数、质控警告参数、气象灾害报警参数、设备状态报警参数等分类选项卡。在【参数设置】菜单下，选择【报警设置】打开报警设置页面，如图 5.9 所示。

图 5.9 环境报警设置界面

(1)环境报警

包括 SMO 主程序占用 CPU 限额百分比、内存占用限额百分比、硬盘使用空间百分比、SMO 句柄数四个报警选项。勾选“启用报警”可开启该报警功能，并勾选“声音报警”，选择对应的声音文件，通过“试听”确认报警时播出的声音。目前暂不支持短信报警。报警的内容可以用默认的，也可以选自定义，将文字信息输入到报警内容框中。一旦软件监控到具备报警的条件，则自动将信息显示在主界面的报警信息标签页中，并按照预设的声音文件通过喇叭播放出来。

(2)流程报警

包括数据采集流程、数据复制流程、数据质控流程，采集器校时、自动站状态五类报警选项。启用报警方式与环境报警相类似。如图 5.10 所示。

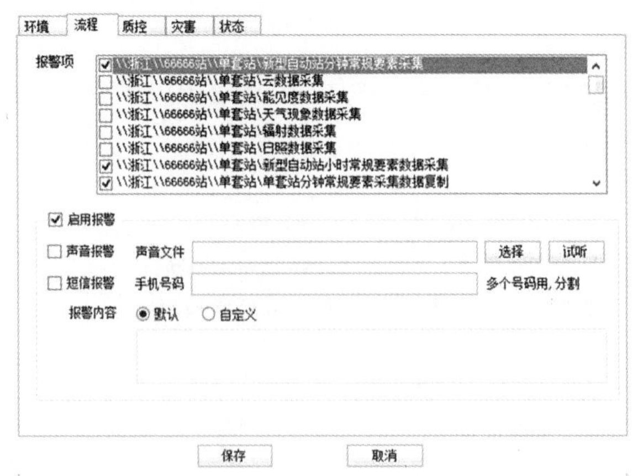

图 5.10 流程报警设置界面

(3)质控报警

有对分钟文件和小时文件的数据检查。质控包括格式检查、缺测检查、界限值检查、台站极值参数检查、内部一致性检查、时间一致性检查等六类报警选项。其中台站参数极值报警根据预设的极值参数进行质控和报警,其他的质控报警是根据中国气象局气象探测中心 2013 年 6 月定稿的《地面气象观测业务平台(ISOS)台站级质量控制算法》中的规则进行质控和报警。启用报警方式与环境报警相类似。如图 5.11 所示。

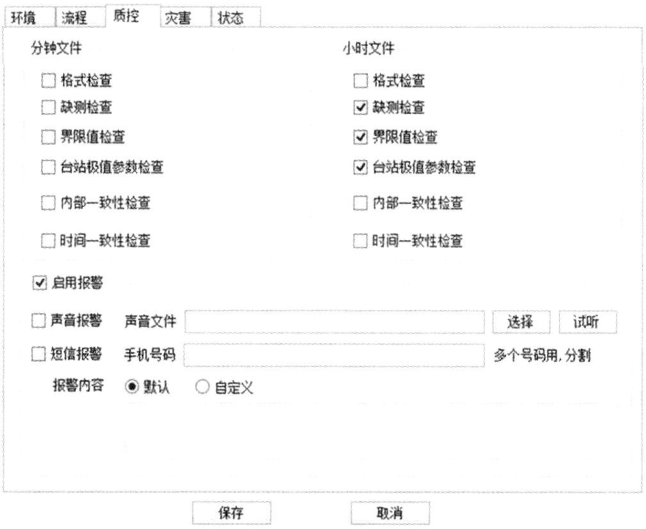

图 5.11 质控报警设置界面

(4)灾害报警

可根据本站需要添加和修改自定义的灾害报警规则,见图 5.12。点击“添加”按钮,打开灾害报警规则添加窗口,见图 5.13。选择监控报警的数据表,选择监控的要素,通常选择原值进行逻辑判断,选择逻辑判断的表达式,可以在阈值文本框中填入报警界限数值。如有多个条件组合判断,则要选择条件关系。

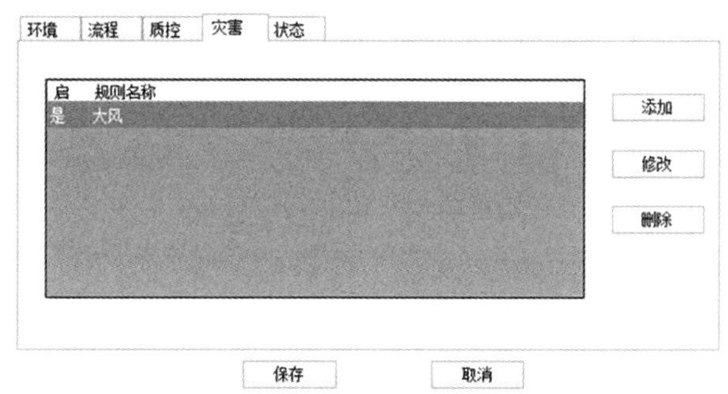

图 5.12 灾害报警设置界面

图 5.13　添加灾害报警界面

修改灾害报警与添加的操作差不多，只是事先要选择修改的规则，点击【修改】按钮打开修改窗口，完成修改后单击“保存”即可。如图 5.14 所示。

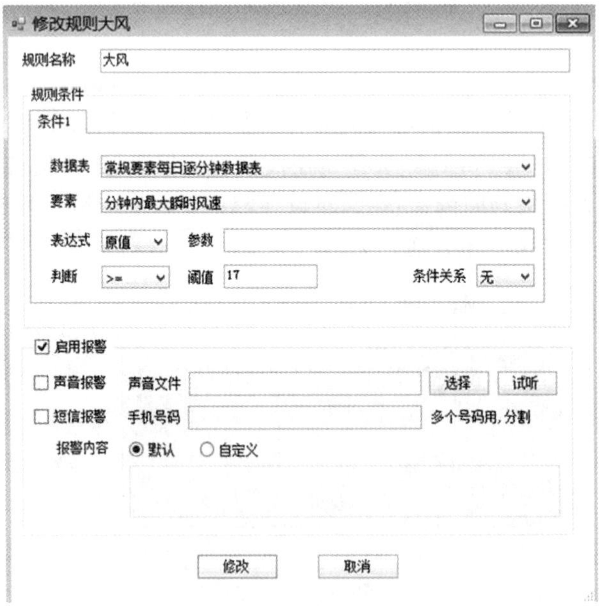

图 5.14　修改灾害报警界面

(5)状态报警

状态报警是指对于设备运行状态的文件进行检查和监控，一旦发现达到设置的报警条件就可以提示报警。选项卡如图 5.15 所示，添加和修改类同灾害报警，不再赘述。

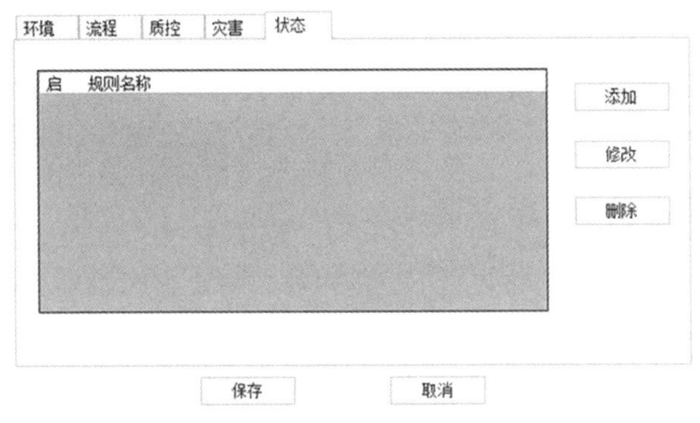

图 5.15　状态报警设置界面

5.1.6　启用通信查看

选择【参数设置】菜单下的【启用通信查看】子菜单，在主界面左侧等设备挂接窗口下部出现一个文本显示框，显示与自动站采集器的实时通信状况，记录每次发送的指令和回送的信息，可查看数据采集的实时过程。图 5.16 是某自动站实时采集的交互指令和数据。

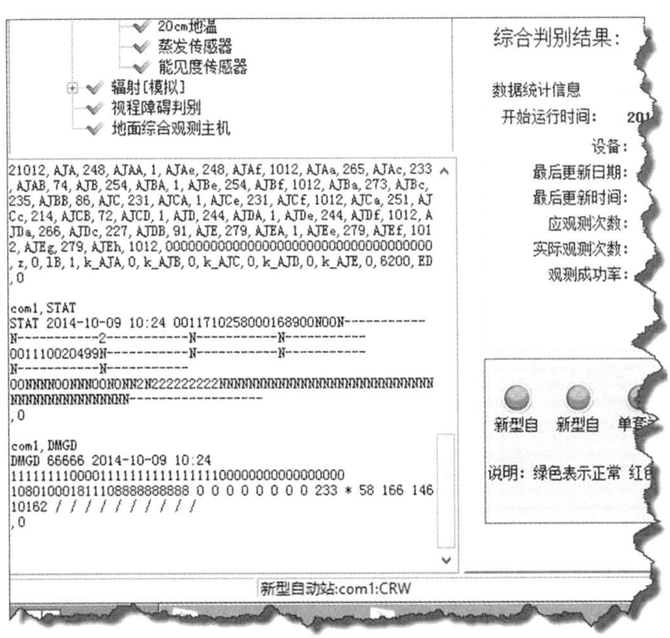

图 5.16　某自动站计算机与采集器实时通信监控界面

5.2 业务软件参数设置

MOI 软件参数分为基本参数，编报与备份，数据质量控制，气候数据、审核规则库等五部分。在软件使用之前必须进行参数的设置。通过主菜单【参数】下的【台站参数】子菜单即可调出参数设置窗口。参数设置完成后点击“保存”按钮即可生效。同时，分钟数据入库程序将自动重启适应新参数。

5.2.1 台站基本参数

台站基本参数包括台站信息和观测项目等内容。主要有区站号、台站地址、台站地理环境、台站经度、台站纬度、省编档案号、所在省份、台站名、台站字母代码、台站类别、辐射站级别、人工定时观测次数、台站海拔高度、气压传感器海拔高度等，以及测站数据源目录路径、观测项目、Z 文件输出间隔、加密观测、同类观测设备的数据源选择、双套站参数、酸雨资料输出等。所有参数都要根据台站信息和承担的观测任务做好选择和设置。在进入台站参数界面，默认显示的是【基本参数、观测项目】标签页，如图 5.17 所示。

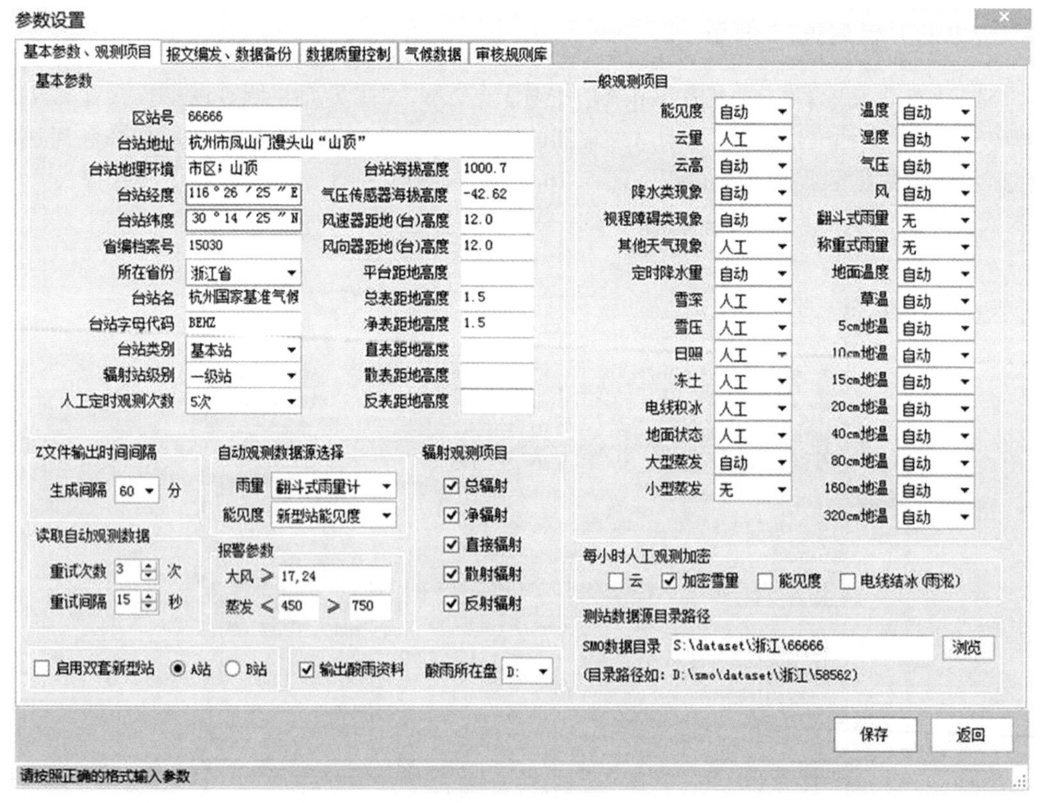

图 5.17 基本参数、观测项目设置界面

(1)基本参数

“基本参数”主要包括区站号、台站地址、台站地理环境、台站经度、台站纬度、省编档案

号、所在省份、台站名、台站字母代码、台站类别、辐射站级别、人工定时观测次数、台站海拔高度、气压传感器海拔高度等。这些参数部分用到 A 文件生成和报表制作做，按照报表中的要求填写。部分参数说明如下。

①经度、纬度：台站观测场的经纬度，精确到秒。

②台站字母代码：按中国气象局《气象信息网络系统资料传输业务规程》中的“气象台站字母代号(CCCC)编码规定”中的本站代号输入。每个气象站有一个固定四位代码。

③台站类别：分为基准站、基本站、一般站三类。按照测站所承担的观测任务选择台站类型。

④人工定时观测次数：该参数用于报表，根据业务规定基准站 5 次，基本站、一般站 3 次。

⑤海拔高度：台站海拔高度、气压传感器海拔高度、风速器距地(台)高度、风向器距地(台)高度、平台距地高度、净辐射表距地高度、直接辐射表距地高度、散射辐射表距地高度、反射辐射表距地高度等数据要填入实测的海拔高度，单位为米，精度为 0.1 m，只允许输入数字。

(2)观测项目

根据本站安装的观测设备具体情况，对观测项目选择“无”、“人工”、“自动”之一。一般观测项目包括如下观测内容：能见度、云量、云高、降水类现象、视程障碍类现象、其他天气现象、定时降水量、雪深、雪压、日照、冻土、电线积冰、地面状态、大型蒸发、小型蒸发、温度、湿度、气压、风、翻斗式雨量、称重式雨量、地面温度、草温、5 cm 地温、10 cm 地温、15 cm 地温、20 cm 地温、40 cm 地温、80 cm 地温、160 cm 地温、320 cm 地温。

①云量：目前云量为人工观测，根据业务规定该项目基准、基本站设置为人工，一般站设置为无。

②天气现象：分为降水类、视程障碍、其他等三类，当观测项目设置为“无”时，分钟数据入库程序不整理 SMO 输出的天气现象数据，无论 SMO 是否输出天气现象，MOI 不会自动显示任何天气现象。当设置为“人工”选项，分钟数据入库程序也不会整理 SMO 输出的天气现象，但 MOI 会在需要天气现象数据的地方显示人工输入天气现象。当设置为“自动”选项，MOI 会自动整理天气现象数据，并按照分钟格式存入 C 库，并在编报的天气现象文本框或天气现象窗口中以人工记录的方式显示出来，供人工修改或编报。

a)降水类现象：包括毛毛雨、雨、雨夹雪、雪、阵雨、阵性雨夹雪、阵雪、冰雹。当台站安装了天气现象仪，并在 SMO 中挂接该设备，就可选为自动。

b)视程障碍现象：包括霾、浮尘、扬沙、轻雾、沙尘暴、雾。当测站安装了能见度仪，在能见度项目中选择为“自动”的前提下，SMO 已挂接“视程障碍判别”项目，就可选为自动。

c)其他天气现象：包括露、霜、雾凇、雨凇、结冰、大风、积雪。其中大风和积雪天气现象无论选择“人工”或“自动”，均由程序根据大风和雪深观测数据作出判断，并整理入库。

③蒸发：小型蒸发与大型蒸发观测项目不能同时启用。若同时启用，常规日数据将以大型蒸发为准，日数据编报中的合计值取自动大型蒸发每小时合计值或人工填入大型蒸发合计值，舍弃小型蒸发数据。

④定时降水量：建议选为“人工”。若设置“自动”，则正点观测编报界面中的 6 h 雨量和 12 h 雨量仅能输入微量(即“0”)，无法输入其他数字；设置为人工时则可以输入任意数字。

⑤辐射观测项目:包括总辐射、净辐射、直接反射、反射辐射、散射辐射五个选项,用户根据本站承担的辐射观测任务进行勾选。默认一级站有所有辐射观测项目,二级站有总辐射和净辐射,三级站仅有总辐射。一级站关联辐射日数据的辐射作用层状况,大气浑浊度;二级站仅关联辐射作用层状况;三级站无辐射日数据观测任务。不承担辐射观测任务的选"无"。但为了满足个别台站的特殊需要也可以有例外,当辐射站级别为无,但选择了辐射观测项目,则不形成辐射报文,仅在自动观测界面显示辐射数据。

(3)其他设置

除了台站基本参数和观测项目以外的是自动观测密切相关的参数设置归类到其他设置项目中。包括测站数据源目录路径,Z 文件输出时间间隔,自动观测数据源选择(雨量,能见度),报警要素(大风、蒸发)界限值设置,加密观测等。

①测站数据源目录路径:MOI 通过读取 SMO 的数据文件获得自动观测要素数据。数据文件所在的目录路径就像是两者之间的桥梁,非常重要,一定要设置正确。若路径设置错误,则 MOI 无法读取新型自动站观测数据。默认路径设置到 SMO 的数据文件路径中的区站号位置为止。例如"D:\smo\dataset\浙江\58562"。

②Z 文件输出时间间隔:Z 文件的自动编报和发送的时间间隔,默认 5 min,各台站可根据各省业务管理部门的规定可以自行设定,有 1 min、5 min、10 min、60 min 四个选项。

③自动观测数据源选择:雨量数据来源可选择翻斗式雨量计或称重式雨量计,分别对应当前雨量采集主设备。能见度数据来源可选择新型站能见度和独立能见度,分别对应通过 CAN 总线集成到新型站主采集器上的能见度和通过串口服务器连接的能见度。

④每小时人工观测加密:为了满足对特殊天气过程的加密观测业务需要,MOI 提供了加密观测的功能。观测要素包括云、雪量、能见度和电线积冰(雨凇)等。当需要对某观测项目进行加密观测时,勾选相应复选框后保存即可。启用加密观测后对应的观测项目每小时均可以通过手动输入人工观测数据。

⑤报警参数:包括大风和蒸发水位报警参数设置。大风报警阈值可输入多个不同的数值,数值之间用英文","隔开,例如"17,24"。蒸发水位报警提供了低水位和高水位两个报警阈值的设置。默认为 450 和 750,提醒加水或取水,上下限值可根据各台站设备实际最低水位线和最高水位线的数据自行确定。

⑥酸雨观测项目:需要输出雨量和风资料给酸雨软件(OSMAR2005)时,可以在此配置。有酸雨观测任务的台站,需勾选"输出酸雨资料"。"酸雨所在盘"是指酸雨软件安装位置盘符,MOI 会自动将数据写入"酸雨所在盘"的"\OSSMO 2004\BaseData"目录中。在 02 时、08 时、14 时、20 时正点编报时自动将雨量 10 min 风向风速存入对应的酸雨软件目录的"BIIiiiMM. yyy"文件中。这些数据供酸雨软件编报时自动读取。当启用该项功能和选择盘符时程序会模拟 OSSMO2004 的数据目录,在酸雨软件所在的盘中生成一个数据目录,并在注册表中写入路径供酸雨软件调用。系统会提示导入有数据文件路径到注册表,提问是否确认将文件中的信息导入注册表,要选择"是"。否则没有写数据的路径,酸雨软件会找不到数据。如果是 Windows 7 操作系统,则可以直接在 MOI 目录中找要到"OSSMO2004reg. reg",以管理员身份导入到注册表中。

⑦启用双套站:对于使用双套新型站的台站,可通过勾选"启用双套站"来实现,通过单选"A 站"或者"B 站"单选框来指定 MOI 读取的这套自动站数据。不启用双套站时,系统自

动获取数据源路径所对应区站号目录下 AWS 文件夹中的数据。启用双套站后，根据单选框站号设置，软件会获取区站号目录下 AWS_A 或者 AWS_B 目录中的数据。

5.2.2　编报与备份

报文编发参数包括重要天气报、航空危险报和气候月报。在参数设置页面点击【报文编发参数、数据备份】选项卡，如图 5.18 所示。因从 2014 年已经停止气候月报的编发，所以对于气候月报的设置和气候数据导入不再说具体说明。

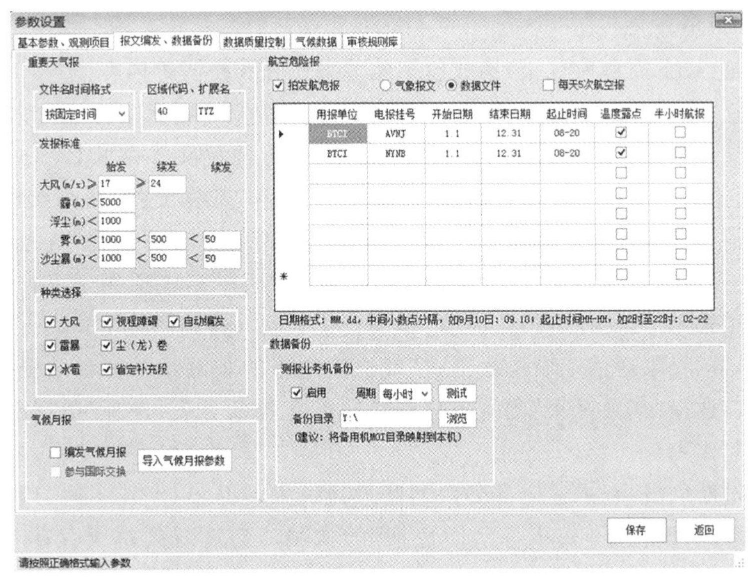

图 5.18　报文编发、数据备份设置界面

(1)重要天气报

重要天气报参数包括文件名时间格式、区域代码、报文扩展名、发报标准、发报种类等参数。

①文件名时间格式：分为“按固定时间”和“按报文形成时间”两种。默认是按报文形成时间。重要天气报的文件名格式是 WPMMDDHHgg. CCC，其中报文文件名中的月(MM)、日(DD)、时(GG)、分(gg)等内容是以“固定时间”，还是以“报文形成时间”来形成。“固定时间”是指编报时次的时间，如某站 12 日 14 时重要天气报，无论报文是何时形成，文件名总是 WP120600. FNT；“报文形成时间”是指在编报时计算机的系统时间，若形成上述报文的时间为 14 时 03 分，则报文文件名为 WP120603. FYG。台站根据上级管理部门的规定选取。

②区域代码、扩展名：重要天气报编报内容中需要使用该区域代码；发报区域代码是按气象通信传输规程形成报文时，报头中的有关内容。例如：在加入了报头的重要天气报的第 2 行的第 1 组为“WSCI40”，其中“40”即为发报区域代码。扩展名为重要报报文的扩展名，默认是基本参数中台站代码的后三位。

③发报标准：重要天气报的发报标准包括了大风、视程障碍的始发和续发标准。大风标准分为国家标准和省定标准。视程障碍天气现象根据不同类型分为霾、浮尘、雾、沙尘暴等，发报启动条件是以 SMO 天气现象综合判断输出的结果作为依据。有续发要求的视程障碍

天气现象是依据综合判断中的水平滑动能见度(对 10 min 平均能见度再做一次 10 min 的平均计算)作为判据。按照重要天气报的业务规定填入正确的界限值。

④种类选择：根据本站所承担的重要天气报编发任务选择对应的编发种类。无编发任务的不勾选。若本站有编发视程障碍重要天气报任务，又有自动能见度观测，SMO 有天气现象综合判断输出结果的，可勾选视程障碍的“自动编发”，MOI 会根据本选项实现自动编发视程障碍重要天气报。其他类的重要天气报都需要人工编发。

⑤省定补充段：重要报中需要编发省定补充段的台站勾选此项。

(2)航空危险报

航空危险报(以下简称航危报)参数包括航危报任务和格式等内容设置。

①拍发航危报：承担航危报任务的台站必须勾选该选项，否则无法打开航危报编发界面。

②航危报文件格式：航危报的两种编报方式对应着两种文件格式，一种是气象电码格式，另一种是气象通信传输规程格式。通过“气象报文”和“数据文件”两个单选框的勾选，设定航危报报文的编报界面和生成格式。默认编报航危报的报文格式是“气象报文”，通过电信部门发送，文件名格式为“SAYYGGgg. CCC”；“数据文件”格式适用于由省级气象部门统一收集后发给用报单位，文件名格式为“Z_SURF_I_IIiii_yyyyMMddhhmmss_O_AERO[－CCx]. TXT”。按“气象通信传输规程格式”发送航危报的观测站。各台站根据本省的业务规定自行设置。选择“气象报文”则需要详细填写航危报任务表；选择“数据文件”则航危报任务表设置不起作用。

③定时编发航危报：有了适应部分台站每天只编发 8 时、11 时、14 时、17 时、20 时 5 次航危报任务的情况，设置了“每天 5 次航危报”的选项。勾选后则每天仅在 8 时、11 时、14 时、17 时、20 时弹出航危报编发界面提醒编发报，同时航危报任务清单中的起止时间设置失效。MOIFTP 也仅在这 5 个时次提醒编发。不勾选该选项，则在每天起止时间段内的每小时正点提醒编发航危报。

④航危报任务表：

a)用报单位：航危报使用单位的简称；

b)电报挂号：用报单位的电报挂号名称，如“OBSER”；

c)开始日期：一年内航危报编发的起始日期，正确输入格式为 MM. dd；

d)结束日期：一年内航危报编发的截止日期，正确输入格式为 MM. dd；

e)起止时间：有效日期内每天的航危报编发起止时间，正确格式为 HH-HH；

f)温度露点：航空报是否包含露点温度组，是则勾选；

g)半小时航报：是否编发每半小时航空报，是则勾选。

航空报用报单位最多只能输入 8 个。增加用报单位时，紧接在上一记录顺序输入，“用报单位”、“电报挂号”、“起止月日”和“起止时间”等内容在对应单元格直接输入，“温度露点”和“半小时航报”采用复选框进行选择。需要删除某用报单位的记录时，只需将“用报单位”对应单元格的内容清除即可。

(3)数据备份

开启 MOI 备份功能后，程序会在固定时间进行自动备份参数文件和数据文件。用户可以选择备份周期。选择每小时备份时，会在每个正点第 12 分钟开始备份；选择每天的则在 08 时和 20 时的第 12 分钟开始备份。备份内容为 MOI 安装目录下的 Configure，AwsDataBase 和 MOIRecord 三个目录，将这三个目录文件压缩为 ZIP 格式压缩包存放到指定备份路径。

通过数据备份，当计算机系统、数据库出现故障或其他问题时，可及时使用备份数据进行替换，保证测报工作正常进行，因此建议开启数据备份功能。进行数据备份时，可将测报业务备份机的某个目录共享出来作为备份路径，然后在测报业务机上将这个共享目录映射成本机的一个盘，点击“浏览”按钮，设置备份目录为该映射盘符，勾选“启用”复选框，保存参数后即可启用备份功能。备份间隔默认为“每天”，也可以选择“每小时”，可根据需要进行设置。设置完成后，可点击“测试”按钮进行测试，确保备份功能正常使用。例如，当出现意外挂机导致 SQLite 数据库损坏等问题时，可以通过【工具】菜单下的数据还原功能将备份数据替换现用数据。

5.2.3 数据质量控制

MOI 数据质量控制主要用来实现分钟数据的质控提醒，当从 SMO 获取的数据超出设定阈值时，此功能将提醒观测人员对数据进行人工检查，并确认是否需要人工质控。

对需要监控的观测要素在复选框中打钩，然后在后面的文本框中输入分钟变化允许的最大值，即可启用对该要素的数据质量监控，如图 5.19 所示。如果在“一般观测要素”的某个观测要素选择为“无”，则对应的这个要素就不会受到监控。当某个要素的缺测或分钟变化量超出阈值，屏幕右下角将弹出提示信息。如果点击提示窗体中的“今日不再提醒”，则当天就不会对该要素的异常进行提示，仅后台记录到日志文件中。通常该功能是在更换设备或某设备较长时间故障已经在排除中进行此操作。当设备更换完毕要恢复观测数据的监控，可点击【工具】菜单的【初始化报警控制】子菜单功能进行恢复。

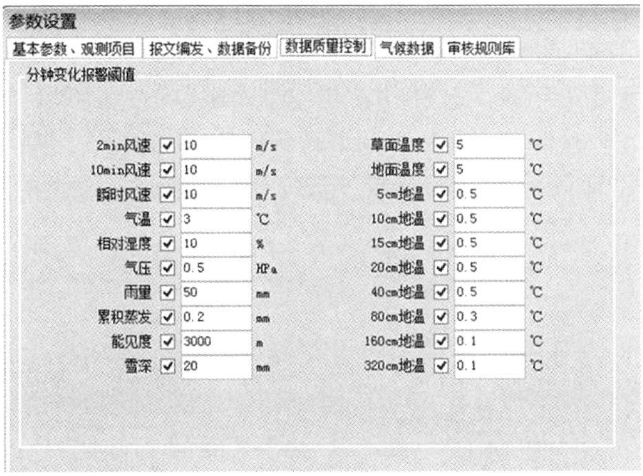

图 5.19 数据质量控制设置界面

5.2.4 审核规则库

审核规则库主要是设置地面月报表、辐射月报表的数据审核中用到的各类界限值。设置界面如图 5.20 所示。规则审核库包含地面审核规则库，辐射审核数据两个选项卡页，默认为地面审核规则库，审核规则设置完成后，点击“保存”按钮，规则生效。

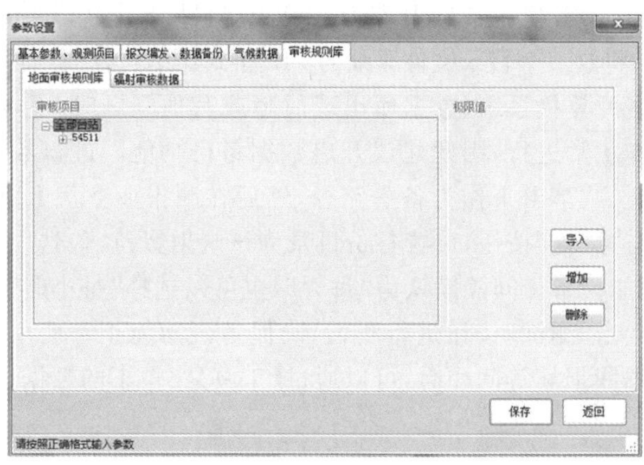

图 5.20　审核规则库设置界面

(1)地面审核规则库

地面审核规则库用于地面气象观测定时记录输入时对记录极值的判断和月年地面气象数据文件的审核。规则库的数据按台站存入 GeneralRule. xml 文件。为了满足台站和上级审核部门的需要，地面审核规则库是按台站分别建立的，对于测站只需建立本站的内容，而对审核部门必须建立所属气象站的内容。

地面审核规则库支持从 OSSMO 2004 的审核规则库或 MOI 备份规则库中导入。选中根节点"全部台站"出现"导入"、"增加"、"删除"按钮；点击"导入"可从 OSSMO 2004 中的 SysLib. mdb 文件或 MOI 目录中的 Configure\RuleBase\GeneralRule. xml 或 ParaLib. db 文件导入审核规则库参数；点击"增加"按钮，可手动增加审核规则库，默认添加的规则库以基本参数中的站号为节点，包含所有规则条目并具有默认值，用户可以根据需要修改各规则条目的数值，修改时仅输入数字。选中根节点，点击"删除"按钮可以清空所有审核规则库；选中区站号节点，可单独删除选中区站号的审核规则库。如图 5.21 所示。

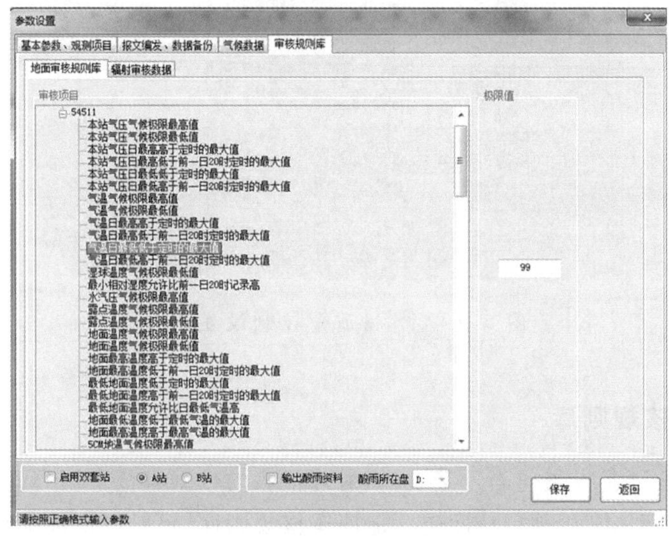

图 5.21　地面审核规则库操作界面

(2)辐射审核规则库

辐射审核数据用于气象辐射数据文件的审核,包括各月总辐射、净全辐射、散射辐射、直接辐射和反射辐射的日总量月平均极值和极端值、时总量的极端值、辐照度的月极端值。它是在月辐射数据审核中进行质量控制的重要依据之一。辐射审核数据存入 MOI 的 Configure\RuleBase 目录下的 RadiationRule. xml 文件。为了满足台站和上级审核部门的需要,辐射审核数据与地面审核规则库一样,也是按台站分别建立的,对于测站只需建立本站的内容,而对审核部门必须建立所属气象站的内容。没有气象辐射观测任务的气象站,本规则库内容可以不进行维护。辐射审核规则库类似地面审核规则库,同样支持"导入"、"增加"和"删除"功能。操作方法和地面审核规则库相同。

5.2.5 工作流程

由于测报业务工作的时效性要求高,通过本软件的流程管理功能为业务值班员提供到点提醒的功能。为了满足不同的需要,提醒的事项可按照周期或指定日期时间设置。周期可以分为每小时、每天、每月或旬末等。MOI 挂接的"今日提醒"软件会根据设置好的工作流程在预定时间进行提醒。点击【参数设置】下拉菜单【工作流程】选项,打开工作流程设置界面,默认显示"工作流程和提醒"标签页,如图 5.22 所示。

图 5.22 工作流程和提醒设置界面

测报业务流程安排的每条记录包含:重复的时间间隔、日期、时间、工作内容、提醒方式(窗口、声音、短信)等内容。其他提醒事项的设置在下部,提供更加灵活的设置周期,增加了每星期、每年、一次性等选项。

(1)日期栏:提醒间隔栏选择每小时或每天,则提醒日期栏留空;若间隔为每星期,则日期栏填入格式为 0~6,表示周日到周六;间隔为每月,日期栏填入格式为 dd 或 dd1-dd;间隔为每年，填入格式为 MM-dd。

(2)时间栏：当间隔选择为每小时，时间栏填入格式为 00：mm：ss；其他间隔，则填入格式为 HH：mm：ss。

(3)提醒内容：这里填入的文字是用于提醒窗口中显示的文字、短信的内容或拨打手机的语音。

(4)添加新行：当填写的行数不够需要新增一行时单击“添加新行”按钮可在最后增加一行。

(5)中间插行：当需要在原有的流程上插入新的工作流程，单击“中间插行”按钮可在当前选中一行的上面新插入一行。

(6)删数据行：如果某项工作已经取消，可选中该项工作流程的所在行，点击“删数据行”。

(7)音频文件：作为流程提醒声音使用。可单击“浏览”按钮选择自己喜欢的提示音乐，支持 wav，wma 和 mp3 格式。默认的音乐文件保存在 MOI\Music 目录下。

(8)提醒方式：包括窗口、声音、短信、拨号四种提醒方式，根据实际情况自行选择。如果选择了短信和拨号方式，则需要在后面填入手机号码。

5.2.6 值班信息

主要用于人员安排、任务排班的设置，可在【参数设置】下拉菜单中选择【值班信息】选项，打开【值班员信息和测报工作基数】设置界面，如图 5.23 所示。

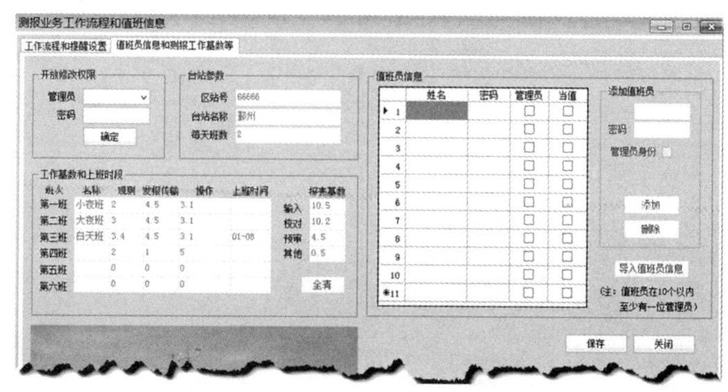

图 5.23 值班员信息设置界面

默认情况下不能修改该页面的内容的，只有在“开放修改权限”中使用管理员账户才能进行修改。

(1)开放修改权限：输入具有管理员角色的用户名和密码，也可以输入默认管理员用户名：admin，密码：dmqxgc，开启修改权限。

(2)台站参数：设置区站号、台站名称和每天班数(最多可以设置 6 班)。

(3)工作基数和上班时段：排班时输入值班名称、上班时间段以及工作基数。工作基数包括观测、发报传输、操作和报表基数等内容，报表基数包括输入、校对、预审、其他等内容。

(4)添加值班员：输入用户名和密码，当允许该用户名有管理员权限时，请勾选“管理员身份”复选框，点击“添加”按钮，将该用户添加到值班员信息列表中。

(5)删除:选中值班员信息列表中的人员记录,点击“删除“按钮,该用户信息将从值班员信息列表中移除。

(6)导入值班员信息:点击该按钮会可选择从 OSSMO 2004 的配置文件中导入值班员配置信息。

(7)值班员信息列表:该列表中显示值班员的姓名、密码、是否管理员、是否当前值班等内容。

(8)保存:对以上各项内容保存在 Configure 目录下的 operator. db 数据库中。

5.3 通信软件参数设置

MOIFTP 的主要功能是传输测报数据文件到省网络中心的服务器。需要在使用之前对相关的参数进行设置。主要参数有 FTP 通信参数、MOI 软件路径、报警手机号码、软件监控路径、文件发送时间和路径等信息。这些信息都保存在 MOI 目录下的 MobileNum. xml 文件中。

点击主菜单【参数设置】打开参数设置界面,如图 5.24 所示。

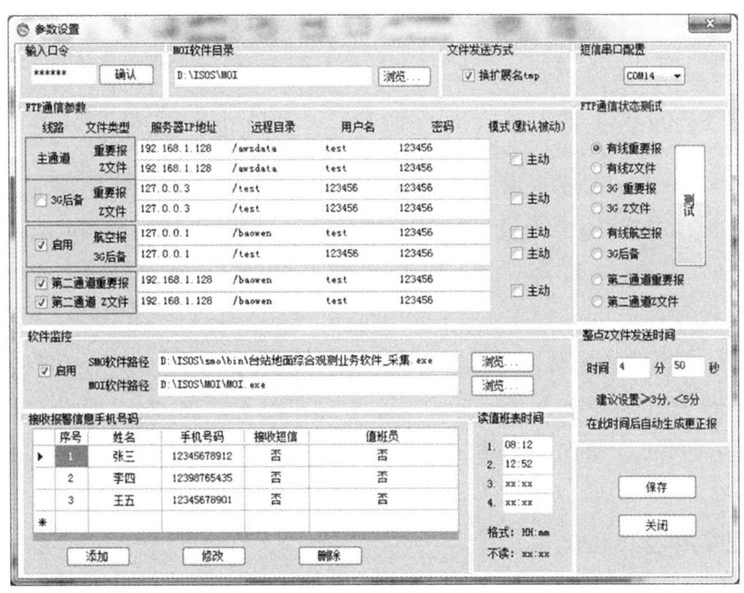

图 5.24　MOIFTP 软件参数设置界面

5.3.1 参数修改权限

为了保护参数不被随意改动,必须输入口令才能开放修改权限。为了便于记忆以“地面气象观测”六个字的拼音首字母作为口令,即“dmqxgc”。在左上角的“输入口令”文本框中,点击“确定”即可对所有参数开放修改权限。

5.3.2 MOI 软件目录

为了读取 MOI 生成的待发送的数据文件，需要设置 MOI 目录。MOIFTP 每分钟扫描 MOI 的数据文件发送缓存目录，一旦发现数据文件就会自动发送。如果 MOI 是默认安装的路径设置如下：D:\ISOS\MOI，如果是自定义路径安装的可以通过浏览方式找到 MOI 目录。

5.3.3 文件发送方式

FTP 传输是实现网络数据传输的一种方式，通过文件传输协议(File Transfer Protocol)将测报业务计算机上的数据文件传输到省级气象网络中心的服务器上。文件接收方需要安装 FTP 服务器软件，并设置有关传输的必要参数。台站是数据文件的发送方，也按照接收方给出的发送方式和相关要求设置合适的参数。

文件发送默认方式直接发送，就是直接将本地数据文件以相同名称传到接收文件的 FTP 服务器上。但这种方式有一定的缺陷，如果接收方的取文件速度很快就会导致发送文件异常。较可靠的发送方式就是"换扩展名方式发送"，就是在发送前自动在文件名后加后缀".tmp"，文件传输到成功后自动将文件名中的".tmp"扩展名去掉。因此，为了传输数据文件的稳定性建议选上这个选项。

5.3.4 FTP 通信参数

FTP 传输需要配置接收方的 FTP 服务器登陆参数，包括服务器 IP 地址、远端服务器的文件存放目录路径、用户名、密码等。每个传输路径都有一套参数。台站应根据的业务规定的数据文件发送任务，设置重要天气报、Z 文件、航空报、3G 后备通信等参数。

(1)传输模式

FTP 传输有主动和被动两种传输模式。发送方的设置模式一定要与接收方的服务器设置保持一致，否则会出现经常接收不到文件的情况。通常 FTP 服务器对两种模式都支持，程序默认采用被动模式。如果接收方的 FTP 服务器的模式是主动的，台站也应该设置成主动模式，勾选"主动"复选框，以适应 FTP 服务器的设置。

(2)主通道参数

分为重要天气报和 Z 文件两组参数。每组都有接收文件的服务器 IP 地址、远程目录、用户名、密码参数等。

IP 地址格式是"点分十进制"格式，地址以十进制方式表达，数据分为四段，中间用小数点隔开。如"172.21.140.10"。

远程目录是指接收文件的 FTP 服务器上保存数据文件的目录路径。格式要求是根目录和文件目录之间必须要有分隔符"/"(正斜杠)，路径的末尾可以不加分隔符。如"/qxcb/Zfile"。特别要注意的是 FTP 服务器路径的表达方式与 Windows 操作系统的区别。Windows 的文件路径中间的分隔符是反斜杠("\")。

(3)应急通信参数

为了确保测报业务传输的可靠稳定，软件支持 3G 移动数据通信作为应急传输的备份通道。要求3G通信实时在线，无需拨号上线过程。平常只进行通信链路监测，并不在这个通道传输文件。一旦有线网络的主通道通信异常，不能传输文件的情况下自动切换到应急通道发送文件。应急备份需要配置硬件设备和移动通信环境，并把【3G应急】的复选框打上钩。如果没有配置相关的硬件就不能将【3G应急】打钩，否则软件会定时监测应急通道的通信链路状态，提示报警链路故障。

3G通信有以下三种推荐使用方法。

①配置“3G通信报警一体机”，与软件配套使用，3G通信链路实时保持不间断，在提供3G移动通信的基础上还具备对自动站的监控，自动短信发送、语音电话拨打，停电自动报警等监控报警功能。

②使用USB接口的3G上网卡，但是需要在计算机上安装配套的软件，先拨号上网才能传输，FTP通信参数可以预先填入应急通道，也能进行应急通信，但要在有线通信故障时手工操作，通信链路并不实时在线，平常不用的时候不要将【3G应急】打钩。

③通过外网有线通信传输，如果本站具有外网（通过VPN）通信的条件，可以将应急通道的参数配置VPN通道接收服务器的通信参数。

启用3G应急备份通道都要在数据文件接收方（如省局网络中心）设置应急通道的FTP服务器，并安装转发程序，将接收的文件实时转到主通道接收的FTP服务器中。

(4)航空报参数

此功能是专门为承担航空报任务的台站提供的。填入FTP通信参数，并勾选【启用】复选框，启用自动发送航危报功能。前提条件是：

①全省统一由内网发送航危报，并以”航空天气（危险、解除）报告文件传输格式”传输的航危报，可以将FTP通信参数设置在第一行；

②通过报文文件格式发送的航危报，也是经内网统一发送到省局网络中心再传发到航危报用户方的也可以启用此项功能，将FTP通信参数设置在航空报这一行中。

航空报中的【3G后备】通道是在主通道故障的情况下，通过3G后备通道进行航危报的传输。接收端需要配置转报程序，实时将转到主通道接收的FTP服务器中。

(5)第二通道参数

如果除了主通道发送数据文件以外的其他内网用户单位（如市局）需要发送常规资料的可以启用此项功能。填入FTP通信参数，经过传输测试成功的可以将【启用】复选框打上钩就可以。软件在主通道发送完毕后再向第二通道传输常规数据文件（Z文件、重要天气报等）。如果没有此需求的请不要【启用】。

(6)测试FTP通信

在设置FTP通信参数以后必须进行通信测试，确保参数设置正确。在FTP通信参数框的右侧提供了“FTP通信状态测试”功能。如果测试不成功，有可能是参数配置不正确、通信链路不正常或服务器的ftp服务端软件没有开启等原因，要一步一步排查，只有测试成功才能正常传输文件。对于需要发送的通信链路每条都要进行测试。首先选中需要测试的通信通道，然后点击【测试】按钮完成通信状态测试。

5.3.5 软件监控

通信软件除了发送文件和监控网络通信链路状态以外，还提供了对业务软件的实时监控，一旦业务软件意外退出或没有运行就会自动将监控的业务软件启动，防止数据处理中断，起到“看门狗”的作用。在参数设置界面上的软件监控栏目中选好业务软件 SMO、MOI 的路径和文件名，将【启用】复选框打钩。

5.3.6 短信串口配置

当测报业务计算机上配置了“3G 通信报警一体机”后，可以通过本软件发送提醒或报警的手机短信和拨打语音电话到值班手机上。因此，需要指定发送短信的 RS232 串口。通常要选一个计算机上未启用的 RS232 串口作为短信发送的连接口。如果计算机上串口已经被占用，可以使用 USB 转 RS232 串口的转换器进行连接。这里的串口号要与硬件连接的串口号匹配，否则会造成短信发送和电话不能拨打的故障。软件每次启动会自动检测模块的工作状态，间隔一定时间对短信发送设备进行在线监测。

5.3.7 值班员手机号码设置

此功能是在安装了“3G 通信报警一体机”以后配套设置的参数，可以将所有值班员的手机号码设置进去，软件按照设定的时间表自动读取 MOI 的值班员信息，将手机号码匹配到当前值班员，有报警短信或拨打电话都可以通过“3G 通信报警一体机”实现。

在“接收报警信息手机号码”中添加值班人员和其他需要接收报警信息的人员姓名和手机号。

(1)添加：当需要添加接收报警信息手机号码时，点击“添加”按钮，即弹出添加的输入窗口。填写姓名和手机号码，并选择不论是否值班都要固定发送(适合管理人员的报警信息接收)，点击“添加”按钮即可实现添加功能。

(2)修改：选中需要修改的表中单元项，点击“修改”按钮，即弹出需要修改的窗口，修改后点击窗口下部的“保存”按钮即可实现修改功能。

(3)删除：当需要删除某条接收报警人员和手机号码信息，选中该行并点击“删除”按钮，即弹出确认窗口，点击“确定”即可实现删除功能。

5.3.8 整点 Z 文件发送时间

每小时正点 Z 文件需要通过人工质控维护以后才能发送，因此，要将正点发送数据文件的时间延迟。通过对“整点 Z 文件发送时间”的设置可以控制整点数据文件发送的时间。根据业务要求通常在 3～5 min 以内完成人工的数据维护编报，这里的时间精确到秒，台站可以根据具体情况设置。在这个时间点之前是不发送 Z 文件的，即使多次编报保存都不会形成更正报，但过了这个时间点，重新编报发送的话，就会自动形成更正报。如果在整点编报在不需要人工质控的情况下，MOI 会自动生成 Z 文件，这时 MOIFTP 会在“整点 Z 文件发送时间”发送数据文件。

5.3.9 读值班表时间

为了及时更新当前值班员的手机号码，根据测报业务值班的交接情况设置读取 MOI 值班信息。这里提供了四个自动读取的时间，通常可以将时间设置在交接班以后。时间格式为 HH：mm，不需要更新的时间框中可以输入 XX：XX。

第6章 软件功能

6.1 功能概述

SMO软件主要完成与新型自动站、云、能(见度)、天(气现象)等气象要素采集设备的挂接及对气象要素数据的采集,通过文件接口模式为MOI软件提供原始气象要素数据源。MOI软件是在前面自动化观测和自动化业务流程的基础上,实现目前还不能完全由设备自动观测的相关业务,如人工观测、报文编报和日常报表制作等人工业务,同时对数据收集、质量控制、综合处理、控制流等功能进行完善,提高自动化业务处理能力。MOIFTP主要通过FTP方式将MOI生成的报文上传到省级网络中心,对报文上传以及MOI监控的数据质控情况进行实时监控和报警。此外,MOIFTP结合专用硬件设备,还可以提供报文上传的备份路径。

6.2 数据采集功能

6.2.1 功能简介

数据采集软件SMO是整个台站地面综合观测业务软件(ISOS)的一部分,负责与硬件设备交互作用,实现从设备中采集数据。通过传感器设备挂接的方式,与观测场中的新型自动站、云、能见度、天气现象、辐射等气象要素采集设备进行连接,实时获取观测数据。以文件接口模式为后一级业务软件MOI提供数据源。SMO的主要功能是数据采集、格式处理、数据查询、设备状态监控、设备维护管理等。

主菜单:包括实时观测、数据处理、数据查询、设备状态、设备管理、参数设置、帮助等。

“实时观测”菜单:包括首页、新型自动站、视程障碍判别、云、天气现象、辐射等子菜单。提供了实时运行监控和当前各种观测设备输出的分钟资料查看功能。设备名称命名的子菜单根据测站挂接的观测设备数量自动生成。

“数据处理”菜单:包括历史数据下载、数据归档等子菜单。提供补调历史数据,以及将所有观测数据和运行状态数据按照原始数据文件目录(dadaset)结构拷贝到指定磁盘下的功能。

“数据查询”菜单:包括分钟要素查询、小时数据查询、当前要素显示、详细要素显示、数据导出、综合查询等子菜单。提供分钟和小时数据不同方式的查询和导出。

“设备状态”菜单:包括新型自动站、云、天气现象、辐射、地面综合观测主机等子菜单。提供各个观测设备的分钟运行状态数据进行查询。设备名称命名的子菜单根据测站挂接的观测设备数量自动生成。

“设备管理”菜单:包括设备标定、设备维护、设备停用、设备维护登记、维护终端、辐射加盖(雨)、辐射加盖(沙尘暴)等子菜单。通过子菜单可以对观测设备发送相关指令,将设备管理的各种信息记录到质控文件中,对于业务软件的后期处理提供依据。

“参数设置”菜单:包括观测项目挂接设置、系统设置、报警设置、启用通信查看、初始化成首次运行、区站参数、分钟极值参数、小时极值参数等子菜单。提供观测设备挂接、各类参数设置功能。

“帮助”菜单:包括帮助、换肤、关于等子菜单。提供简要的软件安装使用说明,更换软件皮肤和软件版本信息。

6.2.2 实时观测

SMO 软件启动时,或者在下拉菜单【实时观测】中点击【首页】选项,显示如图 6.1 所示信息。“首页”是系统主界面,显示设备挂接和系统运行状态的各种信息,还可以通过右侧的标签页切换到不同的界面,查看质控警告、报警信息、要素显示等信息。实时观测的菜单下还包括各种观测设备的分钟资料查看子菜单。

(1)首页

主窗口分为两个区域。左侧区域显示本站当前挂接的设备,以目录树结构方式,分为省份、台站号、设备(或项目)、传感器四层分布,可以清晰地看到当前所有挂接的信息。窗口右侧区域显示数据和运行状态的监控信息。上半部分显示主要气象要素最新每分钟数据,起到实时数据监控的作用;下半部分实时显示各种设备观测成功率、统计次数,以及各个设备端口和系统的工作状态,反映数据采集和设备运行的状况。

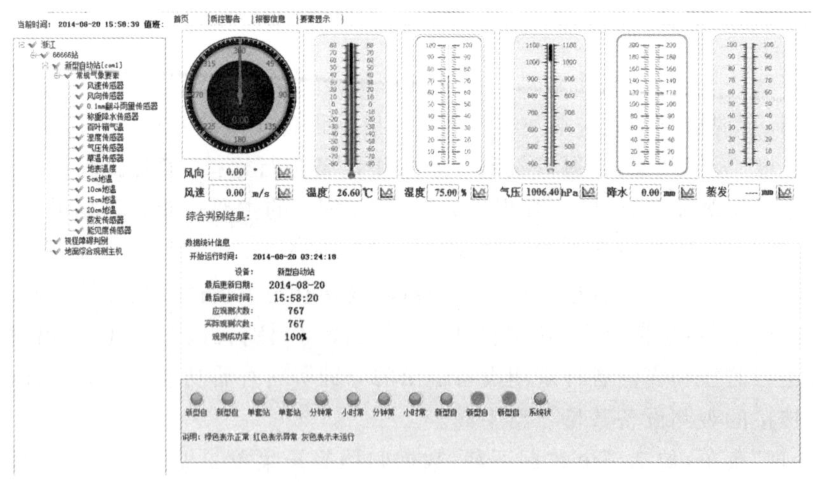

图 6.1 SMO 主界面

①要素实时显示:该部分主要用来形象地显示 SMO 采集到的实时数据信息,包括风向、风速、温度、湿度、气压、降水、蒸发等观测内容。除了实时数据外,通过点击文字例如“风向”或者文字后面对应的“曲线”按钮,还可以进入要素的变化曲线界面,查看对应要素的时间变化曲线。如图 6.2 所示,是“温度”对应的变化曲线。在右边“要素”选项中用户可以选择要

显示的内容，至少需勾选一项，当仅选择一个要素曲线时，选中的选项会变为灰色。此外，还可以通过“纵轴最大/最小值”对坐标纵轴进行刻度调整。

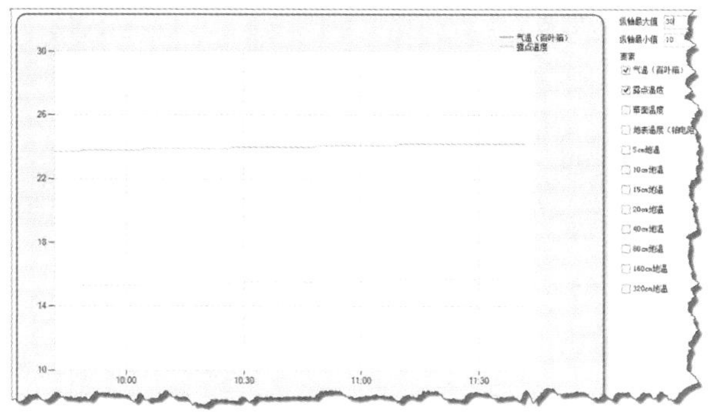

图 6.2　SMO 温度变化曲线图

②综合判别结果：此处显示的是 SMO 自动判别的视程障碍现象结果；判别依据包括 10 min滑动平均能见度、10 min 滑动平均湿度、风速以及 24 h 变温等；其中能见度高阈值默认为 7500 m、低阈值为 750 m，湿度阈值为 80%。

③数据统计信息：数据统计信息部分主要用来显示系统的开始运行时间，以及所挂接设备数据采集和运行状态统计信息，包括最后数据更新日期、时间，应该观测次数，实际观测次数，以及观测成功率等。

④系统运行状态监控：通过红色、绿色、灰色三种颜色状态灯来表示设备的当前运行状态，直观反映挂接的观测设备和系统的连接情况。其中红色表示设备异常或通信中断，绿色表示设备和通信正常，而灰色则表示设备已经挂接而没有运行或通信端口未连接。

⑤主采集器校时：主采集器通过与测报业务主机校时，确保采集器采集数据的成功率。SMO 默认通过任务计划脚本（脚本文件位于“…dataset\省名\站号\AWS\AWS. script”）对主采集器进行校时。如果发现采集成功率偏低，也可手动对主采集器进行对时，右键单击目录树【新型自动站】,【采集器监控操作命令】,【时间】，如图 6.3 所示，打开主采集器校时操作界面，如图 6.4 所示，点击下载到采集器，即可完成对主采集器的校时操作。

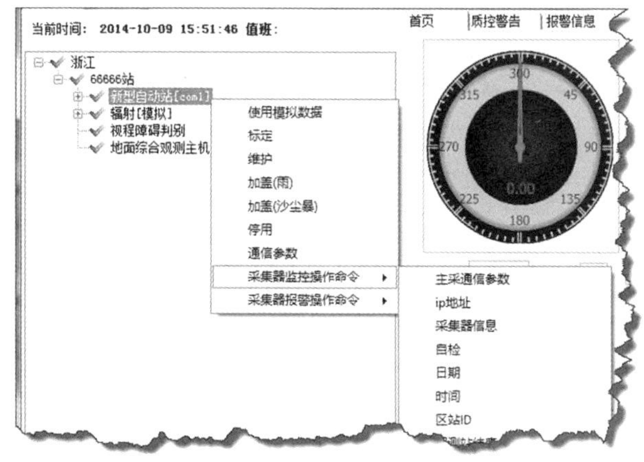

图 6.3　主采集器校时菜单

图 6.4　主采集器校时界面

(2)质控警告

点击首页右边的【质控警告】选项卡,显示如图 6.5 所示的信息。SMO 软件能够依据预先设置的质控规则和界限阈值自动判别数据是否异常,并在这里对异常数据进行显示,便于了解观测数据的质量情况。默认显示当天所有质控警告内容。

表名	开始报警时间	结束报警时间	要素	原值	错误码	错误信息	报警次数
常规要素每日逐分钟数据表	2013-12-03 14:22:00	2013-12-03 14:22:00	低云量	////	520428100100000000	错误,缺测	1
常规要素每日逐分钟数据表	2013-12-03 14:22:00	2013-12-03 14:22:00	320cm地温	////	520368100100000000	错误,缺测	1
常规要素每日逐分钟数据表	2013-12-03 14:22:00	2013-12-03 14:22:00	160cm地温	////	520358100100000000	错误,缺测	1
常规要素每日逐分钟数据表	2013-12-03 14:22:00	2013-12-03 14:22:00	80cm地温	////	520348100100000000	错误,缺测	1
常规要素每日逐分钟数据表	2013-12-03 14:22:00	2013-12-03 14:22:00	40cm地温	////	520338100100000000	错误,缺测	1
常规要素每日逐分钟数据表	2013-12-03 14:22:00	2013-12-03 14:22:00	20cm地温	////	520328100100000000	错误,缺测	1
常规要素每日逐分钟数据表	2013-12-03 14:22:00	2013-12-03 14:22:00	15cm地温	////	520318100100000000	错误,缺测	1
常规要素每日逐分钟数据表	2013-12-03 14:22:00	2013-12-03 14:22:00	10cm地温	////	520308100100000000	错误,缺测	1
常规要素每日逐分钟数据表	2013-12-03 14:22:00	2013-12-03 14:22:00	5cm地温	////	520298100100000000	错误,缺测	1
常规要素每日逐分钟数据表	2013-12-03 14:22:00	2013-12-03 14:22:00	地表温度(铂电阻)	////	520278100100000000	错误,缺测	1
常规要素每日逐分钟数据表	2013-12-03 14:22:00	2013-12-03 14:22:00	草面温度	////	520268100100000000	错误,缺测	1
常规要素每日逐分钟数据表	2013-12-03 14:22:00	2013-12-03 14:22:00	露点温度	145	540240010001000000	可疑,超出台站极值范围	1
常规要素每日逐分钟质控数据表	2013-12-03 14:22:00	2013-12-03 14:22:00	露点温度	145	550241010000100000	可疑,内部一致性检查不通过	1

图 6.5　质控警告信息界面

点击表中“要素”列中(蓝色文字)的任何一个单元,弹出“当前要素显示”窗口,如图 6.6 所示。以“320 cm 地温”为例,在窗口中可以查看所有相关数据。也可在“数据”下拉列表框中选择对应的数据表,单击“查看”按钮对相应数据进行查询,通过“上/下一分钟(小时)”按钮进行选择;通过“文件目录”选择可以对前面存储的数据文件重新选择。

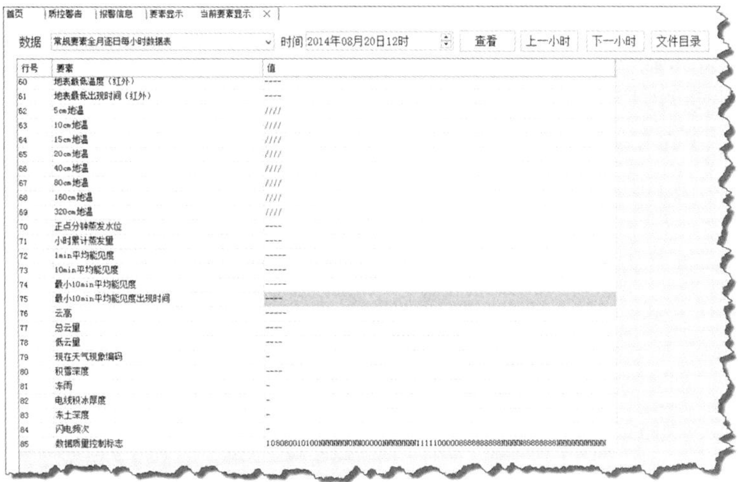

图 6.6　当前要素信息界面

如果需要对质控警告的历史记录进行查询，点击质控警告界面右上角的“更多”按钮，弹出选项卡质控日志查询界面，如图 6.7 所示。在“日期”栏选择需要查询的日期，在“级别”下拉列表框中选择要查询的质控警告的级别，选择相应页码，单击“查询”即可查看对应的详细质控信息。

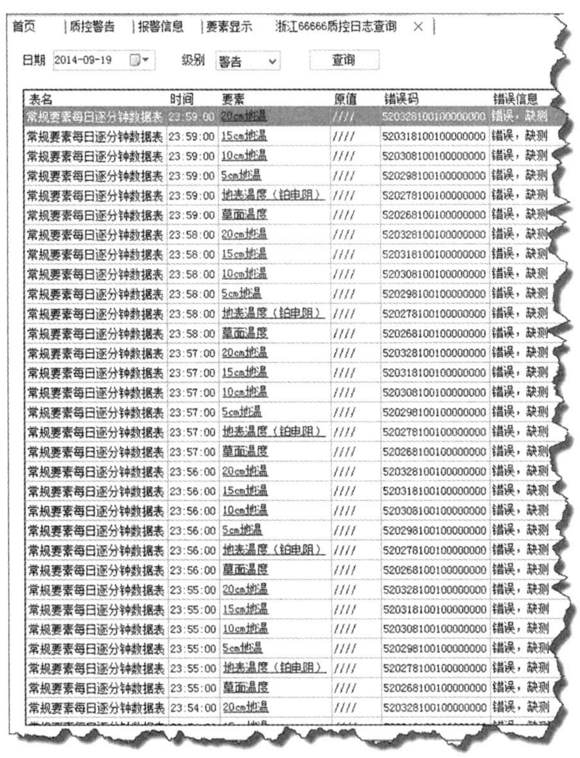

表名	时间	要素	原值	错误码	错误信息
常规要素每日逐分钟数据表	23:59:00	20cm地温	////	520328100100000000	错误，缺测
常规要素每日逐分钟数据表	23:59:00	15cm地温	////	520318100100000000	错误，缺测
常规要素每日逐分钟数据表	23:59:00	10cm地温	////	520308100100000000	错误，缺测
常规要素每日逐分钟数据表	23:59:00	5cm地温	////	520298100100000000	错误，缺测
常规要素每日逐分钟数据表	23:59:00	地表温度（铂电阻）	////	520278100100000000	错误，缺测
常规要素每日逐分钟数据表	23:59:00	草面温度	////	520268100100000000	错误，缺测
常规要素每日逐分钟数据表	23:58:00	20cm地温	////	520328100100000000	错误，缺测
常规要素每日逐分钟数据表	23:58:00	15cm地温	////	520318100100000000	错误，缺测
常规要素每日逐分钟数据表	23:58:00	10cm地温	////	520308100100000000	错误，缺测
常规要素每日逐分钟数据表	23:58:00	5cm地温	////	520298100100000000	错误，缺测
常规要素每日逐分钟数据表	23:58:00	地表温度（铂电阻）	////	520278100100000000	错误，缺测
常规要素每日逐分钟数据表	23:58:00	草面温度	////	520268100100000000	错误，缺测
常规要素每日逐分钟数据表	23:57:00	20cm地温	////	520328100100000000	错误，缺测
常规要素每日逐分钟数据表	23:57:00	15cm地温	////	520318100100000000	错误，缺测
常规要素每日逐分钟数据表	23:57:00	10cm地温	////	520308100100000000	错误，缺测
常规要素每日逐分钟数据表	23:57:00	5cm地温	////	520298100100000000	错误，缺测
常规要素每日逐分钟数据表	23:57:00	地表温度（铂电阻）	////	520278100100000000	错误，缺测
常规要素每日逐分钟数据表	23:57:00	草面温度	////	520268100100000000	错误，缺测
常规要素每日逐分钟数据表	23:56:00	20cm地温	////	520328100100000000	错误，缺测
常规要素每日逐分钟数据表	23:56:00	15cm地温	////	520318100100000000	错误，缺测
常规要素每日逐分钟数据表	23:56:00	10cm地温	////	520308100100000000	错误，缺测
常规要素每日逐分钟数据表	23:56:00	5cm地温	////	520298100100000000	错误，缺测
常规要素每日逐分钟数据表	23:56:00	地表温度（铂电阻）	////	520278100100000000	错误，缺测
常规要素每日逐分钟数据表	23:56:00	草面温度	////	520268100100000000	错误，缺测
常规要素每日逐分钟数据表	23:55:00	20cm地温	////	520328100100000000	错误，缺测
常规要素每日逐分钟数据表	23:55:00	15cm地温	////	520318100100000000	错误，缺测
常规要素每日逐分钟数据表	23:55:00	10cm地温	////	520308100100000000	错误，缺测
常规要素每日逐分钟数据表	23:55:00	5cm地温	////	520298100100000000	错误，缺测
常规要素每日逐分钟数据表	23:55:00	地表温度（铂电阻）	////	520278100100000000	错误，缺测
常规要素每日逐分钟数据表	23:55:00	草面温度	////	520268100100000000	错误，缺测
常规要素每日逐分钟数据表	23:54:00	20cm地温	////	520328100100000000	错误，缺测

图 6.7　台站质控日志查询界面

(3)报警信息

点击【报警信息】选项卡，显示如图 6.8 所示的信息。表中记录 SMO 观测系统，包括主机，传感器，采集数据以及其他相关仪器设备等异常状况报警信息。如果需要查询更多历史报警信息，点击“更多”按钮，显示如图 6.9 所示，通过“日期”进行选择，然后单击“查询”按钮，可以查询到对应日期的所有报警信息，通过页码下拉列表框可以选择查询更多的信息。

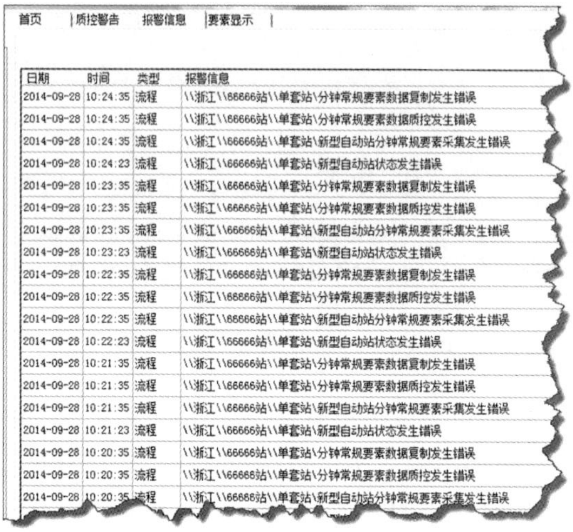

首页 | 质控警告 | 报警信息 | 要素显示 |

日期	时间	类型	报警信息
2014-09-28	10:24:35	流程	\\浙江\\66666站\\单套站\分钟常规要素数据复制发生错误
2014-09-28	10:24:35	流程	\\浙江\\66666站\\单套站\分钟常规要素数据质控发生错误
2014-09-28	10:24:35	流程	\\浙江\\66666站\\单套站\新型自动站分钟常规要素采集发生错误
2014-09-28	10:24:23	流程	\\浙江\\66666站\\单套站\新型自动站状态发生错误
2014-09-28	10:23:35	流程	\\浙江\\66666站\\单套站\分钟常规要素数据复制发生错误
2014-09-28	10:23:35	流程	\\浙江\\66666站\\单套站\分钟常规要素数据质控发生错误
2014-09-28	10:23:35	流程	\\浙江\\66666站\\单套站\新型自动站分钟常规要素采集发生错误
2014-09-28	10:23:23	流程	\\浙江\\66666站\\单套站\新型自动站状态发生错误
2014-09-28	10:22:35	流程	\\浙江\\66666站\\单套站\分钟常规要素数据复制发生错误
2014-09-28	10:22:35	流程	\\浙江\\66666站\\单套站\分钟常规要素数据质控发生错误
2014-09-28	10:22:35	流程	\\浙江\\66666站\\单套站\新型自动站分钟常规要素采集发生错误
2014-09-28	10:22:23	流程	\\浙江\\66666站\\单套站\新型自动站状态发生错误
2014-09-28	10:21:35	流程	\\浙江\\66666站\\单套站\分钟常规要素数据复制发生错误
2014-09-28	10:21:35	流程	\\浙江\\66666站\\单套站\分钟常规要素数据质控发生错误
2014-09-28	10:21:35	流程	\\浙江\\66666站\\单套站\新型自动站分钟常规要素采集发生错误
2014-09-28	10:21:23	流程	\\浙江\\66666站\\单套站\新型自动站状态发生错误
2014-09-28	10:20:35	流程	\\浙江\\66666站\\单套站\分钟常规要素数据复制发生错误
2014-09-28	10:20:35	流程	\\浙江\\66666站\\单套站\分钟常规要素数据质控发生错误
2014-09-28	10:20:35	流程	\\浙江\\66666站\\单套站\新型自动站分钟常规要素采集发生错误

图 6.8 报警信息界面

首页 | 质控警告 | 报警信息 | 要素显示 | 浙江66666报警日志 × |

日期 2014-09-28 查询

时间	类型	报警信息
11:02:36	流程	\\浙江\\66666站\\单套站\分钟常规要素数据复制发生错误
11:02:36	流程	\\浙江\\66666站\\单套站\分钟常规要素数据质控发生错误
11:02:36	流程	\\浙江\\66666站\\单套站\新型自动站分钟常规要素采集发生错误
11:02:24	流程	\\浙江\\66666站\\单套站\新型自动站状态发生错误
11:01:45	流程	\\浙江\\66666站\\单套站\分钟常规要素数据复制发生错误
11:01:45	流程	\\浙江\\66666站\\单套站\分钟常规要素数据质控发生错误
11:01:44	流程	\\浙江\\66666站\\单套站\新型自动站分钟常规要素采集发生错误
11:01:32	流程	\\浙江\\66666站\\单套站\新型自动站状态发生错误
11:00:53	流程	\\浙江\\66666站\\单套站\小时常规要素数据复制发生错误
11:00:53	流程	\\浙江\\66666站\\单套站\分钟常规要素数据复制发生错误
11:00:53	流程	\\浙江\\66666站\\单套站\小时常规要素数据质控发生错误
11:00:53	流程	\\浙江\\66666站\\单套站\分钟常规要素数据质控发生错误
11:00:53	流程	\\浙江\\66666站\\单套站\新型自动站小时常规要素数据采集发生错误
11:00:53	流程	\\浙江\\66666站\\单套站\新型自动站分钟常规要素采集发生错误
11:00:28	流程	\\浙江\\66666站\\单套站\新型自动站状态发生错误
10:59:37	流程	\\浙江\\66666站\\单套站\分钟常规要素数据复制发生错误
10:59:37	流程	\\浙江\\66666站\\单套站\分钟常规要素数据质控发生错误
10:59:37	流程	\\浙江\\66666站\\单套站\新型自动站分钟常规要素采集发生错误
10:59:24	流程	\\浙江\\66666站\\单套站\新型自动站状态发生错误
10:58:45	流程	\\浙江\\66666站\\单套站\分钟常规要素数据复制发生错误
10:58:45	流程	\\浙江\\66666站\\单套站\分钟常规要素数据质控发生错误
10:58:45	流程	\\浙江\\66666站\\单套站\新型自动站分钟常规要素采集发生错误
10:58:33	流程	\\浙江\\66666站\\单套站\新型自动站状态发生错误
10:57:41	流程	\\浙江\\66666站\\单套站\分钟常规要素数据复制发生错误
10:57:41	流程	\\浙江\\66666站\\单套站\分钟常规要素数据质控发生错误
10:57:41	流程	\\浙江\\66666站\\单套站\新型自动站分钟常规要素采集发生错误
10:57:29	流程	\\浙江\\66666站\\单套站\新型自动站状态发生错误
10:56:37	流程	\\浙江\\66666站\\单套站\分钟常规要素数据复制发生错误

图 6.9 报警日志查询界面

(4)要素显示

点击【要素显示】选项卡，显示如图6.10所示的信息。可以根据用户不同需求自行配置显示需要查看的从观测设备所采集的各种气象要素数据。

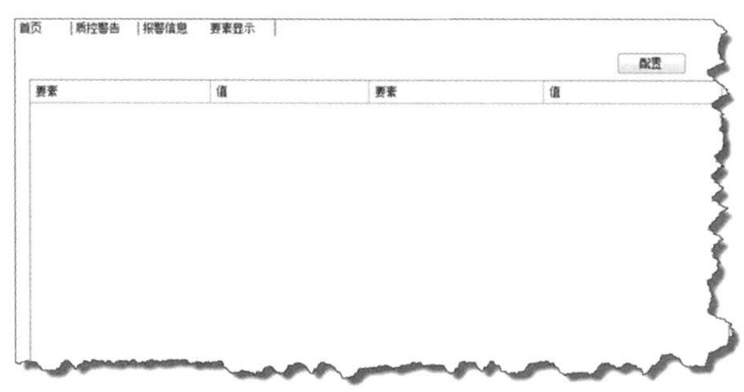

图6.10 自定义要素显示配置界面

点击右上角的“配置”按钮，打开要素显示配置窗口，如图6.11所示。首先在【文件】下拉列表框中选择气象要素的数据表文件；然后在“要素”列表框中选择对应的气象要素，点击“＞＞”按钮将选中的气象要素导入到右面选择的要素列表框中，单击“保存”按钮，完成配置，配置后要素显示界面的效果如图6.12所示。

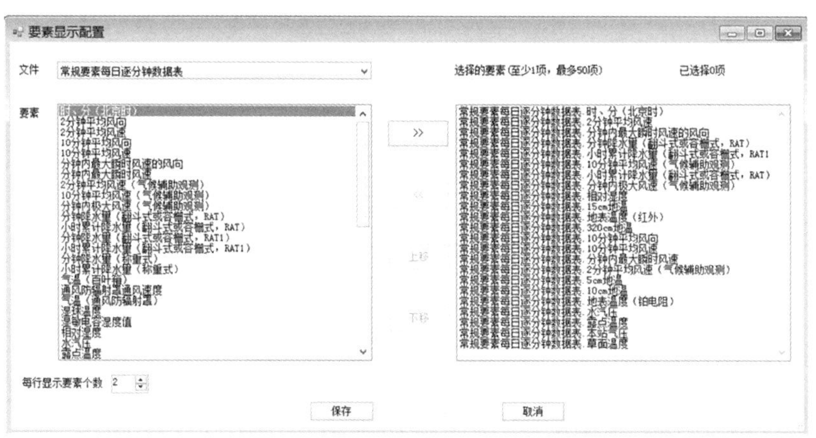

图6.11 要素显示配置界面

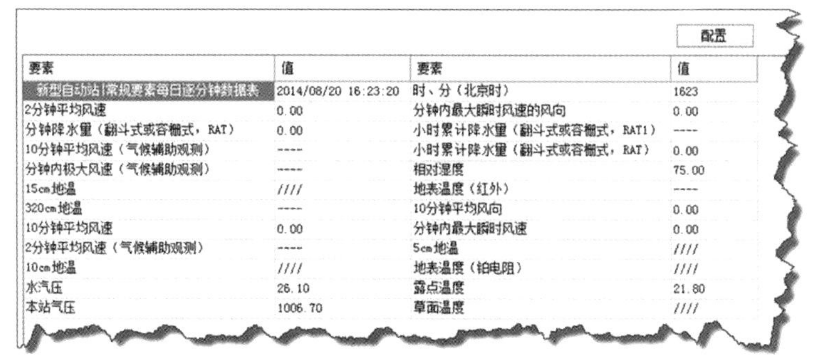

配置
要素
值
要素
值
新型自动站|常规要素每日逐分钟数据表
2014/08/20 16:23:20
时、分（北京时）
1623
2分钟平均风速
0.00
分钟内最大瞬时风速的风向
0.00
分钟降水量（翻斗式或容栅式，RAT）
0.00
小时累计降水量（翻斗式或容栅式，RAT1）

10分钟平均风速（气候辅助观测）

小时累计降水量（翻斗式或容栅式，RAT）
0.00
分钟内极大风速（气候辅助观测）

相对湿度
75.00
15cm地温
////
地表温度（红外）

320cm地温

10分钟平均风向
0.00
10分钟平均风速
0.00
分钟内最大瞬时风速
0.00
2分钟平均风速（气候辅助观测）

5cm地温
////
10cm地温
////
地表温度（铂电阻）
////
水汽压
26.10
露点温度
21.80
本站气压
1006.70
草面温度
////

图6.12 经配置的要素显示界面

(5)新型自动站

从主菜单【实时观测】下的【新型自动站】子菜单，其下一级子菜单，有常规要素6种数据表，可根据需要选择查看不同来源的数据表。

①每日逐分钟数据表：直接从采集器读取的当前观测原始数据。

②每日逐分钟质控数据表：对上面的原始分钟数据表进行质控后的观测数据。

③每日逐分钟订正数据表：对上面的质控分钟数据表进行订正后的观测数据。

④全月逐日小时数据表：直接从采集器读取的当前小时观测原始数据。

⑤全月逐日小时质控数据表：对上面的原始小时数据进行质控后的观测数据。

⑥全月逐日小时订正数据表：对上面的质控小时数据进行订正后的观测数据。

选择“常规要素每日逐分钟站数据表”，弹出表格如图6.13所示，记录的是本站常规要素每日逐分钟数据，可通过“文件目录”按钮选择逐分钟数据文件，通过“上/下一分钟”按钮进行分钟查询。表中单元格显示“————”表示没有传感器挂接，无数据，质控代码为N；“////”表示数据缺失，质控代码为8；“＊＊＊＊”表示湿球温度数据缺失。

“常规要素全月逐日每小时数据表”是以小时形式保存的常规要素数据，数据查询方式类似于分钟数据表。

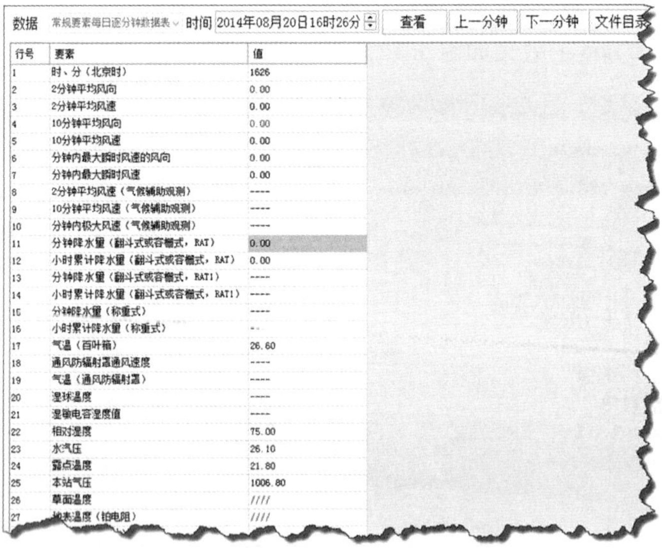

数据 常规要素每日逐分钟数据表 时间 2014年08月20日16时26分 查看 上一分钟 下一分钟 文件目录

行号	要素	值
1	时、分（北京时）	1626
2	2分钟平均风向	0.00
3	2分钟平均风速	0.00
4	10分钟平均风向	0.00
5	10分钟平均风速	0.00
6	分钟内最大瞬时风速的风向	0.00
7	分钟内最大瞬时风速	0.00
8	2分钟平均风速（气候辅助观测）	----
9	10分钟平均风速（气候辅助观测）	----
10	分钟内极大风速（气候辅助观测）	----
11	分钟降水量（翻斗式或容栅式，RAT）	0.00
12	小时累计降水量（翻斗式或容栅式，RAT）	0.00
13	分钟降水量（翻斗式或容栅式，RAT1）	----
14	小时累计降水量（翻斗式或容栅式，RAT1）	----
15	分钟降水量（称重式）	----
16	小时累计降水量（称重式）	--
17	气温（百叶箱）	26.60
18	通风防辐射罩通风速度	----
19	气温（通风防辐射罩）	----
20	湿球温度	----
21	湿敏电容湿度值	----
22	相对湿度	75.00
23	水汽压	26.10
24	露点温度	21.80
25	本站气压	1006.80
26	草面温度	////
27	地表温度（铂电阻）	////

图6.13 实时观测数据查询界面

(6)云、能见度、天气现象、辐射、日照等

这些观测项目的分钟数据查看功能都可以通过主菜单【实时观测】下的一级子菜单调取。观测项目的子菜单数量(如云、能见度、天气现象、辐射、日照等)是根据挂接的设备自动生成的。查看数据的类似于【新型自动站】中的分钟资料“常规要素每日逐分钟数据表”的操作方法。

6.2.3 数据处理

SMO的数据处理功能包括历史数据下载、数据归档两个子菜单，分别实现从采集器补调历史数据和对已经保存的数据文件进行拷贝备份的功能。

(1)历史数据下载

SMO在正常情况下是每分钟自动从观测设备的采集器中读取数据，经过质控处理保存到数据文件中。但是由于某种原因导致资料没有及时读取，造成数据文件中缺测，只要采集器中有原始数据，就可以重新补调到计算机中来。“历史数据下载”就是为了解决补调数据问题。

从【数据处理】主菜单下的【历史数据下载】子菜单打开窗口，显示如图6.14所示界面。首先选择从采集器下载的历史数据类型，然后选择下载的历史数据是否覆盖正常数据(通常要选覆盖正常数据)，再选择补调数据的起止日期和时间(注：结束时间不能超过开始时间)。选择完毕后，点击“开始下载”，可以通过下载历史数据进度条查看下载进度。由于下载是通过串口向采集器读取每分钟等资料，速度比较慢，为了不影响影响其他正常的实时数据采集，补调历史数据尽量选择在非正点观测的时间段。

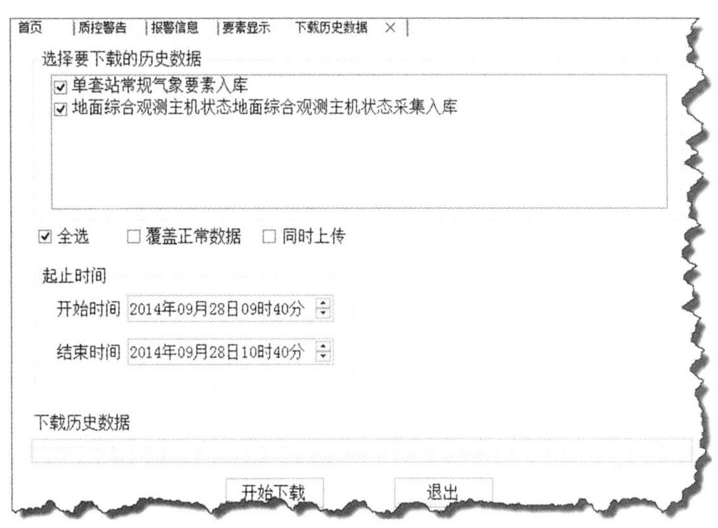

图6.14 历史数据下载界面

(2)数据归档

从【数据处理】主菜单下的【数据归档】子菜单打开如图6.15所示的窗口。首先通过“浏览”按钮选择归档文件保存的路径，通常只要选择磁盘的盘符即可。然后点击“开始归档”按钮，当进度条走满的时文件归档完毕。数据归档实际是对于SMO的数据文件直接备份，在归档磁盘中生成dataset目录，将SMO中的dataset下所有数据文件按照原有的目录结构全部拷贝过来。

图 6.15　数据归档界面

6.2.4　数据查询

数据查询功能是为了方便用户对SMO采集的实时及历史数据进行检索和导出所提供的功能。主要包括分钟数据查询、小时数据查询、当前要素查询、详细要素查询、数据导出、综合查询等子菜单。

(1)分钟要素查询

从【数据查询】主菜单下的【分钟要素查询】子菜单打开查询窗口,显示如图6.16所示。在"数据"栏中选择要查询的数据表类型(这里选择"常规要素每日逐分钟数据表"为例),在"要素"栏中选择要查询数据表的要素名称,然后选择要查询数据的起止时间,单击"查看"按钮,查询结果如图6.17所示。用户也可以通过"排列方式"选项来选择数据的列表显示的排列方式。

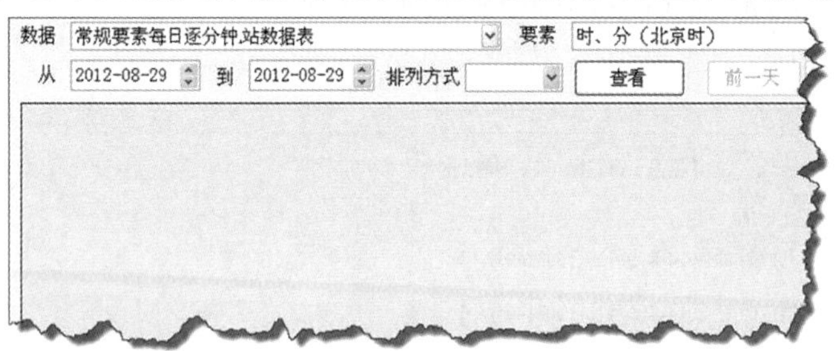

图 6.16　分钟数据查询界面

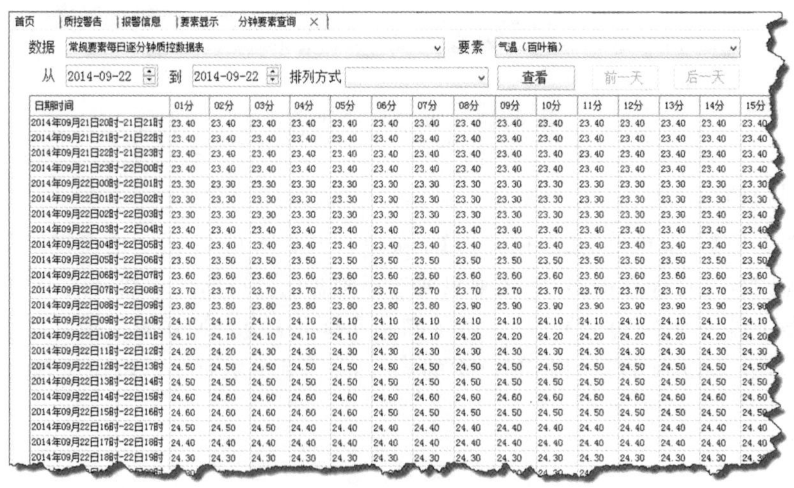

日期时间	01分	02分	03分	04分	05分	06分	07分	08分	09分	10分	11分	12分	13分	14分	15分
2014年09月21日20时-21日21时	23.40	23.40	23.40	23.40	23.40	23.40	23.40	23.40	23.40	23.40	23.40	23.40	23.40	23.40	23.40
2014年09月21日21时-21日22时	23.40	23.40	23.40	23.40	23.40	23.40	23.40	23.40	23.40	23.40	23.40	23.40	23.40	23.40	23.40
2014年09月21日22时-21日23时	23.40	23.40	23.40	23.40	23.40	23.40	23.40	23.40	23.40	23.40	23.40	23.40	23.40	23.40	23.40
2014年09月21日23时-22日00时	23.40	23.40	23.40	23.40	23.40	23.40	23.40	23.40	23.40	23.40	23.40	23.40	23.40	23.40	23.40
2014年09月22日00时-22日01时	23.30	23.30	23.30	23.30	23.30	23.30	23.30	23.30	23.30	23.30	23.30	23.30	23.30	23.30	23.30
2014年09月22日01时-22日02时	23.30	23.30	23.30	23.30	23.30	23.30	23.30	23.30	23.30	23.30	23.30	23.30	23.30	23.30	23.30
2014年09月22日02时-22日03时	23.30	23.30	23.30	23.30	23.30	23.30	23.30	23.30	23.30	23.30	23.30	23.30	23.30	23.40	23.40
2014年09月22日03时-22日04时	23.40	23.40	23.40	23.40	23.40	23.40	23.40	23.40	23.40	23.40	23.40	23.40	23.40	23.40	23.40
2014年09月22日04时-22日05时	23.40	23.40	23.40	23.40	23.40	23.40	23.40	23.40	23.40	23.40	23.40	23.40	23.40	23.40	23.40
2014年09月22日05时-22日06时	23.50	23.50	23.50	23.50	23.50	23.50	23.50	23.50	23.50	23.50	23.50	23.50	23.50	23.50	23.50
2014年09月22日06时-22日07时	23.60	23.60	23.60	23.60	23.60	23.60	23.60	23.60	23.60	23.60	23.60	23.60	23.60	23.60	23.60
2014年09月22日07时-22日08时	23.70	23.70	23.70	23.70	23.70	23.70	23.70	23.70	23.70	23.70	23.70	23.70	23.70	23.70	23.70
2014年09月22日08时-22日09时	23.80	23.80	23.80	23.80	23.80	23.80	23.80	23.90	23.90	23.90	23.90	23.90	23.90	23.90	23.90
2014年09月22日09时-22日10时	24.10	24.10	24.10	24.10	24.10	24.10	24.10	24.10	24.10	24.10	24.10	24.10	24.10	24.10	24.10
2014年09月22日10时-22日11时	24.10	24.10	24.10	24.10	24.10	24.20	24.10	24.20	24.20	24.20	24.20	24.20	24.20	24.20	24.20
2014年09月22日11时-22日12时	24.20	24.20	24.30	24.30	24.30	24.30	24.30	24.30	24.30	24.30	24.30	24.30	24.30	24.30	24.30
2014年09月22日12时-22日13时	24.50	24.50	24.50	24.50	24.50	24.50	24.50	24.50	24.50	24.50	24.50	24.50	24.50	24.50	24.50
2014年09月22日13时-22日14时	24.50	24.50	24.50	24.50	24.50	24.50	24.50	24.50	24.50	24.50	24.50	24.50	24.50	24.50	24.50
2014年09月22日14时-22日15时	24.60	24.60	24.60	24.60	24.60	24.60	24.60	24.60	24.60	24.60	24.60	24.60	24.60	24.60	24.60
2014年09月22日15时-22日16时	24.60	24.60	24.60	24.60	24.60	24.50	24.50	24.50	24.50	24.50	24.50	24.50	24.50	24.50	24.50
2014年09月22日16时-22日17时	24.50	24.50	24.50	24.40	24.40	24.40	24.40	24.40	24.40	24.40	24.40	24.40	24.40	24.40	24.40
2014年09月22日17时-22日18时	24.40	24.40	24.40	24.40	24.40	24.40	24.40	24.40	24.40	24.40	24.40	24.40	24.40	24.40	24.40
2014年09月22日18时-22日19时	24.30	24.30	24.30	24.30	24.30	24.30	24.30	24.30	24.30	24.30	24.30	24.30	24.30	24.30	24.3

图 6.17　分钟数据查询结果界面

(2)小时要素查询

从【数据查询】主菜单下的【小时数据查询】子菜单打开查询窗口，显示如图 6.18 所示。在查询时，首先在“数据”栏中选择对应的小时数据表(这里以“常规要素全月逐日每小时数据表”为例)，选择所需查询的月份，然后单击“查看”按钮，即可显示所查询的数据。

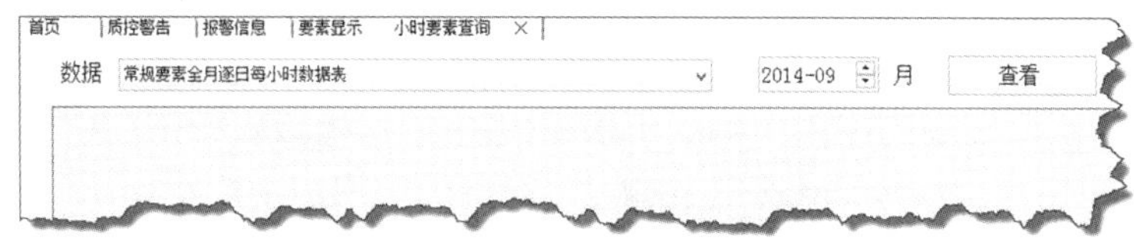

图 6.18　小时数据查询界面

(3)当前要素显示、详细要素查询

“当前要素显示”和“详细要素查询”都是提供数据查询功能，只是前者主要显示当前最新的数据查询，后者提供一段时间内的所有数据的查询。

从【数据查询】主菜单下的【当前要素显示】子菜单打开查询窗口。首先在“数据”栏选择所需查询的数据表(这里选择“常规要素每日逐分钟数据表”)，然后选择查询时间，点击“查看”按钮，如图 6.19 所示。查询的方法与“实时观测”主菜单中的分钟数据查询类似。

从【数据查询】主菜单下的选择【详细要素查询】子菜单即可打开查询窗口(图略)。先在“数据”栏中选择相应的数据表，选择查询数据的起止时间(结束时间不能早于开始时间)，然后点击“查看”按钮即可调出该时间段的对应观测数据。

首页 | 质控警告 | 报警信息 | 要素显示 | 当前要素显示

数据 常规要素每日逐分钟数据表　时间 2014年09月22日10时3

行号	要素	值
1	时、分(北京时)	1032
2	2分钟平均风向	0.00
3	2分钟平均风速	0.00
4	10分钟平均风向	0.00
5	10分钟平均风速	0.00
6	分钟内最大瞬时风速的风向	0.00
7	分钟内最大瞬时风速	0.00
8	2分钟平均风速(气候辅助观测)	----
9	10分钟平均风速(气候辅助观测)	----
10	分钟内极大风速(气候辅助观测)	----
11	分钟降水量(翻斗式或容栅式，RAT)	0.00
12	小时累计降水量(翻斗式或容栅式，RAT)	0.00
13	分钟降水量(翻斗式或容栅式，RAT1)	----
14	小时累计降水量(翻斗式或容栅式，RAT1)	----
15	分钟降水量(称重式)	----
16	小时累计降水量(称重式)	----
17	气温(百叶箱)	24.20
18	通风防辐射罩通风速度	----
19	气温(通风防辐射罩)	----
20	湿球温度	----
21	湿敏电容湿度值	----
22	相对湿度	76.00
23	水汽压	22.90
24	露点温度	19.70
25	本站气压	1006.60
26	草面温度	////
27	地表温度(铂电阻)	////
28	地表温度(红外)	----
29	5cm地温	////
30	[illegible]地温	////

图 6.19　当前数据查询界面

(4)数据导出

从【数据查询】主菜单下的【数据导出】子菜单打开查询窗口，显示如图 6.20 所示界面。用户首先需要选择要导出的数据类型(这里选择“常规要素每日逐分钟数据表”为例)，勾选要导出的要素名称，设置导出数据的开始与结束时间(结束时间不能早于开始时间)，然后点击“开始导出”按钮，弹出保存导出文件名称和路径的对话框，确定好文件名称和路径后，点击“保存”按钮即开始导出。当“导出数据”进度条读完后，文件将以“＊.CSV”格式存储到上面指定的位置。

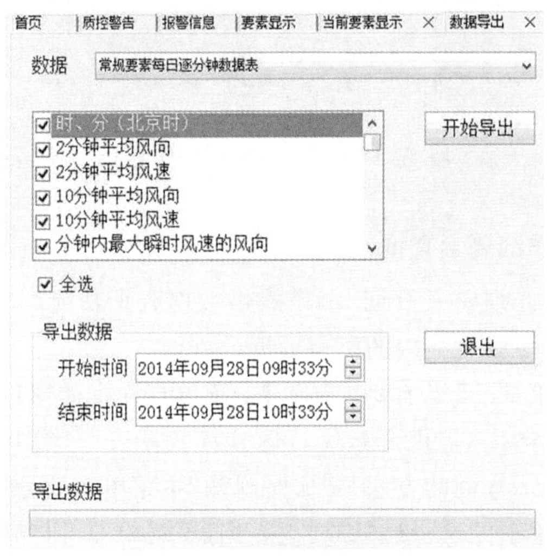

图 6.20 数据导出界面

(5)综合查询

从【数据查询】主菜单下的【综合查询】子菜单打开查询窗口，显示图 6.21 所示界面。首先在“文件”栏选择所要查询的数据表(这里选择“常规要素每日逐分钟数据表”为例)，选取要查询的要素名称，点击“＞＞”按钮(也可以双击要查询的要素)，所选中的要素便会添加到右边的窗口中；然后设置查询时间(结束时间不能早于开始时间)，选择“是否显示曲线”。选择完成后，单击“查询”按钮即可显示综合查询表。这个功能便于用户自定义相关联的气象要素按照相同的时间显示在一个表中。

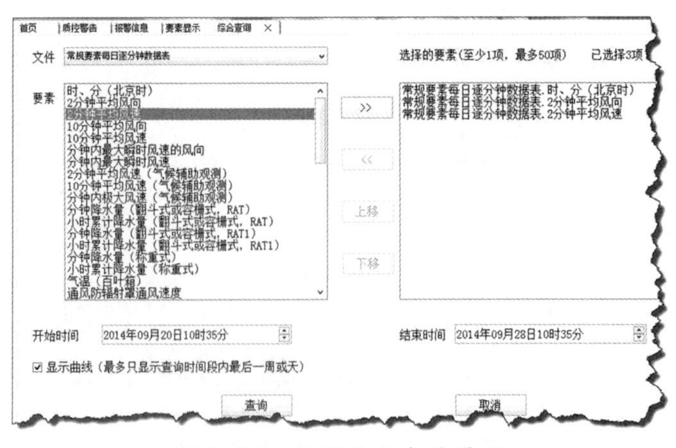

图 6.21 数据综合查询界面

6.2.5 设备状态

设备状态菜单提供了所有挂接观测设备的工作状态信息查询。SMO 将所挂接观测设备每分钟工作状态信息读取到状态文件中，状态信息包括存储状态、采集器工作状态、采集器温度、供电类型、供电电压等（见附录设备状态信息文件格式）。根据台站挂接项目，设备状态菜单自动生成子菜单，主要包括新型自动站、云、能见度、天气现象、辐射及地面综合观测主机等。

以设备“新型自动站”举例说明如下（其他观测设备，如云、能见度、天气现象、辐射及地面综合观测主机等设备的状态信息获取方式与此类似）。当需要获取它的某一时刻设备状态信息时，首先在【设备状态】主拉菜单中选择【新型自动站】下的【自动气象站每日逐分钟状态钟数据表】，显示如图 6.22 所示，然后设置要查询的时间，点击“查看”按钮，对应时间新型自动站返回的状态信息将显示在列表中。

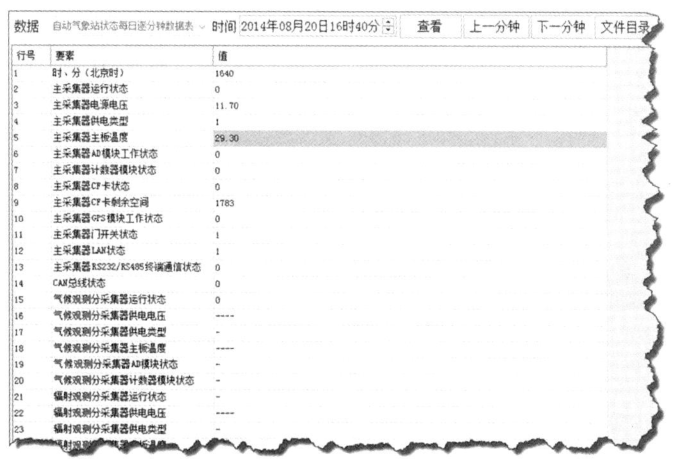

行号	要素	值
1	时、分（北京时）	1640
2	主采集器运行状态	0
3	主采集器电源电压	11.70
4	主采集器供电类型	1
5	主采集器主板温度	29.30
6	主采集器AD模块工作状态	0
7	主采集器计数器模块状态	0
8	主采集器CF卡状态	0
9	主采集器CF卡剩余空间	1783
10	主采集器GPS模块工作状态	0
11	主采集器门开关状态	1
12	主采集器LAN状态	1
13	主采集器RS232/RS485终端通信状态	0
14	CAN总线状态	0
15	气候观测分采集器运行状态	0
16	气候观测分采集器供电电压	----
17	气候观测分采集器供电类型	-
18	气候观测分采集器主板温度	----
19	气候观测分采集器AD模块状态	-
20	气候观测分采集器计数器模块状态	-
21	辐射观测分采集器运行状态	-
22	辐射观测分采集器供电电压	----
23	辐射观测分采集器供电类型	-

图 6.22 设备状态信息查询界面

6.2.6 设备管理

设备管理功能主要为了方便用户对 SMO 所挂接的观测设备进行一系列管理操作，如设备的标定，维护，维修以及停用等；此外，当需要对挂接设备发送终端操作指令时，可以通过【维护终端】的菜单进行操作。

(1)设备列表与管理

SMO 主界面左侧窗口提供了挂接设备树结构列表，如图 6.23 所示。通过列表，可以对新型自动站以及所有挂接的观测设备的各项功能进行相关管理操作。

右键单击【站号】菜单，弹出【区站参数】选项，与【参数设置】菜单的【区站参数】内容相同。

右键单击目录树【新型自动站】，【常规气象要】，以及相应设备节点菜单时，其中的【标定】、【维护】、【停用】等功能与【设备管理】菜单所示功能相同，具体操作可参考对应功能菜单说明。

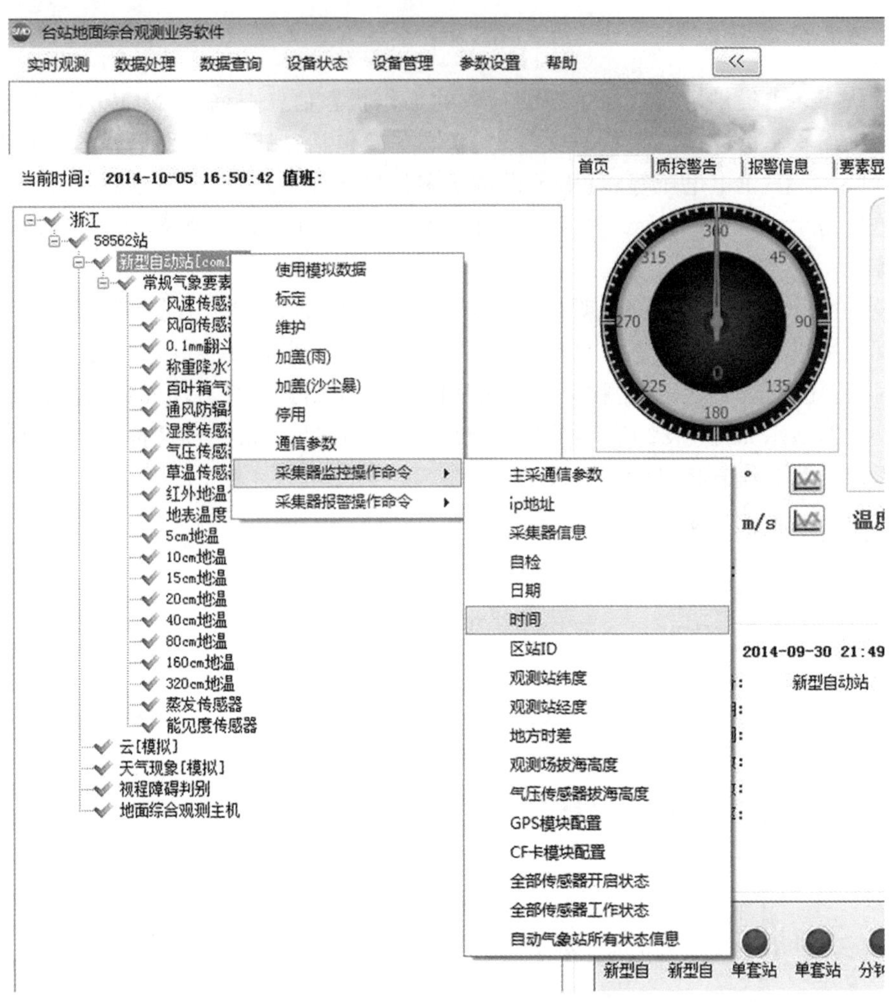

图 6.23　SMO 挂接设备列表界面

①新型自动站:右键单击第三级目录树的【新型自动站】选项,弹出快捷菜单如图 6.23 所示。其中【使用模拟数据】功能支持 SMO 软件在没有挂接设备的情况下,模拟生成随机数据,以方便用户测试(注:smo V4.0.5 版本已经屏蔽了此项功能)。【通信参数】菜单,提供了 SMO 软件与新型自动站通信所使用的一些常用参数设置界面。测报业务计算机与观测设备的连接有两种方式:设备挂接少的情况下可以每个设备对应一个串口直接连接方式;还有一种方式就是通过串口服务器(网络)连接,采用虚拟串口方式连接各个观测设备,可以挂接任意多个设备。可以通过这个界面修改通信端口、波特率、校验位、数据位、停止位等串口通信参数以适应不同的设备通信连接。默认参数设置如图 6.24 所示,其中"通信端口"为 RS-232 串口,每个设备对应一个端口号。

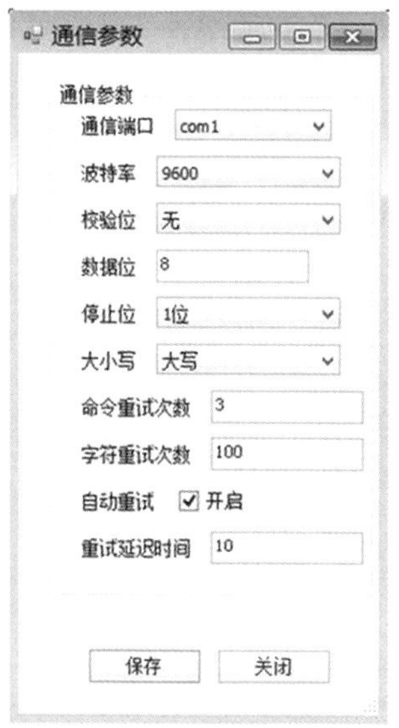

图 6.24 SMO 通信参数设置界面

②常规气象要素：右键单击【常规气象要素】选项弹出快捷菜单，单击【主采配置】选项后弹出对话框如图 6.25 所示。主采集器的配置有两种状态“0”和“1”，“0”表示没有配置采集器，“1”表示已经配置了采集器。

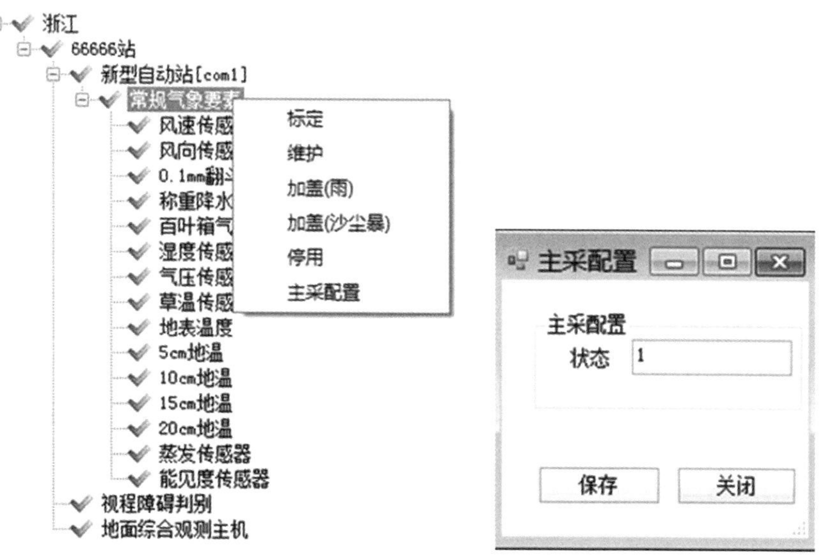

图 6.25 “常规气象要素”右键快捷菜单和对话框界面

③传感器菜单：各传感器菜单提供了对应传感器包括参数配置、常规维护、工作状态、测量范围以及质控参数等内容的设置，为确保传感器运行状态稳定和测量数据精确，一般不建议对此菜单进行更改操作。如单击【风速传感器】选项，弹出菜单如图 6.26 所示。

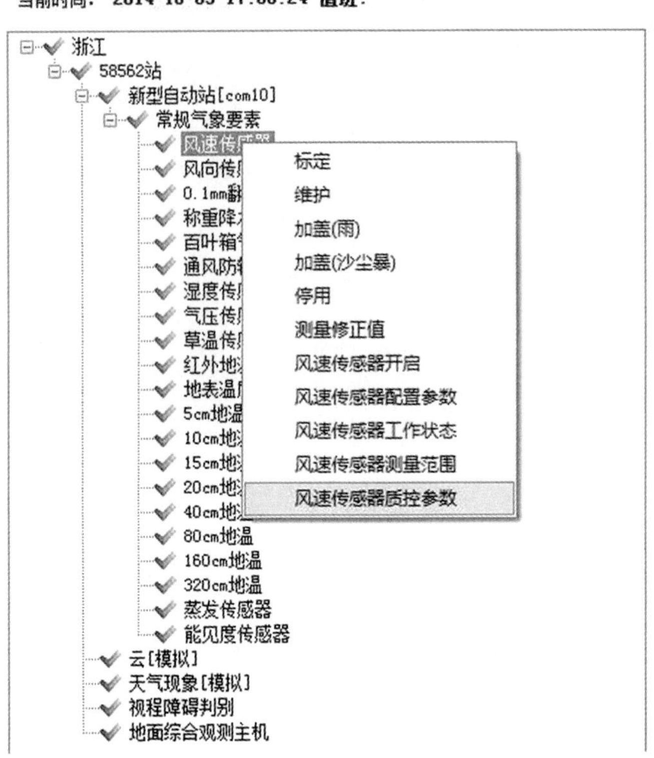

图 6.26 目录树传感器右键菜单界面

a)【风速传感器开启】:此功能可以查看主机、采集器中风速传感器是否开启,可通过“下载到采集器”和“备份到主机”按钮来操作风速传感器在主机、采集器的开关状态,如图 6.27a 所示。

b)【风速传感器配置参数】:此功能用来配置风速传感器参数,这些参数不建议用户改动,否则影响数据的正确性。建议通过“备份到主机”按钮对相关参数进行备份;当传感器参数需要重新配置时,可通过“下载到采集器”功能,利用备份文件对采集器中的风速传感器参数进行配置,如图 6.27b 所示。

c)【风速传感器工作状态】:点击此选项,弹出如图 6.27c 所示对话框,显示风速传感器的工作运行状态是否正常。

d)【风速传感器测量范围】:点击此选项弹出如图 6.28a 所示对话框,分别记录了“测量上限”、“测量下限”及“测量最大变化值”三项测量范围参数。不支持用户手动修改,可通过“备份到主机”,进行参数备份;当传感器需要该参数时,点击“下载到采集器”按钮,可对采集器参数进行配置。

e)【风速传感器质控参数】:点击此选项弹出如图 6.28b 所示对话框,质控参数使观测数据在采集器端就得到了初步筛选,避免错误数据产生。“极值下限”和“极值上限”分别限定了风速传感器所测风速的上下极值。传感器通过“存疑的变化速率”参数,对风速变化过大数据进行质疑,当风速变化率大于或等于“错误的变化速率”时,传感器将判定为数据有误,予以剔除；同样当风速变化率小于或等于“最小应该变化的速率”时，传感器判定数据错误，予以剔除。“下载到采集器”和“备份到主机”功能同上所述。

f)其他传感器菜单：右键单击【风向传感器】、【0.1 mm 翻斗雨量】，或者其他传感器，弹出菜单类似图6.26所示，其每项功能的操作方法也大致相同。

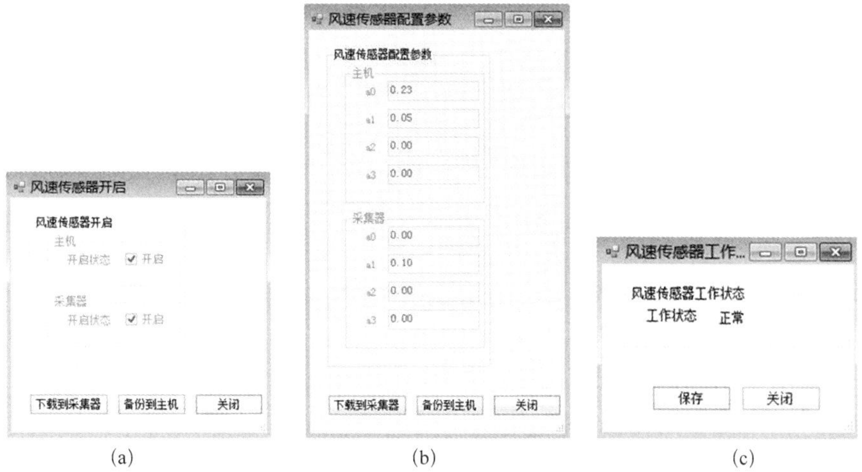

(a) (b) (c)

图6.27 风速传感器的三种状态界面：(a)开启状态界面，(b)配置参数界面和(c)工作状态界面

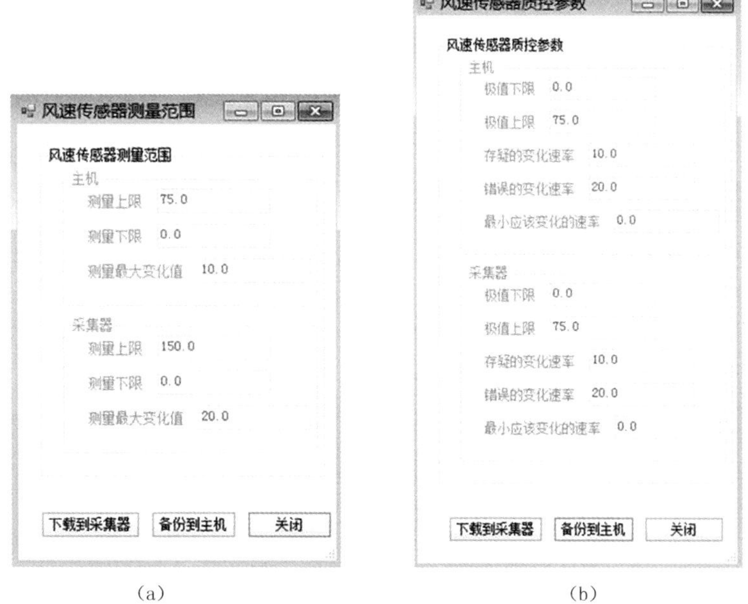

(a) (b)

图6.28 风速传感器的测量范围界面(a)和质控参数界面(b)

(2)设备标定、设备维护与设备停用

当需要对挂接设备进行标定时，点击【设备管理】菜单中的【设备标定】自在菜单，显示如图6.29所示。

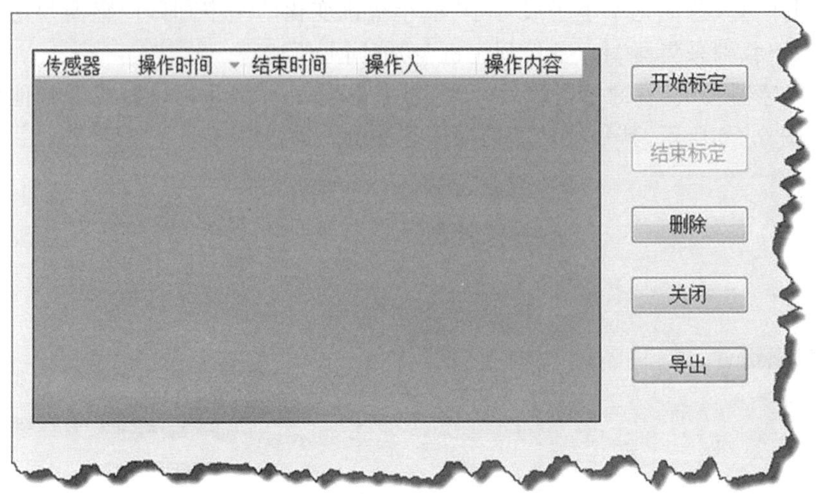

图 6.29 设备标定操作界面

点击右边的“开始标定”按钮，弹出设备标定的对话框，如图 6.30 所示。在对话框中，用户可以输入要标定的传感器、标定时间(开始到结束)、操作人、操作内容等，点击“标定”按钮，在数据列表显示相应的设备标定信息，并在主窗口左面的设备目录树节点上的对应传感器显示红色叉形图标，表示该传感器正处于标定阶段。标定期间的数据全部加上质控标记，以区别正常情况下的数据。

如果标定提前结束，可以通过界面上的“结束标定”按钮，调出设备标定的子窗口，按“结束标定”按钮，这时读取数据恢复到标定前，质控码按照正常数据标识，清楚传感器上的红色叉形图标。

设备标定

传感器

开始时间 2014-08-14 21:18:09

结束时间 2014-08-14 23:18:09

操作人

操作内容

(200个字符以内)

标定 取消

图 6.30 选择传感器登记标定信息

标定结束后，选中之前生成的对应标定记录信息，点击“结束标定”按钮，会弹出和添加标定一样的对话框，在填写完“结束时间”、“操作人”和“操作内容”后即可结束标定。若要删除设备标定的记录，只需选中想要删除的数据行，点击“删除”按钮，在弹出对话框中输入正确的管理员账号和密码，然后在弹出的【删除记录确认】对话框中选择“是”即可。

单击“导出”按钮，在弹出对话框中选择好目标路径，以及导出文件名，可以将当前标定内容记录导出为“＊.CSV”格式表文件进行存储。

点击【设备管理】下拉菜单中的【设备维护】/【设备停用】选项，可以对 SMO 的挂接设备进行维护或者停用。具体操作方式类同上述设备管理功能。

(3)设备维修登记

点击【设备管理】菜单下的【设备维修登记】子菜单，显示如图 6.31 所示界面。

图 6.31　设备维修登记界面

点击“维修登记”按钮，弹出设备维修对话框，如图 6.32 所示。在对话框中，用户必须选择和填写相应的登记信息，用于建立历史维修记录。登记内容包括设备(或传感器)名称、故障时间、现象、类型、原因、维修情况、维修人员、维修起止时间等信息。点击“确定”按钮将数据保存到列表窗口中。若要删除某条维修登记记录，选中要删除的数据行，然后点击“删除”按钮，在弹出对话框中输入正确的管理员账号和密码，然后在弹出的【是否删除】对话框中选择“是”即可。点击“导出”按钮，选择要导出的文件路径，可以对当前维修登记内容导出为“＊.CSV”格式表文件。

图 6.32　设备维修信息填写窗口

(4)维护终端

“维护终端”提供了直接对观测设备进行人机交互通信，相当于专用的“超级终端”。可以对设备发送指令，实现参数设置、状态查询、数据下载等功能。点击【设备管理】菜单下的【维护终端】子菜单，显示维护终端界面。首先选中要操作的设备端口，如选择“新型自动站串口处理”，在下面一行指令文本框中输入要发送的指令代码(终端指令详见附录A中“新型自动气象(气候)站终端命令格式”)，点击“发送命令”按钮，可以实现对挂接设备的操作；当命令发送完毕后，在下面的通信信息显示文本框中显示发送命令和采集器反馈的信息等操作结果，见图6.33。

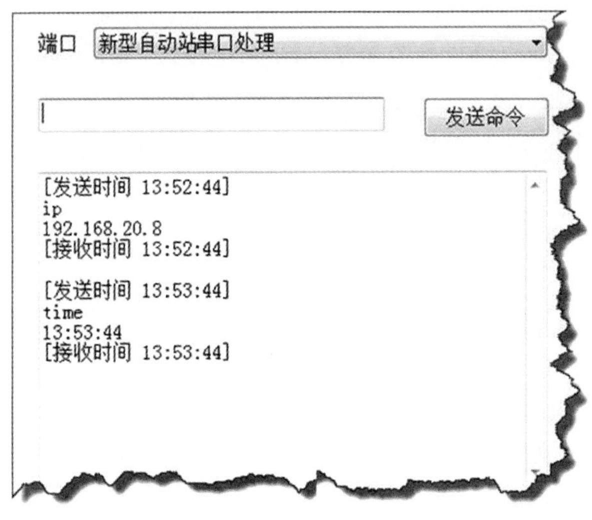

图6.33　串口通信发送命令界面

(5)辐射加盖(雨、沙尘暴)

有辐射观测的台站，在降水或沙尘暴期间需要对辐射设备进行加盖处理。点击【设备管理】菜单【辐射加盖(雨)】或【辐射加盖(沙尘暴)】选项，打开【设备加盖】选项卡，如图6.34所示。点击“开始加盖”按钮，显示如图6.35所示对话框，选择传感器、开始时间，输入操作人和操作内容，点击“加盖(雨)”或“加盖(沙尘暴)”按钮，即完成对选中传感器进行加盖处理。加盖期间，主窗口左面的设备树状结构等辐射节点上自动加上红色叉形图标，对辐射数据自动处理为0。另外，还可以在主窗口的左边设备树状结构图中找到辐射设备节点，右键点击辐射节点或辐射节点下的具体传感器节点，点击菜单【辐射加盖(雨)】或【辐射加盖(沙尘暴)】，在弹出加盖对话框中做类似上述的操作。

结束加盖，同样可通过菜单打开【设备加盖】子菜单窗口，选择之前加盖的记录点击“结束加盖(雨)”或“结束加盖(沙尘暴)”按钮，或者在左边之前已经加盖的红叉节点上右键点击菜单【结束加盖(雨)】或【结束加盖(沙尘暴)】选项，在弹出【结束加盖】对话框中，选择加盖结束时间，补充操作人和操作内容，点击“结束加盖”按钮，完成操作。

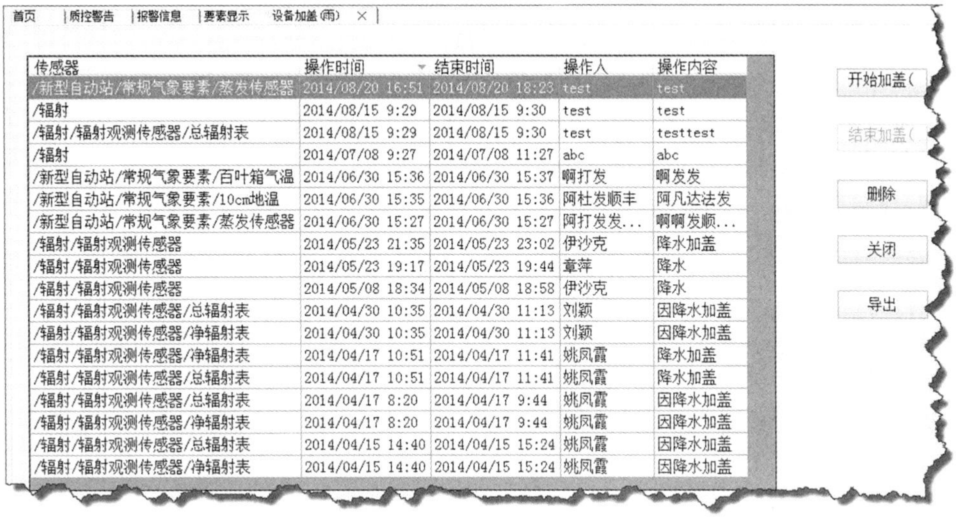

传感器	操作时间	结束时间	操作人	操作内容
/新型自动站/常规气象要素/蒸发传感器	2014/08/20 16:51	2014/08/20 18:23	test	test
/辐射	2014/08/15 9:29	2014/08/15 9:30	test	test
/辐射/辐射观测传感器/总辐射表	2014/08/15 9:29	2014/08/15 9:30	test	testtest
/辐射	2014/07/08 9:27	2014/07/08 11:27	abc	abc
/新型自动站/常规气象要素/百叶箱气温	2014/06/30 15:36	2014/06/30 15:37	啊打发	啊发发
/新型自动站/常规气象要素/10cm地温	2014/06/30 15:35	2014/06/30 15:36	阿杜发顺丰	阿凡达法发
/新型自动站/常规气象要素/蒸发传感器	2014/06/30 15:27	2014/06/30 15:27	阿打发发...	啊啊发顺...
/辐射/辐射观测传感器	2014/05/23 21:35	2014/05/23 23:02	伊沙克	降水加盖
/辐射/辐射观测传感器	2014/05/23 19:17	2014/05/23 19:44	章萍	降水
/辐射/辐射观测传感器	2014/05/08 18:34	2014/05/08 18:58	伊沙克	降水
/辐射/辐射观测传感器/总辐射表	2014/04/30 10:35	2014/04/30 11:13	刘颖	因降水加盖
/辐射/辐射观测传感器/净辐射表	2014/04/30 10:35	2014/04/30 11:13	刘颖	因降水加盖
/辐射/辐射观测传感器/净辐射表	2014/04/17 10:51	2014/04/17 11:41	姚凤霞	降水加盖
/辐射/辐射观测传感器/总辐射表	2014/04/17 10:51	2014/04/17 11:41	姚凤霞	降水加盖
/辐射/辐射观测传感器/总辐射表	2014/04/17 8:20	2014/04/17 9:44	姚凤霞	因降水加盖
/辐射/辐射观测传感器/净辐射表	2014/04/17 8:20	2014/04/17 9:44	姚凤霞	因降水加盖
/辐射/辐射观测传感器/总辐射表	2014/04/15 14:40	2014/04/15 15:24	姚凤霞	因降水加盖
/辐射/辐射观测传感器/净辐射表	2014/04/15 14:40	2014/04/15 15:24	姚凤霞	因降水加盖

图 6.34 辐射加盖操作界面

图 6.35 登记辐射加盖信息界面

6.3 测报业务功能

6.3.1 功能简介

MOI 软件是 ISOS 软件的测报业务处理软件，主要负责处理 SMO 提供的原始观测数据，根据观测流程和业务规定形成各种所需的气象电报、数据文件、业务报表。人工数据输入和对自动观测数据的质控是 MOI 的重要功能之一。对还未实现自动观测的气象观测项目，提供相应的人工观测数据输入界面，将自动与人工观测数据融合到气象电报和数据文件中。MOI 的主要功能有自动观测要素监控、正点观测编报、观测数据维护、报表制作审核、业务值班排班、气象设备管理等功能。

主菜单:包括观测与编报、天气现象、数据维护、报表、值班、挂接、业务、设备、工具、参数、帮助、退出等。

"观测与编报"菜单:包括正点观测编报、上传文件补调、重要天气报、航空危险报、气候月报、常规日数据、辐射日数据子菜单等。实现编发或补发各种气象资料文件和气象电报。

"天气现象"菜单:无子菜单项目,直接打开编辑天气现象的窗口,对自动观测等天气现象记录进行检查和质控,输入人工观测现象,查询历史记录等功能。

"数据维护"菜单:包括常规要素、辐射数据、分钟数据等子菜单。通过数据维护对所有进入报表的数据进行人工检查和质控,生成地面信息化资料文件(A 文件)。通常要求每天完成当天的数据检查和质控。

"报表"菜单:地面月报表、地面年报表、辐射月报表等子菜单。提供地面气象观测但中报表编辑制作功能。

"值班"菜单:包括值班交接、值班日志两个子菜单。记录测报业务值班员工作情况。

"挂接"菜单:包括 FTP 传输、今日提醒两个子菜单。通过外挂软件功能实现在 MOI 软件启动的同时启动挂接的两个业务软件。

"业务"菜单:包括业务排班、质量报表两个子菜单。提供测报业务管理的辅助功能。

"设备"菜单:无子菜单项目,直接打开气象观测设备的管理窗口。

"工具"菜单:包括日数据查询、Z 文件查看、大风查询、报表查看、日志查看、数据文件备份、数据文件还原、要素计算、时差计算等子菜单。

"参数"菜单:台站参数、工作流程、值班信息等子菜单。实现 MOI 所有参数的配置。

"帮助"菜单:目前只有"关于"子菜单,提供软件版本信息。

"退出"菜单:即实现 MOI 软件的窗口关闭和退出。

6.3.2 自动观测监控

MOI 软件正常启动后,会显示"自动观测"界面。在每分钟的 45 秒实时更新显示该分钟 0 秒时刻观测的气压、气温、湿度、风、降水量、小时蒸发量、地温、草面温度、能见度、天气现象、云量、云高、辐射和 20 时到当前极值、累计值等自动观测数据和统计数据。

"自动观测"界面的当前时刻观测要素值来自 SMO 的分钟数据文件,当前时刻的极值由 MOI 自动统计得出。当 MOI 读取到 SMO 的辐射加盖维护的信息时,辐射数据在加盖期间做零处理,加盖时间不足一小时,MOI 显示的辐射极值为加盖开始前的极值数据;加盖时间超过一小时,小时内无辐射数据,辐射极值显示为零。20 时至当前的极值和累计值,来自 C 库原始资料的统计,数据质控与维护不对此处的数据统计产生影响。

获取溢流水位:在点击该按钮后,读取当前蒸发的分钟水位值,用该水位值减去 1 mm 作为溢流水位保存在 MOIRecord 目录下的 OverflowRecord. xml 文件中,供正点观测与编报时处理。当台站人员给大型蒸发加水至溢流点,待水位稳定不再溢流后,再等 5 min,点 MOI 上的"获取溢流水位"按钮。

6.3.3 观测与编报

主要包括正点观测编报、上传文件补调、重要天气报、航空危险报、气候月报、常规日数据、辐射日数据等基本功能,气候月报由于业务改革已取消,文中不再赘述。

(1)正点观测编报

观测编报是 MOI 的主要功能。按照参数设定的 Z 文件输出的时间间隔,实时编发 Z 文件。Z 文件又分为正点观测数据和非正点观测数据两种。正点观测数据一般需要人工质控,而非正点观测数据不需要人工质控,由软件在规定的时间自动编发形成 Z 文件。下面主要介绍正点观测编报功能。

通过【观测与编报(A)】菜单下的【正点观测编报】子菜单,或通过快捷键"Ctrl+A"打开编报界面,如图 6.36 所示。通常 MOI 会在每小时 59:45 自动弹出编报界面,提醒正点观测即将开始,在正点过后的 0:45 自动导入当前小时正点观测数据。如果人工不需要进行输入或质控,无论当前窗口中的数据是否齐全,则软件在正点后的 03 分钟左右自动形成 Z 文件。按照现行测报业务规定需在人工值班期间,对正点数据进行检查和质控,并输入人工补充的观测资料,再进行手动编报,形成 Z 文件。

正点编报界面左边大部分是自动观测数据,右边部分是人工观测数据或自动结合人工的观测数据。

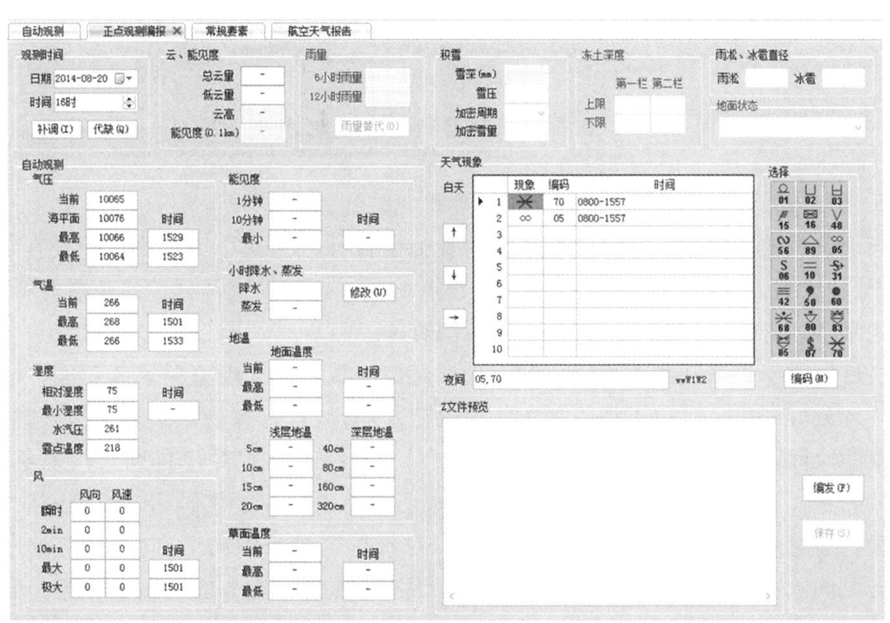

图 6.36 正点观测编报界面

①数据质控

当自动观测栏中显示的数据存在错误或缺测(可用其他备份观测设备的数据替代缺测)时可以手动修改数据进行质控或替代。手动修改数据完毕后,按键盘"回车"键后表示确认修改,修改后的文本框以黄色背景显示。修改当前时刻观测数据,则对应的极值以及极值时间将自动重新选取;修改气温或本站气压值,软件同时重新计算海平面气压值。如图 6.37 所示。

当降水量需要人工质控时,可以单击"修改"按钮(组合快捷键 Alt+U)调出当前小时的分钟降水量表,直接修改对应的分钟雨量【保存】结果,程序自动将合计值填入小时降水栏中。

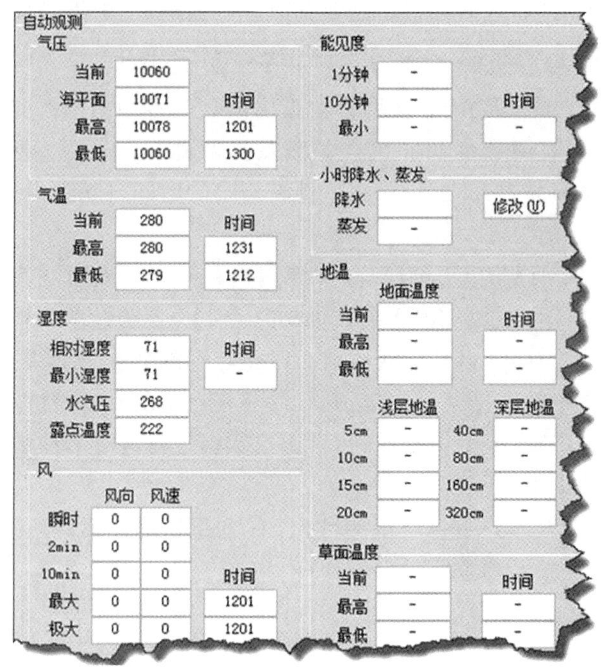

图 6.37 正点观测自动站气压数据修改后界面

②天气现象

天气现象栏的记录来源于自动天气现象观测设备，以及 SMO 天气现象综合判断输出的结果，由分钟资料入库程序读取到 C 库中。正点编报时自动提取每分钟的观测资料，并转换为人工记录格式，同时自动编报天气现象组代码(wwW1W2)。

该栏目提供了人工观测天气现象的输入和对自动观测天气现象的修改功能。白天和夜间的天气现象分开记录。白天栏每种天气现象记录一行，每行有现象图标、代码、时间，因为不记现象的时间，所以只有一行记录现象的代码，依次按照出现顺序排列天气现象代码，中间用逗号隔开。有自动天气现象观测的测站，程序自动生成现象代码和时间组。

白天栏通过左侧的按钮(【↑】、【↓】、【→】)对每行记录分别向上、向下移动排序和插入操作。若要删除一行记录，选中该行的任一单元格直接按键盘上的 Del 键即可。为了提供简便的人工操作，右侧有天气现象图标供输入挑取，双击图标即可完成输入现象编码。在某定时，若某种天气现象还未结束，终止时间可以记录到本次定时观测的正点时刻，在下一个定时或在天气现象编辑窗口中将其终止时间修改正确。右侧是天气现象时间栏，输入天气现象起时与止时各一组，每组 4 位，前 2 位输入时(GG)，后 2 位输入分(gg)，位数不足，高位补“0”。起止时间的组间用“—”连接，若中间是虚线，则组间输入 3 个圆点“…”；若起止时间有间断两次或以上者，则两起止时间段之间输入一个上撇号“’”。

有视程障碍现象出现时，最小能见度紧接在起止时间组后，用方括号括住数据。最小能见度数据以米为单位，不超过 3 位。若最小能见度缺测，则输入“[///]”。有自动能见度观测的测站，程序自动生成时间组和最小能见度。

08 时编发正点 Z 文件时天气现象栏要注意：第一，自动提取夜间现象完成编制过去天气现象码，但是现在天气现象编码需要人工编报；第二，如果将 08 时天气现象填写到“白天”栏，数据无法保存。08 时编报结束后，点击天气现象菜单调出编辑窗口，录入延续的白天天气现象，需要记录时间的从 0800 开始记录，点击“保存”即可。

③加密观测

云、人工能见度，加密降雪量，电线积冰（雨凇）均可在台站参数设置的基本参数界面中启动“每小时人工加密观测”（详见参数设置章节）。启用加密观测后的正点观测编报界面录入人工观测要素值进行编报，否则除了定时观测以外不允许人工输入。启用加密降雪量观测后，选择加密降雪量观测周期，如配置了称重雨量计的，将自动获取加密降雪量。

④补调编报

提供了查看历史观测记录或编发更正报的功能。补调前首先要修改观测时间栏中的日期、时间，然后点击“补调”按钮。界面上即可显示对应时间的观测数据。如需要重新编发 Z 文件，在对数据进行检查和质控后，按“编报”按钮就会形成新的 Z 文件，保存到发送缓存目录，并将修改过的数据更新到 B 库，供编制 A 文件和月报表提供正确的数据。界面上的数据来自 B 库，如果 B 库无数据，则从 SMO 的原始文件中读取编报所需的历史数据。编发 Z 文件中的质控码是人工质控修改后的数据和 B 库中历史数据进行对比产生的质控结果。凡是人工修改过的数据，为了醒目起见，其底色改变为黄色，数据对应的质控码也会自动做调整。

⑤缺测代替

如果正点数据缺测时，可点击“代缺”按钮，弹出如图 6.38 所示对话框，软件将自动读取 SMO 新型站分钟资料的正点前后十分钟数据，从中可以手动选取代替的数据。操作过程是先选择用于替换的数据，再单击“替换”按钮。

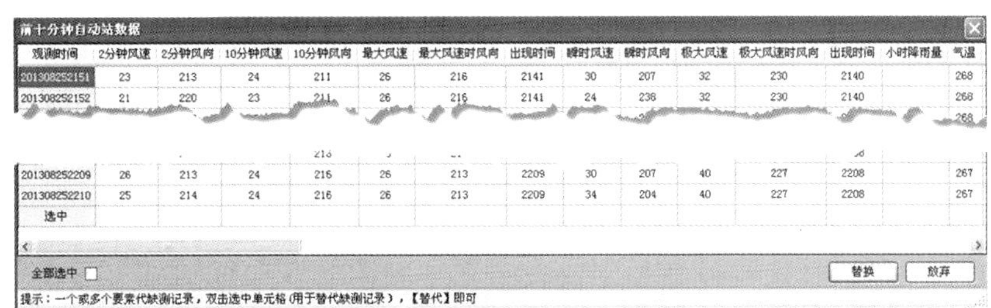

图 6.38 正点数据代缺功能界面

a）选择数据

选择所有要素：先单击表头单元格（观测时间）选中要用来替换的某分钟要素数据，然后勾选“全部选中”复选框，则该行记录的全部要素将被用作替代正点数据，显示在最下面“选中”行。

选择单个要素：双击表格中某分钟某要素的单元格，则该单元格的数据将被用作替代正点这个要素的数据。重复上述操作，可进行多个要素的选中，数据自动显示在最下面“选中”行的单元中。

b）替换数据

点击“替换”按钮，表格最下面“选中”行的数据（除空白以外）将“正点观测编报”界面上的对应要素数据逐一替换。如果替代错误，则点击“补调”按钮重新调取数据，重复选择和替换过程。

c)放弃

不替代,直接关闭窗口。

⑥雨量替代

08时、14时、20时,按钮“雨量替代”变为可用。观测时次为08时、14时、20时,“6 h雨量”和“12 h雨量”可以用称重代替翻斗来获取雨量数据。点击“雨量替代”,双击翻斗或称重降水量单元格完成雨量替换,然后点击“保存”;如果不需要替换点击“返回”按钮。

⑦定时雨量

08时开放12 h雨量修改功能,禁用6 h雨量修改功能;14时、20时开放6 h雨量修改功能,禁用12 h雨量修改功能;其他时次,禁用6 h、12 h雨量修改功能。定时雨量的有软件自动统计,数据来自B库的小时雨量数据累计。

⑧人工能见度

“云、能见度”栏中的能见度(0.1 km)是对应过去的人工定时观测能见度。已实现能见度自动观测的测站,MOI软件从能见度分钟数据文件中提取45～00分之间的10 min平均能见度,从中选取最小能见度,通过去尾法转换为百米为单位的能见度数据。

⑨最小能见度

小时(或日)最小能见度是从当前小时(或当日)内的10 min平均能见度中挑取的最小值。视程障碍天气现象中的最小能见度是SMO天气现象综合判断中视程障碍天气现象持续期间的10 min滑动水平能见度中挑取的最小值(注:10 min滑动水平能见度是对10 min平均能见度再做一次10 min平均)。

⑩其他功能说明

a)编报后数据保存:更新C库中实时的天气现象,同时Z文件中的所有数据都将保存到B库,供数据维护和报表制作使用。如果台站有挂接酸雨设备,02时、08时、14时、20时将雨量和风数据保存到酸雨数据库中。

b)直接保存数据:当补调的时间超过当前时间12 h以上,可不编发更正报直接点击“保存”按钮,将质控后的数据更改B库中数据。

c)分钟级Z文件编发:MOI在每分钟的46秒左右读取SMO的分钟数据。若当前需要编发Z文件的分钟时间,则在后台自动形成Z文件保存到缓存目录中,无需人工干预。

d)数据全缺测处理:当SMO数据缺测时,无法重新生成长Z文件,MOI将在桌面右下角弹出无法形成长Z的提示,并在下一分钟的30秒左右进行重试;重试3次仍无法形成正常的长Z文件时,将形成全缺测长Z文件。发生这种情况测报人员要尽快采取措施排除问题或采用备份站替代发报。

e)草温质控:由于行业标准,SMO将超过60℃的草温质控为缺测,因此,当发现草温缺测且气温较高时,MOI自动改为读取SMO设备中的草温和极值。

f)蒸发自动处理:根据SMO中的蒸发维护记录和MOI自动观测界面中记录的溢流水位,判断该小时的水位值是否大于或等于溢流水位,若大于或等于,则该小时蒸发量自动处理为零。

g)雪深:雪深单位为mm,如果雪深为人工观测,需要将以厘米为单位的数据乘10后输入。

h)定时雨量统计:

■ 挂接雨量计(自动观测)统计规则如下。

- 小时雨量:通常直接读取小时合计雨量值,但人工对分钟雨量修改,则小时雨量重新统计。
- 缺测处理:凡是有分钟缺测时,小时雨量作缺测;有小时雨量缺测时,时段合计值作缺测处理。当前时段雨量有人工修改时,重新计算累积值。
- 08时的时段雨量:

  12 h雨量:首次编报时将20—08时的小时雨量累加并存入数据库中,以后再次编报则调取数据库中的积累值。

  24 h雨量:当前12 h雨量和前日20时的12 h雨量累计。
- 14时的时段雨量:

  6 h雨量:同08时的12 h雨量统计方法类似。

  12 h雨量:当前6 h雨量和02—08时的雨量累加。

  24 h雨量:当前6 h雨量,08时12 h雨量和前一日20时的6 h雨量累计。
- 20时的时段雨量:

  6 h雨量:同08时的12 h雨量统计方法类似。

  12 h雨量:当前6 h雨量和14时6 h雨量累加。

  24 h雨量:当前12 h雨量和08时12 h雨量累计。

■ 未挂接雨量计(人工观测)统计:

非人工时次(8时、14时、20时以外的时次)的小时雨量、3 h、6 h、12 h、24 h均为缺测。

人工时次(8时、14时、20时)的小时雨量、3 h雨量为缺测。6 h、12 h、24 h雨量默认为空,在人工修改后,自动按照人工修改的雨量进行计算。

(2)上传文件补调

由于某种原因导致错过Z文件编发的时段,可通过此功能进行上传报文补调。点击【观测与编报(A)】下拉菜单【上传文件补调】选项,或通过快捷键"Ctrl+B"打开如图6.39所示。

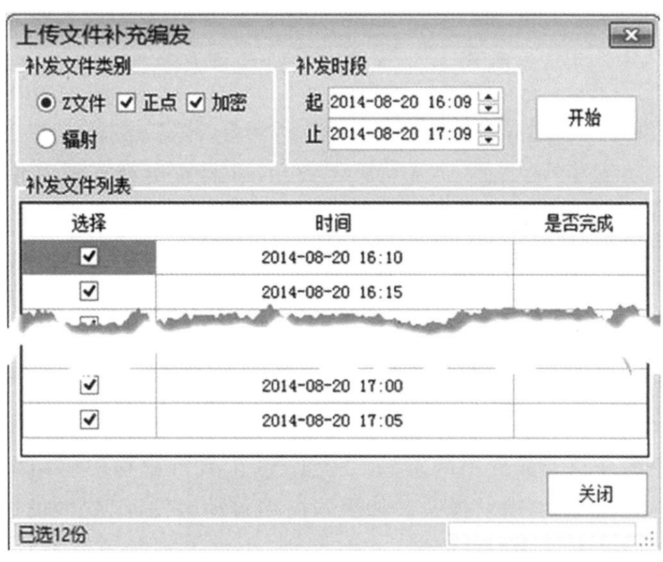

图6.39 上传文件补调界面

①补发文件类别:包括"Z 文件"和"辐射文件"。当选择"Z 文件"时,"正点"、"加密"复选框是可用的,可根据编发正点 Z 文件和分钟 Z 文件自行选择。辐射文件针对有辐射观测的测站,仅有地方时正点数据文件。

②补发时段:选择要补发文件起始和结束时间。

③选择补发时次:在选定"补发文件类别"和"补发时段"时,该列表会自动统计需要发送的补发文件时次,并以列表的形式显示。可通过首列的复选框再次确认是否要补发。点击"开始"按钮启动自动补发选中时次的文件。数据文件自动保存到发送缓存目录,供通信传输发送。正点上传报文数据会自动保存或更新到 B 库(BIIiii_yyyy.db 数据库)中。补发状态会在"是否完成"列表中显示。

(3)重要天气报

点击【观测与编报(A)】菜单下的【重要天气报】子菜单,或通过快捷键"Ctrl+Z",弹出"重要天气报"编发界面,如图 6.40 所示。

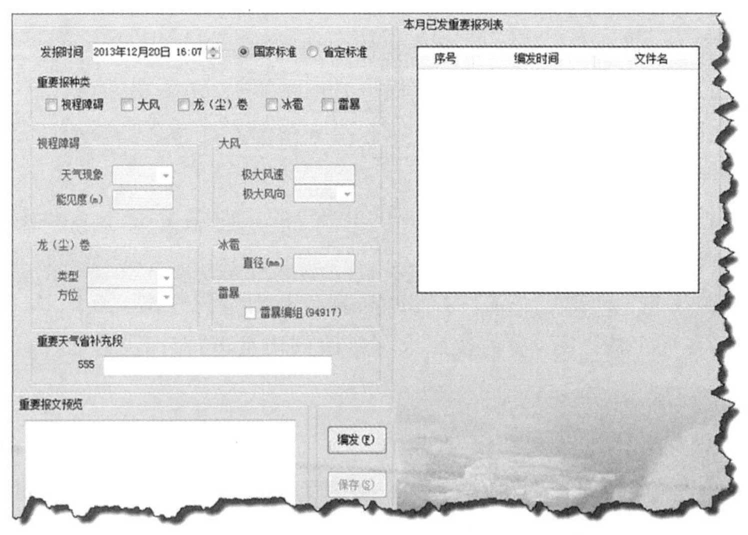

图 6.40 重要天气报编报界面

①重要天气报种类:包括视程障碍、大风、龙(尘)卷、冰雹、雷暴五种重要天气报。除了视程障碍可实现自动编发外,雷暴、冰雹、龙(尘)卷,以及省定补充段均由人工输入、编发。人工编发重要报时,先勾选对应的重要天气报种类,然后填入要素数据,点击"编发"按钮,软件会提示"是否生成重要报,并提交发送"。如果选择"是",则直接形成报文文件,并交由 MOIFTP 发送。如果选择"否",则"保存"按键可用,检查编发内容无误后,继续点击"保存"按键,将已编报的内容形成文件并交由 MOIFTP 发送。

②视程障碍重要报:通过台站参数中重要天气报参数设置是否实现视程障碍重要报自动编发。在重要天气报的编报种类选择框中勾选了视程障碍的"自动编发"复选框,软件将自动获取天气现象综合判断文件中的雾、霾、浮尘、沙尘暴等视程障碍结果和十分钟滑动水平能见度,当达到标准后自动编发报文。如果未启用自动编发,则软件仅在符合编发条件时弹出重要天气报发报界面,同时自动填入相关数据,由人工判断是否编发,不会自动生成报

文文件。

③大风编报：如果在台站参数的报文编发参数中勾选了“大风”复选框，软件会自动获取瞬时风数据，当达到发报标准时自动切换到编报界面，填写相关数据，提醒人工编发。当大风持续出现在两分钟或以上时间，如果第一分钟的大风数据还没有编报，第二分钟的大风数据就会覆盖掉已经第一分钟的大风数据，所以在人工发报的时候要核对数据和时间。

④文件类型：重要天气报文件形成时间分为“按固定时间”、“按报文形成时间”两种，应根据各省业务规定进行选择。按“固定时间”是指报文文件命名中的时间按“发报时间”定义；“按报文形成时间”是报文命名的时间部分按计算机时间定义。“发报时间”和计算机时间都需要转换为世界时(文件名格式详见附录)。

⑤文件列表：当月已编发的重要天气报显示在主界面的右侧“本月已发重要报列表”栏中。内容包括编发时间和文件名称。鼠标双击某行可查看报文内容，软件调用记事本打开对应该时次的重要天气报文件，方便用户快速查看历史重要天气报。

(4)航空危险报

航空危险报的文件格式有气象报文格式和数据文件报文格式两种(文件名称命名详见参数设置章节)，可以通过台站参数中的航空危险报编报参数中选择“气象报文”或“数据文件”来输出区分。编报首先要选择报类：航空报、危险报、解除报、航代危、航代解五种。点击【观测与编报(A)】菜单【航空危险报】或者通过快捷键“Ctrl＋H”，根据气象报文格式和数据文件报文格式所选参数不同，弹出图 6.41a 或图 6.41b 所示对应的编报界面。

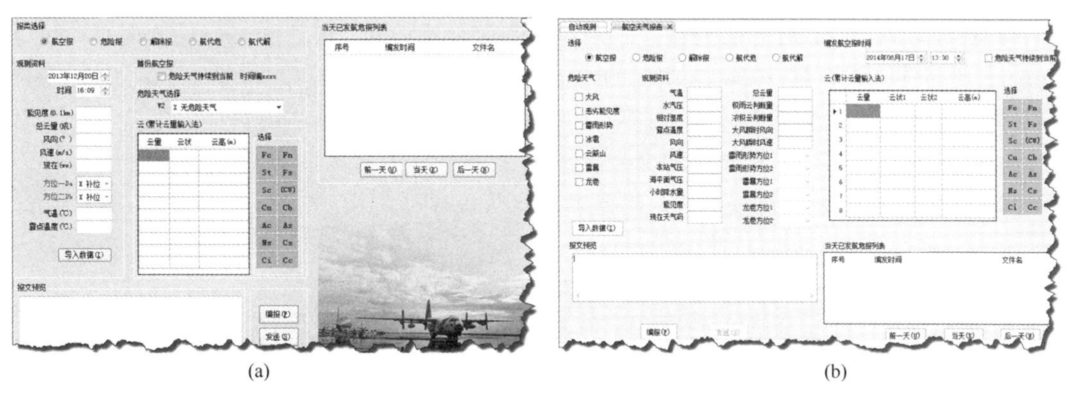

(a) (b)

图 6.41 (a)航危报电报格式编报界面；(b)航危报数据文件格式编报界面

①电报格式编报航危报

承担航空危险报的台站在参数设置中必须将“拍发航危报”的复选框打钩。在规定编报航空天气报任务的正点(或半点)自动开启编报界面，通过“导入数据”按钮将自动观测的风向、风速、气温、露点温度等要素导入到对应的文本框中，再输入人工观测的其他资料即可进行编报。

在航空报中，程序能够根据航空报编报参数自动判别正点航空报、半小时航空报、首份航空报、是否需发温度露点组等。启动航空报的有效时间正点报为正点前 10 min 至正点后

10 min，半小时报为正点后 20～40 min，时间控件中的时间自动设置为 00 分或 30 分。

首先选择报类，默认自动编发“航空报”，还可以根据需要选“危险报”、“解除报”、“航代危”、“航代解”之一，不同的报类要输入的数据不同，报文格式也不一样。

“航代危”是指在危险天气出现的时间与航空报观测时间完全重叠时，在航空报中加编危险天气指示组、时间组及危险天气对应的编组代替危险报。

当选编“航代危”时，危险天气的时间须人工进行修改。首份航代危报程序自动判断，时间组生成“XXXX”。单独编报危险报时，危险天气出现时间以计算机系统时间自动填入“时”和“分”，也可根据实际情况进行修改。“危险天气现象”不能为空或“无”，必须选择达到标准的危险天气。

当选编危险报时，若修改的时间与航空报观测时间相重叠，即危险天气出现时间在 51—00 分时，则会给出如下提示：“当前是航空报观测编报时间建议用航代危代替单独危险报?”如果选择“是(Y)”程序自动切换到“航代危”选项，可进行航代危编报。

“航代解”是指在危险天气解除时间与航空报观测时间完全重叠时，在航空报的前面加编危险解除报的指示组和时间组代替解除报的情况。当报类选项为“航代解”或在“报类选择”框中选择“解除报”时，则需输入危险天气解除时间和选择解除的危险天气现象。

当选编“航代解”时，按照危险天气解除的时间人工修改。解除的危险天气现象不能为空或“无”，必须选择所需要解除的危险天气。其他操作同“航空报”。

当选编“解除报”时，危险天气解除时间以计算机系统当时的时间自动填入，可根据实际情况进行修改。若解除时间与航空报观测时间重叠，即输入的危险天气出现时间在 51—00 分时，则会给出如下提示：“当前是航空报观测编报时间建议用航代解代替单独解除报?”如果选择“是(Y)”则程序自动切换到“航代解”选项；可进行航代解编报。

a)观测资料：包括如下输入项、日期、时间、总云量(成)、能见度(km)、风向(°)、风速(m/s)、现在(ww)、方位一 Da、方位二 Db、气温(℃)、露点温度(℃)。在编发不同报类，程序自动开放和屏蔽有关数据输入和选择项。如编发危险报时，按照当前选择的危险天气开放对应的气象观测资料输入文本框和方位选择。

b)日期和时间：航危报编报所观测要素的日期和时间。

c)总云量(成)：按实际观测云量输入。

d)能见度(0.1 km)：按人工能见度观测，百米为单位输入。

e)风向(°)：以度为单位输入。

f)风速(m/s)：2 min 平均风速。

g)现象(ww)：两位现在天气现象编码，无天气现象可以不输。

h)方位一 Da：以下拉框的方式选择。对应关系为：X－补位、0－天顶、1－东北、2－东、3－东南、4－南、5－西南、6－西、7－西北、8－北、9－多方位。

i)方位二 Db：以下拉框的方式选择，对应关系与方位一相同。

j)气温(℃)：有编发温度露点组任务的台站需要输入，无任务的该要素不可输入。

k)露点温度(℃)：与气温相同。

l)危险天气：以下拉框的方式选择，对应关系为：X－无危险天气、1－大风($f \geq 20$ m/s)、2－恶劣能见度($V<1$ km)、3－雷雨形势($Cb \geq 5$)、4－冰雹、5－云蔽山、8－雷暴、9－龙卷。

m)云：云层组只有总云量不为空时才可输入，该要素在解除报时不可输入，只要有云，必须输入云层组。其中云层组输入数据的规则如下：

当总云量大于或等于4成时，必须输入云层组。各云层组的量、状、高必须完整输入，云层组最多可输入10层。云层组按照“云层累积量”方式输入，云层组的云量除浓积云和积雨云外必须按累积量输入，且后一云层组的云量必须大于前一云层组的云量，浓积云和积雨云一律输入单量，不在0(微量)、4、6、10规定云层组的云层组也可输入。云层组中的云状在右面的图标中通过鼠标双击选取，也可以直接用键盘输入云状。

■ 按云高自低至高编发云层组(包括云量、云状和云高)，同一高度上(包括云高相差在50 m或以内)的云作为一个层次。

■ 同一高度有多种云时，按如下顺序优先选取：Cb，Cucong，Cu，Fc，St，Fs，Sc，Ns，Fn，As，Ac，Cs，Cc，Ci。

■ 除了规定的浓积云和积雨云按照可见云量输入，其他云按累积云量输入。按照航空报云层编报规定编报浓积云和积雨云的云层组。累积云量分层输入的基本原则：

➢最低的个别云层；

➢再编一次较高的个别云层，其自下而上的累积云量等于或大于4成；

➢再编一次更高的个别云层，其自下而上的累积云量等于或大于6成；

➢再编一次最高的个别云层，其自下而上的累积云量等于10成。

■ 有雾、雪暴、沙尘暴等视程障碍现象影响，无法完全辨别云状时，云层组不编发，总云量栏可以输入“—”。

云层组中的云状在列表中选择输入，可用鼠标双击选择，也可直接键盘输入云属符号，可用左右光标键使光标后移或前移，也可用回车键进入下一输入项。

在输入编报需要的相关数据以后点击“编报”按钮，在“报文预览”中列出了在该时次所有的用报单位(用报单位根据编报参数库中设置的航空报单位自动选取)，当两个用报单位报文格式一样时，这两个用报单位的报文将合成一行。当用报单位中有需要编发温度露点组的单位时，则将报文分别输出在报文浏览窗口。

若为单独航空报，而该时次为所有用报单位的最早的首份航空报且有危险天气存在时，则自动加编危险报指示组和时间危险天气代码组，即在航空报前加“99999 XXXXW2”编组。

气象电报文件名格式为：SAYYGGgg. CCC，若为“单独航空报”、“航代危”和“航代解”，YY为日期(世界时)、GG为正点时间(世界时)、gg固定为“00”；若为“危险报”和“解除报”一律按危险天气出现时间或解除时间形成文件名中的时间。

当点击“发送”按钮时，将编报结果以气象电报文件格式保存到航空报文件发送缓存目录(Synop)中，由通信软件MOIFTP负责发送出去。

②数据文件格式编报航危报

编报界面如图6.41b所示。

a)时间与报类：根据航空报编发任务确定时间在正点或半点。航代危的时间只能是正点前51分至正点00分或半点前21分至半点30分，否则将提示“修改编发时间”；航代解的时间只能是正点前46分至正点00分或半点前16分至半点30分，否则将提示“修改编发时间”；危险报、解除报的时间可以是任意时间，但当危险报时间选择为51分—00分时，将提示“当前时间应以航代危险编发”，当解除报时间选择为46分—00分时，将提示“当前时间应以航代解编发”。

b)首份航危报：当编发首份航危报，并且危险天气现象持续到当前，必须勾选“危险天气持续到当前时”的复选框。

c)危险天气选择：当需要编发危险天气大风、雷暴、龙卷时，须先勾选危险天气种类，才可输入对应危险天气的要素值。

d)观测数据：有自动观测的项目均可通过“导入数据”按钮自动导入，其他人工观测项目的数据与气象电报格式编报方法类似，云组资料按照累积云量输入，请参考上一小节内容，不再赘述。

e)编发航危报：打开界面后，先选择编发时间和航危报种类，然后导入数据，航空报、航代危、航代解读取的数据为当前正点 00 分或当前半点 30 分的数据，大风瞬时风向风速除外；危险报、解除报读取的数据为选择的编发时间的分钟数据。导入数据完毕后，输入人工观测的要素值，点击“编发”按钮，跳出确认发送对话框，点击“是”则确定发送；点击“否”可以再预览报文，此时“发送”按钮可用，确定要发送可直接点击“发送”按钮。

③当天已发航危报列表

以列表的方式显示当日已经发送的航危报信息，包括编发时间和文件名称。通过“前一天”、“当天”和“后一天”按钮来翻看不同日期的航危报编发情况。可直接双击某一行，将调用系统的记事本打开对应的航危报文件，方便快速查看历史航危报。

(5)常规日数据文件编发

点击【观测与编报(A)】菜单下【常规日数据】子菜单，或通过快捷键“Ctrl＋G”，弹出常规日数据维护界面，如图 6.42 所示。

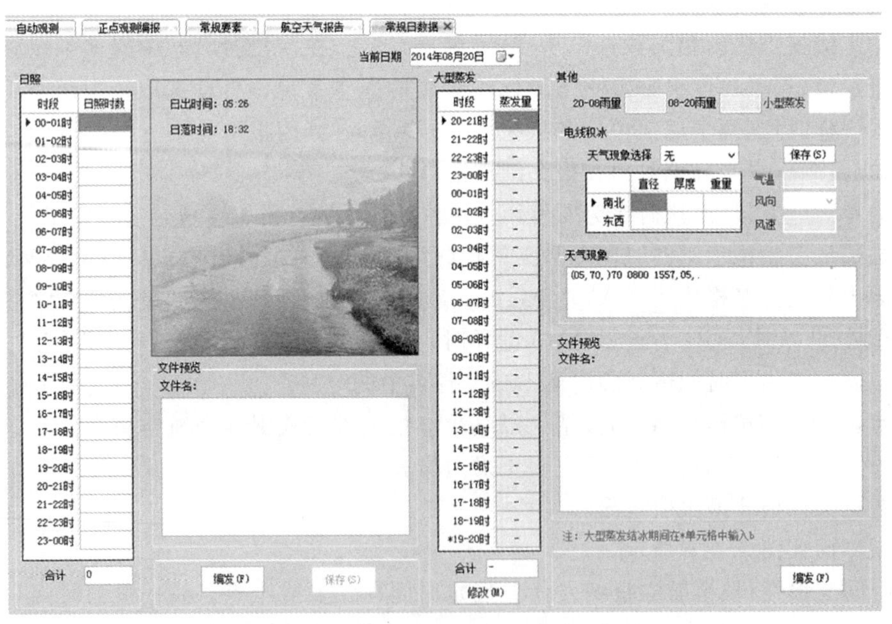

图 6.42　日数据和日照数据发报界面

常规日数据界面主要包括日照数据文件编发和日数据文件编发功能。数据文件格式详见附件。编发非当日的数据文件将弹出确认提醒。

①日照数据文件编发:在未安装日照自动观测的台站,需要人工输入当天每小时的日照时数,有自动日照观测的台站在启动常规日数据编报界面时,自动导入日照数据。在日照数据编发界面显示当日的日出日落时间,此时间为真太阳时。默认情况下,在数据输入或修改时,通常日出至日落时间之外的单元格不允许输入任何字符,否则弹出"日出日落之外请勿输入日照数据"的提示,并自动清空日照时数。为了避免日出日落时间计算引起的误差,允许在日出日落以外一个小时开放输入日照时数,虽然有红色感叹号标记提示,依然可以编发日照报文,以免限制过于严格影响编报。

②日数据文件编发:日数据包括每小时蒸发、时段雨量、电线积冰、天气现象等数据,除了电线结冰资料需要人工输入,其他只要有自动观测的设备均自动导入数据。"保存"按钮只对电线积冰有关数据保存到B库中。

定时降水量(20—08时雨量、08—20时雨量)无论设置为"自动"或是"人工",均来自08时和20时正点编报后保存到B库的12 h降雨量。如果其他情况导致B库中没有此数据,软件将自动重新统计并填入对应文本框。当定时雨量设置为"自动",则雨量数据不可修改;设置为"人工",则可任意修改雨量数据。

小型蒸发和大型蒸发只能二选一,默认为大型蒸发。既用大型蒸发又启用小型蒸发的,默认只保存和编发大型蒸发数据的合计值。

大型蒸发选人工后,只要在合计栏处输入合计值即可。结冰期间,可在19—20时单元格中输入大写英文字母"B"。若蒸发缺测一小时,内插计算代替该一小时蒸发量。若连续缺测两个小时及以上,则合计值作缺测处理。如果想人工做缺测处理,则连续选择两个及以上单元格输入"—"既可。全部做缺测可以利用Shift键加鼠标的方法选择全部表格单元,输入"—"即可,一次性将所有单元格填入缺测符号。

③修改:如果大型蒸发的蒸发量存在错误数据,点击"修改"按钮,可对每小时蒸发数据进行修改。点击"计算"按钮通过小时蒸发水位、小时雨量重新计算小时蒸发量。确认数据无误后点击"保存"按钮,将重新计算的数据保存到编报界面。

④编发:输入数据完成以后,点击"编发"按钮,跳出确认对话框,点击"是"生成日数据文件到发报缓存目录(AwsNet)中,由通信软件MOIFTP负责发送。

(6)辐射日数据维护

点击【观测与编报(A)】菜单下的【辐射日数据】子菜单,或通过快捷键"Ctrl+R",显示如图6.43所示对话框。根据业务规定辐射一级站、二级站才需要进行辐射日数据维护。因此,台站基本参数中,辐射站级别非一级、二级站该菜单禁用,无法打开该界面。

通过辐射日数据维护功能对观测时间内的辐射日数据的项目内容进行选择输入、修改,数据保存到B库供制作辐射月报表使用。

①辐射作用层状态

作用层情况:可按照本站观测选择作用层情况。作用层情况分为:无、青草、枯(黄)草、裸露黏土、裸露沙土、裸露硬(石子)土、裸露黄(红)土。

作用层状况:可按照本站观测选择作用层状况。作用层状况分为:无、潮湿、积水、泛碱(盐碱)、新雪、陈雪、融化雪、结冰。

②观测时间:可通过选择地方平均太阳时和北京时来确定观测时间,改变其中某个时间之后,另外一个时间方式自动换算。只有选择地方时为9时、12时、15时的前后半小时内会

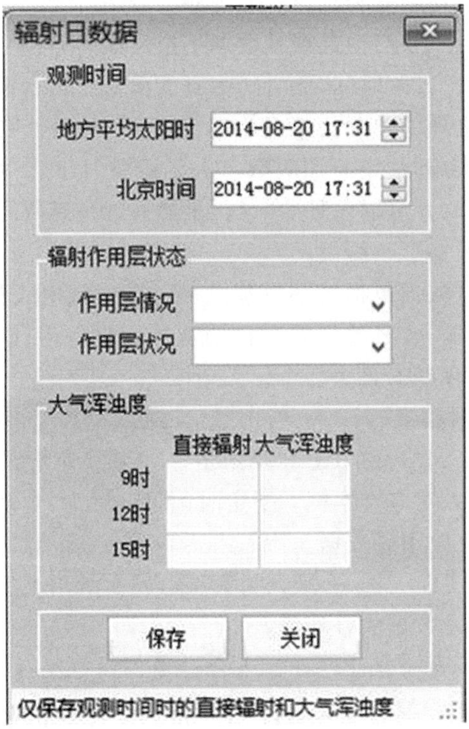

图 6.43　辐射日数据保存界面

自动读取直接辐射值和气压，自动计算大气浑浊度。

③大气浑浊度：当选择观测时间在 9 时、12 时、15 时的前后半个小时内，系统会根据直接辐射(9 时、12 时、15 时)数据来自动计算大气浑浊度(9 时、12 时、15 时)。

6.3.4　天气现象

【天气现象】菜单功能提供对人工观测天气现象的输入和对自动观测天气现象的修改功能。人工观测天气现象可以随时打开窗口进行记录，为正点编发 Z 文件提供了便利。【天气现象】下无子菜单，是专门设计的一个独立窗口。窗口以日为单位显示当天已经发生的天气现象，并提供天气现象查询、编辑等功能。天气现象记录方式按照常规人工记录的格式，便于浏览和修改。

点击【天气现象】菜单或者使用快捷键"Alt+B"，弹出天气现象记录窗口。如图 6.44 所示。白天和夜间的天气现象分开记录。白天栏每种天气现象记录一行，每行有现象图标、代码、时间，夜间栏因为不记现象的时间，所以只有一行记录现象的代码，依次按照出现顺序排列天气现象代码，中间用逗号隔开。有自动天气现象观测的测站，程序自动生成现象代码和时间组。默认打开显示当天的天气现象，按照气象观测的日界显示数据，即前一天 20 时到当天 20 时为一天，在选择日期时务必注意这一点。

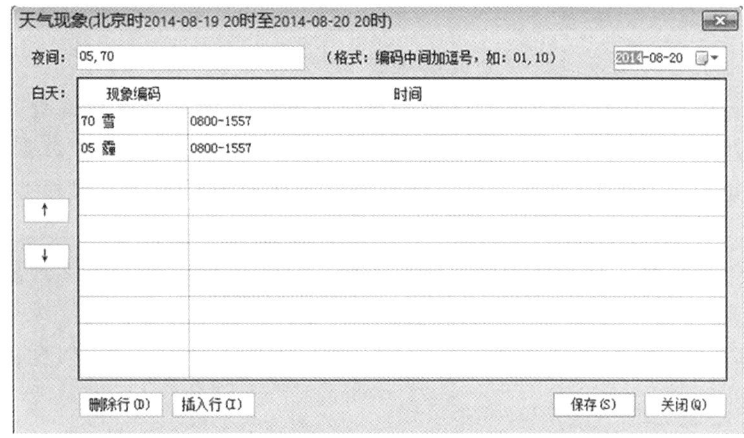

图 6.44 天气现象随测随记窗口界面

(1)天气现象:天气现象记录界面,包含“现象编码”和“时间”列,通过下拉列表框的形式选择天气现象编码,下拉框提供 21 种天气现象。并根据时间输入格式在“时间”栏录入天气现象时间。

(2)删除行:点击“删除”按钮,删除列表中被选中行的记录。

(3)插入行:点击“插入”按钮,即可在列表中被选中行的上方插入一行。

(4)保存:点击“保存”按钮,如果是非当天日期的天气现象,将更新 C 库选中日期和 B 库选中日期 20 时的天气现象数据;如果保存的是当天的天气现象,将仅更新 C 库中当天的天气现象。若夜间有现象记录,白天从 0800 开始记录;如果要删除夜间天气现象,必须同时将白天的天气现象修改为从 0801 开始记录后保存,否则 0800 会作为夜间的天气现象重新存回到数据库中。

(5)可通过左边的上下箭头移动被选中行的天气现象记录进行排序。

(6)输入天气现象结束时间不能超过系统当前时间,系统会自动截取到当前时间为止。

(7)夜间有多个天气现象时,编码格式为编码中间加半角逗号,例如 10,01。也可在“夜间”栏处右键选择要插入的天气现象,软件会自动添加半角逗号。

6.3.5 数据维护

数据维护是为了提高地面观测数据的质量,实现二次人工观测数据检查和对自动观测数据人工干预,是对所有观测资料进行人工审核和质量控制的过程。尤其是在地面测报业务改革以来,取消夜间值班,需要提供对夜间自动观测数据的人工审核,解决对异常数据的处理。

数据维护功能根据资料的类型和所对应的信息化资料文件分为三个部分:

常规要素:对正点地面观测数据维护。可生成月地面气象资料格式文件,简称为 A 文件(文件名格式 AIIiii-YYYYMM. TXT)。

辐射数据:对辐射日数据的维护。可生成月气象辐射观测数据格式文件,简称为 R 文件(文件名格式 RIIiii-YYYYMM. TXT)。

分钟数据:对分钟资料的维护。可生成月分钟观测数据文件格式文件,简称为 J 文件(文件名格式 JIIiii-YYYYMM. TXT)。

(1)常规要素维护

常规要素维护是对正点地面观测数据维护,数据保存到 B 库中,也可生成 A 文件。建议在每天至少进行两次,在上午 08 时观测结束以后对夜间的数据进行检查和审核,另一次是在 20 时定时观测结束后对当天的资料进行维护,做到日结月清。上午数据维护的目的是检查夜间数据是否有异常,如有异常可以通过编发更正报方式更新本地和省信息网络中心数据库的数据。

常规要素维护主要是对逐日气压、气温、湿度、云、能见度、降水、天气现象、蒸发、积雪、风、地温、冻土,海平面气压、日照、草面温度等资料完成各项目的检查和修改。

点击【数据维护】菜单下【常规要素】子菜单,或通过快捷键“Ctrl+D”,弹出如图 6.45 所示对话框。

图 6.45 常规要素维护界面

①导入数据:默认打开该界面自动导入当前月份数据,也可手动导入其他月份数据。在窗口界面左上角选择要维护数据的年月,单击“导入”按钮进行数据导入,默认为计算机系统当前月份。除日照时数外,时间均以北京时、气象日界为准,日照时数为真太阳时。表格每一行为一天的数据,从前一日 21 时至当日 20 时。例如 2014 年 1 月 1 日,其时间段为 2013 年 12 月 31 日 21 时至 2014 年 1 月 1 日 20 时。未观测的时次或数据缺测,均显示为“-”。

②补调资料:为弥补正点观测资料在某些情况下未从 SMO 的数据文件中读取而导致缺数据,或需要重新读取原始资料,可以通过补调功能来实现。点击“补调”按钮,弹出常规数据补调窗口,如图 6.46 所示。

首先选择补调的时间段。通过“月份”或“时段”的选择确定补调时间段,默认为当前月份整个月,若仅仅补调一段时间的可以选择时段和起止时间。

其次,确定补调方式。程序提供了“仅缺测”和“固定时次”两种补调方式。前者只对选中时段内的整条小时资料缺测进行补调,对人工质控过的资料不会覆盖;后者对于选中时段内的所有正点资料全部重新补调一遍,需要注意的是这种补调方式会对已经人工质控过的数据进行覆盖。如果有人工质控修改过的数据,需要在补调后再重新质控修改。同时可以通过“补调列表”按钮列出所选时段内的所要补调正点的时次。在列表中勾选第一列“选择”复选框,对要补调数据的具体时次可进行再次选择,也可勾选“全选”来选中所有时次。

窗口的左下角提供了补调要素的选择,通过复选框可根据补调的要素进行选择。若台站参数中的“一般观测项目”中的该要素为非“自动”观测项目,则该要素的复选框禁用,这样确保不会覆盖人工观测的资料。

经过以上的设置,即可点击“开始”按钮执行补调。补调过程读取 SMO 原始数据文件

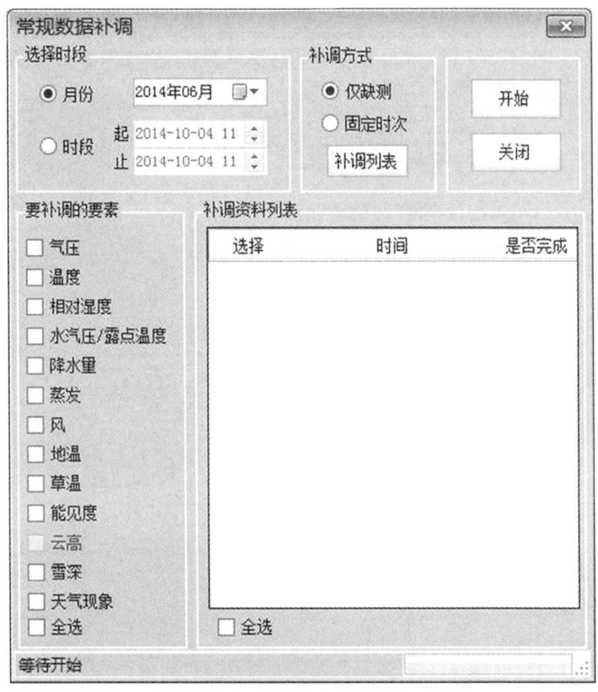

图 6.46 常规要素正点数据补调界面

(除天气现象以外)覆盖 MOI 中 B 库的数据,不影响人工输入的数据,但影响人工质控过的自动数据,其中天气现象数据从 C 库补调到 B 库中。如果 C 库中缺少分钟天气现象数据,则先要在"分钟数据维护"窗口中补调分钟数据,这样才能确保天气现象补调成功。

③保存数据:经过数据维护后,必须点击"保存"按钮,将常规要素数据保存到 B 库中。

④表格操作:输入数据:鼠标单击表中单元格,背景显示蓝色,表示已经选中该单元格,可直接输入新数据覆盖原始数据。修改数据:鼠标双击单元格,光标直接进入该单元格,可修改表格中的部分或全部数据。其他编辑操作与常规的表格操作方法类似。

⑤生成 A 文件:勾选"填写封面封底"复选框,"生成 A 文件"按钮变成可用状态。根据本站实际情况填写封面和封底,点击"生成 A 文件"按钮即可自动生成 A 文件,保存到"\MOI\ReportFiles\AFile"目录下。

⑥海平面气压:窗口右上角有一个"生成海平面气压"复选框,默认为选中。如果在报表中不需要生成海平面气压,可去掉勾选,同时在海平面标签页不显示数据。点击"保存"按钮保存选项结果。

⑦雨量维护:在"降水"栏可以对小时降水量进行维护,同时提供了分钟数据的浏览功能。鼠标右键点击表中单元格,会弹出当前小时的每分钟的雨量数据,供浏览查看。如图 6.47 所示。

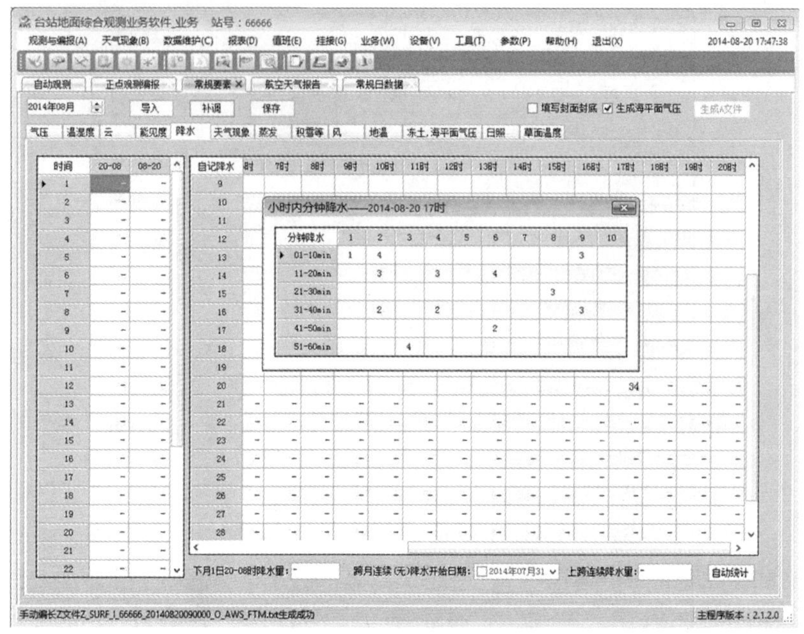

图 6.47　常规要素小时雨量右键弹出分钟雨量界面

⑧天气现象：当天天气现象只显示当天 20 时定时观测以后保存的一整天的天气现象数据。如果需要修改天气现象数据，建议通过主菜单上的“天气现象”菜单调出天气现象编辑窗口，进行修改并保存，这样才能同时修改 C 库、B 库中的数据，确保数据的一致性。如果只在数据表中修改，只会改变 B 库的数据，分钟资料 C 库没有改变。

⑨雪深：雪深数据单位为 mm，写入到 A 文件中为 cm，自动四舍五入。

(2)辐射数据维护

承担辐射观测项目的台站需要对辐射数据进行日维护，数据保存到 B 库中，也可生成 R 文件。

点击【数据维护】菜单下【辐射数据】子菜单，或通过快捷键“Ctrl＋S”调出辐射数据维护窗口，显示如图 6.48 所示。

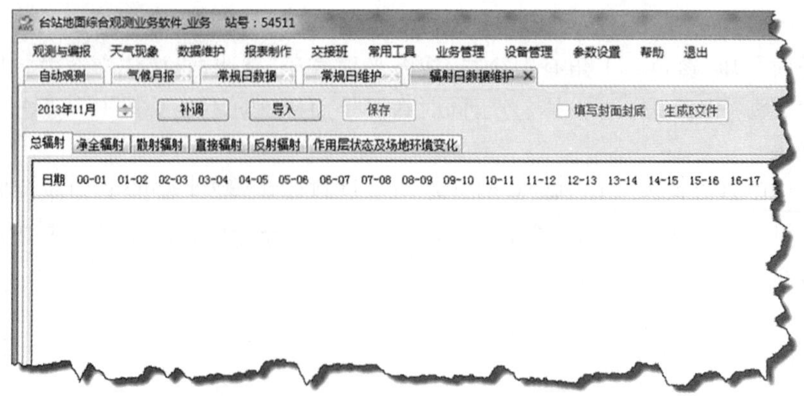

图 6.48　辐射数据维护界面

①默认打开该界面自动导入当前月份数据，也可手动导入其他月份数据。通过窗口界面的左上角的时间选择要维护数据的年月导入数据，默认值为计算机系统时间。若观测数据缺测，则显示为“-”。

②日照时数：为地方时，根据直接辐射换算而来。

③补调：该功能操作类似常规数据维护。如需补充缺测数据，点击“补调”按钮，弹出常规数据补充窗口，如图6.49所示。

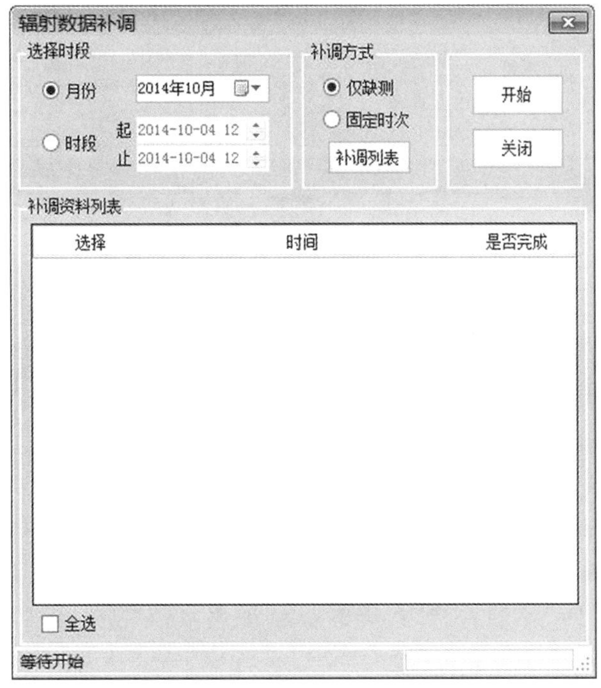

图 6.49 辐射数据补调界面

a)选择时段：通过单选框“按月份”和“按时段”来选择需要补调日数据的时间周期。

b)仅缺测、固定时次：“仅缺测”选项，程序自动判断所选月份或时段内B库中是否整条数据记录均为缺测；“固定时次”则列出所选月份或是时段内所有正点的时刻。

c)补调列表：点击“补调列表”按钮，列出所选月份或时段内，缺测时次或是所有正点的时次。

d)缺测资料列表：通过勾选“缺测资料列表”中“选择”复选框，选择要补调数据的具体时次，也可勾选“全选”来选中所有时次。

e)开始：通过点击“开始”按钮，系统会根据“缺测资料列表”中勾选的内容进行数据补调，补调读取SMO原始数据覆盖MOI中B库的数据。

④生成R文件：勾选“填写封面封底”后，“生成R文件”按钮变成可用状态。根据实际情况填写封面和封底，再生成R文件。

(3)分钟数据维护

分钟数据维护实际上只是对于气压、气温、相对湿度、降雨量、风等资料的维护。每月生成一个分钟观测数据文件，通常称为J文件。对J文件的全部数据进行格式检查，对记录进行相关审核，并对全部数据进行维护。J 文件由自动气象站采集分钟数据文件转换得到，由于自动气象站采集分钟数据文件属原始采集文件，不能进行修改，所以当分钟数据不正确时，只能在 J 文件中对其进行修改。

点击【数据维护】菜单的【分钟数据维护】选项，或通过快捷键“Ctrl＋F”，弹出【分钟数据】选项卡，如图 6.50 所示。

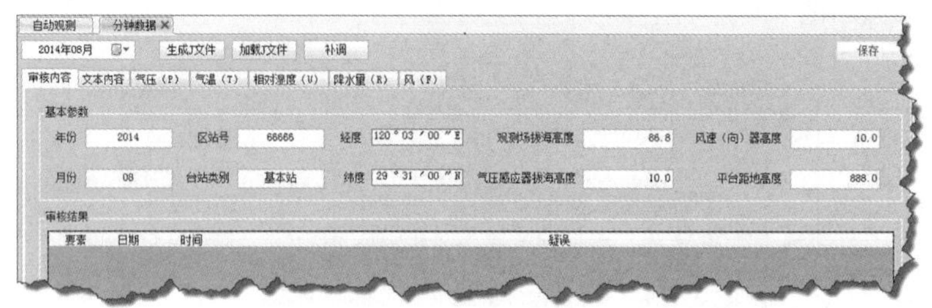

图 6.50　分钟数据文件维护界面

在该界面可进行 J 文件数据的查询维护和审核。操作顺序是：首先生成 J 文件，然后加载 J 文件数据到该界面，供维护和审核。MOI 的分钟数据存放在 C 库中，生成 J 文件是从 C 库中将分钟数据导入到窗口的表格中；如果数据缺测，需先进行补调，重新生成 J 文件，然后加载 J 文件。

①补调分钟数据：点击“补调”按钮，弹出“实时数据补调”窗口。选择补调时间，补调时间不能超过当前小时。点击“补调”按钮，自动补调选中时间的前一小时内的所有分钟数据内容。同时将 J 文件中 5 个要素以外的其他分钟数据也导入 C 库（辐射除外）。

②生成 J 文件：首次对分钟数据维护需要生成 J 文件，如对表中的数据进行了修改，则在保存后也要重新生成 J 文件。点击“生成 J 文件”按钮，会出现“J 文件生成成功”弹窗，点击确定即可。

③加载 J 文件：点击“加载 J 文件”按钮，根据 J 文件存放路径，选取要加载的 J 文件，点击“打开”按钮，J 文件内容将读入分钟数据维护界面中。

④保存修改结果：点击“保存”按钮，将修改的分钟数据保存到 J 文件中。

⑤审核内容：当加载 J 文件的时候，程序自动对于数据进行审核，并在窗口中列出 J 文件的首行台站信息内容及审核结果。首行中年份、月份、区站号、台站类别和观测次数等由加载的 J 文件自动显示，不能修改，只有经纬度可以修改。

⑥文本内容：该窗口显示 J 文件的完整内容，只供查看，不能修改。左边的固定列对文件进行标注，在右边的数据列中，因每行记录较长，不能完整显示。详细查看内容时，可以将鼠标箭头放到该行，即会显示出其隐藏的内容，如图 6.51 所示。

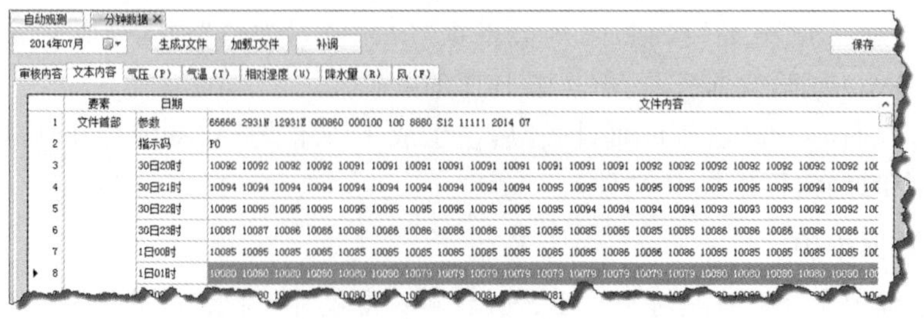

图 6.51　加载 J 文件后的分钟数据界面

⑦数据输入或修改:修改要素数据只能在各个要素页中进行。在分要素显示的表格中,首列为日期时间,首行为分钟。修改数据时,格式必须正确,标红的内容表示按照审核规则库未通过的部分。

⑧降雨量修改:分钟降水量比较特殊,数据来源于Z文件(即保存在B库中),不能从原始SMO数据补调。若要修改,需到正点观测与编报界面中进行修改和保存数据。

6.3.6 报表制作

报表制作是将地面观测信息化资料文件按照《地面气象观测规范》的固定表格的形式生成报表。【报表】菜单下有【地面月报表】、【地面年报表】、【辐射月报表】三个子菜单,分别提供地面月报表、地面年报表及辐射月报表的制作。

(1)地面月报表

地面月报表是以地面观测信息化资料的A文件为数据源,编制出PDF格式,且符合《地面气象观测规范》的《地面气象记录月报表》。报表制作的基本操作流程:首先加载A文件,台站参数和各要素按照分类在各标签页中显示,通过切换标签进行浏览和检查;然后输入封面封底信息,对其他数据进行检查和质控,通过"保存"按钮保存结果;再对A文件的格式和内容进行审核,最后输出PDF格式的报表。

用鼠标点击【报表】菜单下【地面月报表】子菜单,或通过快捷键"Ctrl+M",打开地面月报表制作窗口,如图6.52所示。

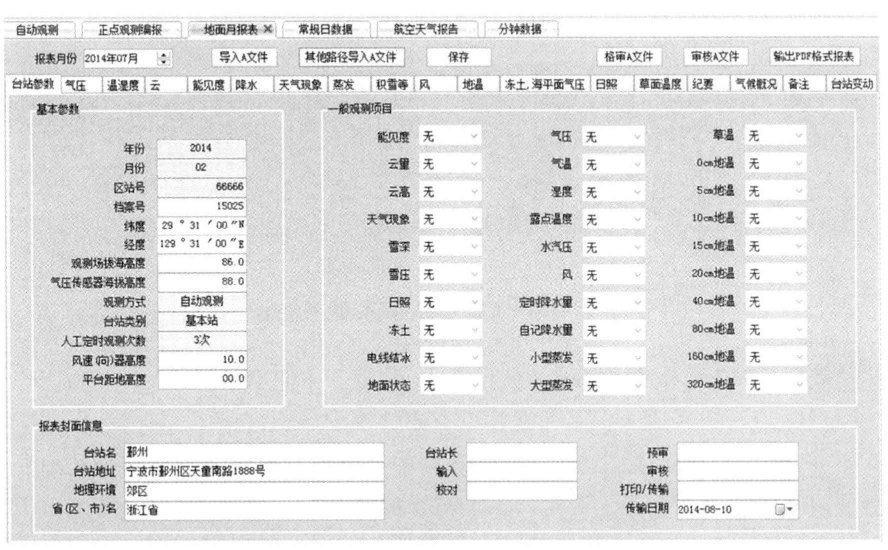

图6.52 地面月报表制作界面

①导入A文件:选择需要制作报表的月份,点击"导入A文件"按钮,数据从默认路径(\MOI\ReportFiles\AFile)中将该月的A文件加载到界面中。如果A文件不存在,则需要通过"常规要素维护"功能中先成该月的A文件。如果选择其他目录中的A文件,请选择"其他路径导入A文件"按钮。

②台站参数页:包括基本参数、一般观测项目、报表封面信息等内容。在基本参数中,

年、月、区站号、观测方式、台站类别和人工定时观测次数等内容不能进行修改，而其他项可修改。这里是直接读取B库中每月自动或人工修改保存后的台站参数。“一般观测项目”下拉选择项一般有三种选择：即“无”、“人工”和“自动站”；气压等项目下拉列表框中的值为“自动”和“无”。

③纪要页：如图6.53所示。当需要添加纪要内容时，单击“选择”框中需要记载的项，相应的记载行即添加到左边的表中，然后填写该行的日期和具体描述。当需要删除表中某行记载内容时，选中该行的任一单元格，按计算机键盘中的“Delete”即可。当没有纪要内容记载时，该页内容不必输入。纪要内容按照《地面气象观测规范》的规定，主要记载重要天气现象及其影响；台站附近江、河、湖、海状况；台站附近主要道路因雨凇、沙阻、雪阻或泥泞、翻浆、水淹等影响中断交通的情况；台站附近高山积雪状况，冰雹记载；罕见特殊现象；人工影响局部天气情况；以及其他事项内容。

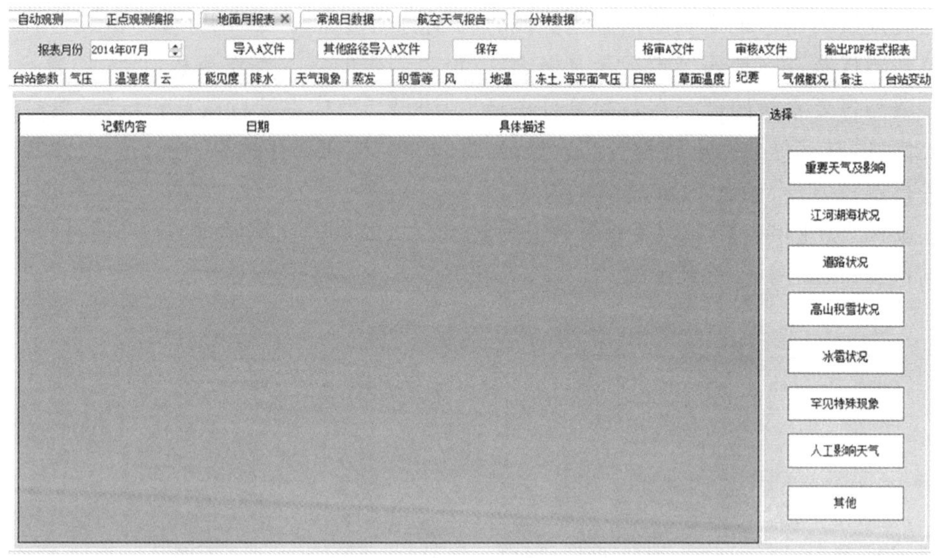

图6.53　纪要等月报表信息界面

④气候概况页：记载本月主要天气气候特点，主要天气过程，灾害性、关键性天气及其影响，持续时间长的不利天气影响，天气气候综合评价等内容。

⑤备注页：记载“一般备注事项”。气象观测中一般备注事项记载由多条记录组成，每条记录包括事项时间和事项说明。当写入当前记录时，软件会自动加载下一条空白记录行。

⑥台站变动页：记载台站沿革情况。主要包括台站变动、障碍物变动、台站位置变动、观测仪器变动、观测项目增减、观测时制和其他等项内容。界面中日期可通过下拉菜单来选择，所有表格都会在填写当前行时自动加载下一行。

⑦格审A文件：在完成编辑修改后，生成报表之前，需要检查文件格式的正确性。点击“格审A文件”按钮，可对A文件格式进行检查。如果存在格式错误，将自动提示修改相关内容，需要更正格式后才能正确输出月报表。

⑧审核A文件：根据本站审核规则库，检查审核A文件数据的合法性。

⑨输出报表：在完成所有封面封底信息的输入，以及数据的审核后，就可以生成PDF格

式的地面气象月报表。点击“输出PDF格式报表”按钮，弹出如图6.54所示对话框。选择输出报表的纸张幅面大小(A3或A4)，点击“生成报表”按钮，在默认的目录(\MOI\ReportFiles\PDFFiles_A)下生成PDF文件。地面气象月报表的文件名格式为：PDFAIIiii-YYYYMM_Ax.pdf，例如：PDFA58562-201401_A4.pdf，表示区站号为“58562”的台站，2014年1月的A4幅面的报表文件。如果要将其他月份已经审核的A文件生成PDF格式的报表文件，则直接在文件列表选中该文件，在生成报表。“报表查看”按钮提供了浏览报表功能，但需要PDF格式文件查看工具软件的配合，为了便于查看报表MOI已经自带了一款查看工具。PDF格式的月报表文件比起以往的纸质报表携带和交换方便，通过PDF阅读工具即可浏览和打印，具有字体、表格放大缩小不变形等优点。

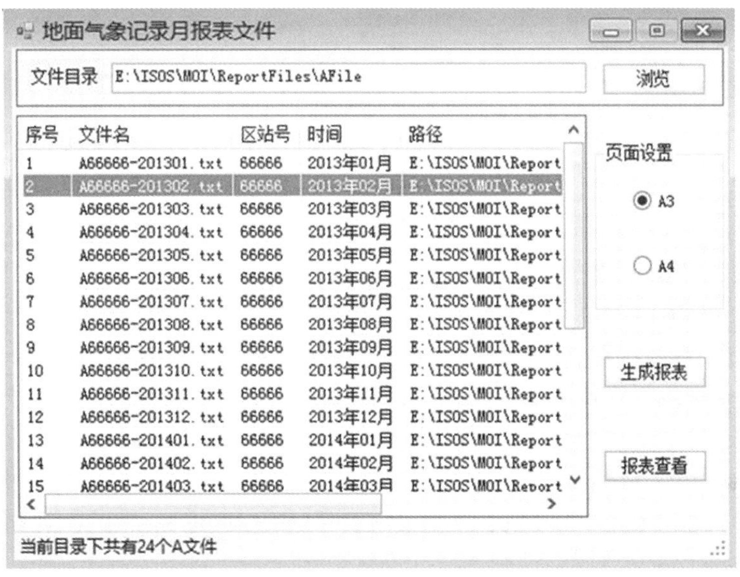

图6.54 输出PDF文件界面

(2)地面年报表

地面年报表是以地面观测信息化资料的A文件为数据源，编制出PDF格式，且符合《地面气象观测规范》的《地面气象记录年报表》。通过对本年度1—12月和上年度7—12月总共18个月A文件的数据进行统计，编制出地面年报表，并形成Y文件，保存到目录“\MOI\ReportFiles\AFile”。报表制作基本操作流程与月报表相类似。首先加载数据，输入封面封底信息，保存输入或修改的信息，再审核Y文件格式，最后输出PDF格式的报表。

鼠标点击【报表】菜单下【地面年报表】子菜单，或者通过快捷键“Ctrl+Y”，调出报表制作界面，如图6.55所示。

①数据加载：点击“加载”按钮，在弹出对话框中列出了按照区站号和年份的所有A文件列表，选中需制作年报表的年份，在该年份的同一行的列中当年“A文件月”和“上年度A文件”要有完整的18个月，如“A:1,2,3,4,5,6,7,8,9,10,11,12”和A:7,8,9,10,11,12”。点击“确定”按钮，数据加载完毕。

②台站参数页：内容包括基本参数和报表封面信息。在基本参数中，包含年份、区站号、

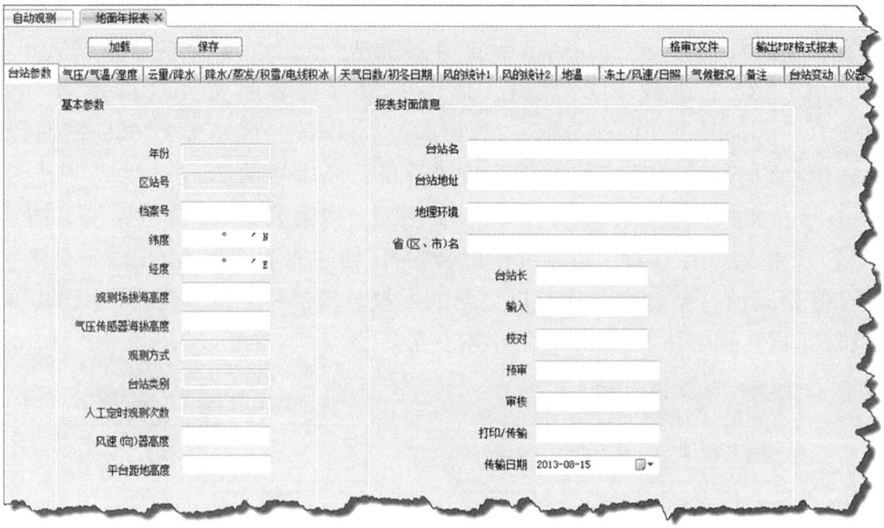

图 6.55 地面年报表制作界面

档案号、纬度和经度等项内容不能进行修改，其他项可修改。报表封面信息包括台站名、台站地址、地理环境、省(区、市)名和其他报表制作信息等内容。

③封底制作：封底包括气候概况页、备注页、台站变动等内容，与月报表的操作方法相同。仪器页主要记载年内使用的仪器内容。各仪器包括仪器的规格型号、号码、厂名、检定日期等内容。

④生成报表：在完成编辑修改后，点击“保存”按钮，保存修改后的数据，并生成 Y 文件。在对 Y 文件进行格式检查，如果格式正确就可以按“输出 PDF 格式报表”按钮生成可浏览打印的 PDF 年报表文件。

(3)辐射月报表

编制辐射月报表是以 R 文件为数据源，对 R 文件的数据进行有关统计和报表编制。制作报表的基本操作流程：首先加载 R 文件，然后输入封面封底信息，保存结果，再格式审核 R 文件，最后输出 PDF 格式的报表。

点击【报表】菜单下【辐射月报表】子菜单，或通过快捷键“Ctrl＋U”，调出【辐射月报表】窗体。如图 6.56 所示。

①导入 R 文件：选择正确的辐射报表月份后，点击“导入 R 文件”按钮，从默认的文件目录(\MOI\ReportFiles\RFile)将数据加载到界面中。如果选择其他路径中的 R 文件，请选择“其他路径导入 R 文件”按钮。

②台站参数页：包括基本参数和报表制作信息等内容。在基本参数中，主要包括年、月、区站号、辐射站级别、纬度和经度内容不能进行修改；其他项可以修改。

③现用仪器：主要记载月内使用的辐射仪器。包括辐射仪器的仪器名称、型号、号码、灵敏度、响应时间、电阻、检定日期和启用日期等。通常自动从设备管理的现用仪器列表中会自动导入，也可手动输入或输入。

④备注页：主要记载每日需上报说明的事项。备注按日输入，某日没有需要记载的内容

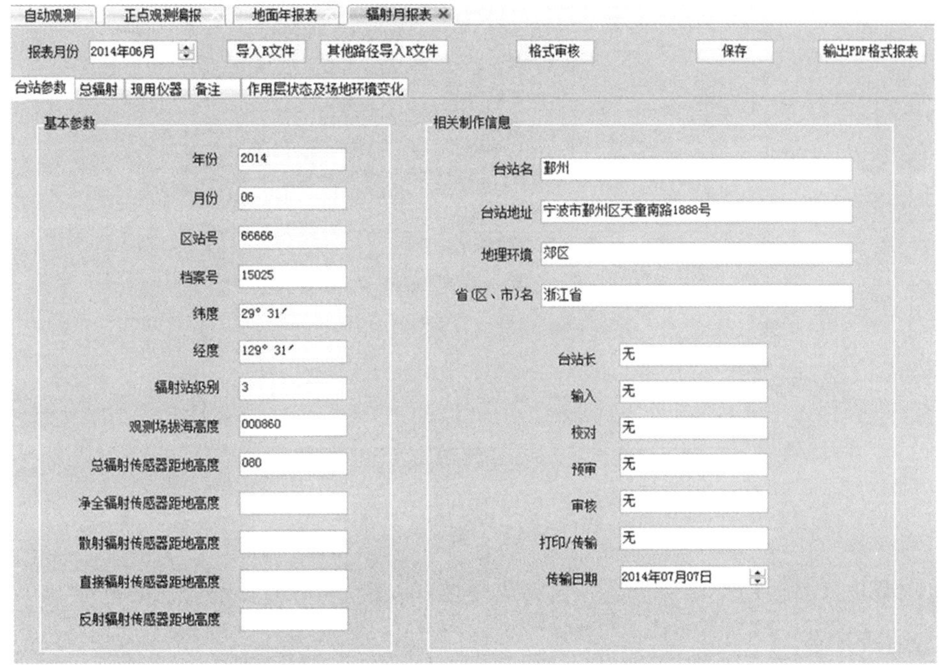

图 6.56 辐射月报表制作界面

可为空。

⑤审核:根据本站的辐射审核规则库的规则,在 R 文件导入的时候自动进行审核。

⑥报表输出:与地面月报表的操作方法相同,请参考相关内容。

6.3.7 值班

测报业务值班工作是地面气象观测业务的重要组成部分。MOI 提供了与值班所关联的交接班和值班日记两个功能。在主菜单【值班】下有【值班交接】和【值班日志】两个子菜单。值班交接用于记录当前值班员和下一班值班员的当面交接班。值班日志主要用于值班员记录本班工作情况,其次还可以对上一班工作进行评价和对下一班值班者提醒是测报业务有关的事项。将每天与测报业务工作相关的事项记录下来,便于日后查询。

(1)值班交接

交班员与接班员进行交接班时,点击【值班】菜单下【值班交接】子菜单,调出如图 6.57 所示的交互窗口界面。界面分接班员、接班员和浏览交接班信息三个区域。

界面的左上部为交班员操作区,右侧是接班员的操作区。完成交接班需要两人按照顺序操作才能交接。当首次使用交接班功能,需要先选择姓名,以后使用将自动填入当前值班员的姓名,交班员输入本人的值班密码(每个值班员的密码由管理员在【参数】主菜单下的【值班信息】中设置)即可。接班员需要选择自己的姓名和班次名称,输入本人值班密码,点击“保存”按钮完成交接班过程。程序根据当前的计算机时间作为当前的交接班时间记录到值班表文件中。

另外,下面有一个浏览交接班信息的列表,默认显示当月每天的交接班情况。通过选择

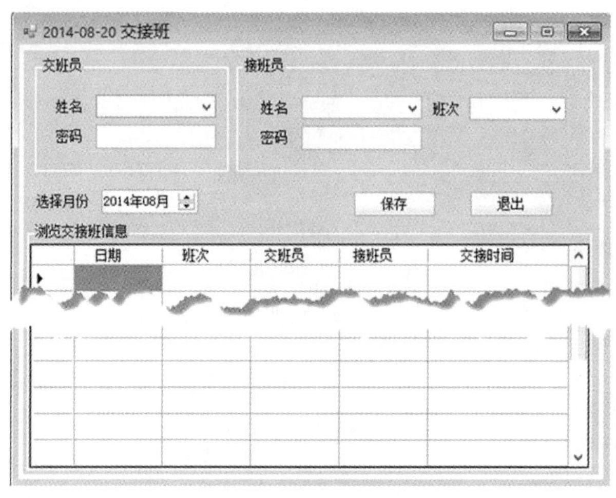

图 6.57 交接班界面

月份可浏览选择月份的交接班信息。当完成交接班以后,表格中会增加一条记录。

(2)值班日志

点击【值班】菜单下【值班日志】子菜单,调出值班日记窗口,如图 6.58 所示。该界面用于记录本班值班情况的记录和查阅值班日记。内容包括值班日期、值班员、班次、本班临时基数和错情、对上班工作评价、本班工作情况和下一班提示等内容。“本班工作基数和错情”是为了方便业务质量统计而设置的,由于现行业务考核办法的变化以及各省质量统计方法不尽相同,“本班工作基数和错情”可以不填。

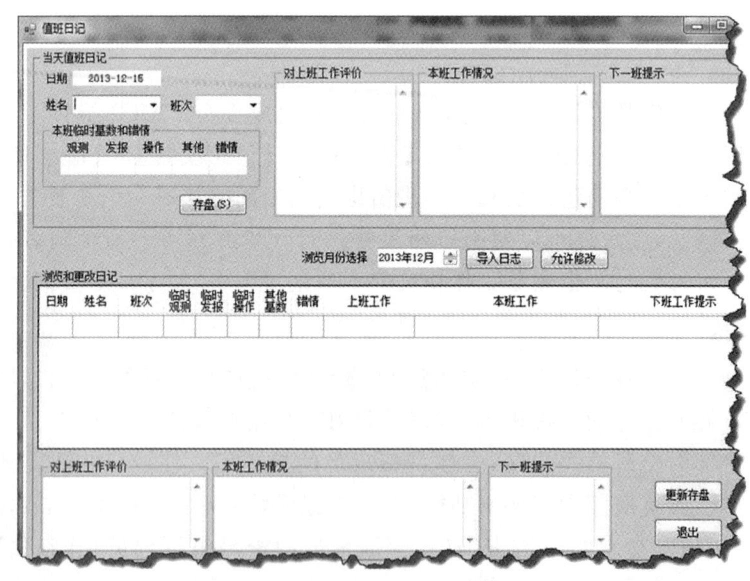

图 6.58 值班日志记录界面

①当天值班日记

值班日期自动与系统时间同步，无需手动修改；经过交接班以后在姓名栏中将自动显示当前值班员的姓名，也可从下拉菜单中选择（下拉菜单中的值班员选项根据“参数设置”菜单“值班员信息”中内容设置后自动更新）。班次根据本站的排班设置情况在下拉菜单中选入。

对上班工作评价、本班工作情况、下一班提示等内容值班员可在对应文本框中按实际情况输入相应的文字内容。

值班日记必须在交班之前填写完毕（在值班期间可以分为几次填写），然后点击“存盘”按钮或使用快捷键“Alt＋S”可保存记录内容。一旦完成交班就不可以对于日志进行修改或更新。

②浏览和更改日记

导入日志：选择浏览月份后点击“导入日志”按钮，可显示被选月份的值班日记信息。

修改日志：如要对日志信息进行修改，可点击“允许修改”按钮，弹出“开放日志修改”对话框如图6.59所示，输入具有管理员角色的正确用户和密码点击“确定”后，才许可更改表中日志。更改日志内容后，通过点击“更新存盘”按钮更新和保存日志内容。

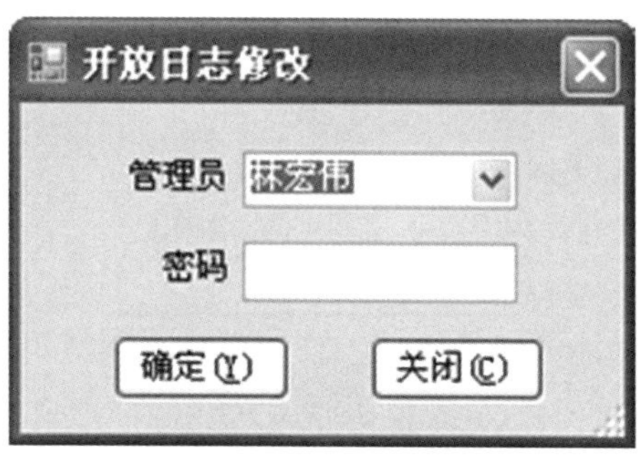

图6.59 以管理员身份登录修改日志

6.3.8 挂接

挂接菜单提供了与业务相关软件的外挂，由MOI软件启动时自动打开。当前已经挂接的有通信程序MOIFTP和“今日提醒”两个模块。如果由于某种原因已经关闭了挂接的软件，也可以通过这里的子菜单直接启动软件。

(1)FTP传输

点击【挂接】菜单下【传输】子菜单，或通过快捷键“Ctrl＋P”，启动MOIFTP传输模块。MOIFTP随MOI启动为可选项，通过菜单前部的复选框选择是否随MOI启动。勾选以后，MOIFTP在下次才就会随MOI一起启动。

(2)今日提醒

点击【挂接】菜单下【今日提醒】子菜单，或通过快捷键“Ctrl＋T”，打开今日提醒工具。该功能可以进行测报业务、事务提醒和仪器超检等提醒。所有提醒内容都是由MOI的【参数】主菜单下【工作流程】中设置（具体设置方法详见参数设置），在指定时刻提醒观测员，如图6.60所示。

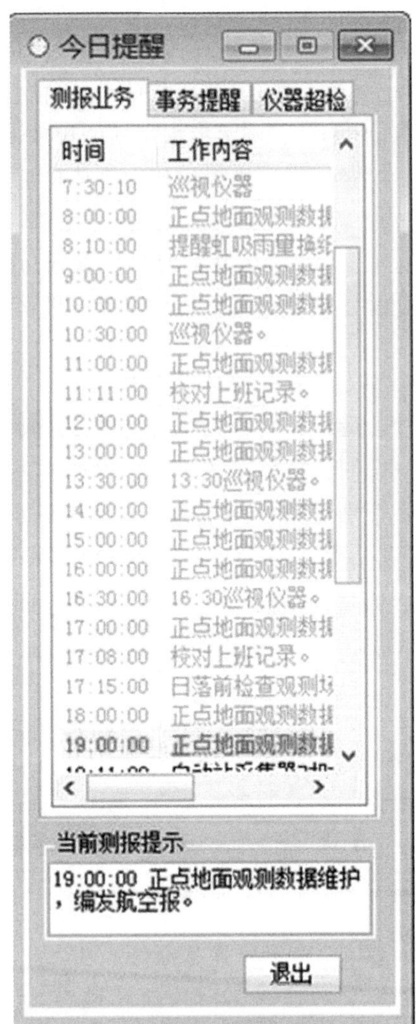

图 6.60　今日提醒界面

6.3.9　业务

【业务】主菜单下有【业务排班】和【质量报表】两个子功能，是针对测报业务工作所提供的两个辅助管理工具。

(1)业务排班

提供了自动测报业务排班功能。可以按照月份或旬的周期进行排班，并导入和浏览已经排定的值班表，可输出 Excel 的排班表等。点击【业务】菜单下【业务排班】子菜单，弹出测报业务排班窗口如图 6.61 所示。

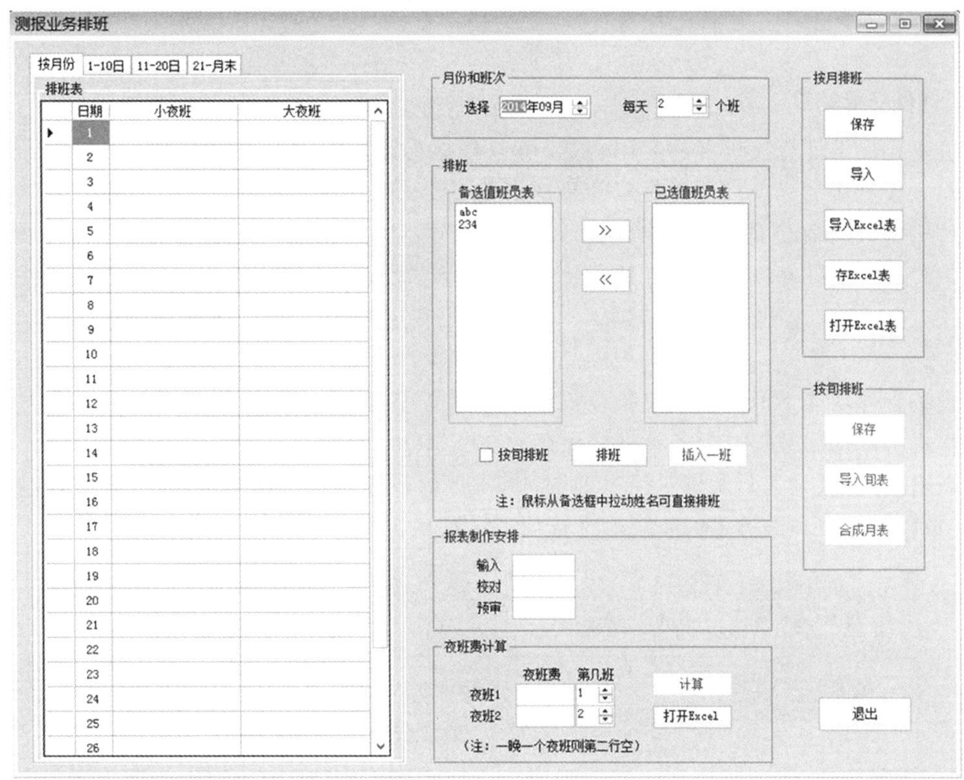

图 6.61　业务排班界面

(2)排班操作流程

选月份和班次：默认月份为下个月，每天班次是由【参数】主菜单下【值班信息】中设置，但也可以根据需要进行修改。

选值班员：将参加当月值班的所有值班员按照排班周期的顺序导入已选值班员列表中。在“备选值班员表”中的选择值班员姓名，通过双击或选中值班员姓名点击“＞＞”按钮导入到“已选值班员表”中，如果需要删除已选值班表中的某项，可在“已选值班表”双击或选中需删除的姓名，点击“＜＜”按钮即可。如果需要按旬排班，勾选按旬排班前的复选框。

按月排班：在界面左边的排班表中有四个选择页面，默认为按月排班。点击“排班”按钮，在界面左边的排班表中则显示相应的排班表。如果要修改值班表，可以直接通过鼠标从“备选值班表”中拉动值班人员到排班表，替换对应单元格的姓名，或者选中备选值班员，点击“插入一班”按钮，实现在排班表中插入的功能。完成排班需保存结果，排班表默认的路径为“\MOI\ReportFiles”目录下。

按旬排班：为了满足分段排班的需求，还提供按旬排班的功能。操作前必须勾选“按旬排班”复选框，点击“排班”按钮，在排班表中显示按旬列表的排班表。可以采用与按月排班的同样操作方法对表中的内容进行修改。每旬排班以后要进行保存，否则不能合成月表。与按月排班不同的是在月底需要合成月表，供输出 Excel 排班表。

报表制作安排是为了统计测报业务质量所设置，根据实际情况在将值班员的姓名可以直接从备选值班员列表中用鼠标拉拽到输入、校对和预审的文本框中，也可手动填入值班员姓名。

(3)夜班费计算

这里还提供计算夜班费的实用功能，可以根据排班表自动计算结果并输出到 Excel 表中。输入夜班费的标准和选择对应的班次名称(若一晚只有一个夜班第二行可以空)，点击“计算”按钮，将弹出“计算完毕，是否打开 Excel”对话框，点击“是”打开 Excel 表，或点击“否”，在“夜班费计算”框中用“打开 Excel”按钮浏览“夜班费计算表”。

6.3.10 设备

设备管理功能不但提供了设备登记和维护的记录，而且为超检仪器提醒和辐射月报表的制作提供依据和数据。设备管理文件存放在“\MOI\Configure\Device. xml”中。

点击主菜单【设备】，调出对话框如图 6.62 所示。包括现用常规仪器设备、备用仪器设备、气象辐射仪器和维护维修登记四个选项卡。默认页面是现用常规仪器设备。

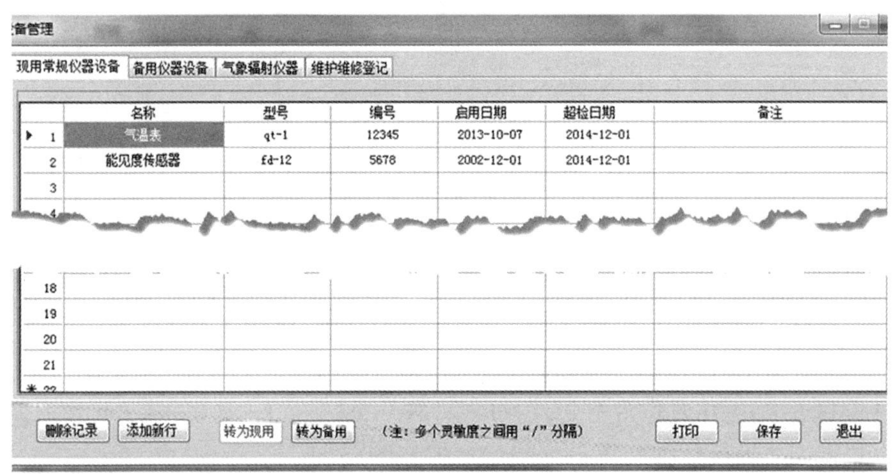

图 6.62 仪器设备登记界面

(1)现用常规仪器设备

用于登记现用常规仪器设备的名称、型号、编号和启用日期、超检日期等内容。在该页面中“转为现用”按钮为禁用状态，“现用常规仪器设备”标签页，见图 6.62。

①型号和编号：输入现用常规仪器设备对应的型号和编号。

②启用日期和超检日期：日期采用固定格式，可用鼠标点击“启用日期”和“超检日期”的单元格，利用日期控件输入，选择需要填入的日期后，勾选该输入框前面的复选框以完成时间的设定，如图 6.63 所示。需要说明的是超检日期一定要按照仪器鉴定证上的时间设置好，为“今日提醒”工具提供报警依据。“今日提醒”软件在距离超检前 10 天的每天 08 时提醒，直到更换该仪器，修改本表的仪器才结束提醒。

图 6.63 选择日期

③删除记录:当需要删除某个设备记录时,选中该设备行,点击“删除记录”按钮即可。

④添加新行:当表格行不够时,点击“添加新行”即可增加空白行。

⑤转为备用:如果现用的仪器设备更换为备用时,需放到备用仪器设备登记表中,则选中该条设备记录行,然后点击“转为备用”按钮,则该条记录即转记到“备用仪器设备”登记页面中。

⑥打印:打印当前记录表。

⑦保存:添加修改设备或者删除设备记录后,需点击“保存”按钮将结果保存到文件中。

(2)备用仪器设备

此功能用于登记需备用仪器设备的名称、型号、编号和检定日期、超检日期等内容。选择“备用仪器设备”标签页,其界面如图 6.64 所示。需使用备用仪器设备时,选中该条设备记录,点击“转为现用”,则该条记录即转到“现用常规仪器设备”登记页中。其他操作类同“现用常规仪器设备”。

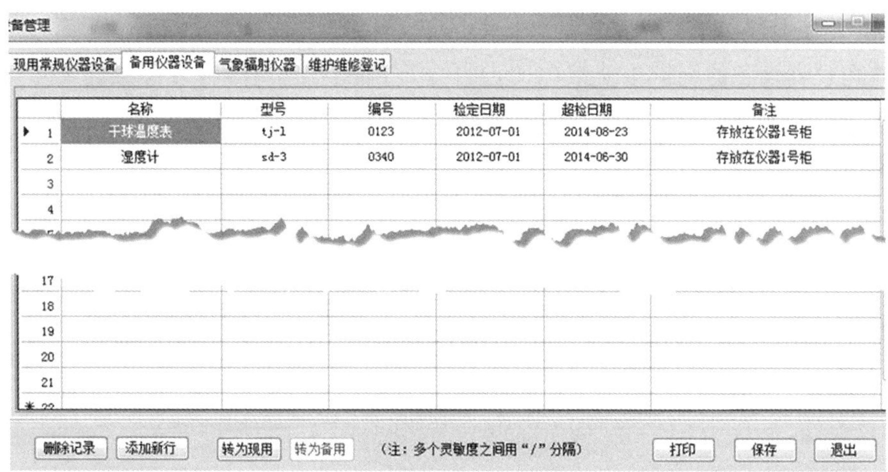

图 6.64 备用设备登记界面

(3)气象辐射仪器

点击“气象辐射仪器”标签页,显示界面如图 6.65 所示。气象辐射仪器是登记当月使用过的或正在使用的辐射传感器和记录器，保存在Configure目录下的Device.xml文件中，供制作辐射月报表使用。

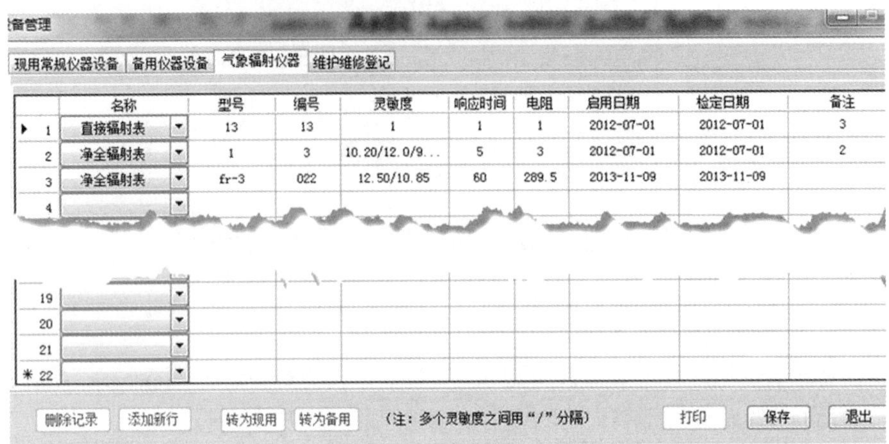
设备管理

现用常规仪器设备 | 备用仪器设备 | 气象辐射仪器 | 维护维修登记

	名称	型号	编号	灵敏度	响应时间	电阻	启用日期	检定日期	备注
1	直接辐射表	13	13	1	1	1	2012-07-01	2012-07-01	3
2	净全辐射表	1	3	10.20/12.0/9...	5	3	2012-07-01	2012-07-01	2
3	净全辐射表	fr-3	022	12.50/10.85	60	289.5	2013-11-09	2013-11-09	
4									
19									
20									
21									
* 22									

删除记录 | 添加新行 | 转为现用 | 转为备用 | (注：多个灵敏度之间用“/”分隔) | 打印 | 保存 | 退出

图6.65 气象辐射仪器登记界面

表格中，仪器名称列输入可从下拉列表中选取所要的仪器名称，为了统一仪器名称不允许人工输入。

①型号和编号：输入每个辐射仪器设备对应的型号和编号。

②灵敏度、响应时间和电阻：输入每个辐射仪器设备对应的出厂参数。多个灵敏度值用“/”分隔开来。

③启用日期和检定日期：用鼠标点击“启用日期”和“检定日期”的单元格，与“现用仪器设备”的选取方法相同。

④保存：当新增或修改气象辐射仪器记录后，需要点击“保存”按钮保存结果。

(4)维护维修登记

对现用仪器设备的维护维修情况的进行登记，便于日后查询，为仪器设备管理提供资料。点击“维护维修登记”标签页，如图6.66所示，登记内容包括日期、仪器名称、编号、维护维修方式、操作者、备注等。

备管理

现用常规仪器设备 | 备用仪器设备 | 气象辐射仪器 | 维护维修登记

	日期	仪器名称	编号	方式	操作者	备注
1	2012-05-12	温湿度传感器	03412	更换	小程	换下的编号为02563
2	2012-08-30	雨量计	02134	维护	小程	校准雨量计
3	2012-09-10	风传感器	01230	维修		更换风速长干起轴承
4						
18						
19						
20						
21						
* 22						

删除记录 | 添加新行 | 转为现用 | 转为备用 | (注：多个灵敏度之间用“/”分隔) | 打印 | 保存 | 退出

图6.66 设备维护维修界面

维护维修方式列的内容无需人工输入，可从下拉框中选择更换、维护、维修等方式。

①删除记录：当需要删除某个维护维修记录时，选中该维护维修记录行，点击“删除记录”按钮即可。

②添加新行：当表格不够用时，点击“添加新行”，在表格底部新增一行，供添加新的维护维修登记。

③打印：打印当前记录表。

④保存：添加或者删除维护维修记录后，需要点击“保存”按钮保存登记信息。

6.3.11 工具

【工具】菜单下提供了11个工具，分别为：日数据查询、Z文件查看、大风查询、报表查看、日志查看、数据文件备份、数据文件还原、要素计算、时差计算等，下面逐个介绍。

(1)日数据查询

该工具提供以日观测数据和统计量主的查询和导出资料的功能。显示已生成日数据的日平均值、日合计值以及各常见要素数据(包括：能见度、云、降水量、气温、湿度、气压、风、地温、草温等要素)。点击【工具】菜单下【日数据查询】子菜单，出现如图6.67所示界面。

自动观测 | 正点观测编报 | 地面年报表 | 辐射月报表 | 航空天气报告 | 日数据查询 ×

2014年08月20日 导入 导出

能见度/云/降水量/气温/湿度/气压 | 风 | 地温/草温

要素	日4次合计	日4次平均	日合计	日平均	要素	21时	22时	23时	0时	1时	2时	3时	4时	5时	6时	7时	8时	9时	10时	11时	12时	13时
能见度	-	-	-	-	能见度	-	-	-	-	-	-	-	-	-	-	-	-	-	-	-	-	-
总云量	-	-	-	-	总云量	-	-	-	-	-	-	-	-	-	-	-	-	-	-	-	-	-
低云量	-	-	-	-	低云量	-	-	-	-	-	-	-	-	-	-	-	-	-	-	-	-	-
云高	2400	800	-	-	云高	800	800	800	800	800	800	800	800	800	800	800	800	800	800	800	800	800
气温	784	261	6019	262	气温	261	261	261	261	261	261	260	260	260	260	260	257	255	260	263	263	263
最高	日最高	268			最高	261	261	261	261	261	261	261	260	260	260	260	260	257	260	263	264	263
时间	时间	共出现2次			时间	2022	2101	-	2349	0001	-	0220	0301	-	-	0616	0701	0801	0953	1043	1109	1201
最低	日最低	254			最低	260	261	261	260	261	261	260	260	260	260	259	256	255	254	260	263	262
时间	时间	0903			时间	2001	2101	-	2329	0001	-	0214	0301	-	-	0606	0749	0850	0903	1001	1101	1232
相对湿度	225	75	1725	75	相对湿度	75	75	74	75	75	75	75	75	75	75	75	75	76	75	75	75	75
最小	日最小	74			最小	75	75	74	74	75	75	75	75	75	75	75	75	75	75	75	75	75
时间	时间	共出现3次			时间	2001	-	2225	2301	0001	-	-	-	-	-	-	0753	0801	0949	1001	-	-
露点温度	640	213	4916	214	露点温度	213	213	211	213	213	213	212	212	212	212	212	209	210	212	215	215	215
水汽压	763	254	5859	255	水汽压	254	254	250	254	254	254	252	252	252	252	252	248	248	252	257	257	257
本站气压	30194	10065	231605	10070	本站气压	10093	10089	10089	10087	10080	10077	10068	10071	10070	10065	10066	10053	10041	10057	10056	10058	10063
最高	日最高	10095			最高	10095	10093	10093	10089	10088	10081	10077	10072	10072	10074	10067	10066	10053	10057	10059	10058	10063
时间	时间	2025			时间	2025	2101	2233	2301	0005	0137	0201	0344	0434	0539	0643	0701	0801	0938	1028	1137	1246
最低	日最低	10040			最低	10092	10089	10086	10083	10080	10077	10068	10063	10069	10065	10064	10053	10040	10041	10056	10056	10058
时间	时间	0853			时间	2001	2159	2207	2322	0058	0159	0247	0325	0450	0514	0608	0740	0853	0901	1045	1124	1201
海平面气压	30228	10076	231870	10081	海平面气压	10105	10101	10101	10099	10092	10089	10079	10083	10082	10077	10078	10064	10052	10068	10067	10069	10074
小时降水量	-	-	34	1	小时降水量	0	0	0	0	0	0	0	0	0	0	0	0	0	0	0	0	0

图6.67 日统计数据查询界面

①导入：窗口界面的左上角的时间为年月选择，以气象日界统计资料，默认导入当日数据。

②导出：将统计结果导出到Excel文件中，可供预报和资料服务等使用。

(2)雨量资料查询

该工具主要用于对任意时间段内的雨量进行查询统计。选择开始时间和结束时间后，点击“查询”按钮，返回该时间段内的雨量统计值。界面如图6.68所示。

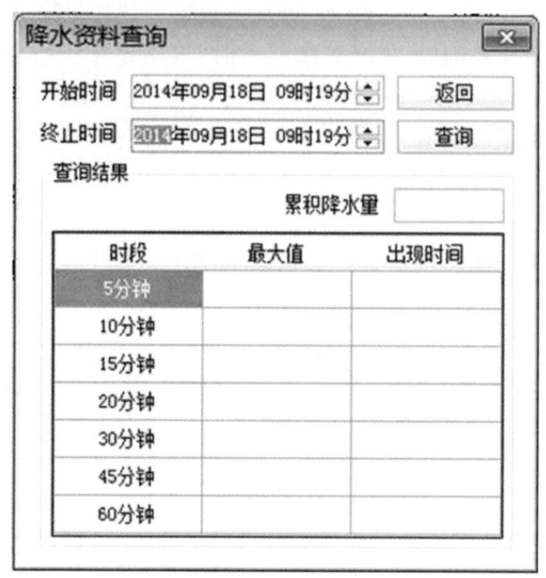

图 6.68 任意时段降水资料查询工具

(3)Z 文件查看

点击【工具】菜单下的【Z 文件查看】子菜单，出现如下界面。该工具提供对 Z 文件内容的进行查看。默认查询路径是"\MOI\ZBak"目录下的历史 Z 文件，如图 6.69 所示。

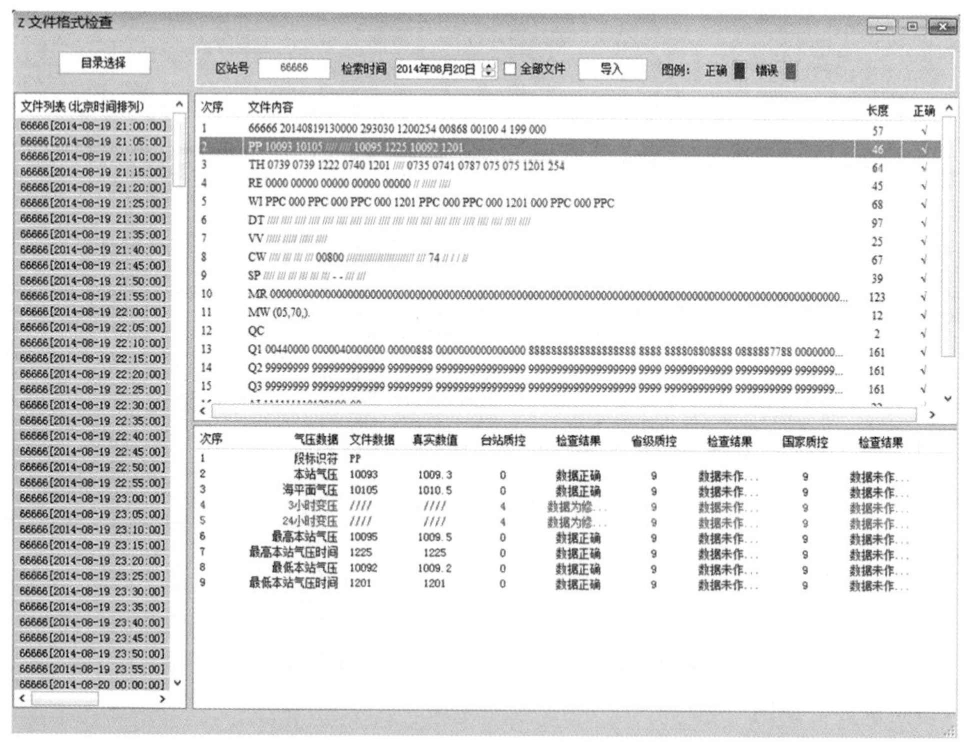

图 6.69 Z 文件查看工具

①目录选择:可以通过该按钮选择其他包含Z文件的目录,如自己备份的路径等。导入文件列表:默认的文件列表中显示本站当天的Z文件名。选择“全部文件”然后点击“导入”功能,可导入对应区站号的目录下的所有Z文件,按生成时间排序。

②查看Z文件:鼠标双击文件列表中的某个文件名称,在右侧窗口列出了对应的Z文件中各数据段及长度校验等详细内容。在上部的窗口是分段显示表,可以看到Z文件每个段的原始数据形态,及每行长度和格式的正确性。单击表中某行,在其下面的表格中显示这一行的所包含的数据内容和详细信息,以及质控信息。

(4)大风查询

该工具可查询历史大风天气现象的出现时间和大风过程。点击【工具】菜单下【大风查询】子菜单,出现如图6.70所示的界面。

图6.70 大风查询界面

选择要查询的日期,点击“查询”按钮可查询时间段内的大风现象。数据来自C库。查询结果显示在列表中,大风现象出现和结束时的日期时间、风向、风速。如要保存查询结果,可以通过“保存”按钮将表中的大风数据信息保存到“MOI\AwsDataBase\FJ.txt”文件中。

(5)报表查看

该工具可以对已经生成的月报表、年报表和辐射月报表进行查看。点击【工具】菜单下【报表查看】子菜单,选择要查看的报表类型,在弹出的文件对话框中选择对应的PDF格式文件,确认后即可利用PDF阅读工具打开报表文件。默认调用的是PDFReader目录下的“SumatraPDF.exe”PDF文件阅读工具。

(6)数据文件备份

该功能可在升级软件前或其他需要备份资料文件时通过手动备份重要数据文件。点击【工具(T)】菜单下【数据文件备份】子菜单,选择备份文件的保存路径(可以是网络映射的路径)。备份内容与MOI自动备份的文件种类相同,包括所有数据文件、参数配置文件和任务记录文件等,目录包括“AwsDataBase”,“Configure”,“MOIRecord”。备份文件为Zip格式的压缩文件,命名为“MOIBackupyyyyMMdd.zip”。备份目录禁止选择在MOI目录或其下的子目录。由于文件大小和计算机性能的原因,备份时间长短可能有所不同,请耐心等待,直至提示备份成功。

(7)数据文件还原

该功能是对已经备份的数据文件还原到 MOI 的对应目录中。点击【工具】菜单下【数据文件还原】子菜单，调出如图 6.71 所示界面。如果未启用 MOI 的自动备份功能，会提示选择其他备份路径，可以是手动备份过的路径。选择需要还原的文件后，点击“还原”，提示“一旦开始还原后将无法取消执行过程，还原数据文件时将暂停所有对数据文件的操作直到还原完毕，因此还原时请尽量避开发报时刻”。点击“是”，将自动等待 MOI 和分钟入库程序退出，然后开始还原数据文件、配置文件等。还原结束后自动重新启动 MOI 程序。

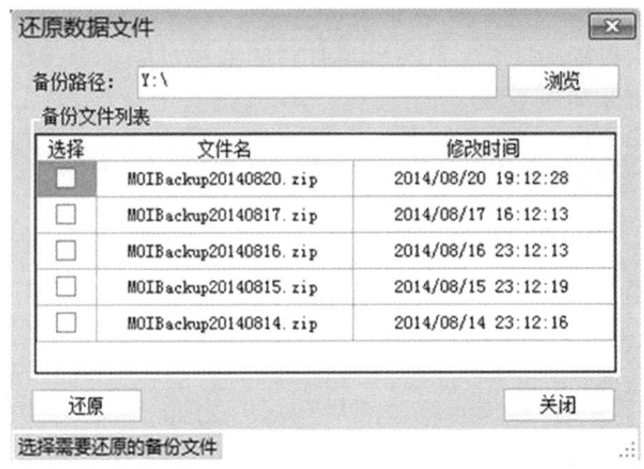

图 6.71　备份文件还原界面

(8)日志查看

提供了对 MOI 的运行日志进行查看浏览功能，日志主要记录程序运行时的常规信息、警告信息、错误信息、严重信息等。点击【工具】菜单下【日志查看】子菜单，打开日志查看界面。如图 6.72 所示。

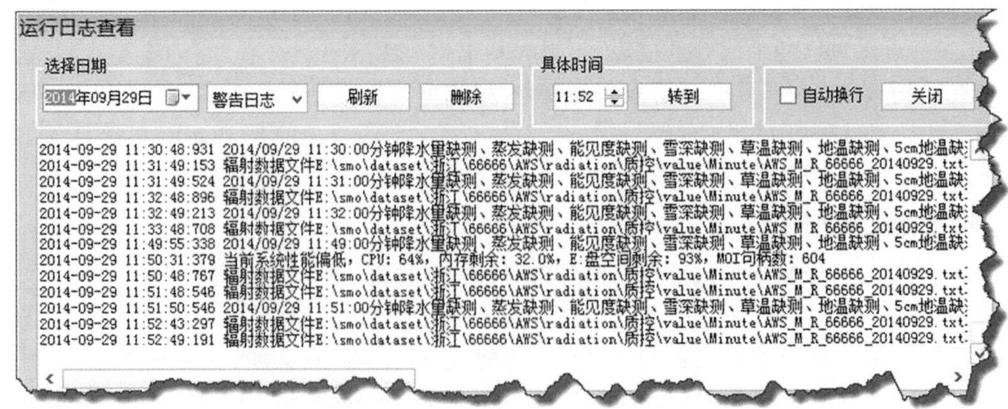

图 6.72　软件运行日志查看界面

①选择日期：通过“选择日期”来过滤日志内容，只显示选定日期的日志内容。

②日志类型：有常规、警告、错误、严重出错等日志，分别对应“MOI\Log”目录下以“Info”、“Warn”、“Error”、“Fatal”开头，以“log”为扩展名的日志文件，选择不同类型查看对应的日志。

③刷新：通过点击“刷新”按钮，重新加载当前查看的日志。

④选择时间：通过输入具体时间点，可以快速定位到某个时间点查看日志内容。点击“转到”按钮，窗口中内容自动定位到该时间上。

⑤自动换行：勾选“自动换行”复选框，文本框内显示界面的宽度自动调整每行宽度。

(9)要素计算

该工具用来根据人工输入的干球温度、湿球温度、前 12 h 气温、附温、气压、历年平均气温和历年平均气压来计算水汽压、露点温度、本站气压和海平面气压值。点击【工具】菜单下【要素计算】子菜单，出现如图 6.73 所示界面。

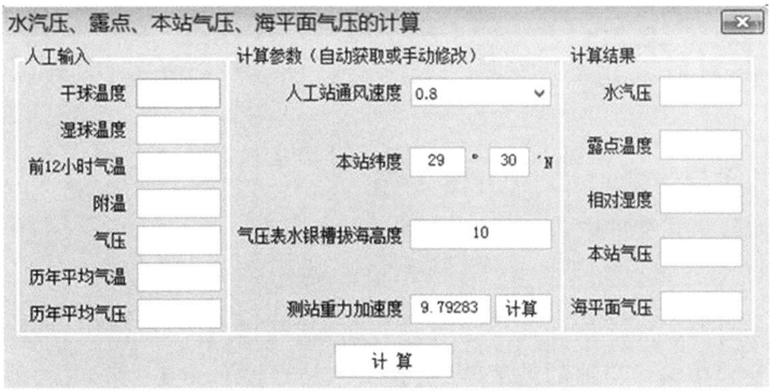

图 6.73　人工观测要素计算工具

①人工输入

必选输入：干球温度、湿球温度、前 12 h 气温、附温、气压。

可选输入：历年平均气温和历年平均气压。

提示：用相对湿度反查其他湿度参数时，在湿球温度栏填入相对湿度，并在数据后面加“U”。在气压栏填入自动站的本站气压时数据后面加“P”。

②计算参数

人工站通风速度，可根据观测类型在下拉框中选择，本站纬度、气压表水银槽海拔高度均自动读取，但支持手动修改。测站重力加速度可通过点击“测站重力加速度”后面的“计算”按钮进行计算。

③计算操作过程：将人工观测数据填入相应的文本框中，选好计算参数，点击最末行的“计算”按键，在右侧“计算结果”栏中显示水汽压、露点温度、本站气压和海平面气压值。

(10)日出日落时间查询

根据本站的经度、纬度计算某年的所有日出日落时间。点击【工具】菜单下【日出日落时间查询】子菜单，调出如图 6.74 所示界面。

首先通过控件选择要查询的年份或者直接输入年份，默认经纬度为本站参数中的经纬度(也可手动输入)，然后选择输出时间类型(“北京时”、“地平时”、“真太阳时”三种)，再点击“计算”按钮，即计算出该年份每天的日出日落时间。点击“导出”按钮，可将表格中显示的时

日出日落时间查询

年份 2014年　经度 129°30′30″E　纬度 29°30′30″N　输出时间 地平时　计算　导出

日期	一月	二月		三月		四月		五月		六月		七月		八月	
	日落	日出	日落	日出	日落	日出	日落	日出	日落	日出	日落	日出	日落	日出	日落
1	17:12	06:49	17:37	06:25	17:58	05:49	18:18	05:18	18:36	05:00	18:55	05:03	19:04	05:19	18:53
2	17:12	06:48	17:38	06:24	17:59	05:48	18:18	05:17	18:36	05:00	18:55	05:03	19:04	05:20	18:52
3	17:13	06:48	17:39	06:23	18:00	05:47	18:19	05:16	18:37	05:00	18:56	05:04	19:04	05:20	18:51
4	17:14	06:47	17:39	06:22	18:00	05:46	18:19	05:15	18:38	04:59	18:56	05:04	19:03	05:21	18:50
5	17:14	06:47	17:40	06:21	18:01	05:45	18:20	05:14	18:38	04:59	18:57	05:05	19:03	05:22	18:50
6	17:15	06:46	17:41	06:20	18:02	05:44	18:20	05:13	18:39	04:59	18:57	05:05	19:03	05:22	18:49
7	17:16	06:45	17:42	06:19	18:02	05:42	18:21	05:13	18:39	04:59	18:57	05:05	19:03	05:23	18:48
8	17:17	06:44	17:43	06:18	18:03	05:41	18:22	05:12	18:40	04:59	18:58	05:06	19:03	05:23	18:47
9	17:18	06:44	17:44	06:17	18:04	05:40	18:22	05:11	18:41	04:59	18:58	05:06	19:03	05:24	18:46
10	17:18	06:43	17:44	06:15	18:04	05:39	18:23	05:10	18:41	04:59	18:59	05:07	19:03	05:24	18:45
11	17:19	06:42	17:45	06:14	18:05	05:38	18:23	05:10	18:42	04:59	18:59	05:07	19:02	05:25	18:44
12	17:20	06:41	17:46	06:13	18:06	05:37	18:24	05:09	18:43	04:59	19:00	05:08	19:02	05:26	18:44

图 6.74　日出日落时间查询工具

间表保存到 Excel 格式文件中，供浏览或打印。

(11)时差计算

该工具用于计算本站所处的经度地方时与北京时的时差。点击【工具】菜单下【时差计算】子菜单，在窗口中输入当地的经度(默认显示本站经度)，点击“计算”就可得到当地地方时和北京时的时差。可为辐射参数的设置提供时差数据。如图 6.75 所示。

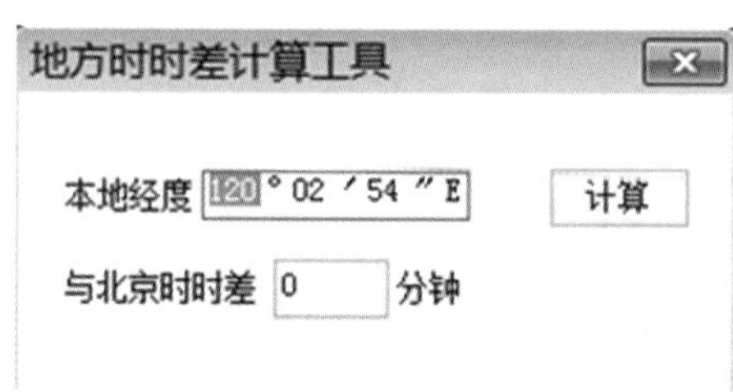

图 6.75　地方时差计算工具

6.3.12　分钟资料实时入库

分钟资料实时入库功能，随 MOI 软件同步启动和退出，也可手动单独启动或退出。启动后默认隐藏在系统托盘中，双击右下角托盘中【分钟资料实时入库】图标，弹出窗口如图 6.76 所示。

正常情况，该功能模块不需要用户干涉，完全是自动运行。在软件升级时，请注意检查是否已经退出。MOI 参数修改并保存后，分钟入库程序自动重启。

如发现 MOI 自动观测界面数据无显示，或天气现象菜单打开的界面显示异常，或正点观测与编报界面获取数据后的无天气现象，或自动观测界面 20 时至当前累计值显示异常，则应该及时检查“分钟资料实时入库”情况，看是否有入库信息报错或其他异常信息。

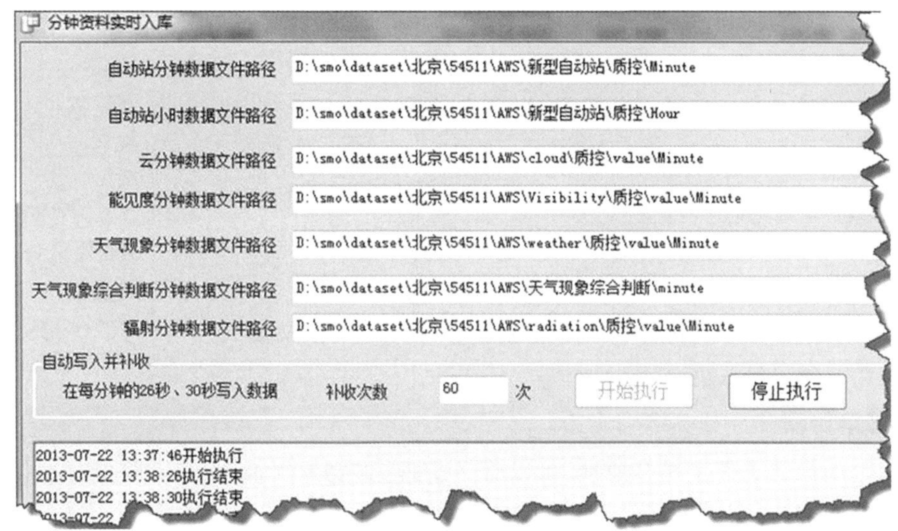

图 6.76 分钟资料实时入库插件

(1)数据源路径:包括自动站分钟数据文件路径、自动站小时数据文件路径、云分钟数据文件路径、能见度分钟数据文件路径、天气现象分钟数据文件路径、天气现象综合判断分钟数据文件路径和辐射分钟数据文件路径,以上路径自动根据 MOI 软件"台站参数"中的"测站数据源目录路径"参数进行选择,不可人工修改。

(2)自动补调:正常情况每分钟的 26 秒、30 秒自动读取 SMO 的当前实时分钟资料,转换格式后写入数据库(C 库),如遇到 SMO 的实时资料缺少,读取失败,会自动补调,补调次数默认 60 次。另外,每天的 07:53 和 19:53 两个时次固定检查当天分钟资料的入库情况,并补调缺测的分钟数据。建立以上补调机制使得每天的分钟数据不漏,减少人工补调分钟资料的繁琐操作。

(3)开始执行:启动分钟实时资料入库功能。

(4)停止执行:停止分钟实时资料入库功能。

6.4 通信传输功能

6.4.1 功能简介

MOIFTP 软件主要负责将 MOI 生成的气象电报和实时数据文件通过 FTP 方式传输到上级数据中心。该软件还提供监控、报警、应急无线通信等多项辅助功能。具体功能如下。

(1)自动传输

通过 FTP 方式将"台站地面综合观测业务软件——业务"(简称 MOI)生成的气象文件和气象电报发送到省级网络中心或航空报用报单位的。发送文件种类包括 Z 文件、设备状态信息文件、辐射文件、日数据文件、日照文件、重要天气报、航空危险报等。通常情况下软件自动搜索 MOI 的各个发送文件缓存目录,只要捕捉到文件就会立即发送。在正点观测时次为了提供人工质控的时间，发送文件延迟到 3 min 以后(具体时间可在通信参数中定义)。

(2)加更正标志

通过发送记录自动识别发送次数，根据文件类型和业务规定自动添加数据文件的更正标志。

(3)监控提醒

按照 MOI 的 Z 文件上传间隔，定时检查 Z 文件是否发走，若 MOI 没有生成有关文件，即提示和报警；对于日数据、日照文件、航危报进行监控，一旦发现过了时间点没有完成文件的编报就会提醒。软件提供多种提醒和报警方式，如声音、文字或短信、电话等形式将异常信息发送给业务值班人员。

(4)多路传输

为满足现行的文件发送多地址，可以将 Z 文件、重要天气报、航空危险报分别设置不同 IP 地址和远程目录，另外还提供了第二通道发送文件，用于常规数据文件(Z 文件、重要天气报等)传输到除了省级信息网络中心以外的内网用户单位(如市局)。

(5)链路监测

为了确保自动发送正常，以相隔 5 s 的周期对于通信链路进行监测。发现链路异常或对端 FTP 服务器不能连接，就会提示报警，提醒网络保障人员及时排除故障。主要监控主通道的通信链路和应急备份通信链路。

(6)应急备份

本软件推荐使用 3G 移动通信作为有线网络传输的应急备份方式。在软件设置界面提供了 3G 应急备份参数的设置。当发现主通道发生故障，导致传输文件失败的情况下自动切换到应急备份通道发送，可确保文件及时上传到上级数据中心。

(7)软件监控

对业务软件是否运行进行实时监控。一旦业务软件意外退出或没有运行就会自动将监控的软件启动，防止数据处理中断。

MOIFTP 主菜单：包括手动发送、辅助功能、参数设置、帮助、退出五个。

主界面分为实时通信、发送记录、通信链路状态、其他信息显示区四个区域，如图 6.77 所示。实时通信区主要用于显示发送日志，记录发送数据文件的时间、地址、文件名、发送是否成功等信息。发送记录区直观形象地显示一天内 Z 文件的发送情况，用不同颜色的表示待发、已发、缺测、迟报、更正报等状态，通过日期控件可选择显示某一天发送的记录，默认为当天的发送情况。通信状态区显示有线通信和无线 3G 通信链路的实施状态，绿线条表示链路正常，红线条表示链路中断。其他信息区主要显示文件捕捉、异常提醒、报警等过渡性信息。界面下部的动态显示通信过程各种信息、通信链路监测的时间和地址等。通过以上几个区域可以清晰地了解当前通信链路和总体传输文件的情况，如果需要了解更详细的历史情况可查看日志记录。

图 6.77 MOIFTP 通信软件主界面

6.4.2 手动发送

手动发送菜单下包括重要报、Z 文件、主通道发文件、手机短信、退出等子菜单。具体功能说明如下。

(1)重要报、Z 文件发送

本功能提供给值班员自由选择指定文件发送的功能。可手动发送备份目录下的重要天气报或 Z 文件。点击菜单【手动发送】下的【重要报】或【Z 文件】子菜单，打开文件浏览窗口，选择文件目录和指定的文件，按“打开”按钮即可将该文件提交到发送队列进行发送。

(2)主通道发文件

点击菜单【手动发送】下的【主通道发文件】可通过主通道手动发送一个或多个任意文本格式的文件。

(3)手机短信

点击菜单【手动发送】下【手机短信】子菜单，即弹出如图 6.78 所示交互窗口。输入接收短信的手机号码或在选号下拉列表框中选择值班员手机号码，然后在内容文本框中填写短信内容(中文字数控制在 35 个以内)，点击“发送”，可实现手动发送短信提醒功能。此项功能必须配置“3G 通信报警一体机”，串口连接短信发送的硬件才可以启用。

图 6.78 短信发送窗口

6.4.3 辅助功能

辅助功能菜单包括短信通道测试、拨打手机测试、恢复报警、暂停报警、读值班表、显示日志等子菜单。具体功能说明如下。

(1)短信通道测试和拨打手机测试

这两项功能用于检查硬件设备安装是否正确对设备进行测试。但须配置"3G 通信报警一体机",并在通信参数设置中启用 3G 应急通信,才能进行测试。

(2)恢复报警和暂停报警

当需要对报警信息进行屏蔽时使用该项功能。通常在自动站出现异常正在抢修,但通信程序又不能关闭的情况下,可"暂停报警",以免造成连续反复报警;当故障排除后可以【恢复报警】功能。如果没有及时恢复报警,程序会在半小时左右自动恢复到报警状态。在主界面的右下角有两个按钮"开启报警"和"暂停报警"对应子菜单上面的相同功能。

(3)读取值班表

这项功能是为了从 MOI 获取当前业务值班人员的姓名而设置,主要用于发送短信或拨打手机的号码匹配,能将报警信息发送到值班员手机上。在通信参数中可设置每天最多自动读取 4 次,但也可在接班班结束后通过手动读取值班表更换手机号码匹配。但需在配置"3G 通信报警一体机",才能真正发挥作用。

(4)显示日志

点击菜单【辅助功能】下的【显示日志】子菜单,调出如图 6.79 所示窗口。日志的种类有:传输日志、通信记录、错误信息三种,文件名分别以"send","reco","error"开头,中间是年月日,每天一个文件,存放在"\MOIftp\Record"目录下。传输日志中记录每次传输文件的时间、远程 FTP 服务器地址、远程文件目录、文件名、发送是否成功等信息。通信记录日志主要记录 MOIFTP 软件开启和关闭的时间、通信链路的状态变化记录等。错误信息日志是记录软件在运行过程中发生的一些出错信息,用于判断和分析各种状态下软件出现的问题,可以帮助改进和完善软件提供信息。

查看日志可通过点击窗口下部的功能按钮实现,默认显示当天的日志。如当天无该日志文件,则弹出文件选取对话框,可自行选择其他日期的日志文件。如需查看指定日期的日志某类日志,可通过"浏览"按钮选择不同的日期和类型文件进行查看。

在主界面的功能按钮区也设置了“显示日志”的按钮，其功能与菜单上的相同作用。

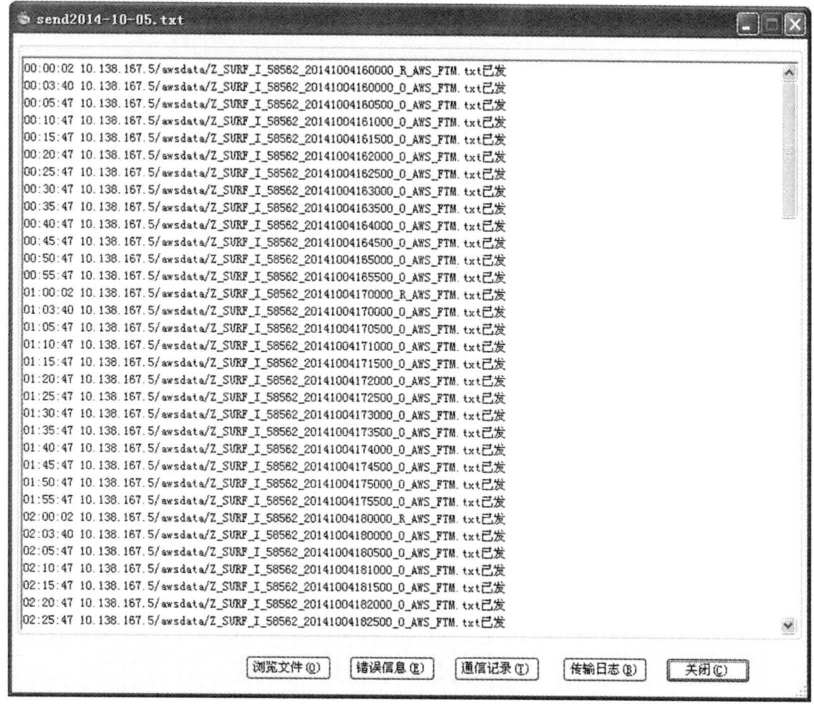

图6.79 日志查看窗口

第7章　软件管理与安全

7.1　运行限制

测报业务软件在一台计算机上只允许开启一个进程，简单说就是相同的软件只能启动一次。如SMO已经启动运行，又第二次启动就会出现提示对话框显示“软件已运行”，MOI和MOIFTP也类似SMO。因此，不能在一台计算机上多次运行同一个程序。

7.2　自启方式

为了使某个软件达到自动启动运行的目的可利用计算机的开机启动功能，将软件快捷方式拷贝到操作系统的启动组中。测报业务软件通常也需要自启动，可以采用两种方式来实现。

(1)方法一：利用MOIFTP软件监控功能，先将SMO和MOI设置为监控对象，并开启监控，然后将MOIFTP的桌面快捷方式直接用鼠标拉入操作系统的启动组中。只要计算机启动就会带动MOIFTP启动，MOIFTP会启动SMO和MOI。但由于SMO软件安装的时候会自动将其快捷方式安装到启动组中，需将SMO的启动项删除，否则二次启动会出现提示信息。

(2)方法二：将SMO、MOI和MOIFTP都加到操作系统的启动组中。但是如果设置了MOIFTP对SMO和MOI软件的监控，在启动的时候就会跳出多个“软件已运行”的提示。MOIFTP对业务软件的监控是防止人为关闭软件以后忘记开启，或意外情况导致软件自动退出，所以每分钟都对系统中运行的业务软件进行检查，一旦发现被监控软件退出就会重启该软件。因此，建议采用方法一设置自启动更好一些。

另外，对于测报业务计算机不要设置开机密码。因为自测报业务改革以来台站基本上都不值夜班，万一测报业务计算机系统遇到意外重启就会停留在输入密码的界面，所有自启动软件都无法运行，这样会影响观测数据的采集和数据文件的发送，导致缺报而影响工作。

7.3　数据共享

为了快速获取实时观测数据，利用数据共享满足业务的需求，不失为一种简便而经济的做法。从地面综合观测业务软件分为三大模块松耦合的组合方式减少功能上的相互干扰，具有非常好的稳定性，也为数据共享提供方便。

SMO作为数据采集软件通过计算机直接与自动站设备相连接。采集的资料可以作为数据源，它的资料目录(dataset)设置为网络共享目录，在提供给测报业务机上的MOI软件的同时，还可由同一个局域网中的其他计算机上的业务软件MOI读取。如预报计算机上安装MOI软件，把网络共享目录映射为该计算机的一个盘(如H:盘)，将“测站数据源目录路径”设置为共享目录中的资料路径(如H:\省份\区站号)，MOI就会自动根据当前时间读取SMO的实时数据，并显示在软件的界面上可供预报服务浏览和查看资料。但不要开启MOIFTP通信软件，否则会将Z文件自动发送出去。

7.4 安全管理

测报业务计算机连续运行时间长，既有机器性能的要求，还有稳定可靠的要求。在地面观测业务自动化要求方面来说确保设备可靠稳定是第一位的。因此，在配置计算机的时候首先要考虑硬件的因素，其次就是做好计算机安全管理，建议从以下几个方面着手。

(1)防毒策略：有条件的可以安装误杀率低，安全性较好的知名品牌安全软件。没有条件的可以在本单位局域网的其他计算机安装免费的杀毒软件，唯独测报业务计算机不装免费杀毒软件。因为从计算机病毒传播途径来看，除了网络传播就是通过移动存储介质(U盘、移动硬盘等)传播。如果网络上的病毒传播得到控制，严格管理本机的软件安装和文件拷贝就可以达到较高的安全性。建议凡是要拷贝到测报业务机上的文件或安装的软件都先在装有杀毒软件的计算机上进行病毒扫描等安全检查，确认没有问题再使用到测报业务机上。只要加强入口的管理，测报业务机同样可以很安全。

(2)网络安全：测报业务计算机应该禁止直接上外网，防止无意中通过浏览器下载有木马或病毒代码，感染计算机；此外，还能避免遭受外网上的攻击，造成安全隐患。内网的安全性相对较高，但也要利用网络杀毒软件，经常检查局域网内所有计算机，及时查杀木马和病毒，防止通过网络传播，保持内网安全。在局域网的出入口要安装网络防火墙，隔离网络之间病毒和攻击，筑起安全防线。

(3)备份机：为了达到地面综合观测系统的整体安全，需配备测报备份计算机。因为测报业务计算机每天24小时运行，工作时间长，容易引起老化出现故障。当业务计算机出现故障，或在遭到雷击不能启动等情况可以直接用备份计算机替换，不会对测报业务造成大的影响。在备份计算机上安装与测报业务计上相同版本的业务软件，工作目录和数据文件路径都要相同，软件的各项参数也要做相同的配置，在计算机更换时候不用另外设置参数。

(4)资料备份策略：可以利用MOI自带的备份功能对资料和参数文件进行自动备份，这样在遇到异常或系统故障的时候，能够很快恢复运行，也可确保资料的安全。最简便的备份方式是通过网络映射将备份计算机上的某个目录作为备份资料的目录，设置成网络共享目录，通过网络映射为测报业务计算机上的一个盘符，将自动备份的路径设为该盘。根据需要设置备份周期为每小时一次或每天一次。一旦测报业务机发生故障，通过MOI软件的工具菜单下“数据文件还原”的功能，选择备份的目录为数据源，可迅速恢复观测数据和参数文件。将备份机接到自动观测站通信接口上，启动所有业务软件即可替代故障的测报业务计算机。

7.5 软件故障处理

为了确保测报业务计算机的安全，通常都安装了计算机防病毒软件。但是有的防病毒软件和杀毒软件为了提高安全防护能力，对于软件中有可能读取计算机注册信息或某些高级别的操作指令都当做危险行为，直接进行拦截或跳窗提示是否许可。有些时候业务软件也会遭到拦截，阻止程序运行或者删除相关的文件，导致程序运行出错。也会将通信端口屏蔽导致通信中断。如果出现这种情况，建议卸载安全防护软件。安装误杀率低，安全性较好的知名品牌安全软件，并将业务软件加入到免检查的“白名单”列表中。

7.6 系统时间管理

要确保SMO能够及时采集到自动观测设备的数据，需要保持自动气象站与计算机时间上的高度一致。因此，校时是非常重要的一个环节，必须做好整个观测系统的时间管理。

按照业务规定地面气象观测的时间统一由中国气象局的网络授时服务器作为基准时间。气象网络授时系统由部署在国家级的4台授时服务器和部署在全国30个省(区、市)气象局的60台授时服务器构成。

台站的测报业务计算机(连接自动站的计算机)要设置为内网网络校时，每天(或每小时)与省气象网络授时系统服务器校时，确保测报业务计算机的时间准确性。

新型自动气象站采集器的时间是由数据采集软件(SMO)按照设定的每小时一次(15分左右)以计算机的时间对采集器进行自动校时。

(1)网络授时设置方法

①在测报业务计算机上打开操作系统的时间修改窗口(如图7.1所示)，将“自动与Internet时间服务器同步”的复选框中的钩打上；

②服务器地址栏填入本省的气象网络授时系统服务器IP地址(各省气象网络授时系统服务器IP地址表详见附录)；

③修改计算机网络授时的时间间隔：

a)注册表编辑器打开注册表。在Windows系统中点击【开始】→【运行】菜单项，在“打开”栏中键入“regedit”，然后按“确定”键，打开注册表。

b)从HKEY_LOCAL_MACHINE根键展开注册表到“HKEY_LOCAL_MACHINE\SYSTEM\CurrentControlSet\Services\W32Time\TimeProviders\NtpClient”。

在右面窗口中找到“SpecialPollInterval”，双击修改这个数值。这个就是以秒为单位的对时间隔。根据需要改成每天一次或每小时一次。

c)退出注册表编辑器。

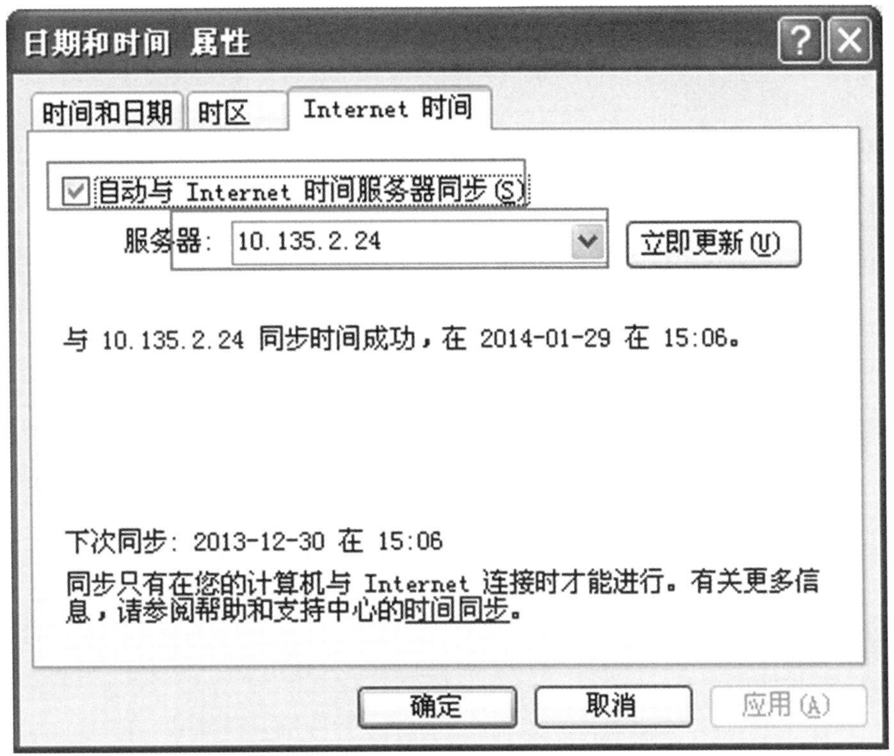

图 7.1 计算机系统对时方式修改界面

(2)关闭 GPS 授时方法

如果新型自动气象站安装了 GPS 授时功能的，在启用网络授时以后应该关闭这个功能。自动站 GPS 授时功能。具体操作方法是：在 SMO 的“终端维护”界面中向采集器发送指令：

GPSSET 0

收到回送的 T 就表示操作成功。通过以上做好网络授时和计算机自动对时，这样就能使得新型自动站和整个台站地面气象观测系统软件保持一致的时间同步。

业 务 篇

第 8 章　数据采集和运行监控

8.1　实时监控

台站业务值班员平常最关心的是新型自动气象站运行是否正常，一旦出现异常就要及时处理，否则就会影响到业务质量。SMO 主监控界面通过对数据采集和设备运行状态的显示，能较为全面地反映自动站运行的总体状态（如图 8.1 所示）。主界面显示常规要素的每分钟实时数据，传感器或观测设备运行状态，数据采集总体状况的统计，以及计算机与自动站设备的实时通信等信息。除了能直观提供的监控信息以外，后台设置了数据质量监控、设备运行状态监控、计算机系统资源使用的监控等自动报警的功能。因此，前台和后台相结合的多种信息给业务值班人员及技术保障人员提供了丰富的监控运行信息。下面从 SMO 软件的首页监控、质控警告监控、报警信息监控、逐分数据监控四个方面分别阐述利用软件进行监控方法。

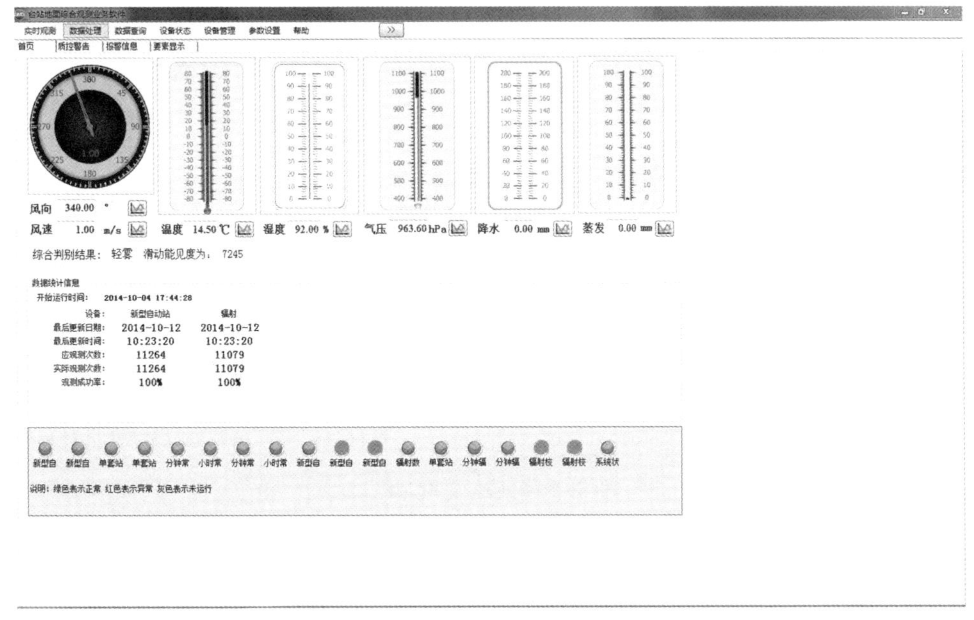

图 8.1　SMO 首页监控界面

8.1.1 首页监控

首页监控是 SMO 系统采集软件正常运行的基础,保证自动站实时数据采集。监控重点如下。

(1)系统运行状态:首页的底部有一排代表传感器、采集器、自动站运行状态的指示灯。通过灯的状态可以判断是否正常。出现红色代表有故障、绿色表示正常,灰色表示设备没有运行。当 SMO 系统软件重新启动未进行过首次校时,校时状态灯为红色。

(2)数据采集成功率:通过对数据采集的观测成功率和最后更新数据的时间可以了解自动站运行和软件采集是否正常。如果采集成功率不到 100%,则需要查找原因。有可能是计算机与采集器的时间不同步,或是计算机到自动站的通信线缆接头松动等原因造成的。

(3)常规要素和实时采集监控:首页直观显示的观测数据每分钟 20 秒左右刷新一次,包括常规的温度、湿度、气压、降水、风向风速、蒸发和视程障碍类天气现象。通过数据文本框后面的按钮还可以查看近一段时间的该要素的曲线图,动态反映要素的连续变化情况。通过这个功能可以查看近两小时内变化趋势,从曲线图可以分析是否存在跳变、中断、异常突变等现象,结合当时的天气变化情况可以判断传感器是否正常。

① 风速风向:调出曲线图显示窗口(如图 8.2 所示)。适当调整纵轴的上下限,重点查看 2 min 平均风向风速、10 min 平均风向风速、分钟内最大瞬时风向风速三者曲线之间的趋势一致性和拟合程度,出现突变或者趋势相反说明可能数据异常。

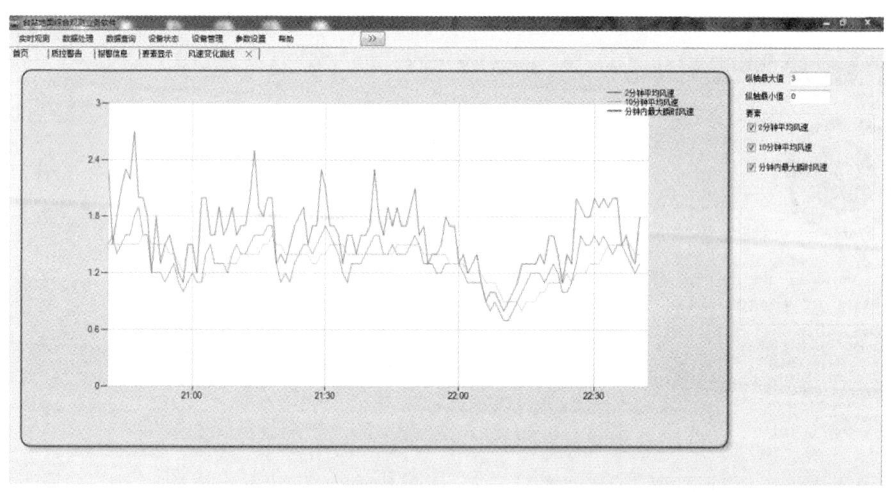

图 8.2 风速变化曲线

② 温度:调出温度变化曲线图显示窗口。可以通过选择显示各种温度数据的曲线,包括气温、露点温度、草面温度和地温等温度类要素。选择相关的要素并调整纵轴上下限,对观测要素进行比较分析,将气温、草面温度、地表温度显示在一起,如图 8.3 所示。将变化较小的地温显示在一起,如图 8.4 所示。这样便于对比查看。

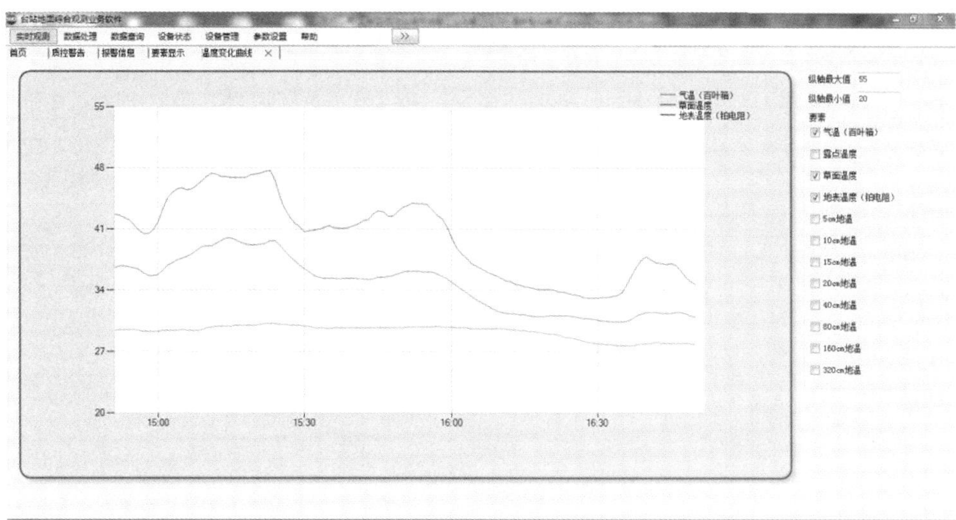

图 8.3　气温、草面温度和地表温度变化曲线

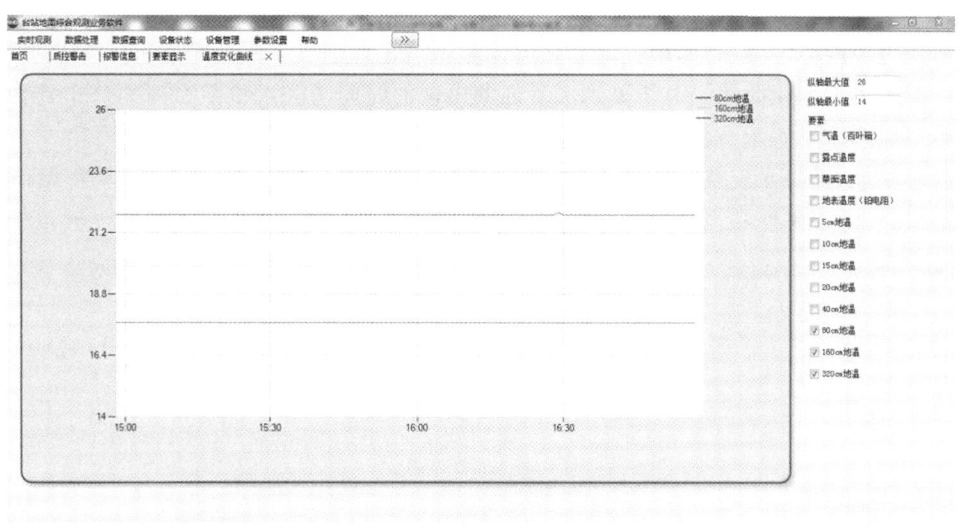

图 8.4　80 cm、160 cm 和 320 cm 地温变化曲线

提示要点：气温、草面温度和地表温度三者随天气情况变化趋势一致，一般情况下夏季地表温度日变化较草面温度大，冬季地表温度日变化较草面温度小；深层地温两小时变化曲线基本为一条直线，变化较小，应该不会有跳变现象，连续上升或者下降变化趋势。

③ 湿度：重点结合实际天气情况分析过去两小时内湿度变化趋势。

④ 气压：调出气压变化曲线图显示窗口。将纵轴最大值和最小值调整到当前气压变化的范围内。在没有突发性的天气影响情况下气压的变化通常比较平稳。重点查看气压的变化曲线是否有突变或者一直是划平线情况。如图 8.5 所示。

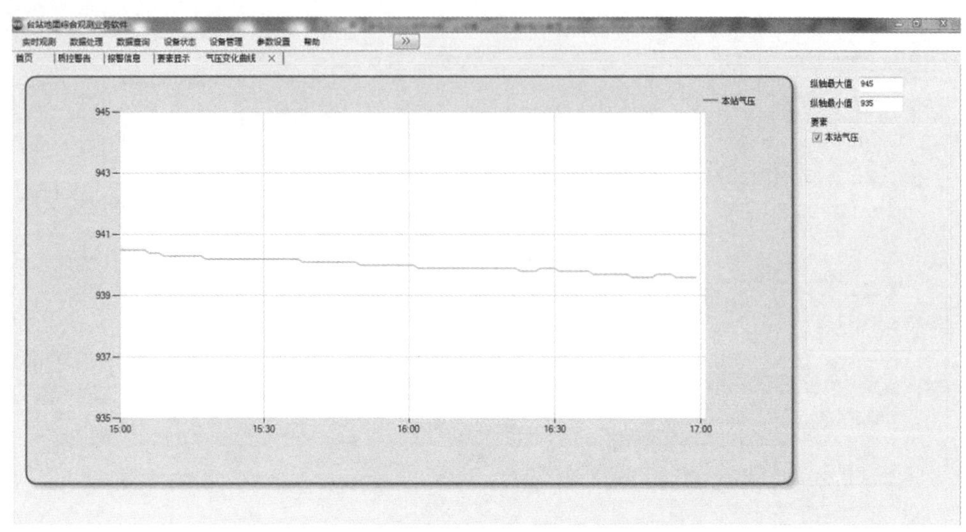

图 8.5　本站气压变化曲线

⑤ 降水：调出降水量变化曲线图显示窗口。从“要素栏”正确选择本站当前挂接的雨量传感器所对应的分钟降水量，根据降水强度调整适当的纵轴最大值和最小值，检查过去 2 h 内分钟降水量的变化曲线。分析降水天气现象出现的时间与降水量随时间的分布是否具有一致性。如图 8.6 所示。

提示要点：无降水现象时的降水量记录的检查；滞后降水量的检查；有降水现象而无降水量的检查；降水强度和当前天气实况降水强度是否相符。

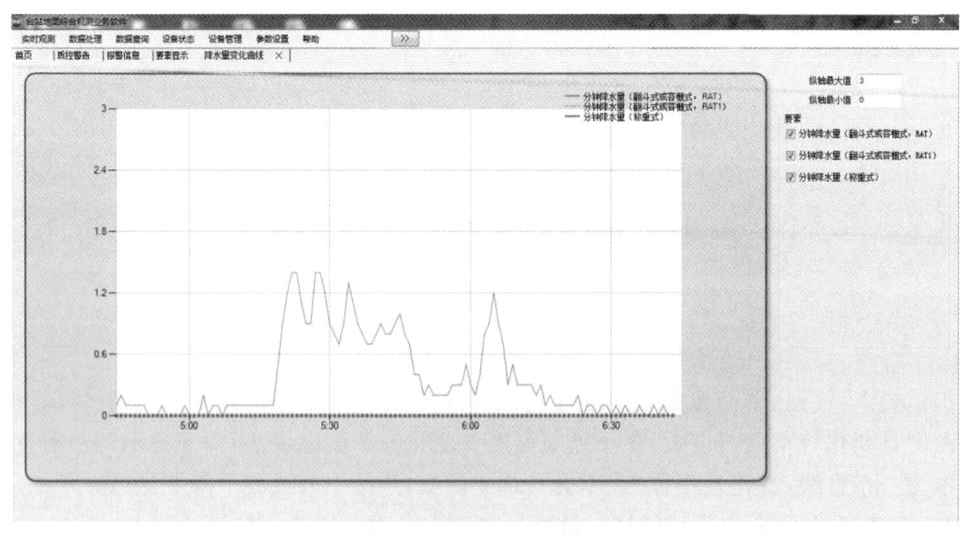

图 8.6　分钟降水量变化曲线

⑥ 蒸发量：调出蒸发变化曲线图显示窗口。根据季节和台站所处的气候类型适当调整纵轴上下限，一般情况下纵轴最大值调整到 1～2 为宜。蒸发在实际观测中出现突变的较少，通常与天气状况有密切关系，晴天变化大，白天大于夜间，有一定日变化趋势。如图 8.7

所示。

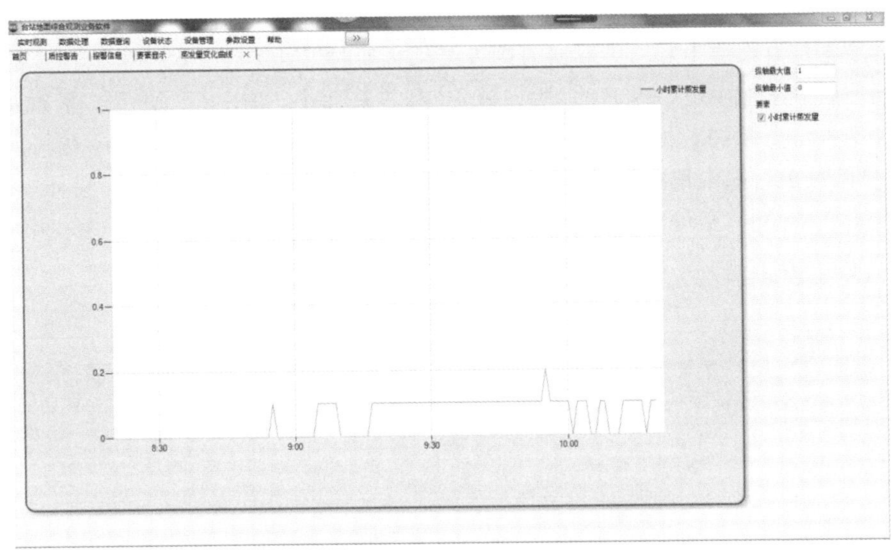

图 8.7　小时累计蒸发量变化曲线

(4)视程障碍综合判别：首页上设有专门一行“综合判别结果”的显示，其内容来源于软件通过对当前 10 min 滑动能见度、滑动相对湿度、风速、温度等要素，按照一定的规则自动识别的视程障碍现象，如表 8.1 所示。如果有视程障碍天气现象的存在就要检查该结果与当前天气实况是否一致。如果有明显的错误，按照“能见度、雪深、降水类和视程障碍类天气现象自动观测或判别出现故障时，守班期间按人工观测方式观测”的技术规定处理。

表 8.1　视程障碍天气现象综合判别条件

现象名称	10 min 滑动能见度(m)	10 min 滑动平均相对湿度(%)	2 min 平均风速(m/s)	24 h 变温(℃)	降水
雾	$V<V_L$	$>U_0$			无
轻雾	$V_L\leqslant V<V_H$	$>U_0$			无
霾	$V<V_H$	$\leqslant U_0$	<10.0		无
扬沙	$V_L\leqslant V<V_H$	≤40	≥10.0		无
沙尘暴	$V<V_L$	≤40	≥10.0		无
浮尘	$V<V_H$	≤40	<10.0	$\Delta T_{24}\geqslant 10$	无

(注：能见度低阈值(V_L)=750 m；能见度高阈值(V_H)=7500 m；湿度阈值初始值 U_0=80%)

(5)数据统计信息监控：查看资料的“最后更新日期”、“最后更新时间”是否基本接近当前计算机系统时间，应观测次数和实际观测次数是否一致，观测成功率多少。综合这些可以对于自动站系统的运行和数据采集有一个综合评估。如图 8.1 所示。

提示要点：当计算机与自动站采集器的时钟差异超过 15s，就有可能会造成分钟数据采集失败，甚至影响正点观测编报。

8.1.2 质控警告

质控警告信息来源于对采集数据的检查结果。通过 SMO 系统软件根据预设的质控规则进行质控后显示在主窗口界面的“质控警告”标签页面中，如图 8.8 所示。业务人员通过浏览质控警告信息掌握数据采集中发生的问题。对缺失数据(“////”)要检查其出现的原因，及时排除故障。通常情况 SMO 会自动对于漏采集的数据补调。如果采集器中有数据，而查询要素栏中缺测，则可以通过“历史数据下载”的功能对缺失数据重新下载。

实时观测 数据处理 数据查询 设备状态 设备管理 参数设置 帮助

首页 | 质控警告 | 报警信息 | 要素显示 | 四川56187质控日志查询

日期 2014-09-18 级别 警告 查询 第 1 页/共1页 关闭

表名	时间	要素	原值	错误码	错误信息
常规要素全月逐日每小时质控数据表	08:00:00	相对湿度	98	6603T0010000010000	可疑，与上一小时比较小于最小变化值
常规要素全月逐日每小时质控数据表	07:00:00	地表温度（铂电阻）	184	6605200100000010000	可疑，与上一小时比较小于最小变化值
常规要素全月逐日每小时质控数据表	07:00:00	相对湿度	98	6603T0010000010000	可疑，与上一小时比较小于最小变化值
常规要素全月逐日每小时质控数据表	06:00:00	相对湿度	98	6603T0010000010000	可疑，与上一小时比较小于最小变化值
常规要素全月逐日每小时质控数据表	03:00:00	相对湿度	97	6603T0010000010000	可疑，与上一小时比较小于最小变化值
常规要素全月逐日每小时质控数据表	02:00:00	露点温度	182	6604100100000010000	可疑，与上一小时比较小于最小变化值
常规要素全月逐日每小时质控数据表	02:00:00	相对湿度	97	6603T0010000010000	可疑，与上一小时比较小于最小变化值
常规要素全月逐日每小时质控数据表	02:00:00	气温（百叶箱）	187	6602400100000010000	可疑，与上一小时比较小于最小变化值
常规要素全月逐日每小时质控数据表	00:00:00	相对湿度	96	6603T0010000010000	可疑，与上一小时比较小于最小变化值

图 8.8 质控警告信息处理

提示要点：质控警告信息要逐条查看和处理，处理结束后及时清除已经处理的质控警告信息。若需要查询过去时段质控警告信息，选择“更多”并选择日期和质控信息级别进行逐条查询。

8.1.3 报警信息

报警信息来源于对自动站运行状态和计算机环境的监控结果。可通过【参数设置】菜单中的【报警设置】子菜单进行预设。业务人员根据提示报警内容，及时检查和处理对自动站异常或软件系统环境有影响的问题。如图 8.9 所示。

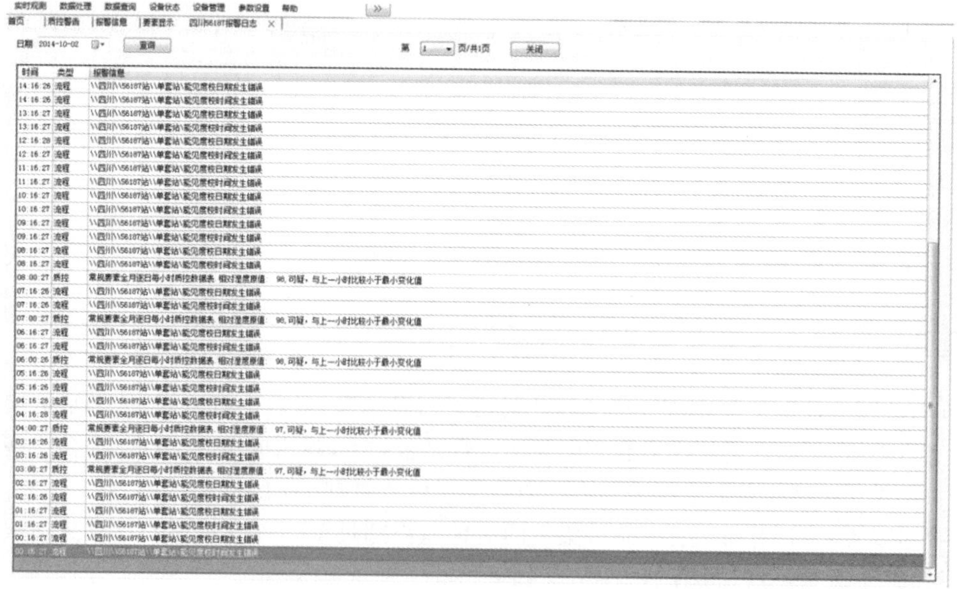

图 8.9 报警信息监控

提示要点：报警信息要逐条确认；已经处理的报警信息及时予以清空；对运行环境报警信息要高度重视，可能会导致计算机系统的不正常运行。但对于计算机的 CPU、内存或硬盘的占用百分比不要设置太低，以免过度报警。

8.1.4 分钟数据监控

在主界面的“要素显示”标签页中通过【配置】选择需要显示的观测要素类型，监控某分钟或某小时各要素的原始采集数值、质控数值和订正数值。该界面直接以表格形式给出数据查询的结果。其中表格单元中有些非数据的显示，如“----”表示没有传感器，无数据；“////”表示数据缺测；“****”湿球温度数据缺测；红色字体的数据说明数据异常，超过设定的界限值或发生跳变。原始采集数据、质控数据和天气现象综合判断数据列表分别如图 8.10、图 8.11、图 8.12 所示。

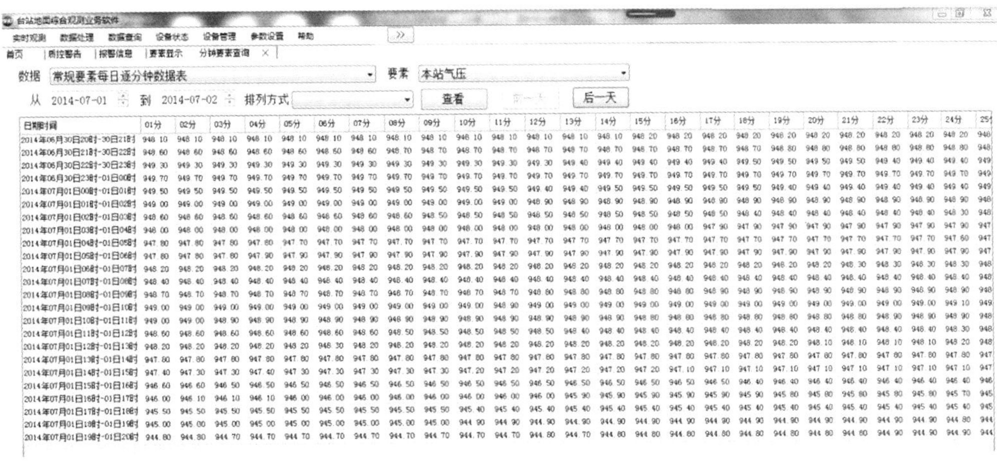

图 8.10 常规要素每日逐分钟气压数据表

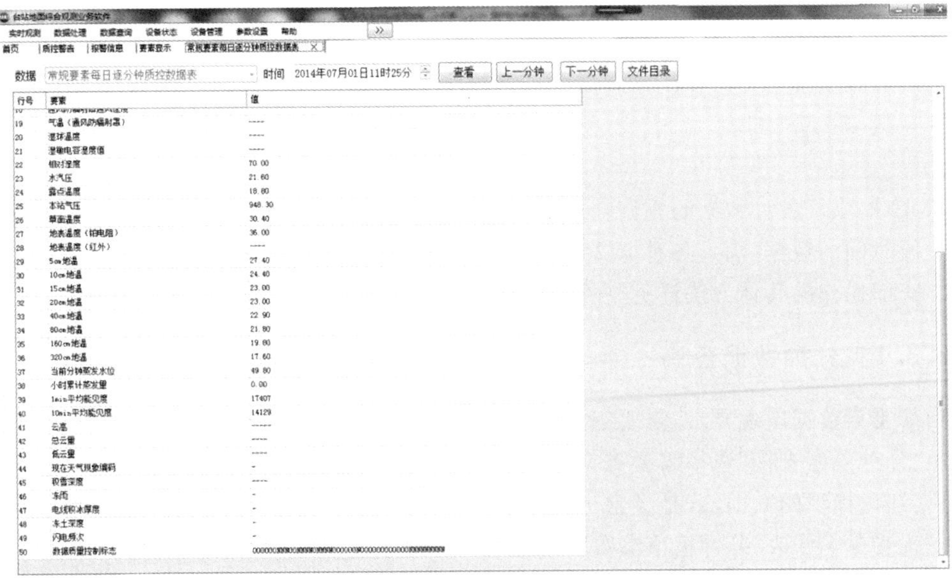

行号	要素	值
18	[illegible]	
19	气温（通风防辐射罩）	----
20	湿球温度	----
21	湿敏电容湿度值	----
22	相对湿度	70.00
23	水汽压	21.60
24	露点温度	18.80
25	本站气压	948.30
26	草面温度	30.40
27	地表温度（铂电阻）	36.00
28	地表温度（红外）	----
29	5cm地温	27.40
30	10cm地温	24.40
31	15cm地温	23.00
32	20cm地温	23.00
33	40cm地温	22.90
34	80cm地温	21.80
35	160cm地温	19.80
36	320cm地温	17.60
37	当前分钟蒸发水位	49.80
38	小时累计蒸发量	0.00
39	1min平均能见度	17407
40	10min平均能见度	14129
41	云高	-----
42	总云量	----
43	低云量	----
44	现在天气现象编码	-
45	积雪深度	----
46	冻雨	-
47	电线积冰厚度	-
48	冻土深度	-
49	闪电频次	-
50	数据质量控制标志	[illegible]

图 8.11 常规要素每日逐分钟质控数据表

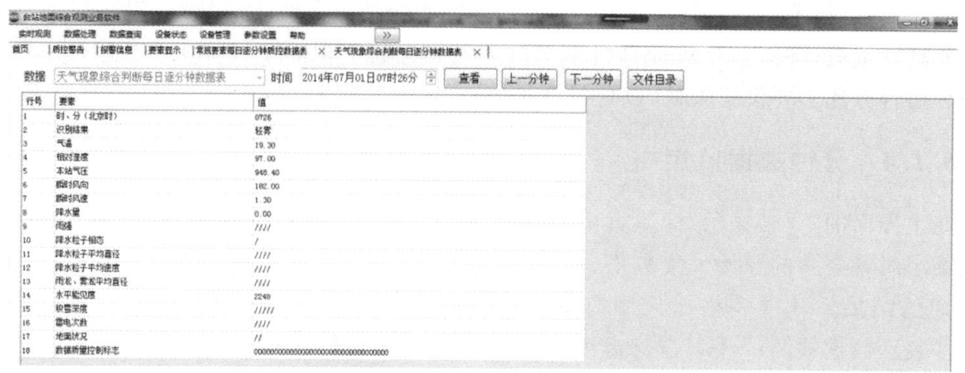

图 8.12　天气现象综合判断每日逐分钟数据表

8.2　数据处理

8.2.1　历史数据下载

实时数据采集监控中发现某要素数据缺失，可通过“历史数据下载”把缺失数据从采集器重新下载存放到本地计算机。历史数据下载操作的具体方法详见软件篇的相关章节。由于历史数据下载进程比较慢，但不影响实时数据采集。建议一次不要选择下载太多的资料。

8.2.2　数据备份

数据备份功能只要简单地将 SMO 的资料目录拷贝到选择的盘中，以相同的文件目录结构存放。在业务软件升级或者重新安装、启用备份业务计算机进行归档操作，备份数据。在归档结束后可以查看在路径的盘中新建了“datasat”文件夹，下面是已经拷贝的所有历史数据。操作的具体方法详见软件篇的相关章节。

8.3　数据查询

SMO 提供了各种数据的查询功能。通过对分钟数据、小时数据、详细要素等菜单提供查询一段时间的数据，满足各种方式的查看，便于对数据进行初审，发现异常数据可以及时更正。查询操作的具体方法详见软件篇的相关章节。

8.3.1　分钟数据查询

当某要素数据出现异常，需要查询过去一段时间或者几天的逐分钟数据变化情况时及时启用“分钟要素查询”选择需要查询的要素进行查询分析，要素逐分钟变化查询中重点关注蓝色、红色标识的数据，若是经常出现超过历史极值或者变化值的情况，在传感器正常的情况下就要考虑修改“分钟极值参数”。如图 8.13 所示，10 min 能见度数据出现了较多的蓝色数据。

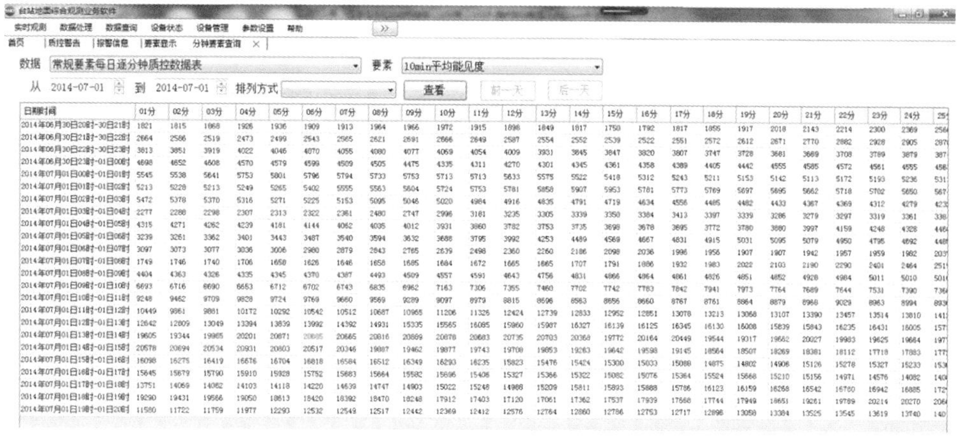

图 8.13　10 min 平均能见度分钟数据查询

8.3.2　小时数据查询

当某要素数据出现异常或者怀疑某传感器出现性能飘移，需要查询过去一段时间或者几天的逐小时数据变化情况时可以启用“小时要素查询”功能。选择需要查询的要素进行查询分析，要素逐小时变化查询中重点关注蓝色、红色标识的数据。查询界面如图 8.14 所示。

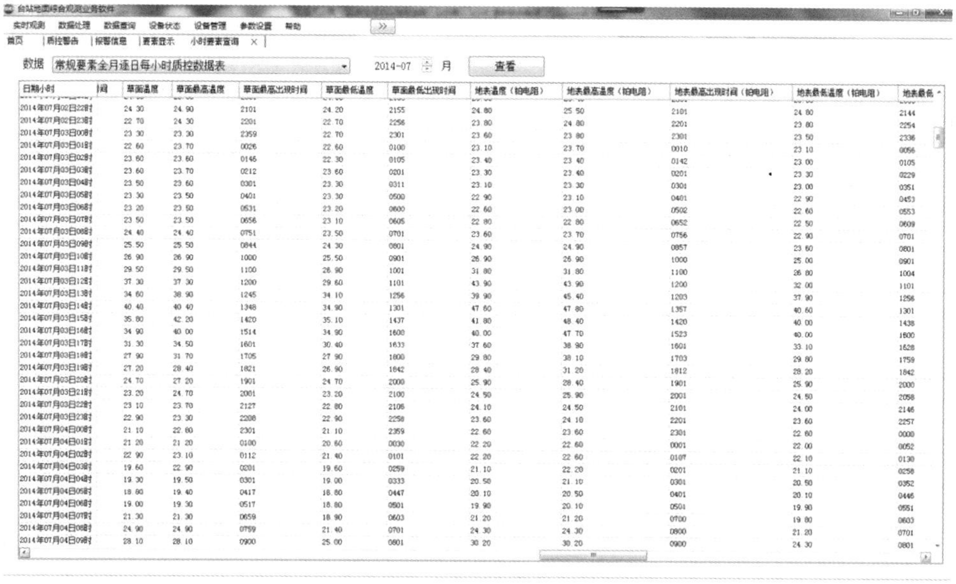

图 8.14　草面温度小时数据查询

8.3.3　详细要素查询

当某要素数据异常时，需要查询全要素过去一段时间或者几天的逐小时数据变化情况，可以启用“详细要素查询”功能进行查询分析，查询时重点关注蓝色、红色标识的数据。以查询某站 2014 年 7 月 1 日 10:31—11:31 为例，如图 8.15 所示。

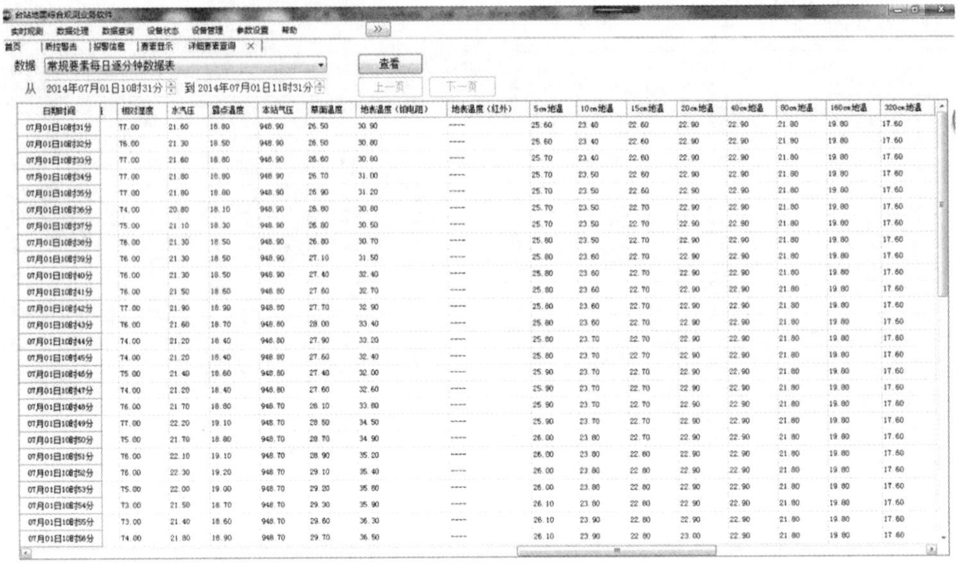

实时观测 数据处理 数据查询 设备状态 设备管理 参数设置 帮助

首页 | 断控警告 | 报警信息 | 要素显示 | 详细要素查询

数据 常规要素每日逐分钟数据表 查看

从 2014年07月01日10时31分 到 2014年07月01日11时31分 上一页 下一页

日期时间	相对湿度	水汽压	露点温度	本站气压	草面温度	地表温度（铂电阻）	地表温度（红外）	5cm地温	10cm地温	15cm地温	20cm地温	40cm地温	80cm地温	160cm地温	320cm地温
07月01日10时31分	77.00	21.60	18.80	948.90	26.50	30.90	----	25.60	23.40	22.60	22.90	22.90	21.80	19.80	17.60
07月01日10时32分	76.00	21.30	18.50	948.90	26.50	30.80	----	25.60	23.40	22.60	22.90	22.90	21.80	19.80	17.60
07月01日10时33分	77.00	21.60	18.80	948.90	26.60	30.80	----	25.70	23.40	22.60	22.90	22.90	21.80	19.80	17.60
07月01日10时34分	77.00	21.80	18.90	948.90	26.70	31.00	----	25.70	23.50	22.60	22.90	22.90	21.80	19.80	17.60
07月01日10时35分	77.00	21.80	18.80	948.90	26.90	31.20	----	25.70	23.50	22.60	22.90	22.90	21.80	19.80	17.60
07月01日10时36分	74.00	20.80	18.10	948.90	26.80	30.80	----	25.70	23.50	22.70	22.90	22.90	21.80	19.80	17.60
07月01日10时37分	75.00	21.10	18.30	948.90	26.80	30.50	----	25.70	23.50	22.70	22.90	22.90	21.80	19.80	17.60
07月01日10时38分	76.00	21.30	18.50	948.90	26.80	30.70	----	25.80	23.50	22.70	22.90	22.90	21.80	19.80	17.60
07月01日10时39分	76.00	21.30	18.50	948.90	27.10	31.50	----	25.80	23.60	22.70	22.90	22.90	21.80	19.80	17.60
07月01日10时40分	76.00	21.30	18.50	948.90	27.40	32.40	----	25.80	23.60	22.70	22.90	22.90	21.80	19.80	17.60
07月01日10时41分	76.00	21.50	18.60	948.80	27.60	32.70	----	25.80	23.60	22.70	22.90	22.90	21.80	19.80	17.60
07月01日10时42分	77.00	21.90	18.90	948.80	27.70	32.90	----	25.80	23.60	22.70	22.90	22.90	21.80	19.80	17.60
07月01日10时43分	76.00	21.60	18.70	948.80	28.00	33.40	----	25.80	23.60	22.70	22.90	22.90	21.80	19.80	17.60
07月01日10时44分	74.00	21.20	18.40	948.80	27.90	33.20	----	25.80	23.70	22.70	22.90	22.90	21.80	19.80	17.60
07月01日10时45分	74.00	21.20	18.40	948.80	27.60	32.40	----	25.80	23.70	22.70	22.90	22.90	21.80	19.80	17.60
07月01日10时46分	75.00	21.40	18.60	948.80	27.40	32.00	----	25.90	23.70	22.70	22.90	22.90	21.80	19.80	17.60
07月01日10时47分	74.00	21.20	18.40	948.80	27.60	32.60	----	25.90	23.70	22.70	22.90	22.90	21.80	19.80	17.60
07月01日10时48分	76.00	21.70	18.80	948.70	28.10	33.80	----	25.90	23.70	22.70	22.90	22.90	21.80	19.80	17.60
07月01日10时49分	77.00	22.20	19.10	948.70	28.50	34.50	----	25.90	23.70	22.70	22.90	22.90	21.80	19.80	17.60
07月01日10时50分	75.00	21.70	18.80	948.70	28.70	34.90	----	26.00	23.80	22.70	22.90	22.90	21.80	19.80	17.60
07月01日10时51分	76.00	22.10	19.10	948.70	28.90	35.20	----	26.00	23.80	22.80	22.90	22.90	21.80	19.80	17.60
07月01日10时52分	76.00	22.30	19.20	948.70	29.10	35.40	----	26.00	23.80	22.80	22.90	22.90	21.80	19.80	17.60
07月01日10时53分	75.00	22.00	19.00	948.70	29.20	35.80	----	26.00	23.80	22.80	22.90	22.90	21.80	19.80	17.60
07月01日10时54分	73.00	21.50	18.70	948.70	29.30	35.90	----	26.10	23.80	22.80	22.90	22.90	21.80	19.80	17.60
07月01日10时55分	73.00	21.40	18.60	948.70	29.60	36.30	----	26.10	23.90	22.80	22.90	22.90	21.80	19.80	17.60
07月01日10时56分	74.00	21.80	18.90	948.70	29.70	36.50	----	26.10	23.90	22.80	23.00	22.90	21.80	19.80	17.60

图 8.15　详细要素数据查询

第9章 观测与编报

9.1 业务值班流程

2014年1月1日自动站业务调整后，根据《中国气象局综合观测司关于做好全国地面气象观测业务调整工作的通知》(气测函〔2013〕321号)文件规定，各类台站业务值班流程如图9.1所示。

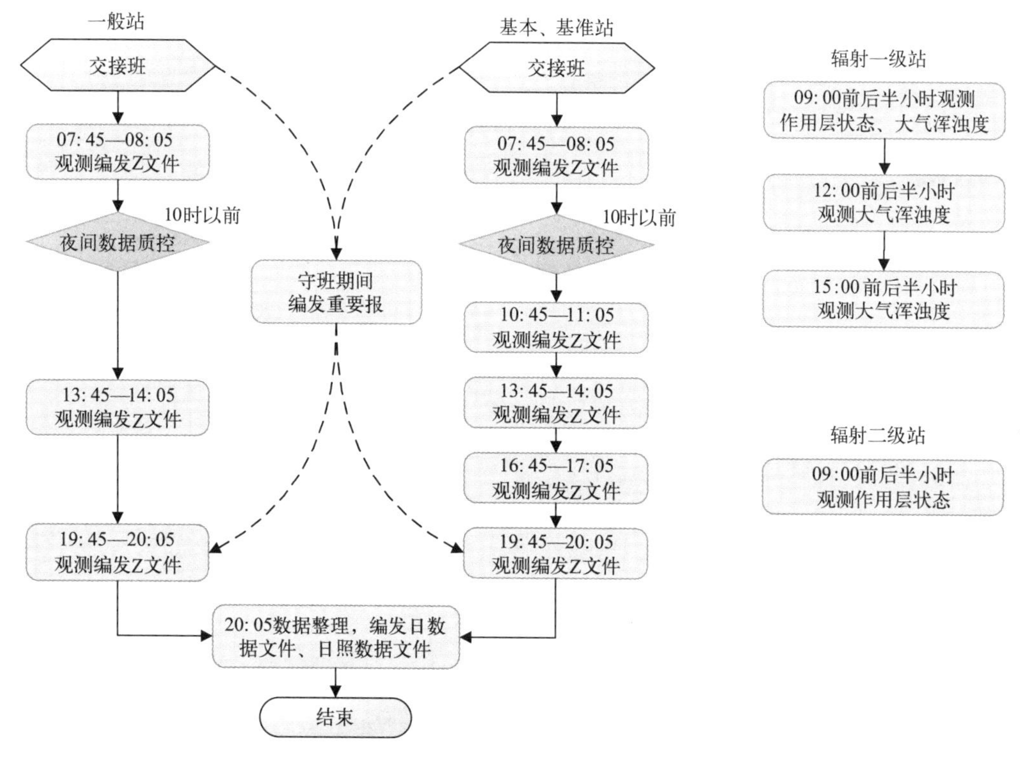

图9.1 台站业务值班流程图

图中对不同类型台站每天测报业务值班流程和工作内容作了规定。每天定时观测一般站3次，基本、基准站5次。在正点前15 min开始巡视仪器，正点人工录入天气现象等资料，并对自动观测数据进行检查质控，编发Z文件。10时以前对夜间数据进行检查和质控，如有修改数据的，则需要重新编报相应时次的Z文件(更正数据Z文件)。20时定时观测工作结束后还需要对日数据进行检查整理，编发日数据文件和日照数据文件。在白天守班期间如果有重要天气发生，达到编发重要天气报标准的需在规定时间内编发出去。

对于承担辐射观测任务的台站，按照辐射观测站的等级做好辐射作用层和大气浑浊度的观测。

所有的测报业务数据处理功能都是通过 MOI 软件来实现。读取和处理 SMO 提供的原始观测数据，根据观测流程和业务规定形成各种所需的气象电报、数据文件、业务报表。人工数据输入和对自动观测数据的质控。对还未实现自动观测的项目，提供相应的人工观测数据输入界面，将自动与人工观测数据融合到气象电报和数据文件中。MOI 的主要功能有自动观测要素监控、正点观测编报、观测数据维护、报表制作审核、业务值班排班、气象设备管理等功能。

9.2 自动观测

通过 MOI 主界面可以查看自动气象观测站采集的所有数据。直观提供了对分钟和小时自动观测数据、时段累积值和极值等资料实时显示，每分钟刷新一次，起到监控的作用。数据显示主界面如图 9.2 所示。

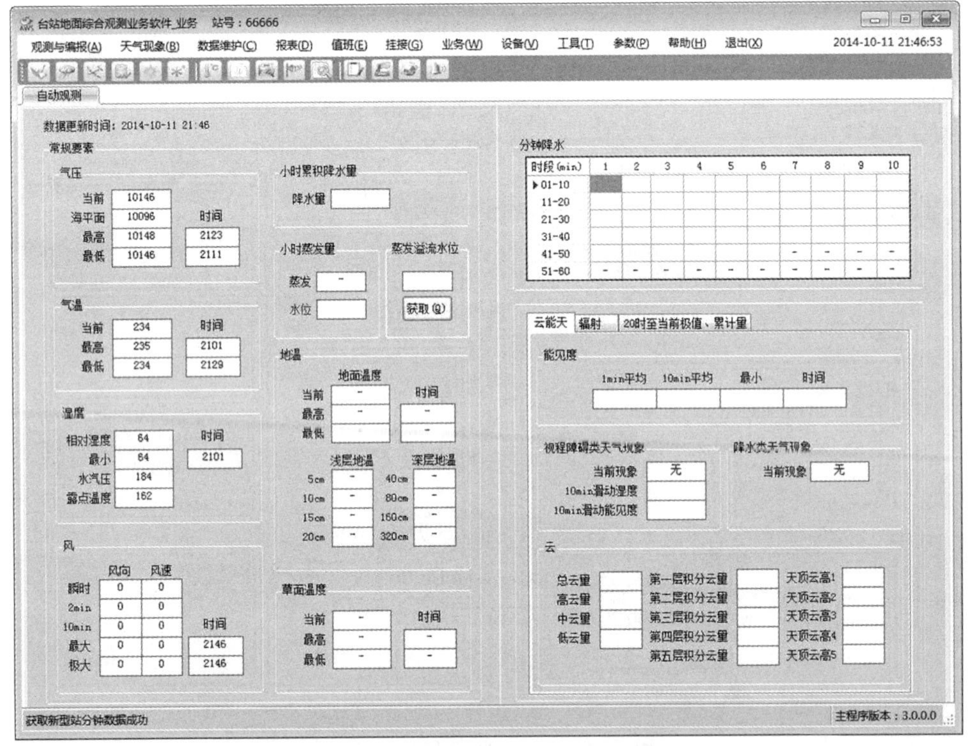

图 9.2 MOI 业务软件运行主界面

值班员可通过这个界面直接浏览常规要素实时数据，包括当前的气压、气温、湿度、风、分钟和小时降水量、小时蒸发量、地温、草面温度、能见度、视程障碍和降水类天气现象、云等资料，通过标签的切换还可以查看辐射及 20 时到当前的极值、累计值等各类已经挂接设备的自动观测数据。这些数据是否正常就可以反映出自动气象站运行状况，以及 SMO 采集软件工作是否正常。

(1)重点监控项目

① 监控界面应观测数据是否有缺测或者是否有异常值；

② 在分钟降水栏中查看在无降水现象时段是否有降水量，降水记录和当前降水强度是否相符；

③ 视程障碍现象自动判别是否出现明显偏差；

④ 20时至当前极值、累计量等是否有异常现象；

⑤ 蒸发水位是否偏高或者偏低。

(2)自动观测能见度概念

① 1 min平均能见度：1 min内的4次能见度采样值的算术平均值。

② 10 min平均能见度：10 min内的10个1 min平均能见度的算术平均值。通过滑动计算得到每分钟的10 min平均能见度；

③ 10 min滑动能见度：10 min内的10个10 min平均能见度的算术平均值。通过滑动计算得到每分钟的10 min滑动能见度。这是为消除能见度观测值的波动对10 min平均能见度做的1次滑动平均计算。用于视程障碍现象综合判断的能见度阈值和视程障碍现象期间的最小能见度。

④ 小时最小能见度：从当前一小时的10 min平均能见度中挑取的最小能见度。

⑤ 日最小能见度：从当天的小时最小能见度中挑取的最小能见度。

⑥ 视程障碍最小能见度：在发生视程障碍现象期间10 min滑动能见度中挑取的最小值。这个与日最小能见度有时是不相同的。

⑦ 每小时正点能见度：每小时正点00分的10 min平均能见度。

⑧ 人工能见度：在定时观测界面中有一个km为单位的能见度数据，这是特指通过自动能见度转换得到的类似人工观测的能见度。在定时观测前15 min(45－60分之间)内10 min平均能见度中挑取的最小值，经去尾法换算到以km为单位，保留一位小数。当自动能见度缺测时可用人工观测数据直接代替。该能见度值在Z文件中存入CW段。

(3)10 min滑动湿度

对分钟相对湿度做10 min滑动平均计算得到的湿度平均值。主要用于视程障碍现象综合判断的相对湿度阈值。

(4)蒸发与溢流水位

在"自动观测"页面中的设置了"小时蒸发量"栏，显示小时蒸发累计量和最新的正点蒸发水位。进行蒸发维护时首先要在SMO中进行维护登记。当往蒸发桶内加水，MOI会根据SMO中的维护登记信息在正点观测时自动将维护期间的小时蒸发累计量作为0处理。当要进行溢流水位校准时，将蒸发桶中得水加到溢流水位后，再等5 min待水位稳定不再溢流后，点击"获取"按钮，在弹出对话框输入默认管理员的密码："dmqxgc"，点击"确定"，则软件自动将当前水位减去1 mm的作为溢流水位保存，并显示在水位栏中。水位校准结束后需要恢复蒸发器的正常水位，取水至正常水位范围，然后在SMO中结束维护登记。大型蒸发维护时间建议安排在正点以后进行。如图9.2所示。

9.3　正点观测编报

正点观测编报用于对定时记录的输入、记录和编发数据文件。正点观测编报内容包括当前时次的自动气象站观测数据、人工观测数据以及本时次的有关统计值,在正点时次自动启动。在完成自动气象数据和人工气象数据录入后,通过数据质量控制保存,形成上传的 Z 文件,并在规定的时限内通过 MOIFTP 软件自动上传到上一级数据收集中心。

9.3.1 观测业务流程

根据中国气象局业务改革的规定,基准气候站和基本气象站的定时观测为 08 时、11 时、14 时、17 时、20 时 5 个时次,一般气象站需 08 时、14 时、20 时 3 个时次。除了定时观测时次需要输入人工观测项目以外,守班期间其他正点只需要对自动观测数据进行检查,发现异常进行人工处理,并编发 Z 文件;在不需要人工质控的情况下 MOI 会在整点后 03 分自动编发 Z 文件。

非正点的 Z 文件编发由 MOI 自动在后台生成,编发的频次可以在“台站参数”设置中“Z 文件输出时间间隔”中设定,有 1 min、5 min、10 min 等间隔可以选择,要按照本省的业务规定选择时间间隔。

Z 文件内的气象数据由自动气象观测数据和人工气象观测数据共同组成。由于台站挂接的自动观测设备数量和种类不同,定时观测的部分数据只能依靠人工观测代替。

根据地面气象观测业务的基本工作任务可分为定时观测业务、非定时正点观测业务、数据更正业务处理和不定时观测业务处理流程。

(1)定时观测业务流程

定时观测业务处理流程如下。

① 自动观测数据获取:定时观测时次正点前 5 min 自动启动“正点观测编报”界面,正点后 00 分 50 秒自动读入正点自动观测数据。

② 自动观测数据重点检查:

a)2 min、10 min 平均风向和风速是否正常;

b)最大、极大、瞬时风向和风速及其出现时间是否合理;

c)小时降水量与分钟降水量累计值是否一致;

d)气温、相对湿度、气压等要素时值、分钟数据及极值是否正常,出现时间是否合理;

e)草温、地温的极值是否正常,出现时间是否合理;

f)各层次地温变化是否合理有序;

g)草温、地温的日变化过程是否符合一定相关性;

h)自动综合判断的天气现象是否有明显的错误;

i)过去 24 h 最高和最低气温、过去 12 h 地面最低温度数据是否挑取正常;

j)积雪(定时或应急加密)与天气现象是否配合;

k)如果发现数据异常或者缺测按照第 13 章“13.1.1 正点数据异常处理”流程进行处理。

③ 人工观测数据输入:在定时观测时次人工观测获取的数据主要包括如下内容。

a)云、能见度:无自动观测设备的需将人工观测的总云量、云高、能见度等输入;

b)重要天气:大风、积雪深度、雪压、冻土深度观测值、电线积冰(雨凇)直径、最大冰雹直径等;需要注意的是:08 时、14 时、20 时三次定时前半小时内(即:30—00 分)出现的大风、冰雹等重要天气达到发报标准时,不单独编发重要天气报,合并在 Z 文件中编发。

c)天气现象数据录入:需要人工观测的天气现象按顺序记录或插入到“天气现象”栏,与自动观测记录融为一体,记录方式参见软件篇中的相关内容。天气现象应按照《地面气象观测业务调整技术规定》的 21 种天气现象观测与记录,包括雨、阵雨、毛毛雨、雪、阵雪、雨夹雪、阵性雨夹雪、冰雹、露、霜、雾凇、雨凇、雾、轻雾、霾、沙尘暴、扬沙、浮尘、大风、积雪、结冰。出现雪暴、霰、米雪、冰粒时,记为雪,这 4 种天气现象与雨同时出现时,记为雨夹雪。

定时观测时次观测数据录入以某站 14 时为例,如图 9.3 所示。

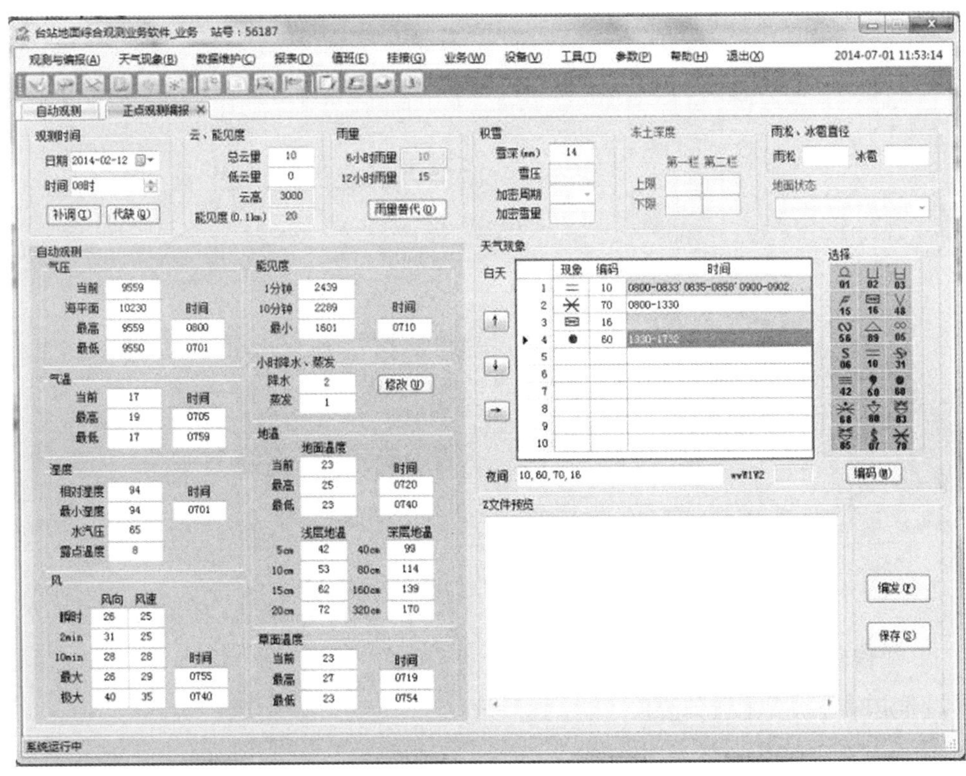

图 9.3 定时观测时次人工观测数据录入

④ 天气现象编码:按照《地面气象观测业务调整技术规定》取消现在天气现象电码 04、08、13、17、18、19、29、38、39、76、77、79、87、88、91~99 和过去天气现象电码 9。并依照《GD-01Ⅲ》编报规定形成的现在天气现象编码(ww)和过去天气现象编码(W1W2)。非定时观测时次 W1W2 固定编发"//"。在定时观测时次 MOI 软件会自动编天气现象码,或通过"编码"按钮重新编码,可人工进行校对确认,也可人工直接输入代码。

提示:2014 年 1 月 1 日业务调整后,08 时过去天气现象电码编发按夜间 12 h 天气现象。

⑤ 数据文件编发:当完成检查和输入人工观测的数据以后,点击"编发"按钮,完成 Z 文件编发,如图 9.4 所示。跳出提示框"是否生成 Z 文件,并提交发送?",确认后才会提交到文件发送缓存目录,供通信传输程序上传,否则只编报不形成文件。

Z 文件是从自动观测数据栏和人工观测数据栏获得的气象要素数据按照《地面气象要素数据文件格式(V1.0)》规定生成。数据文件编发后会自动将当前正点数据记录和小时内分钟降水记录保存在 B 库文件中,用于编制月报表和日数据文件的编发,其中天气现象同时存入 C 库文件中。

⑥ 发送:在规定时限内完成 Z 文件的编报,Z 文件保存在发送缓存目录(AwsNet),由

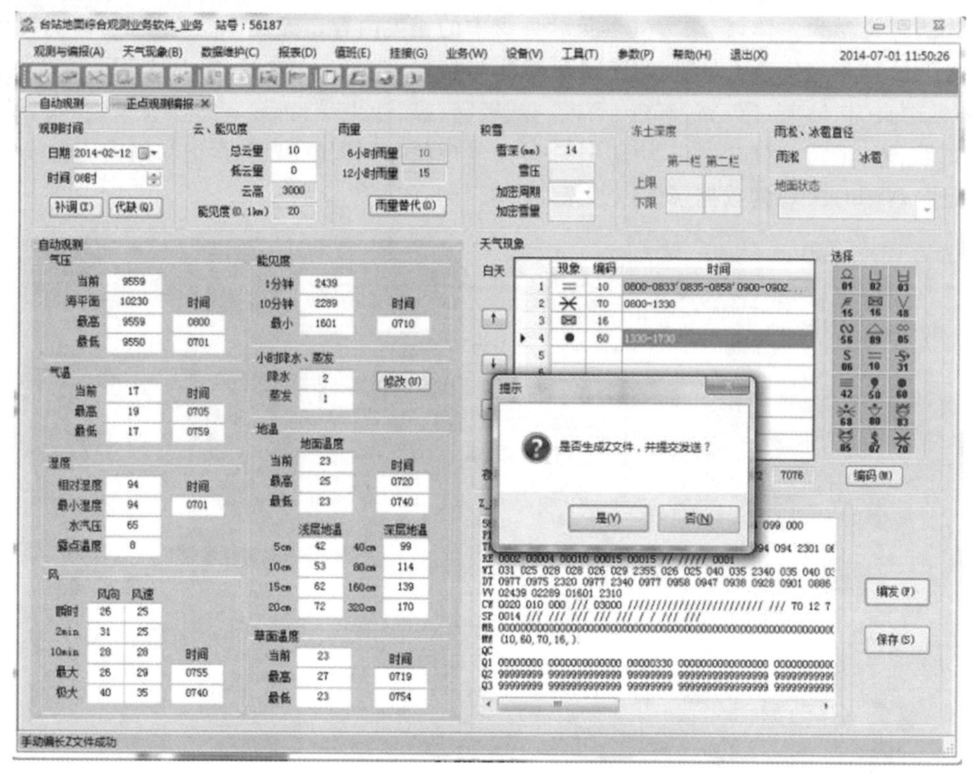

图 9.4　定时观测时次 Z 数据文件

MOIFTP 通信软件自动完成数据传输。

(2)非定时时次观测业务流程

非定时观测业务处理流程如下。

① 自动观测数据获取：同定时观测时次自动观测数据获取相同。

② 自动观测数据检查：同定时观测时次自动观测数据检查流程相同。

③ 数据文件编发：在无异常数据，不需要人工干预情况下，MOI 系统软件会自动编发；若有异常数据时按照第 13 章“13.1.1 正点资料异常处理”流程进行人工处理后再编发上传正确的 Z 文件。

(3)更正业务处理流程

① 选择【观测与编报】菜单下的【正点观测编报】子菜单；

② 通过调整“日期”、“时间”，确定需要更正处理的正点时次；

③ 通过“补调”按钮，获取需要更正处理的正点时次数据记录；

④ 对正点异常记录进行处理，按照第 13 章“13.1.1 正点数据异常处理”流程进行处理；

⑤ 点击“编发”，选择“是”，重新形成正确的 Z 文件；

⑥ 通过 MOIFTP 传输 Z 文件，及时通过传输监控平台查询更正的 Z 文件是否发送成功。

提示：Z 文件的更正标志是由 MOIFTP 在发送的时候自动添加，软件自动记录发送相同时次的 Z 文件的次数，按照规则加 CCx 更正标志，人工无需干预。每天 10 时以前完成对前一天 20 时以后夜间的每小时正点资料检查和质控，需要修正数据的就要编发更正报。通常更正报的最长时效为24 h以内，否则上级数据中心可能作为过时文件予以丢弃。

(4)不定时观测业务处理

①守班期间天气现象随测随记，可启动主菜单上【天气现象】打开编辑窗口，按照天气现象出现时间顺序录入；

② 每日10时前检查夜间(21—07时)各时次记录，在下一次定时前检查上一次定时到当前时次各时次记录，如果正点记录有异常或者缺测，按照第13章“13.1.1 正点数据异常处理”流程进行处理，更正并上传Z文件；

③ 及时处理并反馈气象业务处理平台(MDOS平台)下发的质控疑误信息；

④ 降雹时注意冰雹最大直径和最大平均重量观测。

⑤ 按照规定编发重要天气报，如雷暴、冰雹、大风、龙卷和视程障碍现象等重要天气。

⑥ 每月1日20时前通过气象资料业务处理业务平台(MDOS平台)上传上月元数据信息。

⑦ 辐射观测台站每日地方时09时左右观测净全辐射表下垫面状况和作用层观测；地方时09时、12时、15时前后30 min内符合大气浑浊度观测条件时进行大气浑浊度观测；

⑧ 仪器设备的维护、更换、停用、维修时间段内业务处理。

9.3.2 人工输入注意事项

(1)数据输入要点

① 要注意键盘输入字符的状态，是英文还是中文状态。软件在对人工输入内容做了检查和限制。如数据栏只允许输入数字，天气现象栏不允许输入中文的逗号和分号等，如人工输入非法字符会受到限制。

② 某些记录输入完后，会与它相关的记录进行比较，判断相互的矛盾错误。如总、低云量，天气现象与能见度，降水量与天气现象等。在进行矛盾记录的判断中，对于肯定的错误以“警告”提示，须返回重新输入，对于可能的错误以“提示”告示，若确认错误则返回，否则继续执行。

③《地面气象观测规范》规定无小数位的记录，按记录照实输入；规定取小数一位的记录，输入时一律不带小数，将原值扩大10倍后输入，绝对值小于1的记录，扩大10倍后的前导“0”可省略。缺测的项目输入“-”。某项目未出现且该项目允许空输，则该项不输入。

④ 积雪深度以毫米为单位，取整数输入。人工观测雪深时按照《地面气象观测规范》规定是以厘米为单位，保留小数1位，输入时需要扩大10倍。

⑤ 云量的输入：无云时，云量栏为空；其他按观测记录直接输入，微量云输“0”，缺测输“-”，因视程障碍现象云量记“10”或者“-”时，照常输入。因视程障碍现象天空不可辨时云高输“-”。

⑥ 风向为自动观测记录，如人工质控或其他观测设备替代的均以度数输入。

⑦ 某些输入项的内容为英文大写字母时，无论键盘是否处于字母大写状态，当键入相应字母时均自动转为大写字母给出。

⑧ 微量降水输入：出现微量降水时，08时在“雨量”栏的“12 h雨量”输入“0”或者“00”，14时、20时在“雨量”栏的“6 h雨量”输入“0”或者“00”。

(2)天气现象输入要点

① 天气现象按“地面气象观测数据文件A文件格式”中规定记录格式为基础输入。

② 如果挂接了天气现象自动观测设备，MOI将自动整理到天气现象栏中，人工观测的

天气现象可以按照出现顺序添加或插入。

③ 天气现象分为夜间和白天栏，白天08—20时的天气现象输入到白天栏，夜间20－08时出现的天气现象输入到夜间栏。白天栏每种天气现象一行，夜间所有天气现象统一记录在一行中。白天天气现象时间记录默认从0801开始记录，如果天气现象是夜间延续到白天的天气现象，白天栏现象的时间记录从0800开始记录。

④ 天气现象记录方式，先输入1组天气现象符号编码(2位)，然后输入空格，接着输入天气现象起时与止时各一组，每组4位，前2位输入时(GG)，后2位输入分(gg)，位数不足，高位补“0”。起止时间的组间用“-”连接，若中间是虚线，则组间输入3个圆点“…”；若起止时间有间断两次或以上者，则两起止时间段之间输入一个上撇号“'”。天气现象代码可通过输入窗口中右侧的图标用鼠标双击或直接拉拽到输入栏中。当某种天气现象还未结束，终止时间记录到本次定时观测的正点时刻，在下一个定时或日数据维护时，再将其终止时间修改正确。

⑤ 若起止时间相隔15 min或以内需用虚线连接时，可按实际出现的起止时间输入，在存入B库文件时程序会自动转为“…”。

⑥ 雾、沙尘暴、浮尘、霾等视程现象出现时，现象期间的最小能见度紧接在天气现象的时间组后，用方括号将能见度括在中间，如“[123]”。若最小能见度缺测，则录入“[///]”。凡是在观测设备中挂接了能见度设备并通过视程障碍综合判断输出结果的会自动记录这些现象，人工做质控就可以了。

⑦ 若现象起止时间有一缺测，则缺测时间输入“////”，全部缺测则只输入现象代码。

天气现象输入界面有两种，图9.5为正点观测编报界面的输入界面，图9.6为天气现象输入编辑窗口界面，在非正点观测期间可以通过该窗口检查或输入天气现象。

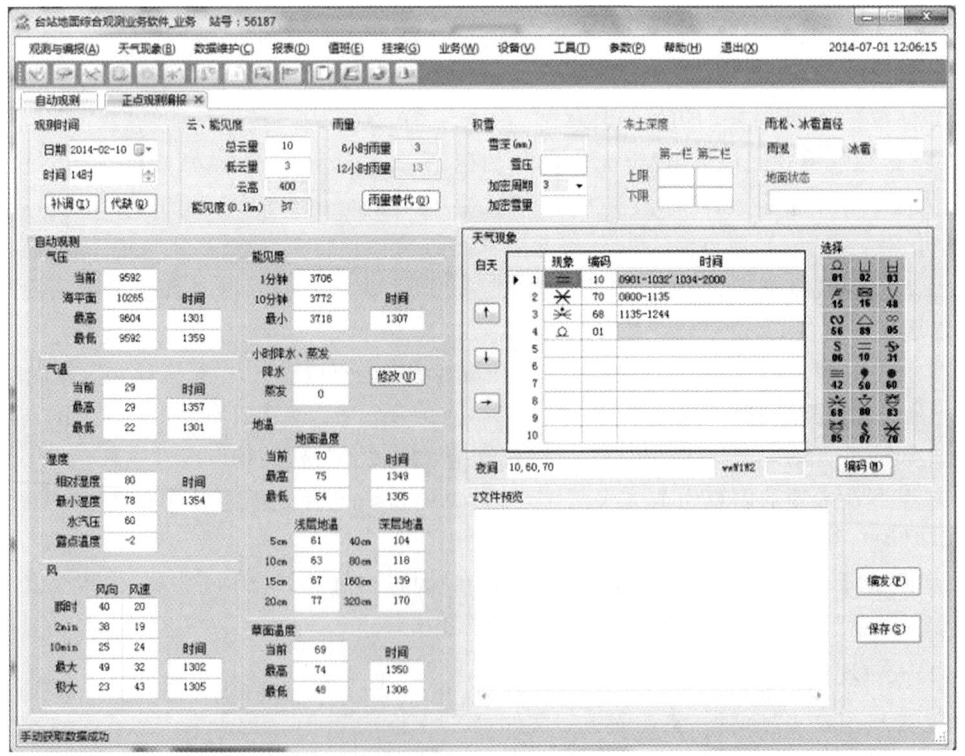

图9.5 天气现象正点观测编报的输入编辑界面

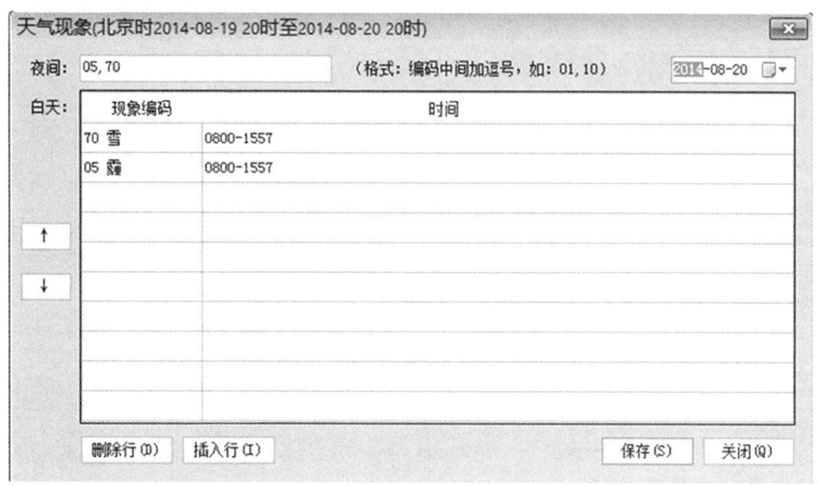

图 9.6 天气现象输入编辑窗口界面

编辑天气现象时可以通过左侧的上下箭头按钮，调整选中行的天气现象的先后顺序。还可以通过插入按钮在当前选中行上面增加新行。

9.4 加密观测

根据《地面气象观测业务调整补充业务技术规定》，加密观测按照中国气象局综合观测司印发的《地面气象应急加密观测管理办法》和省局相关的应急加密观测指令及时启动应急加密观测。

9.4.1 加密观测业务流程

(1)加密观测类型设置

根据加密观测类型分为加密时间间隔和加密正点人工观测项目。

① 加密时间间隔：按照本省的加密规定要求的时间间隔加密观测并上传一次分钟加密数据文件。

通过【台站参数】设置界面中"基本参数、观测项目"页面，修改"Z 文件输出时间间隔"，并保存设置结果，就可以实现加密的 Z 文件自动编发。

以 5 min 间间隔加密上传 Z 数据文件为例，如图 9.7 所示。

② 加密人工观测项目：按照加密指令要求每小时加密人工观测项目进行勾选。观测项目有：云、雪量、能见度、电线结冰等。

通过【台站参数】设置界面中"基本参数、观测项目"栏中，修改"每小时人工观测加密"选项，选择对应的加密观测项目，并保存设置结果。以每小时人工加密观测"云"为例，如图 9.8 所示。

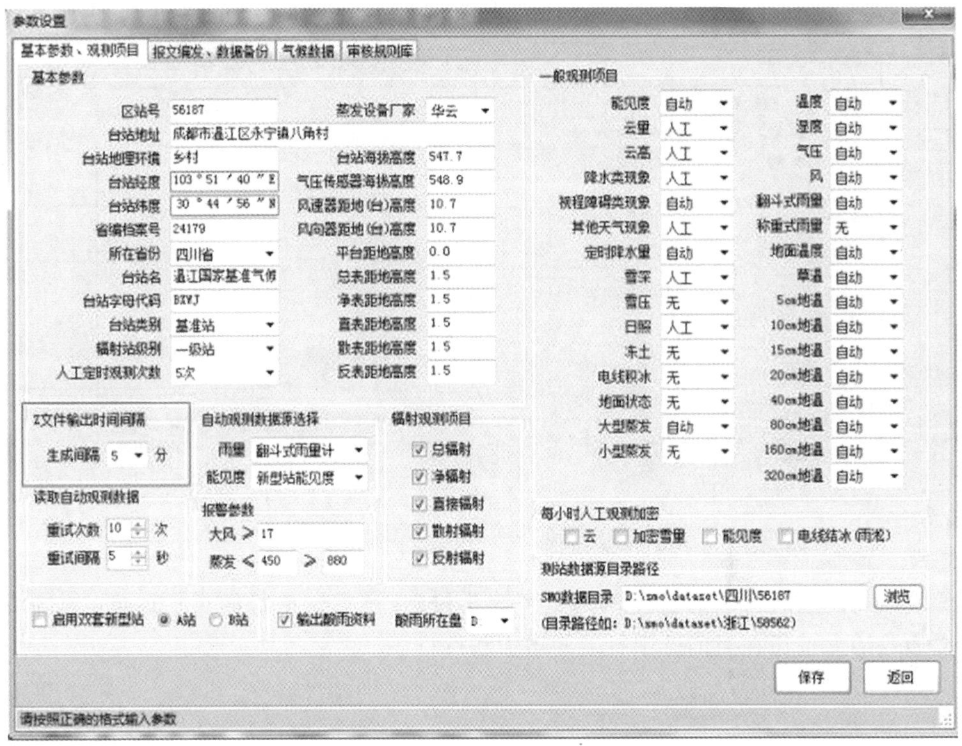

图 9.7 加密时间间隔参数设置

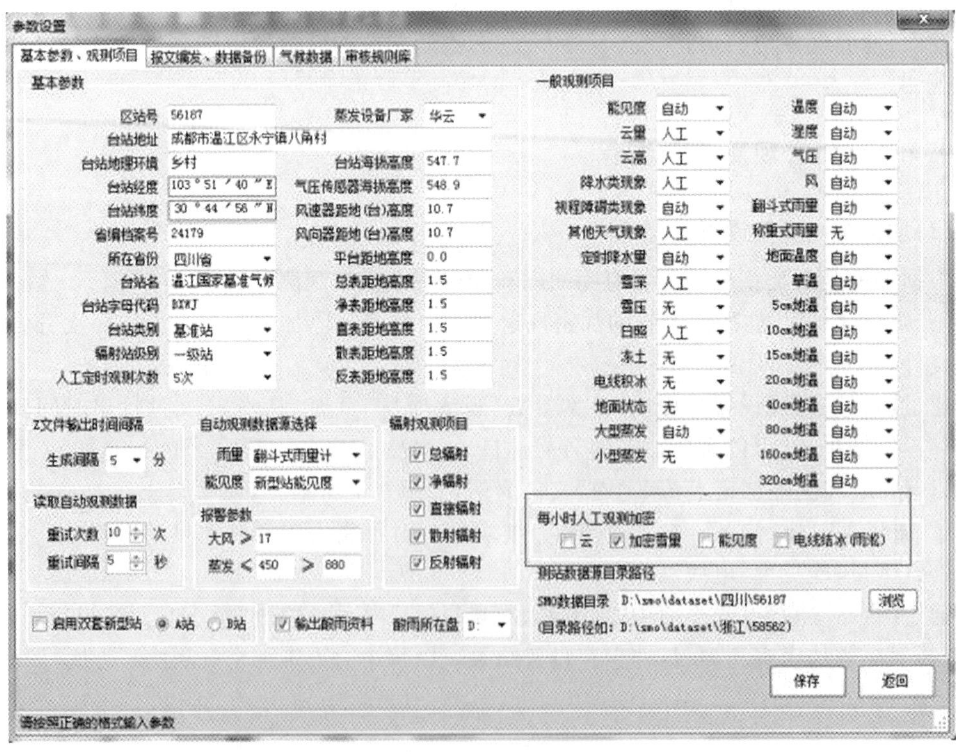

图 9.8 每小时人工观测加密云参数设置

(2)形成加密观测数据文件

加密观测时间间隔时,软件会自动根据设置的加密时间间隔自动生成加密观测数据文件,自动发送。

加密人工观测项目时,在每次正点观测时需输入加密观测项目记录的数据,并编发 Z 文件。以人工加密观测“云”为例,如图 9.9 所示。

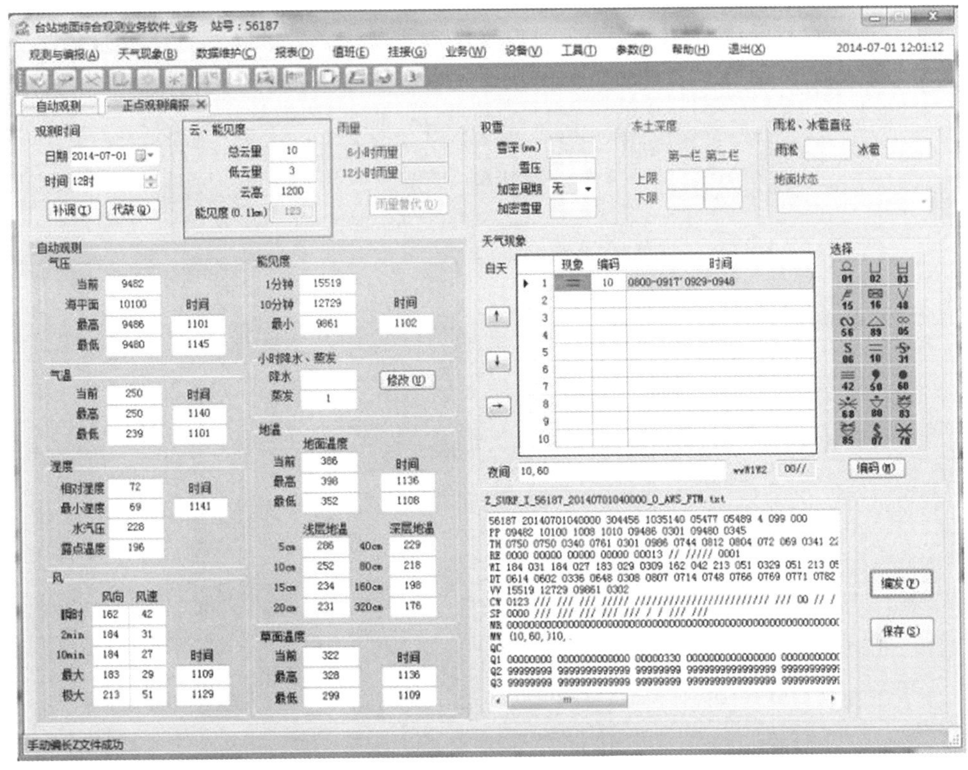

图 9.9　正点人工加密观测云记录录入

(3)其他

监控加密观测数据文件的传输。结束加密后,及时按照步骤(1)取消加密观测参数设置。

9.4.2　加密观测业务注意事项

加密观测要严格按照上级下达的业务规定和加密指令执行。在结束加密后,及时按照加密指令在参数设置中取消加密观测的选项设置,以恢复常规业务。

9.5　日数据维护

9.5.1　常规日数据

(1) 业务处理流程

在 20 时正点观测与编报处理结束后打开“常规日数据”界面进行当日日照数据维护、日数据维护，形成日照、日数据上传数据文件并上传。

① 日照数据维护

a）日照人工观测方式处理流程

首先整理日照自记记录，在日落后更换日照自记纸并按照《地面气象观测规范》要求整理；然后将当天的每小时的日照数据，输入对应的表格中，要检查是否在日出至日落时间之内（如图 9.10 所示）；最后点击“编发”按钮，日照数据保存在 B 库文件中并生成日照上传数据文件到发送缓存目录中，供 MOIFTP 通信软件自动发送。为了确认日照数据文件是否正常发出需查看 MOIFTP 的实时发送记录，或通过省级地面观测信息监控平台查询确认。

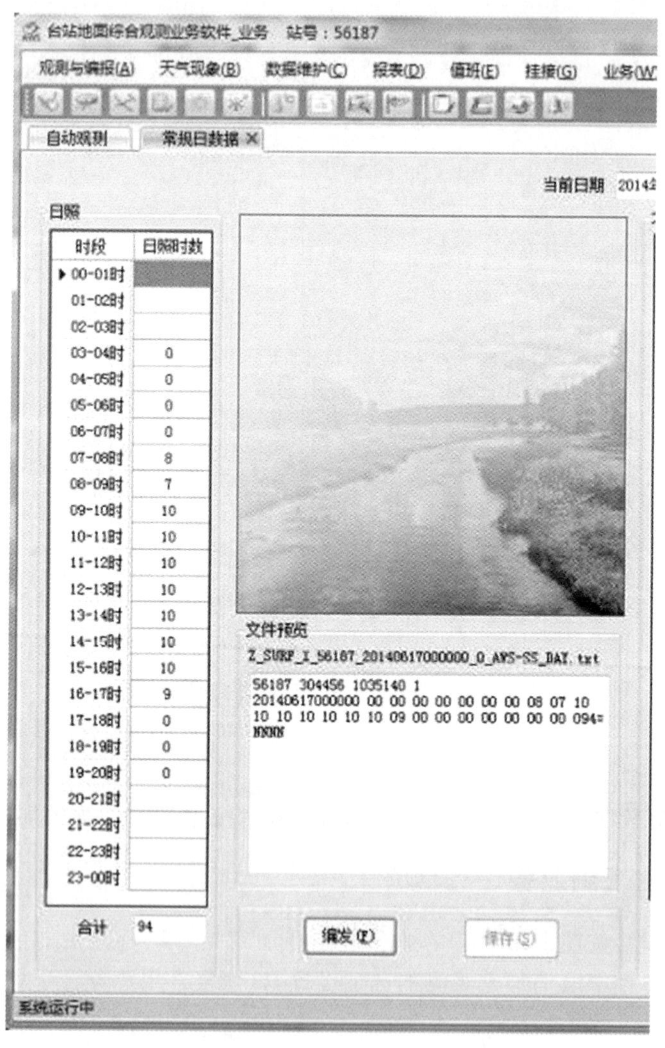

图 9.10 常规日照数据维护

b）日照自动观测方式流程

进入常规日数据维护界面，系统软件会自动获取到当日各时次日照时数记录，检查数据与否与当天的天气状况相吻合，在质控无误以后即可编发数据文件，自动形成日照上传数据文件，在文件预览窗口可以查看文件内容。其他操作与人工观测方式相同。

② 日数据维护

日数据维护包括每小时蒸发、时段雨量、电线结冰、天气现象等数据，除了电线结冰资料需要人工输入，其他只要挂接了自动观测设备均自动导入数据。编报界面如图 9.11 所示。

a)检查校对数据：对自动观测数据进行检查，看有无异常或缺测。如有缺测，需按照业务规定尽量通过其他观测方式予以弥补。

b)人工数据输入：人工录入相应人工观测数据。大型蒸发选人工后，不可修改每小时的数据，只能修改合计值。定时降水量(20－08 雨量、08－20 雨量)无论设置为“自动”或是“人工”，均来自 08 时和 20 时正点编报后保存到 B 库的 12 h 降雨量。如果其他情况导致 B 库中没有此数据，软件将自动重新统计并填入对应文本框。当定时雨量设置为“自动”，则雨量数据不可修改；设置为“人工”，则可任意修改雨量数据。

c)蒸发自动观测记录修改：如果大型蒸发的小时蒸发量错误，点击“修改”按钮，进行小时蒸发数据维护。通过蒸发水位、小时雨量计算可以重新计算小时蒸发量，保存数据并返回主界面。如图 9.12 所示。

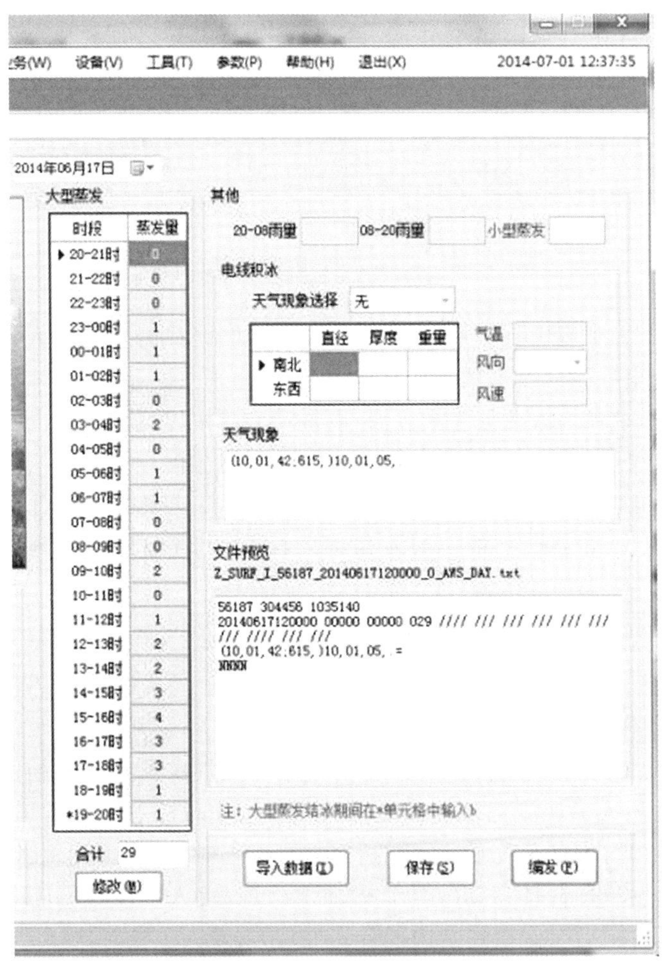

图 9.11　常规日数据维护

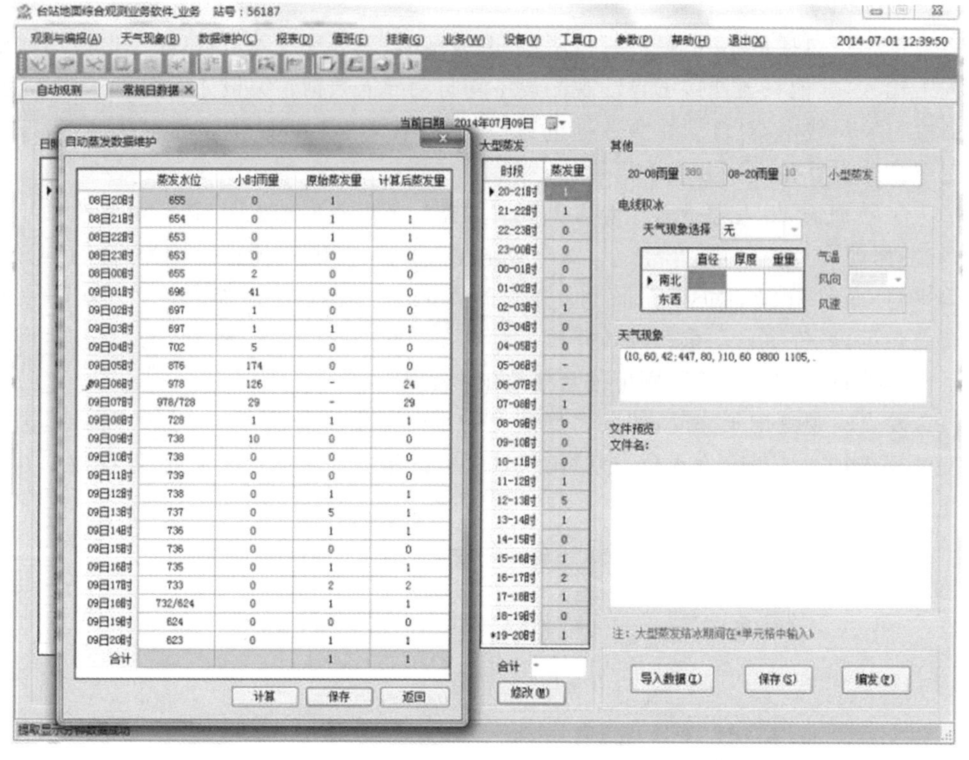

图 9.12　大型蒸发量重新计算界面

d)电线积冰观测：如有电线积冰观测项目的台站根据观测情况输入相应的数据。这里的“保存”按钮只对电线积冰有关数据保存到 B 库中。

e)编发保存：检查和输入数据完成以后，点击“编发”按钮，软件将数据存入 B 库文件，并形成上传的日数据文件，在文件预览窗口进行查看文件内容。

f)数据文件发送与确认：MOIFTP 通信软件会自动发送日数据文件。为了确认日数据文件是否发出需查看 MOIFTP 的实时发送记录，或通过省级地面观测信息监控平台查询确认。

(2) 业务技术要点

① 日照时数全天缺测时，若全天为阴雨天气，则日照时数日合计栏记 0，各小时栏日照时数为 0，否则该日各时栏和日合计栏记“-”。

② 当大型蒸发量为自动站采集时，可通过当天的天气状况与蒸发相关性做检查。若日自动蒸发缺测需改用人工观测记录代替时，则在 19—20 时栏中输入人工观测的日合计值，其他各时次为输入“-”；若日蒸发量有缺测达两次或以上时，无人工观测日蒸发量代替时，缺测时次输入“-”，蒸发量日合计自动统计为做缺测处理，填入“-”；当某日小时蒸发量只缺测 1 h，软件会自动通过前后时次蒸发量内插计算处理，需要人工校对确认。

③ 蒸发传感器在维护、加盖(雨、沙尘暴)或者溢流的情况下，MOI 系统软件会将该小时蒸发量自动处理为 0。

④ 因强降水蒸发量出现异常时，蒸发量按缺测处理。

⑤ 冬季结冰的日期，在19—20时栏中输入蒸发量“B”，日蒸发量自动会保存为“B”。

9.5.2 辐射日数据

(1)业务处理流程

① 作用层状态

在每天地方平均太阳时9时左右进行作用层状况观测，并打开“辐射日数据”维护窗口，输入观测记录，通过“保存”按钮将数据保存到B库文件中。

② 大气浑浊度

在每日地方平均太阳时9时、12时、15时(±30 min内)内进行太阳面云的观测，判断是否符合大气浑浊度观测条件。符合条件的情况下打开“辐射日数据”窗口，软件自动获取直接辐射后，自动计算大气浑浊度，通过“保存”按钮将数据保存到B库文件中。如图9.13所示。

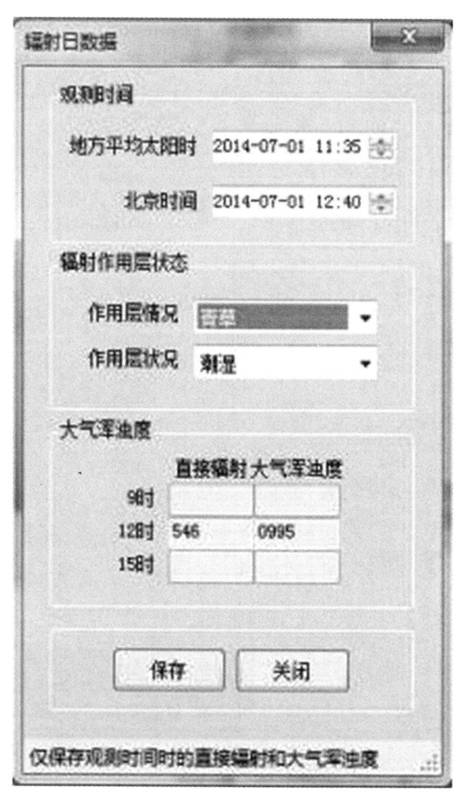

图9.13 大气浑浊度计算

(2)业务技术要点

① 辐射观测时制采用地方平均太阳时，MOI系统软件会根据本站经纬度自动计算判断本站地方平均太阳时；

② 有反射辐射和净全辐射观测项目的台站在每天地方平均太阳时9时左右对净全辐射表支架下的地面作用层状况进行观测；

③ 大气浑浊度观测条件:进行太阳直接辐射观测的气象站(一级站),在每日地方平均太阳时 9 时、12 时、15 时(±30 min 内),若太阳面无云时,要进行大气浑浊度的观测。

9.6 重要天气报

9.6.1 重要天气报编发流程

当重要天气现象达到发报标准时,及时启动 MOI 系统软件编发重要天气报,其操作流程如下。

(1)打开编报界面

当有重要天气出现时选择【观测与编报】菜单下的【重要天气报】,启动重要天气报编发界面,如图 9.14 所示。

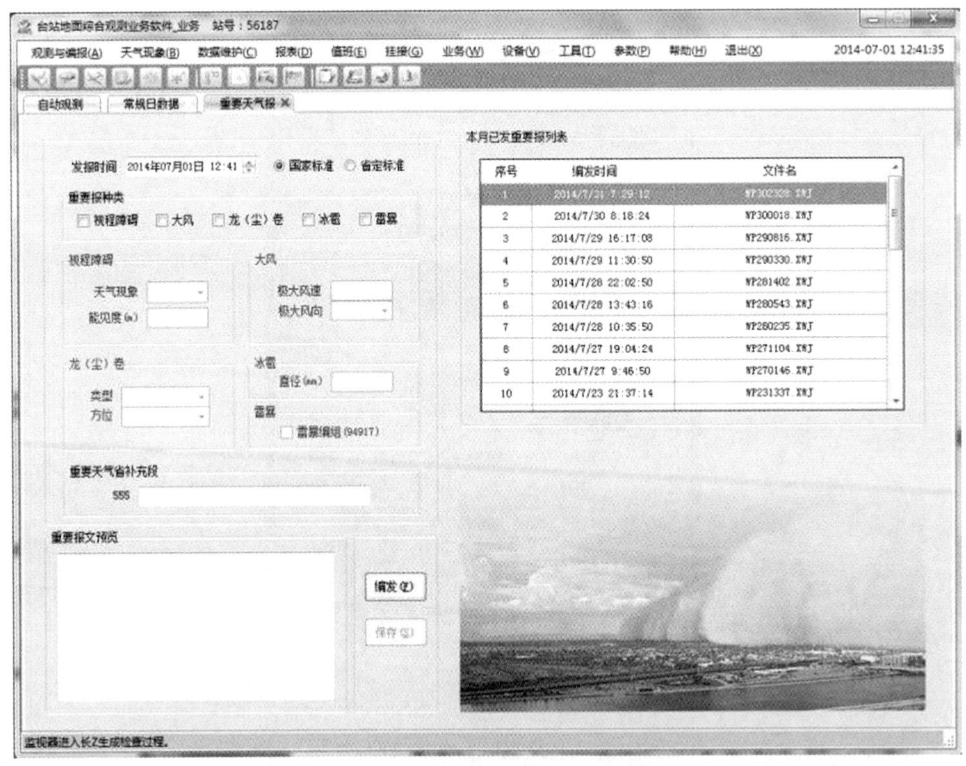

图 9.14 重要天气报编发界面

(2)校准重要天气报发报时间

在重要天气报编发之前将"发报时间"调整为重要天气现象达到发报标准的时间,根据本省实际情况选择发报标准是"国家标准"还是"省定标准"。比如某站雷暴达到标准时间为 14:55,计算机系统时间为 14:57,此时需要将发报时间调整为 14:55,如图 9.15 所示。

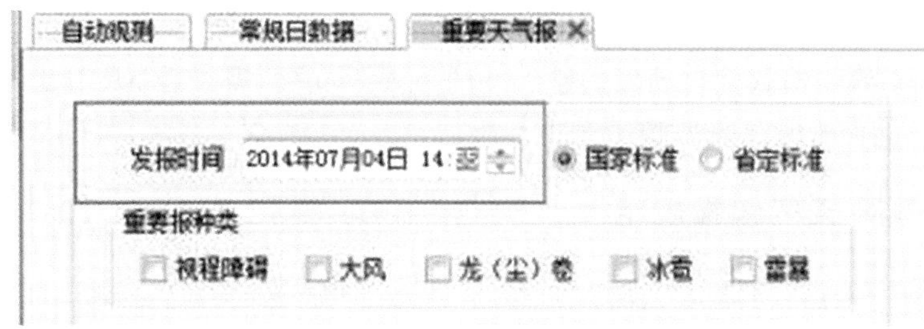

图 9.15　校准重要天气报达到标准时间

(3)选择重要天气报种类

根据重要天气观测记录，选择当前要编发的重要天气种类，并在相应的复选框打钩。

(4)输入重要天气数据

选择了重要天气种类后，相应种类重要天气变得为可输入或可选择，根据观测记录人工输入或者自动获取相关数据。

(5)报文编发

校对(2)～(4)步骤操作，在确认无误的基础上点击“编发”按钮，生成重要天气报文。如图 9.16 所示是编发雷暴重要天气报的实际界面。

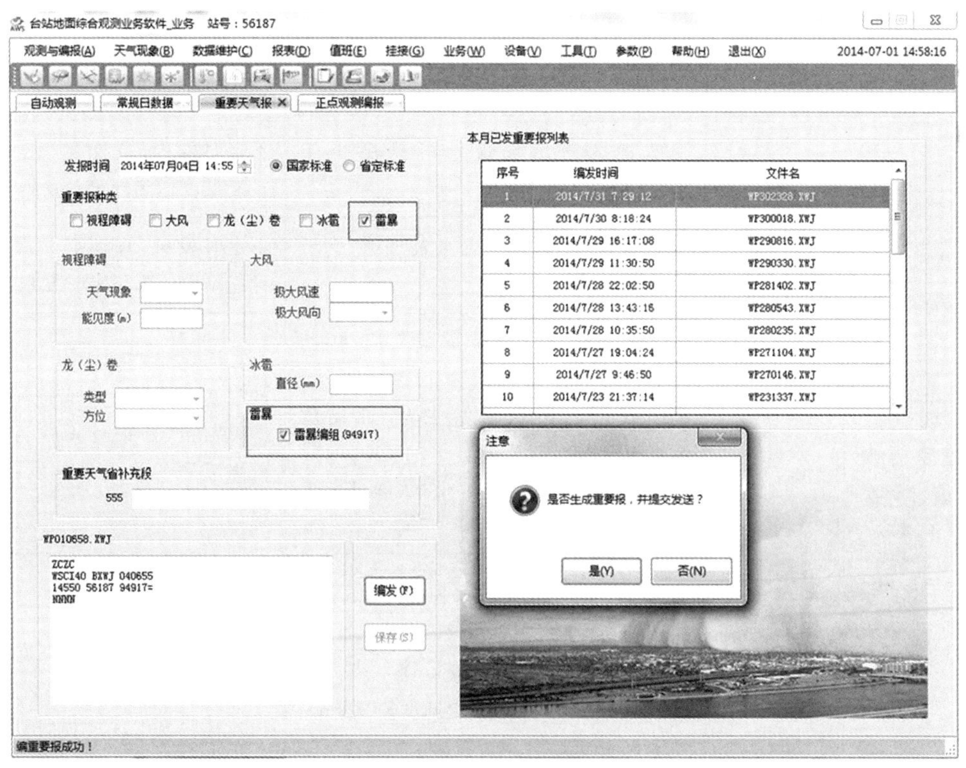

图 9.16　重要天气报编发

(6)监控报文发送

MOIFTP 通信传输软件自动发送刚编发的重要天气报，需查看 MOIFTP 的实时发送记录，或通过省级地面观测信息监控平台查询确认。

9.6.2 重要天气编报规定

(1)重要天气报编发种类：大风、冰雹、雷暴、龙卷和视程障碍现象(雾、霾、浮尘、沙尘暴)；

(2)人工记录：雷暴、龙卷重要天气出现时，应记录在值班日记中，作为编发重要天气报的依据；

(3)编报标准：不定时重要天气报编发标准(国家标准)、发报方式如表 9.1 所示。

表 9.1 不定时重要天气报的发报标准、发报方式

发报项目	电码组	发报标准	发报方式和时间
雷暴	94917	测站视区出现雷暴	不定时发报；每日第一次出现时发报
大风	911ff 915dd	瞬时极大风速≥17.0 m/s	不定时发报；每日第一次出现时发报，各省按照本省规定续发
龙(尘)卷	$919M_wD_a$	测站或视区内出现龙(尘)卷	不定时发报
冰雹	939nn	测站出现冰雹	不定时发报；每日第一次出现时发报，同次过程中冰雹直径增大 10 mm 发报(续报)
视程障碍现象(霾、浮尘、沙尘暴、雾)	95VVV 957ww	测站视区内出现霾且能见度小于 5.0 km	不定时发报；每日第一次出现且能见度达到规定时发报
		测站视区内出现浮尘且能见度小于 1.0 km	不定时发报；每日第一次出现且能见度达到规定时发报
		测站视区内出现沙尘暴(能见度 0.5 km～小于 1.0 km) 测站视区内出现强沙尘暴(能见度 0.05 km～小于 0.5 km) 测站视区内出现特强沙尘暴(能见度小于 0.05 km)	不定时发报；每日第一次出现沙尘暴或强沙尘暴或特强沙尘暴时发报(始报)；其后当出现更强级别的沙尘暴时发报(续报)
		测站视区内出现雾(能见度自动：0.5 km～小于 0.75 km； 人工：0.5 km～小于 1.0 km) 测站视区内出现浓雾(能见度0.05 km～小于 0.5 km) 测站视区内出现强浓雾(能见度小于 0.05 km)	不定时发报；每日第一次出现雾或浓雾或强浓雾时发报(始报)；其后当出现更强级别的雾时发报(续报)

(4)视程障碍类重要天气报:实现自动综合判断的台站,软件自动获取雾、霾、浮尘、沙尘暴等视程障碍天气现象的相关数据,以 10 min 滑动能见度作为能见度基本判断标准(综合判断条件详见表 9.1),根据数据量级自动编发视程障碍类重要天气报告。

(5)除了视程障碍现象重要天气报软件自动编发外,其他重要天气报都由人工编发。当出现大风、冰雹(要配相应的自动观测设备)并达到发报标准时的记录软件自动弹出编报窗口,但需要人工确认编发。省定补充段按照本省的技术规定由人工编发。

(6)基准站、基本站夜间(20—08 时)不守班期间时段重要天气报的编发按照一般站现行规定执行。

(7)在定时观测(08 时、14 时、20 时)正点前 30 min 内出现的重要天气现象如大风、冰雹等,能够合并在定时观测时次 Z 文件中编发的应该合并在 Z 文件中,不再单独编发,否则需要单独编发重要天气报。

9.6.3 重要天气编报说明

(1)设置发报种类:重要天气报的编发首先要根据本站所承担的重要天气报编发任务,在“台站参数”的“重要天气报”的编发种类中选上。

(2)视程障碍自动编发:有自动观测能见度的台站,利用视程障碍综合判断自动编报重要天气的,要在“台站参数”的“重要天气报”的编发种类的“视程障碍”选中以后,必须将“自动编发”复选框选中,否则不会自动编发。

(3)龙(尘)卷:根据观测到的龙(尘)卷类型,在下拉框中有海龙卷(≤3 km 或>3 km)、陆龙卷(≤3 km 或>3 km)、轻微尘卷风、中等尘卷风、猛烈尘卷风等七个选项。并将出现的方位在下拉框中选择。按照出现在测站的不同方位选择。

(4)重要天气省补充段:如果需要编发省定补充段重要天气的台站,需在“台站参数”的“重要天气报”的编发种类中必须将“省定补充段”复选框选中,否则不能编发该组。将编好的电码段直接填入“555”段的提示后面即可。

(5)重要天气报文件格式:根据重要天气报发文件形成的时间分为“按固定时间”、“按报文形成时间”两种文件格式。系统缺省选为“按报文形成时间”。如有业务规定要求,则可以改为“按固定时间”。

9.6.4 重要天气编发注意要点

(1)达到重要天气发报标准时,应在 10 min 内及时编发,要注意的是重要天气报没有更正报;

(2) 当视程障碍现象自动判别出现故障或者明显错误时,需要按照人工观测标准进行编发视程障碍类重要天气报。雾重要天气报改为人工编发时,需要更改重要天气报发报参数标准为:始发,雾<1000 m。如图 9.17 所示。

(3)当有两种或两种以上重要天气现象达到发报标准时,或者当前一种重要天气现象的重要天气报还未发出又出现新的重要天气现象达到发报标准,“重要报种类”需要同时选中两种或者以上重要天气现象,发报时间以后一种重要天气现象达到标准时间合并编发一份重要天气报,如图 9.18 所示。

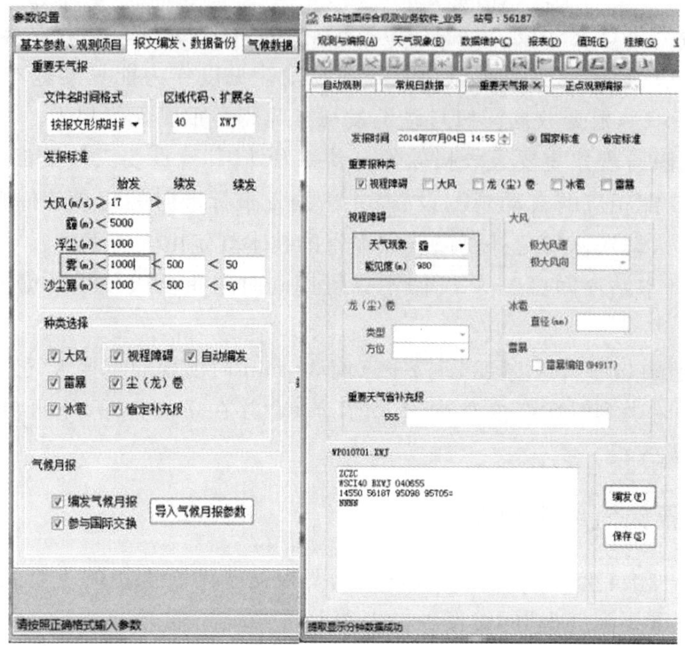

图 9.17　自动判视视程障碍现象故障采用人工编发

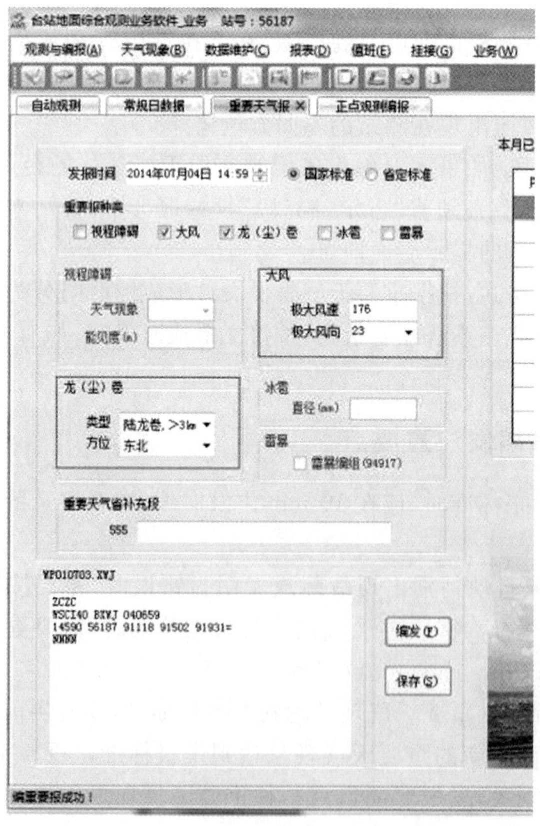

图 9.18　两种或两种以上重要天气达到标准时重要天气报的编发

(4)大风重要天气报发报数据的获取:通常 MOI 软件自动监控大风,达到编报标准的阈值就会提示报警。打开编报窗口的同时自动填入风向风速数据,人工进行编发即可。大风记录变化情况可以通过【工具】菜单下【大风查询】子菜单调出查询窗口对大风过程进行检索;也可通过 SMO 采集系统软件中【数据查询】菜单下【分钟数据查询】子菜单查询每分钟最大瞬时风向风速记录。如果风传感器故障,可按照业务规定用备份自动站等获取的资料进行编报或人工目测编发。

9.7 航空危险报

9.7.1 航空危险报业务流程

如果本站承担航空危险天气报的任务,首先在“台站参数”的“报文编发”设置好“航空危险报”任务的各项参数。否则不能启动该项功能,或部分功能受限制。

航空危险报的文件格式有气象报文格式和数据文件报文格式两种(文件名称命名详见软件篇中的参数设置章节),参数中选择“气象报文”或“数据文件”来输出区分。根据台站参数设置,软件会根据航空天气报的编报任务自动启动编报界面,其处理流程为如下。

(1) 报类选择

“报类选择”框中有:航空报、危险报、解除报、航代危、航代解等五种。不同的报类编发的内容不一样,所以报类改变时,要素输入的内容也会发生改变。

①航空报:在航空报中,程序能够根据航空报编报参数自动判别正点航空报、半小时航空报、首份航空报、是否需发温度露点组等。启动航空报的有效时间正点报为正点前 10 min 至正点后 10 min,半小时报为正点后 20～40 min。

②航代危:航代危是指在危险天气出现的时间与航空报观测时间完全重叠时,在航空报的前面加编危险报的指示组和时间组代替危险报的情况。当航代危时,危险天气出现的时间须人工输入,“危险天气现象”不能为空或“无”,必须选择所达到标准的危险天气。

③危险报:当编报危险报时,危险天气出现时间以计算机系统时间自动填入“时”和“分”,必须根据危险天气出现实际时间进行修改。若危险报的编报时间与航空报观测时间重叠,软件自动提示“航代危”,不需要单独编发危险报。

④航代解:是指在危险天气解除时间与航空报观测时间完全重叠时,在航空报的前面加编危险解除报的指示组和时间组代替解除报的情况。当报类选项为“航代解”危险天气解除时间须修改编报时间,即危险天气解除时间(时和分),选择需解除的危险天气现象。

⑤解除报:当编报解除报时,危险天气出现时间以计算机系统时间自动填入“时”和“分”,可根据实际情况进行修改。若解除危险天气的时间与航空报观测时间重叠,软件自动提示“航代解”,不需要单独编发解除报。

(2)自动观测数据导入

自动获取当前编发航空报文所需要的气象要素数据。主要有风向、风速、气温。露点温度根据台站航危报参数设置自动调入自动观测数据。当获取的数据异常或者缺测时需要进行人工补测或者用备份自动站数据代替。

(3)人工观测数据输入

① 编报时间:根据编发的报类,选择编报的日期和时间。

② 人工观测数据输入:包括总云量(成)、能见度(km)、现在天气现象(ww)、方位、危险天气选择、云(云量累积输入法)等。需要注意的是能见度不能用自动观测能见度代替,是用人工观测的水平有效能见度,以 km 为单位,保留一位小数,不输小数点。方位、危险天气选择采用下拉框方式进行选择。云层组只有总云量不为空时才可输入,只要有云,必须输入云层组。

(4)编发报

在编发航空危险报时,MOI 系统能够根据航空报编报参数自动判别正点航空报、半小时航空报、首份航空报、是否需发温度露点组等。点击"编报"按钮后,在"报文预览"文本框中列出报文内容。当点击编报按钮时编报结果将保存到航危报文文件中,通过内网或者电话将报文传给用户。

9.7.2 航空危险报编报要点

(1)云的输入方式:采用累积云量输入方式,符合 0,4,6,10 的云层累积云量编报规定输入,只有积雨云和浓积云编报可见云量;

(2)天气现象种类:仍按照原有规定 34 种天气现象观测并输入;

(3)首份航空报代危险报:在首份航空报编报中,如果之前有危险天气存在,需要在区站号组前编发 99999 XXXXW2 组,软件提供了一个复选框,遇到上述情况只需要打钩就自动添加危险天气指示组和时间现象组,如图 9.19 所示。

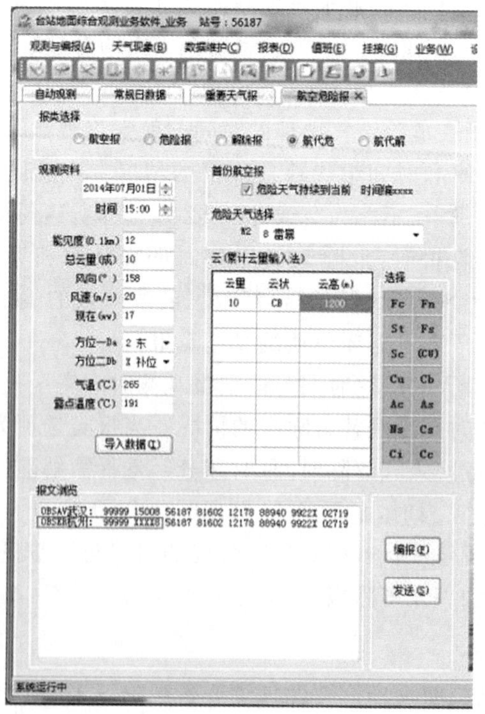

图 9.19 首份航空报代危险报编码

(4)航空报传输方式:航空危险报的传输方式各省有所不同。MOIFTP传输软件提供单路发送的功能,可通过内网发送航空危险报单路发送的功能。如果现用业务计算机利用安全网络设备接通外网传输服务单位,也可以利用MOIFTP业务传输软件发送传输。

第10章　天气现象

10.1　业务处理流程

天气现象中部分项目已经实现了自动观测，但还有一些要依靠人工观测记录，处理天气现象就需要对两种记录进行融合。检查自动记录的天气现象，对不合理的记录要进行人工修正。天气现象的记录是在守班期间随时观测和记录，有一定的特殊性。软件提供了专门用于自动处理和人工输入、编辑的窗口。窗口以日为单位显示当天已经发生的天气现象，并提供天气现象查询、编辑等功能。天气现象记录方式按照常规人工记录的格式，便于浏览和修改。

(1)点击【天气现象】菜单或者使用快捷键“Alt＋B”，调出天气现象记录窗口。如图10.1所示。白天和夜间的天气现象分开记录。

(2)夜间栏因为不记现象的时间，只用一行记录现象的代码。依次按照天气现象出现顺序排列天气现象代码，中间用逗号隔开。白天栏每种天气现象记录一行，每行有现象编码、时间组。不允许两行相同的天气现象记录。有自动天气现象观测的测站，程序自动生成现象代码和时间组。

(3)默认打开显示当天的天气现象，按照气象观测的日界显示数据，即前一天20时到当天20时为一天，在选择日期时务必注意这一点。白天的天气现象要结合自动记录的时间顺序，将人工观测的大气现象随时输入或插入白天栏中。

(4)记录输入方法：首先用鼠标点击左侧现象编码栏的空白表格单元，会出现一个现象编码选择下拉框，选中要记录的代码，然后在第二列的时间组单元输入时间，时间格式为“GGgg”(GG为小时，gg为分钟)，两组时间的中间用“-”连接，在时间组之间中英文的单引号“'”分隔，如图10.1所示。其他录入规定与“正点观测编报”中的天气现象输入方法相同，请参考相关内容。

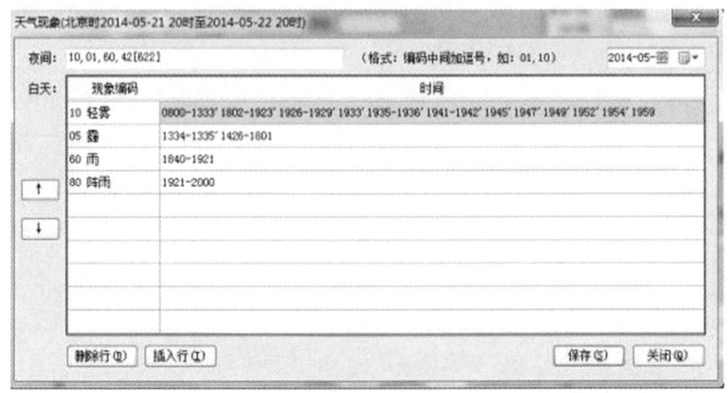

图10.1　天气现象自动生成和人工编辑录入窗口

(5)数据记录的存储:人工输入的天气现象或修改过的自动观测记录均自动转换成分钟格式的天气现象记录到C库文件中,同时将人工记录格式的天气现象记录保存在B库文件中,为常规要素维护生成月报表提供基础数据。

10.2 相关技术要点

(1)根据中国气象局综合观测司《关于做好全国地面气象观测业务调整工作的通知》(气测函〔2013〕321号)文件的技术规定:

① 所有观测站天气现象栏只记录调整后的雨、阵雨、毛毛雨、雪、阵雪、雨夹雪、阵性雨夹雪、冰雹、露、霜、雾凇、雨凇、雾、轻雾、霾、沙尘暴、扬沙、浮尘、大风、积雪、结冰21种天气现象,取消其他13种天气现象的记录。

② 出现雪暴、霰、米雪、冰粒时,记为雪。这4种天气现象与雨同时出现时,记为雨夹雪。

③ 实现能见度自动观测正式业务运行且视程障碍类天气现象由软件自动判别的观测站,取消该类天气现象人工观测,原则上以业务软件自动判别记录为准。当自动判别出现明显错误时,仅对定时时次的现在和过去天气现象记录进行人工订正,能见度记录仍以自动观测为准,允许自动能见度记录与该类天气现象不匹配。实现能见度自动观测正式业务运行,但视程障碍类天气现象仍由人工观测的观测站,原则上以能见度自动观测记录为判断依据,当能见度自动观测出现明显偏差时,以人工观测能见度为判断依据,能见度记录仍以自动观测为准,允许自动能见度记录与该类天气现象不匹配。

④ 雷暴、龙卷等现象出现时,简要记录在值班日记中,作为编发重要天气报的必要说明。

⑤ 基准站、基本站的天气现象保持08—20时连续观测,夜间(20—08时)天气现象应尽量判断,观测记录参照一般站规定执行。

(2)夜间(20—08时)不守班期间天气现象均不记起止时间,记录在气簿-1天气现象夜间栏;白天(08—20时)守班期间出现天气现象,尽量将人工观测的天气现象记录到气簿-1天气现象白天栏,便于记录到软件系统中。

(3)随测随记:守班期间出现的天气现象随时观测随时记录,并通过MOI的"天气现象"窗口录入到观测系统中;不守班期间的天气现象尽量判断记录。

第11章　数据维护

11.1　常规要素维护

常规要素维护内容主要是对逐日的观测资料进行检查分析，处理一天中各种不完整或需要质控的数据。要素包括气压、温度、湿度、云、能见度、降水、天气现象、蒸发、积雪、风、地温、冻土，海平面气压、日照、草面温度等。

常规要素维护的时间通常在每天20时观测结束，日数据文件和日照数据文件编发以后，这样便于对一天的数据和观测记录进行检查整理。平时测报预审员也可以通过这个功能对每一天的记录进行检查。在月底输入封面封底信息就可生成完整月地面气象资料格式文件(简称A文件)，为编制《地面气象记录月报表》做好准备。

11.1.1　数据来源

从【数据维护】菜单下的【常规要素】子菜单打开维护的界面，软件自动从B库文件将数据加载到表格中。如果需要编辑封面封底，可以选中右上角的对应的复选框。显示台站基本参数和各要素的观测方式。

基本参数从“台站参数”设置表中导入，不需要人工输入。与观测数据关联较大的年、月、区站号、观测方式、台站类别和人工定时观测次数等内容(文本框底色为浅蓝色的)不允许在这个界面中修改。

常规要素的各项记录都是来自每小时的Z文件编报后保存的数据，经过数据质控后的资料，保存到库文件中。在常规要素维护过程结束后，若需要将修改结果保存的，则必须通过“保存”按钮将数据更新到B库文件中。如图11.1所示。

如果某些要素有缺测记录，可以通过“补调”按钮的功能，重新从SMO的原始数据文件中读取对应时次的数据。但要注意，读取的原始数据可能会覆盖经过人工检查质控的数据，要仔细选择对应的要素。除非某一小时的记录全部缺测，才能全选所有的要素补调。

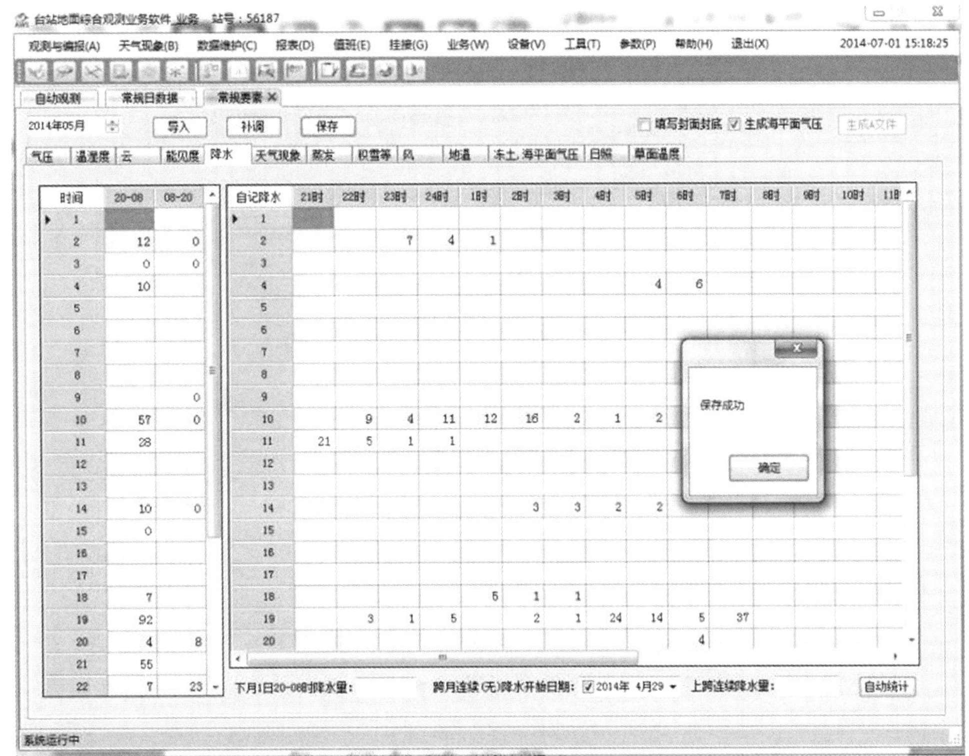

图 11.1　常规要素维护数据的保存

11.1.2　操作流程

(1)要素数据维护

① 年月选择：默认为计算机系统时间年月。如果需要导入其他月份的可修改年、月。除日照时数外，时间均以北京时、气象日界。

② 导入数据：默认自动导入当前月份的数据。调取其他月份的数据，则需要手动点击“导入”按钮当某时次数据为空时，该时次数据按缺测处理(降水量除外)，显示为“-”。

③ 检查数据：逐页检查各要素数据是否完整，是否有缺测或者异常，若有则可通过补调操作重新获取。由于原始数据也缺，补调不成功或者数据异常，则按照第 13 章“13.1.1 正点数据异常处理”流程处理。

④ 数据补调：当需要对某要素某时次或者某段时间的数据进行补调或者是某时次数据为“-”时可以通过“补调”按钮启动补调窗口进行重新获取数据。补调操作过程如下。

a)选择时段：通过单选框“按月份”和“按时段”来选择需要补调日数据的时间周期。补调时间按北京时作为标准。

b)补调方式选择：有“仅缺测”和“固定时次”两种方式。“仅缺测”是程序自动查找整条记录无数据的时次，列表以后供人工选择补调；“固定时次”是不管是否缺测，强制性地从 SMO 原始小时数据文件中读取数据并覆盖当前选择的时次。要注意的是后者会覆盖人工已经质控过的数据，但可以通过对要素的选择来排除人工质控过的数据。如图 11.2、图 11.3 所示。

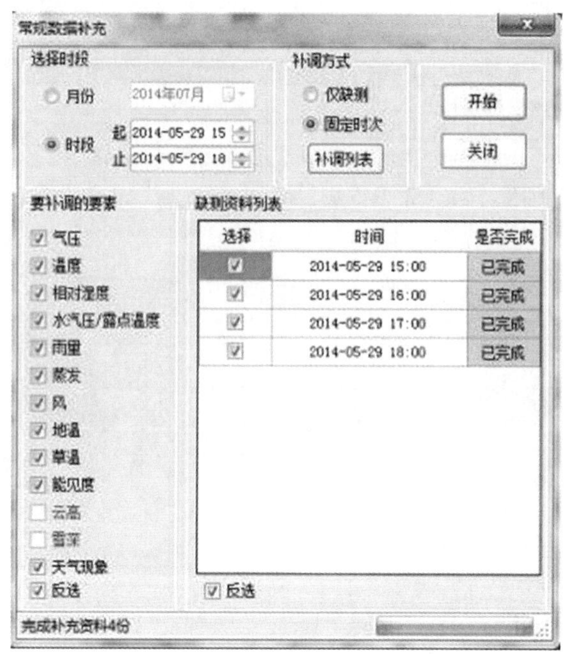

图 11.2　常规要素维护数据补调列表

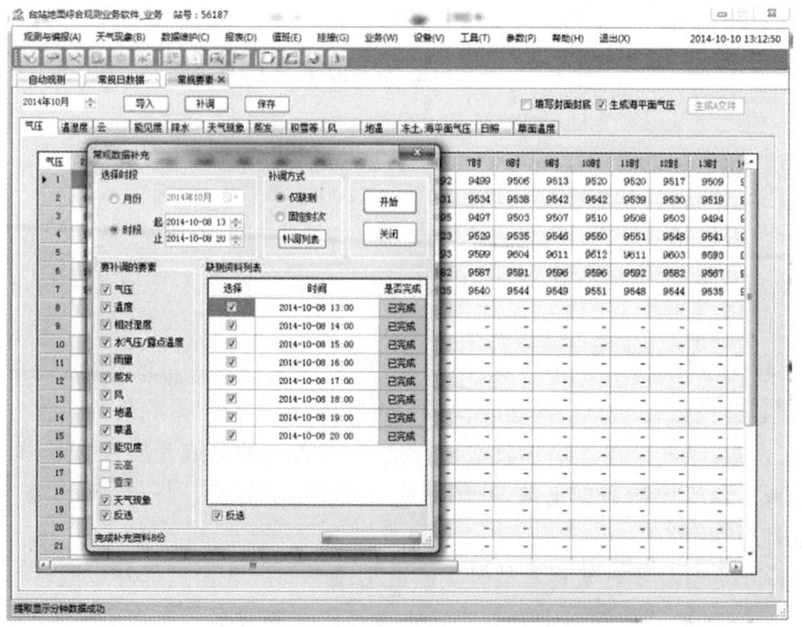

图 11.3　常规要素维护数据的补调

c)选择要素:通过复选框来选择需要补调的某要素的数据。

d)补调列表:点击"补调列表"按钮,软件会自动在选择的时间段内进行检查缺测内容,并在"缺测资料列表"中显示。

e)选补调时次:通过勾选"补调资料列表"中的第一列选择框,可以指定时段内的一些补调的时次，也可勾下面的“全选”来选中所有时次。

f)补调：点击“补调”按钮，启动补调操作。如果要生成海平面气压，可勾选“生成海平面气压”。

⑤ 月末最后一天注意自动统计“跨月连续(无)降水开始日期”、“上跨连续降水量”。当有降水现象出现下跨月时，在“降水”一页填写“下月 1 日 20—08 时降水量”栏降水量，此项量也可以在次月 1 日 20 时常规数据维护后进行，可以选择自动计算。

⑥ 保存：对检查和处理后的数据进行“保存”，更新到 B 库文件中。

(2)附加信息输入

在生成完整的 A 文件之前，需要输入封面封底信息。通常在月底一次性编辑和添加这些信息。

①台站参数记载内容

台站基本参数、一般观测项目自动获取，报表封面信息中的台站名、台站地址、地理环境、省(市、区)名也会从台站参数文件中自动获取，其余项目需要根据实际情况人工录入。

②纪要栏内容记载

a)重要天气及影响：当某些强度很大的天气现象，在本地范围内造成灾害时，应迅速进行调查，并及时记载。调查内容包括：影响的范围、地点、时间、强度变化、方向路径、受灾范围、损害程度等(如图 11.4 所示)。

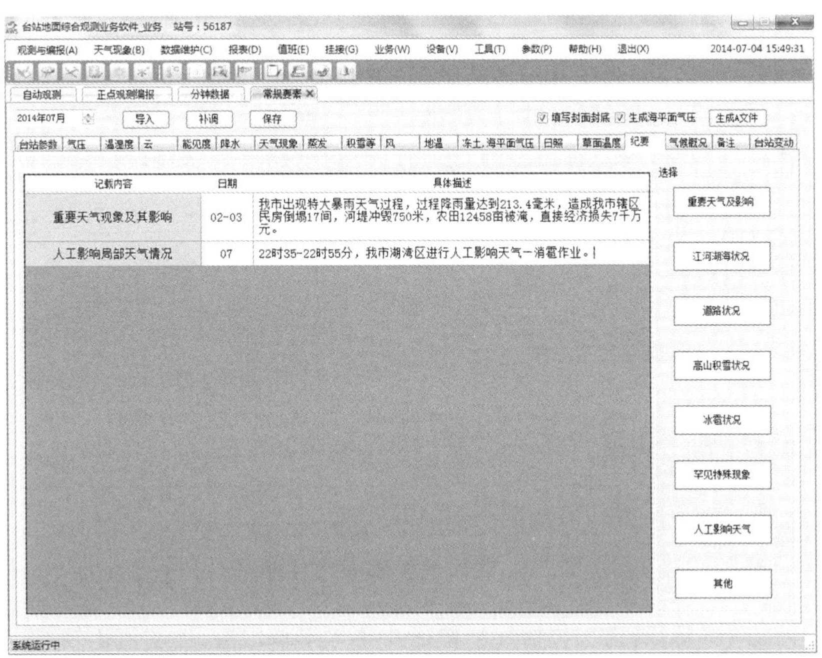

图 11.4 纪要栏内容填写

b)江河湖海状况：气象站附近的江、河、湖、海的泛滥、封冻、解冻情况。

c)道路状况：气象站附近的铁路、公路及主要道路因雨凇、沙阻、雪阻或泥泞、翻浆、水淹等影响中断交通时，应进行调查记载。

d)高山积雪状况：气象站视区内高山积雪的简要描述：山名、雪线高度、起止日期(本月内)等。

e)冰雹状况:降雹时应测定最大冰雹的最大直径,以毫米为单位,取整数。当最大冰雹的最大直径大于 10 mm 时,应同时测量冰雹的最大平均重量,以克为单位,取整数,均记入纪要栏。

f)测量方法是:选拣几个最大和较大的冰雹,用秤直接称出重量,除以冰雹数目即得冰雹的最大平均重量。或者将所拣冰雹放入量杯中,待冰雹融化后,算出水的重量,除以冰雹数目就是冰雹的最大平均重量。用直径 20 cm 专用雨量杯测量计算公式:冰雹的最大平均重量=(测量值×31.4)÷冰雹个数。

g)罕见特殊现象:本站视区内出现的罕见特殊现象,如海市蜃楼,峨嵋宝光等。

h)人工影响天气:当本地范围内进行人工影响局部天气(包括人工降雨、防霜、防雹、消雾等)作业时,应注明其作业时间、地点。

i)其他:地面气象观测规范各章规定应记载的内容。

③ 气候概况栏内容记载

根据本站资料及有关材料,对本月的天气气候概况进行综合分析。气候概况栏内容填写实例如图 11.5 所示。主要内容有如下。

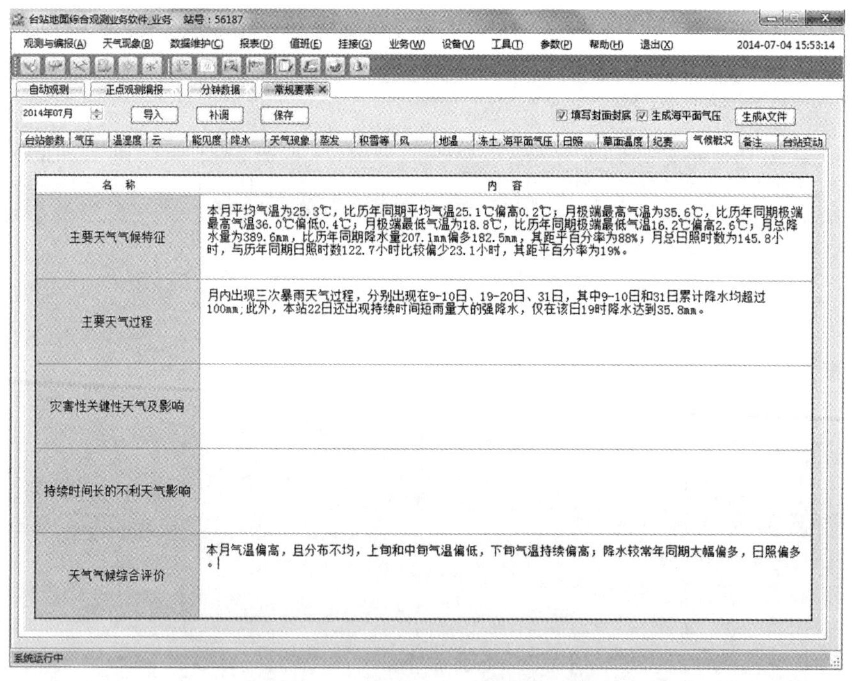

图 11.5 气候概况栏内容填写

a)主要天气气候特征:内容包括气温特征及与常年平均值、极端值比较,降水特征与常年平均值、极端值比较,日照时数与常年平均值比较,主要天气气候特点及程度描述;

b)主要天气过程:内容包括天气过程性质及次数,如降水次数、冷空气活动、台风等及其出现时间、影响情况;

c)灾害性关键性天气及影响:本月天气特别是灾害性、关键性天气对工农业生产及人民生活的影响情况,内容包括灾害性、关键性天气名称、出现时间、地点、影响范围、程度;

d)持续时间长的不利天气影响:对有些持续时间较长的不利天气(如长期少雨、连阴雨等),应综合前一个月或几个月的情况进行分析。

e)天气气候综合评价:本月天气气候情况做综合性评述。

内容要求重点突出,简明扼要。台站如有农业气象旬报、月报或天气气候简报等服务材料的,可根据有关材料整理录入。

④ 备注栏内容记载

从观测簿备注栏和值班日记备注中,摘入对记录质量有直接影响的原因。备注栏内容填写如图 11.6 所示。

a)不完整记录的统计方法说明;

b)仪器性能不良或安装不当,对记录代表性的影响情况;

c)对某次或某时段观测记录质量有直接影响的原因、仪器性能不良或故障对观测记录的影响、仪器更换(非换型号)、非迁站情况的台站周围环境变化(包括台站周围建筑物、道路、河流、湖泊、树木、绿化、土地利用、耕作制度、距城镇的方位距离等)对观测记录的影响以及观测规范规定应备注的其他事项。

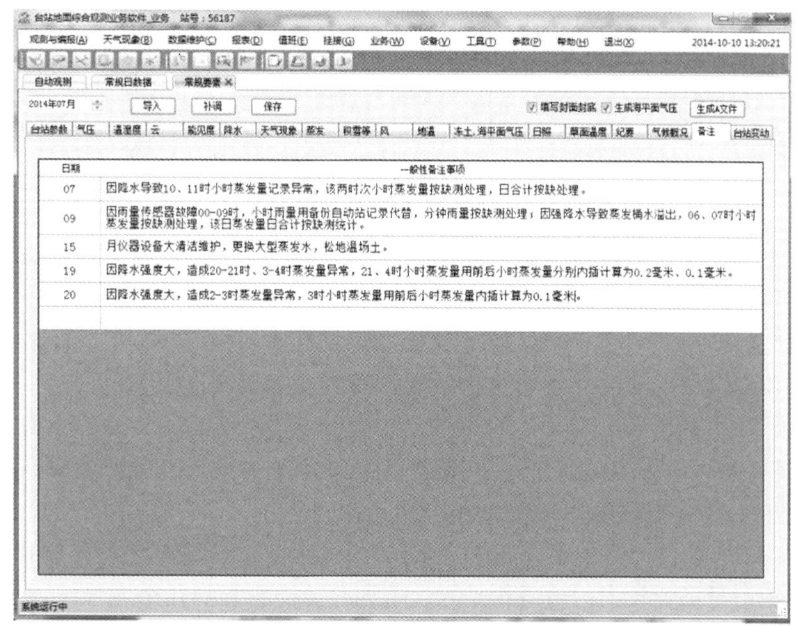

图 11.6 备注栏内容填写

⑤ 台站变动栏内容记载

a)台站变动:包括台站名称变动、区站号变动、台站级别变动和台站所属机构变动情况登记;录入变动后的名称、区站号、级别和所属机构。

b)观测仪器变动:包括仪器变动日期、要素名称、仪器名称、仪器距平台高度、平台高度;录入换型后的仪器名称、仪器距地高度等。

c)观测项目增减:包括要素的增加、日期和要素名称。

e)障碍物变动:包括障碍物出现日期、方位、名称、仰角、宽度角、距离等。

f)台站位置变动:是指台站迁站或者平移信息描述,包括:位置变动日期、经度、纬度、海拔高度、地址、地理环境、距离原站址位置和方位。

台站变动栏内容填写实例如图 11.7 所示。

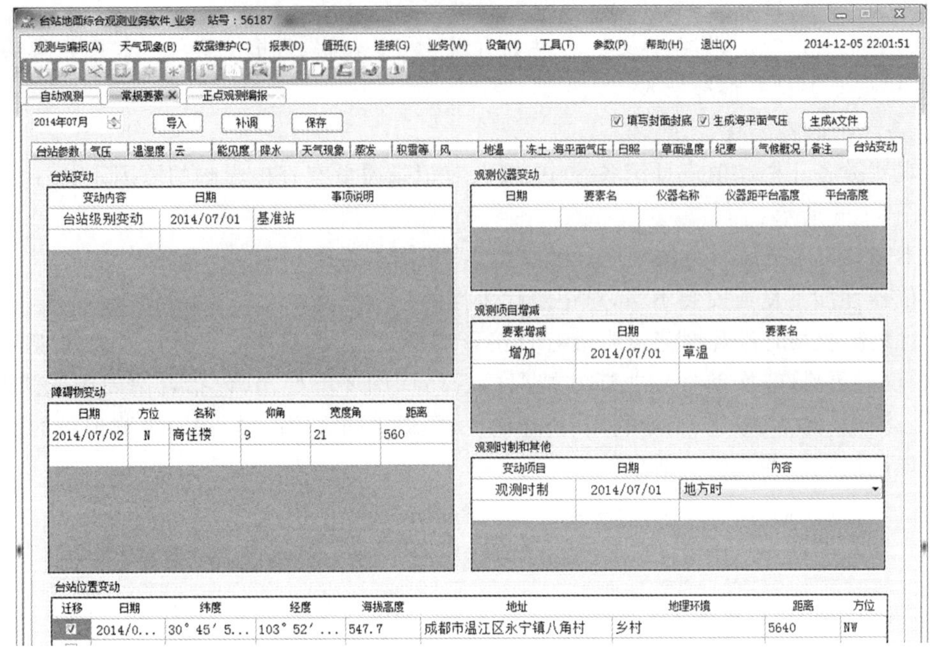

图 11.7　台站变动栏内容填写

⑥ 台站变动栏有关说明

a)台站名称为变动后的台站名称，台站级别按变动后的台站级别录入，所属机构指气象台站业务管辖部门简称，填到省、部(局)级，如："国家海洋局"。气象部门所属台站填"某某省(市、区)气象局"，按变动后的所属机构录入，经纬度、海拔高度、地址和地理环境、变动后的信息录入。

b)距原址距离方向为台站迁址后新观测场距原站址观测场直线距离和方向。距离以"m"为单位；方向按 16 方位的大写英文字母表示。

c)方位按 16 方位的大写英文字母表示，不足位，后位补空。若同一方位有两个以上障碍物，选对观测记录影响较大的障碍物录入。若同一障碍物影响几个方位时，按所影响的方位分别录入。某方位无障碍物影响，该方位不必录入。

d)障碍物名称是指观测场周围的建筑物、树木、山等遮挡物边缘与观测场边缘的距离，小于遮挡物高度的 10 倍(一般站为 8 倍)时，该遮挡物即确定为障碍物。如某基本站西南方出现高于观测场 10 m 高的建筑物，当距观测场边缘小于 100 m 时，则应列入障碍物。应录入观测场周围对气象观测记录的代表性、准确性、比较性有直接影响的障碍物名称，如"建筑物"、"树木"等，照实填报。

e)仰角为障碍物的高度角，从观测场中心位置测量，精确到度；宽度角各方位障碍物的宽度角，从观测场中心位置测量，精确到度，障碍物最大的宽度角为 23°；距离为各方位障碍物距观测场中心的距离，以"m"为单位。

f)要素名称：不定长，最大字符数为 14，为气象观测要素简称。

g)仪器名称：不定长，最大字符数为 30，为换型后的观测仪器名称。

h)仪器距地或平台高度:6 个字符,不足位,前位补“0”,为观测仪器(感应部分)安装距观测场或观测平台高度(注:气压表高度为海拔高度),以“0.1 m”为单位。若观测仪器(感应部分)低于观测场地面高度,则在高度前加“－”号。气压、气温、湿度、风、降水、蒸发(小型)、日照等气象要素,应录入此项,其他气象要素器测项目的仪器距地高度变动均不录入;平台距观测场地面高度:4 个字符,不足位,前位补“0”。以“0.1 m”为单位。

i)观测时制为变动后的时制。

j)其他事项说明指台站所属行政地名改变和对记录质量有直接影响的其他事项(不包括上述各变动事项)。

全部附加信息输入后需保存,将结果保存到 B 库文件中。

(3)生成 A 文件

通过界面上的“生成 A 文件”按钮,将保存以后的 B 库文件中的资料按照标准格式生成 A 文件,存放在“/MOI/ReportFiles/AFile/”目录下,文件名结构为 AIIiii-YYYYMM.txt。

11.2 分钟数据维护

分钟数据维护主要是对月内逐分钟气压、温度、相对湿度、降水、风资料进行维护,通过加载、格式检查形成正确的分钟数据文件(简称 J 文件)。

11.2.1 加载文件

通过选择年月和“加载 J 文件”导入需维护的分钟数据,逐分钟气压、气温、相对湿度、降雨量、风数据从该月 J 文件中读取,如图 11.8 所示。如果没有该月 J 文件,则需要先生成 J 文件。

基本参数信息导入类似常规数据维护。在常规维护过程中参数信息、常规要素记录发生更正或者更新会存回 J 文件。

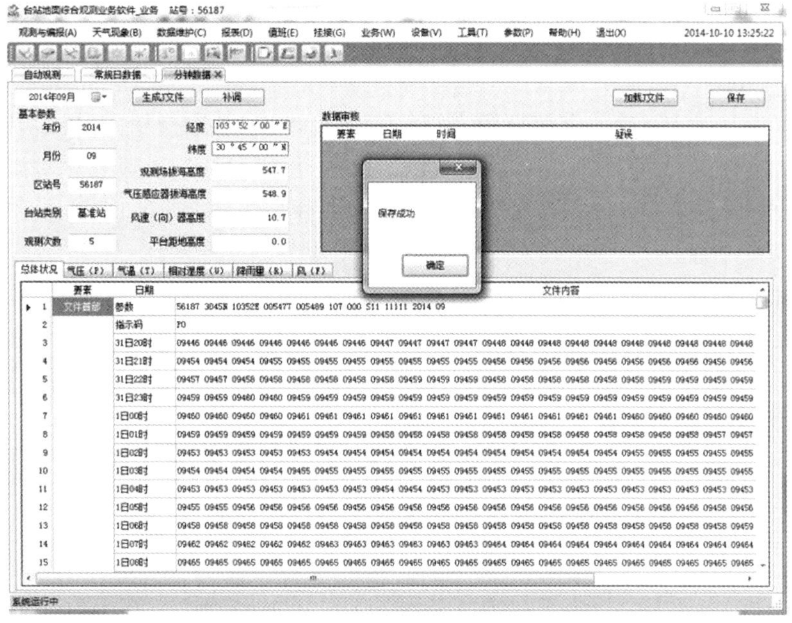

图 11.8 常规维护要素获取和保存

11.2.2 操作流程

(1)加载 J 文件

默认的月份为计算机的月份，也可对日期控件修改任意选择需维护的月份；然后通过“加载 J 文件”按钮可到导入需要维护的分钟数据记录。

(2)生成 J 文件

如果当月没有生成过 J 文件，则首先需要通过“生成 J 文件”按钮，读取数据形成 J 文件，存放在“MOI\ReportFiles\AFile”目录中。其文件名结构为 JIIiii-YYYYMM. txt。

分钟数据中的风、气压、气温、相对湿度分钟记录来源于 C 库文件，分钟数据中的降雨量来源于 B 库文件的 60 min 雨量。风、气压、气温、相对湿度和降雨量修改后点保存，是将修改内容保存在 J 文件中。如图 11.9 所示。

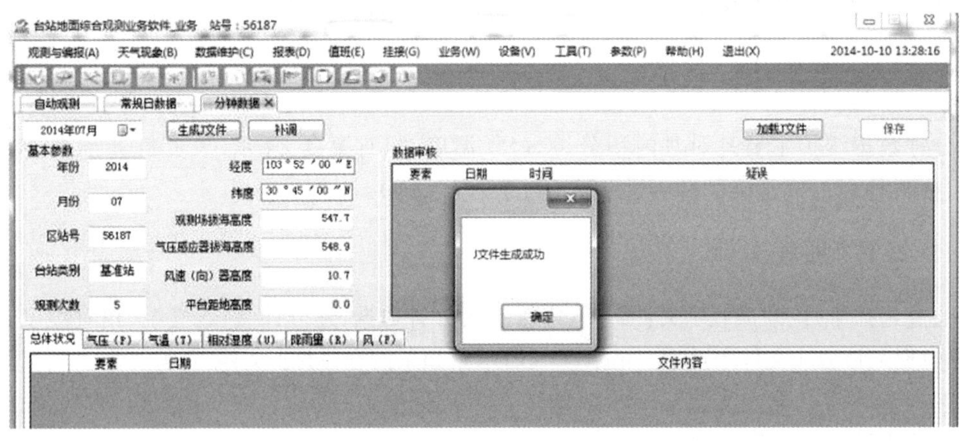

图 11.9 生成 J 文件成功

(3)J 文件审核

J 文件审核是对 J 文件的全部数据进行格式检查，对记录进行相关审核，并对全部数据进行维护。J 文件由 C 库文件转换得到，所以当气压、温度、风向、风速和相对湿度分钟数据不正确时，只能在 J 文件中对其进行修改。修改的内容只保存到 J 文件中，不会改变 C 库的内容。

(4)补调缺测资料

如果某日或者某分钟数据缺测，可以通过“补调”方式补全分钟数据。通过选择补调时间，并点击窗口中“补调”按钮，自动补调选择时间的数据。补调的数据来源于 SMO 的分钟数据文件，补调结束后需要重新生成该月 J 文件，再加载 J 文件查询所补调的数据是否补全。

某站 2014 年 6 月 J 文件 31 日 21 时 02—03 分气压数据缺测，通过选择 5 月 31 日 21 时补调，补全 21 时 02—03 分气压数据。如图 11.10、图 11.11 所示。

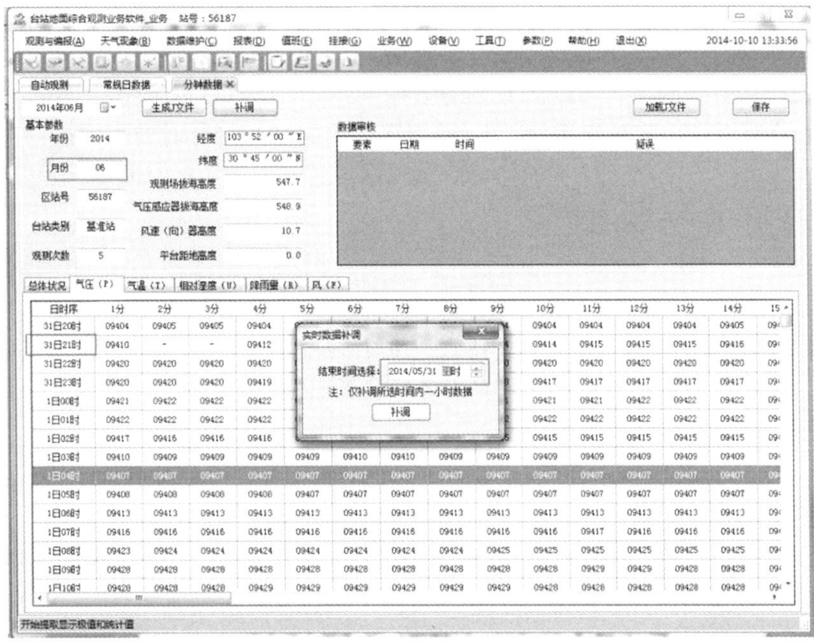

图 11.10 分钟气压补调

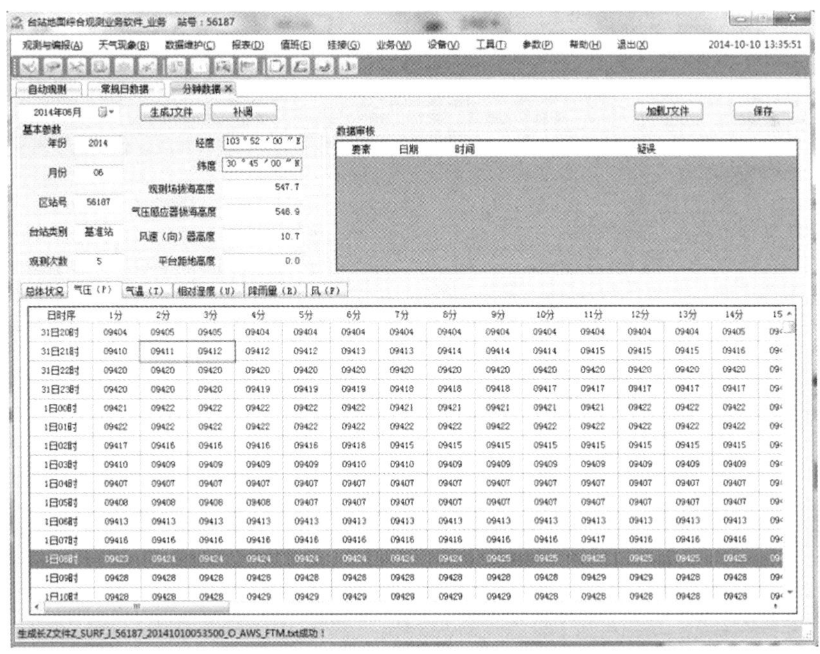

图 11.11 分钟气压缺测资料补调成功

(5)数据维护

在要素值显示的表格中,首列为日和时间,首行为小时内的分钟数。这里表头的时间是指记录在该时次当前小时的记录,例如:1 日 01 时记录,则存入的是 01:01—01:60 的每分钟数据。这组数据显示在“1 日 01 时”行中。在表格中输入数据时，先用鼠标点击单元格，修改数据以后键入回车键可使光标向右移动，当光标在最后列且不为最后一行时，则移至下一行的首列。

修改数据时，格式必须正确；J 文件内容修改完成后，必须通过“保存”按钮，保存修改结果到 J 文件；修改后的内容将覆盖原 J 文件，故保存的路径与打开时的相同。

11.3 辐射数据维护

辐射数据维护主要是对总辐射、反射辐射、直接辐射、散射辐射、净全辐射、作用层状态及场地环境变化等资料进行维护(二级站观测要素为总辐射、净全辐射、作用层状态及场地环境变化，三级站观测要素为总辐射)，完成各项目的日统计；通过封面封底信息维护形成完整正确的辐射月数据文件(简称 R 文件)。

11.3.1 加载数据

辐射数据维护加载数据的方法与常规要素维护相类似。除了在台站参数中基本参数读自于 B 库文件，其他辐射资料都来自于 B 库文件。辐射维护主界面如图 11.12 所示。

现用仪器来源于 MOI 软件的【设备】菜单中的“气象辐射仪器”记录，当有仪器设备更换或者启用时需更新“气象辐射仪器”登记表。

在辐射数据维护过程中参数信息、要素记录发生更正或者更新通过保存更新到 B 库文件中。

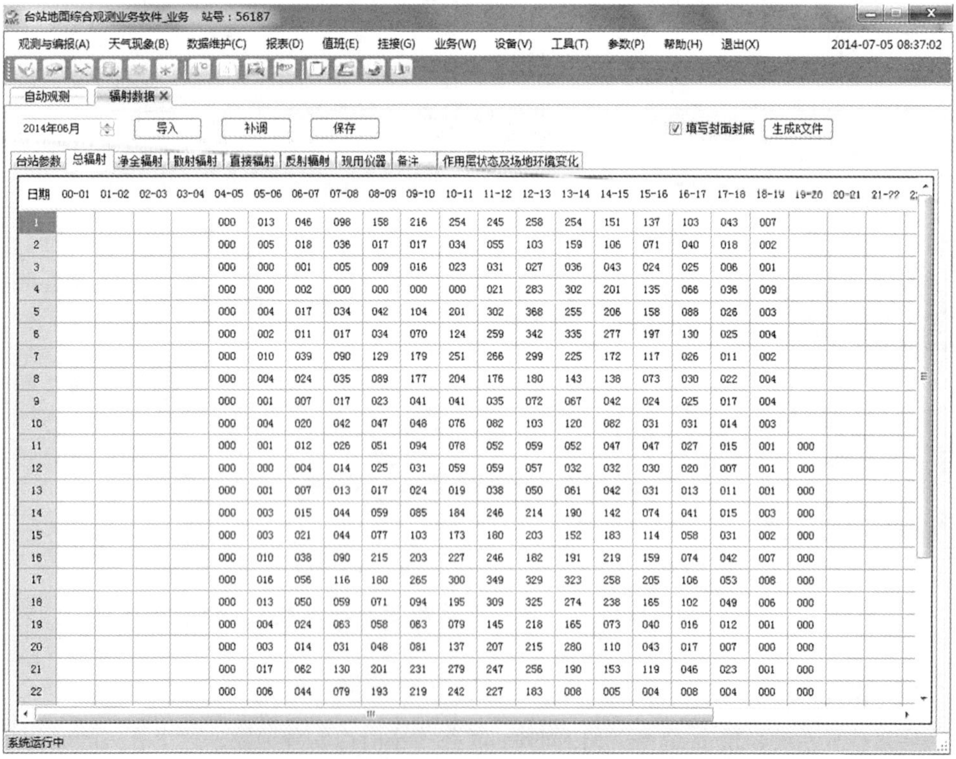

台站地面综合观测业务软件_业务　站号：56187

观测与编报(A)　天气现象(B)　数据维护(C)　报表(D)　值班(E)　挂接(G)　业务(W)　设备(V)　工具(T)　参数(P)　帮助(H)　退出(X)　2014-07-05 08:37:02

自动观测　辐射数据

2014年06月　导入　补调　保存　填写封面封底　生成R文件

台站参数　总辐射　净全辐射　散射辐射　直接辐射　反射辐射　现用仪器　备注　作用层状态及场地环境变化

日期	00-01	01-02	02-03	03-04	04-05	05-06	06-07	07-08	08-09	09-10	10-11	11-12	12-13	13-14	14-15	15-16	16-17	17-18	18-19	19-20	20-21	21-22
1					000	013	046	098	158	216	254	245	258	254	151	137	103	043	007			
2					000	005	018	036	017	017	034	055	103	159	106	071	040	018	002			
3					000	000	001	005	009	016	023	031	027	036	043	024	025	006	001			
4					000	000	002	000	000	000	000	021	283	302	201	135	066	036	009			
5					000	004	017	034	042	104	201	302	368	255	206	158	088	026	003			
6					000	002	011	017	034	070	124	259	342	335	277	197	130	025	004			
7					000	010	039	090	129	179	251	266	299	225	172	117	026	011	002			
8					000	004	024	035	089	177	204	176	180	143	138	073	030	022	004			
9					000	001	007	017	023	041	041	035	072	067	042	024	025	017	004			
10					000	004	020	042	047	048	076	082	103	120	082	031	031	014	003			
11					000	001	012	026	051	094	078	052	059	052	047	047	027	015	001	000		
12					000	000	004	014	025	031	059	059	057	032	032	030	020	007	001	000		
13					000	001	007	013	017	024	019	038	050	061	042	031	013	011	001	000		
14					000	003	015	044	059	085	184	246	214	190	142	074	041	015	003	000		
15					000	003	021	044	077	103	173	180	203	152	183	114	058	031	002	000		
16					000	010	038	090	215	203	227	246	182	191	219	159	074	042	007	000		
17					000	016	056	116	180	265	300	349	329	323	258	205	106	053	008	000		
18					000	013	050	059	071	094	195	309	325	274	238	165	102	049	006	000		
19					000	004	024	063	058	063	079	145	218	165	073	040	016	012	001	000		
20					000	003	014	031	048	081	137	207	215	280	110	043	017	007	000	000		
21					000	017	062	130	201	231	279	247	256	190	153	119	046	023	001	000		
22					000	006	044	079	193	219	242	227	183	008	005	004	008	004	000	000		

系统运行中

图 11.12　辐射数据维护和数据获取界面

11.3.2 操作流程

辐射业务处理过程中可以随时、及时启动常规数据维护，常规要素数据维护流程如下。

(1)要素数据维护

① 时间选择和数据导入：与常规要素维护的操作方法相类似。

② 检查数据：逐页检查各辐射要素数据是否完整，是否有缺测或者异常。若有缺测，则需补调资料。

③补调操作：

a)选择时段：通过单选框“按月份”和“按时段”来选择需要补调日数据的时间周期。

b)选择补调方式：有“仅缺测”和“固定时次”两种方式。“仅缺测”是程序自动查找整条记录无数据的时次，列表以后供人工选择补调；“固定时次”是不管是否缺测，强制性地从SMO原始小时数据文件中读取数据并覆盖当前选择的时次。

c)补调列表：点击“补调列表”按钮，系统会自动在选择的时间段内进行检查缺测内容，并在“缺测资料列表”中显示。通过勾选“缺测资料列表”中的复选框再次选择补调时次，也可勾选“全选”来选中所有时次，以便系统进行补调。

d)补调：通过点击“补调”按钮，系统会根据“缺测资料列表”中勾选的内容进行数据补调。

e)保存：对检查和处理后的数据进行保存，并存回B库文件。

(2)附加信息维护

① 勾选“填写封面封底”，显示“台站参数”、“现用仪器”和“备注”页面；

② 台站参数维护：基本参数相关制作信息中部分信息自动从参数文件中获取，台站长、输入、校对、预审、打印/传输、传输日期需要人工输入。审核一栏由上级资料审核部门填写，传输日期应为次月10日前。

③ 现用仪器检查：检查各仪器的型号、号码、灵敏度、检定日期等信息是否正确，是否有超检。

④ 备注：输入备注信息，凡是对R数据文件记录有影响或者不正常记录的处理统计等均需要进行备注登记。备注信息记录规定：

a)因仪器故障或人为原因造成影响辐射记录质量的情况，造成缺测、无记录等；

b)较大的技术措施，如更换辐射采集器、薄膜罩、干燥剂、改用业务程序等；

c)不正常记录处理情况，如经审核后确定了有疑问或错误记录的取舍情况，应说明取者(项目、数据)已按正式记录录入，舍者(项目、数据)已按缺测处理；

d)辐射传感器加盖情况；

e)台站名称、区站号、级别、地址、位置变动；

f)台站其他需要说明的事项；

g)备注内容按日输入，某日没有需要记载的内容时则不必输入。

⑤ 场地环境变化描述：对本月内的辐射观测场地、环境变化进行描述。场地周围环境变化事项和其他有关事项分栏列出，一个栏输入一个要说明的内容。

⑥ 保存：对检查和维护后的附加信息进行保存，输入的信息保存B库文件中。

(3)生成 R 文件

通过"生成 R 文件"按钮可以生成 R 文件。从 B 库文件读取数据形成按照辐射资料的 R 文件，R 文件存放在/MOI/ReportFiles/RFile/"目录中。其文件名结构为 RIIiii-YYYYMM. txt。

第 12 章 报表制作

报表制作是在地面气象观测数据文件的基础上通过对数据检查和审核以后转换为可视化的报表文件。在主菜单【报表】下面提供了【地面月报表】、【地面年报表】、【辐射月报表】三个子菜单，分别制作地面气象记录月报表、地面气象记录年报表及气象辐射观测记录月报表。

12.1 月报表

12.1.1 地面月报表

地面月报表是以 A 文件为数据源，对数据进行相关统计，按照《地面气象观测规范》的标准输出 PDF 格式的可视化地面月报表文件，用于归档、浏览、打印等。制作流程如下。

(1)导入 A 文件

打开月报表制作窗口，自动导入当前月份的资料，也可通过对时间控件的调整选择其他月份。调入 A 文件的默认路径为“/MOI/ReportFiles/AFile/”，如果不在默认路径可以通过“其他路径导入 A 文件”按钮导入。如导入的月份的 A 文件不成功，会给出提示信息，如图 12.1 所示。

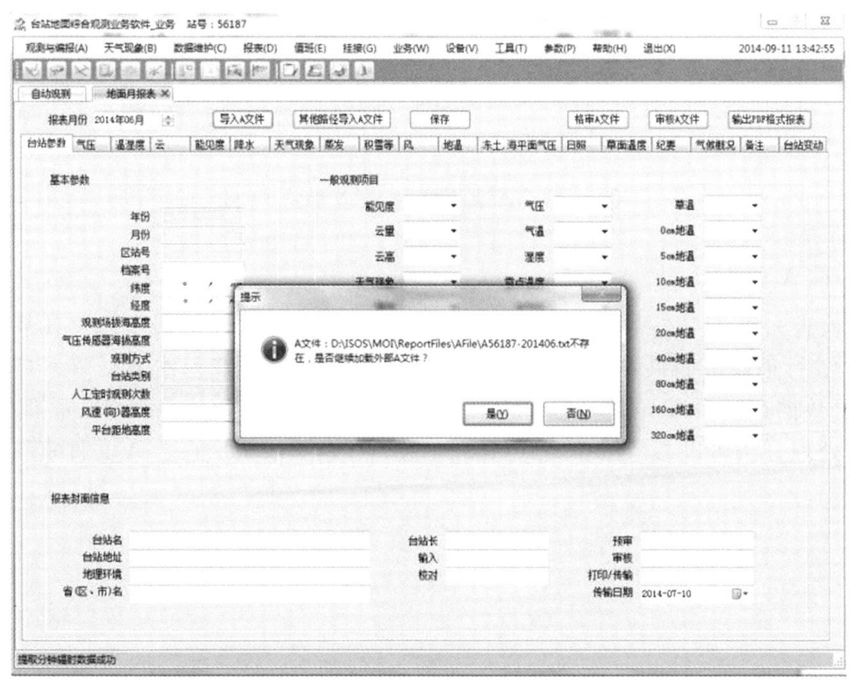

图 12.1 地面月报表制作界面

(2)数据检查

对各页面数据信息进行逐一检查,重点检查封面封底等附加信息是否完整且符合技术规定。查看每条备注中对不完整记录的处理是否正确,各要素是否有缺测,上下跨日期、降水量是否正确等。

(3)格审 A 文件

报表制作的前提是要保证 A 文件的数据格式正确。首先对编辑修改完成的 A 文件进行格式检查,并对格审出的格式错误信息,逐条进行处理,完毕后保存修改结果。如图 12.2 所示。

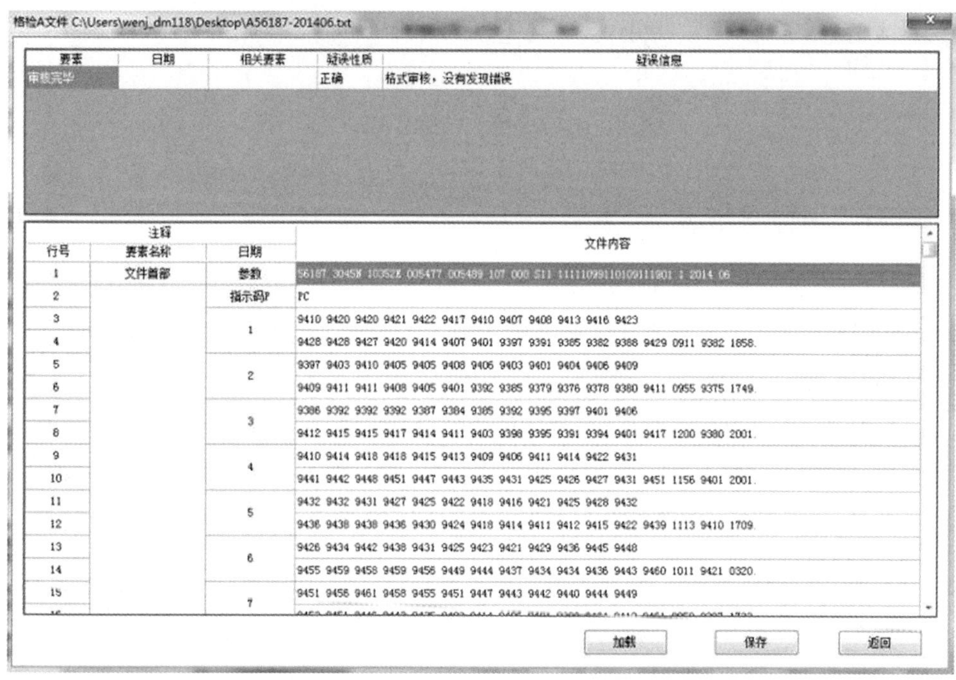

图 12.2　A 文件格式检查结果输出

(4)审核 A 文件

格式检查完毕,进行 A 文件审核,点击“审核 A 文件”,软件根据本站审核规则库对当前 A 文件进行审核。如果发现错误,弹出“有数据错误,查看红色的数据单元格。”的提示信息,如果数据有矛盾或异常,要回到常规要素数据维护界面进行处理,重新生成 A 文件。具体处理方法可以参考第 13 章“13.1.1 正点数据异常处理”。A 文件审核界面如图 12.3 所示。

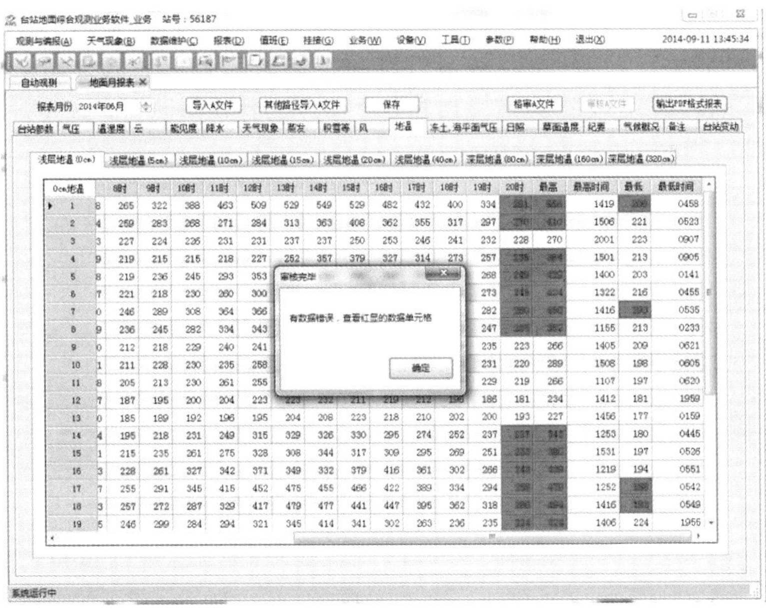

图 12.3 审核A文件出现错误或异常数据的情况

(5)输出报表

经过以上几个步骤就可以生成PDF格式的地面月报表。点击“输出PDF格式报表”按钮，弹出如图12.4所示的窗口。选择页面设置，通过“生成报表”按钮，可生成PDF格式的可视化报表文件。存放在“/MOI/ReportFiles/PDFFiles_A/”目录中。可以打开PDF格式报表文件，检查月统计值或封面封底的填写格式和内容。

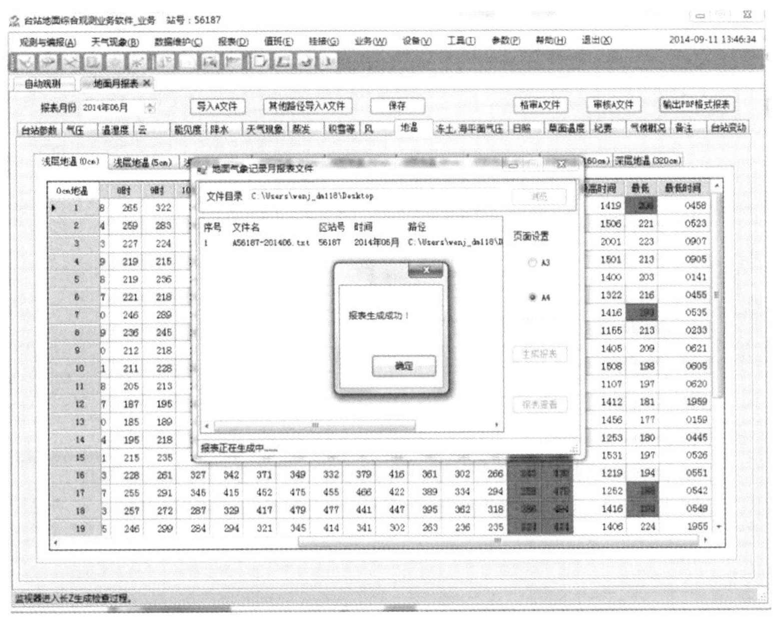

图 12.4 生成PDF格式A文件

(6)查看 PDF 报表

利用软件自带的 PDF 文件阅读工具软件，查看生成的 PDF 格式报表文件。可视化的 PDF 年报表可以任意放大或缩小，检索内容方便，也可打印出不同幅面的纸质报表。报表浏览界面如图 12.5 所示。

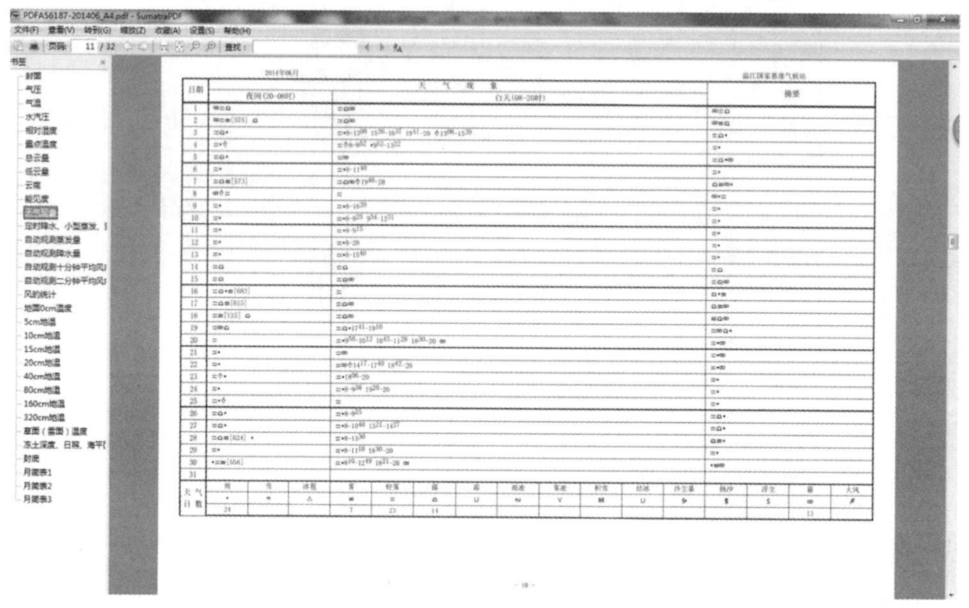

图 12.5 PDF 格式月报表数据文件浏览

提示：

① 在"地面月报表"制作窗口中对数据进行更改仅保存更新到 A 文件中，不更新 B 库文件中的数据；

② 每月月初 1 日 20 时之前形成上月 PDF 格式 A 文件并填报 MDOS 系统平台元数据信息。

12.1.2 辐射月报表

辐射月报表是以 R 文件为数据源，对 R 文件的数据进行相关统计，按照《地面气象观测规范》的标准输出 PDF 格式的可视化辐射月报表文件，用于归档、浏览、打印等。编制辐射月报表的操作流程与地面月报表过程相类似。具体流程如下。

(1)导入 R 文件

打开辐射月报表制作窗口，自动导入当前月份的辐射资料，也可通过对时间控件的调整选择其他月份。调入 R 文件的默认路径为"/MOI/ReportFiles/RFile/"，如果不在默认路径可以通过"其他路径导入 R 文件"按钮导入。如导入的月份的 R 文件不成功，会给出提示信息如图 12.6 所示。

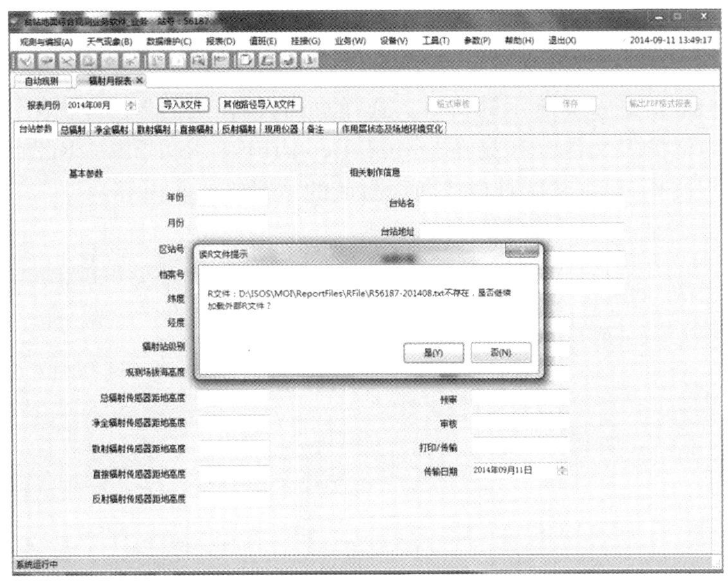

图 12.6　“导入的 R 文件不存在”提示信息

(2)数据检查

对各页面数据信息进行逐一检查，重点检查附件信息是否完整且是否符合技术规定，每条备注信息的对不完整记录的处理是否正确，各要素是否有缺测等。

提示：在“辐射月报表”中对 R 文件数据进行更改，保存更新 R 文件数据信息，不更新 B 库文件中数据信息。

(3)格审 R 文件

对编辑修改完成的 R 文件进行格式检查，并对格审出的格式错误信息予以提示，对逐条信息进行确认处理，处理完毕必须“保存”。如图 12.7 所示。

格检R文件 C:\Users\wenj_dm118\Desktop\R56187-201408.txt

要素	日期	相关要素	疑误性质	疑误信息
审核完毕			正确	格式审核，没有发现错误

行号	注释 要素名称	日期	文件内容
1	文件首部	参数	56187 3045N 10352E 00547T Z1 1 2014 08
2	作用层状态	指示码Z	Z
3		全月	01 01 01 01 01 01 01 01 01 01 01 01 01 10 10 11 01 01 01 01 01 01 01 01 01 01 01 01 01 01 01=
4		指示码Q	Q
5		1	... 001 006 027 025 043 083 087 087 180 237 199 074 021 002 ... 1072 103...
6		2	... 006 053 123 189 260 296 340 338 310 277 160 126 056 006 ... 2540 098...
7		3	... 005 049 101 181 263 138 197 251 295 122 032 053 015 003 ... 1705 115...
8		4	... 002 013 028 093 126 150 160 137 112 151 166 126 034 004 ... 1302 065...
9		5	... 001 029 095 185 192 195 268 314 231 221 184 136 070 003 ... 2124 097...
10		6	... 001 009 028 055 115 166 209 284 259 248 212 110 057 007 ... 1760 097...
11		7	... 000 000 003 017 043 075 075 106 206 235 105 067 033 002 ... 0967 098...
12		8	... 000 001 006 062 068 027 018 032 026 036 015 007 007 000 ... 0307 029...
13		9	... 000 002 009 030 031 034 046 077 074 060 052 044 032 002 ... 0493 028...
14		10	... 002 029 091 125 178 183 178 217 246 227 186 123 022 000 ... 1807 122...
15		11	... 000 009 030 047 091 078 105 126 105 098 080 049 020 003 ... 0841 044...

加载　保存　返回

图 12.7　R 文件格式审核

(4)输出报表

在数据检查和格式检查的基础上可生成 PDF 格式的辐射月报表。点击“输出 PDF 格式报表”按钮，弹出如图 12.8 所示的窗口。选择页面设置，通过“生成报表”按钮，即可生成 PDF 格式的可视化报表文件。存放在“/MOI/ReportFiles/PDFFiles_R/”目录中。可以打开 PDF 格式报表文件，检查月统计值或封面封底的填写格式和内容。

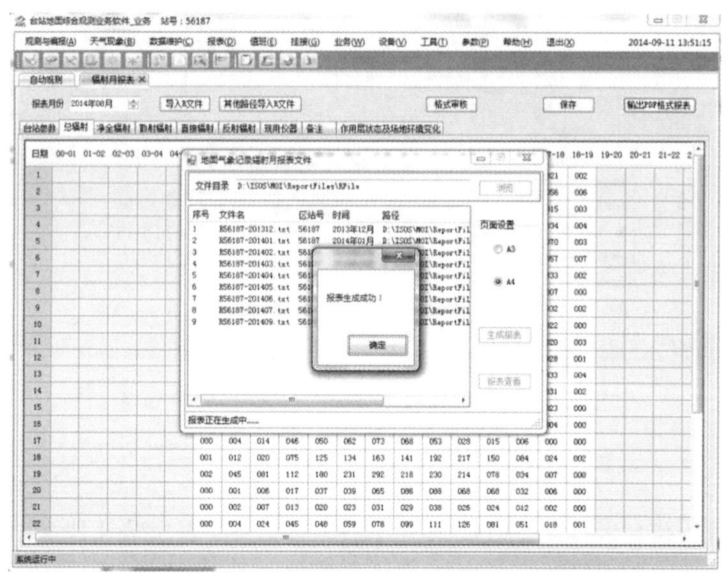

图 12.8　生成 PDF 格式辐射月报表文件

(5)查看 PDF 文件

利用软件自带的 PDF 文件阅读工具软件，查看生成的 PDF 格式报表文件。可视化的 PDF 年报表可以任意放大或缩小，检索内容方便，也可打印出不同幅面的纸质报表。报表浏览界面如图 12.9 所示。

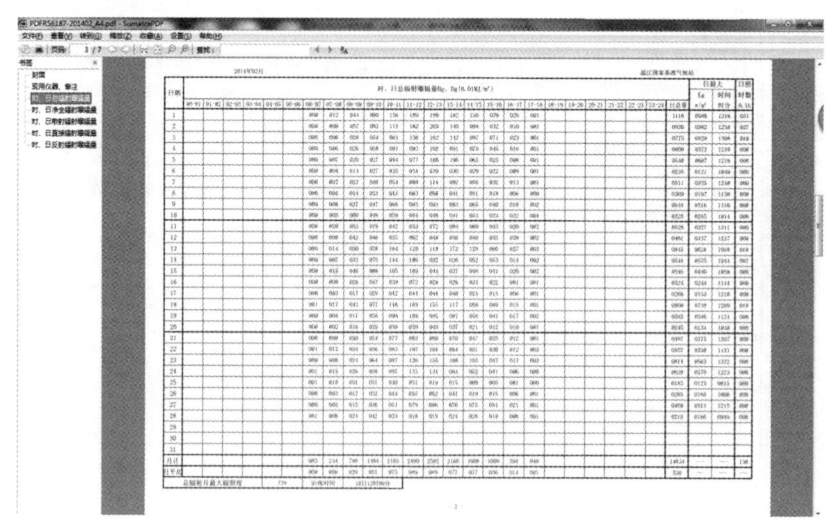

图 12.9　PDF 格式辐射月报表文件查看

12.2 年报表

地面年报表是以 A 文件为数据源，需要上年度 7—12 月和本年度 1—12 月的 18 个月的 A 文件数据进行统计，生成地面年报表数据 Y 文件和可视化 PDF 格式地面年报表。地面年报表业务处理流程如下。

(1)加载数据

选择【报表】菜单下的【地面年报表】打开报表制作窗口，自动加载各月数据文件。如要制作 2010 年的年报表，加载 2009 年 7 月—2010 年 12 月的 A 数据文件，这 18 个月数据文件要求完整且正确，选择 2010 年并确定完成数据文件的加载，如图 12.10 所示。

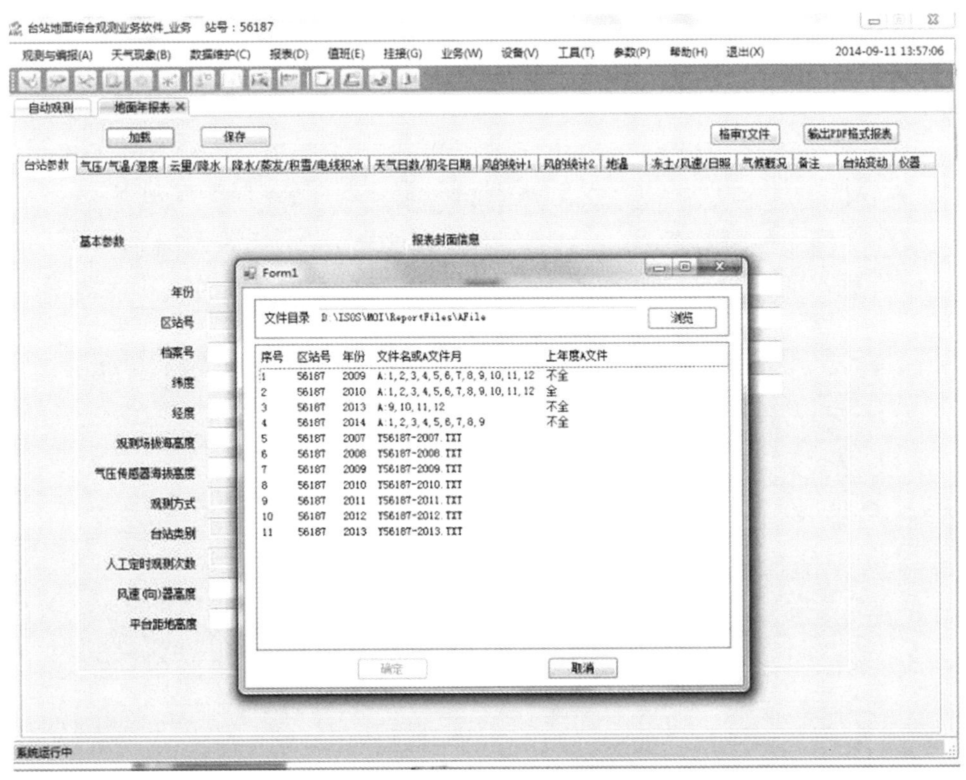

图 12.10 地面年报表数据文件加载过程

(2)数据检查

对各页面数据逐一检查，重点检查各页面数据是否完整，各要素统计是否有缺测或者漏统计等。

(3)加载 15 个时段降水量

前提是在默认目录“/MOI/ReportFiles/AFile/”下有当年各月 J 文件存在且完整。

(4)备注信息

按照《地面气象观测规范》的规定在从当年 1—12 月 A 文件备注信息中挑取相关内容进

行备注。其他相关业务规定参照常规数据维护中备注信息填写，如图 12.11 所示。

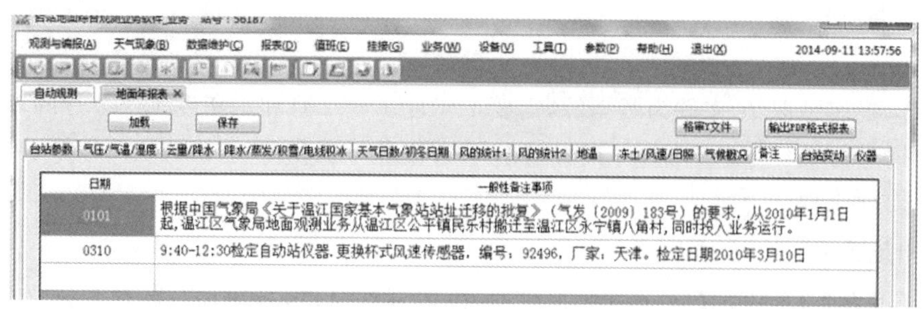

图 12.11　年报表备注信息填写界面

(5)台站变动信息

从当年 1—12 月 A 文件备注信息中挑取关于台站变动的内容，相关业务规定参照常规数据维护中台站变动信息填写，如图 12.12 所示。

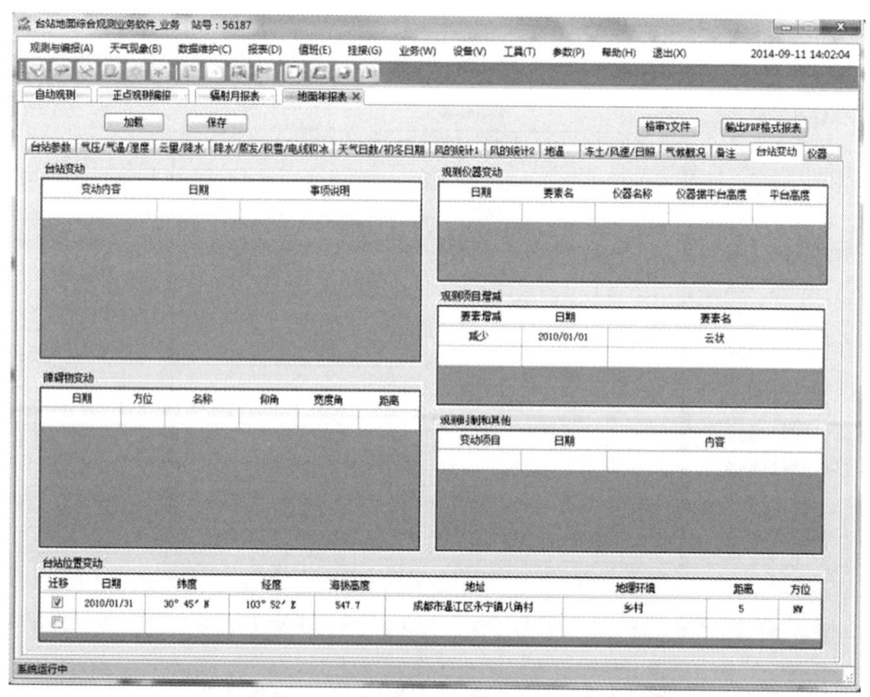

图 12.12　年报表数据文件台站变动信息填写

(6)气候概况

主要记载年度主要天气气候特征，主要天气过程，灾害性关键性天气及其影响，持续时间长的不利天气影响，天气气候综合评价等内容。

(7)仪器信息

主要记载年内使用的仪器内容。各仪器包括仪器的规格型号、号码、厂名、检定日期。如图 12.13 所示。

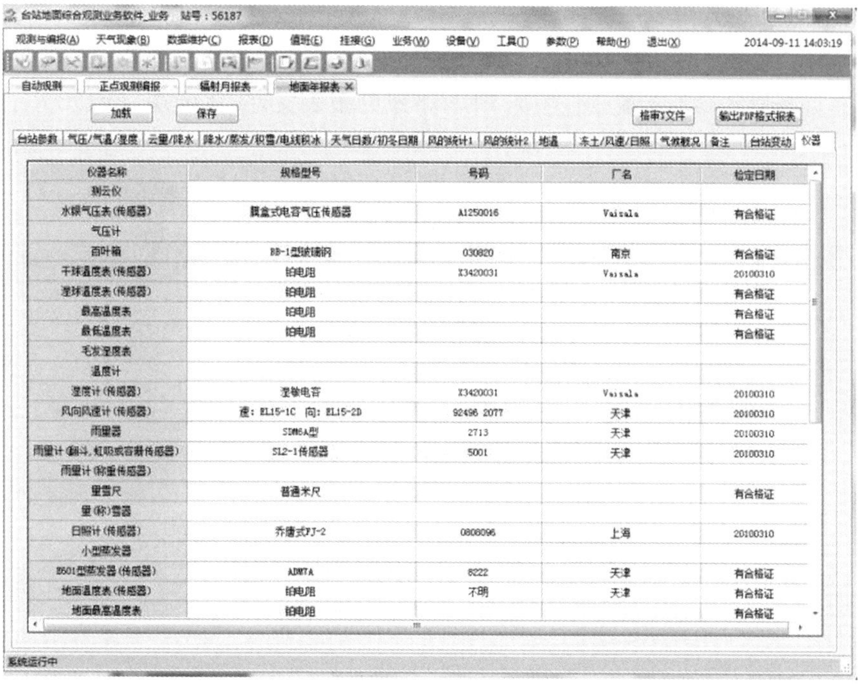

图 12.13 年报表数据文件仪器信息填写

(8)格式审核

先点击"保存"按钮,对封面封底填写信息予以保存到Y文件。对编辑修改完成的Y文件进行格式检查,并对格审出的格式错误信息提示逐条进行处理,再次保存修改结果。如图12.14所示。

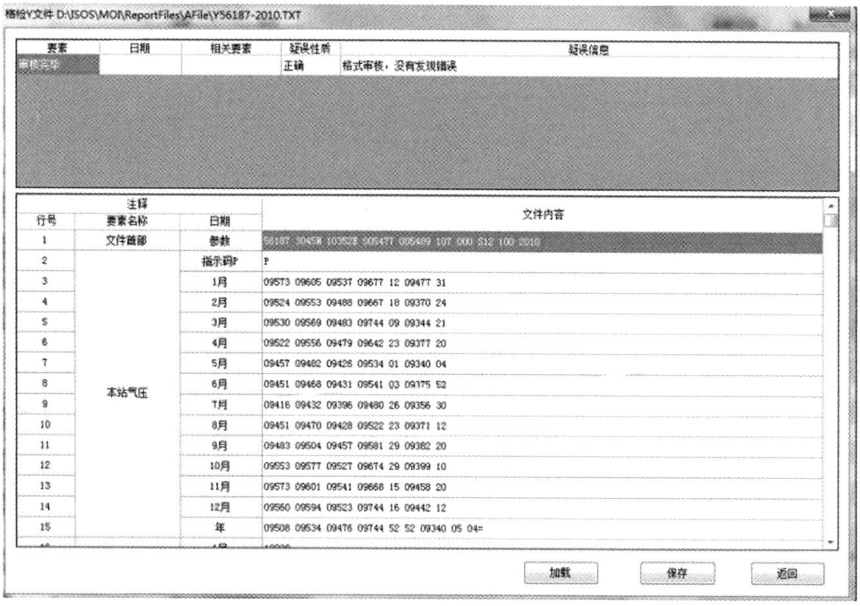

图 12.14 年报表数据文件格式审核

(9)输出 PDF 格式报表

点击“输出 PDF 格式报表”按钮，生成 PDF 格式的年报表。弹出如图 12.15 所示的确认窗口。选择页面设置 A3 或者 A4，生成 PDF 格式的报表文件，存放在“/MOI/ReportFiles/PDFFiles_Y/”目录中。

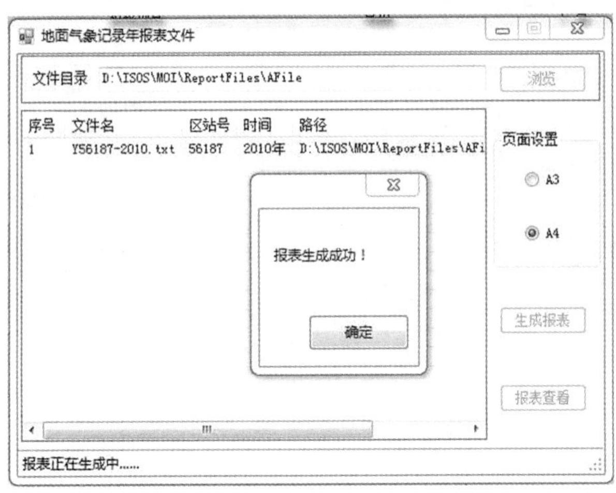

图 12.15　生成 PDF 格式 Y 文件

(10)查看 PDF 格式 Y 文件

点击“报表查看”按钮，调用 PDF 文件阅读工具软件打开 PDF 格式的年报表文件，如图 12.16 所示。可视化的 PDF 年报表可以任意放大或缩小，检索内容方便，也可打印出不同幅面的纸质报表。

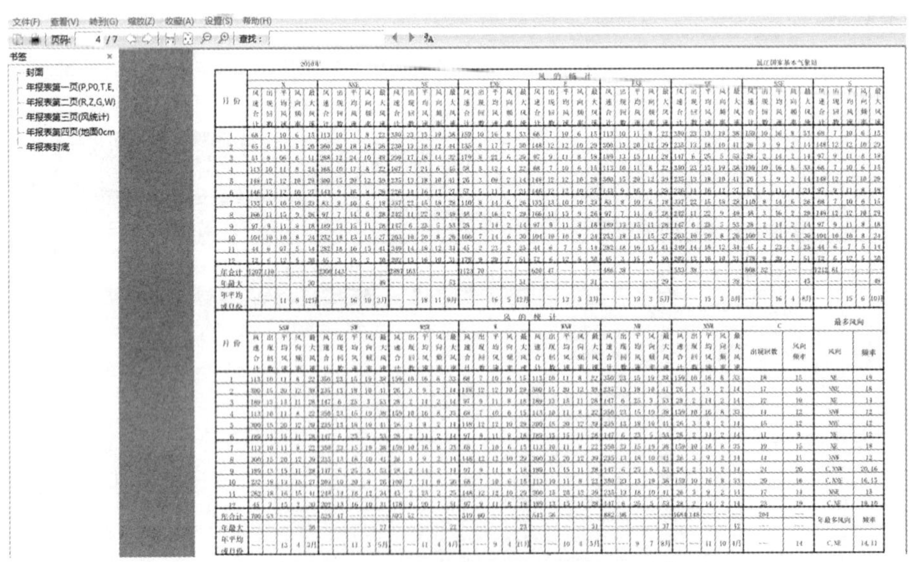

图 12.16　PDF 格式 Y 文件查看

第 13 章　数据异常处理

13.1　正点数据异常处理

13.1.1　正点数据异常处理

正点数据异常处理按照现行测报业务规定，需要在正点观测编报、日数据维护、常规要素维护等过程中进行处理，其处理方法有资料补调、邻近时间数据代替等。

(1)补调

该方法主要适用于需要对过去某时次正点时次记录异常或者 Z 文件未上传，需对该正点时次数据文件中记录进行修改和上传。操作流程如下。

在正点观测编报界面，调整日期时间控件到需要处理的时次，点击“补调”按钮即可获重新从 B 库数据文件中读取资料。如果 B 库中没有数据，程序自动从 SMO 的原始数据文件读取。

检查缺测或者异常数据是否通过补调获得正确数据，质控完成后，即可编发 Z 数据文件，更正标志会在 MOIFTP 通信软件自动添加。

(2)代缺

通常是在正点观测编报的时候，对正点数据缺测采用弥补的一种功能。按照测报业务技术规定的可以从正点前后 10 min 自动气象观测数据中选取邻近时间的相同要素数据来代替正点观测数据。其操作方法如下。

点击“代缺”按钮，根据缺测数据情况可选择单要素代缺或多要素，如图 13.1 所示。

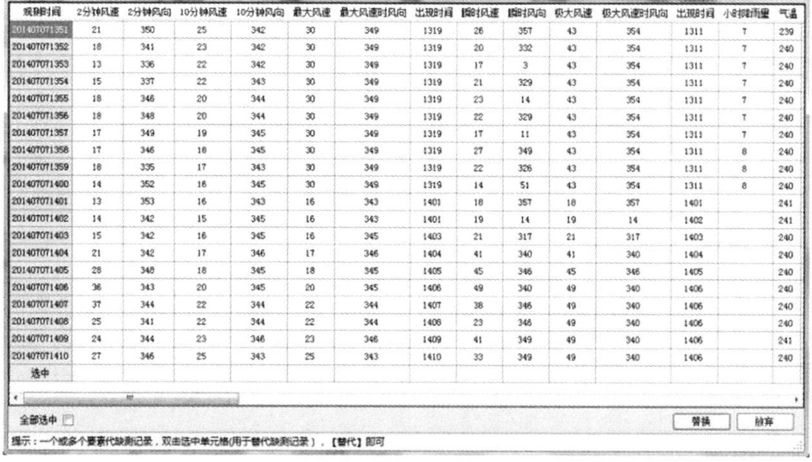

前十分钟自动站数据

观测时间	2分钟风速	2分钟风向	10分钟风速	10分钟风向	最大风速	最大风速时风向	出现时间	瞬时风速	瞬时风向	极大风速	极大风速时风向	出现时间	小时降雨量	气温
201407071351	21	350	25	342	30	349	1319	26	357	43	354	1311	7	239
201407071352	18	341	23	342	30	349	1319	20	332	43	354	1311	7	240
201407071353	13	336	22	342	30	349	1319	17	3	43	354	1311	7	240
201407071354	15	337	22	343	30	349	1319	21	329	43	354	1311	7	240
201407071355	18	346	20	344	30	349	1319	23	14	43	354	1311	7	240
201407071356	18	348	20	344	30	349	1319	22	329	43	354	1311	7	240
201407071357	17	349	19	345	30	349	1319	17	11	43	354	1311	7	240
201407071358	17	346	18	345	30	349	1319	27	349	43	354	1311	8	240
201407071359	18	335	17	343	30	349	1319	22	326	43	354	1311	8	240
201407071400	14	352	18	345	30	349	1319	14	51	43	354	1311	8	240
201407071401	13	353	16	343	16	343	1401	18	357	18	357	1401		241
201407071402	14	342	15	345	16	343	1401	19	14	19	14	1402		241
201407071403	15	342	18	345	16	345	1403	21	317	21	317	1403		240
201407071404	21	342	17	346	17	346	1404	41	340	41	340	1404		240
201407071405	28	348	18	345	18	345	1405	45	346	45	346	1405		240
201407071406	36	343	20	345	20	345	1406	49	340	49	340	1406		240
201407071407	37	344	22	344	22	344	1407	38	346	49	340	1406		240
201407071408	25	341	22	344	22	344	1408	23	346	49	340	1406		240
201407071409	24	344	23	346	23	346	1409	41	349	49	340	1406		241
201407071410	27	346	25	343	25	343	1410	33	349	49	340	1406		240
选中														

全部选中　　替换　放弃

提示：一个或多个要素代缺测记录，双击选中单元格(用于替代缺测记录)，【替代】即可

图 13.1　调入正点前后 10 min 数据

选所有要素的方法：鼠标单击在表格中用来替换某行中的任一单元格，然后勾选表格左下角的“全部选中”复选框，则该行记录的全部要素将被用作替代正点数据，显示在最下面的一行中，如图 13.2 中的选中栏。

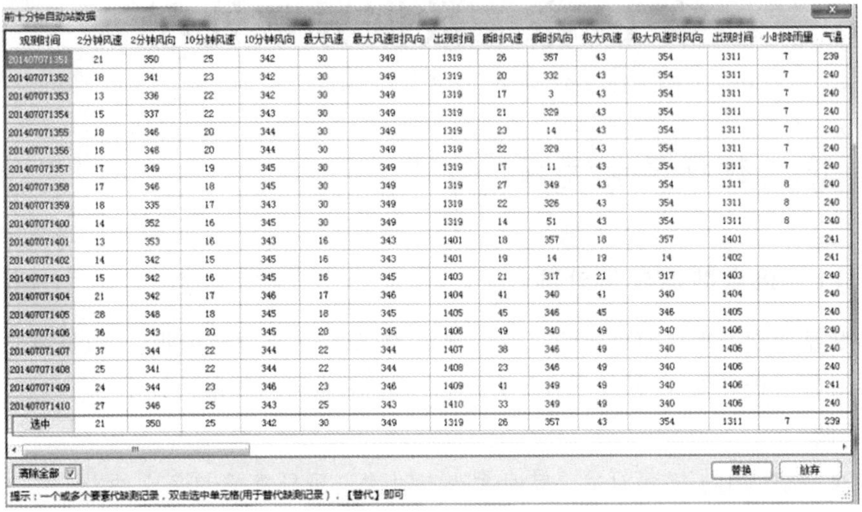

前十分钟自动站数据

观测时间	2分钟风速	2分钟风向	10分钟风速	10分钟风向	最大风速	最大风速时风向	出现时间	瞬时风速	瞬时风向	极大风速	极大风速时风向	出现时间	小时降雨量	气温
201407071351	21	350	25	342	30	349	1319	26	357	43	354	1311	7	239
201407071352	18	341	23	342	30	349	1319	20	332	43	354	1311	7	240
201407071353	13	336	22	342	30	349	1319	17	3	43	354	1311	7	240
201407071354	15	337	22	343	30	349	1319	21	329	43	354	1311	7	240
201407071355	18	346	20	344	30	349	1319	23	14	43	354	1311	7	240
201407071356	18	348	20	344	30	349	1319	22	329	43	354	1311	7	240
201407071357	17	349	19	345	30	349	1319	17	11	43	354	1311	7	240
201407071358	17	346	18	345	30	349	1319	27	349	43	354	1311	8	240
201407071359	18	335	17	343	30	349	1319	22	326	43	354	1311	8	240
201407071400	14	352	16	345	30	349	1319	14	51	43	354	1311	8	240
201407071401	13	353	16	343	16	343	1401	18	357	18	357	1401		241
201407071402	14	342	15	345	16	343	1401	19	14	19	14	1402		241
201407071403	15	342	16	345	16	345	1403	21	317	21	317	1403		240
201407071404	21	342	17	346	17	346	1404	41	340	41	340	1404		240
201407071405	28	348	18	345	18	345	1405	45	346	45	346	1405		240
201407071406	36	343	20	345	20	345	1406	49	340	49	340	1406		240
201407071407	37	344	22	344	22	344	1407	38	346	49	340	1406		240
201407071408	25	341	22	344	22	344	1408	23	348	49	340	1406		240
201407071409	24	344	23	346	23	346	1409	41	349	49	340	1406		241
201407071410	27	346	25	343	25	343	1410	33	349	49	340	1406		240
选中	21	350	25	342	30	349	1319	26	357	43	354	1311	7	239

清除全部 替换 放弃

提示：一个或多个要素代缺测记录，双击选中单元格(用于替代缺测记录)，【替代】即可

图 13.2　代缺处理中全要素选中

选单个要素方法：鼠标双击表格中某分钟要素数据的单元格，则该要素将被用作替代正点某个要素的数据(可以重复上述操作，进行多个要素选中)，如图 13.3 中的选中栏。

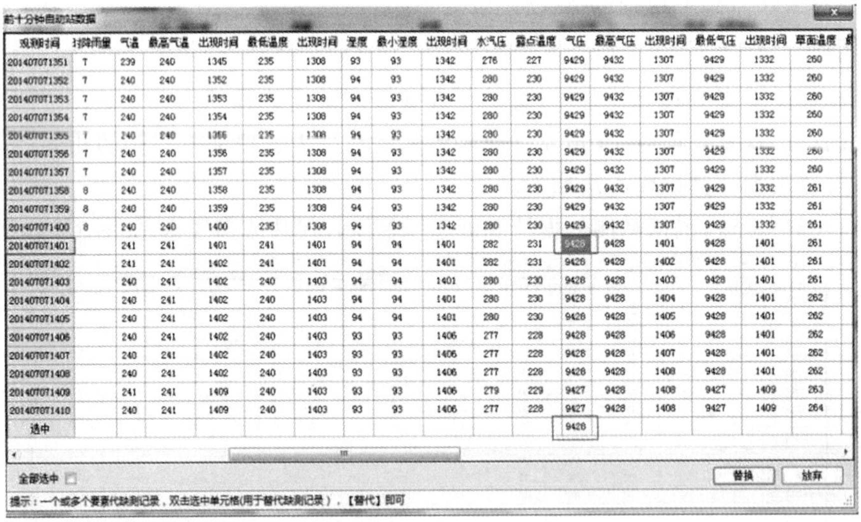

前十分钟自动站数据

观测时间	时降雨量	气温	最高气温	出现时间	最低温度	出现时间	湿度	最小湿度	出现时间	水汽压	露点温度	气压	最高气压	出现时间	最低气压	出现时间	草面温度
201407071351	7	239	240	1345	235	1308	93	93	1342	276	227	9429	9432	1307	9429	1332	260
201407071352	7	240	240	1352	235	1308	94	93	1342	280	230	9429	9432	1307	9429	1332	260
201407071353	7	240	240	1353	235	1308	94	93	1342	280	230	9429	9432	1307	9428	1332	260
201407071354	7	240	240	1354	235	1308	94	93	1342	280	230	9429	9432	1307	9429	1332	260
201407071355	7	240	240	1356	235	1308	94	93	1342	280	230	9429	9432	1307	9429	1332	260
201407071356	7	240	240	1356	235	1308	94	93	1342	280	230	9429	9432	1307	9429	1332	260
201407071357	7	240	240	1357	235	1308	94	93	1342	280	230	9429	9432	1307	9429	1332	260
201407071358	8	240	240	1358	235	1308	94	93	1342	280	230	9429	9432	1307	9429	1332	261
201407071359	8	240	240	1359	235	1308	94	93	1342	280	230	9429	9432	1307	9429	1332	261
201407071400	8	240	240	1400	235	1308	94	93	1342	280	230	9429	9432	1307	9429	1332	261
201407071401		241	241	1401	241	1401	94	94	1401	282	231	9428	9428	1401	9428	1401	261
201407071402		241	241	1402	241	1401	94	94	1401	282	231	9428	9428	1402	9428	1401	261
201407071403		240	241	1402	240	1403	94	94	1401	280	230	9428	9428	1403	9428	1401	261
201407071404		240	241	1402	240	1403	94	94	1401	280	230	9428	9428	1404	9428	1401	262
201407071405		240	241	1402	240	1403	94	94	1401	280	230	9428	9428	1405	9428	1401	262
201407071406		240	241	1402	240	1403	93	93	1406	277	228	9428	9428	1406	9428	1401	262
201407071407		240	241	1402	240	1403	93	93	1406	277	228	9428	9428	1407	9428	1401	262
201407071408		240	241	1402	240	1403	93	93	1406	277	228	9428	9428	1408	9428	1401	262
201407071409		241	241	1409	240	1403	93	93	1406	279	229	9427	9428	1408	9427	1409	263
201407071410		240	241	1409	240	1403	93	93	1406	277	228	9427	9428	1408	9427	1409	264
选中												9428					

全部选中 替换 放弃

提示：一个或多个要素代缺测记录，双击选中单元格(用于替代缺测记录)，【替代】即可

图 13.3　代缺处理中单个要素选中

点击“替换”按钮，则用表格中选中行的数据对正点数据的相应要素逐一替代。被替代的要素文本框以亮色块表示。检查代缺是否正确，质控完成后，即可编发 Z 数据文件。

(3)手动修改

在“正点观测编报”界面中，当自动观测数据存在错误或疑问时可以手动修改数据，手动修改适用于用备份自动站记录、用人工补测记录、前后内插计算记录、极值重新挑选、作缺处理等异常记录的处理，其处理流程如下：

① 选择需要处理记录的日期时次；

② 选择要处理的要素文本框进行手动修改。如图13.4所示，某站7月15日14时，本站气压、海平面气压、小时蒸发量、10 cm地温、小时极大风向风速及其出现时间异常，按照异常记录优先处理顺序：本站气压、10 cm地温需要用备份自动站对应时次记录代替，小时蒸发量用前后小时次内插计算值代替，极大风向风速及其出现时间作缺测处理，代替的数据直接输入该要素文本框中，同时背景底色用黄色表示。

③ 编发Z文件。

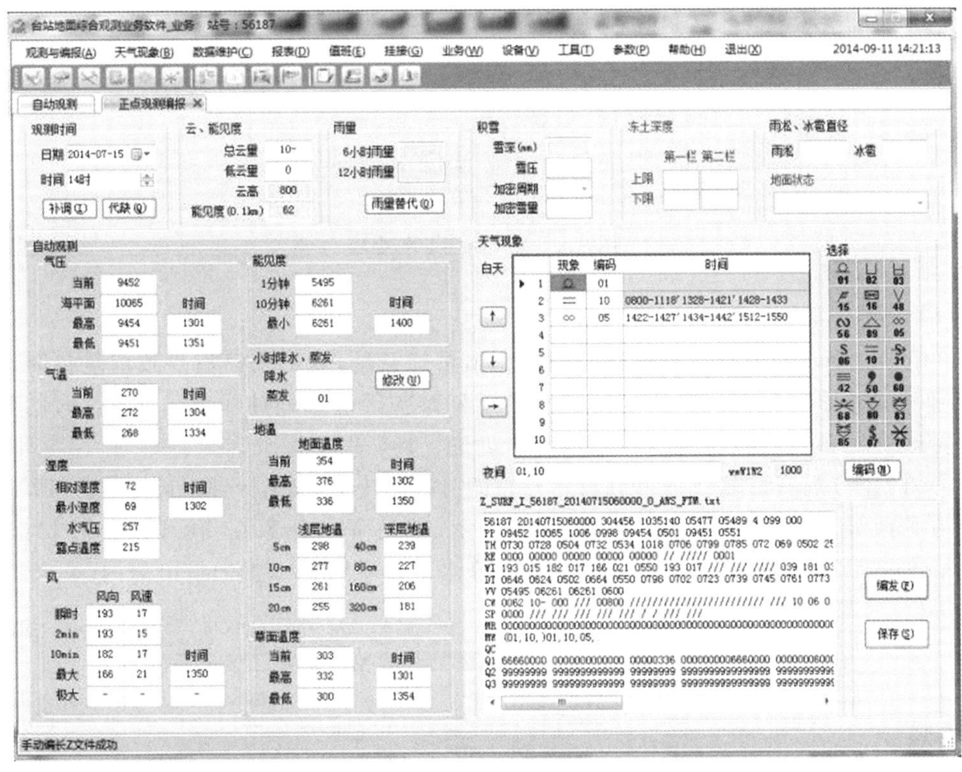

图13.4 正点异常记录修改处理

(4)雨量替代

该操作主要用于当翻斗（称重）雨量传感器故障导致小时雨量记录缺测或异常时，可以用称重与翻斗雨量互相代替。当台站参数中自动观测数据源选择为“翻斗雨量传感器”或者“称重雨量传感器”时，在可输入时间段（08时、14时、20时），按钮“雨量替代”变为可用。在观测时次为08时、14时、20时的“6 h雨量”和“12 h雨量”栏可以用称重代替翻斗，或翻斗代替称重。点击“雨量替代”按钮，通过双击翻斗雨量单元格或称重雨量单元格可完成雨量替换，然后点击“保存”按钮。如图13.5所示。

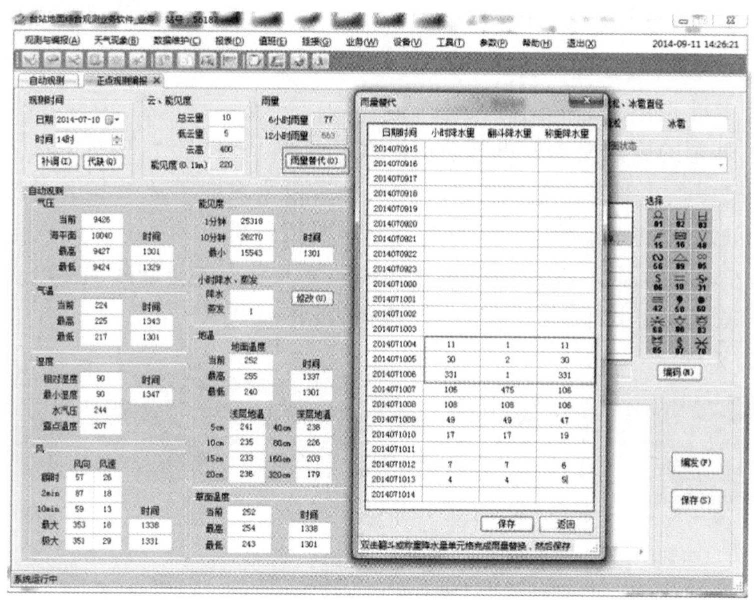

图 13.5　雨量代替处理

(5)修改

在晴天无降水的情况下出现异常的翻斗雨量计空翻，或降水滞后导致雨量错时，重启 MOI 业务软件导致雨量不连续记录，雨量传感器维护等造成分钟降水记录异常时的处理，均需要通过"修改"方法对降水异常记录进行处理。其处理流程如下：

① 在"正点观测编报"界面单击降水量栏的"修改"按钮，调出分钟雨量修改窗口；

② 修改异常记录的数据。如图 13.6 所示，某站降水现象在 14:40 停止，14:58 有 0.1 mm的滞后降水量，需要将 58 分 0.1 mm 降水量处理到降水停止的 40 分内。

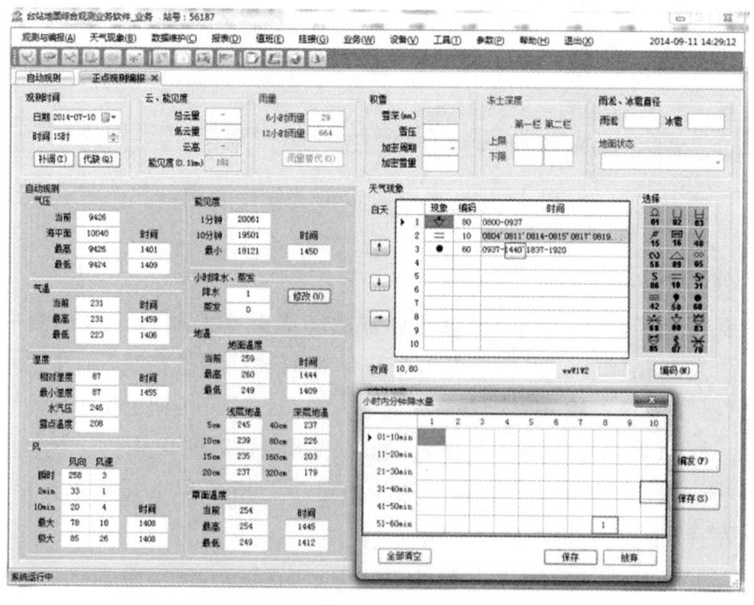

图 13.6　分钟降水量滞后

③ 在分钟降水量窗口点击“保存”按钮，返回编报主界面，编发 Z 文件。

提示：

① 当小时降水量异常，需要用备份自动站分种和小时雨量记录代替。如果备份站也缺测，则该小时按照缺测处理。

② 超过 1 h 滞后降水量处理会涉及前后小时正点记录，需同时修改更正涉及的 Z 文件。

(6)日数据处理

当人工观测日照小时记录异常、自动观测日蒸发量异常需要用人工观测记录代时在常规日数据维护中对异常记录进行处理。流程如下。

① 在【观测与编报】菜单选择“常规日数据”功能。

② 选择需要处理记录的日期、时次。

③ 对异常日照小时记录进行处理，编发并更正形成日照上传数据文件。

④ 对异常自动观测日蒸发量，用人工观测日蒸发量代替处理：选中“21—19”时的 23 个单元格，输入“-”，对 21—19 时原始蒸发量按缺测处理；在“＊19—20 时”蒸发量栏输入人工观测日蒸发量，对修改的内容必须在编报以后才能保存到 B 库中。如图 13.7 所示。最后通过“编发”按钮形成日上传数据文件。

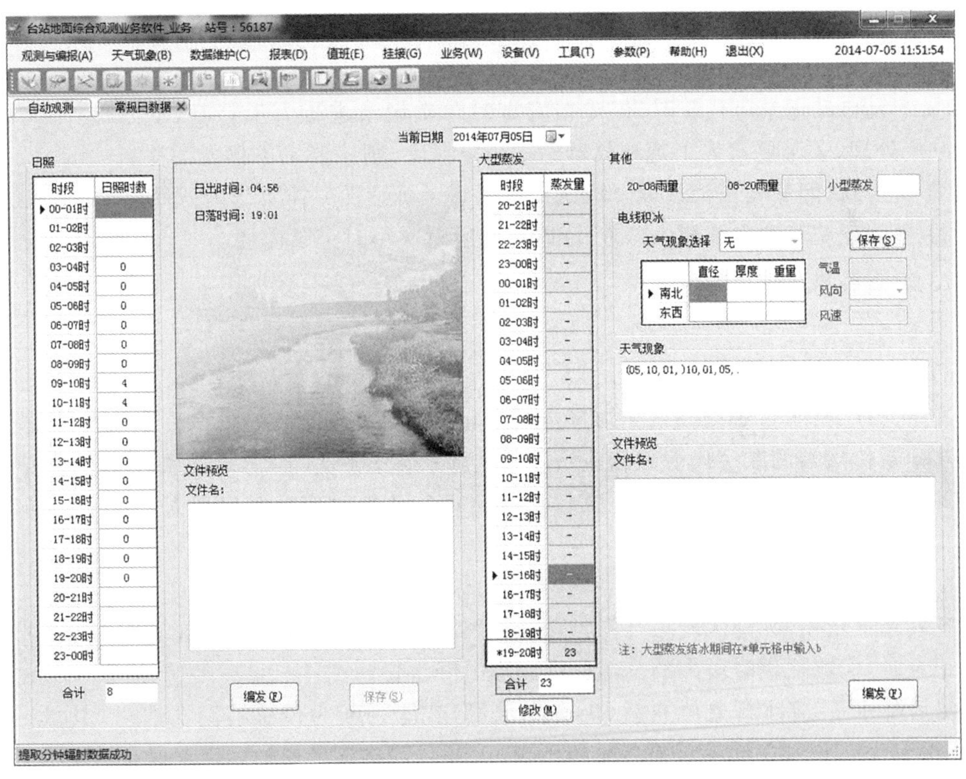

图 13.7　人工观测日蒸发量代替自动观测蒸发处理

提示：人工观测某一小时日照时数缺测不可以用前后时次记录内插计算。自动观测小时蒸发量异常可以用备份站大型蒸发相应时次记录代替或前后时次记录内插计算代替。一小时蒸发量作为缺测处理时软件会自动计算内插数据，填入缺测时次表单元格中。

13.1.2 正点数据异常处理技术要点

(1)处理时间

① 白天正点记录出现异常时,定时观测时次的记录应立即进行处理,其他正点时次的记录应在下一定时观测前完成修改、上传。

② 夜间正点记录出现异常时,应在当日10时前完成修改、上传。若夜间数据异常影响到08时、09时记录时,应在10时前对08时、09时相应记录进行修改、上传。

(2)优先顺序

针对已实现自动观测的气温、相对湿度、风向、风速、气压、地温、草温记录异常时处理,正点时次的记录按照以下优先处理顺序进行处理:

① 正点前10 min接近正点记录代替;

② 正点后10 min接近正点记录代替;

③ 备份自动站相应时次记录代替,备份自动站相应时次记录无,是否人工补测要根据本省的业务观测处理;

④ 前后时次内插记录;

⑤ 缺测处理。

几点提示:

① 若无自动记录可代替时,仅对相应定时时次记录进行人工补测(草温除外),其他时次按缺测处理,若某要素人工观测仪器已按规定撤除,则该要素不再人工补测;

② 因云高、能见度、雪深、风、降水量、日照等无延续性一律不作内插处理;

③ 自动观测蒸发当缺测1 h时,可以用前后时次小时记录内插。

(3)几种特殊处理

① 降水

a)替代原则

非结冰期,降水量观测以翻斗雨量传感器记录为准时,记录按照称重降水传感器、备份站翻斗雨量传感器的顺序代替。如该站以称重降水传感器为准,记录按照翻斗雨量传感器、备份站翻斗雨量传感器顺序代替。无自动观测设备备份时应及时启用人工补测。结冰期,用人工观测记录代替。

b)降水量异常处理

空翻降水量:若无降水现象,因其他原因(蚂蚁、风、人工调试等)或自动站故障而造成的异常记录时,应删除该时段内的全部分钟和小时降水量。

滞后降水量:降水现象停止后,仍有降水量,若能判断为传感器翻斗滞后(其量一般为0.1 mm、0.2 mm、0.3 mm,且滞后时间不超过2 h),可将该量累加到降水停止的那分钟和小时时段内,否则删除。夜间不守班期间(20—08时)混有滞后降水量时,因无法判断,按正常处理。

漏斗堵塞或固态降水随降随化降水量:若自动站记录的过程总量与人工雨量筒观测的量的差值百分率与其他正常时相当,则按正常处理;若自动站记录的降水量明显偏小或滞后严重,则该时段的分钟和小时降水量按缺测处理。

用人工观测作备份时，若自动站记录的过程总量与人工雨量筒观测的量存在明显偏差，如有雨量自记记录，则该时段的小时降水量用雨量自记记录值代替，分钟降水量作缺测处理，如雨量自记记录也没有，则对应降水现象时段内的分钟和小时降水量均作缺测处理。有备份自动站时，非结冰期间小时雨量和分钟雨量均用备份自动站相应时次记录代替。

② 天气现象

a)能见度、雪深、降水类和视程障碍类天气现象自动观测或判别出现故障时，守班期间按人工观测方式观测。

b)因设备故障、雨量空翻等造成降水类和视程障碍类天气现象自动观测记录与实际情况不一致时，仅对定时观测时次记录进行质控处理。

③ 蒸发量

a)自动蒸发量日合计缺测时，该日记录按缺测处理，不进行人工补测；

b)故障期间，无备份自动蒸发观测，则恢复人工观测，配蒸发雨量用自动降水记录代替；

c)因降水等原因，导致记录异常时，影响一个小时记录时若有备份自动站相应时次蒸发量则用该记录代替，否则内插计算该小时蒸发量，连续2 h或以上异常按缺测处理。

④ 分钟加密数据文件

因分钟数据异常造成加密数据文件错误时，加密数据文件一律不做订正处理。

13.2 分钟异常数据处理

分钟资料是指对J文件的分钟数据维护中的气温、相对湿度、本站气压、降水量和风向风速五个要素分钟数据异常的处理。降水量分钟数据异常处理流程同“13.1.2 正点数据异常处理技术要点”。分钟数据异常的常见问题处理方法：

(1)某分钟数据缺测不能用前后分钟数据内插计算代替时，数据异常时段的数据记录按缺处理。

(2)第60分钟数据异常代替：若正点观测00分钟的数据是经过内插、人工补测等代替后的值，不得代替J文件中的第60分钟的数据。

(3)分钟数据发生跳变，跳变前和跳变后的分钟数据均正常，跳变期间的异常数据按缺测处理。

(4)注意系统偏差。比如风向或者风速一直不变；或者风向风速出现突变；温、湿、压长时间不变；雨量分钟数据缺测是否冬季停用等，如果发现是由于仪器故障造成的就要按照缺测处理。

(5)仪器故障、维护或检定期间的分钟数据按缺测处理，而无降水现象期间的雨量按无降水处理。

第 14 章 设备管理

测报业务工作中需要对本站新型自动气象站现用、备用仪器设备、气象辐射仪器、仪器设备维护维修进行登记，以便对新型自动气象站仪器设备进行管理。

14.1 现用常规仪器设备

现用仪器设备管理是对新型自动气象站现用的地面常规仪器设备进行登记管理。登记的内容包括仪器名称、型号、编号、启用日期和超检日期等。当新型自动气象站设备进行更换、检定、撤销时需要逐一更新登记。登记界面如图 14.1 所示。

设备管理

现用常规仪器设备 | 备用仪器设备 | 气象辐射仪器 | 维护维修登记

	名称	型号	编号	启用日期	超检日期	备注
1	数据采集器	CAWS3000	00073	2014-01-01	2015-11-29	
2	温湿度传感器	HMP155	J0210013	2014-01-01	2015-11-29	
3	地温传感器	HY-T		2014-01-01	2015-11-29	
4	风向传感器	EL15-2C	13030210406	2014-01-01	2015-11-29	
5	风速传感器	EL15-1C	13110740183	2014-05-31	2015-12-01	
6	雨量传感器	SL3-1	201212672	2014-01-01	2015-11-29	
7	能见度传感器	HY-V35(DNQ1)	J0712040	2014-01-01	2015-11-29	
8	蒸发传感器	AG2.0	12121220205	2014-01-01	2015-11-29	
9	气压传感器	PTB210	G3360009	2014-01-01	2015-11-29	
10	地温变送器	CAWS-BS	00073	2014-01-01	2015-11-29	
11	大型蒸发桶	HY-ZFB		2014-01-01	2015-11-29	
12	百叶箱	HY-BYX/ZP		2014-01-01	2015-11-29	
13						
14						
15						
16						
17						
18						
19						
20						
21						

删除记录 添加新行 转为现用 转为备用 （注：多个灵敏度之间用"/"分隔） 打印 保存 退出

图 14.1 常用仪器设备管理

14.2 备用仪器设备

备用仪器设备是对新型自动气象站备用的常规仪器设备（包含辐射仪器）进行登记管理，登记的内容包括仪器名称、型号、编号、启用日期、超检日期、备注等。当新型自动气象站设备进行更换、送检、领回时需要逐一更新登记。当备用仪器设备转为现用，可从备用仪器设备登记管理表中直接通过"转为现用"按钮将设备加到现用仪器设备表中。登记界面如图 14.2 所示。

设备管理

现用常规仪器设备 | 备用仪器设备 | 气象辐射仪器 | 维护维修登记

	名称	型号	编号	检定日期	超检日期	备注
1	总辐射表		607	2013-01-31	2015-01-30	存放在仪器1号柜
2	直射辐射表		010	2013-01-31	2015-01-30	2014年2月22号换上
3	干球温度表		155040	2010-12-16	2015-12-15	
4	湿球温度表		155569	2010-12-16	2015-12-15	
5	地面温度表		51161	2011-12-09	2016-12-08	
6	百叶箱高表		31585	2012-04-15	2018-04-14	
7	温度传感器		139			
8	温度传感器		199			
9	温度传感器		142			
10	温度传感器		201			
11	温度传感器		198			
12	温度传感器		0811			
13	温度传感器		200			
14	温度传感器		143			
15	总辐射表		329	2014-01-22	2016-01-21	2014年2月22号换上做总辐射表
16	总辐射表		641	2014-01-23	2014-01-22	2014年2月22号换上做散表
17	净辐射表		088	2013-06-19	2015-06-18	
18	直接辐射表		070	2013-06-19	2015-06-18	
19	净辐射表		225	2013-09-25	2015-09-24	
20	直接辐射表		2014	2013-05-30	2015-05-29	
21						

删除记录 添加新行 转为现用 转为备用 （注：多个灵敏度之间用“/”分隔） 打印 保存 退出

图 14.2 备用仪器设备管理

14.3 辐射仪器设备

辐射仪器设备是对新型自动气象站辐射仪器设备进行登记管理，登记的内容包括仪器名称、型号、编号、灵敏度、响应时间、电阻值、启用日期、超检日期、备注等。登记界面如图 14.3 所示。

设备管理

现用常规仪器设备 | 备用仪器设备 | 气象辐射仪器 | 维护维修登记

	名称	型号	编号	灵敏度	响应时间	电阻	启用日期	检定日期	备注
1	总辐射表	TBQ-2-B	329	11.25	11	211.0	2014-02-22	2014-01-22	
2	直接辐射表	TBS-2-B-A	010	9.55	13	60.0	2014-02-22	2013-01-31	
3	净全辐射表	FNP-1	142	11.66/10.13	60	340.2	2014-03-18	2013-06-19	
4	反射辐射表	TBQ-2-B	166	11.45	11	201.0	2013-03-15	2013-01-31	
5	散射辐射表	TBQ-2-B	641	11.28	10	209.0	2014-02-22	2014-01-23	
6	记录器	CAWS3000-RA	56187				2014-01-01	2013-11-30	
7									
8									
9									
10									
11									
12									
13									
14									
15									
16									
17									
18									
19									
20									
21									
* 22									

删除记录 添加新行 转为现用 转为备用 （注：多个灵敏度之间用“/”分隔） 打印 保存 退出

图 14.3 辐射仪器设备管理

提示：辐射数据维护和辐射月数据文件（R 文件）中“现用仪器”读自“气象辐射仪器”登记信息，务必保证其登记内容的正确性。

14.4 维护维修登记

在业务值班过程中，发生仪器设备更换、维护和维修，将相关信息在“维护维修登记”进行输入，对现用仪器设备维护维修的记录，便于备查。登记界面如图 14.4 所示。

图 14.4 仪器设备维护维修登记

第 15 章 值班管理

测报业务值班不但是完成观测业务任务，而且要处理各种技术规定和事务性工作。值班管理就是为了解决观测业务相关的其他管理事务，包括交接班和值班日记。

15.1 值班交接

值班交接用于确定值班人员和下一班值班员的交接班时间。当交班员与接班员交接班时，交接班操作过程如下。

(1)交班员和接班员共同巡视仪器设备，交接班期间出现仪器故障或者遇重要天气，交班员负责处理，接班员主动协助；

(2)选择【值班】菜单栏下的【值班交接】子菜单打开操作窗口；

(3)交接员、接班员分别选择自己姓名并输入各自的值班密码，接班员还要选择当前班次；

(4)通过“保存”按钮，完成交接班登记交接。如图 15.1 所示。

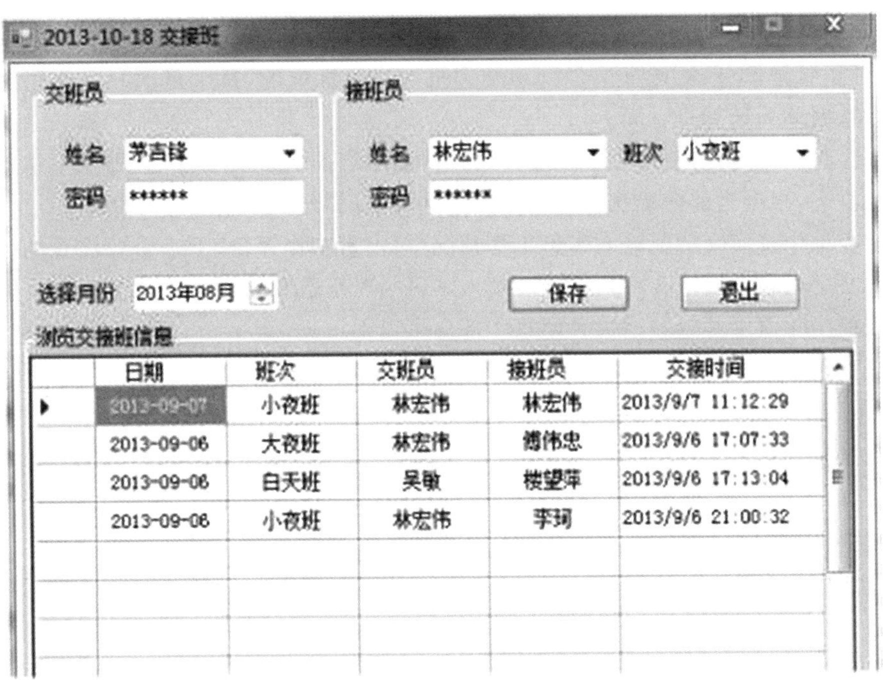

图 15.1 交接班登记

15.2 值班日志

值班日志用于当班测报值班员记录本班工作情况，对上一班值班业务作出评价，以及对下一班值班业务进行提示。既是对班内工作的记录，也是对测报业务工作整体的连续性工作的反映。值班日志用于本班值班日记的记录和查阅其他值班日记。包括值班日期、值班员、班次、本班临时基数和错情、对上班工作评价、本班工作情况和下一班提示等内容。值班日记的操作方法如下。

(1)点击主菜单【值班】下的【值班日志】子菜单，弹出值班日记的窗口界面，如图 15.2 所示。

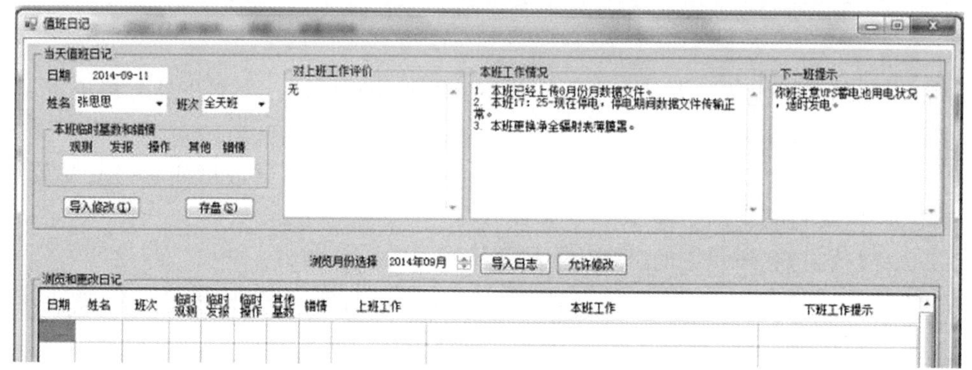

图 15.2 值班日志填写

(2)值班日记填写：值班日记是以日期和班次作为标志的，每个班次只允许以为值班员填写。默认时间为计算机时间。

如果经过正常的交接班，则会在窗口打开时显示当前值班员的姓名，可从下拉菜单中选择值班员姓名，根据当前的班次在下拉菜单中选择正确"班次"名称。

在对应框中按实际情况输入本班工作情况、对上班工作评价、下一班要注意的工作事项等相应的文字内容。根据实际情况手动填入本班临时基数和错情相应信息。由于业务质量考核办法的变化值班基数和错情登记这一部分可以不填。

(3)值班日记保存：点击"存盘"按钮保存记录内容。

第16章 传感器更换和维护操作

16.1 传感器更换操作流程

传感器更换首先要对SMO采集软件对采集器发送传感器停用的指令，一般操作流程如图16.1所示。

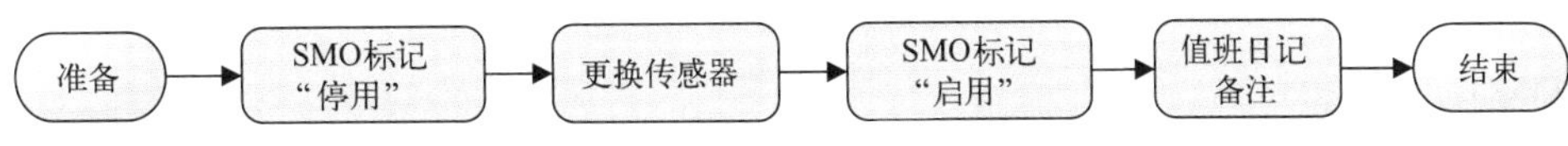

图16.1 传感器更换操作流程

16.1.1 更换常规要素传感器

新型自动气象站常规要素(如温度、相对湿度、气压、风、降水、能见度)传感器等更换时，其操作流程如下。

(1)准备传感器

认真检查要换上的仪器性能是否良好、是否超过检定日期，在条件允许的情况下可以先做个测试。

(2)停用传感器

停止SMO系统软件对需更换传感器的数据获取，在SMO系统软件中进行如下操作：

①选择【设备管理】菜单下的【设备停用】子菜单，打开操作窗口，在“传感器”下拉菜单选择需要暂时停用的传感器；

②选择停用开始时间，结束时间为默认从当前时间开始两小时，可自行修改结束时间；

③填写操作人和操作内容信息，点击“开始停用”按钮。

以气压传感器为例填写，如图16.2所示。

或者直接在终端维护的窗口，维护前输入关闭指令，维护后输入启用指令：

指令格式：SENST XXX a

其中，XXX为传感器标识符，由1～3位字符组成，a为开启或关闭代码，“1”表示传感器开启，“0”表示传感器关闭。对应关系见附录A“新型自动气象(气候)站终端命令格式”中“表A.4各传感器标识符”。

如更换风向传感器，则输入指令：“SENST WD 1”，返回“T”表示设置成功，“F”不成功；

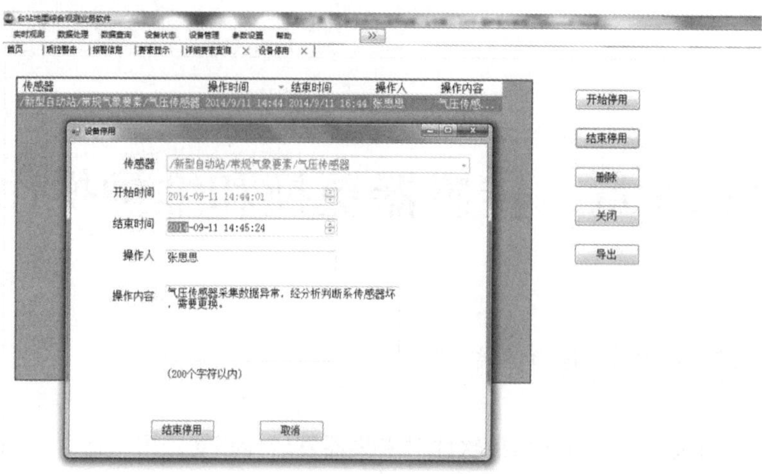

图 16.2　SMO 系统软件传感器停用设置

(3)更换传感器

关闭与传感器连接的主采集器(或分采集器)电源，更换传感器，结束后打开采集器电源开关。等采集器启动以后观察采集器工作状态是否正常。其中翻斗雨量是计数信号，可以不关闭采集器电源。

(4)启用新传感器采集数据

① 选择【设备管理】菜单下的【设备停用】子菜单，打开操作窗口，在停用列表框选中更换的“传感器”，点击“结束停用”按钮，修改结束时间，按“确定”即可。

或者采用更便利的方法，在主界面的目录树节点找到停用的传感器，鼠标右键调出快捷菜单，点击“启用”(如图 16.3 所示)，跳出窗口中点击“结束停用”按钮。

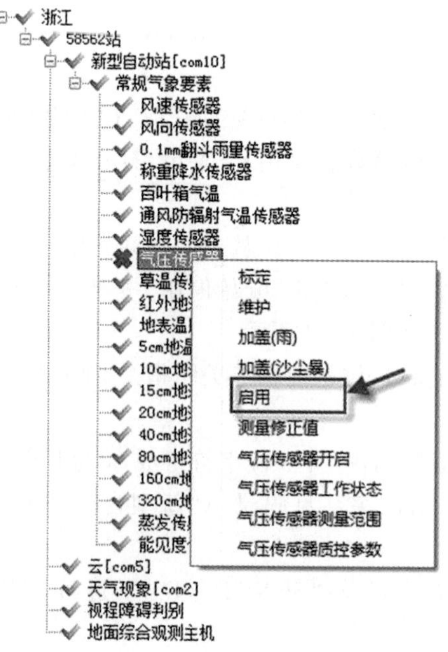

图 16.3　SMO 软件中启用传感器

② 选择【数据查询】菜单下的【分钟数据查询】子菜单，在打开的窗口中，检查新传感器等分钟数据是否正常。

(5)设备登记和备注

① 在MOI系统软件中，选择【设备】菜单，在打开的窗口中选“备用仪器设备”标签页，将更换的传感器转为现用；

② 在“现用常规仪器设备”标签页中将换下的传感器删除；

③ 在“维护维修登记”、“值班日志”中进行登记备注，以便备查。

提示：更换传感器尽量避开正点前后10 min，雨量传感器更换避免在有降水的时段进行；避免在温度升降变化剧烈的时间。

16.1.2 更换其他要素传感器

其他要素传感器的更换步骤与常规传感器操作步骤相类似，但是有的传感器启用后要修改相关的技术参数，如辐射传感器的更换，由于每个传感器的灵敏度是不相同的，必须在更换以后重新设置灵敏度。

参数修改方法如下。

(1)选择分采集器端口：在SMO系统软件主界面，选择【设备管理】菜单下的【维护终端】。根据更换的传感器分采集器接入计算机的方式选择端口。比如：辐射数据通过辐射分采集器接入串口服务器，此时端口选择“辐射串口处理”。

(2)修改采集器参数：总辐射传感器的更换指令为例，输入“SENSI GR 11.38”【发送命令】，如图16.4所示。指令格式请参考附录“新型自动气象(气候)站终端命令格式”。

图16.4 修改辐射采集器中辐射传感器灵敏度参数

提示：

更换辐射传感器尽量避开地方时正点前后10 min。

蒸发传感器更换避开有降水的时段，要注意传感器的上水位线和蒸发桶溢流口水平、蒸发传感器安装水平等问题。

16.2 传感器维护操作流程

传感器维护是对正在使用的传感器清洁、保养、校验等行为，在维护过程中会对数据采集造成影响的维护工作。比如：雨量传感器的调试、风传感器维护、清洁蒸发器或更换蒸发器的水等。维护操作流程见图16.5。

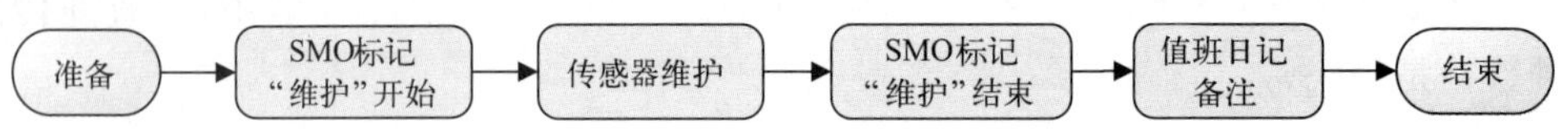

图 16.5　传感器维护操作流程图

16.2.1　维护常规要素传感器

(1)停止 SMO 系统软件对需维护或者检修传感器的数据获取,选择【设备管理】菜单下【设备维护】子菜单,调出维护“设备维护”窗口,点击“开始维护”按钮。在设备维护选择窗口中,在“传感器”下拉菜单选择需要维护的传感器;选择维护开始时间,结束时间为默认从当前时间开始两小时;填写操作人和维护操作内容信息;选择“维护”。以雨量传感器为例,如图 16.6 所示。

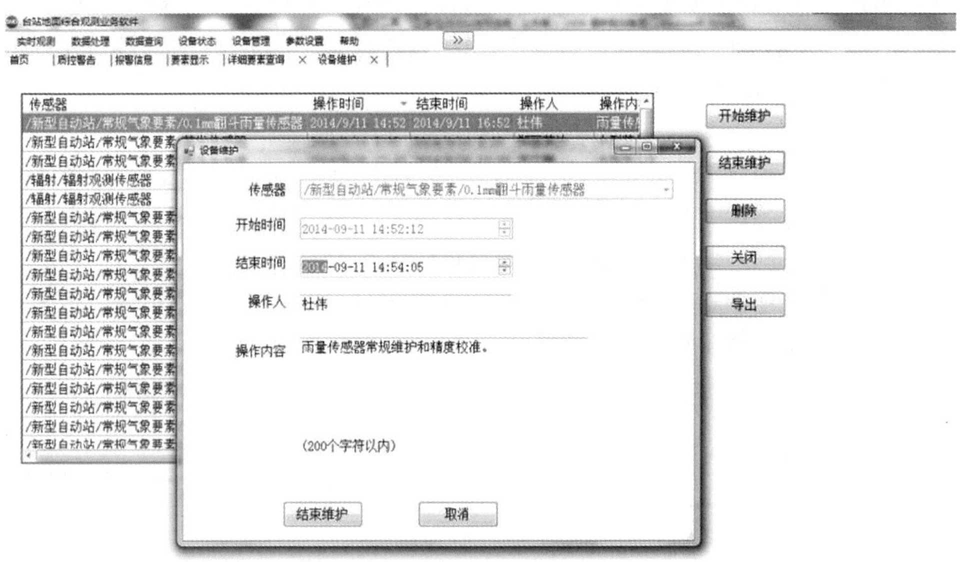

图 16.6　雨量传感器维护

(2)进行故障排查、维护调整等操作。

(3)维护结束后,在【设备管理】菜单下的【设备维护】子菜单打开“设备维护”窗口,点击“结束维护”,选中当前维护记录,通过“结束维护”按钮结束过程。

(4)在值班日志和维护维修登记栏进行备注登记。

提示:避开正点前后 10 min;避开温湿度上升或者下降变化大的时间段;避开降水时段;维护时间尽量短。

16.2.2　维护其他要素传感器

(1)蒸发传感器

①蒸发传感器的一般性维护

蒸发传感器用水的要求:应尽可能用代表当地自然水体(江、河、湖)的水,在取自然水有困难的地区,也可使用饮用水(井水、自来水);器内水要保持清洁,水面无漂浮物,水中无小虫及悬浮污物,无青苔,水色无显著改变;一般每月换一次水。蒸发传感器换水时应清洗蒸发桶,换入水的温度应与原有水的温度相接近。

每年在汛期前后(长期稳定封冻的地区,在开始使用前和停止使用后),应各检查一次蒸发器的渗漏情况等;如果发现问题,应进行处理。调节高度时,要求不锈钢测量筒高水位刻度线和蒸发桶溢流口下沿持平,或不锈钢测量筒高水位刻度线高于蒸发桶溢流口下沿 5 mm 以内。调节方法是用长乳胶管灌入 90%的水,两端两个水位线应分别与高水位刻度线,溢流口下沿一致。也可使蒸发桶装满水,分别测量蒸发桶内水位和不锈钢测量筒内水位。

冬季结冰期停止观测,应将蒸发桶内和 PPR 管内的水汲净,以免冻坏。

外围水圈内的水面应与蒸发桶内的水面接近。

当水位即将高于不锈钢测量筒高水位刻度线(或即将接近蒸发桶溢流口)时,应及时将蒸发桶内的水舀出。当水位即将低于不锈钢测量筒低水位刻度线(或即将低于溢流口向下 10 cm 刻度线)时,应及时向蒸发桶内加水。

蒸发传感器维护操作流程与常规要素传感器基本相同,特别要指出的就是在软件处于维护阶段,对大型蒸发维护过程。注意的问题:

为蒸发桶清洗换水、加水、取水等操作后要等水面平静一段时间后,在软件上进行“停止维护”的操作。一旦停止维护,采集软件就会将观测数据作为正确记录,因此要避免采集到不稳定的记录。避开正点前后 10 min,避开降水时段,维护时间尽量短;如果是安装或调整蒸发传感器,需要重新获取蒸发桶溢流水位。

②蒸发传感器基准水位校准

对于蒸发还需要定期对“溢流水位”重新进行标定。要求在初次使用、重新启用或每三个月应校准蒸发溢流水位。软件在自动观测界面中已经设计“获取溢流水位”功能按钮,在规定的时间重新获取溢流水位的高度值,作为蒸发量计算的基准水位。具体方法如下。

a)设置蒸发为标定状态:从 SMO 软件的【设备管理】的【设备标定】菜单中将蒸发传感器设置为标定状态。

b)调溢流水位:向蒸发桶加水,水面缓慢上升,水位达到溢流孔高度开始出现溢流,此时停止加水;当水面稳定,溢流孔已经没有水流出为止。

c)取溢流水位:在蒸发器水面稳定后 5 min 左右可以在 MOI 软件上获取溢流水位数值。找到自动观测界面上“蒸发溢流水”栏(如图 16.7 所示),鼠标点击“获取”按钮,在弹出的“获取蒸发溢流水位”窗口中输入管理员密码 dmqxgc,点击“确定”按钮,即自动获取当前的水位,保存到参数文件中。

d)恢复正常水位:再将水位降低到平常观测高度,这样就完成了一次基准水位校准。

关闭维护状态:从 SMO 的【设备管理】的【设备标定】菜单中将蒸发传感器结束标定。

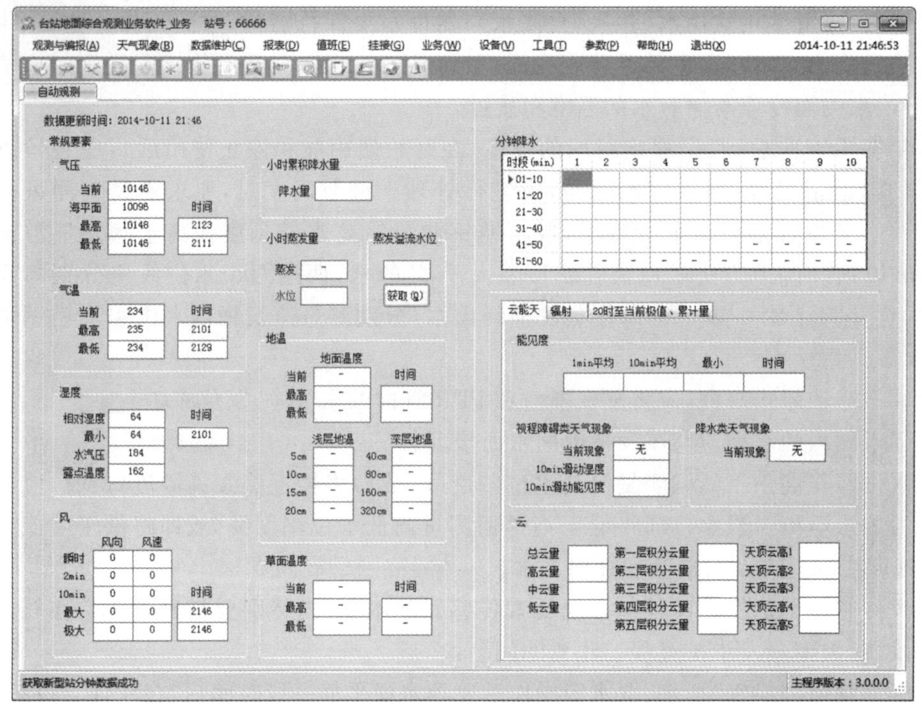

图 16.7　获取蒸发溢流水位基准高度

(2)能见度传感器

① 停止 SMO 系统软件对能见度传感器的数据获取，从 SMO 软件的【设备管理】的【设备维护】菜单中将传感器设置为维护状态。

② 清除采样区域内的蜘蛛网等杂物；用干净干燥的镜头软布清除镜头上的灰尘等，或用照相机镜头清洗剂冲洗镜头，再用干燥的镜头纸或布清洁干净；清除能见度仪上的积雪、雾凇等其他附着物。

③ 维护结束后，从 SMO 的【设备管理】的【设备维护】菜单中将能见度传感器结束维护。

④ 查询采集到的 1 min 和 10 min 能见度数据是否异常；视程障碍现象自动判视结果是否正确。如果采集到的数据有明显的偏差或者错误，重复以上过程或重启传感器电源。

⑤ 在值班日志和维护维修登记栏进行备注登记。

提示：避开正点前后 10 min；避开降水时段；维护时间尽量选择天气晴好，能见度好的时间段。

(3)辐射传感器

① 停止 SMO 系统软件对辐射传感器的数据获取，从 SMO 软件的【设备管理】的【设备维护】菜单中将传感器设置为维护状态。

② 清除净全辐射表薄膜罩内水汽，更换薄膜罩，更换遮光环等。

③ 维护结束后，从 SMO 的【设备管理】的【设备维护】菜单中将辐射传感器结束维护。

④ 查询辐射分钟辐照度、曝辐量等数据是否正常，与备份站观测数据比较差异大不大。

⑤ 如果采集到的数据有明显的偏差或者错误，重新维护或查找其他原因。

⑥ 在值班日志和维护维修登记栏进行备注登记。

提示：避开地方时正点前后 10 min，避开降水时段，维护时间尽量选择早晚时间段。

保 障 篇

第 17 章 观测场设备布局和防雷

17.1 地面气象观测场基本要求

依据《地面气象观测规范》和《地面气象观测场值班室建设规范》的规定：

(1)观测场一般为与周围大部分地区的自然地理条件相同的 25 m×25 m 的平整场地；有辐射观测的应为 35 m(南北向)×25 m(东西向)。受条件限制的高山站、海岛站、无人站，观测场大小以满足仪器设备的安装为原则。

(2)要测定观测场的经纬度(精确到分)和海拔高度(精确到 0.1 m)，其数据刻在石桩上，埋设在观测场内的适当位置。

(3)观测场四周一般设置约 1.2 m 高的稀疏围栏，围栏所用材料不宜反光太强。场地应平整，保持有均匀草层(不长草的地区例外)，草高不能超过 20 cm。对草层的养护，不能对观测记录造成影响。场内不准种植作物。

(4)为保持观测场地自然状态，场内铺设 0.3～0.5 m 宽的小路(不用沥青铺面)，只准在小路上行走。有积雪时，除小路上的积雪可以清除外，应保护场地积雪的自然状态。

(5)根据场内仪器布设位置和线缆铺设需要，在小路下修建电缆沟或埋设电缆管，用以铺设仪器设备线缆和电源电缆。电缆沟(管)应做到防水、防鼠，并便于铺设和维护。

(6)观测场的防雷必须符合 QX 4—2004《气象台(站)防雷技术规范》的要求，详见附录。

17.2 观测场内仪器设施布置

观测场内仪器设施的布置要注意互不影响，便于观测操作。具体要求为：

(1)高的仪器设施安置在北边，低的仪器设施安置在南边；

(2)各仪器设施东西排列成行，南北布设成列，相互间东西间隔不小于 4 m，南北间隔不小于 3 m，仪器距观测场边缘护栏不小于 3 m；

(3)观测场围栏的门一般开在北边，仪器设备紧靠东西向小路南侧安设，观测员应从北面接近观测仪器；

(4)辐射观测仪器一般安装在观测场南边，观测仪器感应面不能受任何障碍物影响。因条件基本限制不能安装在观测场内时，总辐射、直接辐射、散射辐射及日照观测仪器可安装在天空条件符合要求的屋顶平台上，反射辐射和净全辐射观测仪器安装在符合条件的有代表性下垫面的地方。

(5)观测场内仪器设施的布置可参考图 17.1，仪器设备安装和维护、检查等技术参数按照表 17.1 的规定要求。

(6)北回归线以南的地面气象观测站观测场内设施的布置要考虑太阳位置的变化进行灵活掌握,使观测员的观测活动尽量观测记录的代表性和准确性。

(7)辐射观测仪器设置在观测场南扩 10 m(南北向)×25 m(东西向)地段内,位于观测场南北中心轴线上,距地温场南边缘垂距约 8 m 处,避开支架和仪器阴影对地温观测的直接影响。确因条件限制,也可取 16 m(东西向)×20 m(南北向),高山站、海岛站、无人站不受此限;需要安装辐射仪器的台站,可将观测场南边缘向南扩展 10 m。

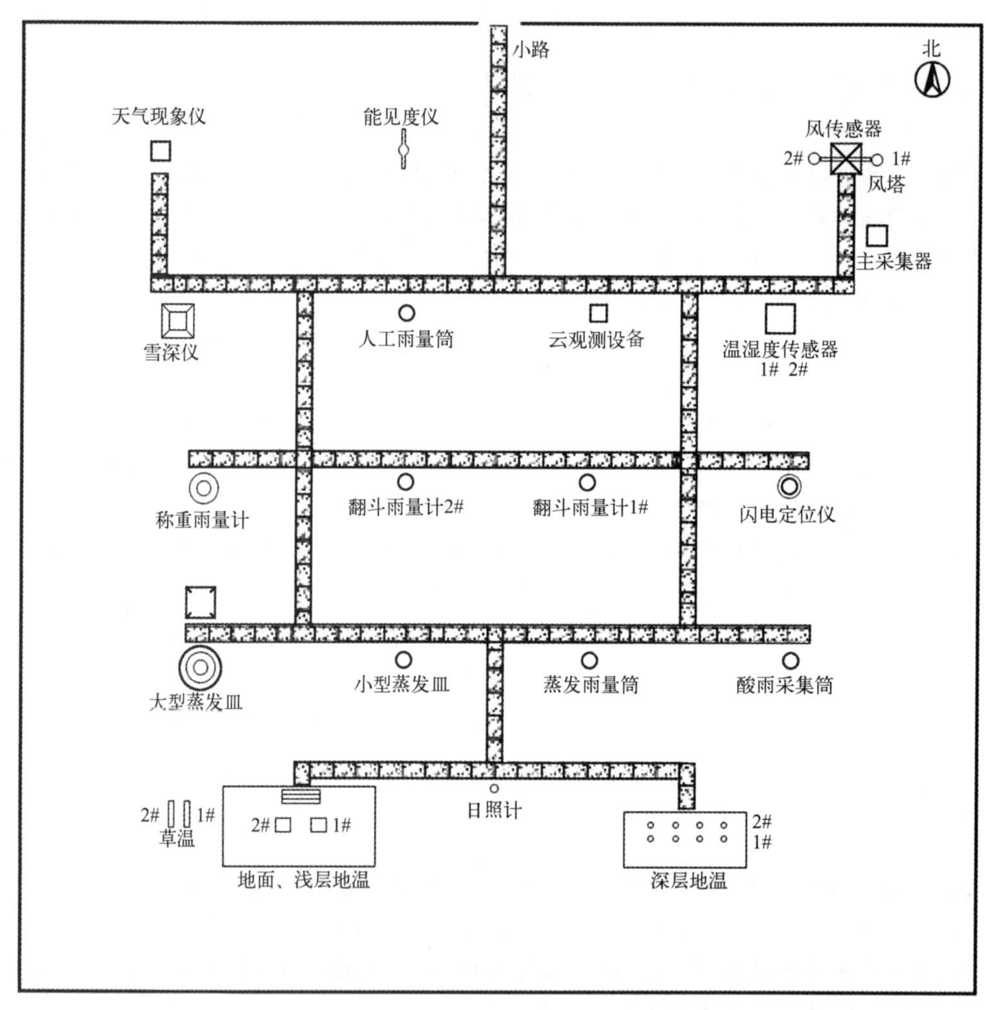

图 17.1 观测场仪器安装位置(图中 2# 为新型自动站传感器)

目前台站大多数模式为一主一备的自动气象观测站,新型自动气象站作为业务运行的自动站,Ⅱ型自动气象站为备份运行的自动站。图 17.1 的设备布局是依据《地面气象观测规范》(2003 版)、《地面气象观测场值班室建设规范》(气发〔2008〕491 号)、《新型自动气象站安装布局和相关业务规定》(气测函〔2012〕264 号)等相关业务技术规定的基础上,为台站安装仪器设备提供参考。有辐射观测的台站可以根据规定向南扩展。标注 1# 的为Ⅱ型自动气象站的传感器位置,2# 的为新型自动气象站的传感器位置。针对不同的台站类型和承担的观测任务，在设备的种类上可作增减调整。

新型自动气象站是地面气象观测的主要设备，包括了温度、湿度、气压、风向、风速、降水、地温、雪深、蒸发等常规传感器和辐射、能见度、固态降水、云高、天气现象等选配智能化传感器。采集器和综合集成控制器均安装在观测场的机箱内，智能化传感器和主采集器统一接入到综合集成控制器，经过转换后只用光纤接入到测报业务值班室的光纤转换盒，再用网线接入到计算机的网卡上。

观测场做好布局设计的基础上，还要做防雷设计、观测小路和排水地沟设计、布线设计、配电和灯光设计等，按照仪器设备厂家提供的观测设备基础图纸做好与地沟、管线的衔接。如果风传感器采用小型铁塔架设，则还需要做好铁塔基础与其他基础工程的配合。

观测场四周应设置约 1.2 m 高的稀疏围栏，围栏应坚固、美观、耐用，白色，不得使用对要素测量有影响的材质(如反光的不锈钢等)。栅条宽度应小于 8 cm，栅条的间距应大于 10 cm。围栏四周高度应一致，且水平。一般只在围栏立柱处建设基座，基座要保证围栏安装的牢固。为了对观测场地的标识，可在观测场四周建设完整的基座，其宽度、高度均以 15～20 cm 为宜。

观测场内小路宽 30～50 cm，小路下面根据电缆铺设需要挖掘地沟。盖板以可活动的水泥预制板或石材铺设，以结实、美观、耐用为宜。地沟深 30～50 cm(南方降水丰富的地区可以深一点)、宽 30 cm，在地沟 1/2 深度处横向架设钢筋，每隔 1.5～2.0 m 架设一根，地沟拐角和交叉处适当增加架设密度；地沟靠仪器安装位置一侧沟壁上应留有直径 5～10 cm 的洞口；地沟底部和沟壁用砖砌实，以防地下水渗入，沟沿与观测场地面平齐或不超过 3 cm，防止雨水从观测场流入，地沟要留有排水涵洞，以防雨后积水。地沟盖板可高出观测场地面约 5 cm。地沟应做到防水、防鼠，便于铺设和维护。

在地沟的横向钢筋上铺设镀锌线槽或不锈钢线槽或镀锌钢管，用于铺设仪器信号线和电源线。信号线和电源线分别设置在不同的线槽或金属屏蔽管内，各种接头或引出线端应使用专用接头和堵头，以保证线槽完全密封。线槽和金属屏蔽管相互之间必须进行等电位连接或跨接，并接入防雷接地网。

表 17.1 仪器设备安装要求表

序号	传感器或设备名称	要 求	允许误差范围	基准部位
1	温度传感器	高度 1.5 m	±5 cm	感应部分中心
2	湿度传感器	高度 1.5 m	±5 cm	感应部分中心
3	雨量传感器	高度不得低于 70 cm	±3 cm	口缘
4	小型蒸发器	高度 70 cm	±3 cm	口缘
5	E-601B 型蒸发传感器	高度 30 cm	±1 cm	口缘
6	地面温度传感器	感应部分和表身埋入土中一半		感应部分中心
7	草面温度传感器	草内离地面 6 cm	±1 cm	感应部分中心
8	浅层地温传感器	深度 5 cm，10 cm，15 cm，20 cm	±1 cm	感应部分中心

续表

序号	传感器或设备名称	要　求	允许误差范围	基准部位
9	深层地温传感器	深度 40 cm,80 cm	±3 cm	感应部分中心
10		深度 160 cm	±5 cm	
11		深度 320 cm	±10 cm	
12	冻土器	深度 50～350 cm	±3 cm	内管零线
13	日照传感器	高度以便于操作为准,纬度以本站纬度为准	±0.5°	底座南北线
		方位正北	±5°	
14	辐射传感器	高度 1.5 m		支架安装面底座南北线
		直射、散射辐射传感器方位正北	±0.25°	
		直射辐射传感器:纬度以本站纬度为准	±0.1°	
15	风速传感器	安装在观测场高 10～12 m		风杯中心
16	风向传感器	安装在观测场高 10～12 m		风标中心
		方位正南(北)	±5°	方位指南(北)杆
17	电线积冰架	上导线高度 220 cm	±5 cm	导线水平面
18	气压传感器	高度以便于操作为准(通常在采集器机箱内)	盒体垂直中线	
19	采集器箱	高度以便于操作为准		

17.3 管线和防雷要求

17.3.1 管线布设

为了防雷、防鼠、防水和安装、维修方便,自动气象站的电缆应穿入金属管或金属线槽内,金属管应首尾电气连接,并于接地网良好连接。选用的金属管口径不能太小,弯头处要挫去毛刺,并内穿钢丝,便于电缆穿过,电缆管应安置在电缆沟内。

电缆不能横空架设,也不能放置于地面。应设置地沟专门用于布设通信电缆和电源线。没有地沟的应该将电缆埋深 500 mm 以上。传感器信号电缆、数据通信电缆要求与市电电源线严格分开套管,不能放在一个线槽中。地下管线布设横断面如图 17.2 所示。

风传感器电缆从 10m 风杆内部走线,然后引入地沟布设至采集箱旁。对于使用 10m 风塔的台站,须在风塔上单独设置金属屏蔽套管,将测风仪的信号线全部穿管屏蔽。其他传感器电缆及分采 CAN 总线电缆均通过金属管布设至采集箱。

信号电缆中的屏蔽线均通过航空插与采集箱相连接，无须将每个传感器的屏蔽电缆单独接地，只需将采集箱通过接地线与地网连接即可。

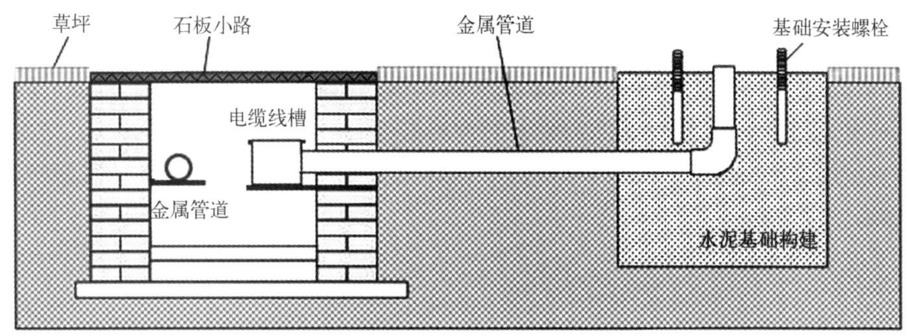

图 17.2 地下管线布设横断面示意图

17.3.2 观测场防雷

在观测场建设中一定要高度重视防雷的设计。这方面许多台站都有被雷击导致设备损坏、观测记录缺测的现象发生。只要严格按照《气象台(站)防雷技术规范》(以下简称《防雷规范》)的要求做就可以大大降低被雷击的几率。在观测场的防雷方面重点需考虑防直接雷、防电磁感应和防雷电波侵入。具体可分为以下几方面。

①防直接雷：风杆或风塔上的风传感器是观测场内部最高的观测设备，其上设置了避雷针，一方面保护测风仪直接遭受雷击，另一方面对于周围的设备也起到防雷保护的作用，但依照滚球法计算出其保护的范围是有限度的。根据图 17.1 所示的观测场设备布局情况，风塔位于整个观测场的东北角，对于高度只有 12 m 左右避雷针只能保护到观测场四分之一面积中设备，所以要按照《气象台(站)防雷技术规范》的要求在确定防雷等级的基础上做好整体观测场防直接雷的设计。在山区或雷击风险高的地方在观测场四周采用独立避雷针保护，具体安装应符合 GB 50057 和地面观测规范的要求。避雷针的接地体应与共用接地装置电气连接。观测场内金属围栏，百叶箱支架、雨量传感器、小型蒸发皿、校对蒸发雨量器、能见度传感器等所有传感器和自动气象站采集器、综合集成控制器等设备的金属外壳应就近与观测场地网电气连接。

②防电磁感应：观测设备与采集器之间数据传输线应选用带屏蔽层的电缆，并宜穿金属管埋地敷设，金属管和数据传输线的外屏蔽层在进入电缆沟处、外转接盒处应就近接地。金属管首尾应电气贯通，若该金属管长度超过 $2\sqrt{\rho}$(ρ：土壤电阻率，单位 Ω·m)时应增加其接地点。由观测场至业务值班室的数据传输线外屏蔽层及金属管在观测场地网边缘处应就近接入观测场地网，金属管首尾应电气贯通，若该金属管长度超过 $2\sqrt{\rho}$ 时应增加其接地点。如数据传输采用光纤电缆，则光缆中心的金属加强筋必须接地。

③防雷接地网：观测场应设计公共接地网，并与业务值班室宜采用共用接地系统。自动气象站场室共用接地系统由工作室地网、室外观测场地网共同组成。具体设计详见《气象台(站)防雷技术规范》。观测场采用人工垂直接地体与水平接地体结合的方式埋设人工接地体，人工水平接地体的埋设深度不应小于 500 mm；人工垂直接地体应沿水平接地体均匀埋

设，其长度宜为 2500 mm，垂直接地体的间距宜大于其长度的两倍。施工过程中，宜在观测场电缆沟下埋设人工接地体。观测场所有设备宜共用同一接地系统，其接地电阻不宜大于 4 Ω。在土壤电阻率大于 1000 Ω·m 的地区，可适当放宽其接地电阻值要求，但此时接地系统环形接地网等效半径不应小于 5000 mm。

④电涌防护措施：为防止通过电源或通信线缆引入的雷电波造成对设备的损害，在所有的电源入口和线缆接入处要设置符合要求的相应避雷器(SPD)。如果观测场有单独配电的系统的必须按照规范进行设计。自动站采集器自带了输入线缆的避雷器，要定期检查避雷器是否失效。

第18章 设备安装

18.1 气压传感器

新型自动气象站的气压传感器安装于室外的采集箱内，通过静压管与外界大气相通。采集箱固定在专用立柱上，安装过程中避免阻塞静压管。气压传感器的海拔高度是计算海平面气压值的必备参数。

18.2 温湿度传感器

将温湿度传感器安装在温湿度支架上，固定于玻璃钢百叶箱中间底部。调节温湿度传感器感应部分的中心点距地面为1.5 m±5 cm。温度、湿度传感器通过电缆与固定于玻璃钢百叶箱连接支架的温湿度分采连接，如图18.1所示。传感器在百叶箱中的安装部位如图18.2所示。

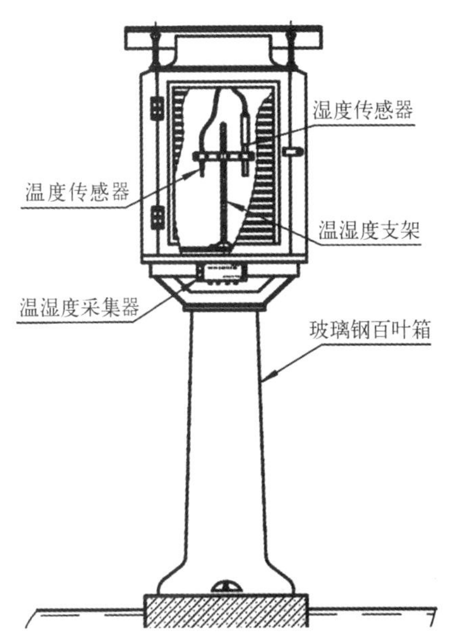

图18.1 百叶箱温湿度传感器安装示意图

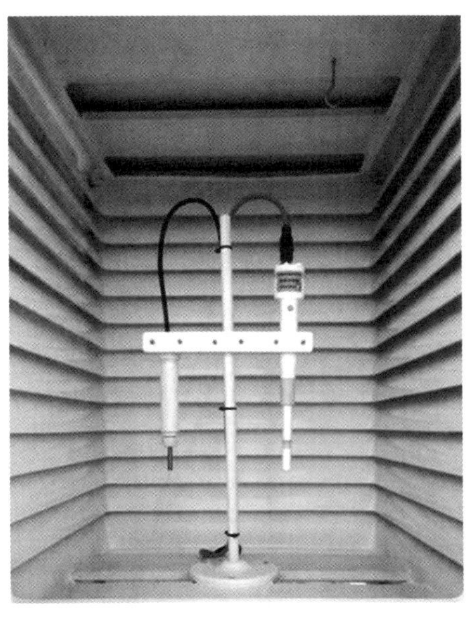

图18.2 温湿度传感器

18.3 风传感器

风传感器的安装规定高度在10～12 m(表17.1)，台站通常有两种方式架设风传感器。一种是10 m高度带拉索的专用风杆(图18.3)，其特点是结构简单安装方便，但需在立风杆之前将所有传感器安装到位，调整好方位，维护和维修传感器必须放倒风杆，对于设备的调试和维护不方便。另一种架设风传感器的是采用自立式铁塔(图18.4)，其特点是结构牢固、设备安装调试和维护都比较方便，尤其是在双套站采用更多，可以在一个铁塔上安装多个风传感器。

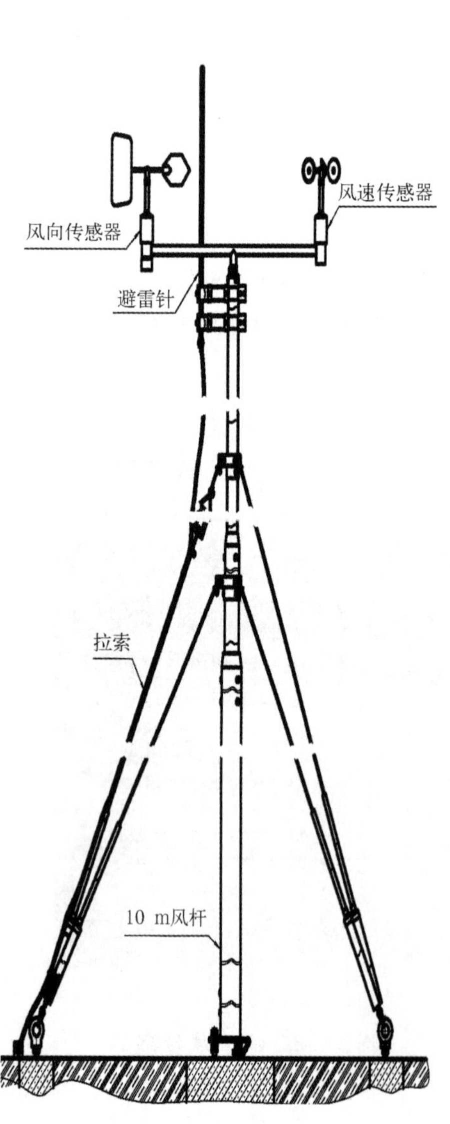

图18.3　10 m风杆安装示意图

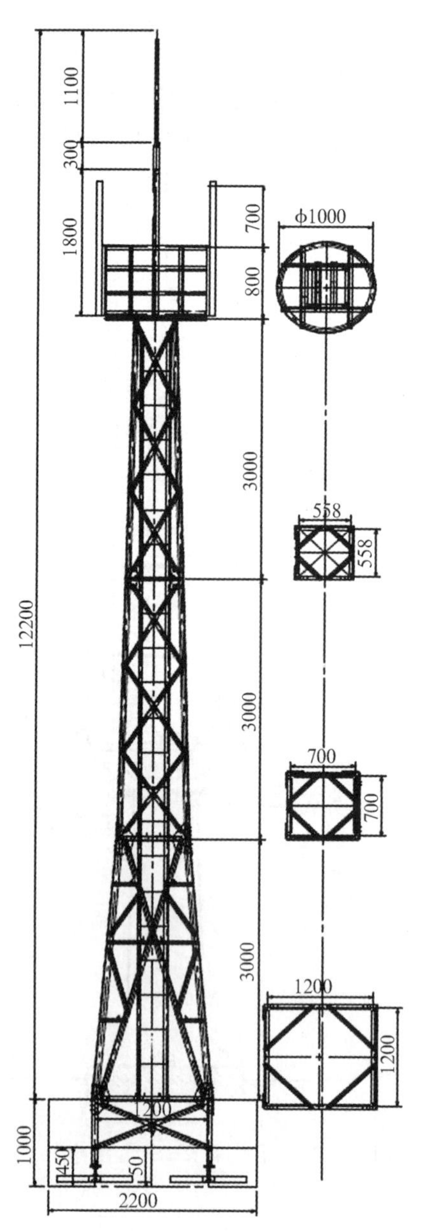

图18.4　风塔结构示意图

风向传感器、风速传感器固定在风横臂上后安装在风塔或风杆上，风横臂南北向。横臂两端内孔内装有七芯和十二芯电缆插座，分别用于连接风速传感器 和风向传感器。横臂一端下方内孔内装有十二芯电缆插座，用于连接至采集箱的十二芯风向风速电缆。

避雷针安装在风塔或风杆顶部。风塔上的避雷针通过风塔塔体与地网连接；安装在风杆上的避雷针，通过下引线沿拉锁而下与地网连接。

风向传感器指北针安装：将指北针与风向传感器连接后指向于北方，然后用带有镜面的罗盘仪检查风向传感器上的指北针是否指向正北，误差须在 5°范围内。

18.4 翻斗雨量传感器

翻斗雨量传感器安装在已预埋好三个紧固螺杆的水泥基座上，安装时须调节传感器底座水平及传感器高度，使雨量筒外筒壁口缘距地面 70 cm±3 cm。然后拧紧螺母(不要用力损坏传感器)，并涂上黄油以防腐蚀。在固定雨量筒外壳之前要检查翻斗的翻转灵活性，并用万用表欧姆挡测量翻转时有无开关信号输出。确认处于正常情况下，将雨量信号电缆线通过底座圆孔引入，接在接线柱上。筒外电缆部分穿入金属护套管后引入地沟。最后，将雨量外筒壁装在传感器底座上，拧紧螺钉。把外壳的接地线连接到防雷接地桩上。如图 18.5 所示。

有条件的还要用雨量校准器对翻斗雨量传感器进行现场的雨量校准。

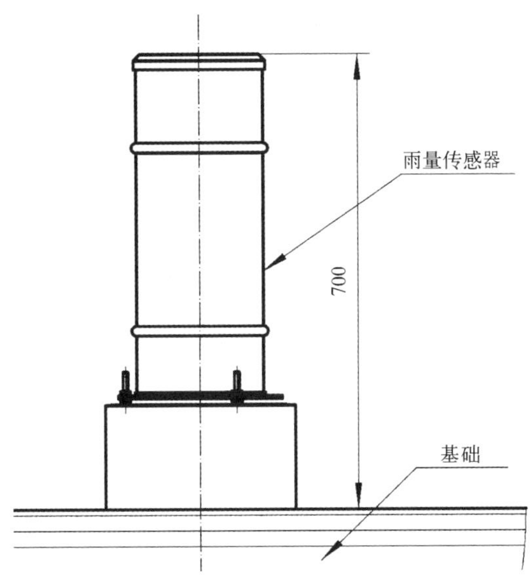

图 18.5 翻斗雨量传感器安装图

18.5 地温传感器

18.5.1 地表、浅层地温传感器

地表和浅层地温传感器安装在观测场西南方向裸露的地温场内中心线位置(见图

17.1)，传感器的头部朝南，信号电缆采用金属管防护，从地温传感器安装位置埋地引入地沟，接入地温采集箱。

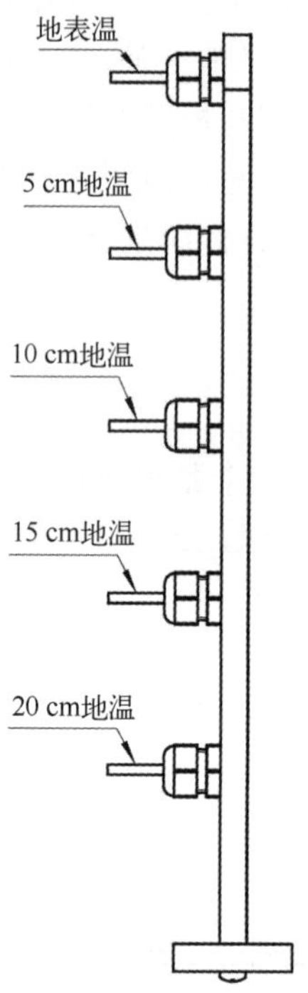

图 18.6　地表、浅层地温安装图

1 支地表温度传感器、4 支浅层地温传感器固定在一个"T"型专用支架上(图 18.6)。从"T"型架的顶端开始，每隔 5 cm 钻有一个孔，即 0 cm，5 cm，10 cm，15 cm 和 20 cm 共钻 5 个传感器安装孔，依次将地表、浅层地温传感器插入并用螺母固定。

地表温度传感器感应体的下半部分埋入地表土壤内，并与土壤紧密接触，上半部分露出地面，并保持干净。同时保证四个浅层传感器离地面 5 cm，10 cm，15 cm 和 20 cm 的深度，并将传感器的线缆通过金属管引入至地沟的地温分采集器旁。

18.5.2　深层地温传感器

深层地温传感器安装在观测场东南角地面保持自然状态的场地中。传感器按自东向西，测点深度为 40 cm，80 cm，160 cm，320 cm，由浅而深，间隔0.5 m 排列成一行，其信号缆线从地温外套管顶端引出，线缆必须外套金属屏蔽软管做好防护引入地沟中，接入地温采集箱。如图 18.7 所示。

(1)深层地温外管安装

先按照传感器的安装深度和位置，利用打孔工具在观测场地中打好地温安装孔。深层地温外管分别按照 40 cm，80 cm，160 cm，320 cm 长度连接好，在连接处用硅胶涂抹，防止渗水。把连接好的深层地温外管垂直插入对应的观测点地温孔内，以红色深度标志线为基准，红线与地平面平行，外管露出地面部分为 40 cm。地温外套管插入安装孔后，外管四周用碎泥土塞紧。如图 18.8 所示。

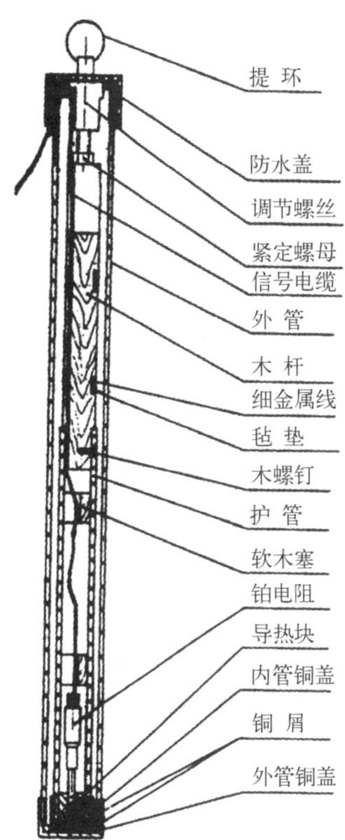

图 18.7 深层地温安装管结构示意图

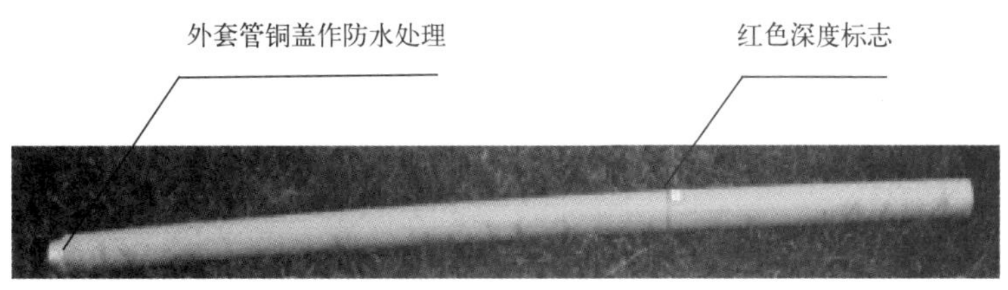

图 18.8 深层地温外套

(2)护管、木杆和温度传感器的组装

① 旋下内管铜盖,将传感器插入护管,并把一支软木塞套于传感器根部电缆上,并把导热块套于传感器的金属管上,要求金属管端部球面与导热块端面相平;

② 将软木塞、传感器及导热块推入护管中,使导热块突出护管端面 10 mm;

③ 内管铜盖中装入适量铜屑,护管在垂直状态下,将铜盖拧入护管上,并把传感器与导热块推实,以保证热传导性良好;

④ 把另一支软木塞从护管上端沿电缆塞入护管适当位置;

⑤ 将木杆插入护管中,并把信号电缆(即传感器引线)压入导线槽(指木杆上的凹槽)中,要求护管中的电缆保持适当的自由度,然后固定所有的木螺钉;

⑥ 木杆上有几处凹槽,又称封闭槽,在封闭槽中缠上毡条并用金属细线扎两条,使之扎紧。如图 18.9 所示。

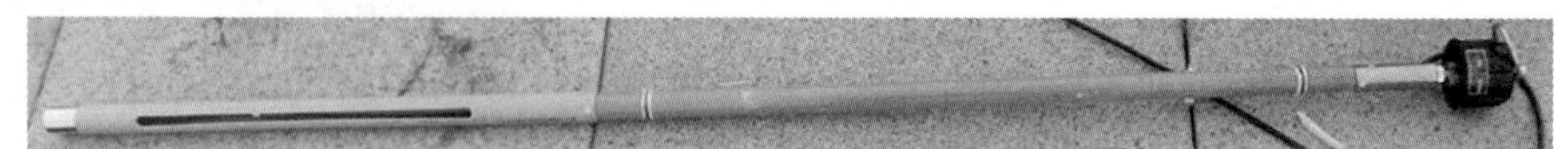

图 18.9　护管、木杆和温度传感器的组装图

(3)总装

注入适量的铜屑至外管底端铜盖上,组装好的护管、木杆和温度传感器插入外管。

拧下提环及防水盖,拧松六角螺母,调整调节螺丝,使护管底部铜盖与外管底部铜盖接触良好,同时调节螺丝端面应比外管端面高出 10 mm。用扳手拧紧六角螺母,装上提环及防水盖。要注意的是调节螺丝的扁平面应与木杆导线槽底平面平行,导线应有一定自由度,并从外管上端出线槽中出线。

18.6　超声波蒸发传感器

为了减少人为因素或风浪、气候的影响,蒸发观测采用连通管安装超声波传感器。采用连通管原理,静水效果较好,有利于提高测量准确度。

18.6.1　E601B 型蒸发器

E601B 蒸发器由蒸发桶、水圈、溢流桶和测针等四部分组成。

安装时,力求少挖动原土。蒸发桶放入坑内,必须使器口离地 30 cm,并保持水平。桶外壁与坑壁间的空隙,应用原土填回夯实。水圈与蒸发桶必须紧密。水圈与地面之间,应取与坑中土壤相接近的土料填筑土圈,土圈宽度 30 cm,其高度应低于蒸发桶口沿约 7.5 cm。在土圈外围,还应有防塌设施,防塌墙宽度 6～10 cm,可用预制弧形混凝土块拼成,或用水泥砌成外围,外围可贴条形瓷砖。蒸发器安装位置如图 18.10 所示的观测小路的南面。

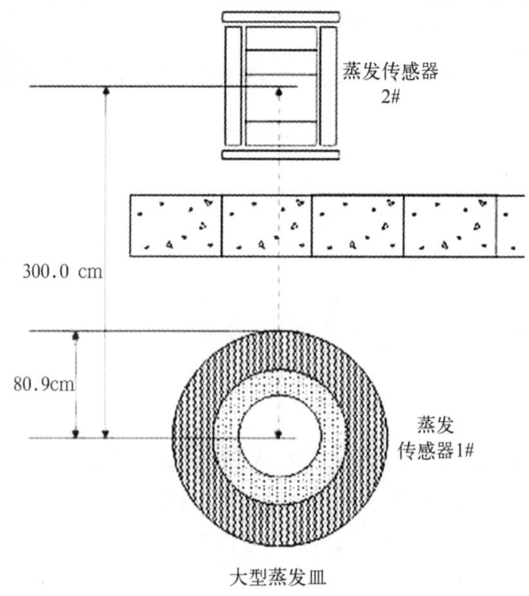

图 18.10　蒸发传感器布局位置

18.6.2 蒸发传感器

在蒸发桶上边沿向下 500 mm 处，朝向正北开 Φ26 mm 孔，用 3/4″螺母和 O 型圈固定联接管，蒸发桶上联接管外接口接 Φ25 的 PPR 管（三型聚丙烯水管）内丝活接，用 Φ25 的 PPR 管将蒸发桶联接管外接口 PPR 管内丝活接连接至安装蒸发传感器的百叶箱混凝土平台中心，就近在百叶箱安装平台处安装 PPR 管阀门。与 PPR 管熔接好的不锈钢测量筒放置在蒸发支撑板上，调节测量筒高度，使不锈钢测量筒与蒸发桶组成一个连通器。将百叶箱放置在蒸发桶正北的混凝土平台上，确认百叶箱水平后，四脚用 L 型角件和地脚螺杆固定，百叶箱门朝北方，并固定好百叶箱顶板，超声波蒸发传感器安装在百叶箱内，如图 18.11 所示。

图 18.11 蒸发传感器在百叶箱内安装实物图

超声波蒸发传感器电缆与蒸发传感器延长电缆通过接线端子连接放置于接线盒内，接线盒放置在蒸发百叶箱内。如图 18.12 所示。蒸发传感器测量筒的上水位刻度线要高于 E601B 蒸发器的溢流口 5 mm 左右。

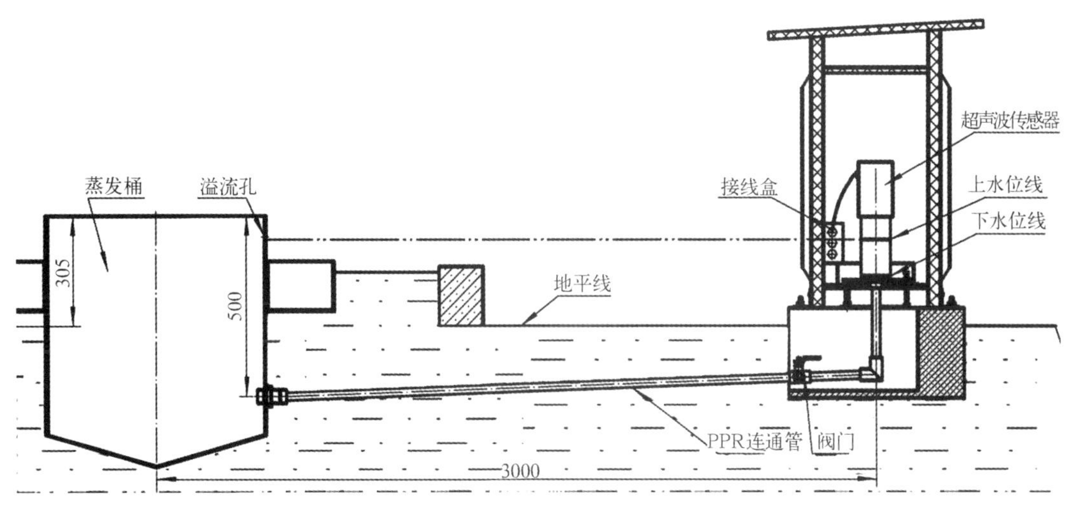

图 18.12 蒸发器与传感器整体安装示意图

18.7 称重式降水量传感器

传感器基座安装在水泥浇筑的预埋螺栓上，由此支撑称重传感器，传感器承水器口距地面高度为 150 cm，积雪较大的地区其高度应大于最大积雪深度 30 cm，器口应水平。

挡风圈安装在承水器的周围，传感器在防风圈中间。安装方法是将 3 根支撑立柱通过支撑板与预埋件螺杆连接。要求防风圈的高度应比传感器承水口边沿略高(约 5 cm 左右)，整体结构安装如图 18.13 所示。传感器盛水桶中须加适量的水、防冻液和防蒸发液。传感器的输出线缆通过底部的护套管进入地沟线槽。防风罩和降水传感器的外壳都要统一接地。

设备安装完成后应使用雨量标准器对传感器进行现场测试，选择晴朗的天气，测试方法如下。

测试方法通过向盛水桶中缓缓地加入 10 mm 水，模拟雨强为 2～4 mm/min。过几分钟后查看降水数据(一般是在 10 mm 水倒完 5 min 左右读取数据。)重复测试 3 次，并分别进行误差计算和校正。在北方冬季需在盛水器内添加适量防冻液。抑制蒸发油应采用航空液压油，加入量应能完全覆盖液面。

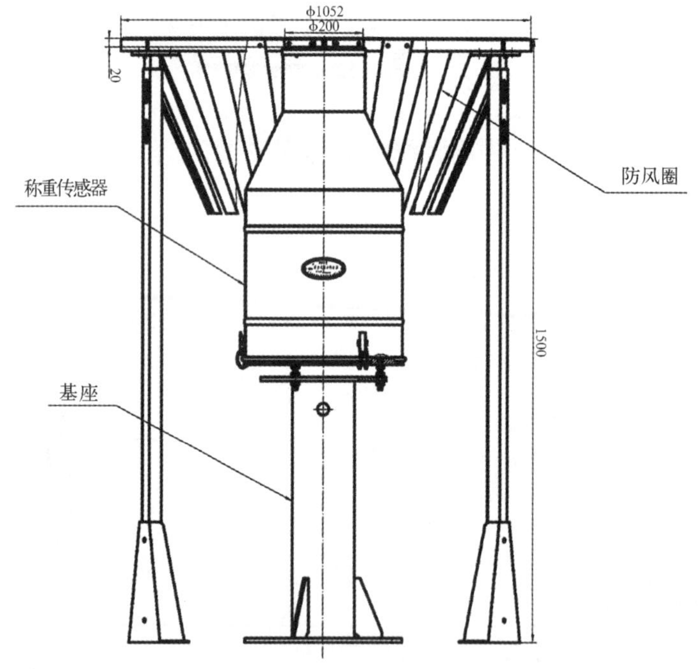

图 18.13　称重传感器安装示意图

18.8 雪深传感器

雪深传感器应当安装在观测场的西面，地面水平具有草坪地面。雪深传感器测距探头应朝西倾斜安装，倾斜角度在 10°～30°，测量路径上无任何遮挡；调整传感器角度，使红色激光测雪点对准测雪板的中心测雪区域，将测雪板栅格内的土平整、夯实，固定测雪板与地面齐平。传感器支架应牢固安装在观测场内混凝土基础上。测距探头距地面垂直高度一般选择 150 cm±3 cm,在北方雪深较深的个别地区可以根据实际情况进行调整至 200 cm±5 cm。安装的实际效果如图 18.14 所示。雪深传感器安装完后,须对其进行校准,具体校准方法可参考产品说明书。

图 18.14 雪深传感器安装实物图

18.9 能见度传感器

能见度传感器安装在远离局地大气污染的地方,周围不应有高大的障碍物。发射器和接收器都不能朝着强光源或强的反射面(如积雪),因为在强光下,接收器线路可能饱和,而发出错误的污染警告,并且可能提高接收器内的噪声水平。也可采用屏蔽或挡板来达到防强光源的要求。在北半球,接收器的光学部件指向北方。能见度传感器采用专用的能见度立柱安装,高度为 2.8 m。由于能见度在镜头加热的情况下功耗较大,安装时须考虑传感器单独供交流电。传感器的输出线缆通过底部的护套管进入地沟的线槽。机箱内的接地线和外壳接地线必须与防雷地网的接地桩牢固连接。能见度传感器安装如图 18.15 所示。

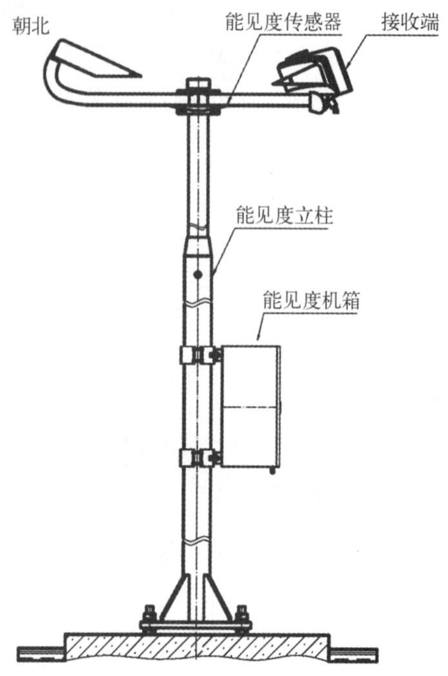

图 18.15　能见度传感器安装示意图

18.10　降水现象仪

将降水现象传感器安置在立柱上。调准激光探头的方向以使激光束与当地主导风向垂直。均匀地拧紧传感器与立柱之间的平头螺丝。用水平仪调整激光探头保持水平，缓慢拧紧固定螺丝。传感器的输出线缆通过底部的护套管进入地沟的线槽。机箱内的接地线和外壳接地线必须与防雷地网的接地桩牢固连接。降水天气现象传感器安装图如图 18.16 所示。

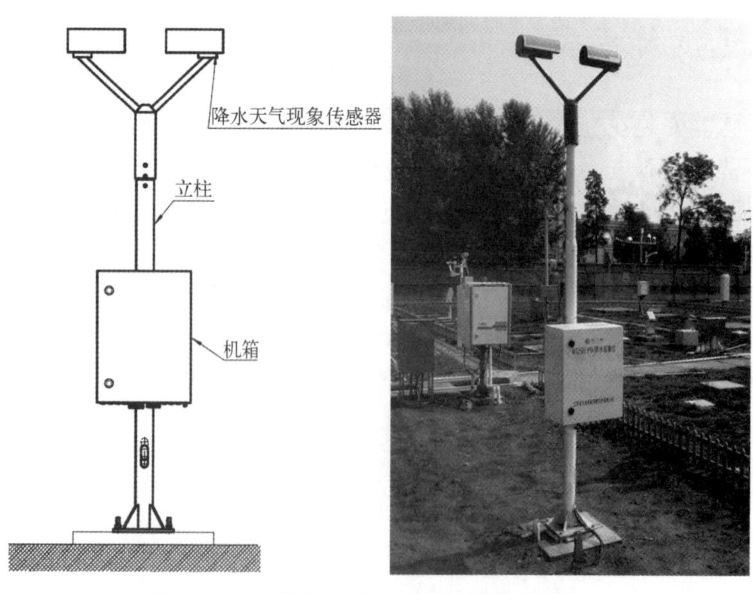

图 18.16　降水天气现象传感器安装图

18.11 辐射传感器

根据《地面气象观测规范》的要求，辐射观测点应视野开阔，尽可能不存在障碍物，特别是全年中在日出日落方位角范围内无障碍物。如果存在障碍物，仪器则应放在障碍物形成的高度角<5°地方，使障碍物的影响降至最低。各辐射表安装在专用立柱上或太阳跟踪器上，立柱或太阳跟踪器要稳定牢固，颜色以尽可能减少太阳辐射的反色为宜。辐射一级站辐射表安装支架如图 18.17 所示。所有辐射传感器的连接线缆汇集到辐射分采集器，经处理后转接到综合集成控制器中。

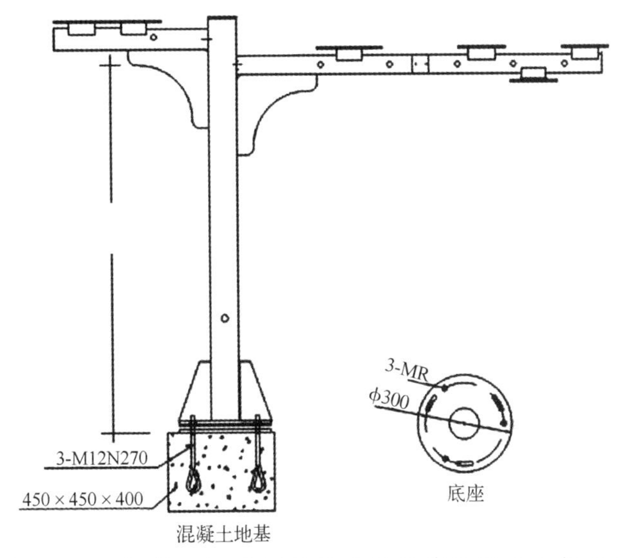

图 18.17 辐射一级站辐射传感器安装位置及支架示意图

18.11.1 总辐射表

总辐射表安装在地面观测场内，若受条件限制也可安装在屋顶平台上，要求在全年之中日出和日落时的方位角范围内没有高度超过 5°的障碍物。其他的障碍物，也不应使太阳全张角减小 0.5 sr 以上。总辐射表不应靠近浅色墙或其他易于反射阳光的物体，也不应暴露在人工辐射源之下。

辐射表应牢固地安装在专用的辐射支架上或太阳能跟踪器上，立柱要牢固的固定在预埋基础上，传感器安装高度约 1.5 m(图 18.17)。总辐射表的接线柱方向朝北，利用传感器所附的水准器，调整底座三个螺旋，使总辐射表的感应面处于水平状态，传感器电缆屏蔽线要求连接于接地体，起到防干扰和防感应雷击的作用。总辐射传感器的外观如图 18.18 所示。

图 18.18　总辐射传感器外观

18.11.2　直接辐射表

直接辐射表是测量垂直太阳表面(视角约 0.5°)的辐射和太阳周围很窄的环形天空的散射辐射,称为太阳直接辐射。直接辐射表由进光筒、感应件、跟踪架(赤道架)及附件组成。直接辐射表安装在专用立柱上,专用立柱的要求和安装方法与总辐射表基本相同。直接辐射表跟踪太阳准确度与仪器安装是否正确关系极为密切,安装时必须对准南北向、纬度、调整水平以及观测时的赤纬和时间。

全自动跟踪架:它由机械主体、控制箱与电缆线等构成。机械主体安在室外,由准光筒、固定直射表用的架子、电机、转动轴、底座等组成(图 18.19)。该仪器以单片计算机为控制核心,采用传感器定位和太阳运行轨迹定位两种自行切换的跟踪方式,弥补了赤道架跟踪的缺点,具有全自动、全天候、跟踪精度高(±0.2°)、不绕线等特点,是辐射仪器的主要跟踪装置。

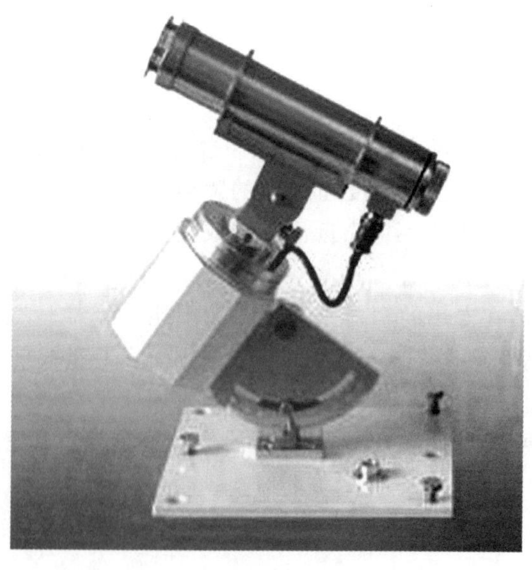

图 18.19　直接辐射传感器外观

18.11.3 散射辐射表

散射辐射表是由总辐射表和遮光环两部分组成(图18.20)。遮光环的作用是保证从日出到日落能连续遮住太阳直接辐射。它由遮光环圈、标尺、丝杆调整螺旋、支架、底盘等组成。散射辐射表安装的地方条件和台架安装的要求与总辐射表相同。安装位置如图18.17所示。

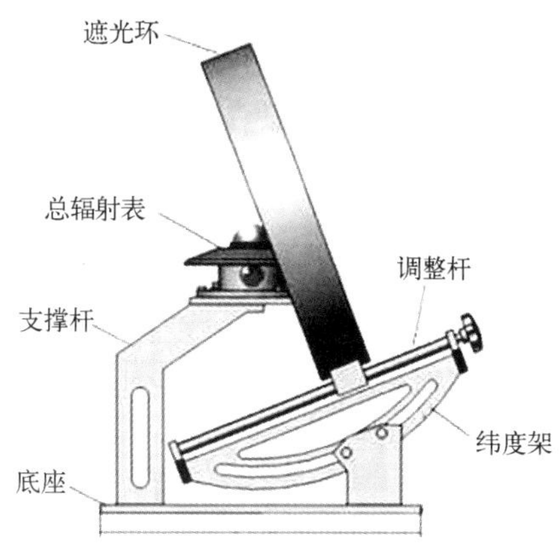

图18.20 散射辐射传感器示意图

安装步骤如下。

(1)先将遮光环架安装在观测台架上。安装时必须使底盘边缘对准南北向,使仪器标尺指向正南北(在北半球,遮光环丝杆调整螺旋柄朝北)。用水平尺和底座3个调节螺旋把底座调水平,然后用螺栓将遮光环底座固定在观测台架上。

(2)根据当地的地理纬度,固定标尺位置。把总辐射表水平地安装在遮光环中的平台上,使接线柱朝北,其位置应正好使辐射表涂黑感应面位于遮光环中心。调整总辐射表水平并固定。

(3)将遮光环按当日的太阳纬度调整到适当的位置,使遮光环恰好涂黑感应面位于遮光环中心。调好总辐射表水平并固定。

(4)将遮光环按当日的太阳赤纬调到相当的位置上,使遮光环恰好全部遮住总辐射表的感应面和玻璃罩。

(5)将接线柱导线与采集器连接。

18.11.4 反射辐射表

将总辐射表感应面朝下安装,即可测定短波反射辐射,此时总辐射表就称为反辐射表。

反射辐射表安装位置如图18.17所示。在支架长臂下端固定一个比仪器底座稍大的金属板,把感应面朝下的反射辐射表底座用不锈钢螺栓固定在金属板上。仪器接线柱方向朝北。然后用调整螺旋把感应面调平,通常有上下两个水准器。安装在反射辐射表时一定要把仪器上的白色挡板翻转过来安装,否则降雨时雨水将聚积在白色的挡板上,流入感应元件内损坏仪器。外观如图18.21所示。

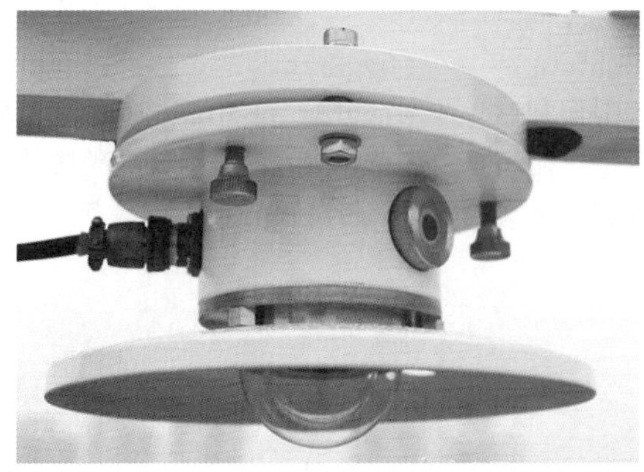

图 18.21　反射辐射传感器外观

18.11.5　净全辐射表

净全辐射表安装位置如图 18.17 所示。净全辐射表底座固定在支架前端的底板上。安装时,用不锈钢螺旋固定在底板上,使感应件伸出长臂,接线柱方向朝北。用调整螺旋将感应面调平。最后用电缆线连接采集器,接线时注意正负极。安装效果如图 18.22 所示。

(a)　(b)

图 18.22　(a) NR01 型四分量净全辐射表;(b) FNP 型净全辐射表

18.12　采集器

18.12.1　主采集器

主采集器的安装比较方便,厂家已经按照统一的设计标准组装,通常只要将航空插头插入机箱下面对应的插座接入电源即可。所有采集器面板接口布局按照《新型自动气象(气候)站采集器和机箱结构》的标准是统一的。机箱内的所有部件位置布局图可参考附录有关图片。

(1)主采集器接入传感器种类

① 模拟通道测量:气温传感器、湿度传感器、总辐射传感器、蒸发传感器。

② 计数通道测量:翻斗式雨量传感器、风速传感器(10 m)。

③ 数字量通道测量:风向传感器(10 m)。

④ RS232 通道:气压传感器、雪深传感器。

⑤ RS485 通道:称重雨量传感器、能见度传感器。

(2)传感器接入的标准

采集器上每个接口的接线端子对应传感器的接入线缆,如表 18.1 所示。

表 18.1 传感器接入表

通道号	通道类型	通道端子	接入传感器类型	传感器信号线
CH1	模拟通道	*	气温传感器	A
		+		C
		−		B
		R		D
CH2	模拟通道	*	湿度传感器	传感器电源
		+		电压输出+
		−		电压输出−
		R		地
CH3	模拟通道	*	总辐射传感器	传感器电源
		+		电压输出+
		−		电压输出−
		R		地
CH4	模拟通道	*	蒸发传感器	传感器电源
		+		电流输出+
		−		电流输出−
		R		地
计数 1	计数通道	C1	翻斗式雨量传感器	计数输出
		GND		地
计数 2	计数通道	+5V	风速传感器	电源输入
		C2		计数输出
		GND		地
数字接口	数字通道	D0～D6	风向传感器	七位格雷码
		+5V		电源输入
RS-232	串行接口	Rx	雪深传感器	Tx
		Tx		Rx
		GND		GND
RS-232	串行接口	+12 V	气压传感器	电源输入
		Rx		Tx
		Tx		Rx
		GND		GND

续表

通道号	通道类型	通道端子	接入传感器类型	传感器信号线
RS-485	通讯接口	A	能见度传感器	A
		B		B
		GND		GND
RS-485	通讯接口	A	称重雨量传感器	A
		B		B
		GND		GND
电源输入		+12 V	电源模块	电源输入
		GND		GND

注:能见度传感器也可不通过采集器而直接接入到综合控制器。

(3)主采集器面板接口布局

以 WUSH-BH 采集器为例,如图 18.23 所示。主采集器的插头上方都标有接口名称。底板插座的布局如图 18.24 所示。

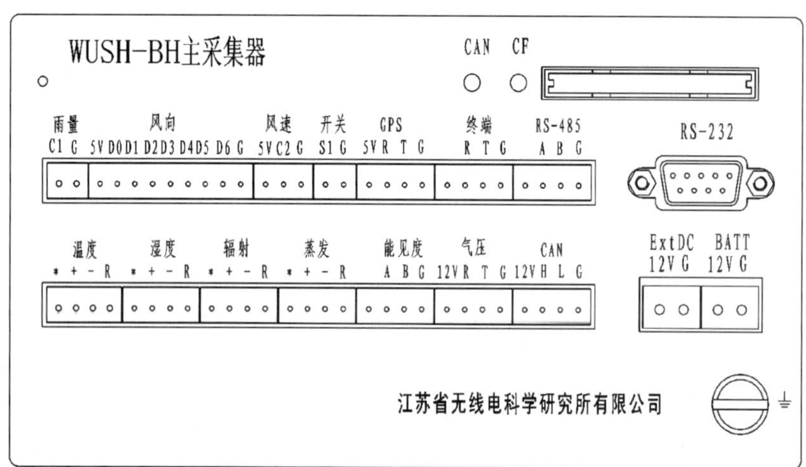

图 18.23　主采集器接口布局图

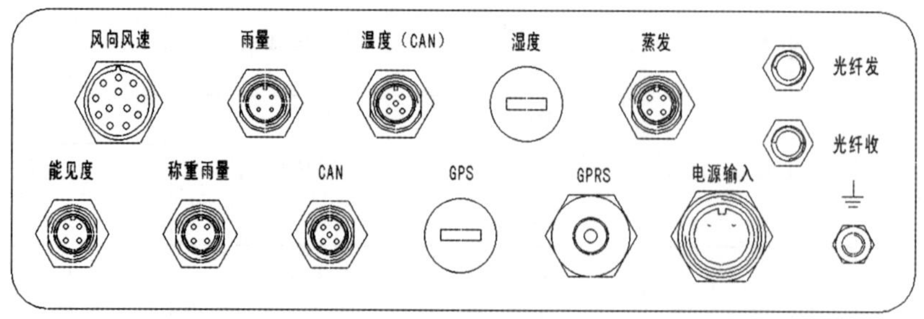

图 18.24　主采集器底板插座布局图

18.12.2 分采集器

分采集器包括地温分采集器、温湿度分采集器、辐射分采集器(也可作为智能传感器直接连接到综合集成控制器)等。温湿度分采集器相对比较简单,下面重点介绍地温和辐射分采集器。

(1)分采集器传感器种类

① 地温分采集器:草温、地表、浅层地温、深层地温。

② 辐射分采集器:总辐射、净全辐射、直接辐射、反射辐射、散射辐射、紫外 A、紫外 B、大气长波辐射、光合有效辐射、地面长波辐射。

(2)传感器接入标准

采集器上每个接口的接线端子对应传感器的接入线缆,地温传感接入表如表 18.2 所示。辐射传感接入表如表 18.3 所示。

表 18.2 地温传感器接入表

通道号	通道类型	通道端子	接入传感器类型	传感器信号
CH1	模拟通道	*	草温	A
		+		A
		—		B
		R		B
CH2	模拟通道	*	地表温度	A
		+		A
		—		B
		R		B
CH3	模拟通道	*	5 cm 地温	A
		+		A
		—		B
		R		B
CH4	模拟通道	*	10 cm 地温	A
		+		A
		—		B
		R		B
CH5	模拟通道	*	15 cm 地温	A
		+		A
		—		B
		R		B

续表

通道号	通道类型	通道端子	接入传感器类型	传感器信号
CH6	模拟通道	*	20 cm 地温	A
		+		A
		—		B
		R		B
CH7	模拟通道	*	40 cm 地温	A
		+		A
		—		B
		R		B
CH8	模拟通道	*	80 cm 地温	A
		+		A
		—		B
		R		B
CH9	模拟通道	*	160 cm 地温	A
		+		A
		—		B
		R		B
CH10	模拟通道	*	320 cm 地温	A
		+		A
		—		B
		R		B
RS-232	串行接口		调试端口	
		Rx		Tx
		Tx		Rx
		GND		GND
CAN 总线	总线接口	+12 V	主采集器	+12 V
		CAN+		CAN+
		CAN—		CAN—
		GND		GND
电源输入		+12 V	电源模块	电源输入
		GND		GND

表 18.3 辐射传感器接入表

通道号	通道类型	通道端子	接入传感器类型	传感器信号
CH1	模拟通道	*	总辐射	
		+		H
		−		L
		R		
CH2	模拟通道	*	净全辐射	
		+		H
		−		L
		R		
CH3	模拟通道	*	直接辐射	+12 V
		+		H
		−		L
		R		GND
CH4	模拟通道	*	反射辐射	
		+		H
		−		L
		R		
CH5	模拟通道	*	散射辐射	
		+		H
		−		L
		R		
CH6	模拟通道	*	紫外 A	
		+		H
		−		L
		R		
CH7	模拟通道	*	紫外 B	
		+		H
		−		L
		R		
CH8	模拟通道	*	大气长波辐射	
		+		输出电压+
		−		输出电压−
		R		
CH9	模拟通道	*		恒流源输出
		+		模拟量输入+
		−		模拟量输入−
		R		恒流源回路

续表

通道号	通道类型	通道端子	接入传感器类型	传感器信号
CH10	模拟通道	*	光合有效辐射	
		+		H
		−		L
		R		
CH11	模拟通道	*	地面长波辐射	
		+		输出电压＋
		−		输出电压－
		R		
CH12	模拟通道	*		恒流源输出
		+		模拟量输入＋
		−		模拟量输入－
		R		恒流源回路
RS-232	串行接口		调试端口	
		Rx		Tx
		Tx		Rx
		GND		GND
电源输入		+12 V	电源模块	电源输入
		GND		GND

(3)地温采集器面板接口布局

以 WUSH-BG2 地温分采集器为例，如图 18.25 所示。采集器的插头上方都标有接口名称。辐射分采集器接口布局如图 18.26 所示。

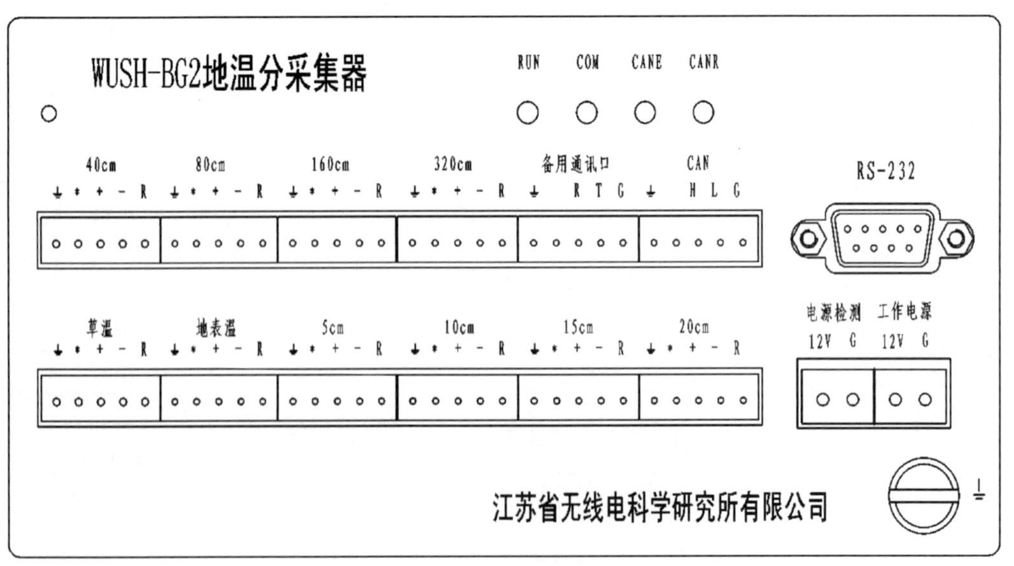

图 18.25　地温分采集器接口布局图

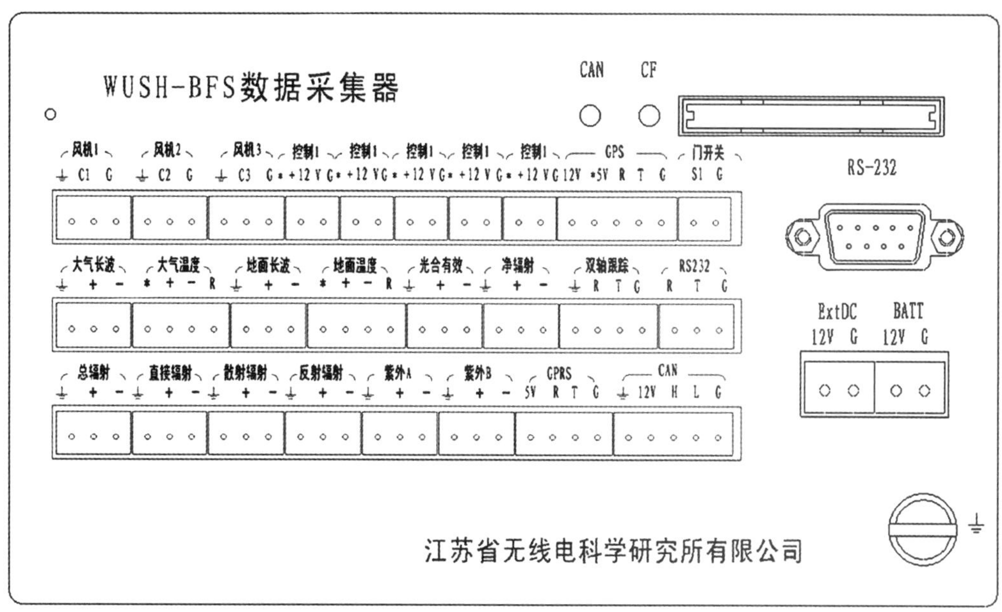

图 18.26 辐射分采集器接口布局图

18.13 综合集成控制器

综合集成控制器，也称串口服务器。目前有两个型号的产品，对应的配套软件也有区别。详见表 18.4。

表 18.4 综合集成控制器产品表

序号	设备型号	配套软件	生产单位
1	ISOS-SS-HC	CuitVirtualCom	北京华云东方探测技术有限公司
2	ZQZ-PT1	NPORT	江苏省无线电科学研究所有限公司

18.13.1 ISOS-SS-HC/A 型综合集成控制器

(1)综合集成控制器的连接

ISOS-HC/A 综合集成控制器高度集成多串口通信、信号转换、光电隔离、数据转换和光电转换(光猫)等功能模块，通过光纤将不同通信方式的多路串口数据进行远距离传输，有效解决了多路观测设备集成和传输问题。整机的结构和安装布局如图 18.27 所示。

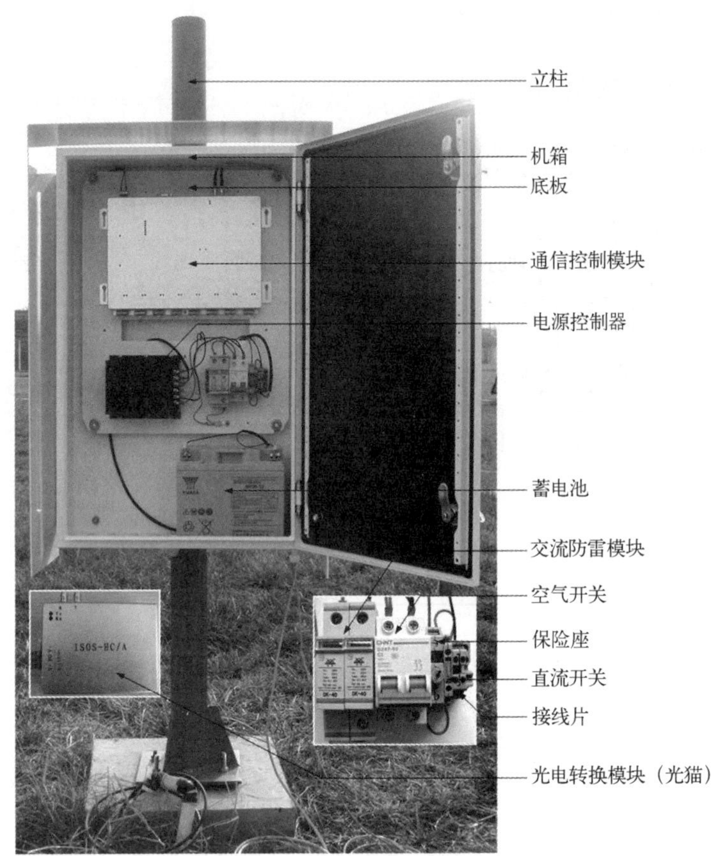

图 18.27　ISOS-HC/A 综合集成控制器内部结构

综合集成控制器有 8 路可插拔 RS-232/485/422(5 位接线端子，初始默认 RS-232)输入接口(图 18.28)，用于连接观测设备连接到通信控制模块，不同串口的类型接法如表 18.5 所示。通信控制模块上端有一组光纤收发接口(ST 接头，支持 1300nm 多模光纤)，通过光纤连接到室内的光纤转换盒输入端，转换成 RJ45 口的网线连接到业务计算机上。

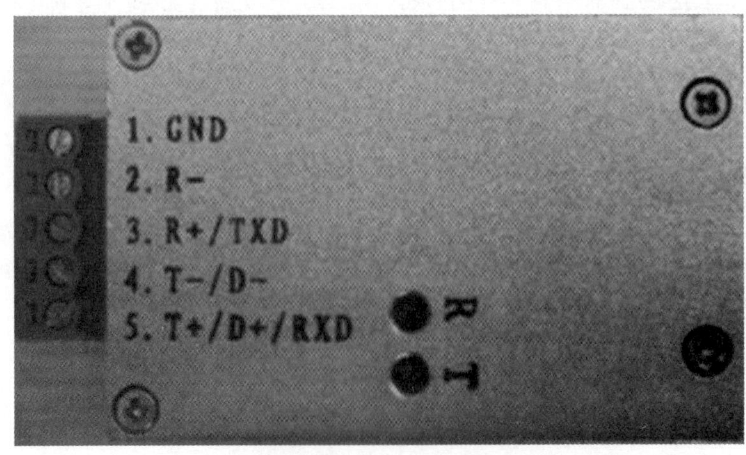

图 18.28　可插拔 RS-232/485/422 输入接口

综合集成控制器还有 4 个 RJ45 接口，其中 1 个为 8 串口转以太网输出口，3 个以太网转光纤接口。从功能上还支持数据转换功能，可将非数据字典格式的数据转换为数据字典格式，以便设备快速接入 ISOS 软件。

表 18.5 可插拔串口接口接线端子定义

说明脚号	定义
1	GND
2	422RX－
3	422RX＋/232TXD
4	422TX－/485A－
5	422TX＋/485A＋/232RXD

集成式新型自动气象站的通信连接方式如图 18.29 所示，其中能见度仪既可以直接接入综合集成控制器，也可以接入到主采集器。综合集成控制器成为观测场所有观测设备的通信枢纽中心，通过最可靠和稳定的光纤通信与室内系统进行连接。

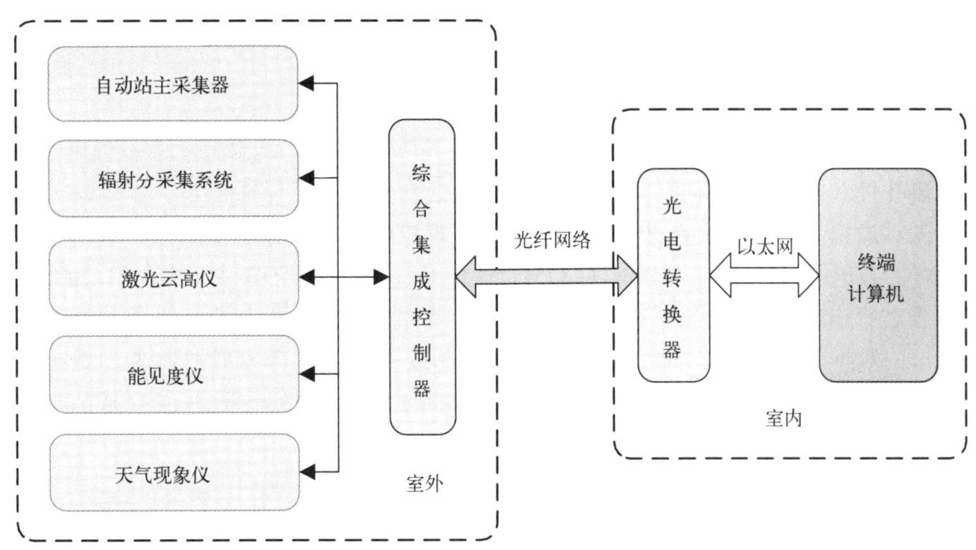

图 18.29 集成式新型自动站通信网络示意图

(2)室内连接

光纤通过金属屏蔽保护套管进入室内，光纤接入到室内后与计算机端的光电转换模块相连。连接时将两条光纤的收与发尾纤交叉插入光电转换模块的接口(图 18.30)。再用网线通过 RJ45 接口连接到测报业务计算的网卡上(需要在计算机上增加一张网卡)。

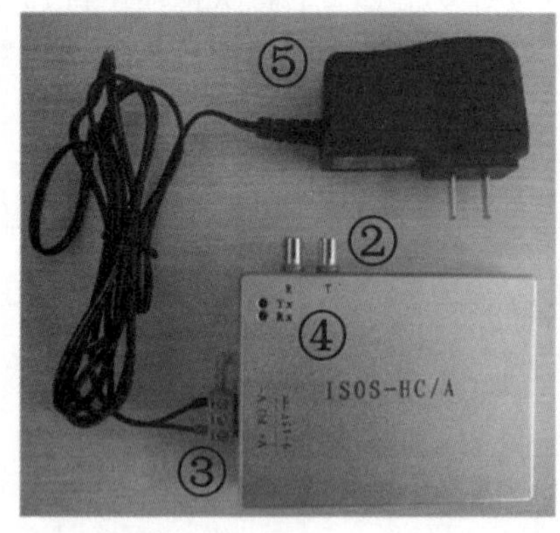

①RJ45接口（以太网转光纤）
②ST光纤收发接口(1300nm多模光纤)
③3位可插拔接线端子（DC9～15V供电接口）
④Tx：光纤数据发送指示灯
　Rx：光纤数据接收指示灯
⑤电源适配器

图 18.30　ISOS-HC/A 室内光电转换模块

(3)软件安装

① 安装前检查硬件连接

软件安装之前要检查安装是否可靠，且保证设备正常运行，重点检查：

a)机箱内空气开关进线端接入 220 V(50 Hz)交流电，并已经打开电源开关；

b)观测设备通信线缆接入机箱内的通信控制模块；

c)综合集成控制器通过网线或光纤的通信模式接入计算机。

② 软件安装和参数配置

安装软件和配置分为两部分：

首先对虚拟串口驱动软件的安装。安装前计算机注册表未分配 COM11～COM18 串口号时，软件自动使用固定的 8 个串口(COM11～COM18)；若固定串口已被占用，则自动从最大串口号之后连续分配 8 个串口号。之后注册两个通信服务，即由综合集成控制器向主机虚拟串口的数据传送服务(NettoCom)与由主机虚拟串口向综合集成控制器的数据传送服务(ComtoNet)。然后通过管理软件对综合集成控制器进行参数配置，配置完成后即可开启 SMO 采集软件进行观测设备的挂接设置。具体安装过程如下。

a)安装虚拟串口驱动

驱动安装目录默认“C:\Program Files\Cuit”文件夹(注意：安装前请关闭所有杀毒软件及安全卫士)。鼠标双击 CuitVirtualCom 的安装软件“setup. exe”，在弹出的对话框中依次点击“下一步”→“安装”，如图 18.31 所示。

安装过程中会出现如下图所示的 DOS 对话框(图 18.32)，此时为系统正在注册服务，请耐心等待，直至弹出“安装完成”对话框，点击“确定”即完成安装(安装完成后需重启计算机)。

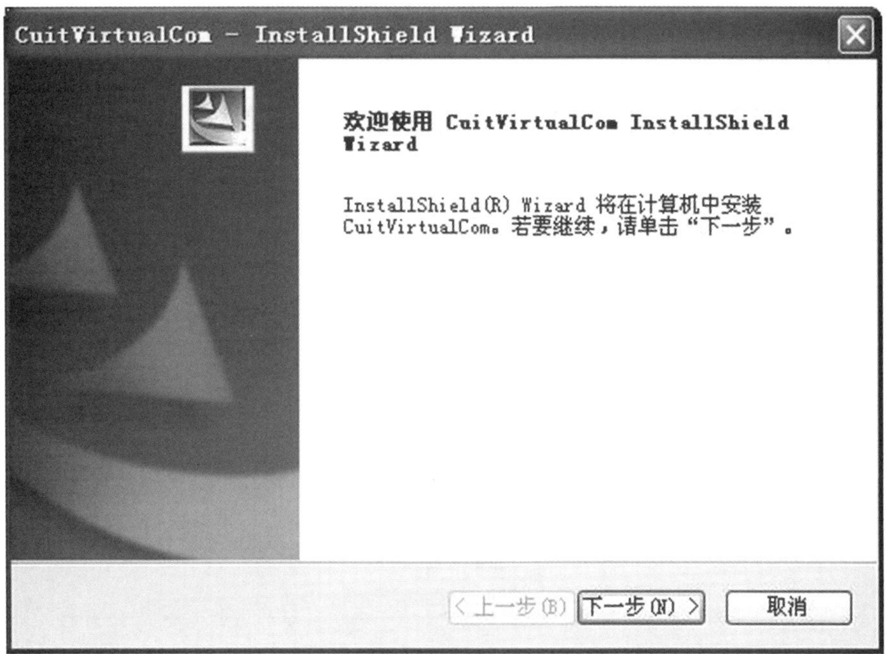

图 18.31 CuitVirtualCom 软件安装界面

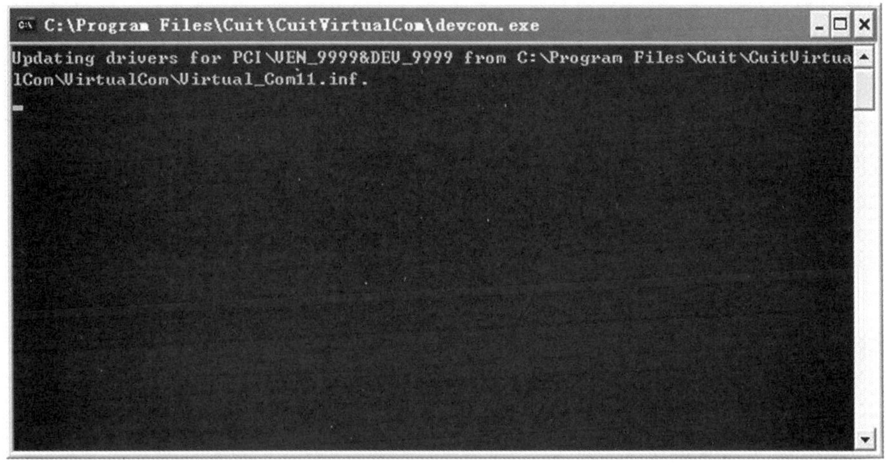

图 18.32 CuitVirtualCom 软件注册服务 DOS 界面

查看虚拟串口是否安装完成。右键点击“我的电脑”，选择“管理”，点击“设备管理器”，在右边窗口中点击“端口(COM 和 LPT)”前的加号，查看计算机中的串口信息。若出现 8 个 Virtual Com Serial 则说明安装成功，如图 18.33 所示。

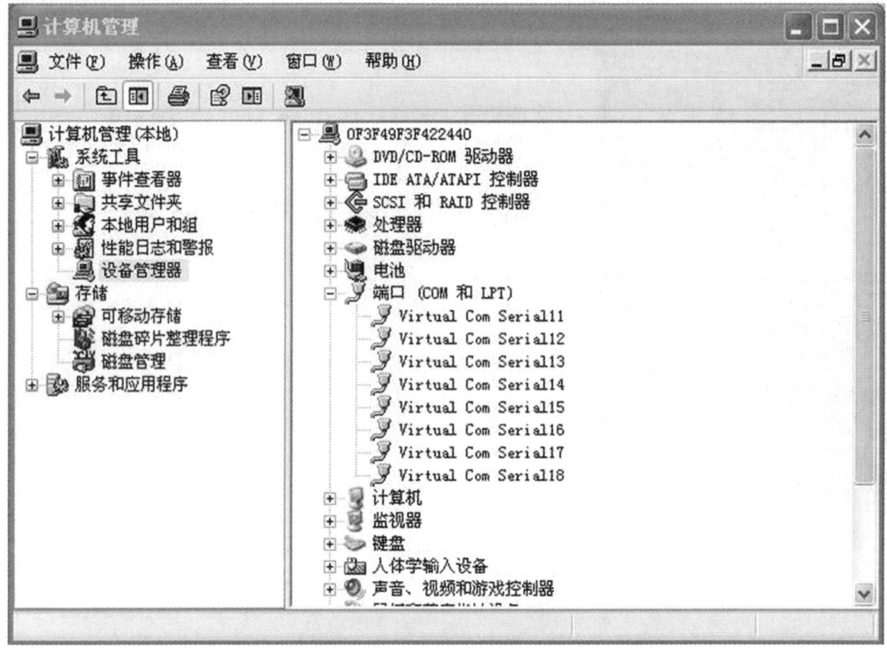

图 18.33　计算机设备管理器中查看虚拟 COM 资源

b)配置参数

通过“开始”→“所有程序”→“cuit”→“CuitVirtualCom”来启动管理配置软件。配置软件界面如图 18.34 所示。配置软件实现搜索设备 IP、连接设备和对设备进行管理的功能。支持网络信息(如 IP、网关等)的动态配置、串口信息如波特率等的动态配置、历史数据下载和设置用户名密码等功能,方便用户对系统进行远程管理与操作。

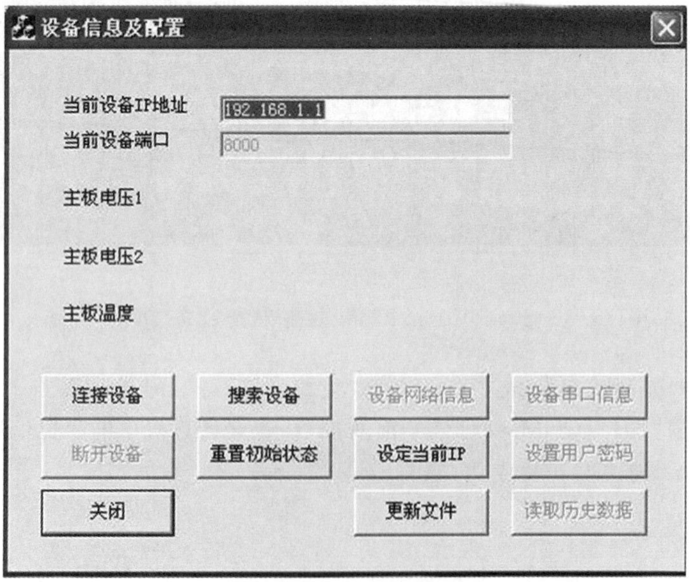

图 18.34　综合集成控制器配置软件界面

在当前设备IP地址中输入想要连接的设备IP地址，当前设备端口中默认8000。首次安装驱动时，可点击主界面中的“设定当前IP”，将主界面中填写的IP设置为下次默认连接默认地址，若不点击“设定当前IP”，则只为当前暂时使用，下次启动配置软件会自动填写的之前默认的IP号。

c)连接设备

点击“连接设备”即可连接到局域网中相应的设备。设备出厂IP设置为192.168.1.1，首次连接设备前请将计算机IP设置成与设备在同一网段，即192.168.1.x(x可以2～254以内的数字)，用网线将计算机与设备直连，参照“设备网络信息”部分的说明对设备的IP信息进行设置，设置完成即可使用设备。

在计算机与综合集成控制器网络连接正常情况，点击“连接设备”后会出现如图18.35所示的用户名和密码对话框，首次连接设备使用设备默认的用户名和密码(用户名:SMOPORT，密码:123456)，用户需重新设置用户名和密码，根据提示操作即可，以后登录即使用该用户名和密码。如需更改用户名和密码请单击主界面上的“设置用户密码”，根据提示操作即可。

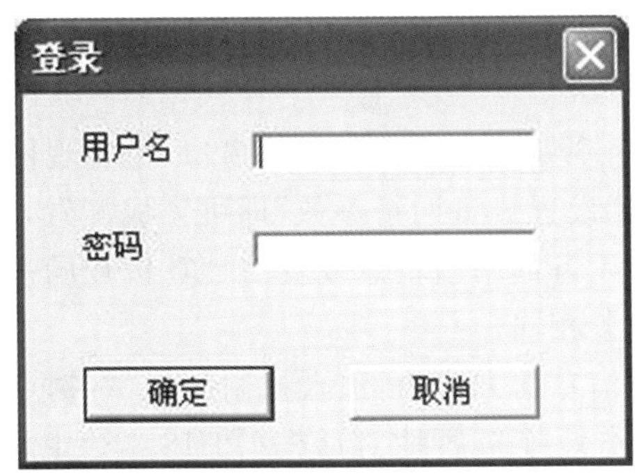

图18.35 用户名密码输入窗口

若计算机与综合集成控制器的网络连接不通，点击“连接设备”后会出现“连接服务器失败”的对话框，此时应检查综合集成控制器的工作状态及到计算机的网线连接情况。也可尝试在计算机上通过网络“ping”指令检测与综合集成控制器的通信状况(“ping”指令:“开始”→“运行”“ cmD”，在DOS窗口输入ping 192.168.1.1/t)。

综合集成控制器首次连接时，会弹出修改登录信息的对话框，需设置新的用户名和密码，避免被他人登录进行误修改。设置成功后下次再连接设备即需用新的用户名和密码，此对话框不再弹出。若需修改登录信息，可在主配置界面选择“设置用户密码”进行修改。

d)搜索IP

点击界面上的“搜索设备”，弹出如图18.36所示的界面，默认IP搜索范围为本机局域网段；也可手动指定搜索范围，点击界面上的“指定搜索IP段”，则可进行设置。

点击指定“搜索IP段”，在“起始IP”、“终止IP”栏中输入想要搜索的IP段(IP段的范围设置小一些，以便搜索速度更快)，点击“开始搜索”，即可开始搜索局域网内的设备。搜索的结果会显示在文本框内，搜索到合适的设备后点击“停止搜索”，选中需要的设备IP，点击“返回”完成搜索，选中的IP会自动填写到当前设备IP地址框内，可直接使用。

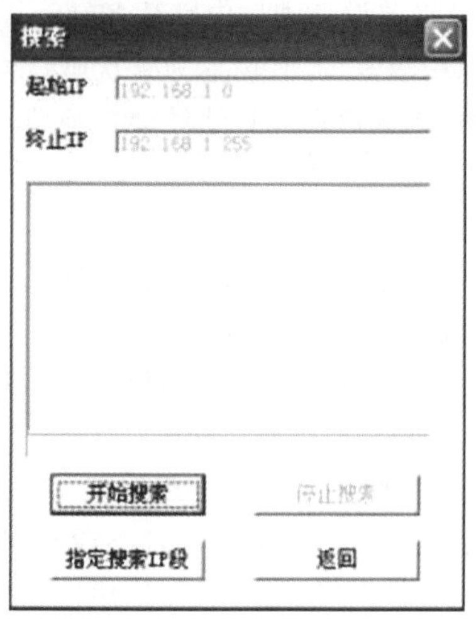

图 18.36　IP 段搜索界面

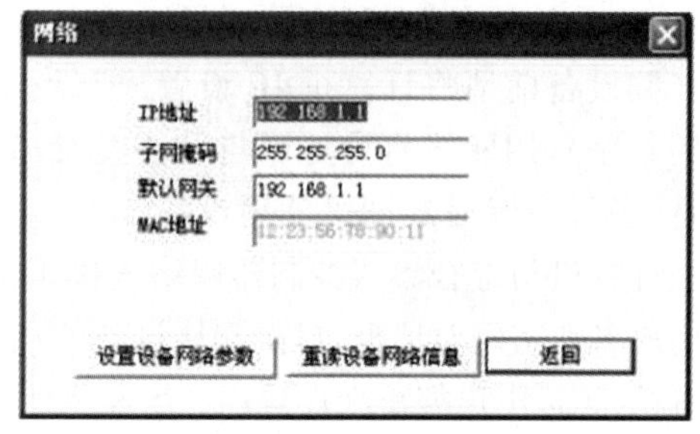

图 18.37　网络设备信息

e)网络设备信息

点击“设备网络信息”，出现如图 18.37 所示的窗口，可实现网络信息的查询与更改，输入需要的网络配置信息点击“设置设备网络参数”即可完成配置，改变网络信息后需重新连接系统。首次连接系统需将设备的网络信息设置与计算机在同一局域网段内，子网掩码和默认网关应与计算机上的设置相同。

查看与更改计算机网络信息的方式为，进入控制面板，右键点击控制面板中的“网络连接”，选择“属性”，在弹出的本地连接属性对话框（图 18.38）中双击“Internet 协议（TCP/IP）”，即可查询到计算机的网络信息并进行更改，如图 18.39 所示。

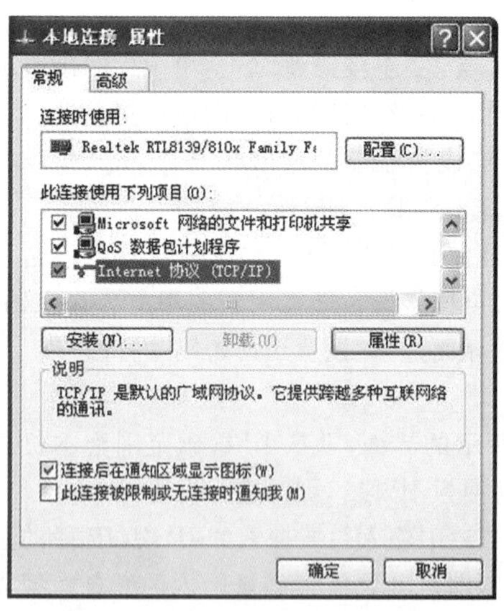

图 18.38　本地网络连接属性界面

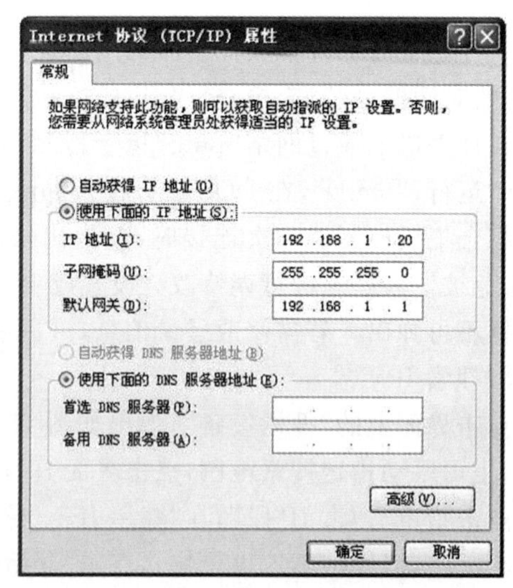

图 18.39　查看、更改网络设备信息的界面

f)设备串口信息

在图 18.34 主界面中点击“设备串口信息”,进入串口信息查询与配置界面,如图 18.40 所示。通过下拉按钮选择需要查询或配置的串口号,同样通过下拉按钮设置其他通信参数,点击“设置当前串口”即可实现相应串口信息的更改。系统在首次进入串口设置界面和设置成功后会自动执行一次读取串口信息操作,并显示在界面上。

需进行数据格式转换(如当前串口接的设备不支持数据字典的数据格式),可在数据格式转换下拉框内选择当前串口需要转换的方式,目前只支持 LT31 message2 格式转换,如图 18.41 所示。选择所有的配置后点击“设置当前串口”即可保存设置结果。如需取消数据格式转换功能,在下拉框内选择“无”,点击“设置当前串口”。

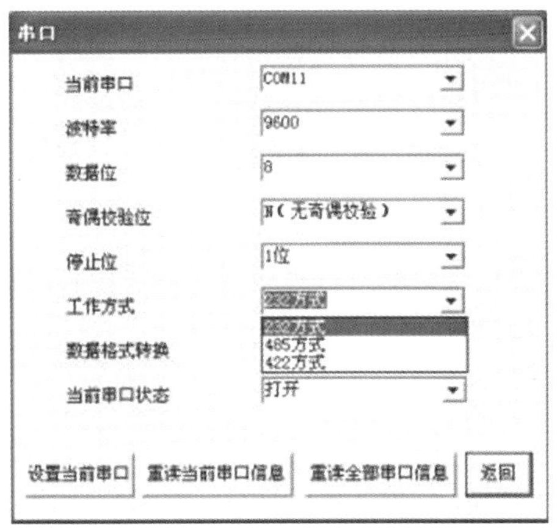

图 18.40 串口信息与配置界面

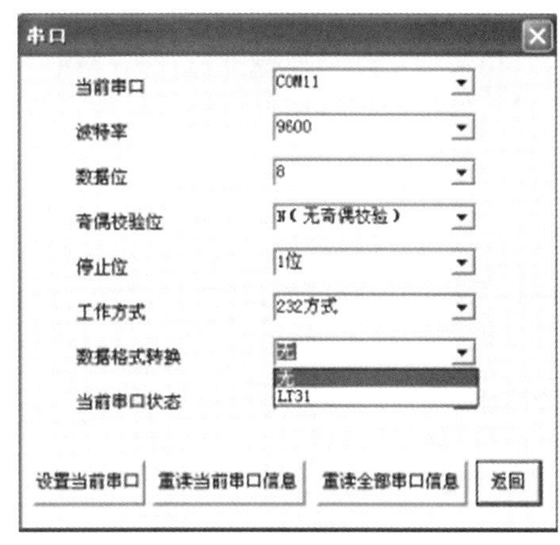

图 18.41 修改数据格式转换方式的界面

g)更新文件

综合集成控制器具有更新内部文件的功能,用于对综合集成控制器进行远程更新升级。主界面上点击“更新文件”,输入正确的用户名和密码(用户名和密码与连接设备时使用的相同),进入更新文件界面,如图 18.42 所示。可选择更新网络程序、串口程序、数据格式转换程序以及更新 ISOS-HC/A 指定文件,还支持恢复更新前的网络程序、串口程序与数据格式转换程序。

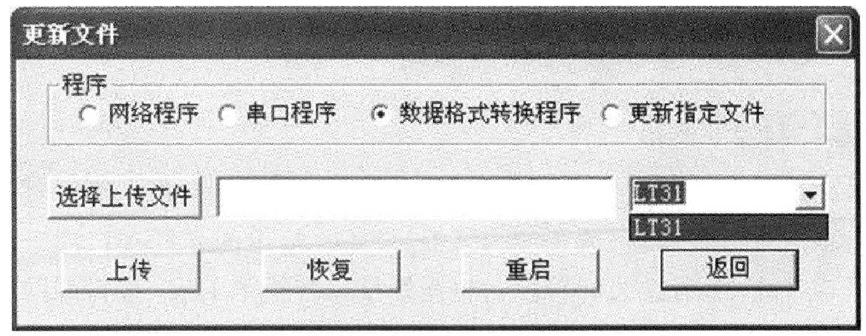

图 18.42 更新文件界面

h)通信测试

在完成以上通信的连接，综合集成控制器的驱动安装和配置以后可以在业务计算机上利用串口调试工具或 SMO 的“设备管理”菜单下的“维护终端”发送终端指令，对采集器和传感器的运行状态进行测试。表 18.6 是新型自动气象站终端常用指令。

表 18.6 新型自动气象站计算机终端常用指令表

终端指令	描述	配置参数(成功返回＜T＞，失败＜F＞)
HELP	返回命令清单	
SETCOM	读取或设置通讯参数	不带参数为读取串口通信参数，带参数直接设置，例如：SETCOM 9600 8 N 1
AUTOCHECK	设备自检	自检失败返回＜F＞，成功返回＜T＞
QZ	读取或设置台站区站号	6 位区站号，高位补 8。例如：QZ 857494
ST	读取或设置服务类型	00 代表基准站，01 代表基本站，02 代表一般站。例如：ST 00
ID	读取或设置设备序号	系统内设备的编号，第一台为 000，第二台为 001，以此类推。例如：ID 000
LONG	读取或设置设备经度	例如：LONG 116.34.18
LAT	读取或设置设备纬度	例如：LAT 32.14.20
DATE	读取或设置日期	格式：DATE 2014－07－21
TIME	读取或设置时间	格式：TIME 12:34:00
FI	读取或设置数据的帧示	00 代表秒数据，01 代表分钟数据，02 代表时数据，03 代表 10 min 数据，04 代表 15 min 数据。例如：FI 001
READDATA	读取最近一组数据	
SETCOMWAY	读取或设置采集器数据传输握手机制方式	1 为主动发送方式，0 为被动读取方式。例如：SETCOMWAY 0

注意：各指令不带参数即为读取当前的状态。

18.13.2 ZQZ-PT1 型综合集成控制器

(1)综合集成控制器的连接

该综合集成控制器具有 8 路光纤信号(或串口信号)输入和 1 路光纤信号输出。可以集成主采集器和最多 7 个分采集器(或智能传感器)设备。输出的光纤接口用于连接到室内业务值班室的光纤转换盒上，通过光纤转换盒将光纤接口转换为 RJ45 接口的网络信号送入终端计算机。综合集成控制器内部结构如图 18.43 所示。

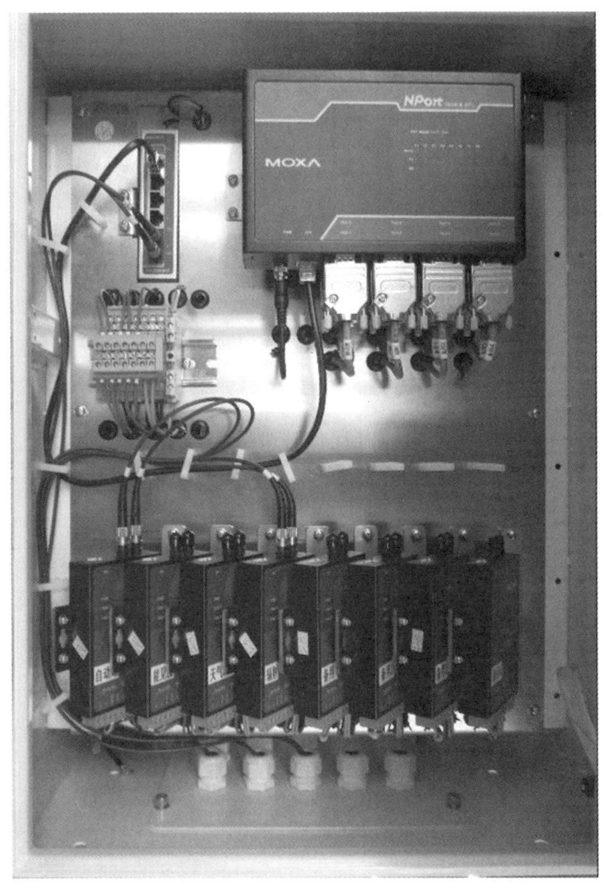

图 18.43 ZQZ-PT1综合集成控制器内部结构

机箱底部为光纤信号输入接口，将光纤信号转换为串口信号以后输入到上部的串口服务器中，输出的网络信号转接到左侧的光纤转换盒，最后以光纤信号输出。输入光纤接口从左到右排列为1～8＃，默认主采集器连接到1＃，独立能见度2＃，激光云高仪3＃，辐射分采集器4＃。

(2)室内连接

光纤通过金属屏蔽保护套管进入室内，将光纤插头插入PT2通信转换器，再用网线连接到测报业务计算的网卡上(需要在计算机上增加一张网卡)。

(3)软件安装

安装串口服务器驱动程序和虚拟串口配置。将Nport 5650-8-DTL-T自带的Nport管理工具—NPort Administrator拷贝到业务计算机上。

①安装软件：运行“Npadm_Setup_Ver1.16_Build_11021514.exe”安装软件，直至结束，如图18.44所示。

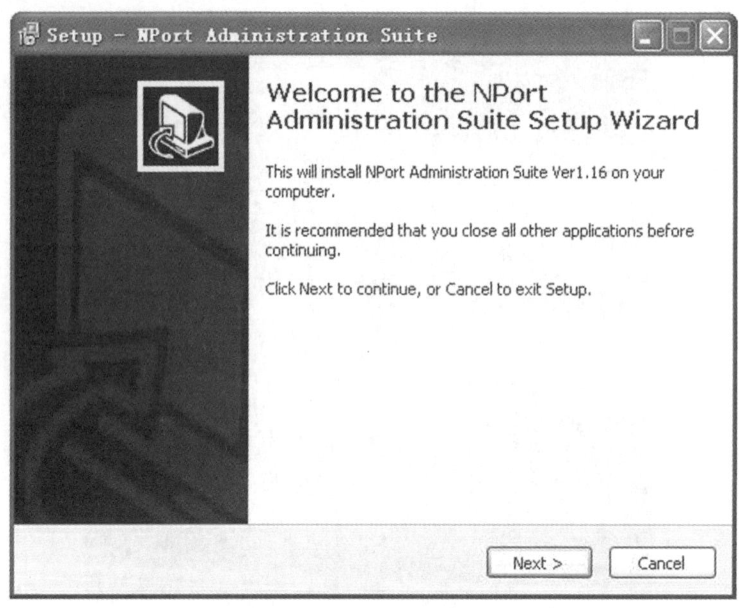

图 18.44　串口服务器软件安装界面

②搜索串口服务器：在主界面窗口中，点击工具条上的【Search】搜索图标，搜索到串口服务器之后，软件会进入配置(Configration)界面，如图 18.45 所示。

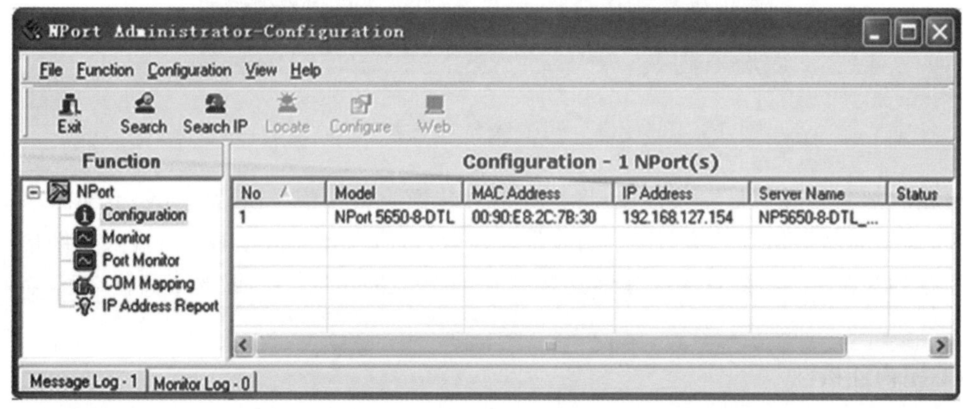

图 18.45　NPort 软件配置界面

③网络地址配置：双击右边表中搜索到的设备，进入配置界面，如图 18.46 所示。选择“Network”标签页，进入 IP 地址配置界面。勾选“Modify”复选框，修改 IP 地址，使得串口服务器的 IP 地址和 PC 机的地址在一个网段，默认可以设置 PC 机 IP 为“192.168.10.10”，串口服务器 IP 为“192.168.10.1”，修改完毕之后点击“OK”按钮，保存结果。

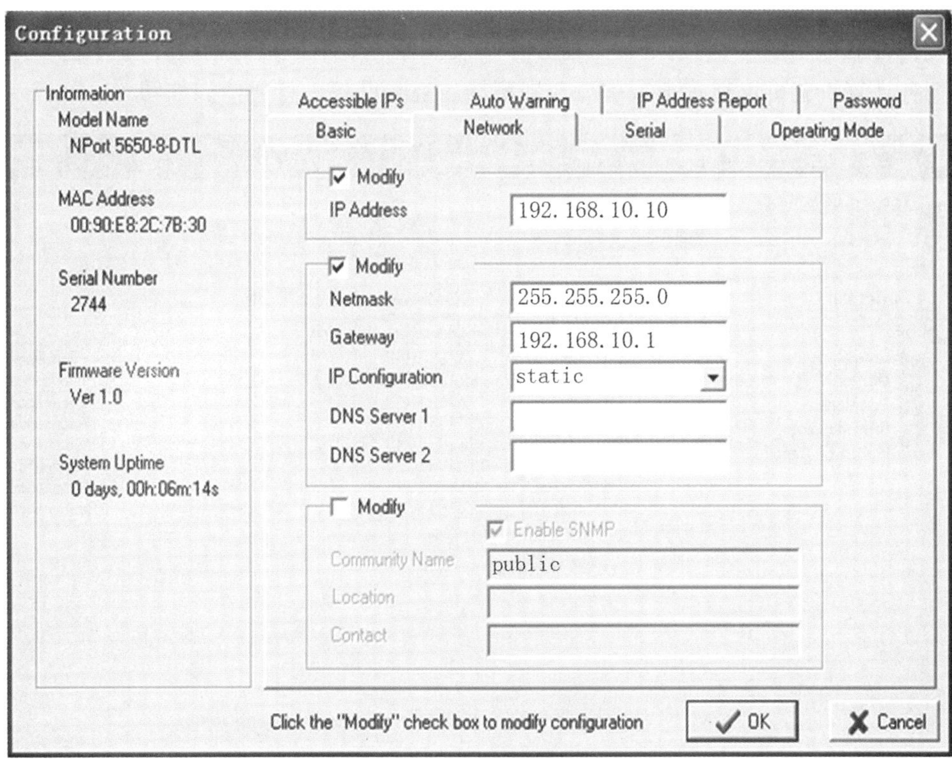

图 18.46　NPort 软件网络地址配置

④串口配置：选择“Serial”标签页，将 8 个串口的串口参数修改为如图 18.47 所示，修改完毕之后点击“OK”保存设置。

图 18.47　NPort 软件串口通信参数配置

⑤端口映射：在主界面的左面窗口的 NPort 根节点下，点击“Com Mapping”，并点击菜

单栏的“Add”，扫描到串口服务器之后点击“OK”，软件会自动映射 8 个虚拟串口，再次点击菜单栏的“Apply”保存映射的端口。这样串口服务器的 8 个串口对应软件虚拟的 8 个串口，测报业务计算机就可以通过虚拟串口和观测场的观测设备进行通信。如图 18.48 所示。

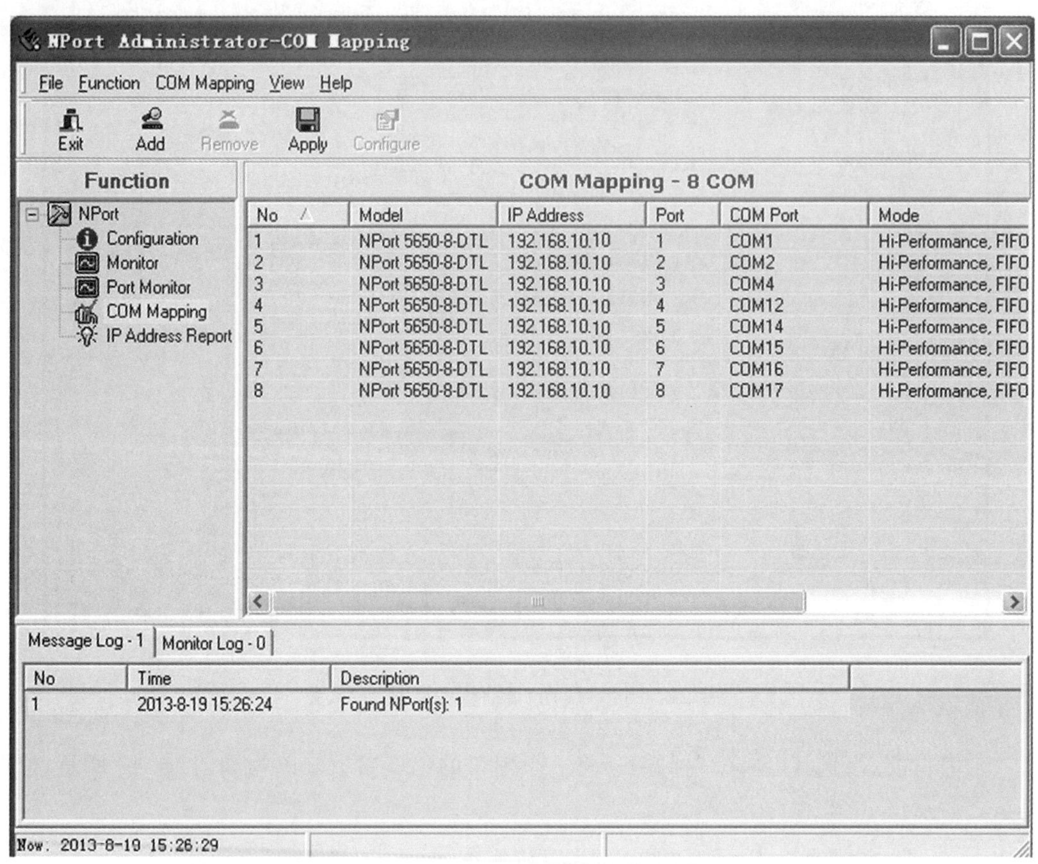

图 18.48　NPort 软件映射虚拟串口

(4)计算机终端常用测试指令

在完成以上通信的连接，串口服务器的驱动安装和配置以后可以在计算机上利用串口调试工具或 SMO 的【设备管理】菜单下的“维护终端”发送终端指令，对采集器和传感器的运行状态进行测试。表 18.6 是新型自动气象站终端常用指令。

第 19 章　故障排查和设备维修

19.1　故障排查和检修方法

对地面综合观测系统的故障排查主要分为软件和硬件两大部分。通常故障首先从软件输出的结果反映出来,因此,排查故障的基本路径是从室内到观测场,从软件到硬件,从业务计算机到传感器。掌握检查的基本方法可快速定位故障和问题的所在点,起到事半功倍的作用。

地面综合气象观测系统是一个复杂的系统,有时候一个故障现象可能由多种原因或多个组件故障造成的,在这种情况下可以采用局部分离的方式排查。将故障可能部位轮流脱开,进一步缩小判断故障区域,相对独立的因果关系使故障判别变得更加容易。

19.1.1　追踪法

追踪法是根据故障或问题的现象作为起点,一步一步往源头查找。这种方法对于软件系统和硬件都适用。当发生故障时应依据观测系统原理进行分析,对因果关系清晰的可迅速确定问题的部位。例如,某一气象要素值缺测或明显偏离正常值,多半是相应的传感器或连接线路故障,不大可能是采集器产生的故障,更不大可能是微机或电源的故障。又如:MOI 业务软件的监控界面中实时显示无数据,由于这个界面显示的主要是分钟数据,首先应检查分钟资料入库程序是否意外退出。若程序工作正常,则检查上游的数据来源,SMO 软件采集的分钟质控数据是否正常;如果数据缺测,就要检查计算机与观测场的通信或综合集成控制器工作是否正常。按照从后往前逐步推进查找问题的源头,就会较快地找到故障点,采取相应的故障处理对策。

19.1.2　替换法

替换法主要应用在硬件故障的查找方面,对于有怀疑的部件可用同型号的备件进行直接替换。通常可以利用追踪法找到怀疑的故障部件,再用替换法确认故障。如果故障消失,则故障部件即可定位。例如某要素的观测数据有跳变现象,可以用该要素的传感器备件进行替换试验,若更换以后跳变现象消失,说明原传感器性能变差,直接更换即可排除故障。在运用替代换法操作时必须先切断电源,严禁带电操作,以免损坏部件或设备。

19.1.3　测量法

测量法主要应用在硬件故障判断方面。利用测量仪表对可能有故障的部件进行监测,根据测量结果判断故障部位。如线缆是否中断,传感器或部件上的电阻、电压、电流是否处于正常范围,输入输出的电源电压是否符合要求,雨量传感器的计量翻斗干簧管有没有脉冲信号输出等,根据测量结果可以判断故障的原因和部位。在没有备件可做替换的有情况下,测量法是准确定位故障的重要方法。

19.2 软件故障判断流程

与新型自动气象站相配套的综合气象观测业务软件负责采集和处理所有观测数据,实时输出和显示观测数据,直接反映整个系统的运行状况。因此,首先从软件输出的数据作为故障排查的出发点,建立异常判断和故障检修的排查流程。

19.2.1 数据缺测排查流程

观测设备或到观测场通信的故障往往直接表现为数据缺测,因此可根据 MOI 业务软件的数据缺测具体情况将排查路径分为两支,如图 19.1 所示。如果是全部数据缺测,则检查 SMO 是否已关闭。由于人为原因或操作系统的关系,导致 SMO 意外退出,这种情况只要启动 SMO 就可以了,否则就要查 SMO 的数据采集情况。如果 SMO 查询有数据,则重新补调就可以了。若 SMO 查询不到数据,则有可能是 SMO 采集数据不及时,或采集器故障造成。按照 MOI 软件数据缺测排查流程进行排查,可以迅速定位到问题的节点,找出原因,排除故障。

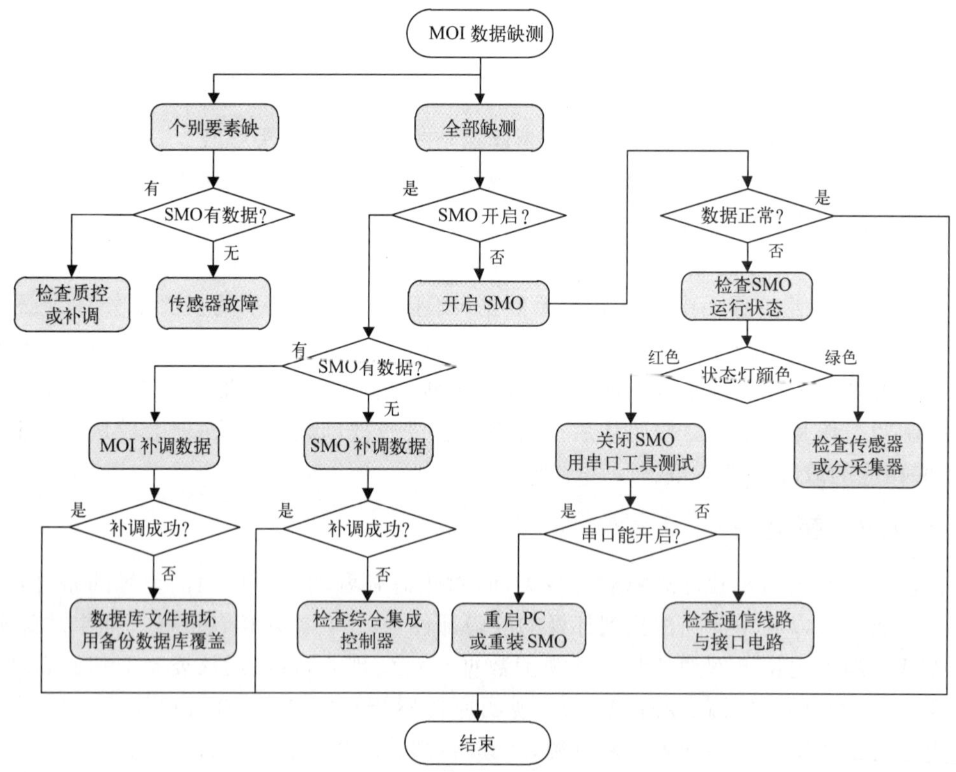

图 19.1 MOI 软件数据缺测排查流程

还有一种情况是观测成功率不高,经常性出现非连续性的分钟数据缺测现象。这有两种可能性:一是计算机时间与采集器时间不同步;二是计算机与综合集成控制器之间的网络通信有异常。前者可以参考软件篇中 7.6 节“系统时间管理”正确设置计算机网络授时。通常计算机与采集器误差在 15 s 以上就有可能发生数据不能及时采集的问题。如果不是第一种情况，就要检查计算机与综合集成控制器之间的网络通信。通信经常出现短时间中断或堵塞现象会导致 SMO 不能及时采集到分钟数据。这种故障可能是光电转换器不稳定、网卡性能或网线插头接触不好引起。如果计算机的网线不是直接连接到光电转换器，而是利用局域网连接到自动站的室内光电转换器，这种接法对于局域网的通信稳定性要求比较高，一旦网络通信产生较大延时或由于木马引起的网络堵塞现象就会导致观测数据缺测。建议自动站改用直连方式接入计算机。

19.2.2 业务软件报警排查流程

SMO 软件有数据异常报警，可以通过报警的种类，依据数据超阈值、缺测、跳变这三条路径进行排查。具体排查流程详见图 19.2。

数据超阈值报警是对于观测数据超出事先设定的质控范围导致的报警，主要检查天气超常引起的，还是人为造成的局部环境异常导致的。如果都不是，就要考虑原来设置的阈值是否合理，不合理的需要进行调整。

数据缺测现象分为全部缺测或个别缺测。全部缺测可能是通信中断或自动站故障，个别或部分缺测有可能是传感器故障或分采集器故障，或许是软件质控导致的缺测。

对于数据跳变通常有两种情况，一种是天气突变，如飑线经过，引起的气象要素跳变；另一种情况是传感器故障导致的观测数据不稳定。

按照 SMO 软件数据缺测排查流程进行排查，可以迅速找到故障点。对于 MOI 软件的数据报警排查也可以参考图 19.2 所示的路径进行检查。

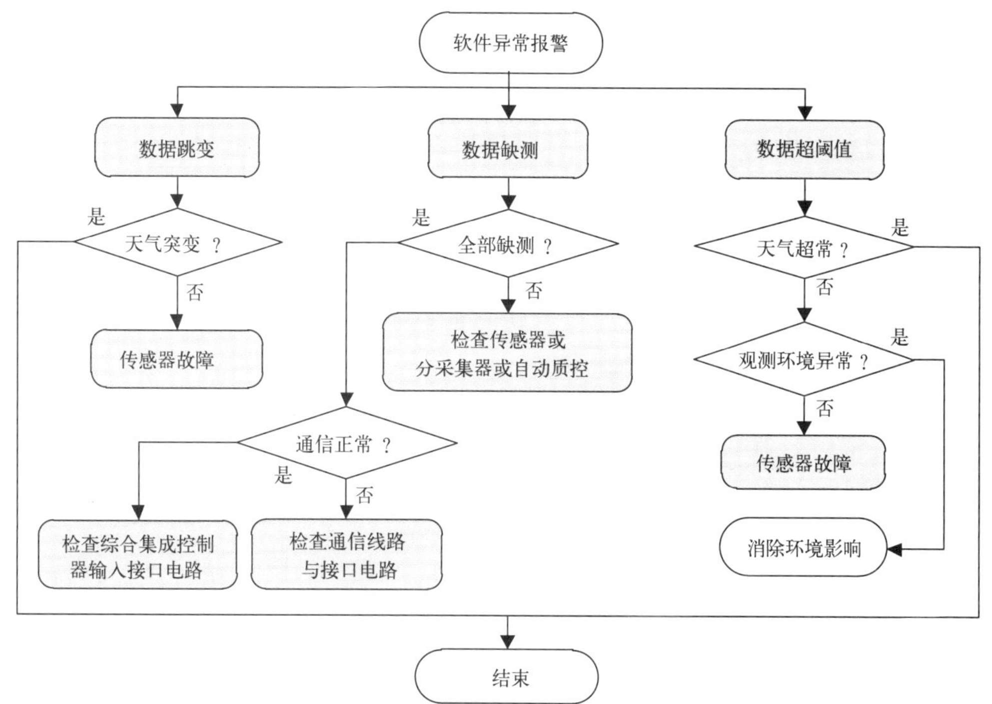

图 19.2 SMO 软件数据异常报警排除流程

19.2.3 通信软件报警排查流程

MOIFTP 通信软件报警有两种可能，一种是通信故障中断报警，还有一种情况是已经过了发送数据文件的时间还没有当前时次的数据文件形成，发送文件目录还是空的。

网络通信故障通常有本机参数设置或杀毒软件屏蔽通信端口，网络设备和线路，以及FTP远程服务器三方面的原因。首先用网络测试指令对于通信链路进行测试，如果测试网络正常，则可能是本机的通信参数设置有问题。

网络通信链路测试指令：ping xxx. xxx. xxx. xxx ↙（回车，下同）。

“xxx. xxx. xxx. xxx”是远程FTP服务器IP地址。测试指令在DOS窗口执行，如图19.3所示。图中是对地址为“172.21.129.108”远程服务器进行测试，“ping”指令发送了四个ICMP（网间控制报文协议）回送请求，每个32字节数据，如果通信正常应该得到4个回送应答。如返回“Reply from ……”。

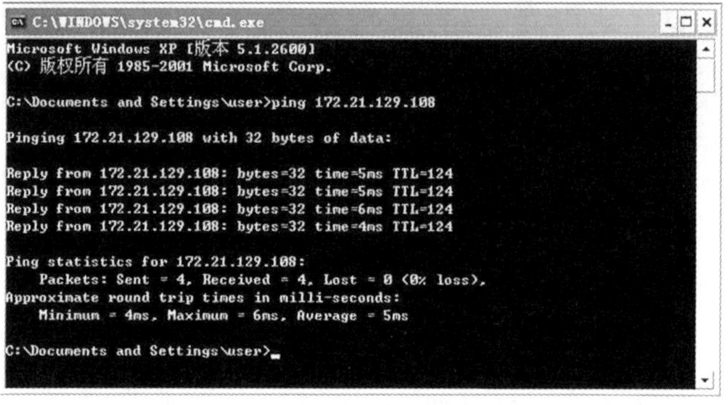

图19.3 用Ping指令测试网络通信状态界面

根据网络测试结果作为排除的主要方向。故障排查流程如图19.4所示。如网络中断

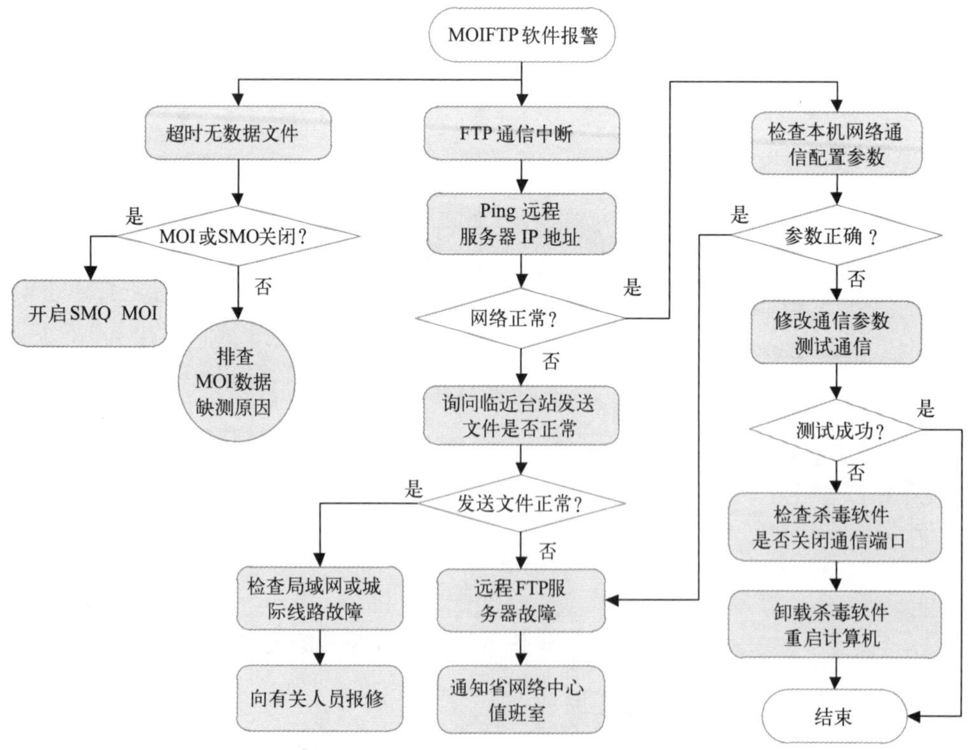

图19.4 MOIFTP软件报警排除流程

要从本机开始检查，网络是否禁用，网卡和网线插头连接是否可靠，局域网的网络交换机工作是否正常等。在排除本机或局域网的故障基础上，考虑是否远程 FTP 服务器宕机没有响应，或城际的光纤宽带是否中断等，采取响应的应急措施。

19.3 设备故障判断流程

19.3.1 供电故障排查流程

为了确保新型自动气象站的连续运行，一般都是通过业务值班室的在线式不间断(UPS)电源进行供电，而且在综合集成控制器和主采集器中都自带了后备电源。但是供电线路故障，或雷击等原因导致跳闸，或设备电源控制部分故障都会导致供电中断。尽管系统自带后备电源，但市电中断时间过长就会造成蓄电瓶的电压过低而断电。如果自动站的市电中断没有被及时发现，就会导致后备用电耗尽，自动站停止工作。

平常在巡视观测设备的同时注意检查供电情况。一旦发现设备供电中断，可以按照图 19.5 所示的故障排查流程进行检查。市电的电压为交流 220 V，具有危险性，必须要有用电安全知识，经过一定的电工知识培训，并配备万用表，试电笔等基本工具才能动手检修。在检修过程中要做到安全第一。电源机箱内的电路和布局可参考产品使用手册上的说明。

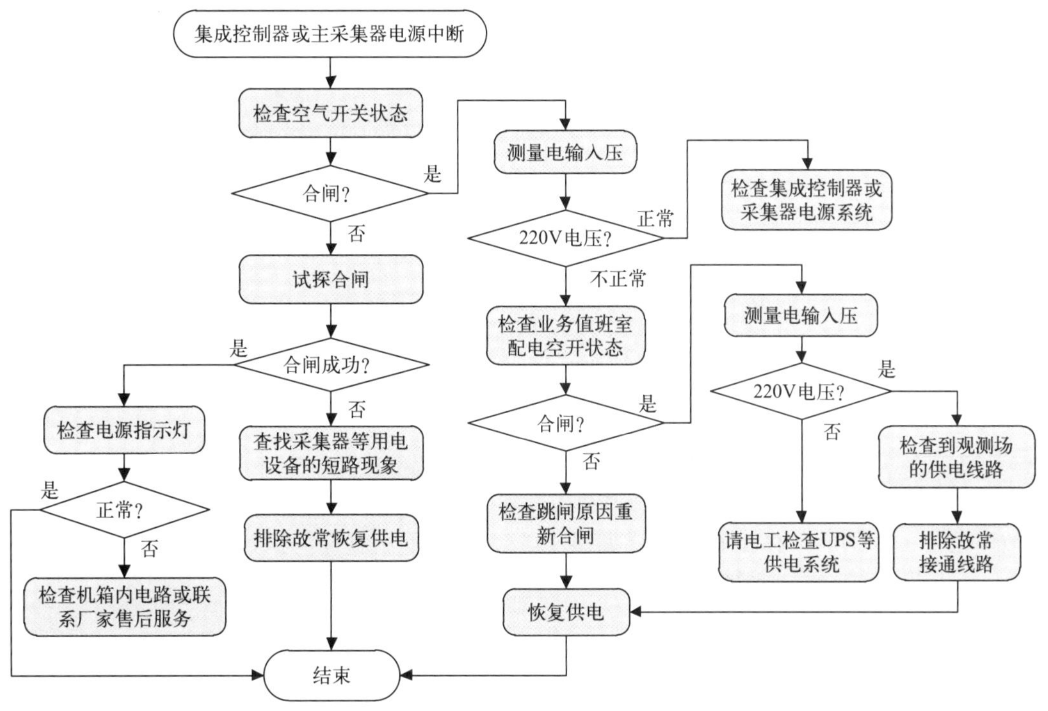

图 19.5 自动站供电系统故障排除流程

电源系统故障导致停机，表现在软件上为新型自动气象站无响应，通信连接不上。

电源故障主要原因可能有如下几点。

(1)电源线短路或断路。可用万用表检测交流电输入输出端电压是否正常。

(2)自动站电源部分空气开关跳闸。检查空气开关工作是否正常，负载是否有短路现象，或空气开关本身故障。

(3)充电控制器损坏。检查充电控制器输出电压是否在正常范围。充电控制器正常的输入输出电压值在其接口处均有标注。

(4)电源系统的蓄电池达到使用寿命后性能下降。在无交流供电情况下设备工作异常，应检查蓄电池在连接负载时端电压是否正常。

(5)由于交流电输入中断，而长时间使用蓄电池供电，导致电池过放电，致使自动站电源系统自动保护。该故障只需接入交流电即可排除。

(6)因负载故障而引发的电源短路故障。重点检查主采集器、分采集器、传感器等电路是否发生短路。对于这类故障，首先要切断直流输出(断开直流开关)，脱开所有的电源负载，再将负载逐路添加上去，如果某一路负载加上就跳闸，说明这一路有短路故障，排除该路供电故障即可恢复正常。

19.3.2 综合集成控制器和通信异常排查流程

综合集成控制器是连接所有气象观测设备与室内计算机的枢纽，一旦发生故障会导致所有数据缺测。可能出现的故障主要有电源供电中断，光电转换模块故障，串口或光纤接头接触不良等。从图 19.6 所示的综合集成控制器面板上的状态指示灯情况可以反映出工作情况，对于故障的检查具有指示作用。正常工作情况下指示灯的作用如表 19.1 所示。

表 19.1 通信控制模块面板指示灯和按键说明

序号	面板标识	功能描述
①	PWR1	主电路电源指示灯，设备正常工作时常亮。
②	PWR2	8 路输入串口供电电源指示灯，设备正常工作时常亮。
③	L1	设备启用正常运行后闪烁，系统启动指示灯。
	L7	恢复出厂设置指示灯，设置成功后闪烁 1 次。
④	Tx	光纤数据发送指示灯，通信正常时常亮。
	Rx	光纤数据接收指示灯，通信正常时闪烁。
⑤	R	串口数据接收指示灯，有数据传输时闪烁。
	T	串口数据发送指示灯，有数据传输时闪烁。
⑥	Reset	系统复位按键，长按 1 秒钟系统重启。
	Default	恢复出厂设置按键，长按 5 秒钟恢复出厂设置成功。

从 SMO 采集软件与综合集成控制器之间通信中断作为出发点，通过逐级检查和测试达到故障定位的目的。具体排查流程详见图 19.7。几个重点部位的检查方法如下。

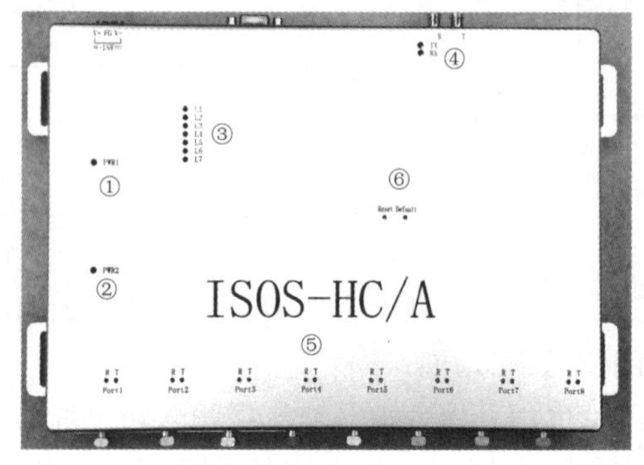

图 19.6 综合集成控制器 ISOS-HC/A 面板

(1)检查综合集成控制器是否正常：根据通信控制模块的指示灯状态判断与各观测设备的连接状况和供电情况。若通信控制模块两个 PWR 灯常亮，表示供电正常，若同时不亮则可能为掉电状态；若只有一个 PWR 灯亮，则电源电路方面有故障需更换模块或联系厂家解决。

L1 闪烁表示通信控制模块运行正常，不亮时表示系统未启动，需按复位键或断电重启。查看 Tx 灯是否常亮，以及 Rx 灯是否闪烁，若 Tx 和 Rx 灯不亮，表示光纤连接出现问题，需要检查光电转换器及光纤连接。

在状态指示正常情况下，用笔记本电脑通过网线与通信控制模块的输入网络口 RJ45(如图 19.6 上部后面板中间网口)连接并进行通信，从而判断综合集成硬件控制器传输是否故障。

(2)检查光纤连接及光电转换器是否正常：在室内光电转换器正常工作情况下，可将一台笔记本电脑直接连接到通信控制模块的 RJ45 接口(如图 19.6 上部后面板最右侧网口)，在笔记本电脑上 ping 室内业务计算机网卡的 IP 地址，若 ping 通，说明光纤连接及光电转换器工作正常；若 ping 超时，则光纤通信出现故障。

(3)检查观测设备是否有故障：可直接将观测设备的串口接到笔记本电脑上(利用 USB 转串口线连接)，打开串口调试工具软件连接观测设备。如串口能打开，连接通信正常，表示观测设备无故障，如无返回结果或命令接收不正确，表示观测设备有问题，可直接更换设备或联系观测设备厂家。

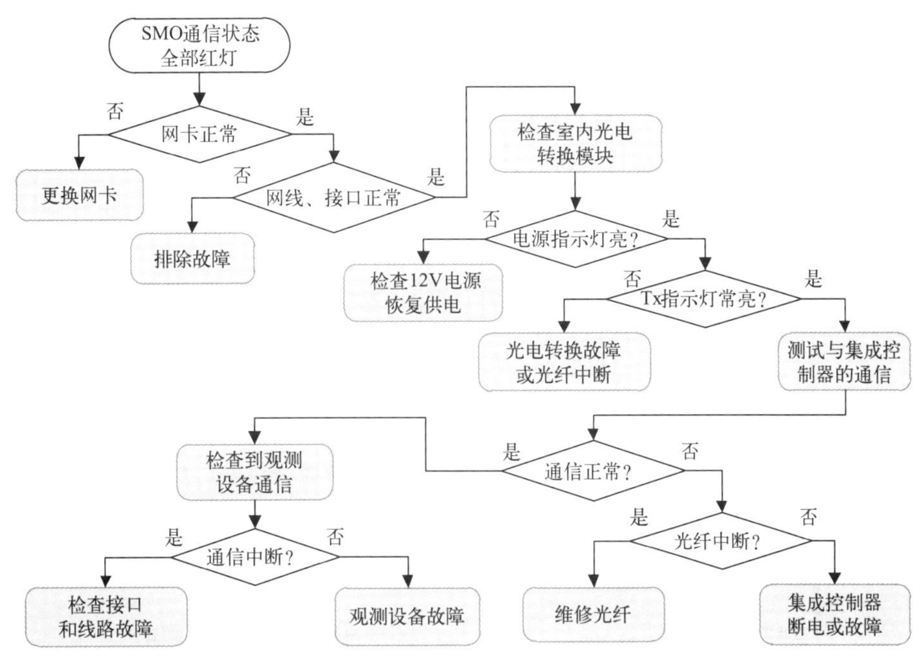

图 19.7　业务计算机至综合集成控制器之间的故障排查流程

19.3.3　采集器故障排查流程

(1)故障排查流程

在供电正常和通信线路无中断的情况下 SMO 接收不到数据，则有可能是采集器故障。

表现出来的有两种情况，一种连接采集器，输入指令没有反馈信息；另一种情况是能连接采集器，但只有部分数据或无数据。前一种情况基本上可以判断是采集器故障，在重启采集器（重启时要同时关闭采集器的交流和电瓶供电）仍不能恢复的，则可采用更换采集器的办法恢复正常工作。后一种情况比较复杂，可以采用以下步骤进行处理。

①首先检查传感器挂接情况和工作状态，以及质控设置是否合理。在要素通道关闭没有启用的情况下，采集器不输出数据。质控阈值和测量范围设置不合理也会导致采集器不输出数据。

②如果经过第一步检查都正常的情况，则有可能是采集器嵌入式程序异常。采用断电重启或更新嵌入式程序的方法尝试恢复正常。

③如果经过以上两步的检查，全部数据缺测，则只能更换采集器。

④如果是某个要素缺测或部分要素缺测，按照第一步检查该要素的质控阈值和测量范围以外以后，还不能恢复正常，有可能是传感器或连接的线缆等出现问题，需要继续往前检查。

(2)采集器软件升级方法

以 DZZ4 型自动气象站的 WUSH-BH 数据采集器为例说明如下：

①取出备用的 CF 卡（与主采集器上的存储卡相同类型），利用读卡器将 CF 卡以 FAT32 文件系统进行格式化；

②将主采集器嵌入式程序更新升级包解压缩，将解压出来的 4 个文件拷贝到 CF 卡的根目录下；

③将 CF 卡插到主采集器的 CF 卡插槽中；

④关闭 SMO 软件。运行串口调试工具 SSCOM32 软件，选择与 SMO 软件中连接新型站一致的串口号，通信参数为 9600，N，8，1；

⑤在文本输入框中输入 samples 命令点击发送，查看 CF 的状态，等到 CF 卡状态为“已挂载，正常”，如图 19.8 所示，可以进入下一步；

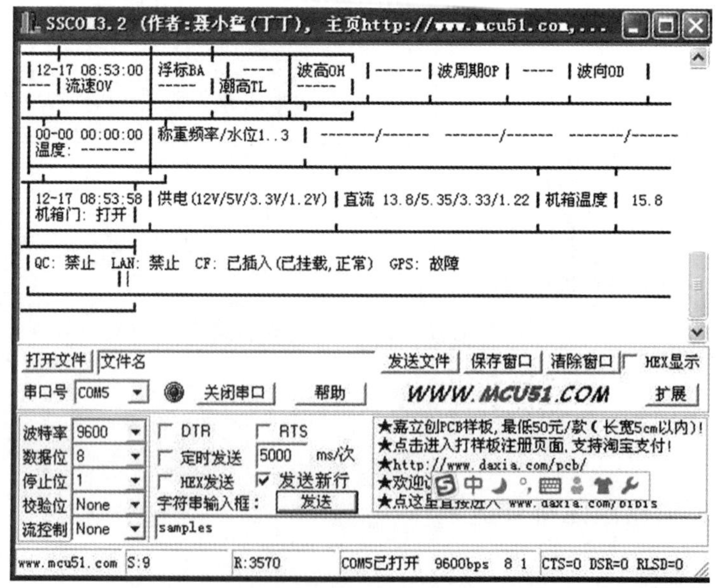

图 19.8　查看 CF 卡挂接情况

⑥输入 update 命令点击发送；

⑦采集器自动进入升级状态，等到采集器输出“UPDATE COMPLETED”后，表示升级完成，采集器系统自动重启，如图 19.9 所示，查看采集器嵌入式软件版本信息为新的表明嵌入式软件升级成功。

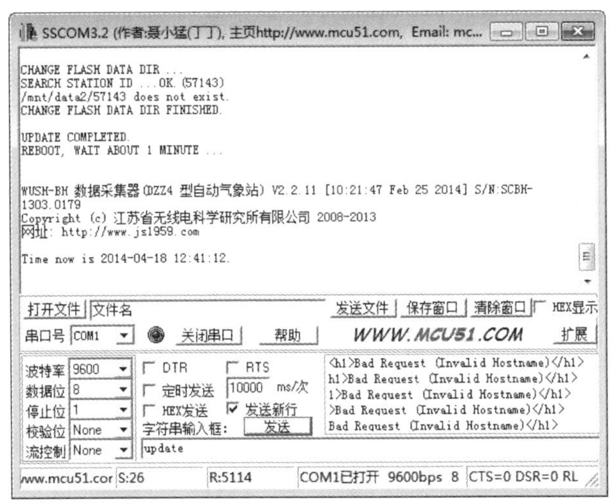

图 19.9　串口调试工具软件更新程序成功界面

如果采集器输出的版本信息与更新的版本不一致，则按照上面的步骤再重新升级。

需要注意：升级过程大约需要 2 min，为保证整点数据完整性，请避开整点操作。

19.3.4　分采集器故障排查流程

分采集器目前包括温湿度采集器、地温采集器等。经过分采集器采集的要素如果缺测，在先确认主采集器和传感器是否有问题，然后检查分采集的故障，排查流程如下。

(1)主采集器禁用了该传感器，可在主采集器上用终端操作命令 SENST 检查相应的传感器是否被禁用。如果已禁用，则可以发送开启指令。

(2)分采集器 CAN 通信不正常

检查分采集器的 CANR 指示灯（绿色）是否常亮，CANE 指示灯（红色）不亮。如果 CANE 指示灯闪烁，可能的原因有以下几个，应逐个排除：

①CAN 总线终端匹配电阻阻值(120 Ω)已变化，或未安装，或安装位置不在总线终端；

②CAN 总线电缆未连接好，或线缆有断路、短路现象；

③分采集器或主采集器的 CAN 通信防雷组件已受冲击失效，或连接不可靠；

如果上述均正常，则可能是分采集器或主采集器的 CAN 通信道已损坏，需要更换分采集器或主采集器。

(3)如果上述均正常，前端的传感器及所有的连接线缆和插头都可靠连接，则可能是分采集器相应的通道损坏，需更换分采集器。

19.3.5　传感器故障排查一般性流程

单个气象要素的数据异常或缺测，从传感器着手需要检查三部分，即传感器、信号链路、采集器输入通道，如图 19.10 所示。

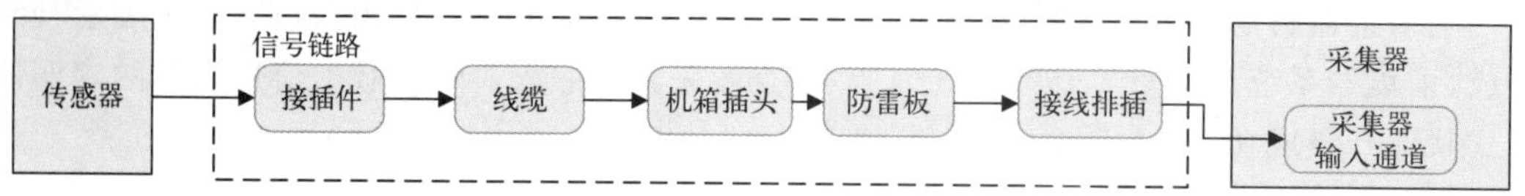

图 19.10　传感器与采集器之间的信号链路

在初次安装传感器或人为改动过采集器设置的，就应该利用 SMO 的采集器参数检查功能查看该气象要素的运行状态信息。如果处于开启状态，说明采集器设置正确。整个排查的流程方向是从传感器到采集器，中间每个环节出问题都可能引起数据缺测或异常的故障。

传感器部位重点检查输入的电压或电流，以及输出信号是否符合正常的范围，如果输入的都正常，输出的信号不在正常范围内，可以判定为传感器故障。

信号链路方面环节比较多，发生故障的概率较大，可利用万用表测量各个节点上的电压或电阻。一般在用带电状态下测试节点的电压或电流，或断电后脱开连接部件检查链路上的电阻。信号链路中要注意检查屏蔽线是否与信号线短路，如果短路，则会引起传感器信号传输不到采集器。屏蔽线接地不可靠会引起环境中的强电磁信号感应到信号线路中，叠加到传感器信号上导致输入采集器的信号异常。具体排查的流程可参考图 19.11。

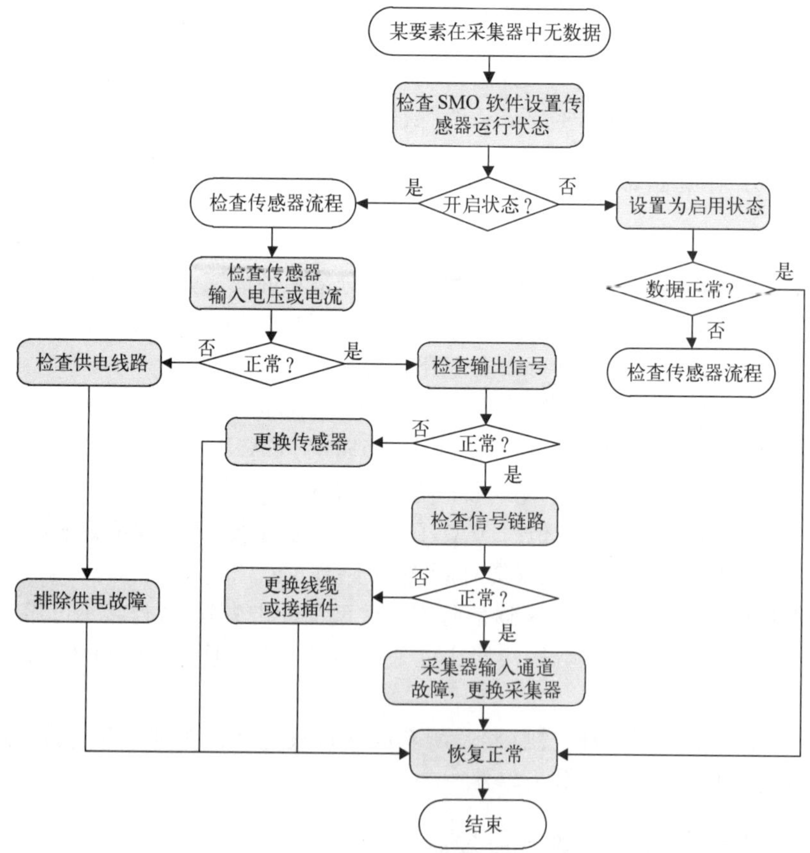

图 19.11　传感器及信号链路故障排查流程

在检查传感器和信号链路正常的情况下，再检查主采集器输入通道是否正常，方法如下。

(1)笔记本电脑连接到采集器的数据输出口。拔下采集器上的信号输出的串口(通常为COM1)接线排插，插入采集器测试线(测试线9芯串口插头与COM口的接线对应关系：3脚与Rx端、2脚与Tx端，5脚地线G端)，将9芯插头经USB串口转换线接入笔记本电脑，打开串口调试工具软件。

(2)检查输出的观测数据。在串口调试工具软件中设置连接的串口通信参数(默认为9600,N,8,1,表示速率9600,无校验,8位数据位,1位停止位,下同)，打开对应的串口，发送DMGD取分钟数据命令，观察分钟数据是否正常。如无该要素的数据，则表明主采集器故障，需更换采集器。如有数据，但数据无规则起伏大或乱跳，则有可能接地不良，或线缆接头等连接部位接触不良。

19.3.6 温度故障诊断

温度传感器测温是采用Pt-100铂电阻作为传感器核心测量元件，利用铂电阻的温度特性，温度升高其电阻值变大。Pt-100铂电阻的测量是4线制标准测量方式，并满足PT385测温标准，其计算公式如下：

温度计算公式： $T=(R_t-100)/0.385$

其中，T为温度(℃)，R_t为铂电阻测量值。

Pt-100温度传感器的基本原理示意图如图19.12所示。测量1～2与3～4两端的电阻就可根据温度计算公式算出当前温度。

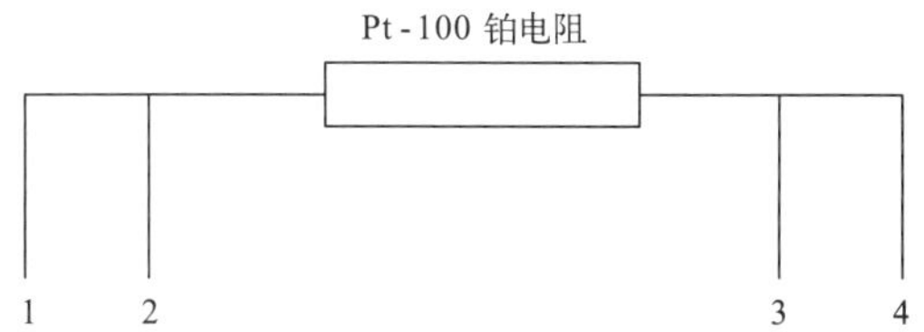

图19.12 温度传感器原理示意图

(1)电阻测量方法

用标准万用表测量铂电阻，采用200 Ω电阻挡测量1、2两端应为近似短路，同样3、4两端也应为近似短路，如果1、2或3、4端线缆较长(如有温度信号延长线或为线长数十米的地温传感器)，则其电阻一般小于10 Ω。1、3两端与2、4两端之间的电阻值根据测量时温度不同所决定，一般应在80～125 Ω，0℃对应电阻100 Ω。

(2)温度测量信号流向图

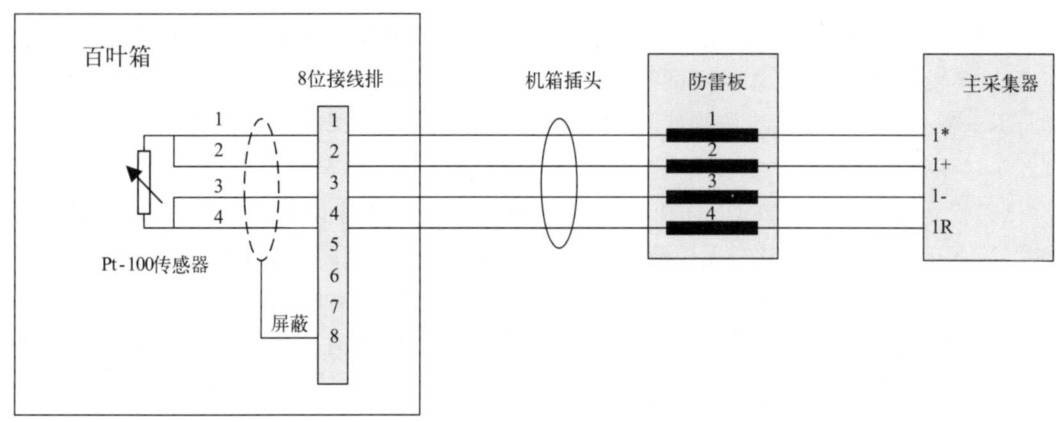

图 19.13　无温湿分采的温度测量信号流向图

图 19.13 所示是无温湿分采的温度采集系统，测量信号流向从温度传感器至主采集器。通过该图可以看出，温度传感器的 1～4 端分别通过防雷板 1～4 通道接入主采集器的 1＊、1＋、1－、1R 采集通道，由采集器输入电路将温度模拟信号转换为数字信息。

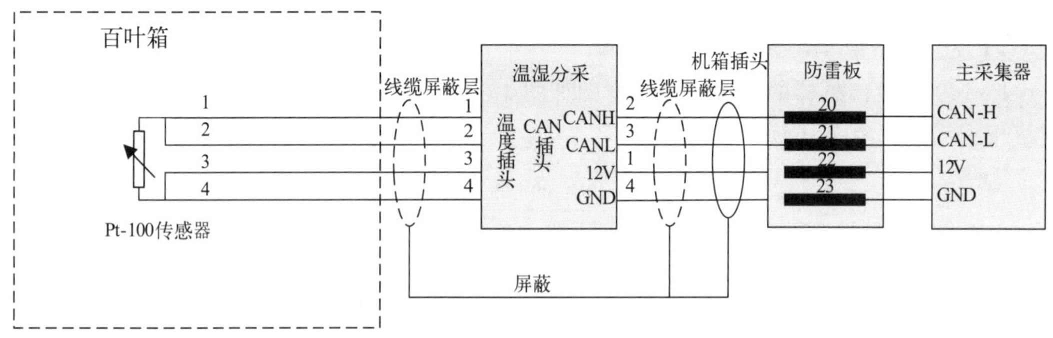

图 19.14　含温湿分采的温度测量信号流向图

含温湿分采的与无温湿分采的采集系统温度测量方式不同。温度传感器先接入温湿分采器的 1～4 端，由温湿分采器将温度模拟信号转换为数字信号。数字信号通过 CAN 总线进入防雷板 20～21 通道后，接入主采集器。如图 19.14 所示。

(3)温度故障排查流程

温度故障的排查应依据温度测量信号流向图进行，首先用电阻测量法对温度传感器进行检测，确认温度传感器无故障后，就应检查连接通道是否正常。确认通道无故障，则检查主采集器输入是否正常。如果数据采集器正常，就只能是系统接地不良。通常情况下温度传感器故障只要排除了以上几个方面，温度输出就应该恢复正常。

(4)无温湿分采器情况故障排查

① 温度传感器排查

打开百叶箱中的温湿度接线盒测量其中接线排上的温度接线。测量 1、2 两端或 3、4 两端，电阻值近似 0。测量 1、3 或 2、4 两端电阻值，应为 100 Ω 左右，如有短路，阻值大于 125 Ω 或小于 80 Ω 都说明传感器有故障。

② 温度通道故障排查

温度通道部分是指从百叶箱接线排至主采集器之间的所有硬件。包含了温湿度接线排、温湿度延长线、防雷板、主采集器插头等连接部分。具体检查流程参见图 19.13。

③ 主数据采集器故障排查

经过温度传感器和温度通道故障排查都未发现故障，就应该进入主采集器输入通道故障排查。具体方法参见“19.3.5 传感器故障排查一般性流程”中相关内容。

(5)含温湿分采器情况故障排查

①温度传感器排查方法与不含温湿分采器的相同。

②分采集器温度通道故障排查：

温湿分采器的温度通道部分是指从温度传感器至温湿分采之间的所有硬件。它包含了温度传感器与温湿分采之间的线缆、插头、温度测量通道等。

如果传感器无故障，连接线和插头无中断，而采集器数据不正常，则按照以下方法排查。

a)将温度传感器重新接入温湿分采，断开温湿分采器与主采集器连接的 CAN 总线插头。拔下温湿分采 RS232 插头与接线插座的连接线。将测试线与分采集器串口通道的插头连接。测试线与串口 1 通道的接线对应是：3 脚与 Rx 端、2 脚与 Tx 端，5 脚地线 G 端。接入笔记本电脑，打开串口调试工具软件。

b)重新将 CAN 线缆接入温湿分采 CAN 插座。

c)在串口调试工具软件中设置串口通信参数，并打开串口，输入 GETSECDATA! 指令(适合 HY 型采集器，WUSH 型采集器指令为 SAMPLES)查看温度传感器数据是否正常。如所有接线正确，而分采无温度数据，则表明分采故障。如分采有温度数据，但温度数据无规则起伏大、乱跳，则说明有可能分采接地不良。

③温湿分采与主采集器之间 CAN 通道故障排查

温湿分采与主采集器之间的 CAN 通道是指从温湿分采至主采集器之间的所有线缆和接插部件。包含温湿分采的 CAN 总线硬件部分、温湿分采 CAN 总线、防雷板、主采集器 CAN 插头等连接部分。

如果温湿分采数据测试正常，而主采集器数据得不到数据，则可能是通道故障。重新插拔和检查分采 CAN 总线插头和其他线缆连接。如果还是没有数据，则脱开所有连接线采用分部位测量电阻的方法检查故障点，检查是否与地线短路。如果经过排查还是有没有找到故障点，则有可能是温湿分采的 CAN 总线电路或主采集器的 CAN 总线接收电路的故障。对于这两种故障台站无专业设备和专业人员进行故障诊断，只能采取逐步更换的办法进行故障排除。

更换温湿分采，观察主采集器数据是否正常。若主采集器数据采集器无温度数据，则表明主采集器故障。如果以上对主采集器进行过程序更新或更换过采集器后该要素无数据，且确定所有通道连接插头都可靠连接，则需查看主采集器中温度要素是否被关闭。在串口调试工具软件中对主采集器的通讯串口发送查看通道工作状态指令：

SENST T0

若返回为 0，则说明该要素在主采集器中被关闭，需输入开启指令：

SENST T0 1↙　返回“T”表示设置成功,“F”表示设置失败。

④读取传感器工作状态

读取当前气温传感器工作状态,则键入指令:

STATSENSOR T0↙

返回值:“2”表示传感器故障或未检测到,“0”表示传感器工作正常;若不带参数“T0”,则返回当前所有传感器工作状态。

若温度质量控制参数无误,而采集器无数据输出,则需更换主采集器。

⑤系统接地不良故障排查

经过上述步骤的排查如果发现温度跳变,则需排查各部位接地是否正常。用万用表电阻挡仔细检查每个连接部位与地线之间的电阻值就可找到故障点,排除温度跳变的故障。

19.3.7 湿度故障诊断

测湿元件主要由湿敏电容和转换电路两部分组成。湿敏电容电极经外围电路转换后输出电压。电压与湿度成线性正比例关系。当相对湿度为0%,传感器输出电压为0 mV;当相对湿度为100%时,传感器输出电压为1000 mV。其计算公式如下:

$$RH = U \times 0.1$$

其中,RH 为相对湿度(%),U 为传感器输出电压(单位 mV)。

湿度传感器的基本接线原理如图19.15所示。

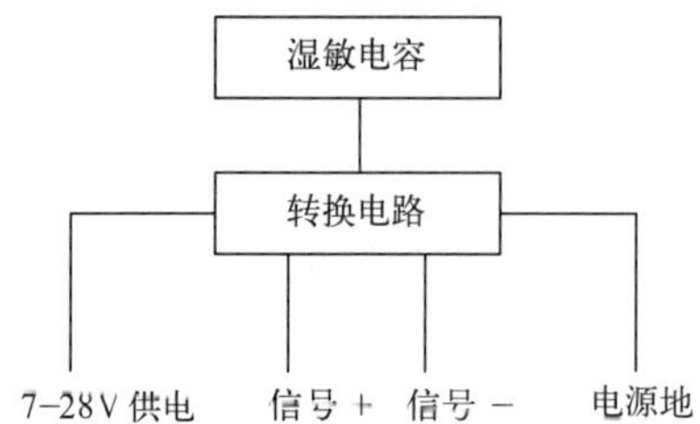

图19.15　湿度传感器接线原理图

当传感器正常供电时,可以使用万用表测量“信号+”与“信号-”线缆之间的电压值,经公式计算后,得出当前的相对湿度值。当传感器线缆长度小于40 m时,可将信号-线缆与电源地线缆合并在一起使用(DZZ4型自动站两线未合并,DZZ5型自动站两线合并)。

(1)电压测量方法

传感器在规定的电压供电下,采用标准万用表测量传感器输出的直流电压。用万用表2 V直流电压档测量“信号+”与“信号-”线缆之间电压,红色表笔接“信号+”,黑色表笔接“信号-”。测量结果应为0~1 V的某一电压值,将电压读数扩大100倍,可得到当前传感器测得的相对湿度。

(2)湿度测量信号流向图

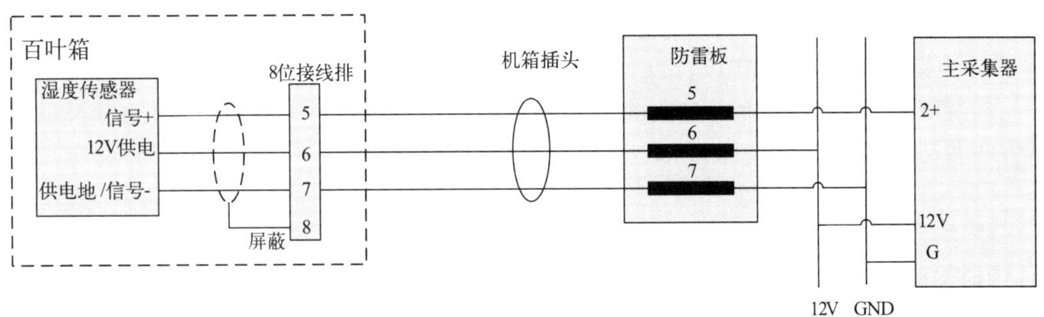

图 19.16　无温湿分采的湿度测量信号流向图

无温湿分采的采集系统湿度测量信号流向图(图 19.16)表示湿度传感器至主数据采集器之间的测量通道的信号流向。由主数据采集器将湿度信号转换为数字信号。

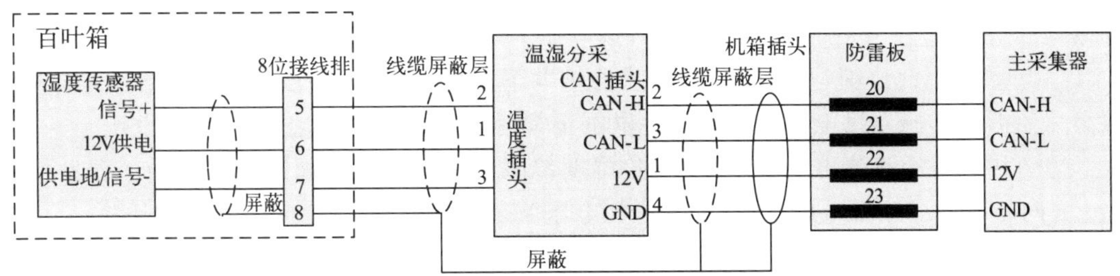

图 19.17　含温湿分采的湿度测量信号流向图

含温湿分采的采集系统，与无温湿分采的采集系统湿度测量方式不同。通过图 19.17 信号流向图可以看出，湿度传感器接入温湿分采的湿度插头的 1～3 端，由温湿分采将湿度信号转换为数字信号。通过 CAN 总线进入防雷板 20～21 通道后，接入主采集器。

(3)湿度故障排查方法

湿度故障的排查应根据湿度测量信号流向图进行，首先应检测湿度传感器正常与否，确认湿度传感器无故障后，就应确认通道是否正常。确认通道无故障后，然后确认主数据采集器是否正常。排查的方法类似于温度传感器的方法。

(4)无温湿分采的湿度故障排查方法

① 湿度传感器排查

打开温湿度接线盒，在线测量接线排上电压。用将万用表直流电压 20 V 的测量挡，测量 6 与 7 之间的传感器供电电压。正常时应在 11.6～13.8 V。如超出此范围，则说明湿度传感器供电不正常，需按照电源系统故障检查新型站供电系统，检查主采集器机箱给湿度传感器供电的各部件是否正常。恢复供电正常后，测量湿度传感器输出电压。将万用表调到直流电压 2 V 档，测量 5 与 7 之间的电压值，该电压为传感器输出电压。正常时传感器输出电压应在 0～1 V，如电压值超出此范围，则说明传感器有故障。

② 湿度通道故障排查

湿度通道部分是指从百叶箱接线排至主采集器之间的所有硬件部件。包含温湿度接线排、温湿度延长线、防雷板、主采集器插头等连接部分。具体检查流程参见图 19.16。

③ 主采集器故障排查

在湿度传感器和湿度信号链路确认无故障的情况下，重点对主采集器输入通道检查，具体方法参见“19.3.5 传感器故障排查一般性流程”中相关内容。

④ 系统接地不良故障排查

经过上述步骤的排查如果发现温度跳变，则需排查各部位接地是否正常。

(5)含温湿分采的湿度故障排查方法

① 湿度传感器排查

对于含温湿分采的采集系统，由于湿度传感器有航空插头连接，并且需要对湿度传感器供电，因此测试时需将温湿分采的盒盖打开，在内部的接线端子处进行电压测量。

打开温湿分采的盒盖，找到外壳上标有湿度的航空插座，沿此插座的连线找到对应的三位接线端子。将万用表拨至直流电压测量 20 V 档，测量三位接线端子的外侧的两个端子之间的电压(图 19.17 中的湿度插头 1、3)，该电压为传感器供电电压。正常时电压在 11.6～13.8 V。如超出此范围，则说明湿度传感器供电不正常，需进行湿度通道故障排查，检查温湿分采给湿度传感器供电的各部件。待供电正常后，再检查湿度传感器的输出电压。

将万用表拨至直流电压测量 2 V 档，湿度传感器的输出电压如图 19.17 中的湿度插头 2、3 之间的电压。正常电压应在 0～1V，如电压值超出此范围，则说明传感器有故障。

② 分采湿度通道故障排查

分采湿度通道是指从湿度传感器至温湿分采之间的所有硬件部件。包含了湿度传感器与温湿分采之间的插头、分采的湿度测量通道等部分。

如传感器无故障，采集器数据不正常，则通道可能有故障。将湿度传感器重新接入温湿分采，断开温湿分采上的 CAN 总线插头，打开温湿分采的采集器盒盖，取下温湿分采 RS232 插头与接线插座的连接线。

将温湿度分采通过串口线及 USB 转接线接入笔记本电脑，打开串口调试工具软件，设置串口通信参数，并发送 GETSECDATA！指令(适合 HY 型采集器，WUSH 型采集器指令为 SAMPLES)，观察湿度数据是否正常，若分采无湿度数据，则表明分采故障。如分采有湿度数据，但湿度数据无规则突变或乱跳，则有可能分采接地不良。

③ 温湿分采与主采集器之间 CAN 通道故障排查

温湿分采与主采集器之间的排查方法与温度故障的检查方法相同，可参数相关的章节。

检查湿度在主采集器中通道是否被打开。在串口调试工具软件中对主采集器的通讯串口发送查看通道工作状态指令：

SENST U

若返回为 0，则说明该要素在主采集器中被关闭，需输入开启指令：

SENST U 1↙　返回“T”表示设置成功，“F”表示设置失败。

还可以通过读取当前湿度传感器的工作状态，检查是否正常。键入指令：

STATSENSOR U↙

返回值：“2”表示传感器故障或未检测到，“0”表示传感器工作正常。若质量控制参数无误，而采集器无数据输出，则需更换主采集器。

④ 系统接地不良故障排查

经过上述步骤的排查如果发现湿度跳变，则需排查各部位接地是否正常。

19.3.8 翻斗雨量故障诊断

翻斗雨量传感器的主要传感部件由翻斗和干簧管等组成，在计数翻斗中装有一块小磁钢，翻斗每翻动一次，干簧管闭合一次输出一个脉冲信号，记录 0.1 mm 降水量。可以通过万用表或示波器等检测传感器输出的脉冲信号。

雨量测量信号流向图如图 19.18 所示。

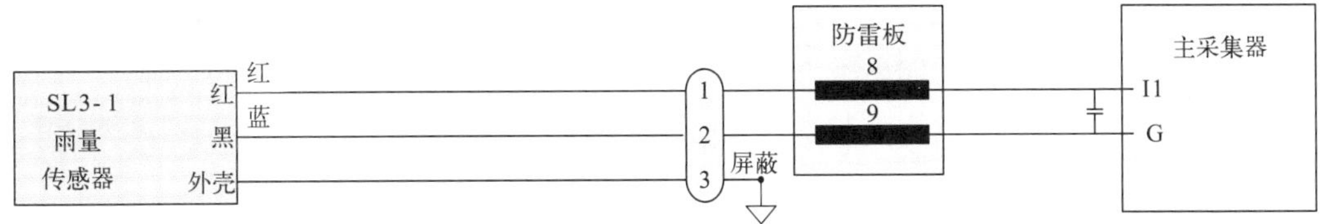

图 19.18 雨量测量信号流向图

雨量传感器输出的雨量脉冲信号通过防雷板输入到采集器。雨量传感器的红、黑两个接线柱分别通过两芯线接到防雷板的 8、9 两端，由防雷板再连接到主采集器的 I1、G 采集通道。

(1)故障诊断方法

雨量故障的排查可根据测量信号流向进行。首先应检测计数翻斗翻动时有没有脉冲信号输出，如果无脉冲输出就有可能干簧管故障，应更换干簧管。确认传感器无故障，则检查采集通道的所有线缆和防雷板等连接是否可靠。确认通道无故障后，检查主采集器的输入电路等是否正常。

(2)常见故障和排除的方法

① 雨量偏小。检查雨量传感器承水口、内部漏斗及各个翻斗是否有异物堆积或堵塞，或翻斗部位有蜘蛛网等缠住，清理影响雨量通道和翻斗活动的异物。

② 雨量误差较大。可能是雨量翻斗装置受摩擦影响导致翻斗翻动不灵活，重新调节螺丝，进行雨量校准。

③ 干簧管失效。若无雨量值，将雨量传感器承水桶拆下，使用万用表拨至电阻通断蜂鸣挡，红、黑表笔分别接触雨量传感器红、黑接线柱的金属部分，翻动计数翻斗，每翻到中间位置万用表有导通响声为正常；若无，说明传感器故障，更换传感器内的干簧管。

④ 连接线中断。测量传感器为正常，而采集器数据不正常，则有可能通道故障。检查雨量传感器接线桩到防雷板和采集器端的通道，排除故障点。

(3)主采集器故障排查

经过传感器和通道的排查无故障，而采集器数据不正常，则可检查采集器输入通道。具体方法参见“19.3.5 传感器故障排查一般性流程”中相关内容。

将采集器端 D1 与 G 瞬间短接数次，查看采集器输出的雨量值是否与短接次数相同，若雨量数据错误，则说明采集器通道故障，需要更换主采集器。

19.3.9　风向故障诊断

(1)标准测量方法和信号导向图

在风传感器通电状态下，用万用表测量风向输入的各位格雷码(D0～D6)与GND间电压值，高位为1，低位为0，组成的7位编码与标准格雷码表进行对照，查看角度值与真实值是否符合。D0～D6的定义顺序如图19.19所示。

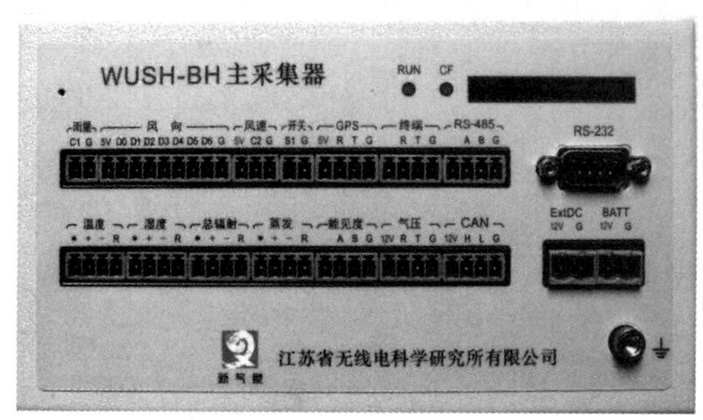

图19.19　主采集器风向输入D0～D6位置图

风向测量信号流向图如图19.20所示。+5 V与GND给风向传感器供电，D0～D6共7位，输出高低电平供采集器获取格雷码信号。

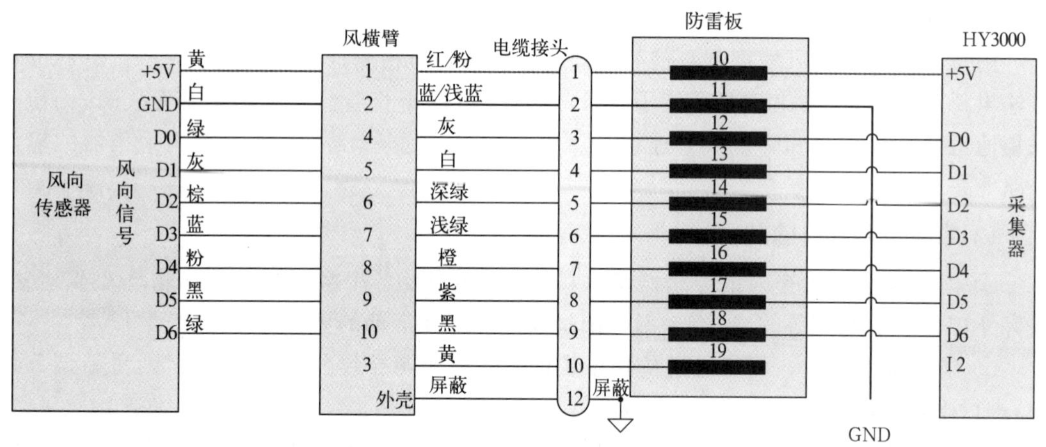

图19.20　风向测量信号流向图

(2)风向传感器故障排查方法

根据风向测量信号流向图依据检查各电源节点是否有正常电压。确认不是供电故障后，给传感器加上5 V直流电压(该电压既可从采集器获得，也可用独立5 V直流电源)，分别检测采集器测量端D0～D6与GND间电压，得出的高低电平对照标准格雷码表(附录中的7位格雷码对照表)，查看所指角度与真实值是否符合。具体方法如下。

①将风向表固定任一位置不动，万用表直流电压20 V档，黑表笔连接GND端，红表笔

依次连接采集器测量端D0～D6，记录测得的7个电压值，之后将其转为高1低0的数字。对照标准格雷码表判断风向的正确性。

②若检测所有电压值均为0，则初步判定为传感器或通信线路故障，更换新的传感器后若恢复正常，则为传感器损坏；更换后依然所有数据为0，则为通信线路故障。依次检查防雷板和风横臂接线盒处排除故障。

③如果对主采集器进行过程序更新或更换过采集器后该要素无数据，且确定所有接头都可靠连接，则需查看主采集器中该要素是否被关闭。用串口调试工具软件对主采集器的通讯串口发送指令："SENST WD"，若返回为0，则说明该要素在主采中被关闭，需发送SENST WD 1↙开启风向通道。

19.3.10 风速故障诊断

通道对电脉冲信号进行计数，并转换为风速。即风速越大，风杯转速越高，周期时间内输出的脉冲信号个数越多。

(1)标准测量方法和信号导向图

万用表20 V直流电压挡测量风速输出电压。当给风速传感器的1、2端加5 V直流电压后，2、3端会有0.7～3.8 V的电压(3.8 V和0.7 V是传感器默认的高低电平)；当非常缓慢的转动风杯时，电压表会显示为0.7 V或3.8 V左右。主采集器上的+5 V与GND给风速传感器供电。

风速测量信号流向图如图19.21所示。

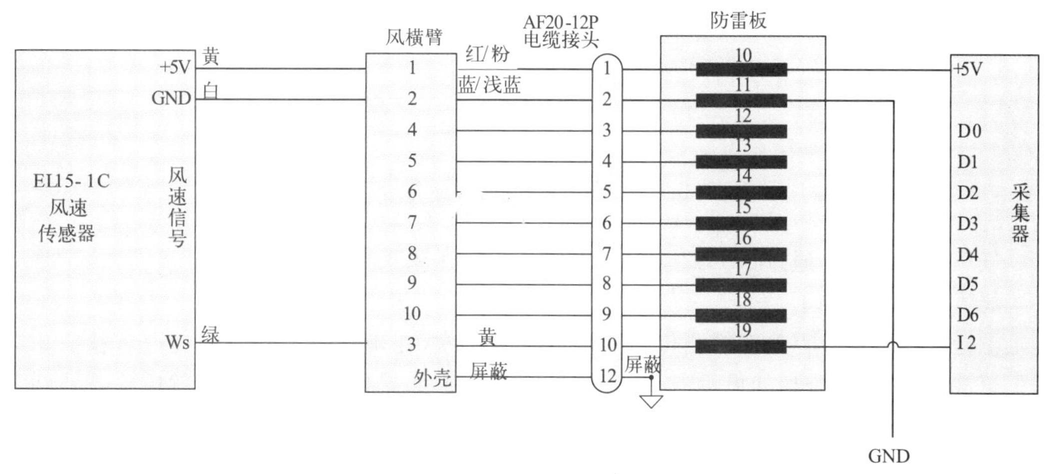

图19.21 风速测量信号流向图

(2)风速传感器故障排查方法

①供电电压测量。万用表直流电压20 V档，拔下主采集器I2通道插头，测量插头与GND两端电压值，正常应该是5 V。

②传感器输出信号。若风速传感器正在转动，测得电压在0.7～3.8 V，则传感器工作正常；若传感器完全静止，测得电压为0.7 V左右或3.8 V左右，则传感器工作正常。若测

量电压值为 0,则传感器损坏或连接传感器的通信线路故障,更换新的传感器后看信号是否恢复正常。若恢复,则说明是传感器故障;如电压值依然为 0,则说明通信线路故障。

③检查通信线路故障。检查防雷板和风横臂接线盒处供电、风速信号与 GND 之间电压。若防雷板接入端能检测到正常电压,则防雷板损坏,更换防雷板;若风横臂接入端能检测到正常电压,则线缆故障,更换线缆。

④检查主采集器。如果对主采集器进行过程更新或更换过采集器后该要素无数据,且确定所有接头都可靠连接,则需查看主采集器中该要素是否被关闭。用串口调试工具软件对主采集器的通讯串口发送指令:“SENST WS”命令,若返回为 0,则说明该要素在主采中被关闭,需发送 SENST WS 1↙开启风速通道。

19.3.11 气压故障诊断

气压传感器输出的是 RS232 标准的串口信号。在电源 10～30 V 供电正常的情况下,用笔记本电脑通过串口连接到气压传感器的输出端口,发送测试指令,根据返回的信息可以判断传感器是否存在故障。如对于 PTB210 型的气压传感器发送命令:

.P↙,即可得到当前气压值。其他型号的气压传感器可以根据厂家提供的传感器手册中的相关指令进行测试。

图 19.22 所示的是气压测量信号流向图。

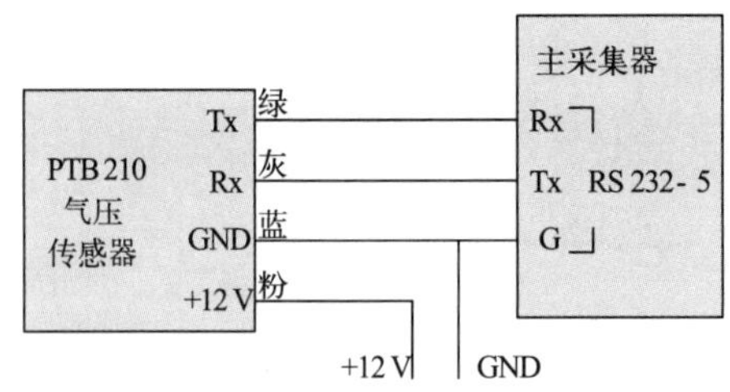

图 19.22 PTB210 气压测量信号流向图

气压传感器信号通过 RS232 串口方式输出直接进入采集器通道。

故障诊断方法如下。

①检查传感器。首先应检测传感器供电是否正常,在确认电压正常的情况下检查串口有无正常的气压值输出,如果没有,就是传感器故障。如果传感器也正常,就应检查线缆和采集器通道是否正常。

②检查采集器故障。经过传感器的排查,传感器无故障,而采集器数据测量不正常,则采集器故障有故障。排查方法:采集器的气压测量通道 RS232-5 连接到笔记本电脑上的串口,打开串口调试工具软件,应该每分钟都接收到字符 .P(或 P)。若无,则采集器的气压测量通道故障。

19.3.12 地温故障诊断

地温传感器是用于测量土壤的温度传感器,工作原理同气温传感器,故障诊断中的基本方法类似气温传感器。

图 19.23 所示的是地温测量信号流向图。

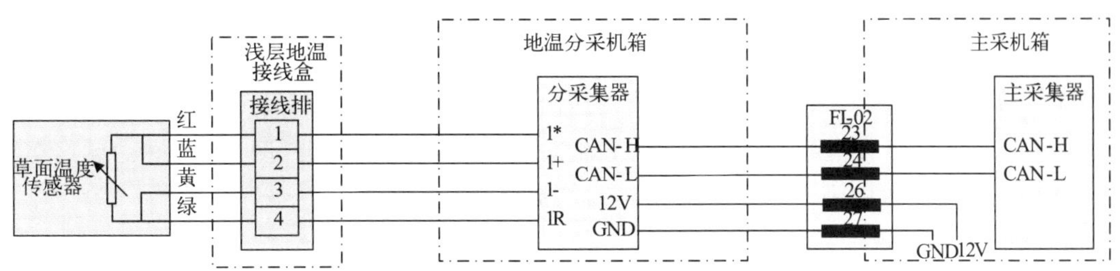

图 19.23 地温测量信号流向图(以草面地温为例)

在地温采集系统中以草温为例,测量信号流向从草温传感器进入浅层地温盒,接线排1～4位上(地表温度为5～8位,5 cm地温、10 cm地温,以此类推,深层地温接入深层地温接线盒,接线排排序从1开始),再由地温盒接出延长线进入分采机箱,接入地温分采的1＊、1＋、1－、1R上(地表温度为2＊、2＋、2－、2R,5 cm地温、10 cm地温,以此类推),由分采集器通过CAN总线方式将采集到的所有地温信号传入主采机箱,通过FL-02的23位、24位进入主采集器。

地温传感器故障的排查具体方法可参考温度传感器故障诊断中"含温湿分采器情况故障排查"的具体步骤,对于对应的通道进行排查,这里不再赘述。

19.3.13 蒸发故障诊断

超声波蒸发器是根据超声波测距原理,精确测量超声波传感器至水面距离并转换成电信号输出,计算出不同时段的蒸发量。超声波蒸发器和E-601B型蒸发桶,水圈等配套组成的一个蒸发测量系统。

(1)测量方法和测量信号流向图

采用万用表测量输出电流,用万用表200 mA电流挡,串接在输出信号线与地两端,一般应为4～20 mA,对应水位为100～0 mm。图19.24所示为蒸发测量信号流向图。

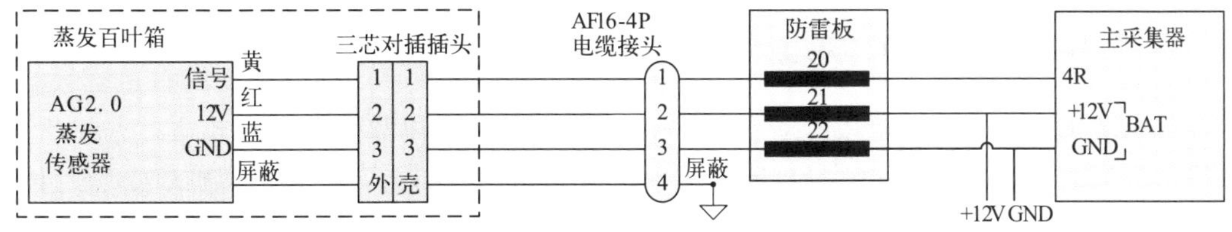

图 19.24 蒸发测量信号流向图

通过信号流向图可以看出,蒸发传感器的信号线通过一个三芯插头连接到一根延长线,延长线通过主采底板上的航空插头进入主采机箱,通过防雷板20通道接入主采集器4R采集通道,由主采集器将蒸发信号转换为数字信息。

(2)蒸发故障排查方法

检查应该按照信号流向图从左到右分步检查。先检测蒸发传感器输出信号是否正常,再查通道是否存在故障,然后检查主采集器通道和数据采集器,最后检查系统接地情况。

①蒸发传感器排查

首先检查三芯插座上的 2,3 之间的电压,正常应该为 12 V 左右,如果不正常,则检查供电电路。如果电压正常,则检查百叶箱蒸发桶内水位是否过高或过低。若水位正常,打开主机箱,断开主采集器的蒸发端 4R。万用表调至 200mA 电流测量挡,测量防雷板上的 20 与 22 之间的电流,正常应为 4～20 mA,若不为正常值,则说明蒸发传感器故障。

②蒸发通道故障排查

蒸发通道部分是指从百叶箱三芯插头到主采集器之间的所有部件。它包含了三芯插头、蒸发延长线、防雷板、主采集器插头等连接部分。其排查方法如下。

a)断开百叶箱中的三芯插头,万用表拨至 20 V 电压测量端测量连接主采一端插头的 2,3 之间电压,正常应在 12 V 左右。

b)打开主采机箱,测量防雷板 21,22 之间电压,正常应在 12 V 左右,若上一步测得电压为 0,而防雷板上的电压正常,则说明蒸发线缆故障。

c)断开防雷板 20,21,22 位的上端,万用表电阻挡测量防雷板上的 20,22 两端,正常应为短路,否则说明蒸发线缆故障。

d)如以上均为正常,分别测量防雷板 20,21,22 端是否与地板短路,如短路为故障。

e)如以上均为正常,则先将所有接线及蒸发传感器,按蒸发测量信号流向图的接线方法恢复所有接线,然后检查主采集器。

③主采集器故障排查

经过蒸发传感器故障排查和蒸发通道故障排查,如无问题则可以确认蒸发传感器及蒸发通道无故障,下面应进入主采集器故障排查阶段,具体方法参见“19.3.5 传感器故障排查一般性流程”中相关内容。

④系统接地不良故障排查

用万用表仔细检查每个插头屏蔽线是否可靠接地,防雷板接地端连接是否有接触不良,就可排除蒸发跳动的故障。

19.3.14 能见度故障诊断

能见度传感器属于智能化传感器,将传感部件测量结果以数字信息方式通过 RS232 串口输出。可以将笔记本电脑的串口连接到能见度输出的串口上,利用串口调试工具软件打开对应串口,输入数据获取指令即可检查能见度传感器测量数据是否正常。如果无数据,则打开能见度机箱,检查是否有 220 V 的供电。如果供电正常,检查直流电源 12 V 供电是否正常。如果供电全部正常,通信链路无故障,可判断为传感器故障。

由于能见度传感器属于智能化传感器,能见度传感器有两种接入方式,一种是通过主采集器接入,观测数据全部保存到自动站的数据文件中;另外一种是通过综合集成控制器接入,称为独立能见度,观测数据单独保存在能见度数据目录下的单一要素文件中。对能见度的传感器故障的检查方法是相同的。

(1)标准测量方法和信号导向图

以 DNQ1/V35 前向散射式能见度仪为例,说明如何排查故障。

将 DNQ1/V35 能见度传感器红线与黑线连接到电源的 12 V 与 GND,绿线与黄线分别连接到测试线的 DB9 孔插头的 2、3 脚,灰线连接到 DB9 孔插头的 5 脚,DB9 孔插头插入到笔记本电脑的串口上,打开串口调试工具软件,串口通信参数设置为 9600,E,7,1(速率 9600,偶校验,7 位数据位,1 位停止位)。

先发送 OPEN 命令打开对话模式,再发送其他控制命令。如:

OPEN ↙ (进入命令模式)

AMES 0 60 ↙(发送命令每 60 秒得到一条 0 格式子资料)

得到当前能见度信息 message 0 格式化的每分钟测量数据,内容如图 19.25 所示。

```
10     680  1230          ←第一行为输出内容
↓↓       ↓     ↓
         ------ 10 min ave visibility     ⎧  字段
  ------- one minute average visibility   ⎨  说明
 - 1=hardware error, 2= hardware warning, ⎩
   3= backscatter alarm, 4= backscatter warning
- 1= alarm 1 2= alarm 2

包含帧的示例

□PW  1□00    680  1230□

SHPW  1SX00    680  1230EXCRLF
012345678901234567890123 4

数字用于标记字符位置。
```

图 19.25 message 0 格式化数据内容说明

message 0 格式仅显示 1 min 的平均能见度和 10 min 的平均能见度。图中第一行数据位输出能见度数值,其中 680 是指当时 1 min 能见度平均值,1230 则是指当时 10 min 能见度平均值。其余行均为第一行的字段说明。

测量完成后,需发送如下命令退出命令模式后能见度传感器方能正常工作。

CLOSE ↙ (退出命令模式)

图 19.26 所示是 DNQ1/V35 能见度传感器信号流向图。能见度传感器信号通过 RS232 方式输出,接入采集器串行通道 4。通过流向图可以看出,能见度传感器的黄色、绿色、灰色三条信号线,通过机箱插头和机箱内接线排,进入主采集器 RS232-4 采集通道。红色、黑色两条传感器供电线,通过机箱插头和机箱内接线排分别接入到采集器机箱内的 12 V,GND。白绿/棕绿、白黄/棕黄共四条加热供电线,分别通过接线排和保险管接到 24 V 交流环形加热变压器。而 24 V 交流环形加热变压器的输入端是 220 V 交流电,与加热空气开关接在一起。

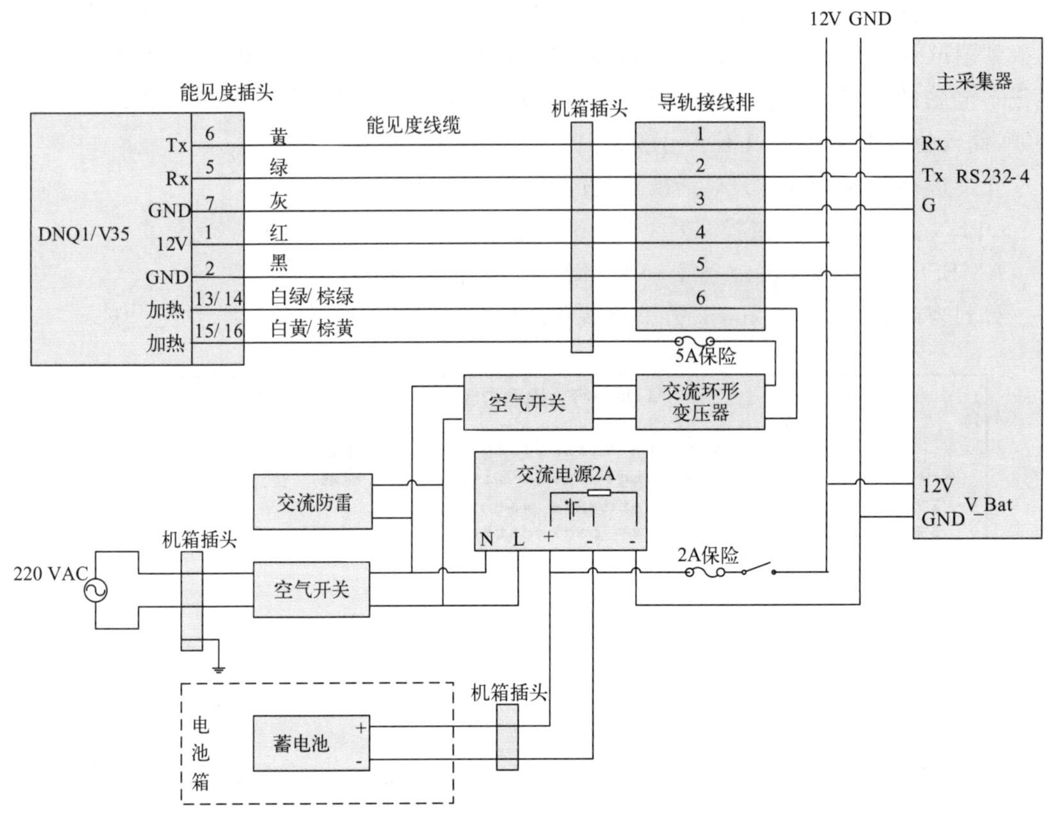

图 19.26 DNQ1/V35 能见度传感器测量信号流向图

(2)传感器故障排查方法

将能见度传感器通信插头从主采集器 RS232 4 端(或综合集成控制器的串口输入端)的插座上拔下,脱开接线排中 1～3 连接该插头的线缆。将能见度的接线排 1,2,3 线分别接入笔记本电脑的串口 2,3,5 线。打开串口调试工具软件,通信参数设置为 9600,E,7,1。按照标准测量方法中的打开对话模式,设置数据输出的格式,通过测量数据和运行状态信息来判断传感器是否有故障。

若无返回或返回值非正常能见度值,则说明有可能能见度传感器和能见度传感器线缆可能有故障。若返回有数据,则需要检查主采集器的数据质量控制码。

恢复所有连接线,检查主采集器上仍然没有能见度数据,则需查看主采集器中能见度通道是否被关闭。可以对主采集器的通讯串口发送 SENST VI 命令,若返回为 0,则说明能见度通道在主采集器中被关闭,需发送 SENST VI 1↙开启通道。如果通道开启还是无数据,则有可能主采集器故障。

其他型号的能见度传感器可以参考上面的排查方法,根据厂家提供的传感器手册上的配套指令进行检测和排查。

19.3.15 辐射故障诊断

辐射传感器主要包括总辐射表、净全辐射表、直接辐射表、散射辐射表和反射辐射表。

(1)辐射传感器性能与测量方法

① 总辐射传感器

一般采用的总辐射传感器为 FS-S6/TBQ-2B 型，主要用来测量波长为 0.27～3.2 μm 太阳总辐射的一级表。总辐射表由感应件、玻璃罩和附件组成。

总辐射表的工作原理基于热电效应，感应元件是该表的核心部分，它由快速响应的线绕电镀式热电堆组成。感应面涂无光黑漆，感应面为热接点，当有阳光照射时温度升高，它与另一面的冷接点形成温差电动势，该电动势与太阳辐射强度成正比。

玻璃罩为半球形双层石英玻璃构成。它既能防风，又能透过波长 0.3～3.0 μm 范围的短波辐射，其透过率为常数且接近 0.9。双层玻璃罩是为了减少空气对流对辐射表的影响。内罩是为了截断外罩本身的红外辐射而设计的。

总辐射表标准测量：

在 08 时，将总辐射表放置到太阳光下，大约辐照度 657 W/m^2（受经纬度的影响数据有差异），用数字万用表直流电压 200 mV 档，信号端的电压在太阳光下输出电压值大约 5.93 mV，查询灵敏度系数 K（参见随机的出厂证书），代入辐照度计算公式：

$$E=V/K \tag{19.1}$$

其中，E 为辐照度（W/m^2）；V 为信号输出（μV）；K 为辐射表的灵敏度（$\mu V \cdot m^2/W$）。

通过测量输出电压并利用上面公式进行计算可以大致判断传感器是否正常。

② 净辐射传感器

常用的净辐射表为 FNP-1 型净辐射表传感器，它的测量范围为 0.27～3 μm 的短波辐射和 3～100 μm 的长波辐射。

净辐射表由感应件、薄膜罩和附件等组成。该表的工作原理为热电效应，感应部分是热电堆，热电堆的外面紧贴着涂有无光黑漆的上下两个感应面，由于上下感应面吸收辐照度不同，因此热电堆两端产生温差，其输出电动势与感应面黑体所吸收的辐照度差值成正比。为了防止风的影响及保护感应面，净辐射表上下表面装有既能透过长波辐射，又能透过短波辐射的聚乙烯薄膜罩。

辐照度计算公式与式(19.1)相同。K 灵敏度系数昼和夜不同，夜间为负值。由于测量 0.3～100 μm 波长的全波段的光辐射，所以感应面外罩为上下两个半球形聚乙烯薄膜罩，能透过短波辐射和长波辐射，为保持罩的半球形，用充气装置向罩内充入干燥气体，排出湿气。薄膜罩上放置橡胶密封圈，然后用压圈旋紧，使得薄膜罩牢牢固定住。

标准测量方法与总辐射表相同。

③ 直接辐射传感器

测量垂直太阳表面（视角约 0.5°）的辐射和太阳周围很窄的环形天空的散射辐射称为太阳直接辐射。太阳直接辐射是用太阳直接辐射表（简称直接辐射表或直射表）测量。常用的直接辐射表为 FBS-2B 型（或 FS-D1 型）直接辐射表。用于测量光谱范围为 0.27～3.2 μm 的太阳直辐射量。当太阳直辐射量超过 120 W/m^2 时和日照时数记录仪连接，也可直接测量日照时数。

光筒内部由七个光栏和内筒、石英玻璃、热电堆、干燥剂筒组成。七个光栏是用来减少内部反射，构成仪器的开敞角，并且限制仪器内部空气的湍流。在光栏的外面是内筒，把光栏内部和外筒的干燥空气封闭，以减少环境温度对热电堆的影响。在筒上装置 JGS3 石英玻璃片，它可透过 0.27～3.2 μm 波长的辐射光。光筒的尾端装有干燥剂，以防止水汽凝结物生成。

感应部分是光筒的核心部分，它是由快速响应的线绕电镀式热电堆组成。感应面对着太阳一面涂有无光黑漆，上面是热电堆的热接点，当有阳光照射时温度升高，它与另一面的冷接点形成温差电动势。该电动势与太阳辐射强度成正比。

自动跟踪装置是由底板、纬度架、电机、导电环、蜗轮箱（用于太阳倾角调整）和电机控制器等组成。驱动部分由石英晶体振荡器控制直流步进电机，电源为直流 6～15 V。该电机精度高，24 h 转角误差 0.25°以内。当纬度调到当地地理纬度，底板上的黑线与正南北线重合，倾角与当时太阳倾角相同，即可实现准确的自动跟踪。

直接辐射传感器标准测量方法同总辐射。

④ 散射辐射传感器与反射辐射传感器

总辐射中把来自太阳直射部分遮蔽后测得为散射辐射。总辐射表感应面朝下所接收的为反射辐射。散射辐射和反射辐射都是短波辐射。这两种辐射均用总辐射表（以 TBQ-2B 型为例）配上有关部件来进行测量。

图 19.27　散射辐射表在辐射观测架上的位置

散射辐射表是由总辐射表和遮光环两部分组成。遮光环的作用是保证从日出到日落能连续遮住太阳直接辐射。它由遮光环圈、标尺、丝杆调整螺旋、支架、底盘等组成（如图 19.27 立柱右侧所示）。

测量方法同总辐射。

(2)辐射测量信号流向图

辐射测量信号流向图比较简单，传感器通过线缆接入到防雷板，再截图辐射分采集器。如图 19.28 所示。

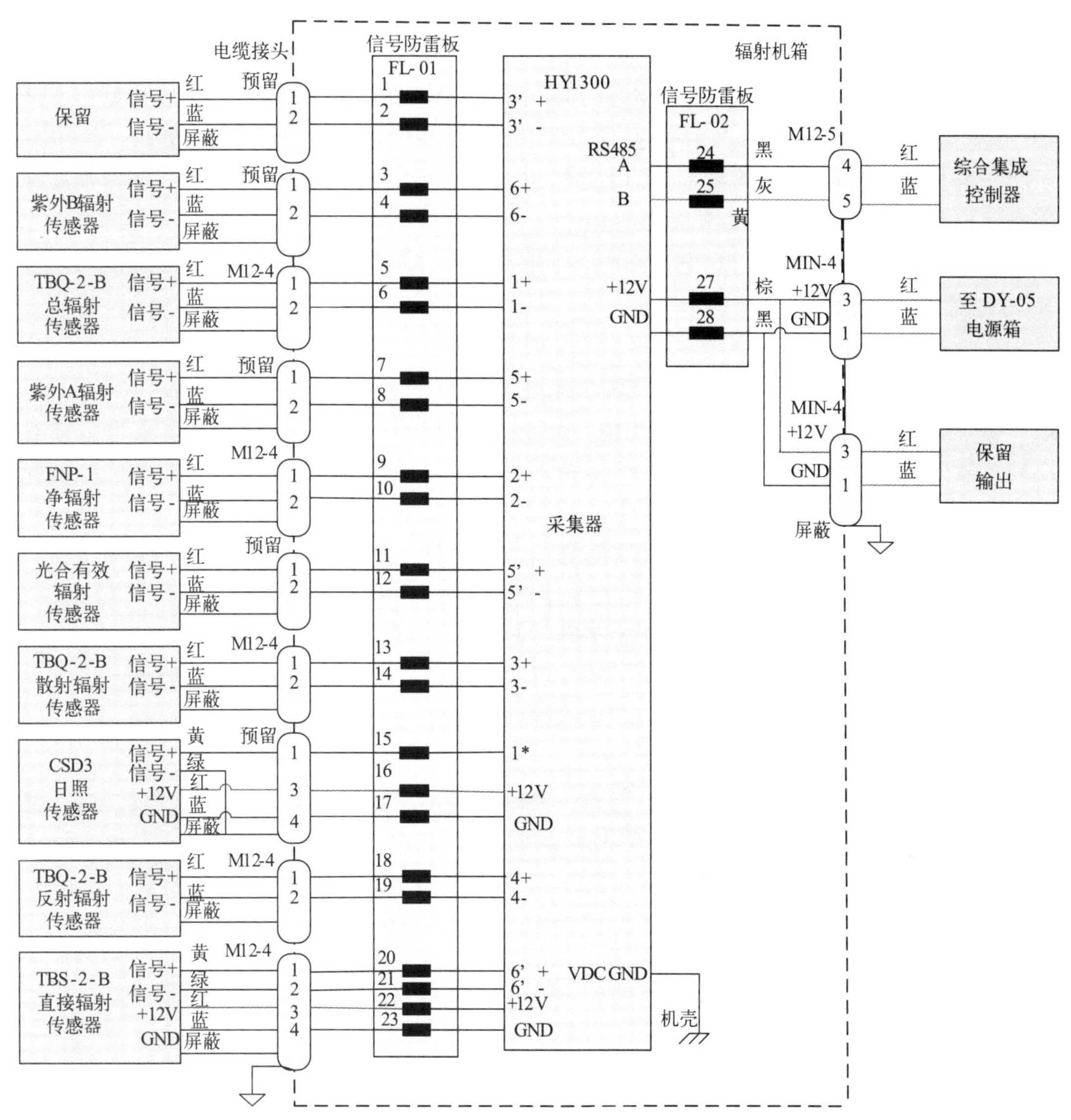

图 19.28　辐射测量信号流向图

(3)总辐射故障排查方法

故障排查根据测量信号流向图，从总辐射传感器到采集器通道，再到数据采集器。

①辐射表的输出为零：首先判断故障点是辐射传感器及其线缆还是采集器。将总辐射传感器通信线缆插头从采集器脱开，将防雷板处 1、2 处端子拔下。将数字万用表调到 2K 电阻挡，测量总辐射两端是否有约 200 Ω 左右的电阻，如有电阻存在，表示没问题。可往后查。如果电阻为 0，说明辐射表和导线之间有短路现象，对接头和线缆进行仔细检查，排除故障的嫌疑。如线缆和接头均没有问题，说明辐射传感器故障，应返厂修理。

②无数值显示：先检查辐射表输出是否处于开路状态，同样将 1、2 号端自拔下，用数字万用表(2K)档测量，如显示为“1”，说明开路，再检查辐射表与导线之间是否有断开现象。

拔下辐射表插头，测量插座1针，2针的电阻值，如显示"1"。说明辐射表内开路，否则导线有问题。

③辐照度有质疑：将数字万用表拨到200 mV档，红表笔接到1号端了，黑表笔接到2号端子，在太阳光下测量输出电压值。按式(19.1)计算当时的辐照度。如果该值与计算机显示相同，说明该表的灵敏度需要检查，用命令SENSI查看灵敏度设置，如果灵敏度设置没有问题则应检查计算机内参数设置是否有误。

④设置灵敏度：连接笔记本电脑串口，打开串口调试工具软件，参数通信设置为9600，N,8,1,发送操作指令。

命令符：SENSI XX

其中，XX为辐射传感器标识符。参数：辐射传感器的灵敏度值。单位为$\mu V/(W/m^2)$，取2位小数。若为净辐射，则返回两组值，第1组为传感器白天灵敏度值，第2组为传感器夜间灵敏度值，两组数据之间用半角"/"分隔。

示例：

设置总辐射灵敏度。若总辐射灵敏度值10.32，则键入命令为：

SENSI GR 10.32 ↙　　返回值"F"表示设置失败，"T"表示设置成功。

查看净辐射灵敏度。若净辐射灵敏度值白天为9.34，夜间为－10.20，直接键入命令：

SENSI NR ↙

正确返回值为＜9.34/－10.20＞。

⑤检查或设置数据质量控制参数：

数据质量控制参数设置不合理可能导致采集器输出无数据或测量数据异常。因此，通过计算机的串口直接连接到采集器的数据输出串口，打开串口调试工具软件，输入相关的指令进行检查。设置或读取各传感器测量范围值指令为QCPS，设置或读取各要素质量控制参数指令为QCPM，具体的指令参数可参考附录中的《新型自动气象（气候）站终端命令格式》。

(4)净全辐射故障现象

净全辐射表出现的故障和处理方法与总辐射表基本相同。但最常见的故障是薄膜罩漏水使得感应面潮湿，造成记录出错。因此，要有充足的薄膜罩与橡皮垫圈，及时更换，并保持好密封性。

(5)直接辐射故障现象

主要故障现象有跟踪不正常，有规律偏差和进光筒故障。

直接辐射故障排查具体做法如下：

①跟踪不正常。检查17,18号端子之间的电压是否在12 V左右。把对时开关打开，看其能否正常转动，如果对时准确，说明电机及控制器没有问题。如果光筒上的光点跟不准确，则检查其南北线是否指北，仪器是否水平，纬度定位是否正确等。如果跟踪正常而数值异常，则拆下17,18号接线端子，用数字万用表2k电阻挡，测量其输出电阻是否约为70 Ω。如果有电阻，说明正常。如果没有电阻，检查导线是否接触良好。如果还要进一步确认一下，那么将数字万用表拨到200 mV电压挡，红表笔接到输出导线15号端子上，黑表笔接到输出导线16号端子上，将光筒上光点对准太阳光检查是否有电压，然后把保护罩盖上，检查

输出电压应为0。如果符合上述条件，则说明辐射传感器正常。如果还是不正常，则应从接线端后查，确认辐射变送器到防雷板，再到采集器的导线是否连接良好，再量一下采集单元上的6'+、6'-接线端是否有电压输出，方法同上。如果电压正确，需检查采集器。

② 光筒进水。由于光筒密封不好，光筒容易进水，必须烘干后用胶封住，再加聚乙烯醇缩醛胶封或返厂修理。

(6)散射辐射与反射辐射故障

散射辐射、反射辐射表现出的故障和处理方法与总辐射表基本相同，排查时需要注意散射辐射与反射辐射传感器的防雷板接线端子序号。

反射辐射辐照度大小和地表(下垫面)密切相关，表19.2是一些常见下垫面的反射率。

表19.2 常见下垫面的反射率

地表状态	裸地	沙漠	草地	森林	雪(紧、洁)	雪(湿、脏)
反射率(%)	10～25	25～46	15～25	10～20	75～95	25～75

反射辐射辐照度=总辐射辐照度×反射率

可用测量传感器得到的电压利用上面的计算公式的辐照度与总辐射表的数据进行对比，判断反射辐射表的数据是否处在正常的范围。

(7)辐射采集器故障排查

在传感器和信号链路确认无故障的情况下，重点对辐射采集器输入通道检查，具体方法参见“19.3.5 传感器故障排查一般性流程”中相关内容。

附录A　新型自动气象(气候)站终端命令格式

A.1　终端命令的分类

终端操作命令为主采集器和终端微机之间进行通信的命令，以实现对主采集器各种参数的传递和设置，从主采集器读取各种数据和下载各种文件。按照操作命令性质的不同，分为监控操作命令、数据质量控制参数操作命令、观测数据操作命令和报警操作命令四大类。

A.2　格式一般说明

各种终端命令由命令符和相应参数组成，命令符由若干英文字母组成，参数可以没有，或由一个或多个组成，命令符与参数、参数与参数之间用1个半角空格分隔；

监控操作命令分一级和二级，若为二级命令时，一级与二级命令之间用半角空格分隔；

在监控操作命令中，若命令符后不跟参数，则为读取数据采集器中相应参数据；

命令符后加“/?”可获得命令的使用格式；

在计算机超级终端中，键入控制命令后，应键入回车/换行键，本格式中用“↙”表示；

返回值的结束符均为回车/换行；

命令非法时，返回出错提示信息“BAD COMMAND.”；

本格式中返回值用“＜＞”给出；

若无特殊说明，本部分中使用YYYY-MM-DD HH:MM表示日期、时间格式。

A.3　监控操作命令

A.3.1　设置或读取数据采集器的通信参数(SETCOM)

命令符：SETCOM

参数：波特率 数据位 奇偶校验 停止位

示例：若数据采集器的波特率为9600 bps，数据位为8，奇偶校验为无，停止位为1，若对数据采集器进行设置，键入命令为：

SETCOM 9600 8 N 1↙

返回值：＜F＞表示设置失败，＜T＞表示设置成功。

若为读取数据采集器通信参数，直接键入命令：

SETCOM↙

正确返回值为<9600 8 N 1>。

A.3.2 设置或读取数据采集器的 IP 地址(IP)

命令符:IP

参数:IPv4 格式地址

示例:若数据采集器用于网络通信的 IP 为 192.168.20.8,对数据采集器进行设置,键入命令为:

IP 192.168.20.8 ↙

返回值:<F>表示设置失败,<T>表示设置成功。

若为读取数据采集器 IP 参数,直接键入命令:

IP ↙

正确返回值为<192.168.20.8>。

A.3.3 读取数据采集器的基本信息(BASEINFO)

命令符:BASEINFO

参数:生产厂家 型号标识 采集器序列号 软件版本号

A.3.4 数据采集器自检(AUTOCHECK)

命令符:AUTOCHECK

返回的内容包括数据采集器日期、时间,GPS 授时是否正常,通信端口的通信参数,采集器机箱温度、电源电压,各分采集器挂接状态,各传感器开启或关闭状态。

A.3.5 读取数据采集器日期(DATE)

命令符:DATE

参数:YYYY-MM-DD(YYYY 为年,MM 为月,DD 为日)

示例:若对数据采集器设置的日期为 2006 年 7 月 21 日,键入命令为:

DATE 2006-07-21 ↙

返回值:<F>表示设置失败,<T>表示设置成功。

若数据采集器的日期为 2007 年 10 月 1 日,读取数据采集器日期,直接键入命令:

DATE ↙

正确返回值为<2007-10-01>。

A.3.6 读取数据采集器时间(TIME)

命令符:TIME

参数:HH:MM:SS(HH 为时,MM 为分,SS 为秒)

示例:若对数据采集器设置的时间为 12 时 34 分 00 秒,键入命令为:

TIME 12:34:00 ↙

返回值:<F>表示设置失败,<T>表示设置成功。

若数据采集器的时间为 7 时 04 分 36 秒,读取数据采集器时间,直接键入命令:

TIME ↙

正确返回值为＜07:04:36＞。

A.3.7 读取气象观测站的区站号(ID)

命令符:ID

参数:台站区站号(5 位数字或字母)

示例:若所属气象观测站的区站号为 57494,则键入命令为:

ID 57494 ↙

返回值:＜F＞表示设置失败,＜T＞表示设置成功。

若数据采集器中的区站号为 A5890,直接键入命令:

ID ↙

正确返回值为＜A5890＞。

A.3.8 读取气象观测站的纬度(LAT)

命令符:LAT

参数:DD. MM. SS(DD 为度,MM 为分,SS 为秒)

示例:若所属气象观测站的纬度为 32°14′20″,则键入命令为:

LAT 32.14.20 ↙

返回值:＜F＞表示设置失败,＜T＞表示设置成功。

若数据采集器中的纬度为 42°06′00″,直接键入命令:

LAT ↙

正确返回值为＜42.06.00＞。

A.3.9 读取气象观测站的经度(LONG)

命令符:LONG

参数:DDD. MM. SS(DDD 为度,MM 为分,SS 为秒)

示例:若所属气象观测站的纬度为 116°34′18″,则键入命令为:

LONG 116.34.18 ↙

返回值:＜F＞表示设置失败,＜T＞表示设置成功。

若数据采集器中的纬度为 108°32′03″,直接键入命令:

LAT ↙

正确返回值为＜108.32.03＞。

A.3.10 读取地方时差(TD)

命令符:TD

参数:分钟数。取整数,当经度≥120°为正,＜120°为负。

示例:若所属气象观测站的纬度为 116°30′00″,则地方时差为−14 min,键入命令为:

TD −14 ↙

返回值:＜F＞表示设置失败,＜T＞表示设置成功。

若数据采集器中的地方时差为－35 min，直接键入命令：

TD↙

正确返回值为<－35>。

A.3.11　读取观测场海拔高度(ALT)

命令符：ALT

参数：观测场海拔高度。单位为米(m)，取1位小数，当低于海平面时，前面加"－"号。

示例：若所属自动气象站观测场的海拔高度为113.6 m，则键入命令为：

ALT 113.6↙

返回值：<F>表示设置失败，<T>表示设置成功。

若数据采集器中的观测场海拔高度为－11.4，直接键入命令：

ALT↙

正确返回值为<－11.4>。

A.3.12　读取气压传感器海拔高度(ALTP)

命令符：ALTP

参数：气压传感器海拔高度。单位为米(m)，取1位小数，当低于海平面时，前面加"－"号。

示例：若所属自动气象站的气压传感器海拔高度为106.3 m，则键入命令为：

ALTP 106.3↙

返回值：<F>表示设置失败，<T>表示设置成功。

若数据采集器中的气压传感器海拔高度为－10.2，直接键入命令：

ALTP↙

正确返回值为<－10.2>。

A.3.13　读取传感器测量修正值(SCV)

命令符：SCV XX

其中，XX为传感器标识符，对应关系见表A.4。

参数：传感器测量修正值，格式为"上限值，修正值/上限值，修正值/..."。上限值和修正值的小数位以对应要素在《地面气象观测规范》规定为准。

示例：若百叶箱气温传感器检定的修正值如表A.1，则键入命令为：

SCV T0 －25.0，－0.1/－20.0，0.0/15.0，0.1/25.0，0.0/40.0，0.1/99.9，0.0/↙

返回值：<F>表示设置失败，<T>表示设置成功。

注：在最后一个上限值输入99.9，以表示40.1以上的值均按0.0修正。

表 A.1 百叶箱气温传感器检定的修正值

温度范围(℃)	修正值(℃)
≤－25.0	－0.1
－24.9～－20.0	0.0
－19.9～15.0	0.1
15.1～25.0	0.0
25.1～40.0	0.1
≥40.1	0.0

A.3.14 辐射传感器灵敏度(SENSI)

命令符:SENSI XX

其中,XX 为辐射传感器标识符,对应关系见表 A.4。

参数:辐射传感器的灵敏度值。单位为毫伏每瓦每平方米($\mu V \cdot W^{-1} \cdot m^2$),取 2 位小数。若为净辐射,则返回两组值,第 1 组为传感器白天灵敏度值,第 2 组为传感器夜间灵敏度值,两组数据之间用半角"/"分隔。

示例:若总辐射灵敏度值 10.32,则键入命令为:

SENSI GR 10.32 ↙

返回值:<F>表示设置失败,<T>表示设置成功。

若数据采集器中的净辐射灵敏度值白天为 9.34,夜间为－10.20,直接键入命令:

SENSI NR ↙

正确返回值为<9.34/－10.20>。

A.3.15 设置或读取土壤湿度常数(SMC)

命令符:SMC XXX

其中,XXX 为土壤层次标识符,对应关系见表 A.2。

表 A.2 土壤层次标识符

序号	土壤层次	标识符(XXX)
1	5 cm 土壤	SM1
2	10 cm 土壤	SM2
3	20 cm 土壤	SM3
4	30 cm 土壤	SM4
5	40 cm 土壤	SM5
6	50 cm 土壤	SM6
7	100 cm 土壤	SM7
8	180 cm 土壤	SM8

参数:田间持水量 土壤容重 凋萎湿度。田间持水量单位为百分率(%),取整数;土壤容重单位为克每立方厘米(g/cm^3),取整数;凋萎湿度常数单位为百分率(%),取整数。

示例：若所属气象观测站 5 cm 土壤田间持水量为 28 %，土壤容重为 34 g/cm³，凋萎湿度为 12%，则键入命令为：

SMC SM1 28 34 12↙

返回值：＜F＞表示设置失败，＜T＞表示设置成功。

若所属气象观测站 50 cm 土壤湿度传感器田间持水量为 30 %，土壤容重为 30 g/cm³，凋萎湿度为 8%，直接键入命令：

SMC SM6↙

正确返回值为＜30 30 8＞。

A.3.16　主采集箱门状态(DOOR)

命令符：DOOR

参数：主采集箱门的状态，用“0”，“1”表示，“0”表示打开或未关好，“1”表示关上。

示例：若主采集器门已关上，直接键入命令：

DOOR↙

正确返回值为＜1＞。

A.3.17　采集器机箱温度(MACT)

命令符：MACT

参数：机箱温度。单位为摄氏度(℃)，取 1 位小数。

示例：若数据采集器机箱温度为 7.2 ℃，直接键入命令：

MACT↙

正确返回值为＜7.2＞。

A.3.18　采集器电源电压(PSS)

命令符：PSS

参数：无。返回采集器当前的供电主体和电源电压值。返回格式见表 A.3。

表 A.3　数据采集器电源电压命令返回格式表

返回值	描　述
AC，##.#	“AC”表示交流供电；##.#表示 AC/DC 变换后供给数据采集器的电源电压值，单位为伏(V)，取 1 位小数；“AC”与电压值之间用半角逗号分隔
DC，##.#	字符串“DC”表示蓄电池供电；##.#表示蓄电池供给数据采集器的电压值，单位为伏(V)，取 1 位小数；“DC”与电压值之间用半角逗号分隔

示例：若数据采集器为蓄电池供电，其电压值为 12.8，键入命令：

PSS↙

正确返回值为＜DC，12.8＞。

A.3.19　读取各传感器状态(SENST)

命令符：SENST XXX

其中，XXX 为传感器标识符，由 1～3 位字符组成，对应关系见表 A.4。

表 A.4　各传感器标识符

序号	传感器名称	传感器标识符	序号	传感器名称	传感器标识符
1	气压	P	38	冻土深度	FSD
2	百叶箱气温	T0	39	闪电频次	LNF
3	通风防辐射罩气温 1	T1	40	总辐射	GR
4	通风防辐射罩气温 2	T2	41	净全辐射	NR
5	通风防辐射罩气温 3	T3	42	直接辐射	DR
6	湿球温度	TW	43	散射辐射	SR
7	湿敏电容传感器或露点仪	U	44	反射辐射	RR
8	露点仪	TD	45	紫外辐射(UVA+UVB)	UR
9	通风防辐射罩 1	SV1	46	紫外辐射(UVA)	UVA
10	通风防辐射罩 2	SV2	47	紫外辐射(UVB)	UVB
11	通风防辐射罩 3	SV3	48	大气长波辐射	AR
12	风向	WD	49	大气长波辐射传感器腔件温度	ART
13	风速	WS	50	地面长波辐射	TR
14	风速(1.5 m,气候辅助观测)	WS1	51	地面长波辐射传感器腔件温度	TRT
15	降水量(翻斗式或容栅式)	RAT	52	光合有效辐射	PR
16	降水量(翻斗式或容栅式气候辅助观测)	RAT1	53	日照	SSD
17	降水量(称重式)	RAW	54	5 cm 土壤湿度	SM1
18	草面温度	TG	55	10 cm 土壤湿度	SM2
19	地表温度(红外,气候辅助观测)	IR	56	20 cm 土壤湿度	SM3
20	地表温度	ST0	57	30 cm 土壤湿度	SM4
21	5 cm 地温	ST1	58	40 cm 土壤湿度	SM5
22	10 cm 地温	ST2	59	50 cm 土壤湿度	SM6
23	15 cm 地温	ST3	60	100 cm 土壤湿度	SM7
24	20 cm 地温	ST4	61	180 cm 土壤湿度	SM8
25	40 cm 地温	ST5	62	地下水位	WT
26	80 cm 地温	ST6	63	浮标方位	BA
27	160 cm 地温	ST7	64	表层海水温度	OT
28	320 cm 地温	ST8	65	表层海水盐度	OS
29	蒸发量	LE	66	表层海水电导率	OC
30	能见度	VI	67	波高	OH
31	云高	CH	68	波周期	OP
32	总云量	TCA	69	波向	OD
33	低云量	LCA	70	表层海洋面流速	OV
34	天气现象	WW	71	潮高	TL
35	积雪	SD	72	海水浊度	OTU
36	冻雨	FR	73	海水叶绿素浓度	OCC
37	电线积冰	WI			

参数：单个传感器的开启状态。用“0”或“1”表示，“1”表示传感器开启，“0”表示传感器关闭；当为通风防辐射罩时，“0”表示通风状态工作不正常，“1”表示正常。

示例：若没有或停用蒸发传感器，则键入命令为：

SENST LE 0 ↙

返回值：<F>表示设置失败，<T>表示设置成功。

若能见度传感器已启用，直接键入命令：

SENST VI ↙

正确返回值为<1>。

本命令的一级命令符，可对全部传感器进行操作，其参数应为 73 位的 0 或 1，分别与各传感器状态相对应，排列顺序由表 3 给出。

A.3.20 采集器实时状态信息(RSTA)

命令符：RSTA

返回参数：主采集箱门状态 采集器的机箱温度 电源电压 各传感器状态

主采集箱门状态、采集器的机箱温度、电源电压、各传感器状态返回格式分别与 A.3.16，A.3.17，A.3.18，A.3.19 的返回格式相同。

A.3.21 读取风速传感器的配置参数(SENCO)

命令符：SENCO XXX

其中，XXX 为风速传感器的标识符，对应关系见表 A.4。

参数：三次多项式系数 a0，a1，a2，a3。系数之间用半角空格分隔。

示例：若 10 m 风速与频率的关系为 $V=0.1f$，则多项式系数为 0，0.1，0，0，键入命令为：

SENCO WS 0 0.1 0 0 ↙

返回值：<F>表示设置失败，<T>表示设置成功。

若 1.5 m 风速与频率的关系为 $V=0.2315+0.0495f$，则多项式系数为 0.2315，0.0495，0，0，键入命令为：

SENCO WS1 0.2315 0.0495 0 0 ↙

返回值：<F>表示设置失败，<T>表示设置成功。

数据采集器中的 1.5 m 风速多项式系数为 0.2315，0.0495，0，0，直接键入命令：

SENCO WS1 ↙

正确返回值为<0.2315 0.0495 0 0>。

A.3.22 翻斗雨量传感器的配置参数(SENCO)

命令符：SENCO XXX

命令符：SENCO XXX

其中，XXX 为传感器的标识符，对应关系见表 A.4。

参数：三次多项式系数 a0，a1，a2，a3。系数之间用半角空格分隔。

示例：若气候分采所挂接的翻斗雨量计雨量与脉冲计数的关系 $R=0.5f$，则多项式系数为 0，0.5，0，0，键入命令为：

SENCO RAT1 0 0.5 0 0↙

示例:若气候分采所挂接的翻斗雨量计雨量与脉冲计数的关系 $R=0.2f$,则多项式系数为 0,0.2,0,0,键入命令为:

SENCO RAT1 0 0.2 0 0↙

返回值:<F>表示设置失败,<T>表示设置成功。

若气候分采挂接 0.5 mm/翻斗的大翻斗,数据采集器中的多项式系数为 0,0.5,0,0,直接键入命令:

SENCO RAT1↙

正确返回值为<0 0.5 0 0>。

A.3.23　维护操作命令(DEVMODE)

命令符:DEVMODE XXX

其中,XXX 为称重降水、蒸发传感器的标识符,对应关系见表 A.4。

参数:工作模式 恢复时间。参数之间用半角空格分隔。工作模式:"0"表示正常工作,"2"表示维护状态。恢复时间表示从维护状态自动回到正常工作模式的时间,单位为分钟,只用于工作模式"2"。

参数不保存,采集器重新上电后自动进入工作模式。

示例:若需对称重降水传感器维护 30 min,则键入命令为:

DEVMODE RAW 2 30↙

返回值:<F>表示设置失败,<T>表示设置成功。

若称重降水传感器维护完成,则键入如下命令立即恢复正常工作模式:

DEVMODE RAW 0↙

返回值:<F>表示设置失败,<T>表示设置成功。

数据采集器中已设置蒸发传感器在维护状态,维护时间为 25 min,且维护过程已进行了 10 min,直接键入命令:

DEVMODE LE↙

正确返回值为<2 15>,表示维护时间还余 15 min。

A.3.24　系统中分采集器配置(DAUSET)

命令符:DAUSET XXXX

其中,XXXX 为传感器标识符,由 4 位字符组成,对应关系见表 A.5。

表 A.5　各传感器标识符

序号	分采集器类别	标识符
1	气候观测分采集器	CLIM
2	辐射观测分采集器	RADI
3	地温观测分采集器	EATH
4	土壤水分观测分采集器	SOIL
5	海洋观测分采集器	SEAA

参数:分采集器的配置。用“0”或“1”表示,“1”表示配置有相应分采集器,“0”表示没有配置相应分采集器。

示例:若系统配置有气候观测分采集器,则键入命令为:

DAUSET CLIM 1↙

返回值:<F>表示设置失败,<T>表示设置成功。

若系统没有配置气候观测分采集器,直接键入命令:

DAUSET CLIM↙

正确返回值为<0>。

A.3.25 GPS 模块配置(GPSSET)

命令符:GPSSET

参数:系统没有配置 GPS 模块,参数为“0”,如配置有 GPS 模块,参数为“1”。

示例:当前系统配置有 GPS 模块,则键入命令为:

GPSSET 1↙

返回值:<F>表示设置失败,<T>表示设置成功。

若系统没有配置 GPS 模块,直接键入命令:

GPSSET↙

正确返回值为<0>。

A.3.26 卡模块配置(CFSET)

命令符:CFSET

参数:系统没有配置 CF 卡,参数为“0”,如配置有 CF 卡,参数为“1”

示例:当前系统配置有 CF 模块,则键入命令为:

CFSET 1↙

返回值:<F>表示设置失败,<T>表示设置成功。

若系统没有配置 CF 卡,直接键入命令:

CFSET↙

正确返回值为<0>。

A.3.27 读取主采集器工作状态(STATMAIN)

命令符:STATMAIN

示例:读取主采集器当前工作状态,则键入命令为:

STATMAIN↙

返回值:STATMAIN 0 126 1 225 0 0 0 1025 0 1 0 0 0 576 256↙

返回值的数据格式见表 A.6。

表 A.6 主采集器工作状态顺序及内容

序号	状态内容	表示方式
1	标识	STATMAIN
2	主采集器运行状态	“0”表示正常工作;“2”表示有故障,不能工作;“9”表示没有检查,不能判断当前工作状态;“N”表示没有该采集器
3	主采集器电源电压	单位为伏(V),取1位小数,原值扩大10倍存储
4	主采集器供电类型	“0”表示交流供电,“1”表示直流供电
5	主采集器主板温度	单位为摄氏度(℃),取1位小数,原值扩大10倍存储
6	主采集器AD模块工作状态	“0”表示正常工作;“2”表示有故障,不能工作;“9”表示没有检查,不能判断当前工作状态;“N”表示无AD模块
7	主采集器计数器模块状态	“0”表示正常工作;“2”表示有故障,不能工作;“9”表示没有检查,不能判断当前工作状态;“N”表示无I/O通道
8	主采集器CF卡状态	“0”表示正常工作;“1”表示没有检测到CF卡(没有插入);“2”表示有故障,不能工作;“9”表示没有检查,不能判断当前工作状态;“N”表示无CF卡
9	主采集器CF卡容量	单位为MB,取整数;当没有或未插入CF卡时,填入一个“-”
10	主采集器GPS状态	“0”表示正常工作;“2”表示有故障,不能工作;“9”表示没有检查,不能判断当前工作状态;“N”表示无GPS模块
11	主采集器门开关状态	“0”表示打开或未关好;“1”表示关上
12	主采集器LAN状态	“0”表示正常工作;“2”表示有故障,不能工作;“9”表示没有检查,不能判断当前工作状态
13	主采集器RS232/RS485终端通信状态	“0”表示正常工作;“2”表示有故障,不能工作;“9”表示没有检查,不能判断当前工作状态
14	CAN总线状态	“0”表示正常工作;“2”表示有故障,不能工作;“9”表示没有检查,不能判断当前工作状态
15	蒸发水位	单位为mm,取1位小数,原值扩大10倍存储,当未启用蒸发传感器时,填入一个“-”
16	称重降水传感器承水桶水量	单位为mm,取1位小数,原值扩大10倍存储;当未启用称重降水传感器时,填入一个“-”
17	保留1	填入一个“-”
18	保留2	填入一个“-”
19	保留3	填入一个“-”
20	保留4	填入一个“-”
21	保留5	填入一个“-”

A.3.28 读取温湿观测分采集器工作状态(STATTARH)

命令符:STATTARH

示例:读取气候观测分采集器当前工作状态,则键入命令为:

STATTARH↙

返回值:STATTARH 0 126 1 225 0↙

返回值的数据格式见表 A.7。

表 A.7 温湿度观测分采集器工作状态顺序及内容

序号	状态内容	表示方式
1	标识	STATTARH
2	温湿分采集器运行状态	"0"表示正常工作;"2"表示有故障,不能工作;"9"表示没有检查,不能判断当前工作状态;"N"表示没有该采集器
3	温湿分采集器供电电压	单位为伏(V),取1位小数,原值扩大10倍存储
4	温湿分采集器供电类型	"0"表示交流供电,"1"表示直流供电
5	温湿分采集器主板温度	单位为摄氏度(℃),取1位小数,原值扩大10倍存储
6	温湿分采集器AD模块工作状态	"0"表示正常工作;"2"表示有故障,不能工作;"9"表示没有检查,不能判断当前工作状态;"N"表示无AD模块
注:当智能传感器运行状态为"N"时,其余项的相应位置均填入一个"-"。		

A.3.29 读取气候观测分采集器工作状态(STATCLIM)

命令符:STATCLIM

示例:读取气候观测分采集器当前工作状态,则键入命令为:

STATCLIM↙

返回值:STATCLIM 0 126 1 225 0 0↙

返回值的数据格式见表 A.8。

表 A.8 气候观测分采集器工作状态顺序及内容

序号	状态内容	表示方式
1	标识	STATCLIM
2	气候观测分采集器运行状态	"0"表示正常工作;"2"表示有故障,不能工作;"9"表示没有检查,不能判断当前工作状态;"N"表示没有该采集器
3	气候观测分采集器供电电压	单位为伏(V),取1位小数,原值扩大10倍存储
4	气候观测分采集器供电类型	"0"表示交流供电,"1"表示直流供电
5	气候观测分采集器主板温度	单位为摄氏度(℃),取1位小数,原值扩大10倍存储
6	气候观测分采集器AD模块工作状态	"0"表示正常工作;"2"表示有故障,不能工作;"9"表示没有检查,不能判断当前工作状态;"N"表示无AD模块

续表

序号	状态内容	表示方式
7	气候观测分采集器计数器模块状态	“0”表示正常工作;“2”表示有故障,不能工作;“9”表示没有检查,不能判断当前工作状态;“N”表示无 I/O 通道
8	保留 1	填入一个“-”
9	保留 2	填入一个“-”
10	保留 3	填入一个“-”
11	保留 4	填入一个“-”
12	保留 5	填入一个“-”
注:当智能传感器运行状态为“N”时,其余项的相应位置均填入一个“-”。		

A.3.30　读取辐射观测分采集器工作状态(STATRADI)

命令符:STATRADI

示例:读取辐射观测分采集器当前工作状态,则键入命令为:

STATRADI ↙

返回值:STATRADI 0 126 1 225 0 0 ↙

返回值的数据格式见表 A.9。

表 A.9　辐射观测分采集器工作状态顺序及内容

序号	状态内容	表示方式
1	标识	STATRADI
2	辐射观测分采集器运行状态	“0”表示正常工作;“2”表示有故障,不能工作;“9”表示没有检查,不能判断当前工作状态;“N”表示没有该采集器
3	辐射观测分采集器供电电压	单位为伏(V),取 1 位小数,原值扩大 10 倍存储
4	辐射观测分采集器供电类型	“0”表示交流供电,“1”表示直流供电
5	辐射观测分采集器主板温度	单位为摄氏度(℃),取 1 位小数,原值扩大 10 倍存储
6	辐射观测分采集器 AD 模块工作状态	“0”表示正常工作;“2”表示有故障,不能工作;“9”表示没有检查,不能判断当前工作状态;“N”表示无 AD 模块
7	辐射观测分采集器计数器模块状态	“0”表示正常工作;“2”表示有故障,不能工作;“9”表示没有检查,不能判断当前工作状态;“N”表示无 I/O 通道
8	保留 1	填入一个“-”
9	保留 2	填入一个“-”
10	保留 3	填入一个“-”
11	保留 4	填入一个“-”
12	保留 5	填入一个“-”
注:当智能传感器运行状态为“N”时,其余项的相应位置均填入一个“-”。		

A.3.31 读取地温观测分采集器工作状态(STATEATH)

命令符:STATEATH

示例:读取地温观测分采集器当前工作状态,则键入命令为:

STATEATH ↙

返回值:STATEATH 0 126 1 225 0 0 ↙

返回值的数据格式见表 A.10。

表 A.10 地温观测分采集器工作状态顺序及内容

序号	状态内容	表示方式
1	标识	STATEATH
2	地温观测分采集器运行状态	“0”表示正常工作;“2”表示有故障,不能工作;“9”表示没有检查,不能判断当前工作状态;“N”表示没有该采集器
3	地温观测分采集器供电电压	单位为伏(V),取 1 位小数,原值扩大 10 倍存储
4	地温观测分采集器供电类型	“0”表示交流供电,“1”表示直流供电
5	地温观测分采集器主板温度	单位为摄氏度(℃),取 1 位小数,原值扩大 10 倍存储
6	地温观测分采集器 AD 模块工作状态	“0”表示正常工作;“2”表示有故障,不能工作;“9”表示没有检查,不能判断当前工作状态;“N”表示无 AD 模块
7	地温观测分采集器计数器模块状态	“0”表示正常工作;“2”表示有故障,不能工作;“9”表示没有检查,不能判断当前工作状态;“N”表示无 I/O 通道
8	保留 1	填入一个“-”
9	保留 2	填入一个“-”
10	保留 3	填入一个“-”
11	保留 4	填入一个“-”
12	保留 5	填入一个“-”

注:当智能传感器运行状态为“N”时,其余项的相应位置均填入一个“-”。

A.3.32 读取土壤水分观测分采集器工作状态(STATSOIL)

命令符:STATSOIL

示例:读取土壤水分观测分采集器当前工作状态,则键入命令为:

STATSOIL ↙

返回值:STATSOIL 0 12.6 1 22.5 0 0 ↙

返回值的数据格式见表 A.11。

表 A.11 土壤水分观测分采集器工作状态顺序及内容

序号	状态内容	表示方式
1	标识	STATSOIL
2	土壤水分观测分采集器运行状态	“0”表示正常工作;“2”表示有故障,不能工作;“9”表示没有检查,不能判断当前工作状态;“N”表示没有该采集器
3	土壤水分观测分采集器供电电压	单位为伏(V),取1位小数,原值扩大10倍存储
4	土壤水分观测分采集器供电类型	“0”表示交流供电,“1”表示直流供电
5	土壤水分观测分采集器主板温度	单位为摄氏度(℃),取1位小数,原值扩大10倍存储
6	土壤水分观测分采集器 AD 模块工作状态	“0”表示正常工作;“2”表示有故障,不能工作;“9”表示没有检查,不能判断当前工作状态;“N”表示无 AD 模块
7	土壤水分观测分采集器计数器模块状态	“0”表示正常工作;“2”表示有故障,不能工作;“9”表示没有检查,不能判断当前工作状态;“N”表示无 I/O 通道
8	保留	填入一个“-”
9	保留	填入一个“-”
10	保留	填入一个“-”
11	保留	填入一个“-”
12	保留	填入一个“-”
注:当智能传感器运行状态为“N”时,其余项的相应位置均填入一个“-”。		

A.3.33 读取海洋观测分采集器工作状态(STATSEAA)

命令符:STATSEAA

示例:读取海洋观测分采集器当前工作状态,则键入命令为:

STATSEAA ↙

返回值:STATSEAA 0 126 1 225 0 0 ↙

返回值的数据格式见表 A.12。

表 A.12 海洋观测分采集器工作状态顺序及内容

序号	状态内容	表示方式
1	标识	STATSEAA
2	海洋观测分采集器运行状态	“0”表示正常工作;“2”表示有故障,不能工作;“9”表示没有检查,不能判断当前工作状态;“N”表示没有该采集器
3	海洋观测分采集器供电电压	单位为伏(V),取1位小数,原值扩大10倍存储
4	海洋观测分采集器供电类型	“0”表示交流供电,“1”表示直流供电
5	海洋观测分采集器主板温度	单位为摄氏度(℃),取1位小数,原值扩大10倍存储

续表

序号	状态内容	表示方式
6	海洋观测分采集器 AD 模块工作状态	“0”表示正常工作;“2”表示有故障,不能工作;“9”表示没有检查,不能判断当前工作状态;“N”表示无 AD 模块
7	海洋观测分采集器计数器模块状态	“0”表示正常工作;“2”表示有故障,不能工作;“9”表示没有检查,不能判断当前工作状态;“N”表示无 I/O 通道
8	保留 1	填入一个“-”
9	保留 2	填入一个“-”
10	保留 3	填入一个“-”
11	保留 4	填入一个“-”
12	保留 5	填入一个“-”
注:当智能传感器运行状态为“N”时,其余项的相应位置均填入一个“-”。		

A.3.34 读取智能传感器(保留)工作状态(STATINTL)

命令符:STATINTL

参数:保留的智能传感器序列号,取值为 1,2,3,4,5。

示例:读取第一个智能传感器当前工作状态,则键入命令为:

STATINTL 1↙

返回值:STATINTL_1 0 12.6 1 22.5 0 0↙

返回值的数据格式见表 A.13。

表 A.13 智能传感器工作状态顺序及内容

序号	状态内容	表示方式
1	标识	STATINTL _*X*,*X* 取值为 1,2,3,4,5,分别表示第 1 至 5 智能传感器
2	智能传感器运行状态	“0”表示正常工作;“2”表示有故障,不能工作;“9”表示没有检查,不能判断当前工作状态;“N”表示没有该智能传感器
3	智能传感器供电电压	单位为伏(V),取 1 位小数,原值扩大 10 倍存储
4	智能传感器供电类型	“0”表示交流供电,“1”表示直流供电
5	智能传感器主板温度	单位为摄氏度(℃),取 1 位小数,原值扩大 10 倍存储
6	智能传感器 AD 模块工作状态	“0”表示正常工作;“2”表示有故障,不能工作;“9”表示没有检查,不能判断当前工作状态;“N”表示无 AD 模块
7	智能传感器计数器模块状态	“0”表示正常工作;“2”表示有故障,不能工作;“9”表示没有检查,不能判断当前工作状态;“N”表示无 I/O 通道
8	保留 1	填入一个“-”

续表

序号	状态内容	表示方式
9	保留 2	填入一个“-”
10	保留 3	填入一个“-”
11	保留 4	填入一个“-”
12	保留 5	填入一个“-”
注：当智能传感器运行状态为“N”时，其余项的相应位置均填入一个“-”。		

A.3.35 读取传感器工作状态(STATSENSOR)

命令符：STATSENSOR XXX

其中，XXX 为传感器标识符，见表 A.4。

示例：读取当前气温传感器工作状态，则键入命令为：

STATSENSOR T0↙

返回值：0↙

若不带参数，则返回当前所有传感器工作状态。

传感器工作状态标识见表 A.14。

表 A.14 传感器工作状态标识

标识代码值	描述
0	“正常”：正常工作
2	“故障或未检测到”：无法工作
3	“偏高”：采样值偏高
4	“偏低”：采样值偏低
5	“超上限”：采样值超测量范围上限
6	“超下限”：采样值超测量范围下限
9	“没有检查”：无法判断当前工作状态
N	“传感器关闭或者没有配置”

A.3.36 读取自动气象站所有状态信息(STAT)

命令符：STAT

返回自动气象站所有状态信息，信息以定长方式传输，由命令标识、半角空格符、日期(yyyy-mm-dd)、半角空格符、时间(hh：mm)、半角空格符、状态数据组成，状态数据格式及排列顺序见表 A.15。

示例：读取当前自动站工作状态，则键入命令为：

STAT↙

返回值：STAT 2010-04-27 16：45 1020310234…..↙

表 A.15 STAT 命令状态数据

序号	参数	字长 Byte	序号	参数	字长 Byte
1	主采集器运行状态	1	28	地温观测分采集器供电类型	1
2	主采集器电源电压	4	29	地温观测分采集器主板温度	4
3	主采集器供电类型	1	30	地温观测分采集器 AD 模块状态	1
4	主采集器主板温度	4	31	地温观测分采集器计数器模块状态	1
5	主采集器 AD 模块工作状态	1	32	土壤水分观测分采集器运行状态	1
6	主采集器计数器模块状态	1	33	土壤水分观测分采集器供电电压	4
7	主采集器 CF 卡状态	1	34	土壤水分观测分采集器供电类型	1
8	主采集器 CF 卡剩余空间	4	35	土壤水分观测分采集器主板温度	4
9	主采集器 GPS 模块工作状态	1	36	土壤水分观测分采集器 AD 模块状态	1
10	主采集器门开关状态	1	37	土壤水分观测分采集器计数器模块状态	1
11	主采集器 LAN 状态	1	38	海洋观测分采集器运行状态	1
12	主采集器 RS232/RS485 终端通信状态	1	39	海洋观测分采集器供电电压	4
13	CAN 总线状态	1	40	海洋观测分采集器供电类型	1
14	气候观测分采集器运行状态	1	41	海洋观测分采集器主板温度	4
15	气候观测分采集器供电电压	4	42	海洋观测分采集器 AD 模块状态	1
16	气候观测分采集器供电类型	1	43	海洋观测分采集器计数器模块状态	1
17	气候观测分采集器主板温度	4	44	温湿度智能传感器工作状态(按表 A.8 中 2～7 的内容顺序存储,下同)	12
18	气候观测分采集器 AD 模块状态	1	45	保留(智能传感器 1 工作状态)	12
19	气候观测分采集器计数器模块状态	1	46	保留(智能传感器 2 工作状态)	12
20	辐射观测分采集器运行状态	1	47	保留(智能传感器 3 工作状态)	12
21	辐射观测分采集器供电电压	4	48	保留(智能传感器 4 工作状态)	12
22	辐射观测分采集器供电类型	1	49	保留(智能传感器 5 工作状态)	12
23	辐射观测分采集器主板温度	4	50	所有传感器工作状态(按表 3 所列传感器顺序排列)	73
24	辐射观测分采集器 AD 模块状态	1	51	蒸发水位高度	4
25	辐射观测分采集器数字通道状态	1	52	称重降水量水位	4
26	地温观测分采集器运行状态	1	53	保留	10
27	地温观测分采集器供电电压	4	54	回车换行	2

注:供电电压、温度、蒸发水位、称重降水承水桶水量,均取 1 位小数,原值扩大 10 倍存储,位数不足时高位补"0",例如:主板温度 12.5℃时,存入 0125,主板温度－2.5℃时,存入－025;

当分采集器或智能传感器不存在时,相应的供电电压、供电状态、主板温度、A/D 状态、计数器状态位置应填入相应位数的"-"字符;

当 CF 卡不存在时,剩余容量位置应填入相应位数的"-"字符;

蒸发传感器不存在时,水位位置应填入相应位数的"-"字符;

称重降水传感器不存在时,水量位置应填入相应位数的"-"字符。

A.3.37 帮助命令(HELP)

命令符:HELP

返回值:返回终端命令清单,各命令之间用半角逗号分隔。

A.4 数据质量控制参数操作命令

A.4.1 设置或读取各传感器测量范围值(QCPS)

命令符:QCPS XXX

其中,XXX 为传感器标识符,由 1～3 位字符组成,对应关系见表 A.4。

参数:传感器测量范围下限

传感器测量范围上限 采集瞬时值允许最大变化值。各参数值按所测要素的记录单位存储。某参数无时,用"/"表示。

示例:若气温传感器测量范围下限为－90℃,上限为 90℃,采集瞬时值允许最大变化值为 2℃,则键入命令为:

QCPS T1 －90.0 90.0 2.0↙

返回值:＜F＞表示设置失败,＜T＞表示设置成功。

若读取采集器中湿敏电容传感器的设置值,湿度传感器测量范围下限为 0,上限为 100,采集瞬时值允许最大变化值为 5,直接键入命令:

QCPS RH↙

正确返回值为＜0 100 5＞。

A.4.2 设置或读取各要素质量控制参数(QCPM)

命令符:QCPM XXX

其中,XXX 为要素所对应的传感器标识符,由 1～3 位字符组成,对应关系见表 A.4。瞬时风速用 WS 表示,2 min 风速用 WS2 表示,10 min 风速用 WS3 表示。

参数:要素极值下限

要素极值上限 存疑的变化速率 错误的变化速率 最小应该变化的速率。各参数按所测要素的记录单位存储。某参数无时,用"/"或 "-"表示。

示例:若气温极值的下限为－75℃,上限为 80℃,存疑的变化速率为 3℃,错误的变化速率 5℃,最小应该变化的速率 0.1℃,则键入命令为:

QCPM T1 －75.0 80.0 3.0 5.0 0.1↙

返回值:＜F＞表示设置失败,＜T＞表示设置成功。

若读取瞬时风速的质量控制参数,瞬时风速的下限为 0,上限为 150.0,存疑的变化速率为 10.0,错误的变化速率为 20.0,最小应该变化的速率为"-",直接键入命令:

QCPM WS↙

正确返回值为＜0 150.0 10.0 20.0 -＞。

A.5 观测数据操作命令

A.5.1 返回数据一般格式

返回数据格式为数据帧，采用 ASCII 码，每个数据帧包括四个部分：

(1)数据帧标识字符串；

(2)站点区站号或代码；

(3)观测数据列表；

(4)结束标识符。

其中，数据帧标识字符串用 1～6 个字母表示，用来标识该数据帧的类型。

结束标识符用回车/换行表示。

在一条指令中，当下载多个时间数据时，按照时间先后顺序返回各时间的完整数据帧，若只有 1 个或几个时间有数据，则按实有时间的数据返回。

若无返回值时，返回“F”表示数据读取失败。

观测数据列表包括观测时间组、各观测数据组索引标识、观测数据组索引指示数据的质量控制标志组和所对应各观测数据组。

数据帧标识字符串、站点区站号或代码、观测时间、各观测数据组索引标识、质量控制标志组、观测数据组以及观测数据组之间使用半角空格作为分隔符。

观测数据组索引由 0 和 1 指示，当某个传感器没有开启或停用，则相应的观测数据组索引置为 0，否则置为 1。某个数据组的索引值为 0 时，则所对应的观测数据组省略，否则索引值为 1 时，则有所对应的观测数据组。

返回数据排列顺序如表 A.16 所示。

表 A.16 终端命令返回数据排列顺序

序号	1	2	3	4	5	6	7	……	$n+5$
内容	标识字符串	区站号或 ID	观测时间	观测数据组索引	质量控制标志组(n 位)	观测数据 1	观测数据 2	……	观测数据 n

A.5.2 下载分钟常规观测数据(DMGD)

命令符：DMGD

参数按如下三种方式给出：

不带参数，下载数据采集器所记录的最新分钟观测记录数据(最后一次下载结束以后的分钟观测记录数据)；

参数为：开始时间，结束时间，下载指定时间范围内的分钟观测记录数据；

参数为：开始时间 n，下载指定时间开始的 n 条分钟观测记录数据。

开始时间、结束时间格式：YYYY-MM-DD HH:MM

观测数据及排列顺序如表 A.17 所示。

表 A.17 分钟常规观测数据返回内容及排列顺序

序号	内容	格式举例	序号	内容	格式举例
1	时间(北京时)	2006-02-28 16:43	25	10 cm 地温	同气温
2	观测数据索引	共45位	26	15 cm 地温	同气温
3	质量控制标志组	位长为观测数据索引中为1的个数,与各观测数据组相对应	27	20 cm 地温	同气温
4	2 min 平均风向	36°输出36 123°输出123	28	40 cm 地温	同气温
5	2 min 平均风速	2.7 m/s 输出27	29	80 cm 地温	同气温
6	10 min 平均风向	同2 min 风向	30	160 cm 地温	同气温
7	10 min 平均风速	同2 min 风速	31	320 cm 地温	同气温
8	分钟内最大瞬时风速的风向	同2 min 风向	32	当前分钟蒸发水位	0.1 mm 输出1 1.0 mm 输出10
9	分钟内最大瞬时风速	同2 min 风速	33	小时累计蒸发量	同上
10	分钟降水量(翻斗式或容栅式,RAT)	0.1 mm 输出1 1.0 mm 输出10	34	能见度	100 m 输出100
11	小时累计降水量(翻斗式或容栅式,RAT)	同上	35	云高	100 m 输出100
12	分钟降水量(翻斗式或容栅式气候辅助观测,RAT1)	同上	36	总云量	2成输出2
13	小时累计降水量(翻斗式或容栅式气候辅助观测,RAT1)	同上	37	低云量	同总云量
14	分钟降水量(称重式)	同上	38	现在天气现象编码	每种现象2位
15	小时累计降水量(称重式)	同上	39	积雪深度	1 cm 输出1
16	气温	−0.8℃输出−8 1.2℃输出12	40	冻雨	有输出1,无输出0
17	湿球温度	同气温	41	电线积冰厚度	5 mm 输出5
18	相对湿度	23%输出23 100%输出100	42	冻土深度	2 cm 输出2
19	水汽压	12.3 hPa 输出123	43	闪电频次	10次输出10
20	露点温度	同气温	44	扩展项数据1	用户自定
21	本站气压	1001.3 hPa 输出10013	45	扩展项数据2	用户自定
22	草面温度	同气温	46	扩展项数据3	用户自定
23	地表温度	同气温	47	扩展项数据4	用户自定
24	5 cm 地温	同气温	48	扩展项数据5	用户自定

注:若某记录缺测,相应各要素均至少用一个"/"字符表示;

降水量是当前时刻的分钟降水量,无降水时存入"0",微量降水存入",";

当使用湿敏电容测定湿度时,将求出的相对湿度值存入相对湿度数据位置,在湿球温度位置以"*"作为识别标志;

现在天气现象编码按 WMO 有关自动气象站 SYNOP 天气代码表示,有多种现象时重复编码,最多6种。

数据记录单位:以气象行业标准《地面气象观测规范》规定为准,返回各要素值不含小数点,具体规定如表 A.18 所示。

表 A.18 常规观测数据记录单位及存储规定

要素名	记录单位	存储规定	要素名	记录单位	存储规定
气压	0.1 hPa	原值扩大 10 倍	蒸发量	0.1 mm	原值扩大 10 倍
温度	0.1℃	原值扩大 10 倍	能见度	1 m	原值
通风速度	0.1 m/s	原值扩大 10 倍	云高	1 m	原值
相对湿度	1 %	原值	云量	成	原值
水汽压	0.1 hPa	原值扩大 10 倍	积雪深度	1 cm	原值
露点温度	0.1℃	原值扩大 10 倍	电线积冰厚度	1 mm	原值
降水量	0.1 mm	原值扩大 10 倍	冻土深度	1 cm	原值
降水量(大翻斗)	0.1 mm	原值扩大 10 倍	闪电频次	1 次	原值
风向	1°	原值	时间	月、日、时、分	各取 2 位,高位不足补 0
风速	0.1 m/s	原值扩大 10 倍			

A.5.3 下载分钟气候观测数据(DMCD)

命令符:DMCD

参数规定同 A.5.2,观测数据及排列顺序见表 A.19。

表 A.19 分钟气候观测数据返回内容及排列顺序

序号	内容	格式举例	序号	内容	格式举例
1	时间(北京时)	2006-02-28 16:43	8	降水量(称重式)	同上
2	观测数据索引	共 11 位	9	小时累计降水量(称重式)	同上
3	质量控制标志组	位长为观测数据索引中为 1 的个数,与各观测数据组相对应	10	2 min 平均风速	2.7 m/s 输出 27
4	气温	−0.8℃输出−8 1.2℃输出 12	11	10 min 平均风速	同 2 min 风速
5	通风防辐射罩通风速度	4.8 m/s 输出 48	12	分钟极大风速	同 2 min 风速
6	降水量(翻斗式或容栅式气候辅助观测,RAT1)	0.5 mm 输出 5 1.0 mm 输出 10	13	地表温度(铂电阻)	同气温
7	小时累计降水量(翻斗式或容栅式气候辅助观测,RAT1)	同上	14	地表温度(红外)	同气温

注:若某记录缺测,相应各要素均至少用一个"/"字符表示;

降水量是当前时刻的分钟降水量,无降水时存入"0",微量降水存入","。

数据记录单位:以气象行业标准《地面气象观测规范》规定为准,返回各要素值不含小数点,具体规定见表 A.18。

A.5.4 下载分钟辐射观测数据(DMRD)

命令符:DMRD

参数规定同A.5.2,观测数据及排列顺序见表A.20。

表A.20 分钟辐射观测数据返回内容及排列顺序

序号	内容	序号	内容
1	时间(地方时)	16	大气浑浊度
2	观测数据索引共26位	17	计算大气浑浊度时的直接辐射辐照度
3	质量控制标志组,位长为观测数据索引中为1的个数,与各观测数据组相对应	18	紫外辐射(UV)辐照度
4	总辐射辐照度	19	紫外辐射(UV)曝辐量
5	总辐射曝辐量	20	紫外辐射(UVA)辐照度
6	净全辐射辐照度	21	紫外辐射(UVA)曝辐量
7	净全辐射曝辐量	22	紫外辐射(UVB)辐照度
8	直接辐射辐照度	23	紫外辐射(UVB)曝辐量
9	直接辐射曝辐量	24	大气长波辐射辐照度
10	水平面直接辐射曝辐量	25	大气长波辐射曝辐量
11	散射辐射辐照度	26	地面长波辐射辐照度
12	散辐射曝辐量	27	地面长波辐射曝辐量
13	反射辐射辐照度	28	光合有效辐射辐照度
14	反辐射曝辐量	29	光合有效辐射曝辐量
15	日照时数		

注:时间格式为YYYY-MM-DD HH:MM,如2006年2月18日16时31分输出:2006-02-28 16:31;
若某记录缺测,相应各要素均至少用一个"/"字符表示;
曝辐量是从上次正点后到本分钟采样这一时段时间内的累计值;
日照时数为当前分钟值,取分钟。

数据记录单位:以气象行业标准《地面气象观测规范》规定为准,返回各要素值不含小数点,具体规定见表A.21。

表A.21 辐射观测数据记录单位及存储规定

要素名	记录单位	存储规定	要素名	记录单位	存储规定
辐照度	1 W/m^2 光合有效辐射:1 $\mu mol/(m^2 \cdot s)$	原值	大气浑浊度		原值
曝辐量	0.01MJ/m^2 光合有效辐射:0.01 mol/m^2	扩大100倍	日照	1 min	原值

A.5.5 下载分钟土壤水分观测数据(DMSD)

命令符:DMSD

参数规定同 A.5.2,观测数据及排列顺序如表 A.22 所示。

表 A.22 分钟土壤水分观测数据返回内容及排列顺序

序号	内容	说明
1	时间(北京时)	格式:YYYY-MM-DD HH:MM
2	观测数据索引	共 9 位
3	质量控制标志组	位长为观测数据索引中为 1 的个数,与各观测数据组相对应
4	5 cm 土壤体积含水量	单位为"%",取 1 位小数,扩大 10 倍存储,不含小数点;若记录缺测,至少用一个"/"字符表示
5	10 cm 土壤体积含水量	
6	20 cm 土壤体积含水量	
7	30 cm 土壤体积含水量	
8	40 cm 土壤体积含水量	
9	50 cm 土壤体积含水量	
10	100 cm 土壤体积含水量	
11	180 cm 土壤体积含水量	
12	地下水位	单位为"cm",取整数,若记录缺测,至少用一个"/"字符表示

A.5.6 下载分钟海洋观测数据(DMOD)

命令符:DMOD

参数规定同 A.5.2,观测数据及排列顺序如表 A.23 所示。

表 A.23 分钟海洋观测数据返回内容及排列顺序

序号	内容	格式举例	序号	内容	格式举例
1	时分(北京时)	2006-02-28 16:43	12	最大波高	
2	观测数据索引	共 19 位	13	波向	
3	质量控制标志组	位长为观测数据索引中为 1 的个数,与各观测数据组相对应	14	表层海洋面流速	
4	浮标方位		15	潮高	
5	表层海水温度		16	海水浊度	
6	表层海水盐度		17	海水叶绿素浓度	
7	小时内表层海水平均盐度		18	扩展项数据 1	用户自定
8	表层海水电导率		19	扩展项数据 2	用户自定
9	小时内表层海水平均电导率		20	扩展项数据 3	用户自定
10	平均波高		21	扩展项数据 4	用户自定
11	平均波周期		22	扩展项数据 5	用户自定

注:若某记录缺测,相应各要素均至少用一个"/"字符表示。

数据记录单位：返回各要素值不含小数点，具体规定见表 A.24。

表 A.24 海洋观测数据记录单位及存储规定

要素名	记录单位	存储规定
浮标方位	1°	原值
海水温度	0.1℃	取 1 位小数，原值扩大 10 倍存入
表层海水盐度	0.1S	S(实用盐度单位)，取 1 位小数，原值扩大 10 倍存入
表层海水电导率	0.01 mS/cm	取 2 位小数，原值扩大 100 倍存入
波高	0.01 m	取 2 位小数，原值扩大 100 倍存入
波周期	1 mHz	取整数
波向	1°	0～360°，取整数，当海上无浪或浪向不明时，波向记 C
流速	0.1 m/s	原值扩大 10 倍
潮高	1 cm	取整数
浊度	1NTU(散射浊度单位)	取整数
叶绿素浓度	1 μg/L	取整数
时间	月、日、时、分	各取 2 位，高位不足补 0

1978 年国际上建立的实用盐度定义：海水样品在温度 15℃、1 个标准大气压下的电导率与质量比为 $32.4356g\times10^{-3}$ 的氯化钾溶液(即 32.4356 g KCl/L)在相同温度和压力下的电导率比值。当比值正好等于 1 时，实用盐度恰好等于 35‰。实用盐度单位用 S 表示。

一般黄渤海近岸海水盐度为 26‰～32‰。海水的电导率一般在 30000～40000 μS/cm。

我国的自来水出厂标准是浊度小于 2NTU，对于废水我国的标准是固体悬浮物浓度不超过 20ppm。在自然界中一般江河水的浊度为几百个 NTU，而能见度为 6 m 的加勒比海水的浊度小于 0.1NTU。

A.5.7 下载小时常规观测数据(DHGD)

命令符：DHGD

参数按如下三种方式给出：

不带参数，下载数据采集器所记录的最新小时观测记录数据(最后一次下载结束以后的小时观测记录数据)；

参数为：开始时间，结束时间，下载指定时间范围内的小时观测记录数据；

参数为：开始时间，n，下载指定时间开始的 n 条小时观测记录数据。

开始时间、结束时间格式：YYYY-MM-DD HH

观测数据及排列顺序见表 A.25。

表 A.25　小时常规观测数据返回内容及排列顺序

序号	内容	格式举例	序号	内容	格式举例
1	时间(北京时)	2006 年 2 月 18 日 16 时输出:2006-02-28 16	26	最小相对湿度	同相对湿度
2	观测数据索引	共 68 位	27	最小相对湿度出现时间	同最大风速出现时间
3	质量控制标志组	位长为观测数据索引中为 1 的个数,与各观测数据组相对应	28	水汽压	12.3 hPa 输出 123
4	2 min 平均风向	36°输出 36,123°输出 123	29	露点温度	同气温
5	2 min 平均风速	2.7 m/s 输出 27	30	本站气压	1001.3 hPa 输出 10013
6	10 min 平均风向	同 2 min 风向	31	最高本站气压	1001.3 hPa 输出 10013
7	10 min 平均风速	同 2 min 风速	32	最高本站气压出现时间	同最大风速出现时间
8	最大风速的风向	同 2 min 风向	33	最低本站气压	同本站气压
9	最大风速	同 2 min 风速	34	最低本站气压出现时间	同最大风速出现时间
10	最大风速出现时间	16 时 02 分输出 1602	35	草面温度	同气温
11	分钟内最大瞬时风速的风向	同 2 min 风向	36	草面最高温度	同气温
12	分钟内最大瞬时风速	同 2 min 风速	37	草面最高温度出现时间	同最大风速出现时间
13	极大风向	同 2 min 风向	38	草面最低温度	同气温
14	极大风速	同 2 min 风速	39	草面最低温度出现时间	同最大风速出现时间
15	极大风速出现时间	同最大风速出现时间	40	地表温度	同气温
16	小时降水量(翻斗式或容栅式,RAT)	0.1 mm 输出 1,1.0 mm 输出 10	41	地表最高温度	同气温
17	小时降水量(翻斗式或容栅式气候辅助观测,RAT1)	同上	42	地表最高温度出现时间	同最大风速出现时间
18	小时降水量(称重式)	同上	43	地表最低温度	同气温
19	气温	−0.8℃输出−8,1.2℃输出 12	44	地表最低温度出现时间	同最大风速出现时间
20	最高气温	同气温	45	5 cm 地温	同气温
21	最高气温出现时间	同最大风速出现时间	46	10 cm 地温	同气温
22	最低气温	同气温	47	15 cm 地温	同气温
23	最低气温出现时间	同最大风速出现时间	18	20 cm 地温	同气温
24	湿球温度	同气温	19	40 cm 地温	同气温
25	相对湿度	23%输出 23,100%输出 100	50	80 cm 地温	同气温

续表

序号	内容	格式举例	序号	内容	格式举例
51	160 cm 地温	同气温	62	积雪深度	1 cm 输出 1
52	320 cm 地温	同气温	63	冻雨	有输出 1,无输出 0
53	正点分钟蒸发水位	0.1 mm 输出 1 1.0 mm 输出 10	64	电线积冰厚度	5 mm 输出 5
54	小时累计蒸发量	同上	65	冻土深度	2 cm 输出 2
55	能见度	100 m 输出 100	66	闪电频次	10 次输出 10
56	最小能见度	同能见度	67	扩展项数据 1	用户自定
57	最小能见度出现时间	同最大风速出现时间	68	扩展项数据 2	用户自定
58	云高	100 m 输出 100	69	扩展项数据 3	用户自定
59	总云量	2 成输出 2	70	扩展项数据 4	用户自定
60	低云量	同总云量	71	扩展项数据 5	用户自定
61	现在天气现象编码	每种现象 2 位	72		

注:若某记录缺测,相应各要素均至少用一个"/"字符表示;

当使用湿敏电容测定湿度时,除在湿敏电容数据位写入相应的数据值外,同时应将求出的相对湿度值存入相对湿度数据位置,在湿球温度位置一律以"*"作为识别标志;

正点值的含义是指北京时正点采集的数据;

"日、时"作为记录识别标志用,日、时各两位,高位不足补"0",其中"日"是按北京时的日期;"时"是指正点小时;

日照采用地方平均太阳时,存储内容统一定为地方平均太阳时上次正点观测到本次正点观测这一时段内的日照总量;

各种极值存上次正点观测到本次正点观测这一时段内的极值;

小时降水量是从上次正点到本次正点这一时段内的降水量累计值,无降水时存入"0",微量降水存入",";

现在天气现象编码按 WMO 有关自动气象站 SYNOP 天气代码表示。

数据记录单位同分钟常规观测数据。

A.5.8 下载小时气候观测数据(DHCD)

命令符:DHCD

参数规定同 A.5.7,观测数据及排列顺序见表 A.26。

表 A.26 小时气候观测数据返回内容及排列顺序

序号	内容	格式举例	序号	内容	格式举例
1	时间(北京时)	2006-02-28 17	4	气温	−0.8℃输出−8, 1.2℃输出 12
2	观测数据索引	共 25 位	5	最高气温	同气温
3	质量控制标志组	位长为观测数据索引中为 1 的个数,与各观测数据组相对应	6	最高气温出现时间	同最大风速出现时间

续表

序号	内容	格式举例	序号	内容	格式举例
7	最低气温	同气温	18	极大风速出现时间	同最大风速出现时间
8	最低气温出现时间	同最大风速出现时间	19	地表温度(铂电阻)	同气温
9	通风防辐射罩通风速度	4.8 m/s 输出 48	20	地表最高温度(铂电阻)	同气温
10	降水量(大翻斗)	0.5 mm 输出 5, 1.0 mm 输出 10	21	地表最高温度出现时间(铂电阻)	同最大风速出现时间
11	降水量(称重式)	同上	22	地表最低温度(铂电阻)	同气温
12	2 min 平均风速	2.7 m/s 输出 27	23	地表最低温度出现时间(铂电阻)	同最大风速出现时间
13	10 min 平均风速	同 2 min 风速	24	地表温度(红外)	同气温
14	最大风速	同 2 min 风速	25	地表最高温度(红外)	同气温
15	最大风速出现时间	16 时 02 分输出 1602	26	地表最高温度出现时间(红外)	同最大风速出现时间
16	分钟内极大风速	同 2 min 风速	27	地表最低温度(红外)	同气温
17	极大风速	同 2 min 风速	28	地表最低温度出现时间(红外)	同最大风速出现时间

注:若某记录缺测,相应各要素均至少用一个"/"字符表示;

正点值的含义是指北京时正点采集的数据;

"日、时"作为记录识别标志用,日、时各两位,高位不足补"0",其中"日"是按北京时的日期;"时"是指正点小时;

各种极值存上次正点观测到本次正点观测这一时段内的极值;

小时降水量是从上次正点到本次正点这一时段内的降水量累计值,无降水时存入"0",微量降水存入","。

数据记录单位同常规观测数据。

A.5.9 下载小时辐射观测数据(DHRD)

命令符:DHRD

参数规定同 A.5.7,观测数据及排列顺序见表 A.27。

表 A.27 小时辐射观测数据返回内容及排列顺序

序号	内容	序号	内容
1	时间(地方时)	4	正点时总辐射辐照度
2	观测数据索引共 50 位	5	小时内总辐射曝辐量
3	质量控制标志组,位长为观测数据索引中为 1 的个数,与各观测数据组相对应	6	小时内总辐射最大辐照度

续表

序号	内容	序号	内容
7	小时内总辐射最大辐照度出现时间	31	小时内紫外辐射曝辐量
8	正点时净全辐射辐照度	32	小时内紫外辐射最大辐照度
9	小时内净全辐射曝辐量	33	小时内紫外辐射极大值出现时间
10	小时内净全辐射最大辐照度	34	正点时紫外辐射(UVA)辐照度
11	小时内净全辐射最大辐照度出现时间	35	小时内紫外辐射(UVA)曝辐量
12	小时内净全辐射最小辐照度	36	小时内紫外辐射(UVA)最大辐照度
13	小时内净全辐射最小辐照度出现时间	37	小时内紫外辐射(UVA)极大值出现时间
14	正点时直接辐射辐照度	38	正点时紫外辐射(UVB)辐照度
15	小时内直接辐射曝辐量	39	小时内紫外辐射(UVB)曝辐量
16	小时内直接辐射最大辐照度	40	小时内紫外辐射(UVB)最大辐照度
17	小时内直接辐射最大辐照度出现时间	41	小时内紫外辐射(UVB)极大值出现时间
18	小时内水平面直接辐射曝辐量	42	正点时大气长波辐射辐照度
19	正点时散射辐射辐照度	43	小时内大气长波辐射曝辐量
20	小时内散射辐射曝辐量	44	小时内大气长波辐射最大辐照度
21	小时内散射辐射最大辐照度	45	小时内大气长波辐射最大辐照度出现时间
22	小时内散射辐射最大辐照度出现时间	46	正点时地面长波辐射辐照度
23	正点时反射辐射辐照度	47	小时内地面长波辐射曝辐量
24	小时内反射辐射曝辐量	48	小时内地面长波辐射最大辐照度
25	小时内反射辐射最大辐照度	49	小时内地面长波辐射最大辐照度出现时间
26	小时内反射辐射极大值出现时间	50	正点时光合有效辐射辐照度
27	小时内日照时数	51	小时内光合有效辐射曝辐量
28	大气浑浊度	52	小时内光合有效辐射最大辐照度
29	计算大气浑浊度时的直接辐射辐照度	53	小时内光合有效辐射最大辐照度出现时间
30	正点时紫外辐射辐照度		

注:时间格式为 YYYY-MM-DD HH,如 2006 年 2 月 18 日 16 时输出:2006-02-28 16;
若某记录缺测,相应各要素均至少用一个"/"字符表示;
各要素曝辐量是从上次正点观测后到本次正点观测这一时段内的累计值;
最大辐照度应是从上次正点观测后到本次正点观测这一时段内的极值;
极值出现时间格式为 HHMM,HH 为时,MM 为分,高位不足时,高位补"0";
日照时数为小时累计值,按分钟存储。

数据记录单位同分钟辐射观测数据。

A.5.10 下载小时土壤水分观测数据(DHSD)

命令符:DHSD

参数规定同 A.5.7，观测数据及排列顺序见表 A.28。

表 A.28　小时土壤水分观测数据返回内容及排列顺序

序号	内容	序号	内容
1	日时(北京时)	27	30 cm 小时平均土壤水分贮存量
2	观测数据索引共 49 位	28	40 cm 正点瞬时土壤体积含水量
3	质量控制标志组，位长为观测数据索引中为 1 的个数，与各观测数据组相对应	29	40 cm 小时平均土壤体积含水量
4	5 cm 正点瞬时土壤体积含水量	30	40 cm 正点瞬时土壤相对湿度
5	5 cm 小时平均土壤体积含水量	31	40 cm 小时平均土壤相对湿度
6	5 cm 正点瞬时土壤相对湿度	32	40 cm 小时平均土壤重量含水率
7	5 cm 小时平均土壤相对湿度	33	40 cm 小时平均土壤水分贮存量
8	5 cm 小时平均土壤重量含水率	34	50 cm 正点瞬时土壤体积含水量
9	5 cm 小时平均土壤水分贮存量	35	50 cm 小时平均土壤体积含水量
10	10 cm 正点瞬时土壤体积含水量	36	50 cm 正点瞬时土壤相对湿度
11	10 cm 小时平均土壤体积含水量	37	50 cm 小时平均土壤相对湿度
12	10 cm 正点瞬时土壤相对湿度	38	50 cm 小时平均土壤重量含水率
13	10 cm 小时平均土壤相对湿度	39	50 cm 小时平均土壤水分贮存量
14	10 cm 小时平均土壤重量含水率	40	100 cm 正点瞬时土壤体积含水量
15	10 cm 小时平均土壤水分贮存量	41	100 cm 小时平均土壤体积含水量
16	20 cm 正点瞬时土壤体积含水量	42	100 cm 正点瞬时土壤相对湿度
17	20 cm 小时平均土壤体积含水量	43	100 cm 小时平均土壤相对湿度
18	20 cm 正点瞬时土壤相对湿度	44	100 cm 小时平均土壤重量含水率
19	20 cm 小时平均土壤相对湿度	45	100 cm 小时平均土壤水分贮存量
20	20 cm 小时平均土壤重量含水率	46	180 cm 正点瞬时土壤体积含水量
21	20 cm 小时平均土壤水分贮存量	47	180 cm 小时平均土壤体积含水量
22	30 cm 正点瞬时土壤体积含水量	48	180 cm 正点瞬时土壤相对湿度
23	30 cm 小时平均土壤体积含水量	49	180 cm 小时平均土壤相对湿度
24	30 cm 正点瞬时土壤相对湿度	50	180 cm 小时平均土壤重量含水率
25	30 cm 小时平均土壤相对湿度	51	180 cm 小时平均土壤水分贮存量
26	30 cm 小时平均土壤重量含水率	52	地下水位

注：时间格式为 YYYY-MM-DD HH，如 2006 年 2 月 18 日 16 时输出：2006-02-28 16；
若某记录缺测，相应各要素均至少用一个“/”字符表示。

数据记录单位：以《农业气象观测规范》规定为准，返回各要素值不含小数点，具体规定见表 A.29。

表 A.29 土壤水分观测数据记录单位及存储规定

要素名	记录单位	存储规定	要素名	记录单位	存储规定
土壤体积含水量	0.1 %	原值扩大 10 倍存储	土壤重量含水率	0.1 %	原值扩大 10 倍存储
土壤相对湿度	1 %	原值	土壤水分贮存量	1 mm	原值

A.5.11 下载小时海洋观测数据(DHOD)

命令符:DHOD

参数规定同 A.5.7,观测数据及排列顺序见表 A.30。

表 A.30 小时海洋观测数据返回内容及排列顺序

序号	内容	格式举例	序号	内容	格式举例
1	时分(北京时)	2006-02-28 16	18	波向	
2	观测数据索引	共 30 位	19	潮高	
3	质量控制标志组	位长为观测数据索引中为 1 的个数,与各观测数据组相对应	20	最高潮高	
4	浮标方位		21	最高潮高出现时间	
5	表层海水温度		22	最低潮高	
6	表层海水最高温度		23	最低潮高出现时间	
7	表层海水最高温度出现时间		24	表层海洋面流速	
8	表层海水最低温度		25	海水浊度	
9	表层海水最低温度出现时间		26	海水平均浊度	
10	表层海水盐度		27	海水叶绿素浓度	
11	表层海水平均盐度		28	海水平均叶绿素浓度	
12	表层海水电导率		29	扩展项数据 1	用户自定
13	表层海水平均电导率		30	扩展项数据 2	用户自定
14	平均波高		31	扩展项数据 3	用户自定
15	平均波周期		32	扩展项数据 4	用户自定
16	最大波周期		33	扩展项数据 5	用户自定
17	最大波高				

注:若某记录缺测,相应各要素均至少用一个"/"字符表示;各要素极值应是从上次正点后到本次采样这一时段内的极值。

数据记录单位同分钟海洋观测数据。

A.5.12 读取采样数据(SAMPLE)

能够读取采样数据的要素至少包括气温、相对湿度(湿敏电容或露点仪)、风向、风速、地温、总辐射、直接辐射、净辐射、表层海水温度。

命令符:SAMPLE XX

其中,XX 为传感器标识符,对应关系见表 A.4。

参数:YYYY-MM-DD HH:MM

返回值:指定传感器、指定时间内的采样值。其中数据帧标识字符串定义为“SAMPLE_XX”,其中 XX 为对应的传感器标识符,每个数据之间使用半角空格作为分隔符,各传感器返回数据的组数为分钟内采样的频率。各要素的数据记录单位和格式与分钟观测数据相同。

A.6 报警操作命令

A.6.1 设置或读取大风报警阈值(GALE)

命令符:GALE

参数:大风报警阈值(单位为 1 m/s)

示例:若大风报警阈值为 17 m/s,则键入命令为:

GALE 17 ↙

返回值:<F>表示设置失败,<T>表示设置成功。

若数据采集器中的大风报警阈值为 20,直接键入命令:

GALE ↙

正确返回值为<20>。

A.6.2 设置或读取高温报警阈值(TMAX)

命令符:TMAX

参数:高温报警阈值(单位为 1℃)

示例:若高温报警阈值为 35℃,则键入命令为:

TMAX 35 ↙

返回值:<F>表示设置失败,<T>表示设置成功。

若数据采集器中的高温报警阈值为 40,直接键入命令:

TMAX ↙

正确返回值为<40>。

A.6.3 设置或读取低温报警阈值(TMIN)

命令符:TMIN

参数:低温报警阈值(单位为 1℃)

示例:若大风报警阈值为-10℃,则键入命令为:

TMIN －10↙

返回值：<F>表示设置失败,<T>表示设置成功。

若数据采集器中的大风报警阈值为0,直接键入命令：

TMIN↙

正确返回值为<0>。

A.6.4 设置或读取降水量报警阈值(RMAX)

命令符:RMAX

参数:累计降水量报警阈值(单位为1 mm)

示例:若累计降水量报警阈值为50 mm,则键入命令为：

RMAX 50↙

返回值：<F>表示设置失败,<T>表示设置成功。

若数据采集器中的累计降水量报警阈值为100,直接键入命令：

GALE↙

正确返回值为<100>。

A.6.5 设置或读取采集器温度报警阈值(DTLT)

命令符:DTLT

参数:采集器主板温度报警阈值(单位为1℃)

示例:若采集器主板温度报警阈值为35℃,则键入命令为：

DTLT 35↙

返回值：<F>表示设置失败,<T>表示设置成功。

若数据采集器中的采集器主板温度报警阈值为40,直接键入命令：

DTLT↙

正确返回值为<40>。

A.6.6 设置或读取采集器蓄电池电压报警阈值(DTLV)

命令符:DTLV

参数:采集器蓄电池电压报警阈值(单位为1V)

示例:若采集器蓄电池电压报警阈值为20V,则键入命令为：

DTLV 20↙

返回值：<F>表示设置失败,<T>表示设置成功。

若数据采集器蓄电池电压报警阈值为10,直接键入命令：

DTLV↙

正确返回值为<10>。

附录 B　气象要素观测性能指标

B.1　传感器测量性能

遵循《新型自动气象(气候)站功能规格书》中的规定，主采集器对常见的气象要素观测性能指标见表 B.1。

表 B.1　自动气象站测量性能要求

测量要素	范围	分辨力	最大允许误差
气压	450～1100 hPa	0.1 hPa	±0.3 hPa
气温	−50～50℃	0.1℃(天气观测)	±0.2℃(天气观测)
		0.01℃(气候观测)	±0.1℃(气候观测)
相对湿度	5%～100%	1%	±3%(≤80%)
			±5%(>80%)
露点温度	−60～50℃	0.1℃	±0.5℃
风向	0～360°	3°	±5°
风速	0～60 m/s	0.1 m/s	±(0.5+0.03V)m/s
降水量	翻斗 0.1 mm：雨强 0～4 mm/min	0.1 mm	±0.4 mm(≤10 mm)
			±4%(>10 mm)
	翻斗 0.5 mm：雨强 0～10 mm/min	0.5 mm	±5%(雨强≤4 mm/min)
			±8%(雨强>4 mm/min)
	称重：0～400 mm	0.1 mm	±0.4 mm(≤10 mm)
			±4%(>10 mm)
地表温度	−50～80℃	0.1℃	−50～50℃：±0.2℃
			50～80℃：±0.5℃
红外地表温度	−50～80℃	0.1℃	±0.5℃
浅层地温	−40～60℃	0.1℃	±0.3℃
深层地温	−30～40℃	0.1℃	±0.3℃
日照	0～24h	1 min	±0.1h
总辐射	0～1400 W/m²	5 W/m²	±5%(日累计)

续表

测量要素	范围	分辨力	最大允许误差
净全辐射	$-200\sim1400\ W/m^2$	$1\ MJ/(m^2\cdot d)$	$\pm0.4\ MJ/(m^2\cdot d)\leqslant8\ MJ/(m^2\cdot d)$
			$\pm5\%(>8\ MJ/(m^2\cdot d))$
直接辐射	$0\sim1400\ W/m^2$	$1\ W/m^2$	±1%(日累计)
散射辐射		$5\ W/m^2$	±5%(日累计)
反射辐射		$5\ W/m^2$	±5%(日累计)
UV	$0\sim200\ W/m^2$	$0.1\ W/m^2$	±5%(日累计)
UVA	$0\sim200\ W/m^2$	$0.1\ W/m^2$	±5%(日累计)
UVB	$0\sim200\ W/m^2$	$0.1\ W/m^2$	±5%(日累计)
光合有效辐射	$2\sim2000\ \mu mol/(m^2\cdot s)$	$1\ \mu mol/(m^2\cdot s)$	±10%(日累计)
大气长波辐射	$0\sim2000\ W/m^2$	$1\ W/m^2$	±5%(日累计)
地球长波辐射	$0\sim2000\ W/m^2$	$1\ W/m^2$	±5%(日累计)
蒸发量	0～100 mm	0.1 mm	±0.2 mm(≤10 mm)
			±2%(>10 mm)
土壤水分	0～100%土壤体积含水量	0.1%	±1%(≤40%)
			±2%(>40%)
地下水位	0～2000 cm	1 cm	±5 cm
能见度	10～30000 m	1 m	±10%(≤1500 m)
			±20%(>1500 m)
云量			
云高	60～7500 m	1 m	±5 m
积雪深度	0～2 m	1 mm	±10 mm

B.2 电源特性

电源电压:DC,9～15 V

电源电流 <100 mA@12 V

平均功耗:<1 W

B.3 环境适应性

工作温度:−40～+60℃

相对湿度:10%～100%

大气压力:450～1060 hPa

附录C　采集器数据质量控制规则

C.1　数据质量控制标识

数据质量控制过程中，需要对采样瞬时值和瞬时气象值是否经过数据质量控制以及质量控制得结果进行标识，这种标识用于定性描述数据置信度。标识的规定见表C.1。

表C.1　数据质量控制标识

标识代码值	描述
9	“没有检查”：该变量没有经过任何质量控制检查。
0	“正确”：数据没有超过给定界限。
1	“存疑”：不可信的。
2	“错误”：错误数据，已超过给定界限。
3	“不一致”：一个或多个参数不一致；不同要素的关系不满足规定的标准。
4	“校验过的”：原始数据标记为存疑、错误或不一致，后来利用其他检查程序确认为正确的。
8	“缺失”：缺失数据。
N	没有传感器，无数据。

注：对于瞬时气象值，若属采集器或通信原因引起数据缺测，在终端命令数据输出时直接给出缺失，相应质量控制标识为“8”；若有数据，质量控制判断为错误时，在终端命令数据输出时，其值仍给出，相应质量控制标识为“2”，但错误的数据不能参加后续相关计算或统计。

C.2　采样瞬时值的质量控制

一个“正确”的采样瞬时值，应在传感器的测量范围内，且相邻两个值最大变化值在允许范围内。其判断条件见表C.2。

表 C.2 “正确”的采样瞬时值的判断条件

序号	气象变量	传感器测量范围下限	传感器测量范围上限	允许最大变化值（适用于采样频率5～10次/min以上）
1	气压	依照传感器指标确定下限和上限		0.3 hPa
2	气温			2℃
3	地表和土壤温度			2℃
4	露点温度			2℃
5	相对湿度			5%
6	风向			—
7	风速			20 m/s
8	降水量			—
9	辐射(辐照度)			800 W/m^2
10	日照时数			—
11	能见度			—
12	蒸发量			0.3 mm

C.2.1 极限范围检查

验证每个采样瞬时值，应在传感器的正常测量范围内。未超出的，标识“正确”；超出的，标识“错误”。

标识“错误”的，不可用于计算瞬时气象值。

C.2.2 变化速率检查

验证相邻采样瞬时值之间的变化量，检查出不符合实际的跳变。

每次采样后，将当前采样瞬时值与前一个采样瞬时值做比较。若变化量未超出允许的变化速率，标识“正确”；若超出，标识“存疑”。标识“存疑”的，不能用于计算瞬时气象值，但仍用于下一次的变化速率检查(即将下一次的采样瞬时值与该“存疑”值作比较)。该规程的执行结果是，如果发生大的噪声，将有一个或两个连续的采样瞬时值不能用于计算。

C.2.3 瞬时气象值的计算

应有大于66%(2/3)的采样瞬时值可用于计算瞬时气象值(平均值)；对于风速应有大于75%的采样瞬时值可用于计算2 min或10 min平均值。若不符合这一质量控制规程，则判定当前瞬时气象值计算缺少样本，标识为“缺失”。

C.3 瞬时气象值的质量控制

一个“正确”的瞬时气象值，不能超出规定的界限，相邻两个值的变化速率应在允许范围内，在一个持续的测量期（1 h）内应该有一个最小的变化速率。“正确”数据的判断条件见表 C.3。

表 C.3 “正确”的瞬时气象值的判断条件

序号	气象变量	下限	上限	存疑的变化速率	错误的变化速率	［过去 60 min］最小应该变化的速率
1	气压	400 hPa	1100 hPa	0.5 hPa	2 hPa	0.1 hPa
2	气温	−75℃	80℃	3℃	5℃	0.1℃
3	露点温度	−80℃	50℃	传感器测量：2～3℃；导出量：4～5℃	5℃	0.1℃
4	相对湿度	0%	100%	10%	15%	1%（U<95%）
5	风向	0°	360°	—	—	10°（10 min 平均风速大于 0.1 m/s 时）
6	风速（2 min、10 min）	0 m/s	75 m/s	10 m/s	20 m/s	—
7	瞬时风速	0 m/s	150 m/s	10 m/s	20 m/s	—
8	1 min 降水量（0.1 mm）	0 mm	10 mm	—	—	—
9	1 min 降水量（0.5 mm）	0 mm	30 mm	—	—	—
10	草面温度	−90℃	90℃	5℃	10℃	
11	地表温度	−90℃	90℃	5℃	10℃	0.1℃（雪融过程中会产生等温情况）
12	5 cm 地温	−80℃	80℃	2℃	5℃	可能很稳定
13	10 cm 地温	−70℃	70℃	1℃	5℃	
14	15 cm 地温	−60℃	60℃	1℃	3℃	
15	20 cm 地温	−50℃	50℃	0.5℃	2℃	
16	40 cm 地温	−45℃	45℃	0.5℃	1.0℃	
17	80 cm、160 cm、320 cm 地温	−40℃	40℃	0.5℃	1.0℃	
18	总辐射	0 W/m²	2000 W/m²	800 W/m²	1000 W/m²	—
19	净全辐射					
20	直接辐射	0 W/m²	1400 W/m²	800 W/m²	1000 W/m²	—
21	散射辐射	0 W/m²	1200 W/m²	800 W/m²	1000 W/m²	—
22	反射辐射	0 W/m²	1200 W/m²	800 W/m²	1000 W/m²	—
23	大气长波辐射					—

续表

序号	气象变量	下限	上限	存疑的变化速率	错误的变化速率	[过去 60 min]最小应该变化的速率
24	地球长波辐射					—
25	光合有效辐射					—
26	紫外辐射 UVA	0 W/m^2	200 W/m^2	50 W/m^2	90 W/m^2	—
27	紫外辐射 UVB	0 W/m^2	100 W/m^2	20 W/m^2	30 W/m^2	—
28	日照时数	0 min	1 min	—	—	—
29	能见度	0 m	70 km	—	—	—
30	蒸发量	0 mm	100 mm	—	—	—
31	土壤体积含水量	0%	100%	待定	待定	—
32	地下水位					—
33	云高					—
34	云量					—
35	积雪深度		300 cm			—
36	电线积冰厚度	0	1000 mm			—
37	电线积冰冰层密度					—

表 C.3 中“下限”和“上限”的值是可以根据季节和自动气象站安装地的气候条件进行设置的，可以分三种情况：

(1)根据当地的气候极值作适当放宽，确定每个要素“正确”数据的下限和上限；

(2)以传感器的测量范围定为每个要素“正确”数据的下限和上限；

(3)设置宽范围和通用的值。

表 C.3 列出的下限和上限即是宽范围和通用的值。

C.3.1 极限范围检查

(1)验证瞬时气象值，应在可接受的界限(下限、上限)范围内；

(2)未超出的，标识“正确”；超出的，若下限和上限值由当地气候极值确定，则标识为“存疑”，若下限和上限值按传感器的测量范围或宽范围和通用的值确定，则标识“错误”。

C.3.2 变化速率检查

验证瞬时气象值的变化速率，检查出不符合实际的尖峰信号或跳变值，以及由传感器故障引起的测量死区。

(1)瞬时气象值的“最大允许变化速率”

当前瞬时气象值与前一个值的差大于表 C.3 中“存疑的变化速率”，则当前瞬时气象值通不过检查，标识为“存疑”。若大于表 C.3 中的“错误的变化速率”，则标识为“错误”。

在极端天气条件下，气象变量可能会发生不同寻常的变化，这种情况下，正确的数据也有可能被标上“存疑”。所以，“存疑”的数据不能被丢弃，而应传输至[终端]微机或中心站，有待作进一步验证。

(2)瞬时气象值的“[过去 60 min]最小应该变化的速率”

瞬时气象值的示值更新周期都为 1 min，也就是说瞬时气象值每分钟都被接受检查。

在过去的 60 min 内，规定气象瞬时值的“最小应该变化的速率”，同样能帮助验证该值是正确的还是错误的。

如果这个值未能通过最小应该变化速率的检查，应标记“存疑”。

C.3.3 内部一致性检查

用于检查数据内部一致性的基本算法是基于两个气象变量之间的关系。下列条件是成立的：

(1)露点温度 $t_d \leqslant t$(气温)；

(2)风速 $WS=00$，则风向 WD 一般不会变化；

(3)风速 $WS \neq 00$，则风向 WD 一般会有变化；

(4)分钟极大风速大于或等于 2 min 和 10 min 平均风速；

(5)如果日照时数 $SD>0$，而太阳辐射 $E=0$，这两个瞬时气象值均不可信；

(6)如果太阳辐射 $E>500\ \mathrm{W/m^2}$，而日照时数 $SD=0$，这两个瞬时气象值均不可信；

(7)各极值及出现时间应与对应时段相应要素瞬时气象值不矛盾；

(8)各累计量应与对应时段相应要素各瞬时气象值不矛盾。

如果某个值不能通过内部一致性检验，应标识为“不一致”。内部一致性检查一般不在主采集器的嵌入式软件考虑，仅在业务软件中考虑。

附录 D　地面气象观测站气象要素数据文件格式

D.1　文件名

D.1.1　正点数据文件名格式

国家级站单站文件名：
Z_SURF_I_IIiii_yyyyMMddHHmmss_O_AWS_FTM[－CCx].txt

D.1.2　分钟数据文件名格式

国家级站单站文件名(可编发多分钟数据)：
Z_SURF_I_IIiii_yyyyMMddHHmmss_O_AWS_MIN[－CCx].txt

D.1.3　命名规则

Z:固定代码,表示文件为国内交换的资料;
SURF:固定代码,表示地面观测;
I:固定代码,指示其后字段代码为测站区站号;
IIiii:测站区站号;
yyyyMMddHHmmss:文件生成时间"年月日时分秒"(UTC,国际时);
O:固定代码,表示文件为观测类资料;
AWS:固定代码,表示文件为自动气象站地面气象要素资料;
FTM:固定代码,表示定时观测资料;
MIN:固定代码,表示分钟观测资料;

CCx:针对单站整点/分钟数据的更正标识。当测站对已发观测数据进行更正或质控系统对质量控制后的数据(包括观测数据或质控码)进行更正时,文件名中需包含此标识。CCx 中:CC 为固定代码;x 取值为 A～Z,x=A 时,表示第一次更正,x=B 时,表示第二次更正,依次类推,直至 x=Z;文件名中的更正标识字段应和文件内容中的文件更正标识保持一致。

txt:固定代码,表示文件为文本文件。

说明:除更正标识外其他各字段间的分隔符为下划线"_"。

D.2 文件结构及内容

该文件共分为14段。具体如下：

(1)测站基本信息(57 Byte)；

(2)气压数据(46 Byte)；

(3)气温和湿度数据(64 Byte)；

(4)累计降水和蒸发数据(45 Byte)；

(5)风观测数据(68 Byte)；

(6)地温数据(97 Byte)；

(7)自动观测能见度数据(25 Byte)；

(8)人工观测能见度、云、天气现象(67 Byte)；

(9)其他重要天气(39 Byte)；

(10)小时内每分钟降水量(123 Byte)；

(11)人工观测连续天气现象(不定长)；

(12)数据质量控制码(3行，每行161 Byte)；

(13)附加信息(21 Byte)；

(14)文件结束符。

详细数据项及排序见表D.1。

表D.1 数据项及格式

段序	要素名	单位	长度 Byte	说明
1 测站基本信息段				
1.1	区站号		5	5位数字或第1位为字母，第2～5位为数字
1.2	观测时间		14	年月日时分秒（国际时，yyyyMMddHHmmss)，其中：秒固定为“00”，为正点观测资料时，分记录为“00”
1.3	纬度		6	按度分秒记录，均为2位，高位不足补“0”，台站纬度未精确到秒时，秒固定记录“00”
1.4	经度		7	按度分秒记录，度为3位，分秒为2位，高位不足补“0”，台站经度未精确到秒时，秒固定记录“00”
1.5	观测场海拔高度	0.1 m	5	保留一位小数，扩大10倍记录，高位不足补“0”，若低于海平面，首位存入“-”
1.6	气压传感器海拔高度	0.1 m	5	保留一位小数，扩大10倍记录，高位不足补“0”，无气压传感器时，录入“/////”，若低于海平面，首位存入“-”

续表

段序	要素名	单位	长度 Byte	说明
1.7	观测方式		1	当器测项目为人工观测时存入 1,器测项目为自动站观测时存入 4
1.8	质量控制标识		3	依次标识台站级、省级、国家级对观测数据进行质量控制的情况。“1”为软件自动作过质量控制,“0”为由人机交互进一步作过质量控制,“9”为没有进行任何质量控制
1.9	文件更正标识		3	为非更正数据时,固定编“000”;为测站更正数据时,编码规则同文件名中的 CCx
2 气压数据				段标识符:PP
2.1	本站气压	0.1 hPa	5	当前时刻的本站气压值
2.2	海平面气压	0.1 hPa	5	当前时刻的海平面气压值
2.3	3 h 变压	0.1 hPa	4	正点本站气压与前 3 h 本站气压之差,业务软件自动计算,非正点时记为无观测
2.4	24 h 变压	0.1 hPa	4	正点本站气压与前 24 h 本站气压之差,业务软件自动计算,非正点时记为无观测
2.5	最高本站气压	0.1 hPa	5	正点时为过去 1 h 内的最高本站气压值,非正点时为本小时内的最高本站气压值
2.6	最高本站气压出现时间		4	正点时为过去 1 小时内最高本站气压出现时间,非正点时为本小时内的最高本站气压出现时间,时分各两位
2.7	最低本站气压	0.1 hPa	5	正点时为过去 1 h 内的最低本站气压值,非正点时为本小时内的最低本站气压值
2.8	最低本站气压出现时间		4	正点时为过去 1 h 内最低本站气压出现时间,非正点时为本小时内的最低本站气压出现时间,时分各两位
3 温度和湿度数据				段标识符:TH
3.1	气温	0.1℃	4	当前时刻的空气温度
3.2	最高气温	0.1℃	4	正点时为过去 1 h 内的最高气温,非正点时为本小时内的最高气温
3.3	最高气温出现时间		4	正点时为过去 1 h 内最高气温出现时间,非正点时为本小时内的最高气温出现时间,时分各两位

续表

段序	要素名	单位	长度 Byte	说明
3.4	最低气温	0.1℃	4	正点时为过去 1 h 内的最低气温，非正点时为本小时内的最低气温
3.5	最低气温出现时间		4	正点时为过去 1 h 内最低气温出现时间，非正点时为本小时内的最低气温出现时间，时分各两位
3.6	24 h 变温	0.1℃	4	正点气温与前 24 h 气温之差，业务软件自动计算，非正点时记为无观测
3.7	过去 24 h 最高气温	0.1℃	4	软件自动统计求得，在 18 时、00 时，为编报 1SnTxTxTx 组，非正点时记为无观测
3.8	过去 24 h 最低气温	0.1℃	4	软件自动统计求得，00 时、06 时，为编报 2SnTnTnTn 组，非正点时记为无观测
3.9	露点温度	0.1℃	4	当前时刻的露点温度值
3.10	相对湿度	1%	3	当前时刻的相对湿度
3.11	最小相对湿度	1%	3	正点时为过去 1 h 内的最小相对湿度值，非正点时为本小时内的最小相对湿度值
3.12	最小相对湿度出现时间		4	正点时为过去 1 h 内最小相对湿度出现时间，非正点时为本小时内的最小相对湿度出现时间，时分各两位
3.13	水汽压	0.1 hPa	3	当前时刻的水汽压值
4 累计降水和蒸发量数据				段标识符：RE
4.1	小时降水量	0.1 mm	4	正点时为过去 1 h 降水量累计值，非正点时为本小时 00 分至当前时刻的降水量累计量
4.2	过去 3 h 降水量	0.1 mm	5	正点时为过去 3 h 降水量累计值，业务软件自动计算，默认从小时降水量统计，自动观测设备缺测时，记为缺测。非正点时记为无观测
4.3	过去 6 h 降水量	0.1 mm	5	正点时为过去 6 h 降水量累计值，业务软件自动计算，默认从小时降水量统计，自动观测设备缺测时，记为缺测。非正点时记为无观测
4.4	过去 12 h 降水量	0.1 mm	5	正点时为过去 12 h 降水量累计值，业务软件自动计算，默认从小时降水量统计，自动观测设备缺测时，记为缺测。非正点时记为无观测

续表

段序	要素名	单位	长度 Byte	说明
4.5	24 h降水量	0.1 mm	5	正点时为过去24 h降水量累计值，业务软件自动计算，默认从小时降水量统计，自动观测设备缺测时，记为缺测。非正点时记为无观测
4.6	人工加密观测降水量描述时间周期	小时	2	任意时段降水量累计值的时间周期，人工设置，满足应急加密观测需要。无加密观测任务时，记为无观测
4.7	人工加密观测降水量	0.1 mm	5	在4.6中指定时间周期的降水量累计值。无此内容时，记为无观测
4.8	小时蒸发量	0.1 mm	4	正点时为过去1 h蒸发累计量，非正点时记为无观测
5 风观测数据				段标识符：WI
5.1	2 min风向	1°	3	当前时刻的2 min平均风向
5.2	2 min平均风速	0.1 m/s	3	当前时刻的2 min平均风速
5.3	10 min风向	1°	3	当前时刻的10 min平均风向
5.4	10 min平均风速	0.1 m/s	3	当前时刻的10 min平均风速
5.5	最大风速的风向	1°	3	正点时为过去1 h内10 min最大风速的风向，非正点时为本小时内10 min最大风速的风向
5.6	最大风速	0.1 m/s	3	正点时为过去1 h内10 min最大风速，非正点时本小时内10 min最大风速
5.7	最大风速出现时间		4	正点时为过去1小时内10 min最大风速出现时间，非正点时为本小时内10 min最大风速出现时间，时分各两位
5.8	瞬时风向	1°	3	当前时刻的瞬时风向
5.9	瞬时风速	0.1 m/s	3	当前时刻的瞬时风速
5.10	极大风速的风向	1°	3	正点时为过去1 h内的极大风速的风向，非正点时为本小时内的极大风速的风向
5.11	极大风速	0.1 m/s	3	正点时为过去1 h内的极大风速，非正点时为本小时内的极大风速
5.12	极大风速出现时间		4	正点时为过去1 h内极大风速出现时间，非正点时为本小时内极大风速出现时间，时分各两位

续表

段序	要素名	单位	长度 Byte	说明
5.13	过去 6 h 极大风速	0.1 m/s	3	由软件自动从自动站数据中挑取或人工输入，在 18 时、00 时、06 时、12 时，为编报 911fxfx 组，非正点时记为无观测
5.14	过去 6 h 极大风速的风向	1°	3	由软件自动从自动站数据中挑取或人工输入，在 18 时、00 时、06 时、12 时，为编报 915dd 组，非正点时记为无观测
5.15	过去 12 h 极大风速	0.1 m/s	3	由软件自动从自动站数据中挑取，非正点时记为无观测
5.16	过去 12 h 极大风速的风向	1°	3	由软件自动从自动站数据中挑取，非正点时记为无观测
6 地温数据				段标识符:DT
6.1	地表温度	0.1℃	4	当前时刻的地面温度值
6.2	地表最高温度	0.1℃	4	正点时为过去 1 h 内的地面最高温度，非正点时为本小时内地面最高温度
6.3	地表最高出现时间		4	正点时为过去 1 h 内地面最高温度出现时间，非正点时为本小时内地面最高温度出现时间，时分各两位
6.4	地面表最低温度	0.1℃	4	正点时为过去 1 h 内的地面最低温度，非正点时为本小时内地面最低温度
6.5	地表最低出现时间		4	正点时为过去 1 h 内地面最低温度出现时间，非正点时为本小时内地面最低温度出现时间，时分各两位
6.6	过去 12 h 最低地面温度	0.1℃	4	业务软件自动计算求得，00 时为编报 3SnTgTgTg 组，非正点时记为无观测
6.7	5 cm 地温	0.1℃	4	当前时刻的 5 cm 地温值
6.8	10 cm 地温	0.1℃	4	当前时刻的 10 cm 地温值
6.9	15 cm 地温	0.1℃	4	当前时刻的 15 cm 地温值
6.10	20 cm 地温	0.1℃	4	当前时刻的 20 cm 地温值
6.11	40 cm 地温	0.1℃	4	当前时刻的 40 cm 地温值
6.12	80 cm 地温	0.1℃	4	当前时刻的 80 cm 地温值，非正点时记为无观测
6.13	160 cm 地温	0.1℃	4	当前时刻的 160 cm 地温值，非正点时记为无观测

续表

段序	要素名	单位	长度 Byte	说明
6.14	320 cm 地温	0.1℃	4	当前时刻的 320 cm 地温值，非正点时记为无观测
6.15	草面温度	0.1℃	4	当前时刻的草面温度值
6.16	草面最高温度	0.1℃	4	正点时为过去 1 h 内的草面最高温度，非正点时为本小时内的草面最高温度
6.17	草面最高出现时间		4	正点时为过去 1 h 内草面最高温度出现时间，非正点时为本小时内草面最高温度出现时间，时分各两位
6.18	草面最低温度	0.1℃	4	正点时为过去 1 h 内的草面最低温度，非正点时为本小时内的草面最低温度
6.19	草面最低出现时间		4	正点时为过去 1 h 内草面最低温度出现时间，非正点时为本小时内草面最低温度出现时间，时分各两位
7 自动观测能见度数据				段标识符：VV
7.1	1 min 平均水平能见度	1 m	5	当前时刻的 1 min 平均水平能见度
7.2	10 min 平均水平能见度	1 m	5	当前时刻的 10 min 平均水平能见度
7.3	最小能见度	1 m	5	正点时为过去 1 h 内的最小能见度，非正点时为本小时内的最小能见度
7.4	最小能见度出现时间		4	正点时为过去 1 h 内的最小能见度出现时间，非正点时为本小时内的最小能见度出现时间，时分各两位
8 人工观测能见度、云、天数据				段标识符：CW
8.1	能见度	0.1 km	4	正点的能见度，有自动观测设备的台站，由业务软件自动计算，非正点时记为无观测。无自动观测设备的台站，定时观测时次由人工输入，其他时次和非正点时记为无观测
8.2	总云量	1 成	3	当前时刻的总云量。有观测任务但无自动观测设备的台站，正点时由人工输入，非正点记为无观测。无观测任务的台站，记为无观测

续表

段序	要素名	单位	长度 Byte	说明
8.3	低云量	1 成	3	正点的低云量，有观测任务的台站，由人工输入，没有观测任务和非正点时记为无观测
8.4	编报云量	1 成	3	记为无观测
8.5	云高	1 m	5	当前时刻的云高。 有观测任务但无自动观测设备的台站，正点时为低(中)云状云高，由人工输入，用以转换 iRiXhVV 中的 h；当只有高云时写入 2500，当无云时，写入 99999，非正点记为无观测。 有观测任务也有自动观测设备的台站，当天空无云时，写入 99999；当云底低于测站而云顶高于测站时，均写入－9999；当云顶低于测站时，云高为负值，记录云顶与测站水平面之间的距离。 无观测任务的台站，记为无观测。
8.6	云状		24	记为无观测
8.7	云状编码(云码)		3	记为无观测
8.8	现在天气现象编码		2	按《GD-01 Ⅲ》规定形成现在天气现象编码(ww)，不能自动观测或人工输入时，固定编“//”，非正点时记为无观测(编报 2 个“-”)
8.9	过去天气描述时间周期		2	对于天气报时次为 06；补充天气报时次为 03；加密天气报的 00 时为 12，其他加密天气报时次为 06；非发天气(加密)报时次和非正点记为无观测(编报 2 个“-”)
8.10	过去天气(1)		1	按《GD-01 Ⅲ》规定形成的过去天气编码(W1)，不能自动观测或人工输入时，固定编“/”，非正点时记为无观测(编报“-”)
8.11	过去天气(2)		1	按《GD-01 Ⅲ》规定形成的过去天气编码(W2)，由人工输入，不能自动观测或人工输入时，固定编“/”，非正点时记为无观测(编报“-”)
8.12	地面状态		2	06 时人工观测值，由人工输入，其他时次和非正点记为无观测(编报 2 个“-”)
9 其他重要天气数据				段标识符：SP

续表

段序	要素名	单位	长度 Byte	说明
9.1	积雪深度	0.1 cm	4	当前时刻的积雪深度，详细说明见表 1 说明部分(9)
9.2	雪压	0.1 g/cm^2	3	00 时或应急加密观测时次观测值，其他时次和非正点时记为无观测，详细说明见表 1 说明部分(9)
9.3	冻土深度第 1 栏上限值	1 cm	3	00 时或应急加密观测时次观测值，其他时次和非正点时记为无观测，详细说明见表 1 说明部分(10)
9.4	冻土深度第 1 栏下限值	1 cm	3	00 时或应急加密观测时次观测值，其他时次和非正点时记为无观测，详细说明见表 1 说明部分(10)
9.5	冻土深度第 2 栏上限值	1 cm	3	00 时或应急加密观测时次观测值，其他时次和非正点时记为无观测，详细说明见表 1 说明部分(10)
9.6	冻土深度第 2 栏下限值	1 cm	3	00 时或应急加密观测时次观测值，其他时次和非正点时记为无观测，详细说明见表 1 说明部分(10)
9.7	龙卷、尘卷风距测站距离编码		1	按《GD-01Ⅲ》规定输入的 Mw 码，在 00 时、06 时、12 时[加密]天气报中，人工输入，其他时次和非正点时记为无观测，详细说明见表 1 说明部分(11)
9.8	龙卷、尘卷风距测站方位编码		1	按《GD-01Ⅲ》规定输入的 Da 码，在 00 时、06 时、12 时，人工输入，其他时次和非正点时记为无观测详细说明见表 1 说明部分(11)
9.9	电线积冰（雨凇）直径	1 mm	3	按《GD-01Ⅲ》规定在 00 时、06 时、12 时，人工输入，为编报 934RR 组，其他时次和非正点时记为无观测详细说明见表 1 说明部分(11)
9.10	最大冰雹直径	1 mm	3	按《GD-01Ⅲ》规定在 00 时、06 时、12 时，人工输入，为编报 939nn 组，其他时次和非正点时记为无观测详细说明见表 1 说明部分(11)
10.小时内每分钟降水量数据		0.1 mm	120	段标识符：MR。详细说明见表 1 说明部分(8)

续表

段序	要素名	单位	长度 Byte	说明
11.天气现象			不定	段标识符:MW。按《地面气象观测数据文件和记录簿表格式》41 页天气现象编码表以及气测函〔2013〕321 号附件 1——《地面气象观测业务调整技术规定》中关于天气现象的调减与合并规定进行编码。详细说明见表 1 说明部分(12) 正点文件:不能自动观测或人工输入时,固定编“//,.”;规定的天气现象均未出现时,写入“00,.” 分钟文件:1 分钟内天气现象编码。 每种天气现象编码占 2Bytes。台站无天气现象自动观测任务时,连续写入 2 个“-”。自动仪器未观测到天气现象出现时,写入“00”;观测缺测时,写入“//”。当 1 min 内观测到多种天气现象时,各天气现象编码间用半角“,”间隔
12.数据质量控制码				段标识符:QC
12.1	台站级		158	
12.2	省级		158	
12.3	国家级		158	各占 1 行。对应 2～10 段的各数据项.每行行首加记录分级标识符(Q1:台站级;Q2:省级;Q3:国家级),标识码与质量控制码之间用 1 个半角空格分隔
13.附加信息				段标识符:AI
13.1	各要素观测方式		18	详细说明见本表说明部分(14)
14.文件结束符			4	NNNN

表 D.1 有关说明如下。

(1)除人工观测连续天气现象外,其他数据项均为定长。

(2)第 2～13 段,每段的段标识或分级标识位于该段观测数据的行首,与观测数据之间用 1 个半角空格分隔;第 12 段的段标识符占 1 行。

(3)除数据质量控制码段中的台站级、省级和国家级质量控制码各为 1 行外,其他各段中,数据项之间用 1 个半角空格分隔。附加信息段后面加上“=＜CR＞＜LF＞”,表示单站数据结束,其他段尾用回车换行“＜CR＞＜LF＞”结束,表示各为 1 行;文件结尾处加“NNNN＜CR＞＜LF＞”,表示全部记录结束。

(4)在第 2～11 段中,某时次要素不需要观测或编码时,相应记录用相应位长的“-”填充;某时次要素台站应观测,但因各种原因缺测,相应记录用相应位长的“/”填充。

(5)风向为方位时，按照方位对应的中心角度记录，静风时，固定记为 PPC。其他要素位数不足时，高位补“0”。

(6)各要素的最大(小)值是指前 1 小时正点至当前时刻内出现的最大(小)值。

(7)对于可能出现负值的要素，给出了基值的概念，基值即为大于该要素可能出现最大值的相对最小值，以此来表示要素的正、负号。

(8)正点文件编报规则：小时内逐分钟降水量共 120Byte，每分钟 2Byte，即 1～2 位为第 1 分钟的记录，3～4 位为第 2 分钟的记录……，如此类推，119～120 位为第 60 分钟的记录；分钟文件编报规则：只写入当前时刻 1 min 内的降水量，小时内其他分钟降水量存入 2 个“—”。每分钟内无降水时存入“00”，微量存入“,,”，降水量≥9.9 mm 时，一律存入 99，缺测存入“//”。

(9)没有出现积雪时，积雪深度存入“0000”，仅微量积雪，积雪深度存入“,,,,”。雪深<5 cm 无雪压，雪压一律补“000”；雪深≥5 cm 无雪压数值，无雪压观测任务的台站存入 3 个“-”，有雪压观测任务的台站存入 3 个“/”。

(10)冻土深度为微量者，上下限分别录入“,,,”。当地表略有融化，土壤下面仍有冻结时，上限为“,,,”，下限可以有数值。土壤未冻结或有冻土但深度不足 0.5 cm，上下限分别录入“000”。

(11)龙卷(尘卷风)没有出现时，相关数据组均用“＋”写入。电线积冰和冰雹没有出现时，相关数据组均用“000”写入。

(12)正点文件中人工观测连续天气现象按 A 文件格式规定存入当日 20 时(北京时)至当前时刻的全部天气现象。在每小时正点由人工输入，逐时追加，当需要记录起止的天气现象在小时正点没有终止时，记录至该时整时整分。以“.”表示结束。因缺测无记录时，存入“//,.”。分钟文件中天气现象观测说明：截至本文件格式启用之日，台站具备自动观测能力的天气现象仅含降水类和视程障碍类。部分站部署了上述一类或两类天气现象自动观测仪器。随着自动观测能力的提升，可观测的天气现象种类有望增加。

(13)数据质量控制码对应 2～10 段的各数据项，每个数据项对应 1 位的数据质量控制码，段间用 1 个半角空格分隔。为此，数据质量控制码共 10 组，第 1 组为分级标识(Q1：台站级、Q2：省级、Q3：国家级)，第 2～10 组的字节分别为 8 Byte，13 Byte，8 Byte，16 Byte，19 Byte，4 Byte，12 Byte，10 Byte，60Byte，另加 9 位分隔符，共 161 Byte。质量控制码的定义如表D.2所示。

表 D.2　质量控制代码说明

质量控制码	描述	含义
0	数据正确	通过质量控制，未发现数据异常；或数据虽异常，但最终确认数据正确
1	数据可疑	通过质量控制，发现数据异常，且未明确数据正确还是错误
2	数据错误	通过质量控制，确认数据错误
3	数据为订正值	原数据明显偏离真值，但在一定范围内可参照使用。在原数据基础上通过偏差订正等方式重新获取的更正数据

续表

质量控制码	描述	含义
4	数据为修改值	原数据因错误或缺测而完全不可用,通过与原数据完全无关的替代方式重新获取的更正数据
5	预留	
6	预留	
7	无观测任务	按规定,台站无相应要素数据观测任务
8	数据缺测	该项数据应观测,但因各种原因数据缺测
9	数据未作质量控制	该数据未进行质量控制

说明:上表中更正数据不包括缺测处理的数据,缺测处理的数据其质量控制码为“8”。

(14)各要素观测方式:正点和分钟数据均按照表 D.3 规定的方式编报,用 18 位数字和字符表示。按表 D.3 中排列顺序,每位代表 1 类要素观测方式。如第 1 位代表气压观测方式,第 2 位代表气温观测方式;……;第 18 位代表最大冰雹直径观测方式,某要素项无观测任务编发“—”。

表 D.3 观测方式编码说明

序号	要素项	对应表 D.1 中的数据项	观测方式描述
1	气压	2.1～2.8	人工观测时,相应要素观测方式用“0”表示;自动观测时,用“1”表示
2	气温	3.1～3.8	
3	湿度	3.9～3.13	
4	降水量	4.1～4.7	雨量筒人工观测时,观测方式用“0”表示;翻斗式雨量传感器自动观测时,用“1”表示;称重式降水传感器自动观测时,用“2”表示
5	蒸发量	4.8	大型蒸发人工观测时,观测方式用“0”表示;大型蒸发自动观测时,用“1”表示;小型蒸发观测时,用“2”表示
6	风向风速	5.1～5.16	人工观测时,相应要素观测方式用“0”表示;自动观测时,用“1”表示
7	地温	6.1～6.19	
8	能见度	7.1～7.4、8.1	
9	云量	8.2～8.4	
10	云高	8.5	
11	天气现象	8.8～8.11	所有天气现象均为人工观测,观测方式用“0”表示;均为自动观测,用“1”表示;部分现象自动观测部分人工观测,用“2”表示

续表

序号	要素项	对应表 D.1 中的数据项	观测方式描述
12	地面状态	8.12	人工观测时，相应要素观测方式用“0”表示；自动观测时，用“1”表示
13	积雪深度	9.1	
14	雪压	9.2	
15	冻土	9.3～9.6	
16	龙卷、尘卷风位置	9.7～9.8	
17	电线积冰	9.9	
18	冰雹直径	9.10	

(15)地面正点和应急加密观测数据，按照本格式的正点数据编发规则和文件名规则编报；分钟观测数据，按照本格式的分钟数据编发规则和文件名规则编报。

D.3 数据记录单位和特殊说明

直接编码的要素按《GD-01Ⅲ》或《GD-05》规定执行；其他要素遵守《地面气象观测规范》规定，存储各要素值不含小数点，具体规定如表 D.4 所示。

表 D.4 数据存储单位和格式规定

要素名	记录单位	存储规定
气压	0.1 hPa	原值扩大 10 倍
变压	0.1 hPa	定义基值为 1000，以基值减原值扩大 10 倍存入
温度、变温	0.1℃	定义基值为 1000，以基值减原值扩大 10 倍存入
相对湿度	1%	原值
水汽压	0.1 hPa	原值扩大 10 倍
露点温度	0.1℃	定义基值为 1000，以基值减原值扩大 10 倍存入
降水量	0.1 mm	原值扩大 10 倍。微量降水时，存入相应位数的“,”
风向	1°	原值
风速	0.1 m/s	原值扩大 10 倍
蒸发量	0.1 mm	原值扩大 10 倍
自动观测能见度	1 m	原值
人工观测能见度	0.1 km	原值扩大 10 倍
云量	1 成	0 表示微量或无云，10－表示云满布全天，但有云隙
云高	1 m	原值，为 0 时表示无低(中)云状云
积雪深度	0.1 cm	原值扩大 10 倍
雪压	0.1 g/cm²	原值扩大 10 倍
冻土深度	1 cm	原值
地面状态		《地面气象观测规范》规定编码
电线积冰直径	1 mm	原值
冰雹直径	1 mm	原值

附录 E　气象辐射数据文件格式

E.1　文件名

E.1.1　文件名格式

Z_RADI_I_IIiii_yyyyMMddHHmmss_O_ARS_FTM[－CCx]. txt

E.1.2　命名规则

Z:固定代码,表示文件为国内交换的资料;

RADI:固定代码,表示辐射观测;

I:固定代码,指示其后字段代码为测站区站号;

IIiii:测站区站号;

yyyyMMddHHmmss:文件生成时间"年月日时分秒"(UTC,国际时);

O:固定代码,表示文件为观测类资料;

ARS:固定代码,表示文件为辐射要素观测资料;

FTM:固定代码,表示定时观测资料;

CCx:资料更正标识,可选标志,对于某测站(由 IIiii 指示)已发观测资料进行更正时,文件名中必须包含资料更正标识字段。CCx 中:CC 为固定代码;x 取值为 A～X,X＝A 时,表示对该站某次观测的第一次更正,X＝B 时,表示对该站某次观测的第二次更正,依次类推,直至 x＝X。

txt:固定代码,表示文件为文本文件。

说明:FTM 与 CCx 字段间的分隔符为减号"－",其他各字段间的分隔符为下划线"_"。

E.2　文件结构及内容

气象辐射数据文件＜Z_RADI_I_IIiii_yyyyMMddHHmmss_O_ARS_FTM[－CCx]. txt＞为顺序文件,共 2 条记录。第 1 条记录为本站基本参数,共 20 个字节;第 2 条记录为要素值,共 152 个字节;第 1 条记录尾用回车换行"＜CR＞＜LF＞"结束,第 2 条记录的后面加上"＝＜CR＞＜LF＞",表示单站数据结束;文件结尾处加"NNNN＜CR＞＜LF＞"表示全部记录结束。

(1)第 1 条记录包括区站号、纬度、经度共 3 组,每组用 1 个半角空格分隔,排列顺序及长度分配如表 E.1 所示。

表 E.1 第 1 条记录要素长度说明

序号	要素名	长度(Byte)	说明
1	区站号	5	5 位数字或第 1 位为字母，第 2～5 位为数字
2	纬度	6	按度分秒记录，均为 2 位，高位不足补“0”，台站纬度未精确到秒时，秒固定记录“00”
3	经度	7	按度分秒记录，度为 3 位，分秒为 2 位，高位不足补“0”，台站经度未精确到秒时，秒固定记录“00”

(2)第 2 条记录存 29 个要素值，每组用 1 个半角空格分隔，排列顺序及长度分配见表 E.2。

表 E.2 第 2 条记录要素长度说明

序号	要素名	长度(Byte)	存储规定
1	观测时间	14	年月日时分秒(地平时，yyyyMMddHHmmss)，其中：秒固定为“00”，为正点观测资料时，分记录为“00”
2	总辐射辐照度	4	当前时刻的总辐射辐照度
3	净全辐射辐照度	4	当前时刻的净全辐射辐照度
4	直接辐射辐照度	4	当前时刻的直接辐射辐照度
5	散射辐射辐照度	4	当前时刻的散射辐射辐照度
6	反射辐射辐照度	4	当前时刻的反射辐射辐照度
7	紫外辐射辐照度	4	当前时刻的紫外辐射辐照度
8	总辐射曝辐量	4	每 1 h 内总辐射的总量
9	总辐射辐照度最大值	4	每 1 h 内最大总辐射辐照度
10	总辐射辐照度最大出现时间	4	每 1 h 内最大总辐射辐照度出现时间(地平时，下同)
11	净全辐射曝辐量	4	每 1 h 内净全辐射的总量
12	净全辐射辐照度最大值	4	每 1 h 内最大净全辐射辐照度
13	净全辐射辐照度最大出现时间	4	每 1 h 内最大净全辐射辐照度出现时间
14	净全辐射辐照度最小值	4	每 1 h 内最小净全辐射辐照度
15	净全辐射辐照度最小出现时间	4	每 1 h 内最小净全辐射辐照度出现时间
16	直接辐射曝辐量	4	每 1 h 内直接辐射的总量
17	直接辐射辐照度最大值	4	每 1 h 内最大直接辐射辐照度
18	直接辐射辐照度最大出现时间	4	每 1 h 内最大直接辐射辐照度出现时间
19	散射辐射曝辐量	4	每 1 h 内散射辐射的总量
20	散射辐射辐照度最大值	4	每 1 h 内最大散射辐射辐照度
21	散射辐射辐照度最大出现时间	4	每 1 h 内最大散射辐射辐照度出现时间

续表

序号	要素名	长度(Byte)	存储规定
22	反射辐射曝辐量	4	每 1 h 内反射辐射的总量
23	反射辐射辐照度最大值	4	每 1 h 内最大反射辐射辐照度
24	反射辐射辐照度最大出现时间	4	每 1 h 内最大反射辐射辐照度出现时间
25	紫外辐射曝辐量	4	每 1 h 内紫外辐射的总量
26	紫外辐射辐照度最大值	4	每 1 h 内最大紫外辐射辐照度
27	紫外辐射辐照度最大出现时间	4	每 1 h 内最大紫外辐射辐照度出现时间
28	日照时数	2	每 1 h 内日照时数,用直接辐射计算
29	大气浑浊度	4	用直接辐射、本站气压等计算

(3)存储要求:

① 曝辐量记录单位为 MJ/m^2(取两位小数),扩大 100 倍后存入,不含小数点;日照记录单位为 0.1 h,扩大 10 倍,不含小数点。

② 若要素缺测或无记录,均应按规定的字长,每个字节位存入一个"/"字符。

③ 各辐射的曝辐量为前 1 小时正点至当前时刻的曝辐量。

④ 各辐射的最大(小)值是指前 1 小时正点至当前时刻内出现的最大(小)辐照度。

⑤ 最大出现时间中的时、分各两位,高位不足补 0。

⑥ 要素位数不足时,高位补"0"。

附录 F 重要天气报

F.1 文件名

F.1.1 重要天气报文件名格式

WPYYGGgg. CCC

F.1.2 命名规则

WP:报类代号,表示文件为重要天气报告报文。

YYGGgg:世界协调时编报日期时间。

CCC:文件扩展名,默认为台站字母代号后三位。

F.2 文件结构及内容

F.2.1 报文内容电码格式

0 段 ZCZC

1 段 T_1T_2CIii CCCC YYGGgg

2 段 GGggW0 IIiii 911fxfx 915dd 919M_WDa 925SS 934RR 939nn 94917 95vvv 957ww 555XX=

3 段 NNNN

F.2.2 报文格式

ZCZC:固定格式,表示报头;

T_1T_2CIii:T_1T_2为报类,重要天气报为 WS;CI 为地理代号(中国);ii 为区域代码;

CCCC:区站字母代码;

YYGGgg:发报日期时间,世界协调时;YY 编报日期(01～31);GG 编报时间,代表小时(01～24),gg 代表分钟(01～60);

GGggW0:GGgg 为时时分分,北京时;W0 为发报标准,国家标准为 0,省定标准为 1;

IIiii:区站号;

911fxfx:大风重要报,瞬时风速编码组;

915dd:大风重要报,瞬时风向编码组;

919M_WDa：龙（尘）卷编码组；
925SS：积雪编码组；
934RR：雨凇编码组；
939nn：冰雹直径编码组；
94917：雷暴编码组；
95vvv：视程障碍重要报，能见度编码组；
957ww：视程障碍重要报，视程现象编码组；
555XX：555 为省定补充段默认报头，XX 为省定补充段编码组；
=：固定格式，重要报编码组结束符；
NNNN：固定格式，重要报报文结束符；
特殊说明：2 段超过 10 组数据，内容自动换行。

F.3 编码说明

表 F.1 为风向电码表

表 F.1 dd 电码表

电码	风向角度	方位	电码	风向角度	方位	电码	风向角度	方位
36	349～11	N	14	124～146	SE	27	259～281	W
2	12～33	NNE	16	147～168	SSE	29	282～303	WNW
4	34～56	NE	18	169～191	S	32	304～326	NW
7	57～78	ENE	20	192～213	SSW	34	327～348	NNW
9	79～101	E	22	214～236	SW	0	静风时	C
11	102～123	ESE	25	237～258	WSW			

表 F.2 为龙（尘）卷风现象编码表

表 F.2 M_W 电码表

电码	现　　象
0	海龙卷，距测站 3 km 或以内
1	海龙卷，距测站 3 km 以外
2	陆龙卷，距测站 3 km 或以内
3	陆龙卷，距测站 3 km 以外
4～6	不用
7	轻微强度的尘卷风
8	中等强度的尘卷风
9	猛烈强度的尘卷风

表 F.3 方位电码表

表 F.3 D_a电码表

电码	方位	电码	方位
0	在测站上	5	西南
1	东北	6	西
2	东	7	西北
3	东南	8	北
4	南	9	几个方位或不明

$f_x f_x$——极大瞬间风速，以 m/s 为单位编报，小数四舍五入。

dd——风向，以 10°为单位编报，个位四舍五入，高位不足补 0。在以 16 方位编报风向时，按照天气报电码中 dd 电码表编报。

nn——最大冰雹的最大直径，用毫米为单位编报。冰雹直径≥99 mm 时，nn 均编报 99。冰雹随降随化时，可目测估计其直径编报。

F.4 重要天气报修改编报规定

根据中国气象局《关于修订重要天气报有关事宜的通知》(气发〔2008〕186 号)，对《重要天气报告电码(GD-11Ⅱ)》中部分发报项目和内容进行修改，自 2008 年 6 月 1 日(实际时间为 2008 年 5 月 31 日 20 时起，北京时)执行。

F.4.1 修改积雪(925SS 组)发报规定

(1)保留积雪(925SS 组)发报方式和时间的“08 时定时发报”的原规定，增加“国家气象中心、省级气象局加密发报指令规定的时次发报”。

其中，国家气象中心、省级气象局的加密发报指令使用电子版文字方式下发，加密发报指令应明确给出需要加密发报的台站、开始时间、时间间隔和结束时间。

(2)修改后的积雪发报标准、发报方式见表 F.4。

表 F.4 积雪重要天气报的发报标准和发报方式

重要天气发报项目	电码组	发报标准	发报方式和时间
积雪	925SS	(始报)08 时，过去 24 h 内测站有降雪，并形成积雪(积雪深度≥xx cm)(省定)。	08 时定时发报。
		(续报)指令规定的时次，编发积雪深度。	国家气象中心、省级气象局加密发报指令规定的时次发报。

F.4.2 修改雨凇(934RR组)发报规定

(1)保留雨凇(934RR组)发报方式和时间的“02时、08时、14时、20时定时发报”的原规定，增加“国家气象中心、省级气象局加密发报指令规定的时次发报”。

其中，国家气象中心、省级气象局的加密发报指令使用电子版文字方式下发，加密发报指令应明确给出需要加密发报的台站、开始时间、时间间隔和结束时间。

(2)修改后的雨凇发报标准、发报方式见表F.5。

表F.5 雨凇重要天气报的发报标准和发报方式

重要天气发报项目	电码组	发报标准	发报方式和时间
雨凇	934RR	①去6h内测站或测站附近有雨凇结成； ②08时观测时仍有积冰留存(过去6h内虽无雨凇结成)。	02时、08时、14时、20时定时发报。
		指令规定的时次，编发雨凇情况。	国家气象中心、省级气象局加密发报指令规定的时次发报。

F.4.3 增加雷暴、视程障碍现象(霾、浮尘、沙尘暴、雾)等发报项目

(1)雷暴(94917)、视程障碍现象(95VVV、957ww)电码组在《重要天气报告电码(GD—11Ⅱ)》1段中的排列位置如下：

1段 6RRR1 7R24R24R24R24 911fxfx 915dd 919MwDa 925SS 934RR 939nn 94917 95VVV 957ww 96RRR 97RRR 98RRR

(2)雷暴

①发报标准、发报方式见表F.6。

表F.6 雷暴重要天气报的发报标准和发报方式

重要天气发报项目	电码组	发报标准	发报方式和时间
雷暴	94917	测站视区出现雷暴	不定时发报；每日第一次出现时发报。

② 符号内容

94917——指示码，表示本站视区内出现雷暴。

③发报规定

a)昼夜守班台站，每天20时01分至20时00分(北京时)时段内第一次出现雷暴时发报，其后出现的不再发报。当雷暴由前一日持续至本日20时后的，以20时后的第一次出现闻雷的时间为准拍发一次重要天气报。

b)白天守班台站，每天08时01分至20时00分(北京时)时段内第一次出现雷暴时发报，其后出现的不再发报。其中雷暴由08时前持续至08时后的，以08时后的第一次出现

闻雷的时间为准拍发重要天气报。在不守班的 20 时 01 分至 08 时 00 分(北京时)时段内，如能确定雷暴出现时间的应拍发，此后白天守班时段不再拍发；如不能确定准确时间的，可不拍发。

c)拍发雷暴重要天气报时，GGggW0 中的 W0 报 0。

(3)视程障碍现象(霾、浮尘、沙尘暴、雾)

①发报标准、发报方式见表 F.7。

表 F.7　视程障碍现象重要天气报的发报标准、发报方式

重要天气发报项目	电码组	发报标准	发报方式和时间
视程障碍现象(霾、浮尘、沙尘暴、雾)	95VVV 957ww	测站视区内出现霾	不定时发报；每日第一次出现且能见度达到规定时发报
		测站视区内出现浮尘	
		测站视区内出现沙尘暴 测站视区内出现强沙尘暴 测站视区内出现特强沙尘暴	不定时发报；每日第一次出现沙尘暴或强沙尘暴或特强沙尘暴时发报(始报)；其后当出现更强级别的沙尘暴时发报(续报)
		测站视区内出现雾 测站视区内出现浓雾 测站视区内出现强浓雾	不定时发报；每日第一次出现雾或浓雾或强浓雾时发报(始报)；其后当出现更强级别的雾时发报(续报)

②符号内容

a)95VVV 组

95——指示码，表示其后为本站视区内出现视程障碍现象(霾、浮尘、沙尘暴、雾)时的能见度资料。

VVV——视程障碍现象(霾、浮尘、沙尘暴、雾)的能见度。以 10 m 为单位编报，不足 10 m时，米数舍去，高位不足补“0”。例如：能见度为 26 米，VVV 编码为 002。

b)957ww 组

957——指示码，表示其后为本站视区内出现视程障碍现象(霾、浮尘、沙尘暴、雾)的编码资料。

ww——视程障碍现象(霾、浮尘、沙尘暴、雾)的编码。视程障碍现象(霾、浮尘、沙尘暴、雾)与 ww 编码对应关系见表 F.8。

表 F.8　视程障碍现象与 ww 编码对应关系

视程障碍现象		ww 编码	发报时能见度标准
霾		05	小于 5.0 km
浮尘		06	小于 1.0 km
沙尘暴	沙尘暴	30	0.5～1.0 km
	强沙尘暴	31	0.05～0.5 km
	特强沙尘暴	32	小于 0.05 km

续表

视程障碍现象		ww 编码	发报时能见度标准
雾	雾	40	0.5～1.0 km
	浓雾	41	0.05～0.5 km
	强浓雾	42	小于 0.05 km

③编报规定

a)95VVV、957ww 两组必须同时编报。

b)昼夜守班台站，每天 20 时 01 分至 20 时 00 分(北京时)时段内第一次出现霾且最小能见度小于 5.0 km 时发报，其后出现的不再发报；第一次出现浮尘且最小能见度小于 1.0 km 时发报，其后出现的不再发报；第一次出现沙尘暴或强沙尘暴或特强沙尘暴时发报(始报)，其后当出现更强级别的沙尘暴时发报(续报)；第一次出现雾或浓雾或强浓雾时发报(始报)，其后当出现更强级别的雾时发报(续报)。霾、浮尘、沙尘暴、雾由前一日持续至本日 20 时后的，拍发一次重要天气报，此时 GGggW0 中的 GGgg 报 2001。

c)白天守班台站，每天 08 时 01 分至 20 时 00 分(北京时)时段内第一次出现霾且最小能见度小于 5.0 km 时发报，其后出现的不再发报；第一次出现浮尘且最小能见度小于 1.0 km 时发报，其后出现的不再发报；第一次出现沙尘暴或强沙尘暴或特强沙尘暴时发报(始报)，其后当出现更强级别的沙尘暴时发报(续报)；第一次出现雾或浓雾或强浓雾时发报(始报)，其后当出现更强级别的雾时发报(续报)。

在不守班的每天 20 时 01 分至 08 时 00 分(北京时)时段内，如能确定霾、浮尘、沙尘暴、雾达到发报标准的时间的应拍发，此后白天守班时段不再拍发；如不能确定具体时间的，可不拍发。

d)拍发视程障碍现象(霾、浮尘、沙尘暴、雾)重要天气报时，GGggW0 中的 W0 报 0。

F.5 其他说明

(1)除上述修改外，拍发重要天气报的其他规定执行《重要天气报告电码(GD-11Ⅱ)》(自 1991 年 11 月 1 日开始执行版本)。

(2)国家气候观象台、一级站、二级站原则上均应执行上述规定并拍发重要天气报，确实不能拍发的各省(区、市)气象局应报中国气象局监测网络司备案。

(3)各省(区、市)气象局应根据上述规定的原则精神，对本省(区、市)气象台站拍发重要天气报工作以及增加的观测记录的记载方法等问题做出具体规定，本省(区、市)气象局的重要天气报电码规定应于 2008 年 6 月底前报中国气象局监测网络司备案。

附录 G 航危报电报格式

G.1 文件名

G.1.1 文件名格式

SADDGGgg. CCC

适用于通过电信部门发送的“气象电码格式”件名格式。

G.1.2 命名规则

SA:报类代号固定代码,SA 表示航空报;

DD:编报日期(01～31);

GGgg:编报时间,GG 代表小时(01～24),gg 代表分钟(01～60);

CCC:编报台站字母代号的后三位;

报文的日期、时、分,均按世界协调时(UGT)编码,高位不足时补“0”,该时间可按“固定时间”和“报文形成时间”。

G.2 文件结构及内容

G.2.1 报文内容电码格式

0 段 ZCZC

1 段 T_1T_2CIii sendName DDGGgg

2 段 TO receiveName

3 段 GGgg0 IIiii Nddff VVwwW$_2$ 8N$_s$Ch$_s$h$_s$ 992D$_a$D$_b$ 0TTT$_d$T$_d$＝

或 99999(55555) GGggW$_2$ IIiii 1ddf$_x$f$_x$ 2VVww 8N$_s$9h$_s$h$_s$ 992D$_a$D$_b$＝

4 段 NNNN

G.2.2 报文格式

ZCZC:固定格式,表示报头;

T_1T_2CIii:T_1T_2 为报类指示码,航危报为 SA;CI 为地理代号(中国);ii 为气象公报编号;

sendName:电报发报局名称;

DDGGgg:发报时间,DD:编报日期,GG 编报小时计,gg 编报分钟计,为世界协调时

(UTC);

TO:固定码,表示后面是接收报文的局;

receiveName:电报接收局名称;

其中第3段电码GGgg0开头的为航空天气报报文,99999(55555)开头的为危险报(解除报)报文;

=:固定格式,报文编码组结束符;

NNNN:固定格式,报文结束符。

G.2.3 报文内容

航空天气报和危险(解除)天气报的报文内容具体内容请参考《航空天气报告(航空报)电码》(GD-21Ⅱ)和《危险天气通报(危险报)电码》(GD-22Ⅱ)。

附录 H 航危报数据文件格式

H.1 文件名

H.1.1 文件名格式

Z_SURF_I_IIiii_yyyyMMddHHmmss_O_AERO[-CCx].txt

H.1.2 命名规则

Z:固定代码,表示文件为国内交换的资料;

SURF:固定代码,表示地面观测;

I:固定代码,指示其后字段代码为测站区站号;

IIiii:测站区站号;

yyyyMMddHHmmss:文件生成时间“年月日时分秒”(UTC,国际时);

O:固定代码,表示文件为观测类资料;

AERO:固定代码,表示文件为航空(危险、解除)报观测资料;

CCx:资料更正标识,可选标志,对于某测站(由 IIiii 指示)已发观测资料进行更正时,文件名中必须包含资料更正标识字段。CCx 中:CC 为固定代码;x 取值为 A～X,X=A 时,表示对该站某次观测的第一次更正,X=B 时,表示对该站某次观测的第二次更正,依次类推,直至 x=X。

txt:固定代码,表示文件为文本文件。

说明:AERO 与 CCx 字段间的分隔符为减号“-”,其他各字段间的分隔符为下划线“_”。

H.2 文件结构及内容

航空天气(危险、解除)报告文件共 4 行,具体如下。

(1)基本信息:包括区站号、观测时间、纬度、经度、观测场海拔高度、气压传感器海拔高度、报类指示组、危险天气出现或解除时间、观测方式。(70 Byte)

(2)基本气象观测要素:包括气温、水汽压、相对湿度、露点温度、风向、风速、本站气压、海平面气压、小时降水量、能见度、总云量、积雨云判断量、浓积云判断量、现在天气现象编码、分层云量云状云高(按 8 层计)。(190 Byte)

(3)危险天气:包括危险天气达到标准或解除的种类、达到大风危险天气时的瞬时风向、达

到大风危险天气时的瞬时风速，以及雷雨形势、雷暴、龙卷等出现时的第1、2方位。(33 Byte)

(4)结束行："NNNN"。

各行说明如表H.1所示。

表H.1 各要素字节长度和说明

段序	要素名	单位	长度 Byte	说明
1 基本信息				
1.1	区站号		5	5位数字
1.2	观测时间		14	年月日时分秒（国际时，yyyyMMddHHmmss)，其中：秒固定为"00"
1.3	纬度		6	按度分秒记录，均为2位，高位不足补"0"，台站纬度未精确到秒时，秒固定记录"00"
1.4	经度		7	按度分秒记录，度为3位，分秒为2位，高位不足补"0"，台站经度未精确到秒时，秒固定记录"00"
1.5	观测场海拔高度	0.1 m	5	保留一位小数，扩大10倍记录，高位不足补"0"，若低于海平面，首位存入负号"－"
1.6	气压传感器海拔高度	0.1 m	5	保留一位小数，扩大10倍记录，高位不足补"0"，无气压传感器时，录入"/////"，若低于海平面，首位存入负号"－"
1.7	报类指示组		5	单纯航空天气报告时指示组为00000，危险天气报告或以航空天气报告与危险天气报告合并时指示组为99999，解除天气报告或以航空天气报告与解除天气报告合并时指示组为55555
1.8	危险天气出现或解除时间		4	当报类指示组为"99999"或"55555"时，则编危险天气出现或解除的时和分，各两位，高位不足补"0"，其中解除文件中为危险天气达到解除标准之后20 min的时间；若为单纯航空天气报告时固定编0000
1.9	观测方式		11	对应2.1～2.11各数据组的观测方式，当某观测数据为人工观测时对应编码为0；当某观测数据为自动气象观测时对应编码为1；当某观测数据缺测时对应编码为9
2 基本气象观测要素				
2.1	气温	0.1℃	4	当前时刻的空气温度
2.2	水汽压	0.1 hPa	3	当前时刻的水汽压值

续表

段序	要素名	单位	长度 Byte	说明
2.3	相对湿度	1%	3	当前时刻的相对湿度
2.4	露点温度	0.1℃	4	当前时刻的露点温度值
2.5	2 min 风向	1°	3	当前时刻的 2 min 平均风向
2.6	2 min 平均风速	1 m/s	3	当前时刻的 2 min 平均风速
2.7	本站气压	0.1 hPa	5	当前时刻的本站气压值
2.8	海平面气压	0.1 hPa	5	当前时刻的海平面气压值
2.9	小时降水量	0.1 mm	4	每 1 h 内的降水量累计量
2.10	能见度	0.1 km	4	当前时刻的能见度，由人工输入
2.11	总云量	1 成	3	当前时刻的总云量，由人工输入
2.12	积雨云判断量	1 成	3	当前时刻的 CB 判断总量，由人工输入
2.13	浓积云判断量	1 成	3	当前时刻的 Cu cong 判断总量，由人工输入
2.14	现在天气现象编码		2	按附录 1 的规定编码，由人工输入
2.15	第 1 层累积云量	1 成	3	当前时刻第 1 层累积云量，由人工输入
2.16	第 1 层云状 1		2	当前时刻第 1 层云状 1，由人工输入，按云属编，为浓积云时，编“()”
2.17	第 1 层云状 2		2	当前时刻第 1 层云状 2，由人工输入，按云属编，为浓积云时，编“()”，同一高度无两种以上云时，固定编“//”
2.18	第 1 层云底高	1 m	5	当前时刻第 1 层云底高，由人工输入
2.19—2.46	按 2.15～2.18 的说明，其后输入 7 层云量、云状和云高			
3 危险天气				
3.1	危险天气达到标准或解除的种类		7	按大风、恶劣能见度、雷雨形势、冰雹、云蔽山、雷暴、龙卷的顺序，当某危险天气达到标准或解除时对应编码为 1，否则对应编码为 0
3.2	瞬时风向	1°	3	达到大风危险天气时的瞬时风向
3.3	瞬时风速	1 m/s	3	达到大风危险天气时的瞬时风速
3.4	雷雨形势第 1 方位		2	八方位，用英文大写字母表示，天顶时为“Z”，方位不足两位时，高位补“P”，与危险天气相对应，无对应危险天气时，编码为“//”，两个以上方位时，第 1 方位选取主要方位编，第 2 方位编“99”
3.5	雷雨形势第 2 方位		2	
3.6	雷暴第 1 方位		2	
3.7	雷暴第 2 方位		2	
3.8	龙卷第 1 方位		2	
3.9	龙卷第 2 方位		2	
4 结束行			4	NNNN

存储说明如下：

(1)各数据项均为定长。静风时，固定记为 PPC；其他要素位数不足时，高位补“0”。

(2)风速均取整数，小数四舍五入编。

(3)高山站因测站处于云中，出现雷暴或雷雨形势危险天气时，积雨云判断量输入 10。

(4)云状按云属编，为浓积云时，编“()”。

(5)危险天气出现方位按 8 个方位，用英文大写字母表示，天顶时为“Z”。方位不足两位时，高位补“P”，与危险天气相对应，无对应危险天气时，编码为“//”，两个以上方位时，第 1 方位选取主要方位编，第 2 方位编“99”。

(6)各观测数据之间用 1 个半角空格分隔。第 3 段数据尾部加上“＝＜CR＞＜LF＞”，表示单站数据结束，其他段尾用回车换行“＜CR＞＜LF＞”结束，表示各为 1 行；文件结尾处加“NNNN＜CR＞＜LF＞”，表示全部记录结束。

(7)在各段中，某时次不需要观测或编码的项目或要素缺测，相应记录或编码用相应位长的“/”填充。

(8)同一时次的文件，若有部分用报单位为首份航空报，且观测时有过去时间延续的危险天气存在而需要以航代危时，则报类指示组编报 99999，危险天气出现时间编报////。

附录 I 日数据文件格式

I.1 文件名

I.1.1 文件名

Z_SURF_I_IIiii_yyyyMMddHHmmss_O_AWS_DAY[－CCx].txt

I.1.2 命名规则

Z:固定代码,表示文件为国内交换的资料;

SURF:固定代码,表示地面观测;

I:固定代码,指示其后字段代码为测站区站号;

IIiii:测站区站号;

yyyyMMddHHmmss:文件生成时间“年月日时分秒”(UTC,国际时);

O:固定代码,表示文件为观测类资料;

AWS:固定代码,表示文件为自动气象站地面气象要素资料;

DAY:固定代码,表示日观测资料;

CCx:资料更正标识,可选标志,对于某测站(由 IIiii 指示)已发观测资料进行更正时,文件名中必须包含资料更正标识字段。CCx 中:CC 为固定代码;x 取值为 A～X,X=A 时,表示对该站某次观测的第一次更正,X=B 时,表示对该站某次观测的第二次更正,依次类推,直至 x=X。

txt:固定代码,表示文件为文本文件。

说明:FTM 与 CCx 字段间的分隔符为减号“－”,其他各字段间的分隔符为下划线“_”。

I.2 文件结构及内容

日数据文件<Z_SURF_I_IIiii_yyyyMMddHHmmss_O_AWS_DAY[－CCx].txt>每日 12 时(国际时)形成一个,为顺序文件,共 3 条记录。第 1 条记录为本站基本参数,共 20 个字节;第 2 条记录为要素值,共 72 个字节;第 3 条记录为天气现象,为不定长,按 A 格式规定记录;最后一条记录的后面加上“=<CR><LF>”,表示单站数据结束,其他记录尾用回车换行“<CR><LF>”结束;文件结尾处加“NNNN<CR><LF>”,表示全部记录结束。

(1)第 1 条记录为本站基本参数,第 1 条记录包括区站号、纬度、经度共 3 组,每组用 1 个半角空格分隔,排列顺序及长度分配如表 I.1 所示。

表 I.1 第 1 条记录字节长度和说明

序号	要素名	长度(Byte)	说明
1	区站号	5	5 位数字或第 1 位为字母,第 2～5 位为数字
2	纬度	6	按度分秒记录,均为 2 位,高位不足补"0",台站纬度未精确到秒时,秒固定记录"00"
3	经度	7	按度分秒记录,度为 3 位,分秒为 2 位,高位不足补"0",台站经度未精确到秒时,秒固定记录"00"

(2)第 2 条记录共 14 组,每组用 1 个半角空格分隔,排列顺序及长度分配见表 I.2。

表 I.2 第 2 条记录字节长度和说明

序号	要素名	长度(Byte)	存储规定
1	观测时间	14	年月日时分秒(国际时,yyyyMMddHHmmss),其中时分秒固定为"120000"
2	20—08 时雨量筒观测降水量	5	单位:0.1 mm,扩大 10 倍
3	08—20 时雨量筒观测降水量	5	单位:0.1 mm,扩大 10 倍
4	蒸发量	3	单位:0.1 mm,扩大 10 倍
5	电线积冰—现象	4	按天气现象符号代码记录,只能是 0056、0048、5648、////
6	电线积冰—南北方向直径	3	单位:1 mm
7	电线积冰—南北方向厚度	3	单位:1 mm
8	电线积冰—南北方向重量	3	单位:1g/m
9	电线积冰—东西方向直径	3	单位:1 mm
10	电线积冰—东西方向厚度	3	单位:1 mm
11	电线积冰—东西方向重量	3	单位:1g/m
12	电线积冰—温度	4	单位:0.1℃,扩大 10 倍
13	电线积冰—风向	3	单位:1°
14	电线积冰—风速	3	单位:0.1 m/s,扩大 10 倍

数据记录单位:各要素遵守《地面气象观测规范》规定,各要素值不含小数点,要素位数不足时,高位补"0"。若要素缺测或无记录,均应按规定的字长,每个字节位存入一个"/"字符。

附录J 日照数据文件格式

J.1 文件名

J.1.1 文件名格式

Z_SURF_I_IIiii_yyyyMMddHHmmss_O_AWS-SS_DAY[－CCx].txt

J.1.2 命名规则

Z:固定代码,表示文件为国内交换的资料;

SURF:固定代码,表示地面观测;

I:固定代码,指示其后字段代码为测站区站号;

IIiii:测站区站号;

yyyyMMddHHmmss:文件生成时间"年月日时分秒"(UTC,国际时);

O:固定代码,表示文件为观测类资料;

AWS-SS:固定代码,表示文件为地面日照气象要素资料;

DAY:固定代码,表示日观测资料;

CCx:资料更正标识,可选标志,对于某测站(由IIiii指示)已发观测资料进行更正时,文件名中必须包含资料更正标识字段。CCx中:CC为固定代码;x取值为A～X,X＝A时,表示对该站某次观测的第一次更正,X＝B时,表示对该站某次观测的第二次更正,依次类推,直至x＝X。

txt:固定代码,表示文件为文本文件。

说明:FTM与CCx字段间的分隔符为减号"－",其他各字段间的分隔符为下划线"_"。

J.2 文件结构及内容

日照数据文件＜Z_SURF_I_IIiii_yyyyMMddHHmmss_O_AWS-SS_DAY[－CCx].txt＞由地面气象测报业务软件在逐日地面数据维护中形成,共2条记录。第1条记录为本站基本参数,共22个字节;第2条记录为当日各时和日日照时数,共90个字节,后面加上"＝＜CR＞＜LF＞",表示单站数据结束,其他记录尾用回车换行"＜CR＞＜LF＞"结束;文件结尾处加"NNNN＜CR＞＜LF＞",表示全部记录结束。

(1)第1条记录包括区站号、纬度、经度共3组,每组用1个半角空格分隔,排列顺序及长度分配见表J.1。

表 J.1　第 1 条记录字节长度和说明

序号	要素名	长度(Byte)	说明
1	区站号	5	5 位数字或第 1 位为字母，第 2～5 位为数字
2	纬度	6	按度分秒记录，均为 2 位，高位不足补“0”，台站纬度未精确到秒时，秒固定记录“00”
3	经度	7	按度分秒记录，度为 3 位，分秒为 2 位，高位不足补“0”，台站经度未精确到秒时，秒固定记录“00”
4	日照时制方式	1	1：为真太阳时，由人工观测仪器测得；4：为地方时，由自动观测仪器测得

(2)第 2 条记录该行共 26 组，每组用 1 个半角空格分隔，共 90 个字节。

第 1 组为观测时间，年月日时分秒（地平时或真太阳时，yyyyMMddHHmmss，其中 hhmmss 固定为“000000”）；

第 2 至 25 组为 00—01，01—02，……，23—24 时的每小时日照时数，每组 2 个字节；

第 26 组为日合计，每组 3 个字节。

日照时数的记录单位为小时，取 1 位小数，数据扩大 10 倍写入，不含小数点，要素位数不足时，高位补“0”。若要素缺测或无记录，均应按规定的字长，每个字节位存入一个“/”字符。

附录 K 自动站运行状态信息文件格式

K.1 文件名

K.1.1 文件名格式

Z_SURF_I_IIiii_yyyyMMddHHmmss_R_AWS_FTM[－CCx].txt

K.1.2 命名规则

Z:固定代码,表示文件为国内交换的资料;

SURF:固定代码,表示地面观测;

I:固定代码,指示其后字段代码为测站区站号;

IIiii:测站区站号;

yyyyMMddHHmmss:文件生成时间"年月日时分秒"(UTC,国际时);

R:固定代码,表示文件为状态类资料;

AWS:固定代码,表示文件为自动气象站资料;

FTM:固定代码,表示定时观测资料;

CCx:资料更正标识,可选标志,对于某测站(由 IIiii 指示)已发观测资料进行更正时,文件名中必须包含资料更正标识字段。CCx 中:CC 为固定代码;x 取值为 A～X,X＝A 时,表示对该站某次观测的第一次更正,X＝B 时,表示对该站某次观测的第二次更正,依次类推,直至 x＝X。

txt:固定代码,表示文件为文本文件。

说明:FTM 与 CCx 字段间的分隔符为减号"－",其他各字段间的分隔符为下划线"_"。

K.2 文件结构及内容

状态信息文件＜Z_SURF_I_IIiii_yyyyMMddHHmmss_R_AWS_FTM[－CCx].txt＞每小时一个,为顺序文件,共 2 条记录。第 1 条记录为本站基本参数,共 20 个字节;第 2 条记录为状态值,共 87 个字节;第 1 条记录尾用回车换行"＜CR＞＜LF＞"结束,第 2 条记录的后面加上"＝＜CR＞＜LF＞",表示单站数据结束;文件结尾处加"NNNN＜CR＞＜LF＞"表示全部记录结束。

(1)第 1 条记录包括区站号、纬度、经度共 3 组,每组用 1 个半角空格分隔,排列顺序及长度分配见表 K.1。

表 K.1　第 1 条记录字节长度和说明

序号	要素名	长度(Byte)	说明
1	区站号	5	5 位数字或第 1 位为字母,第 2～5 位为数字
2	纬度	6	按度分秒记录,均为 2 位,高位不足补“0”,台站纬度未精确到秒时,秒固定记录“00”
3	经度	7	按度分秒记录,度为 3 位,分秒为 2 位,高位不足补“0”,台站经度未精确到秒时,秒固定记录“00”

(2)第 2 条记录为各状态值,每组用 1 个半角空格分隔,排列顺序及长度分配见表 K.2。

表 K.2　第 2 条记录字节长度和说明

序号	内容	长度(Byte)	说明
1	计算机与子站的通信状态	1	0:正常,1:不正常
2	气压传感器是否开通	1	0:开通,1:未开通
3	气温传感器是否开通	1	同上
4	湿球温度传感器是否开通	1	同上
5	湿敏电容传感器是否开通	1	同上
6	风向传感器是否开通	1	同上
7	风速传感器是否开通	1	同上
8	雨量传感器是否开通	1	同上
9	感雨传感器是否开通	1	同上
10	草面温度传感器是否开通	1	同上
11	地面温度传感器是否开通	1	同上
12	5 cm 地温传感器是否开通	1	同上
13	10 cm 地温传感器是否开通	1	同上
14	15 cm 地温传感器是否开通	1	同上
15	20 cm 地温传感器是否开通	1	同上
16	40 cm 地温传感器是否开通	1	同上
17	80 cm 地温传感器是否开通	1	同上
18	160 cm 地温传感器是否开通	1	同上
19	320 cm 地温传感器是否开通	1	同上
20	蒸发传感器是否开通	1	同上
21	日照传感器是否开通	1	同上
22	能见度传感器是否开通	1	同上

续表

序号	内容	长度(Byte)	说明
23	云量传感器是否开通	1	同上
24	云高传感器是否开通	1	同上
25	总辐射传感器是否开通	1	同上
26	净全辐射传感器是否开通	1	同上
27	散射辐射传感器是否开通	1	同上
28	直接辐射传感器是否开通	1	同上
29	反射辐射传感器是否开通	1	同上
30	紫外辐射传感器是否开通	1	同上
31	备用 1 传感器是否开通	1	同上
32	备用 2 传感器是否开通	1	同上
33	备用 3 传感器是否开通	1	同上
34	备用 4 传感器是否开通	1	同上
35	备用 5 传感器是否开通	1	同上
36	备用 6 传感器是否开通	1	同上
37	子站是否修改了时钟	1	0:修改,1:未修改
38	采集器数据是否正确读取	1	0:读取成功,1:读取失败
39	供电方式	1	0:市电,1:备份电源,/:不能获取
40	采集器主板电压	4	单位:V,保留 1 位小数,位数不足时,高位补“0”,不能获取时,用“////”表示
41	采集器主板温度	4	单位:℃,保留 1 位小数,位数不足时,高位补“0”,不能获取时,用“////”表示

附录L　分钟观测数据文件格式

L.1　文件名格式

“分钟观测数据文件”(简称J文件)为文本文件,文件名由17位字母、数字、符号组成,其结构为“JIIiii-YYYYMM.TXT”。

其中“J”为文件类别标识符(保留字);“IIiii”为区站号;“YYYY”为资料年份;“MM”为资料月份,位数不足,高位补“0”;“TXT“为文件扩展名。

L.2　文件结构

J文件由台站参数、观测数据两个部分构成。观测数据部分结束符为“??????”。

L.2.1　台站参数

台站参数由11组数据构成,排列顺序为区站号、纬度、经度、观测场海拔高度、气压感应器海拔高度、风速感应器距地(平台)高度、观测平台距地高度、观测方式和测站类别、要素项目标识、年份、月份。各组数据间隔符为空格。

要素项目标识(y1y2y3y4y5)。由5个字符y1,…,y5组成,分别表示J文件5个要素全月分钟数据状况。以气压为例,y1=0表示观测数据部分没有每分钟气压观测数据,y1=1表示观测数据部分有每分钟气压观测数据。

L.2.2　观测数据

(1)数据结构

①数据构成

观测数据部分为全月观测数据,时间尺度为分钟,由台站参数部分要素项目标识中标识为“1”的要素构成,排列顺序如下:本站气压(P)、气温(T)、相对湿度(U)、降水量(R)、风(F)。

②各要素基本数据格式

每个要素由指示码、方式位及该要素一个月的观测数据组成。观测数据每天的时次数不允许出现少于或多于24 h,每月的天数不允许出现少于或多于法定天数。缺测在相应位置补“/”。

③数据专用字符

在J文件中,用作数据区分和控制的字符主要有:1 h结束为“,<CR>”,1 d结束为

“.<CR>”，全月结束为“=<CR>”。

(2) 各要素数据格式规定

①本站气压(P)

方式位为“0”，全月数据只有 1 段。每小时一条记录，每条记录包括 60 组数据，每组数据占 5 位，位数不足，高位补“0”，间隔符为 1 位空格，单位为 0.1 hPa。

②气温(T)

方式位为“0”，全月数据只有 1 段。每小时一条记录，每条记录包括 60 组数据，每组数据占 4 位，第一位为符号位，正为“0”，负为“—”，位数不足，高位补“0”，间隔符为 1 位空格，单位为 0.1℃。

③相对湿度(U)

方式位为“0”，全月数据只有 1 段。每小时一条记录，每条记录包括 60 组数据，每组数据占 2 位，位数不足，高位补“0”，间隔符为 1 位空格。相对湿度单位为%，取整数。相对湿度为 100 者，用“%%”表示。

④降水量(R)

方式位为“0”，全月数据只有 1 段。每小时一条记录，每条记录包括 60 组数据，每组数据占 2 位，位数不足，高位补“0”，无间隔符。降水量单位为 0.1 mm。若降水量≥9.9 mm 时，为“99”。

在 1 h 之内，某分钟以后、1 h 结束之前无降水，录入某分钟降水量后，直接录入时次结束符“,〈CR〉”，在某分钟之前的每一分钟，没有降水须录入“00”，缺测须录入“//”。在 1 d 之内，某小时无降水，直接录入“,〈CR〉”，缺测先录入“/”，再录入“,〈CR〉”。在 1 月之内，某天无降水，直接录入日结束符“.〈CR〉”，缺测先录入“/”，再录入“.〈CR〉”。月结束符“=〈CR〉”同时又是每月最后 1 天日结束符。当最后 1 天缺测时只须录入“/=〈CR〉”。全月无降水，录入“R0=〈CR〉”，全月缺测录入“R=〈CR〉”。

⑤ 风(F)

方式位为“0”，全月数据只有 1 段，为每分钟平均风向风速。每小时一条记录，每条记录包括 60 组数据，每组数据占 6 位，前 3 位为风向，后 3 位为风速，位数不足，高位补“0”，间隔符为 1 位空格。风向单位为度，风速单位为 0.1 m/s。

L.3　J 文件基本结构

IIiii QQQQQ LLLLLL H_1 H_1 H_1 H_1 H_1 H_1 H_2 H_2 H_2 H_2 H_2 H_2 H_3 H_3 H_3 H_4 H_4 H_4 Sx_1 x_2 $y_1$$y_2$ y_3 y_4 y_5 YYYY MM <CR>

……

……

R0<CR>

```
xxxxxxxx…(60组)…xxxxxx,<CR>┐                    ┐
xxxxxxxx…(60组)…xxxxxx,<CR>│                    │
.                           │ 24个时次/天        │
.                           │                    │
.                           ┘                    │
xxxxxxxx…(60组)…xxxxxx.<CR>                      │ 31天/月
.                                                │
.                                                │
.                                                │
xxxxxxxx…(60组)…xxxxxx.<CR>>                     │
.                                                │
.                                                ┘
xxxxxxxx…(60组)…xxxxxx=<CR>>
……
……
?????? <CR>>
```

附录 M　地面气象观测数据文件格式

M.1　文件名格式

“地面气象观测数据文件”(简称 A 文件)为文本文件,文件名由 17 位字母、数字、符号组成,其结构为“AIIiii-YYYYMM. TXT”。

其中“A”为文件类别标识符(保留字);“IIiii”为区站号;“YYYY”为资料年份;“MM”为资料月份,位数不足,高位补“0”;“TXT“为文件扩展名。

M.2　文件结构及内容

A 文件由台站参数、观测数据、质量控制、附加信息四个部分构成。观测数据部分的结束符为“??????”,质量控制部分的结束符为“******”,附加信息部分的结束符为“######”。

M.2.1　台站参数

台站参数是文件的第 1 条记录,由 12 组数据构成,排列顺序为区站号、纬度、经度、观测场海拔高度、气压感应器海拔高度、风速感应器距地(平台)高度、观测平台距地高度、观测方式和测站类别、观测项目标识、质量控制指示码、年份、月份。各组数据间隔符为 1 位空格。

(1)区站号(IIiii),由 5 位数字或字母组成,前 2 位为区号,后 3 位为站号,若为区域气象观测站,第 1 个字符为字母。

(2)纬度(QQQQQ),由 4 位数字加 1 位字母组成,前 4 位为纬度,其中 1～2 位为度,3～4 位为分,位数不足,高位补“0”。最后一位“S”、“N”分别表示南、北纬。

(3)经度(LLLLLL),由 5 位数字加 1 位字母组成,前 5 位为经度,其中 1～3 位为度,4～5 位为分,位数不足,高位补“0”。最后一位“E”、“W”分别表示东、西经。

(4)观测场海拔高度($H_1H_1H_1H_1H_1H_1$),由 6 位数字组成,第 1 位为海拔高度参数,实测为“0”,约测为“1”。后 5 位为海拔高度,单位为“0.1 m”,位数不足,高位补“0”。若测站位于海平面以下,第 2 位录入“－”号。

(5)气压感应器海拔高度(H2H2H2H2H2H2),规定同观测场海拔高度。

(6)风速感应器距地(平台)高度(H3H3H3),由 3 位数字组成,单位为“0.1 m”,位数不足,高位补“0”。

(7)观测平台距地高度(H4H4H4),由 3 位数字组成,单位为“0.1 m”,位数不足,高位补“0”。

(8)观测方式和测站类别(Sx1x2),“S”为测站类别标识符(保留字),用大写字母表示。

x1x2 由 2 位数字组成，x1 表示观测方式，x2 表示测站类别。x1＝0 时器测项目为人工观测，x1＝1 时，器测项目为自动站观测。x2＝1 为基准站，x2＝2 为基本站，x2＝3 为一般站（4 次人工观测），x2＝4 为一般站（3 次人工观测），x2＝5 为无人自动观测站。

(9)观测项目标识（y1y2y3y4y5y6y7y8y9y10y11y12y13y14y15y16y17y18y19y20）。由 20 个字符 y1，…，y20 组成，分别表示 A 文件 20 个要素全月数据状况。y1＝0 表示人工观测，y1＝1 表示自动站观测（若由自动站观测和人工观测两段构成时，该月所有的数据统一视为自动站观测数据），y1＝9 表示全月数据缺测。

(10)质量控制指示码(C)。C＝0 表示文件无质量控制部分，C＝1 表示文件有质量控制部分。

(11)年份(YYYY)，由 4 位数字组成。

(12)月份(MM)，由 2 位数组成，位数不足，高位补“0”。

M.2.2　观测数据

(1)数据结构

① 各要素排列

观测数据由 20 个地面要素构成，每个要素在文件中的排列顺序是固定的。20 个要素的名称（指示码）排列顺序如下：气压(P)、气温(T)、湿球温度(I)、水汽压(E)、相对湿度(U)、云量(N)、云高(H)、云状(C)、能见度(V)、降水量(R)、天气现象(W)、蒸发量(L)、积雪(Z)、电线积冰(G)、风(F)、浅层地温(D)、深层地温(K)、冻土深度(A)、日照时数(S)、草面（雪面）温度(B)。

其中海平面气压归并到气压，露点温度归并到湿球温度，地面状态归并到草面（雪面）温度，成为该要素的一个数据段。

② 各要素基本数据格式

每个要素由指示码、方式位及该要素一个月的观测数据组成。

a)指示码和方式位

指示码和方式位是每个要素数据的第 1 条记录，要素指示码用大写字母表示，方式位用 0～9、A～Z 表示（参见附录 D）。当要素指示码后直接为“＝”时，表示该要素全月缺测；当方式位为 0 且第三位为等号“＝”时，表示该要素有观测，但全月未出现或者因天气缘故无观测数据。记录结束符为“<CR>”。

b)各要素数据结构

要素观测数据由一个或几个数据段组成，每个数据段结束符为“＝<CR>”，如果某段数据缺省，直接用该段结束符“＝<CR>”表示；每个数据段由若干条记录组成，每条记录结束符为“<CR>”，数据段最后一条记录的结束符直接使用段结束符“＝<CR>”；每条记录含有若干组数据，每组数据之间用 1 位空格分隔。

③数据专用字符

a)数据组与组之间的间隔符，若无特殊规定和说明，一律为 1 位空格。

b)记录缺测，用相应位数的“/” 表示。

c)云量（含 24 次观测）一日结束须录入“<CR>”。

d)云状和云高一个时次结束须录入“，”。若云状方式位 X＝A 和云高方式位 X＝B 时，一个记录结束须录入“<CR>”，一日结束须录入“.<CR>”；若方式位 X≠A 时，一日结束须录入“<CR>”。

e)一种天气现象结束须录入“，”，一日结束须录入“.<CR>”。

f)其余的要素项和方式位，若每天观测次数小于 24 次，一日结束须录入“<CR>”；若每天观测次数等于 24 次，一个记录结束须录入“<CR>”，一日结束符须录入“.<CR>”。

g)每段数据月结束须录入“=<CR>”。每个要素最后一段的月结束符同时也是该要素月结束符。

(2)各要素数据格式说明

在以下的条目中，每天“4 次”、“3 次”、“24 次”分别指每天地面气象观测次数。每天 4 次定时观测时间分别为 02 时，08 时，14 时，20 时；每天 3 次定时观测时间分别为 08 时，14 时，20 时；每天 24 次定时观测时间分别为 21 时至 20 时，每 1 h 观测一次。每天应有数据的组数分别为“4 组”、“3 组”、“24 组”，除说明外，不包括每天的极值。

在以下条目中，极值出现时间(GGgg)为 4 位数，前 2 位为时，后 2 位为分，位数不足，高位补“0”。

(3)本站气压(P)、海平面气压(P_0)

①方式位(X)

气压的方式位有 7 个。数据由 2 段组成，第 1 段为本站气压，第 2 段为海平面气压。每段每天数据的组数规定如下。

- X=3。本站气压每天 4 次定时和自记日最高、最低值共 6 组；海平面气压每天 4 次定时值共 4 组。
- X=4。本站气压、海平面气压段，每段每天 4 次定时值共 4 组。
- X=6。本站气压每天 3 次定时和自记日最高、最低值共 5 组；海平面气压每天 3 次定时值共 3 组。
- X=8。本站气压、海平面气压段，每段每天 3 次定时值共 3 组。
- X=B。本站气压每天 24 次定时及自记日最高、最低值共 26 组，分为 2 个记录，第 1 个记录(21—08 时)为 12 组，第 2 个记录(09—20 时及最高、最低值)为 14 组；海平面气压每天 4 次定时值共 4 组。
- X=C。本站气压每天 24 次定时值和日最高、最低值及出现时间共 28 组，分为 2 个记录，第 1 个记录(21—08 时)为 12 组，第 2 个记录(09—20 时和最高值及出现时间、最低值及出现时间)为 16 组；海平面气压每天 4 次定时值共 4 组。
- X=D。本站气压每天 24 次定时值和日最高、最低值及出现时间共 28 组，分为 2 个记录，第 1 个记录(21—08 时)为 12 组，第 2 个记录(09—20 时和最高值及出现时间、最低值及出现时间)为 16 组；海平面气压每天 24 次定时值共 24 组，分为 2 个记录，每个记录 12 组。

②有关技术规定

a) 气压单位为“0.1 hPa”。

b) 每组 4 位数。若气压值≥1000.0 hPa，千位数不录入。

(4)气温(T)

①方式位(X)

气温的方式位有 4 个。全月数据只有 1 段，每天数据的组数规定如下。

- X=0。每天 4 次定时及日最高、最低值共 6 组。
- X=9。每天 3 次定时及日最高、最低值共 5 组。
- X=A。每天 24 次定时及日最高、最低值共 26 组，分为 2 个记录，第 1 个记录(21—08 时)为 12 组，第 2 个记录(09—20 时和最高、最低值)为 14 组。
- X=B。每天 24 次定时和日最高、最低值及出现时间共 28 组，分为 2 个记录，第 1 个记录(21—08 时)为 12 组，第 2 个记录(09—20 时和最高值及出现时间、最低值及出现时间)为 16 组。

②有关技术规定

a) 气温单位为“0.1℃”。

b) 每组 4 位数，第一位为符号位，正为“0”，负为“-”，位数不足，高位补“0”。

(5)湿球温度(I)、露点温度(T_d)

①方式位(X)

湿球温度项的方式位有 4 个。数据由 2 段组成，第 1 段为湿球温度，第 2 段为露点温度。每段每天数据的组数规定如下。

- X=2。湿球温度、露点温度段，每段每天 4 次定时值共 4 组。
- X=7。湿球温度每天 3 次定时值共 3 组；露点温度每天 4 次定时值共 4 组。
- X=8。湿球温度每天 3 次定时值共 3 组；露点温度每天 3 次定时值共 3 组。
- X=B。湿球温度、露点温度段，每段每天 24 次定时值共 24 组，分 2 个记录，第 1 个记录(21—08 时)为 12 组，第 2 个记录(09—20 时)为 12 组。

②有关技术规定

a) 湿球温度、露点温度的单位为“0.1℃”。

b) 每组 4 位数，第一位为符号位，正录入“0”，负录入“-”，位数不足，高位补“0”。

c) 若湿球结冰，符号位改为“,”，其他 3 位为记录值；若气温在-10℃以下，湿球无记录，用“,,,,”表示。

d) 如果湿球全月结冰无湿球温度、露点温度数据，用“I0=<CR>”表示；如果湿球全月结冰无湿球温度数据，用“IX<CR>0=<CR>”(X=2,7,8,B)表示。

(6)水汽压(E)

①方式位(X)

水汽压的方式位有 3 个。全月数据只有 1 段，每天数据的组数规定如下。

- X=0。每天 4 次定时值共 4 组。
- X=9。每天 3 次定时值共 3 组。
- X=A。每天 24 次定时值共 24 组，分 2 个记录，第 1 个记录(21—08 时)为 12 组，第 2 个记录(09—20 时)为 12 组。

②有关技术规定

a) 水汽压单位为“0.1 hPa”。

b) 每组 3 位数，位数不足，高位补“0”。

(7)相对湿度(U)

①方式位(X)

相对湿度的方式位有 6 个。全月数据只有 1 段，每天数据的组数规定如下。

- $X=0$。每天 4 次定时及自记日最小值共 5 组。
- $X=2$。每天 4 次定时值共 4 组。
- $X=7$。每天 3 次定时及自记日最小值共 4 组。
- $X=9$。每天 3 次定时值共 3 组。
- $X=\mathrm{A}$。每天 24 次定时及自记日最小值共 25 组，分为 2 个记录，第 1 个记录(21—08 时)为 12 组，第 2 个记录(09—20 时及日最小)为 13 组。
- $X=\mathrm{B}$。每天 24 次定时值和自动观测日最小值及出现时间共 26 组，分为 2 个记录，第 1 个记录(21—08 时)为 12 组，第 2 个记录(09—20 时和最小值及出现时间)为 14 组。

②有关技术规定

a) 相对湿度单位为“%”。

b) 每组 2 位数，位数不足，高位补“0”。

c) 相对湿度为 100 时，用“%%”表示。

(8)云量(N)

①方式位(X)

云量的方式位有 3 个。数据由 2 段组成，第 1 段为总云量，第 2 段为低云量。每段每天数据的组数规定如下。

- $X=0$。总、低云量段，每段每天 4 次定时值共 4 组。
- $X=9$。总、低云量段，每段每天 3 次定时值共 3 组。
- $X=\mathrm{A}$。总、低云量段，每段每天 24 次定时值共 24 组。

②有关技术规定

a) 云量单位为成，取整数。

b) 云量每组 2 位数，位数不足，高位补“0”。

c) 符号“10”或“10－”一律录入“11”。

(9)云高(H)

①方式位(X)

云高的方式位有 3 个，全月数据只有 1 段，其数据格式规定如下：

- $X=0$。每天 4 个时次的云高。
- $X=9$。每天 3 个时次的云高。
- $X=\mathrm{B}$。每天录入 24 个时次的云高，分为 4 个记录，每个记录录入的时次数分别为 8,5,5,6 次。

②有关技术规定

a) 只录入实测云高。

b) 云高单位为“m”。

c) 每个时次云高的数量不限。出现有两种云状的云高，或者同一云底有两个云高，每种云高为一组，每组云高长 7 位，前 2 位为云状(CC)，取云状符号(见附录 4)前 2 位，后 5 位为云高，位数不足，高位补“0”，组间隔符为空格。每个时次间隔符为“,”。

d）在一次观测中，若无云直接录入时次结束符“，”，若缺测先录入“///”，再录入“，”。

(10)云状(C)

①方式位(X)

云状的方式位有 3 个。全月数据只有 1 段，每天云状观测时次规定如下。

- X=0。每天 4 个时次的云状。
- X=9。每天 3 个时次的云状。
- X=A。每天 24 个时次的云状，分为 4 个记录，每个记录录入的时次数分别为 8，5，5，6 次。

②有关技术规定

a）每个时次云状的数量不限。一种云状为一组，由 3 位符号组成(见附录 4)，组间隔符为空格。

b）因天气现象影响云状观测时，在云状前增录一组影响该云状的天气现象编码(2 位)，接着录入云状符号。

c）在一次观测中，若无云直接录入时次结束符“，”，若缺测先录入“///”，再录入“，”。

(11)能见度(V)

①方式位(X)

能见度的方式位有 5 个。全月数据只有 1 段，每天数据的组数规定如下。

- X=0。每天 4 次定时值共 4 组，每组 3 位数。
- X=7。每天 3 次定时值共 3 组(级别)，每组 1 位数。
- X=8。每天 4 次定时值共 4 组(级别)，每组 1 位数。
- X=9。每天 3 次定时值共 3 组，每组 3 位数。
- X=A。每天 24 次定时值共 24 组，分为 2 个记录，每个记录为 12 组，每组 3 位数。
- X=B。每天 24 次定时值和自动观测日最小值及出现时间共 26 组，分为 2 个记录，第 1 个记录(21—08 时)为 12 组，第 2 个记录(09—20 时和最小值及出现时间)为 14 组，除出现时间为每组 4 位数外，其余每组 5 位数。

②有关技术规定：

a）方式位 X=0，9，A 时，单位为“0.1 km”，位数不足，高位补“0”；方式位 X=7，8 时，单位为级别。

b）方式位 X=B 时，单位为“1 m”，位数不足，高位补“0”。

c）当能见度≥100.0 km 时，方式位 X=0，9，A 时，录入“999”；方式位 X=B 时，录入“99999”。

(12)降水量(R)

①方式位(X)

降水量的方式位有 3 个。方式位 X=2 时，只有定时降水量即 20—08 时、08—20 时、20—20 时降水量一段，方式位 X=0 时，由 2 段组成，第 1 段为定时降水量，第 2 段为自记1 h 和 10 min 最大降水量；方式位 X=6 时，由 3 段组成，第 1 段为定时降水量即 20—08 时、08—20 时、20—20 时降水量，第 2 段为自记(或自动观测)每小时降水量，第 3 段为降水上下连接值。每段每天数据的组数规定如下。

• X=0。定时降水量每天 3 组;第 2 段每天自记 1 h、10 min 最大降水量共 2 组。
• X=2。只有一段,定时降水量每天 3 组。
• X=6。定时降水量段每天 3 组;自记降水量段每天(21—20 时)共 24 组,分为 2 个记录,每个记录为 12 组;降水上下连接值段每月 3 组。

②有关技术规定

a) 降水量单位为"0.1 mm"。

b) 降水量每组 4 位数,位数不足,高位补"0"。

c) 无降水量录入"0000",微量录入",,,,"。

d) 若降水量≥1000.0 mm,取整数(小数四舍五入),四位数中第一位用一特定符号表示,即";"表示 1000+,":"表示 2000+,后 3 位为降水量。如某日降水量 1672.4,录入";672"。

e) 自记降水连续缺测一个以上时段,缺测时段的降水量为累计量时,在缺测的起始时段录入"A———",中间时段录入"————",终止时段录入累计降水量。例如,缺测时段从 02～03 到 05～06,气表—1 上记录为"←——————————————6.1",录入后为"A——— ———— ———— 0061"。

f) 降水上下连接值每月 3 组。第一组由 4 位数组成,录入当月最后一天 20 时至下月 1 日 08 时降水量,无降水量录入"0000",缺测录入相应位数的斜杠"/";第二组由 10 位数字、符号组成,录入上月末段连续降水(或无降水)开始日期、月份和年份,日期、月份为 2 位,年份为 4 位,位数不足,高位补"0",中间间隔符为"/",连续降水(或无降水)开始日期可上跨月、跨年挑取;第三组由 5 位数组成,录入上月末段连续降水量,若无连续降水量须录入"00000"。每组录满规定位数,位数不足,高位补"0"。

g) 如果全月无降水,当方式位=6 时,第 1、2 数据段各自用"0=<CR>"表示;其他方式位时,用"R0=<CR>"表示。

(13)天气现象(W)

①方式位(X)

天气现象的方式位有 1 个。全月数据只有 1 段,其数据格式规定如下:

X=0。按天气现象栏记载的先后次序,以日以天气现象为单位录入,每天一条记录。先录入 1 组天气符号编码(2 位),然后录入空格,接着录入天气现象起时与止时各一组,每组 4 位,前 2 位录入时(GG),后 2 位录入分(gg),位数不足,高位补"0"。

②有关技术规定

a) 天气现象编码表见附录 D。

b) 若起止时间中间是虚线,则组间录入 3 个空格;若起止时间有间断两次或以上者,则每一间断录入一上撇号"'"。

c) 某天出现多种天气现象,每种现象结束须录入现象结束符",",一天结束须录入日结束符".",若全天无天气现象,则只录入"."。

d) 天气现象在演变过程中,则演变过程的天气符号编码与起止时间,均按记录顺序录入;若同时有两种天气现象,则须分别录入。

e) 雷暴和大风,若有移动方向和最大风速及风向时,还须加录雷暴移动方向和最大风速及风向。在按上述规定录完天气现象编码及起止时间后,接着录入间隔符";"和雷暴移动方向或最大风速及风向，然后再录入“,”。若无方向记载或有方向但混乱，则只录入“,”即可。大风在“;”号后面，先录入最大风速 3 位数，然后录入空格，再录入风向。若大风现象中无风速记载，则与雷暴无方向处理相同。若天气现象记飑，同时有最大风速，则与大风录入方法相同。

f) 夜间不守班。夜间天气现象先录入“(”，结束录入“)”，中间只录入天气现象编码，编码间录入“,”。

g) 若天气现象符号后，只有起时无止时，则录完起时后接着录入“,”。若只有天气现象，无起止时间，在录完天气现象编码后接着录入“,”。

h) 若起止时间缺测，则按缺测处理。

i) 某天因缺测无记录时，录入“//,.”。

j) 同一种天气现象连续出现，只录入起时与止时。

k) 同一种天气现象，既有连续又有间断出现时，可按间断情况录入，也可按连续、间断时间录入。

l) 雾、沙尘暴、浮尘、霾等视程障碍天气现象出现能见度小于 1000 m 时，除录入起止时间外(霾不录入起止时间)，应加录最小能见度。一种视程障碍现象一天只记录一个最小能见度。最小能见度以 m 为单位，取整数，占 3 位，位数不足高位补“0”，录完天气现象编码或起止时间后接着录入间隔符“;”和 3 位最小能见度，然后再录入“,”；夜间不守班的气象站，当某一现象的最小能见度出现在夜间时，则录入在夜间栏，最小能见度紧接在天气现象编码后录入；若最小能见度缺测，在间隔符“;”后录入“///”。

(14)蒸发量(*L*)

①方式位(*X*)

蒸发量的方式位有 3 个。数据由 2 段组成，第 1 段为小型蒸发量，第 2 段为 E-601B(或大型)蒸发量。每段每天数据的组数规定如下。

- *X*=0。小型、E-601B(或大型)段，每段每天日总量 1 组。
- *X*=A。小型段每天日总量 1 组；E-601B(或大型)段每天 24 次定时值和日总量共 25 组，分为 2 条记录，第一条记录为 21—08 时蒸发量共 12 组，第二条记录为 09—20 时蒸发量和日总量共 13 组。
- *X*=B。小型段每天日总量 1 组；E-601B(或大型)段每天 24 次定时值共 24 组，分为 2 个记录，每个记录为 12 组。

②有关技术规定

a) 蒸发量单位为“0.1 mm”。

b) 每组 3 位数，位数不足，高位补“0”。

c) 小型蒸发皿或 E-601B(大型)蒸发桶结冰。若有记录时，只录入量，结冰符号不予考虑；若无记录时，录入“,,,”。

d) 若 E-601B 型蒸发器全月无记录时，在小型记录月结束符“=<CR>”后，接着录入“=<CR>”。

e) 若蒸发量记有“>”符号，蒸发量单位改变为“1 mm”(小数四舍五入)，第 1 位数用“>”表示。例如蒸发量>20 mm，表示为“>20”。

(15)积雪(Z)

①方式位(X)

积雪的方式位只有 1 个。全月数据只有 1 段,每天数据的组成规定如下:

X=0。每天 2 组,第 1 组为雪深,第 2 组为雪压。

②有关技术规定

a) 雪深单位为“cm”;雪压单位为“0.1 g/cm^2”。

b) 每组 3 位数,位数不足,高位补“0”。

c) 雪深<5 cm 无雪压,雪压一律补“000”,雪深≥5 cm 无雪压,雪压按缺测处理。积雪微量,雪深录入“,,,”,雪压录入“000”。

(16)电线积冰(G)

①方式位(X)

电线积冰的方式位有 2 个。方式位 X=0 时,由 2 段组成,第 1 段为雨凇,第 2 段为雾凇;方式位 X=2 时,只有 1 段。每段每天数据的组成规定如下。

- X=0。雨凇、雾凇段,每段每天 6 组,分别为南北方向和东西方向的直径、厚度和重量,各组的位数分别为 3,3,5,3,3,5,位数不足,高位补“0”。
- X=2。全月只有 1 段,每天 9 组,分别为现象编码、南北方向和东西方向的直径、厚度、重量和气温、风向风速,各组的位数分别为 4,3,3,5,3,3,5,4,6,位数不足,高位补“0”。其中现象编码的前 2 位为雨凇,后 2 位为雾凇,若某现象缺,在其相应的位置上录入“00”;风向风速为一组,前 3 位为风向,风向采用 16 个方位和静风的缩写字母录入,位数不足,高位补“P”,后 3 位为风速,单位为“0.1 m/s”。

②有关技术规定

a) 雨凇和雾凇直径单位为“mm”,厚度单位为“mm”,重量单位为“g/m”。

b) 在一次积冰过程中,某些日期有现象,按规定不测直径、厚度、重量,其记录为空白时,在其相应的位置上录入相应位数的“-”。

(17)风(F)

①方式位(X)

风的方式位共有 4 个。数据由 3 段组成,第 1 段为 2 分钟平均风向风速,第 2 段为 10 分钟平均风向风速,第 3 段为最大极大风及出现时间。每段每天数据的组数规定如下。

- X=E。第 1 段每天 4 次定时值共 4 组;第 2 段每天 24 次定时值共 24 组,分为 4 个记录,每个记录为 6 组;第 3 段每天最大、极大风共 4 组,第 2,4 组分别为最大、极大风出现时间。
- X=H。第 1 段每天 3 次定时值共 3 组;第 2 段每天 24 次定时值共 24 组,分为 4 个记录,每个记录为 6 组;第 3 段每天最大、极大风共 4 组,第 2,4 组分别为最大、极大风出现时间。
- X=K。第 1 段和第 2 段,每段每天 24 次定时值共 24 组,分为 4 个记录,每个记录为 6 组;第 3 段每天最大、极大风共 4 组,第 2,4 组分别为最大、极大风出现时间。
- X=N。第 1 段和第 2 段,每段每天 24 次定时值共 24 组,分为 4 个记录,每个记录为 6 组;第 3 段每天最大、极大风共 4 组,第 2,4 组为出现时间。

②有关技术规定

a) 风向风速每组 6 位，第 1 段和第 2 段前 3 位为风向，后 3 位为风速，最大极大风前 3 位为风速，后 3 位为风向。

b) 方式位 X＝N 时，风向单位为度，位数不足，高位补“0”，当风向为“C”时，录入“PPC”；其余的方式位风向按风向缩写(字母)录入，风向按 8 个方位记载时，不足 3 位，高位补“A”，风向按 16 个方位记载时，不足 3 位，高位补“P”。

c) 风速单位为“0.1 m/s”，无小数须补“0”，位数不足，高位补“0”。除方式位 X＝N 时风速不考虑仪器超刻度情况外，其余方式位中风速若超出仪器刻度范围时，3 位数中第一位用特定符号“>”表示，风速取整数(小数四舍五入)。如风速超过 30.0 m/s，录入“>30”。

(18)浅层地温(*D*)

①方式位(X)

浅层地温的方式位有 7 个。方式位 X＝1 时，由 5 段组成，每段对应的深度分别为0 cm，5 cm，10 cm，20 cm，30 cm；其余的方式位，由 6 段组成，每段对应的深度分别为 0 cm，5 cm，10 cm，15 cm，20 cm，40 cm。每段每天数据的组数规定如下。

- X＝0。0 cm 段每天 4 次定时和日最高、最低值共 6 组；5 cm，10 cm，15 cm，20 cm，40 cm段，每段每天 4 次定时值共 4 组。
- X＝1。0 cm 段每天 3 次定时及日最高、最低值共 5 组；5 cm，10 cm，20 cm，30 cm 段，每段每天 3 次定时值共 3 组。
- X＝2。0 cm，5 cm，10 cm，15 cm，20 cm，40 cm 段，每段每天 4 次定时值共 4 组。
- X＝7。0 cm 段每天 4 次定时和日最高、最低值共 6 组；5 cm，10 cm，15 cm，20 cm，40 cm段，每段每天 3 次定时值共 3 组。
- X＝8。0 cm，5 cm，10 cm，15 cm，20 cm，40 cm 段，每段每天 3 次定时值共 3 组。
- X＝9。0 cm 段每天 3 次定时及日最高、最低值共 5 组；5 cm，10 cm，15 cm，20 cm，40 cm段，每段每天 3 次定时值共 3 组。
- X＝B。0 cm 段每天 24 次定时和自动观测日最高、最低值及出现时间共 28 组，分为 2 个记录，第 1 个记录(21—08 时)为 12 组，第 2 个记录(09—20 时和最高值及出现时间、最低值及出现时间)为 16 组；5 cm，10 cm，15 cm，20 cm，40 cm 段，每段每天 24 次定时值共 24 组，分为 2 个记录，每个记录 12 组。

②有关技术规定

a) 浅层地温单位为“0.1℃”。

b) 每组 4 位数。第一位为符号位，正为“0”，负为“－”，位数不足，高位补“0”。

c) 地温超刻度记录，超上限(即>)者，符号位为“.”，超下限(即<)者，符号位为“＋”。

d) 某深度从某天以后无记录，录完某天记录后，接着录入月结束符“＝<CR>”，某天以前无记录，则按缺测处理。

(19)深层地温(*K*)

①方式位(X)

深层地温的方式位有 3 个。方式位 X＝0，1 时，由 1 段组成；方式位 X＝B 时，由 3 段组成，每段对应的深度分别为 80 cm，160 cm，320 cm。每段每天数据的组数规定如下。

- X=0。每天 14 时 80 cm，160 cm，320 cm 地温共 3 组。
- X=1。每天 14 时 50 cm，100 cm，200 cm，300 cm 地温共 4 组。
- X=B。80 cm，160 cm，320 cm 段，每段每天 24 次定时值共 24 组，分为 2 个记录，每个记录 12 组。

②有关技术规定

a）深层地温单位为“0.1℃”。

b）每组为 4 位数，第一位为符号位，正录入“0”，负录入“－”，位数不足，高位补“0”。

c）方式位 X=0 时，若全月无某个深度记录时，在相应位置录入“----”。

(20)冻土深度(*A*)

①方式位（X）

- X=0。冻结层按全式记录处理，每天 4 组，第 1，2 组分别为第 1 冻结层的上下限，第 3、4 组分别为第 2 冻结层的上下限，无第 2 冻结层须补“0”。
- X=6。第 1 冻结层按全式记录处理，无第 2 冻结层，每天 2 组。

②有关技术规定

a）冻土深度单位为“cm”。

b）每组 3 位数，位数不足，高位补“0”。

c）冻土深度为微量者，上下限分别录入“，，，”。当地表略有融化，土壤下面仍有冻结时，上限为“，，，”，下限可以有数值。冻土超刻度记录，在实有值上加“500”录入。

(21)日照(*S*)

①方式位（X）

日照的方式位有 3 个，全月数据只有 1 段，每天数据的组数规定如下：

- X=0。每天日照总时数 1 组。
- X=2。每天各时（03—21 时）日照时数共 18 组及日照总时数 1 组。
- X=A。每天各时（01—24 时）日照时数共 24 组及日出时间、日落时间、日照总时数各 1 组。

②有关技术规定

a）日照时数单位为“0.1h”。

b）各时日照时数，每组为 2 位数；日照总时数，每组为 3 位数；日出和日落时间（GGgg）为计算值，每组为 4 位数，前 2 位为时，后 2 位为分。以上各项位数不足，高位补“0”。

c）日落至日出期间，各时日照时数一律为“NN”；日出至日落期间，无日照一律为“00”。

(22)草面(雪面)温度(*B*)

①方式位（X）

草面（雪面）温度的方式位有 1 个。数据分 2 段组成，分别为草面（雪面）温度和地面状态。每段每天数据的组数规定如下。

X=A。草面（雪面）温度段，每天 24 次定时值和极值共 28 组，分为 2 条记录，第一条记录为 21—08 时定时草面（雪面）温度共 12 组，第二条记录为 09—20 时定时草面（雪面）温度和日最高、最高出现时间、日最低、最低出现时间共 16 组；地面状态段每天地面状态编码 1

组，每天一条记录。

②有关技术规定

a）草面(雪面)温度单位为“0.1℃”。

b）每组 4 位数。第一位为符号位，正为“0”，负为“－”，位数不足，高位补“0”。

c）地面状态为 2 位数，缺测为“//”。

M.2.3 质量控制

质量控制部分位于观测数据之后，若文件首部质量控制指示码为“0”，则无质量控制部分，在观测数据部分结束符“?????? ＜CR＞”后直接录入质量控制部分结束符“****** ＜CR＞”。

质量控制部分，分为质量控制码段和更正数据段。若没有更正数据段，则质量控制码段后直接为“＝＜CR＞”。

(1)质量控制码段

① 质量控制码

质量控制码表示数据质量的状况。根据数据质量控制流程，将其分为三级：台站级、省(地区)级和国家级。质量控制码用 3 位整数表示，百位表示台站级，十位表示省(地区)级，个位表示国家级。如质量控制码为“111”，表示该数据台站级、省(地区)级和国家级质量控制都认为是可疑值。质量控制码含义为：

0：数据正确

1：数据可疑

2：数据错误

3：数据有订正值

4：数据已修改

8：数据缺测

9：数据未作质量控制

②质量控制码段技术规定

质量控制码段由观测数据的质量控制码组成，各要素、各数据段、各数据组质量控制码的排列顺序同观测数据部分。

质量控制码段各要素指示码和方式位、数据段、数据组同观测数据部分规定。质量控制码段和观测数据部分各要素的指示码和方式位相同，只是在指示码和方式位前加“Q”，如观测数据部分气压为“PC”，质量控制码段气压为“QPC”。除天气现象每天一个质量控制码，云高和云状为每时次一个质量控制码外，观测数据部分的每个数据都要有相应的质量控制码。

质量控制码为一天一条记录，每天的数据组数与观测数据部分每天数据组数相等，质量控制码为 3 位整数，分隔符为空格。每个要素段全月质量控制码结束符为“＝＜CR＞”，置于最后一天数据组之后。

(2)更正数据段

更正数据段是订正和修改数据的更正情况记录，更正数据段记录个数不限，每个订正或修改数据为一条记录，每条记录结束符为“＜CR＞”，每次订正或修改均添加到最后一条记录后面，不必考虑要素顺序。更正数据段结束符为“=<CR>”，置于最后一条订正或修改记录的最后一个数据之后。

① 订正数据和修改数据定义

订正数据是指原始观测数据疑误或缺测，通过一定的统计方法计算或估算的数据；该数据不替代“观测数据”部分的原数据，只需要按规定格式在更正数据段记录其订正状况。

修改数据是指原始观测数据疑误或缺测，经过查询确认正确的数据；该数据替代“观测数据”部分的原数据，同时按规定格式在更正数据段记录其修改状况。

② 更正数据格式

每条订正或修改记录的格式为：“更正数据标识 要素 段数 日期 组数 级别 原始值 订正(修改)值<CR>”。更正数据标识指该更正数据为订正数据还是修改数据，“3”表示订正数据，“4”表示修改数据。级别指哪一级进行的更正，台站级为“1”，省(地区)级为“2”，国家级为“3”。更正数据标识为 1 位整数，要素为 1 位字母，段数为 1 位整数，日期为 2 位整数，组数为 2 位整数，级别为 1 位整数，原始值和订正(修改)值用“[]”括起，数据格式按各要素技术规定，数据不足规定位数时，高位补“0”。更正数据标识、要素、段数、日期、组数、级别、原始值、订正(修改)值之间用 1 位空格作为间隔符。若某数据段无日期表示，则日期为“//”。

如某站 3 日第 2 组本站气压台站上报的 A 文件中为“缺测”，省级通过统计方法计算的数据为“10020”。订正数据应写为：“3 P 1 03 02 2 [////] [0020]<CR>”。

M.2.4 附加信息

附加信息部分由“月报封面”、“纪要”、“本月天气气候概况”、“备注”四个数据段组成，各段数据结束符为“=<CR>”。

(1)月报封面

① 标识符：YF<CR>”

②“月报封面”数据段由 12 条记录组成，各条记录只有一组数据。

③ 各条记录规定

a) 台站档案号(DDddd)：由 5 位数组成，前 2 位为省(区、市)编号，后 3 位为台站编号。

b) 省(区、市)名：不定长，最大字符数为 20，为台站所在省(区、市)名全称，如“广西壮族自治区”。

c) 台站名称：不定长，最大字符数为 36，为本台(站)的单位名称。

d) 地址：不定长，最大字符数为 42，为台(站)所在详细地址，所属省(区、市)名称可省略。

e) 地理环境：不定长，最大字符数为 20。台站若同时处于两个以上环境，则并列录入，其间用“;”分隔，如：“市区;山顶”。

f) 台(站)长：不定长，最大字符数为 16，为台(站)长姓名。

g) 输入：不定长，最大字符数为 16，为观测数据录入人员姓名，如多人参加录入，选填一名主要录入者。

h) 校对：不定长，最大字符数为 16，为观测数据录入校对人员姓名，如多人参加校对，选填一名主要校对者。

i) 预审：不定长，最大字符数为 16，为报表数据文件预审人员姓名。

j）审核：不定长，最大字符数为 16，为报表数据文件审核人员姓名。

k）传输：不定长，最大字符数为 16，为报表数据文件传输人员姓名。

l）传输日期(YYYYMMDD)：8 个字符，为报表数据报送传输时间，其中“年”占 4 位，“月”、“日”各占两位，位数不足，高位补“0”。

(2)纪要

① 标识符：JY<CR>

② “纪要”数据段由若干条记录组成，每条记录由项目标识码、日期、文字描述 3 组数据组成。各组数据之间分隔符为“/”。

a）项目及标识码：

01：重要天气现象及其影响

02：台站附近江、河、湖、海状况

03：台站附近道路状况

04：台站附近高山积雪状况

05：冰雹记载

06：罕见特殊现象

07：人工影响局部天气情况

08：其他事项记载

b）未出现的项目不录入。如某项月内出现多次，按标识码重复录入。本月所有项目均未记载，则录入：

JY<CR>

8888=<CR>

c）日期、文字描述为不定长记录，其中日期最大字符数为 5。本月内连续多天出现的现象，日期记起、止日期，中间用“—”分隔。有关现象文字描述要求简明扼要。

③ 各条记录规定

a）重要天气现象及其影响：某些强度很大或很罕见的天气现象出现时，应予录入。其文字描述内容包括：天气现象名称、出现地点、持续时间、强度变化、方向路径、受灾范围、损害程度。

b）台站附近江、河、湖、海状况：记载其泛滥、封冻、解冻等情况。

c）台站附近道路状况：记载台站附近铁路、公路及主要道路因雨凇、沙阻、雪阻或泥泞、翻浆、水淹等影响中断交通的情况。

d）台站附近高山积雪状况：记载积雪的山名、方向、起止日期(本月内)。

e）冰雹记载：冰雹最大直径值和最大平均重量值。

f）罕见特殊现象：记载本站视区内出现的罕见特殊现象，如海市蜃楼、峨嵋宝光等。

g）人工影响局部天气情况：记载当本地范围内进行人工影响局部天气(包括人工增雨、防霜、防雹、消雾等)作业时，其作业时间、地点。

h）其他事项记载：地面气象观测规范各章规定应记载的内容。

(3)本月天气气候概况

① 标识符：GK<CR>

② “本月天气气候概况”数据段最多由 5 条记录组成，每条记录由项目标识码及项目内容描述两组数据组成。各组数据之间分隔符为“/”。

a）项目及标识码：

01：主要天气气候特点

02：主要天气过程

03：重大灾害性、关键性天气及其影响

04：持续时间较长的不利天气影响

05：天气气候综合评价

b）主要天气气候特点和天气气候综合评价（即 01 和 05 项）记录为必报项目；其他项目如未出现，可不录入。

c）各条记录文字描述内容为不定长，文字要求简明扼要。

③ 各条记录规定

a）主要天气气候特点：内容包括气温特征及与常年平均值、极端值比较，降水特征与常年平均值、极端值比较，主要天气气候特点及程度描述。

b）主要天气过程：内容包括天气过程性质及次数，如降水次数、冷空气活动、台风等及其出现时间、影响情况。

c）重大灾害性、关键性天气及其影响：内容包括灾害性、关键性天气名称、出现时间、地点、影响范围、程度。

d）持续时间长的不利天气影响：指长期干旱、少雨、连阴雨等不利天气对工农业生产及其他方面产生的影响，应综合前一月或几个月情况进行分析。

e）本月天气气候综合评价：对本月天气气候情况做综合性评述。

(4)备注

① 标识符：BZ<CR>

②“备注”数据段内容分“气象观测中一般备注事项记载”、“气象观测站精确至秒的纬度和经度记载”和“有关台站沿革变动情况记载”。

a）气象观测中一般备注事项记载。由多条记录组成，每条记录由标识码（BB）、事项时间（DD 或 DD—DD）、事项说明 3 组数据组成，事项说明数据组为不定长。各组数据之间分隔符为“/”。

b）气象观测站精确至秒的纬度和经度记载。为 1 条记录，由标识码（00）、纬度和经度 3 组数据组成。各组数据之间分隔符为“/”。区站号第 1 个字符为字母的观测站该项为必报项。

c）有关台站沿革变动情况记载。由多条记录组成，每条记录由变动项目标识码、变动时间（DD）及变动情况多组数据组成。各变动情况数据组为不定长，但不得超过规定的最大字符数。各组数据之间分隔符为“/”。

台站沿革变动项目及标识码如下：

01：台站名称	02：区站号	03：台站级别
04：所属机构	05[55]：台站位置	06：障碍物
07[77]：观测要素	08：观测仪器	09：观测时制
10：观测时间	11：守班情况	12：其他变动事项

其中标识码“10”和“11”项为必报项，其余项目如未出现，则该项缺省；如某项多次变动，按标识码重复录入。

台站位置迁移，其变动标识用“05”；台站位置不变，而经纬度、海拔高度因测量方法不同或地址、地理环境改变，其变动标识用“55”。增加观测要素，其变动标识用“07”；减少观测要素，其变动标识用“77”。

③各条记录规定

a）一般备注事项标识：按规定的标识码“BB”录入。如多条备注事项记录，按标识码重复录入。

b）事项时间（DD 或 DD－DD）：不定长，最大字符数为 5。录入具体事项出现日期（DD）或起止日期，起、止时间用“－”分隔。若某一事项时间比较多而不连续，其起、止时间记第一个和最后一个时间，并在事项说明中分别注明出现的具体时间。

c）事项说明：包括对某次或某时段观测记录质量有直接影响的原因、仪器性能不良或故障对观测记录的影响、仪器更换（非换型号）、非迁站情况的台站周围环境变化（包括台站周围建筑物、道路、河流、湖泊、树木、绿化、土地利用、耕作制度、距城镇的方位距离等）对观测记录的影响以及观测规范规定应备注的其他事项。涉及台站沿革变动的事项放在有关变动项目中录入。

d）气象观测站精确至秒的纬度和经度：纬度为 6 位数字，第 1～2 位为度，第 3～4 位为分，第 5～6 位为秒；经度为 7 位数字，第 1～3 位为度，第 4～5 位为分，第 6～7 位为秒；在度、分、秒各项位长不足时，高位补“0”。

e）项目变动标识：按规定的项目变动标识码录入。

f）变动时间（DD）：2 个字符，为项目具体变动的日期（DD），位数不足，高位补“0”。

g）台站名称：不定长，最大字符数为 36，为变动后的台站名称。

h）台站级别：不定长，最大字符数为 10。指“基准站”、“基本站”、“一般站”、“自动气象站”，按变动后的台站级别录入。

i）所属机构：不定长，最大字符数为 30。指气象台站业务管辖部门简称，填到省、部（局）级，如：“国家海洋局”。气象部门所属台站填“某某省（市、区）气象局”，按变动后的所属机构录入。

j）纬度：同“台站参数”部分，按变动后纬度录入。

k）经度：同“台站参数”部分，按变动后经度录入。

l）观测场海拔高度：同“台站参数”部分，按变动后观测场海拔高度录入。

m）地址：不定长，最大字符数为 42。同“月报封面”数据段，按变动后地址录入。

n）地理环境：不定长，最大字符数为 20。同“月报封面”数据段，按变动后地理环境录入。

o）距原址距离方向：9 个字符，其中距离 5 位、方向 3 位、分隔符“；”1 位。距离不足位，前位补“0”。方向不足位，后位补空。距原址距离方向为台站迁址后新观测场距原站址观测场直线距离和方向。距离以“m”为单位；方向按 16 方位的大写英文字母表示。

p）方位：3 个字符，按 16 方位的大写英文字母表示，不足位，后位补空。若同一方位有两个以上障碍物，选对观测记录影响较大的障碍物录入。若同一障碍物影响几个方位时，按所影响的方位分别录入。某方位无障碍物影响，该方位不必录入。

q）障碍物名称：不定长，最大字符数为 6。所谓障碍物是指观测场周围的建筑物、树木、山等遮挡物边缘与观测场边缘的距离，小于遮挡物高度的 10 倍时，该遮挡即确定为障碍物。如某 10 m 高的建筑物，距观测场边缘小于 100 m，则应列入障碍物。应录入观测场周围对气象观测记录的代表性、准确性、比较性有直接影响的障碍物名称，如“建筑物”、“树木”、“山”等，照实填报。

r）仰角：2 个字符，不足位，前位补“0”，为障碍物的高度角，从观测场中心位置测量，精确到度。

s）宽度角：2 个字符，不足位，前位补“0”，为各方位障碍物的宽度角，从观测场中心位置测量，精确到度，障碍物最大的宽度角为 23°。

t）距离：5 个字符，不足位，前位补“0”，为各方位障碍物距观测场中心的距离，以“m”为单位。

u）要素名称：不定长，最大字符数为 14，为气象观测要素简称。

v）仪器名称：不定长，最大字符数为 30，为换型后的观测仪器名称。

w）仪器距地或平台高度：6 个字符，不足位，前位补“0”，为观测仪器（感应部分）安装距观测场或观测平台高度（注：气压表高度为海拔高度），以“0.1 m”为单位。若观测仪器（感应部分）低于观测场地面高度，则在高度前加“－”号。气压、气温、湿度、风、降水、蒸发（小型）、日照等气象要素，应录入此项，其他气象要素器测项目的仪器距地高度变动均不录入。

x）平台距观测场地面高度：4 个字符，不足位，前位补“0”。以“0.1 m”为单位。

y）观测时制：不定长，最大字符数为 10，为变动后的时制。

z）观测次数：不定长，最大字符数为 2，为人工定时观测的次数（03 或 04 或 24），不包括辅助观测次数或以自记记录代替的时次。

aa）观测时间：不定长，最大字符数为 72，为观测的具体时间，各时次之间用“;”分隔，如“02;08;14;20”。每小时观测一次，则录入“逐时观测”。若连续自动观测，则录入“某时至某时连续观测”或“24 小时连续观测”。

例如某站一部分要素为人工观测，一部分要素为自动站观测，观测时间为：

10/04/02;08;14;20

10/24/24 小时连续观测

ab）夜间守班情况：不定长，最大字符数为 6。按“守班”、“不守班”，照实录入。

ac）其他事项说明：不定长，最大字符数为 60。指台站所属行政地名改变和对记录质量有直接影响的其他事项（不包括上述各变动事项）。

M.3 A 文件基本结构

Iiii QQQQQ LLLLLL $H_1H_1H_1H_1H_1H_1$ $H_2H_2H_2H_2H_2H_2$ $H_3H_3H_3$ $H_4H_4H_4$ Sx_1x_2

$y_1y_2y_3y_4y_5y_6y_7y_8y_9y_{10}y_{11}y_{12}y_{13}y_{14}y_{15}y_{16}y_{17}y_{18}y_{19}y_{20}$ C YYYY MM<CR>

PX<CR>xxxx…（12 组）… xxxx<CR>…（16 组）… GGgg. <CR>…＝<CR>（本站气压）

xxxx…（12 组）… xxxx<CR>…（12 组）… xxxx. <CR>…＝<CR>（海平面气压）

TX<CR>xxxx…(12 组)… xxxx<CR>…(16 组)… GGgg.<CR>…=<CR>

IX<CR>xxxx…(12 组)… xxxx<CR>…(12 组)… xxxx.<CR>…=<CR>(湿球温度)

xxxx…(12 组)… xxxx<CR>…(12 组)… xxxx.<CR>…=<CR>(露点温度)

EX<CR>xxx…(12 组)… xxx<CR>…(12 组)… xxx.<CR>…=<CR>

UX<CR>xx…(12 组)… xx<CR>…(14 组)… xx GGgg.<CR>…=<CR>

NX<CR>xx…(24 组)… xx<CR>…=<CR>(总云量)

xx…(24 组)… xx<CR>…=<CR>(低云量)

HX<CR>ccxxxxx,…(8 次)…,<CR>(5 次)…,<CR>(5 次)…,<CR>(6 次)….<CR>…=<CR>

CX<CR>ccc,…(8 次)…ccc,<CR>(5 次)…,<CR>(5 次)…,<CR>(6 次)….<CR>…=<CR>

VX<CR>xxx…(12 组)… xxx<CR>…(12 组)….<CR>…=<CR>

RX<CR>xxxx xxxx xxxx<CR>…=<CR>(定时降水量)

xxxx…(12 组)… xxxx<CR>…(12 组)… xxxx.<CR>…=<CR>(1 小时降水量)

xxxx xx/xx/xxxx xxxxx=<CR>(降水上下连接值)

WX<CR>xx GGgg GGgg,…(;),.<CR>….=<CR>

LX<CR>xxx<CR>…=<CR>(小型蒸发量)

xxx…(12 组)… xxx<CR>…(12 组)….<CR>…=<CR>(E601B 蒸发量)

ZX<CR>xxx xxx<CR>…=<CR>

GX<CR>xxxx xxx xxx xxxxx xxx xxx xxxxx xxxx dddxxx<CR>…=<CR>

FX<CR>dddxxx…(6 组)… dddxxx<CR>…<CR>…<CR>….<CR>…=<CR>(2 分钟风)

dddxxx…(6 组)… dddxxx<CR>…<CR>…<CR>….<CR>…=<CR>(10 分钟风)

xxxddd GGgg xxxddd GGgg<CR>…=<CR>

DX<CR>xxxx…(12 组)… xxxx<CR>xxxx …(16 组)… GGgg.<CR>…=<CR>(0 cm)

xxxx…(12 组)… xxxx<CR>xxxx …(12 组)… xxxx.<CR>…=<CR>(5 cm)

xxxx…(12 组)… xxxx<CR>xxxx …(12 组)… xxxx.<CR>…=<CR>(10 cm)

xxxx…(12 组)… xxxx<CR>xxxx …(12 组)… xxxx.<CR>…=<CR>(15 cm)

xxxx…(12 组)… xxxx<CR>xxxx …(12 组)… xxxx.<CR>…=<CR>(20 cm)

xxxx…(12 组)… xxxx<CR>xxxx …(12 组)… xxxx.<CR>…=<CR>(40 cm)

KX<CR>xxxx…(12 组)… xxxx<CR>xxxx …(12 组)… xxxx.<CR>…=<CR>(0.8 m)

xxxx…(12 组)… xxxx<CR>xxxx …(12 组)… xxxx.<CR>…=<CR>(1.6 m)

xxxx…(12 组)… xxxx<CR>xxxx …(12 组)… xxxx.<CR>…=<CR>(3.2 m)

AX<CR>xxx xxx xxx xxx<CR>…=<CR>

SX<CR>xx…(27 组)… xx GGgg GGgg xxx <CR>…=<CR>

BX<CR>xxxx…(12 组)… xxxx<CR>(16 组) … GGgg.<CR>…=<CR>(草面或雪面温度)

xx<CR>…=<CR>(地面状态)

?????? <CR>

QPX<CR>xxx…(28 组)… xxx<CR>…=<CR>(本站气压)

xxx…(24 组)… xxx<CR>…=<CR>(海平面气压)

QTX<CR>xxx…(28 组)… xxx<CR>…=<CR>

QIX<CR>xxx…(24 组)… xxx<CR>…=<CR>(湿球温度)

xxx…(24 组)… xxx<CR>…=<CR>(露点温度)

QEX<CR>xxx…(24 组)… xxx<CR>…=<CR>

QUX<CR>xxx…(26 组)… xxx<CR>…=<CR>

QNX<CR>xxx…(24 组)… xxx<CR>…=<CR>(总云量)

xxx…(24 组)… xxx＜CR＞…＝＜CR＞(低云量)

QHX＜CR＞xxx…(24 次)… xxx＜CR＞…＝＜CR＞

QCX＜CR＞xxx…(24 次)… xxx＜CR＞…＝＜CR＞

QVX＜CR＞xxx…(24 组)… xxx＜CR＞…＝＜CR＞

QRX＜CR＞xxx xxx xxx＜CR＞…＝＜CR＞(定时降水量)

xxx…(24 组)… xxx＜CR＞…＝＜CR＞(1 小时降水量)

xxx xxx xxx＝＜CR＞降水上下连接值)

QWX＜CR＞xxx＜CR＞…＝＜CR＞

QLX＜CR＞xxx＜CR＞…＝＜CR＞(小型蒸发量)

xxx…(24 组)… xxx＜CR＞…＝＜CR＞(E601B 型)

QZX＜CR＞xxx xxx＜CR＞…＝＜CR＞

QGX＜CR＞xxx xxx xxx xxx xxx xxx xxx xxx xxx＜CR＞…＝＜CR＞

QFX＜CR＞xxx…(24 组)… xxx＜CR＞…＝＜CR＞(2 分钟风)

xxx…(24 组)… xxx＜CR＞…＝＜CR＞(10 分钟风)

xxx xxx xxx xxx＜CR＞…＝＜CR＞(最大极大风)

QDX＜CR＞xxx…(28 组)… xxx＜CR＞…＝＜CR＞(0 cm)

xxx…(24 组)… xxx＜CR＞…＝＜CR＞(5 cm)

xxx…(24 组)… xxx＜CR＞…＝＜CR＞(10 cm)

xxx…(24 组)… xxx＜CR＞…＝＜CR＞(15 cm)

xxx…(24 组)… xxx＜CR＞…＝＜CR＞(20 cm)

xxx…(24 组)… xxx＜CR＞…＝＜CR＞(40 cm)

QKX＜CR＞xxx…(24 组)… xxx＜CR＞…＝＜CR＞(0.8 m)

xxx…(24 组)… xxx＜CR＞…＝＜CR＞(1.6 m)

xxx…(24 组)… xxx＜CR＞…＝＜CR＞(3.2 m)

QAX＜CR＞xxx xxx xxx xxx＜CR＞…＝＜CR＞

QSX＜CR＞xxx…(24 组)… xxx＜CR＞…＝＜CR＞

QBX＜CR＞xxx…(28 组)… xxx＜CR＞…＝＜CR＞(草面或雪面温度)

xxx＜CR＞…＝＜CR＞(地面状态)

X x x xx xx x [xxxx] [xxxx]＜CR＞…＜CR＞X x x xx xx x [xxxx] [xxxx]＝＜CR＞(更正数据段，观测数据的原始值及更正或修正值的长度与相应要素的规定长度一致)

******＜CR＞

YF＜CR＞(月报封面)

台站档案号＜CR＞

省(区、市)名＜CR＞

台站名称＜CR＞

地址＜CR＞

地理环境＜CR＞

台(站)长＜CR＞

输入＜CR＞

校对＜CR＞

预审＜CR＞

审核＜CR＞

传输＜CR＞

传输日期=<CR>

JY<CR>(纪要)

01(重要天气现象及其影响标识)/日期/文字描述<CR>

02(台站附近江、河、湖、海状况标识)/日期/文字描述<CR>

03(台站附近道路状况标识)/日期/文字描述<CR>

04(台站附近高山积雪状况标识)/日期/文字描述<CR>

05(冰雹记载标识)/日期/文字描述<CR>

06(罕见特殊现象)/日期/文字描述<CR>

07(人工影响局部天气情况)/日期/文字描述<CR>

08(其他事项记载标识)/日期/文字描述=<CR>

GK<CR>(本月天气气候概况)

01(主要天气气候特点标识)/文字描述<CR>

02(主要天气过程标识)/文字描述<CR>

03(重大灾害性、关键性天气及其影响标识)/文字描述<CR>

04(持续时间较长的不利天气影响标识)/文字描述<CR>

05(本月天气气候综合评价标识)/文字描述=<CR>

BZ<CR>(备注)

BB(一般备注事项标识)/事项时间/事项说明<CR>

00(气象观测站精确至秒的纬度和经度标识)/纬度/经度<CR>

01(台站名称变动标识)/变动时间/台站名称<CR>

02(区站号变动标识)/变动时间/区站号<CR>

03(台站级别变动标识)/变动时间/台站级别<CR>

04(台站所属机构变动标识)/变动时间/所属机构<CR>

05[55](台站位置变动标识)/变动时间/纬度/经度/观测场海拔高度/地址/地理环境/距原址距离;方向<CR>

06(台站周围障碍物变动标识)/变动时间/方位/障碍物名称/仰角/宽度角/距离<CR>

07[77](观测要素变动标识)/变动时间/增[减]要素名称<CR>

08(观测仪器变动标识)/变动时间/要素名称/仪器名称/仪器距地或平台高度/平台距观测场地面高度<CR>

09(观测时制变动标识)/变动时间/观测时制<CR>

10(定时观测时间标识)/观测次数/观测时间<CR>

11(夜间守班标识)/夜间守班情况<CR>

12(其他事项标识)/时间/事项说明=<CR>

######<CR>

附录 N　气象辐射观测数据文件格式

N.1　文件名格式

“气象辐射观测数据文件格式”(简称 R 文件)为文本文件。文件名由 17 位字母、数字、符号组成,其结构为“RIIiii-YYYYMM.TXT”。

其中:“R”为文件类别标识符(保留字);“IIiii”为区站号;“YYYY”为资料年份;“MM”为资料月份,位数不足,高位补“0”;“TXT”为文件扩展名。

N.2　文件结构及内容

R 文件由台站参数、观测数据、质量控制、附加信息四个部分构成。观测数据部分的结束符为“??????”,质量控制部分的结束符为“******”,附加信息的结束符为“######”。

N.2.1　台站参数

(1)数据结构

台站参数为文件第一条记录,由 8 组数据构成,排列顺序为区站号、纬度、经度、观测场海拔高度、测站级别、质量控制指示码、年份、月份。

各组数据间隔符为一位空格,“＜CR＞”(回车换行,下同)为记录结束符。

(2)各组数据说明

①区站号(IIiii),由 5 位数字组成,前 2 位为区号,后 3 位为站号。

② 纬度(QQQQQ),由 5 位字符组成,其中 1～2 位为度、3～4 位为分,位数不足,高位补“0”;最后一位“S”、“N”分别表示南、北纬。如:北纬 30°02′,表示为“3002N”。

③经度(LLLLLL),由 6 位字符组成,其中 1～3 位为度、4～5 位为分,位数不足,高位补“0”;最后一位“E”、“W” 分别表示东、西经。如:东经 97°46′,表示为“09746E”。

④观测场海拔高度(HHHHHH),由 6 位数字组成,第一位为海拔高度参数,“0”表示海拔高度为实测值,“1”表示海拔高度为约测值;后 5 位表示海拔高度,单位为“0.1 m”,位数不足,高位补“0”。若测站位于海平面以下,则第二位录“－”,如“0－0214”。

⑤测站级别(Zx),“Z”为测站级别标识符(保留字),用大写字母表示。$x=1$ 为一级站,$x=2$ 为二级站,$x=3$ 为三级站。

⑥质量控制指示码(C),$C=0$ 表示文件无质量控制部分;$C=1$ 表示文件有质量控制部分。

⑦年份(YYYY),观测年份,由 4 位数组成。

⑧月份(MM),观测月份,由 2 位数组成,位数不足,高位补“0”。

N.2.2 观测数据

观测数据由作用层状态和各项辐射量构成,排列顺序是固定的,数据间隔符为空格,记录间隔符为“<CR>”,“=<CR>”为结束符。

(1)作用层状态

作用层状态由识别符和每日作用层情况及作用层状况组成。

①作用层状态识别符,1 个字符,为 Z。

②作用层情况及作用层状况,每月一条记录,记录由每日作用层状态(2 位数)组成。十位数为作用层情况编码,个位数为作用层状况编码。某日作用层情况及作用层状况缺测,相应位置录入“//”。作用层情况及作用层状况编码见表 N.1。

表 N.1　作用层情况及作用层状况编码表

作用层情况(十位数)	编码	作用层状况(个位数)	编码
青草	0	干燥	0
枯(黄)草	1	潮湿	1
裸露黏土	2	积水	2
裸露沙土	3	泛碱(盐碱)	3
裸露硬(石子)土	4	新雪	4
裸露黄(红)土	5	陈雪	5
		溶化雪	6
		结冰	7

③一、二级站每日录入辐射表观测场地的作用层状态状况,三级站不录入。

④一、二级站作用层状态全月缺漏记录时,录入 Z=<CR>。

(2)各项辐射量

①各项辐射量由项目识别符和辐射量记录组成。

项目识别符由 1 个大写字母标识,Q,N,D,S,R 分别表示总辐射、净全辐射、散射辐射、直接辐射、反射辐射。

各项辐射时曝辐量观测组数,由 00—01 时,01—02 时,…,23—24 时 24 组观测值组成。

②每项辐射量除项目识别符外,每日为一条记录,每条记录含若干组数据,空格为数据组间隔符,“<CR>”为记录结束符,每月最多 31 条记录。“=<CR>”为项目数据段结束标志。

③总辐射(Q)

a) 每日为一条记录,每条记录含时总辐射曝辐量 24 组及日总辐射曝辐量、日最大总辐射辐照度、日最大总辐射辐照度出现时间和日照时数各 1 组,共 28 组。时总辐射曝辐量每组由 3 位数组成,日总辐射曝辐量、日最大总辐射辐照度、日最大总辐射辐照度出现时间各由 4 位数组成，日照时数由 3 位数组成。

b）曝辐量单位为 0.01 MJ/m^2；辐照度单位为 W/m^2；出现时间，前 2 位为时(GG)，后 2 位为分(gg)；日照时数单位为 0.1 h。

④净全辐射(N)

a）每日为一条记录，每条记录含时净全辐射曝辐量 24 组及日净全辐射曝辐量、日最大净全辐射辐照度和日最大净全辐射辐照度出现时间、日最小净全辐射辐照度和日最小净全辐射辐照度出现时间各 1 组，共 29 组。时净全辐射曝辐量每组由 4 位数组成，日净全辐射曝辐量和日最大净全辐射辐照度由 5 位数组成，日最小净全辐射辐照度和日最大、日最小净全辐射辐照度出现时间由 4 位数组成。

b）时、日净全辐射曝辐量、日最大日最小净全辐射辐照度第一位均为符号位，正为“0”，负为“－”。

c）净全辐射单位同③b)。

⑤散射辐射(D)

a）每日为一条记录，每条记录含时散射辐射曝辐量 24 组(每组由 3 位数组成)及日散射辐射曝辐量、日最大散射辐射辐照度、日最大散射辐射辐照度出现时间各 1 组(均由 4 位数组成)，共 27 组。

b）散射辐射单位同③b)。

⑥直接辐射(S)

a）每日为一条记录，每条记录含时直接辐射曝辐量 24 组(每组由 3 位数组成)及日直接辐射曝辐量、日最大直接辐射辐照度、日最大直接辐射辐照度出现时间和水平面直接辐射各 1 组(均为 4 位数组成)，共 28 组。

b）直接辐射单位同③b)。

⑦反射辐射(R)

a）每日为一条记录，每条记录含时反射辐射曝辐量 24 组，及日反射辐射曝辐量、日反射比、日最大反射辐射辐照度和日最大反射辐射辐照度出现时间各 1 组，09 时、12 时、15 时太阳直接辐射辐照度和 09 时、12 时、15 时大气浑浊度指标各 3 组，共 34 组。时反射辐射曝辐量每组由 3 位数组成；日反射辐射曝辐量由 4 位数组成；日反射比由 2 位数组成；日最大反射辐射辐照度和日最大出现时间，09 时、12 时、15 时太阳直射辐射辐照度和 09 时、12 时、15 时大气浑浊度指标各组均由 4 位数组成。

b）09 时、12 时、15 时太阳直射辐射辐照度和 09 时、12 时、15 时大气浑浊度指标各组，若某组不观测或无记录时，则该组相应位置上录入“.”(半角，下同)；日反射比，以百分比为单位，取整数；大气浑浊度指标，取小数 2 位；其他单位同③b)。

⑧ 特殊问题处理规定

a）某项辐射量因台站级别限定不观测，无相应记录，则项目标识符和辐射量都不必录入。如三级站的净全辐射、散射辐射、直接辐射、反射辐射均不录入。

b）各级台站中应有的某项观测全月缺测，造成该项全月无记录的，则在该项目标识符后紧跟着录入“＝<CR>”。

c）各项辐射的时曝辐量组数固定，因日出、日落时间不一，实际观测组数少于规定组数，相应位置上按规定位数录入“.”。

如总辐射在日出前或日落后的时段，录入“...”。

d) 按规定位数录入每条记录各组数据，位数不足时，高位补“0”。

e) 在中国气象局2003年版《地面气象观测规范》执行前，各项辐射日最大或最小辐照度出现时间，如一日出现两次或两次以上时，在相应位置上录入两位数字(位数不足，高位补“0”)表示次数并加括号“()”。

如：某站某日最大辐照度有三个时刻相同，则日最大辐照度出现时间录入(03)。

f) 除净全辐射外的各项辐射某日各时曝辐量均为“0”，日最大或日最小辐射辐照度为“0”时，出现时间应录入相应长度的“.”。

g) 各项辐射的时曝辐量凡仪器故障或人为原因造成记录缺测，一律按规定位数，在相应位置上录入“/”。

N.2.3 质量控制

质量控制部分位于观测数据之后，若文件首部质量控制指示码为“0”，无质量控制部分，在观测数据部分结束符“?????? <CR>”后直接录入质量控制部分结束符“******<CR>”即可。

质量控制部分，分为质量控制码段和更正数据段。没有订正或修改数据的，质量控制码段后直接录入“=<CR>”。

(1)质量控制码段

①质量控制码分三级：台站级、省(地区)级和国家级，用三位整数表示，百位表示台站级质量控制码，十位表示省(地区)级质量控制码，个位表示国家级质量控制码，如质量控制码为“222”，表示该数据台站级、省(地区)级和国家级质量控制都认为是错误值。

质量控制码含义为见表N.2。

表N.2 质量控制码表

代码	质量控制码说明
0	数据正确
1	数据可疑
2	数据错误
3	数据有订正值
4	数据已修改
8	数据缺测
9	数据未作质量控制

②质量控制码段由观测数据的质量控制码组成，其排列顺序同观测数据部分。

③观测数据各项目识别符前加字母“Q”，即为各项目质量控制码段指示符。

④观测数据部分的每个数据都要有相应的质量控制码。

作用层状态质量控制除项目识别符外，每月一条记录，由每日作用层状态的三级质量控制码组成，空格为组间隔符，“=<CR>”为该项质量控制码段结束标志。

各项辐射量质量控制除项目指示符外，每日为一条记录，由辐射量各数据三级质量控制码组成，质量控制码每天的数据组数与观测数据部分每天数据组数相等，空格为组间隔符，“<CR>”为记录结束符，“=<CR>”为项目质量控制码段结束标志，置于最后一天数据之后。

(2)更正数据段

①更正数据段是订正数据和修改数据更正情况的记录。

订正数据是指原始观测数据疑误或缺测，通过一定的统计方法计算或估算的数据。订正数据不得替代“观测数据”部分的原数据，应按规定格式在更正数据段记录其订正情况。

修改数据是指原始观测数据疑误或缺测，经查询确认正确的数据。修改数据应替代“观测数据”部分的原数据，并按规定格式在更正数据段记录其修改情况。

②一个更正数据一条记录，更正数据段记录个数不限。每次订正或修改均添加到最后一条记录之后。

③更正数据格式

某项目有修改或订正数据，在更正数据标识(订正数据为 3、修改数据为 4)后面按顺序录入该项目识别符、日期(两位整数)、组数(两位整数)、更正级别(一位整数，表示哪一级进行的更正，台站为 1、省或地级 2、国家级 3)、原始数据和更正数据(按该项目该组数据相同位数)。“原始数据”和“更正数据”分别用[]括起，数据之间用空格作为分隔符，“<CR>”为每条记录结束符，“=<CR>”为更正数据段结束标志。

由于作用层状态一个月只有一条记录，日期组一律录入“01”。

例 1：某站月总辐射 5 日 9—10 时曝辐量原来录入数据“752”，该省质量检查发现原始数据错误，通过统计方法计算，确认应订正为“137”。

则录入：3 Q 05 10 2 [752] [137]<CR>

例 2：某站月 5 日作用层状态组原来录入数据“00”，该省质量检查发现原始数据错误，经查询台站，确认录入错误，修改为“02”。

则录入：4 Z 01 05 2 [00] [02]<CR>

N.2.4　附加信息

附加信息部分由封面、仪器类型性能、场地周围环境及作用层变化描述和备注四个数据段组成。其标识符分别为 FM，YX，CZ，BZ。

(1)封面

①标识符

FM<CR>

封面由 14 条记录(一级、二 级站)或 13 条记录(三级站)组成，各条记录之间用“<CR>”分隔，月结束符号为“=<CR>”。

②各条记录说明

a)档案号：指气象台站档案编号，5 位数字，前 2 位为省(区、市)编号，后 3 位为台站编号。

b) 省(区、市)名：不定长，最大字符数为 20。录入台站所在省(区、市)名全称，如“广西壮族自治区”。

c) 台站名称:不定长,最大字符数为36。录入本台(站)的名称。台(站)名称若不是以县(市、旗)名为台(站)名的,则应在台(站)名称前加县(市、旗)名。

d) 地址:不定长,最大字符数为42。录入本站所在地的详细地址,所属省、自治区、直辖市名称可省略。

e) 地理环境:不定长,最大字符数为20。据情选择录入台站周围地理环境情况,台站若同时处于两个以上环境,则并列录入,其间用“;”分隔,如:“市区;山顶”。

f) 总辐射、散射辐射、直接辐射表离地高度:各辐射表离地高度由3位数组成,单位为0.1 m,位数不足,高位补“0”。如果某站的某辐射表安装在平台上,则离地高度为该表感应面离平台高度与平台面离地面高度之和。

一级站三组全录入,空格为组间隔符;二级站和三级站只录入总辐射表离地高度1组。

g) 净全辐射、反射辐射表离地高度:录入规定同上。

一级站两组全录入,空格为组间隔符;二级站只录入净全辐射表离地高度一 组,三级站两组全不录入。

h) 台(站)长:不定长,最大字符数为16。录入台(站)长姓名。姓名中可加必要的符号,如“·”,以下相同情况按此处理。

i) 输入:不定长,最大字符数为16。录入数据录入人员姓名,如多人参加录入,选填一名主要录入者。

j) 校对:不定长,最大字符数为16。录入观测数据校对人员姓名,如多人参加校对,选填一名主要校对者。

k) 预审:不定长,最大字符数为16。录入数据文件预审人员姓名。

l) 审核:不定长,最大字符数为16。录入数据文件审核人员姓名。

m) 传输:不定长,最大字符数为16。录入数据文件传输人员姓名。

n) 传输日期:指报表数据报送传输时间,8位数字,其中“年”占4位,“月”、“日”各占两位,位数不足,高位补“0”。

(2)仪器类型性能

①标识符:YX<CR>

②各辐射仪器类型性能由辐射仪器类型识别符和辐射仪器性能记录组成。

③辐射仪器类型识别符为各辐射仪器类型的标识,由2个大写字母组成,第一个字母为仪器类型性能识别符“Y”,第二个字母为仪器名称符分别用Q,N,D,S,R,J,表示总辐射表、净全辐射表、散射辐射表、直接辐射表、反射辐射表、记录器。

如总辐射仪器类型识别符为“YQ<CR>”;记录器仪器类型识别符为“YJ<CR>”。

④各辐射仪器性能记录,包括型号组、号码组、灵敏度K值组、响应时间t值组、电阻R值组、检定时间组和开始工作时间组。净全辐射表灵敏度K值需录入白天K值和晚上K值两组,净全辐射表仪器性能记录由8组组成,其他辐射表仪器性能记录由7组组成。空格为组间隔符,“<CR>”为记录间隔符,“=<CR>”为一种仪器类型性能结束标志。

a) 辐射表型号组由字母或数字组成,不定长,按实有字符,最大位数为10。

b) 辐射表号码组由数字组成,不定长,按实有字符,最大位数为6。

c) 辐射表灵敏度K值由4位数字组成,单位为0.01 $\mu V \cdot W^{-1} \cdot m^2$。

d) 辐射表响应时间 t 值由 2 位数字组成，单位为 s。

e) 辐射表电阻 R 值组由 4 位数组成，单位为 0.1 Ω。

f) 辐射表检定时间组和开始工作时间组由 8 位数字组成，第 1～4 位为年份，第 5～6 位为月份，第 7～8 位为日期。

g) 除第 1 组、第 2 组外，3～6 组位数不足，高位补"0"。

⑤记录器性能记录，包括型号组、号码组、检定(标定)时间组和开始工作时间组，共 4 组组成。

录入规定同④相关项目。

⑥某辐射表因台站级别限定不安装，无相应记录，则辐射仪器类型识别符不必录入。如三级站的净全辐射表、散射辐射表、直接辐射表、反射辐射表的仪器类型性能都不录入。不同辐射仪器类型识别符及每个记录的组数见表 N.3。

表 N.3 辐射仪器类型识别符表

仪器类型	识别符	每条记录的组数	备注
总辐射表	YQ	7	一级、二级、三级站必有
净全辐射表	YN	8	一级、二级站必有
散射辐射表	YD	7	一级站必有
直接辐射表	YS	7	一级站必有
反射辐射表	YR	7	一级站必有
记录器	YJ	4	一级、二级、三级站必有

⑦当月没有更换辐射表，一种辐射表或记录器只有一个仪器性能记录，记录后直接录入该种仪器类型结束标志"=<CR>"。

⑧当月更换辐射表或记录器，则该种辐射表或记录器仪器类型识别符后，按先后顺序录入若干条仪器性能记录。"<CR>"为记录间隔符，"=<CR>"为该种仪器类型结束标志。

例 1 某站 1992 年 9 月份，月内更换散射辐射表，"现用仪器表"栏散射辐射表项记录见表 N.4。

表 N.4 现用仪器登记表

仪器名称	型号	号码	灵敏度 K ($\mu V \cdot W^{-1} \cdot m^2$)	响应时间 t (s)	电阻 R (Ω)	检定日期	启用日期
散射辐射表	DFY-4	951025	11.30	13	72.2	1992.5.8	1992.9.8
	DFY-4	951026	11.20	15	65.2	1992.7.4	1992.9.29

则录入：YD<CR>DFY-4 951025 1130 13 0722 19920508 19920908<CR>

DFY-4 951026 1120 15 0652 19920704 19920929=<CR>

例 2 某站 2000 年 10 月份，月内更换净全辐射表，两个辐射表型号等有关值见表 N.5。

表 N.5　现用仪器登记表

仪器名称	型号	号码	灵敏度 K (μV · W^{-1} · m^2)		响应时间 t (s)	电阻 $R(\Omega)$	检定日期	启用日期
净全辐射表	DFY-5	025	11.22	10.60	60	058.6	1999.9.20	2000.10.1
	TBB-1	97067	09.74	09.53	15	263.2	2000.4.15	2000.10.9

则录入：YN<CR>DFY-5 025 1122 1060 60 0586 19990920 20001001<CR>

TBB-1 97067 0974 0953 15 2662 20000415 20001009＝<CR>

②本月某辐射表或记录器中的某组缺测，一律按规定位数，在相应位置上录入“/”。

(3)场地周围环境变化描述

①标识符：CZ<CR>

②“场地周围环境变化描述”数据段根据规定录入本月应说明的场地周围环境变化事项，由两条记录组成。记录由项目标识码及项目内容文字描述两组数据组成，各组数据之间分隔符为“/”，文字描述要求简明扼要，为不定长记录。记录之间用“<CR>”分隔，最后一条记录后录入本数据段月结束符号“＝<CR>”。如某项目未出现，可不录入；两项均无，直接录入“＝<CR>”。

③项目及标识码

01：场地周围环境变化描述；

02：台站需要上报的其他有关事项。

④录入说明

a）场地周围环境变化描述：在建站开始观测时，应绘制场地周围环境遮蔽图，图像文件名为“RIIiii-YYYYMM.jpg(或 TIF/GIF)”，并用文字描述场地周围环境。

每年 1 月份用文字说明场地周围环境，其他月份场地周围环境未发生变化可不录入。当站址迁移或有新的影响辐射观测障碍物出现，场地周围环境发生较大变化时，当月应重新绘制场地周围环境遮蔽图(图像文件名同上)和文字描述。

b）一级站和二级站已经录入每日辐射表观测场地作用层状态的，不再录入作用层变化。在中国气象局 2003 年版《地面气象观测规范》执行前，一级站和二级站没有录入每日辐射表观测场地的作用层状态，当一个月内作用层发生变化时，要在场地周围环境变化描述中分段录入作用层变化。

例如：黏土层浅草平铺，12—15 日地面积水。

又如：地面土层浅草平铺，25 日至月末地面积雪。

c）台站需要上报的其他有关事项。

(4)备注栏

①标识符：BZ<CR>

②每月若干条记录，当记录的第一组数据为 00 时，第二组、第三组数据分别为观测站精确至秒的纬度和经度(纬度为 6 位数字，第 1～2 位为度，第 3～4 位为分，第 5～6 位为秒；经度为 7 位数字，第 1～3 位为度，第 4～5 位为分，第 6～7 位为秒；在度、分、秒各项位长不足

时，高位补“0”)；当第一组数据为 01－31(表示日期，位数不足，高位补“0”)时，其后为根据具体情况当日需上报说明的事项，为不定长记录。空格为组间隔符，记录之间用“<CR>”分隔，月结束符号为“＝<CR>”。区站号第 1 个字符为字母的观测站必报精确至秒的纬度和经度。

③根据具体情况需录入的其他事项：

a) 录入因仪器故障或人为原因造成影响辐射记录质量的情况，造成缺测、无记录等不要笼统录入“仪器故障”或“人为原因”，均应说明具体情况。

如：$CV=1$，雨停后忘记改成 $CV=0$，造成 11—12 时、12—13 时缺测。

b) 较大的技术措施，如更换记录仪、薄膜罩、改用业务程序等。

c) 不正常记录处理情况，如经审核后确定了有疑问或错误记录的取舍情况，应说明取者(项目、数据)已按正式记录录入，舍者(项目、数据)已按缺测处理。

d) 辐射表仪器加盖情况。

e) 台站名称、区站号、级别、地址、位置变动(格式同 N.2.4(1)封面部分)。

f) 台站其他需要说明的事项。

N.3　R 文件结构

IIiii QQQQQ LLLLLL HHHHHH Zx C YYYY MM<CR>(首部，8 组)

Z<CR>(作用层状态)

xx xx……xx xx＝<CR>(每日一组，每月一条记录)

Q<CR>(总辐射)

xxx xxx…xxx xxxx xxxx xxxx xxx<CR>(28 组)

……

xxx xxx…xxx xxxx xxxx xxxx xxx＝<CR>(每日一条记录)

N<CR>(净全辐射)

xxxx xxxx…xxxx xxxxx xxxxx xxxx xxxx xxxx<CR>(29 组)

……

xxxx xxxx…xxxx xxxxx xxxxx xxxx xxxx xxxx＝<CR>(每日一条记录)

D<CR>(散射辐射)

xxx xxx…xxx xxxx xxxx xxxx<CR>(27 组)

……

xxx xxx…xxx xxxx xxxx xxxx＝<CR>(每日一条记录)

S<CR>(直接辐射)

xxx xxx…xxx xxxx xxxx xxxx xxxx<CR>(28 组)

……

xxx xxx…xxx xxxx xxxx xxxx xxxx ＝<CR>(每日一条记录)

R<CR>(反射辐射)

xxx xxx…xxx xxxx xx xxxx xxxx xxxx xxxx xxxx xxxx xxxx xxxx<CR>(34 组)

……

xxx xxx…xxx xxxx xx xxxx xxxx xxxx xxxx xxxx xxxx xxxx xxxx＝<CR>(每日一条记录)

?????? (“观测数据”部分结束符)

QZ<CR>(作用层状态质量控制码)

xxx xxx……xxx xxx=<CR>(每月一条记录)

QQ<CR>(总辐射质量控制码)

xxx xxx…xxx xxx xxx xxx xxx<CR>(28 组)

……

xxx xxx…xxx xxx xxx xxx xxx=<CR>(每日一条记录)

QN<CR>(净全辐射质量控制码)

xxx xxx…xxx xxx xxx xxx xxx xxx<CR> (29 组)

……

xxx xxx…xxx xxx xxx xxx xxx xxx=<CR>(每日一条记录)

QD<CR>(散射辐射质量控制码)

xxx xxx…xxx xxx xxx xxx<CR> (27 组)

……

xxx xxx…xxx xxx xxx xxx=<CR>(每日一条记录)

QS<CR>(直接辐射质量控制码)

xxx xxx…xxx xxx xxx xxx xxx<CR> (28 组)

……

xxx xxx…xxx xxx xxx xxx xxx=<CR>(每日一条记录)

QR<CR>(反射辐射质量控制码)

xxx xxx…xxx xxx xxx xxx xxx xxx xxx xxx xxx xxx xxx<CR> (34 组)

……

xxx xxx…xxx xxx xxx xxx xxx xxx xxx xxx xxx xxx xxx=<CR> (每日一条记录)

更正数据标识(订正数据为 3、修改数据为 4) 项目识别符(Z 或 Q、N、D、S 、R) 日期 组数 更正级别 [原始数据] [更正后的数据] <CR>……<CR>……<CR>……=<CR>(更正数据段,一个更正数据一条记录,记录个数不限)

******(“质量控制”部分结束符)

FM<CR>(封面)

档案号<CR>

省(自治区、直辖市)名<CR>

台站名称<CR>

地址<CR>

地理环境<CR>

总辐射、散射辐射、直接辐射表离地高度<CR>

净全辐射、反射辐射表离地高度<CR>

台(站)长<CR>

输入<CR>

校对<CR>

预审<CR>

审核<CR>

传输<CR>

传输日期=<CR>

YX<CR>(仪器类型性能)

YQ<CR>

xxxxxxxxxx xxxxxx xxxx xx xxxx xxxxxxxx xxxxxxxx(总辐射表类型,7组)<CR>

……

xxxxxxxxxx xxxxxx xxxx xx xxxx xxxxxxxx xxxxxxxx=<CR>

YN<CR>

xxxxxxxxxx xxxxxx xxxx xxxx xx xxxx xxxxxxxx xxxxxxxx(净全辐射表类型,8组)<CR>

……

xxxxxxxxxx xxxxxx xxxx xxxx xx xxxx xxxxxxxx xxxxxxxx=<CR>

YD<CR>

xxxxxxxxxx xxxxxx xxxx xx xxxx xxxxxxxx xxxxxxxx(散射辐射表类型,7组)<CR>

……

xxxxxxxxxx xxxxxx xxxx xx xxxx xxxxxxxx xxxxxxxx=<CR>

YS<CR>

xxxxxxxxxx xxxxxx xxxx xx xxxx xxxxxxxx xxxxxxxx(直接辐射表类型,7组)<CR>

……

xxxxxxxxxx xxxxxx xxxx xx xxxx xxxxxxxx xxxxxxxx=<CR>

YR<CR>

xxxxxxxxxx xxxxxx xxxx xx xxxx xxxxxxxx xxxxxxxx(反射辐射表类型,7组)<CR>

……

xxxxxxxxxx xxxxxx xxxx xx xxxx xxxxxxxx xxxxxxxx=<CR>

YJ<CR>

xxxxxxxxxx xxxxxx xxxxxxxx xxxxxxxx(记录器,4组)<CR>

……

xxxxxxxxxx xxxxxxx xxxxxxxx xxxxxxxx=<CR>

CZ<CR>(场地周围环境变化)

01(场地周围环境变化描述)/文字描述<CR>

02(录入台站需要上报的其他有关事项)/文字描述=<CR>

BZ<CR>(备注栏)

xx……<CR> xx ……<CR>……xx ……=<CR>(每月若干条记录,录入观测站精确至秒的纬度和经度以及录入当日需要说明的事项)

######(“附加信息”部分结束符)

附录 O　地面气象年报数据文件格式

O.1　文件名格式

“地面气象年报数据文件”(简称 Y 文件)为文本文件，文件名由 15 位字母、数字、符号组成，其结构为“YIIiii-YYYY. TXT”。

其中“Y”为文件类别标识符(保留字)，“IIiii”为区站号，“YYYY”为资料年份，“TXT”为文件扩展名。

O.2　文件结构及内容

Y 文件由台站参数、年报数据、附加信息三个部分构成。年报数据部分的结束符为“??????”，附加信息部分的结束符为“######”。

O.2.1　台站参数

(1)数据结构

台站参数为文件第一条记录，由 10 组数据构成，排列顺序为区站号、纬度、经度、观测场海拔高度、气压感应器海拔高度、风速感应器距地(平台)高度、观测平台距地高度、观测方式和测站类别、质量控制指示码、年份。各组数据间隔符为一位空格。

(2)各组数据说明

①区站号(IIiii)，由 5 位数字或字母组成，前 2 位为区号，后 3 位为站号，若为区域气象观测站，第 1 个字符为字母。。

②纬度(QQQQQ)，由 4 位数字加一位字母组成，前 4 位为纬度，其中 1～2 位为度，3～4 位为分，位数不足，高位补“0”。最后一位“S”、“N”分别表示南、北纬。

③经度(LLLLLL)，由 5 位数字加一位字母组成，前 5 位为经度，其中 1～3 位为度，4～5 位为分，位数不足，高位补“0”。最后一位“E”、“W”分别表示东、西经。

④观测场海拔高度($H_1H_1H_1H_1H_1H_1$)，由 6 位数字组成，第一位为海拔高度参数，实测为“0”，约测为“1”。后 5 位为海拔高度，单位为“0.1 m”，位数不足，高位补“0”。若测站位于海平面以下，第二位录入“－”号。

⑤气压感应器海拔高度($H_2H_2H_2H_2H_2H_2$)，规定同观测场海拔高度。

⑥风速感应器距地(平台)高度($H_3H_3H_3$)，由 3 位数字组成，单位为“0.1 m”，位数不足，高位补“0”。

⑦观测平台距地高度($H_4H_4H_4$),由 3 位数字组成,单位为“0.1 m”,位数不足,高位补“0”。

⑧观测方式和测站类别(Sx_1x_2),“S”为测站类别标识符(保留字),用大写字母表示。x_1x_2由 2 位数字组成,x_1表示观测方式,x_2表示测站类别。$x_1=0$ 时器测项目为人工观测,$x_1=1$时,器测项目为自动站观测。$x_2=1$ 为基准站,$x_2=2$ 为基本站,$x_2=3$ 为一般站(4 次人工观测),$x_2=4$ 为一般站(3 次人工观测),$x_2=5$ 为无人自动观测站。

⑨质量控制指示码(CCC):第一位“C”为台站质量控制指示码,第二位“C”为省(地区)级质量控制指示码,第三位“C”为国家级质量控制指示码。C=0 表示年报文件没有经过某级“质量控制”,C=1 表示年报文件经过某级“质量控制”。

⑩年份(YYYY),由 4 位数字组成。

以上①至⑧各组数据,如年内有变动,以变动后的数据为准。

O.2.2 年报数据

(1)数据结构

①年报数据由地面 16 个要素的统计项目构成,每个要素在文件中的排列顺序是固定的。16 个要素的名称(指示码)排列顺序如下:

气压(P)、气温(T)、水汽压(E)、相对湿度(U)、云量(N)、降水量(R)、天气现象(W)、蒸发量(L)、积雪(Z)、电线积冰(G)、风(F)、浅层地温(D)、深层地温(K)、冻土深度(A)、日照时数(S)、草面(雪面)温度(B)。

②各要素的基本数据格式

每个要素由指示码及该要素各月、年统计数据组成。

a) 指示码

指示码位于每个要素的第 1 个记录,其作用是标识要素名称。例如格式:“P<CR>”

其中 P 为气压要素指示码,用英文字母表示。“<CR>”为记录结束符。

b) 各要素数据结构

每个要素由若干个数据段组成,每个数据段结束符为“=<CR>”;每个数据段由若干条记录组成,每条记录结束符为“<CR>”;每条记录含有若干组数据,每组数据之间用空格分隔。

例如:气压由本站气压、海平面气压两个数据段组成;本站气压由 1~12 月和年统计值共 13 条记录组成;各月统计值记录包含月平均、月平均最高和最低、月极端最高和最低及出现日期 7 组数据;年统计值记录包含年平均、年平均最高和最低、年极端最高和最低及出现月份、日期 9 组数据。其数据格式如下:

P<CR>

(本站气压)xxxxx xxxxx xxxxx xxxxx DD xxxxx DD<CR>…(1~12 月记录)

xxxxx xxxxx xxxxx xxxxx MM DD xxxxx MM DD=<CR>(年值记录)

(海平面气压)xxxxx<CR>…(1~12 月记录)

xxxxx=<CR>(年值记录)

③数据专用字符

a) 在各要素的数据格式中,如某要素全部(或某段数据、某一组数据)因为缺测而无统计值数据，该要素项目各组数据（或某段数据、某一组数据）按规定格式和位数用“/”表示；

b）在各要素的数据格式中，如某要素全部（或某段数据、某一组数据）因为观测未出现而无统计值数据，该要素各组数据（或某段数据、某一组数据）按规定格式和位数用“.”表示；

c）在各要素的数据格式中，如某要素全部（或某段全部数据）按规定不观测而无统计值数据，则该要素或数据段数据直接用“＝＜CR＞”表示。

(2)各要素数据说明

①气压（P）

a）气压要素项目分本站气压和海平面气压两个数据段。

本站气压数据段：13 条记录。第 1～12 条记录，分别由各月平均、月平均最高和最低、月极端最高和最低及其出现日期 7 组数据组成；第 13 条记录由年平均、年平均最高和最低、年极端最高和最低及其出现月份、日期 9 组数据组成。

海平面气压数据段：13 条记录，每条记录只有各月（年）平均 1 组数据。

b）气压单位为“0.1 hPa”。

c）气压值为 5 位数，位数不足，高位补“0”。

d）年、月极端最高和最低记录出现月份（MM）、日期（DD）分别为 2 位数，位数不足，高位补“0”。

e）月极端最高和最低记录值，出现日期记个数时，加“50”表示。

f）年极端最高和最低记录值，出现月份或日期记个数时，加“50”表示。

②气温（T）

a）气温要素项目只有一个数据段，13 条记录。第 1～12 记录，分别由各月逐候平均、逐旬平均、月平均、月平均最高和最低、月极端最高和最低及其出现日期 16 组数据组成，第 13 条记录由年平均、年平均最高和最低、年极端最高和最低及其出现月份、日期 9 组数据组成。

b）气温单位为“0.1℃”。

c）气温值为 4 位数，第一位为符号位，正为“0”，负为“－”，位数不足，高位补“0”。

d）年、月极值及出现月份（MM）、日期（DD）的表示同“气压”。

③水汽压（E）

a）水汽压要素项目只有一个数据段，13 条记录。第 1～12 记录，分别由各月平均、月最大/最小及其出现日期 5 组数据组成；第 13 条记录由年平均、年最大/最小及其出现月份、日期 7 组数据组成。

b）水汽压单位为“0.1 hPa”。

c）水汽压值为 3 位数，位数不足，高位补“0”。

d）年、月极值及出现月份（MM）、日期（DD）的表示同“气压”。

④相对湿度（U）

a）相对湿度要素项目只有一个数据段，13 条记录。第 1～12 记录，分别由各月平均、月最小及其出现日期 3 组数据组成；第 13 条记录由年平均、年最小及其出现月份、日期 4 组数据组成。

b）相对湿度单位为“％”。

c）相对湿度值为 2 位数，位数不足，高位补“0”。

d）相对湿度为 100 者，用“％％”表示。

e）年、月极值及出现月份(MM)、日期(DD)的表示同“气压”。

⑤云量(N)

a）云量要素项目分平均云量和日平均云量量别日数两个数据段。

平均云量数据段：13条记录。分别由各月(年)平均总云量和低云量2组数据组成。

日平均云量量别日数数据段：13条记录。分别由各月(年)总云量0.0～1.9,2.0～8.0,8.1～10.0日数，低云量0.0～1.9,2.0～8.0,8.1～10.0日数6组数据成。

b）云量单位为“0.1成”。日平均云量量别日数单位为“日”。

c）云量值为3位数，日平均云量量别日数3位数。位数不足，高位补“0”。

⑥降水量(R)

a）降水量要素项目由降水量、各级降水日数、各时段年最大降水量、最长连续降水日数、最长连续无降水日数五个数据段组成。

降水量数据段：13条记录。第1～12条记录，分别由各月逐候总量、逐旬总量、月总量、日最大及其出现日期12组数据组成；第13条记录由年总量、日最大及其出现月份、日期4组数据组成。

各级降水日数数据段：13条记录。分别由各月(年)降水≥0.1 mm，≥1.0 mm，≥0 mm，≥10.0 mm，≥25.0 mm，≥50.0 mm，≥100.0 mm，≥150.0 mm日数8组数据组成。

各时段年最大降水量数据段：15条记录。分别由5 min，10 min，15 min，20 min，30 min，45 min，60 min，90 min，120 min，180 min，240 min，360 min，540 min，720 min，1440 min的降水量和开始月、日、时、分5组数据组成。

最长连续降水日数数据段：13条记录。第1～12条记录，分别由各月最长连续降水日数、降水量和起止月份、日期6组数据组成；第13条记录由最长连续降水日数、降水量和起止年、月、日8组数据组成。

最长连续无降水日数数据段：13条记录。第1～12条记录，分别由各月最长连续无降水日数和起止月份、日期5组数据组成；第13条记录由年最长连续无降水日数和起止年、月、日7组数据组成。

b）降水量单位为“0.1 mm”。降水日数单位为“日”。

c）降水量值为5位数，降水日数为4位。位数不足，高位补“0”。

d）各时段年最大降水量若出现两次或以上记次数时，月份(MM)、日期(DD)按次数加“50”表示，时(GG)、分(gg)分别记“--”。

e）各月最长连续(无)降水日数，起止日期记次数时，加“50”表示；年最长连续(无)降水日数，起止月份(MM)、日期(DD)记次数时，加“50”表示，年份(YYYY)记当年实际年份；最长连续(无)降水日数跨年时，其起止年份(YYYY)按实际数字表示。

f）年、月极值及出现月份(MM)、日期(DD)的表示同“气压”。

g）各时段年最大降水量，当全年任意1440 min(24 h)最大降水量都不足10.0 mm时，该段数据按“O.2.2(1)③b)”的规定表示。

⑦天气现象(W)

a）天气现象要素项目由天气日数和初终日期(月日)两个数据段组成。

天气日数数据段：13条记录。分别由各月(年)雨、雪、冰雹、冰针、雾、轻雾、露、霜、雨凇、雾凇、吹雪、龙卷、积雪、结冰、沙尘暴、扬沙、浮尘、烟幕、霾、尘卷风、雷暴、闪电、极光、大风、飑25组天气日数数据组成。

初终日期(月日)数据段：9条记录。第1～7条记录，分别由霜、雪、积雪、结冰、最低气温≤0.0℃、地面最低温度≤0.0℃、草面(雪面)最低温度≤0.0℃的上年度初日、终日、初终间日数和本年度的初日7组数据组成；第8条记录由当年雷暴初日、终日、初终间日数5组数据组成；第9条记录由无霜期日数1组数据组成。

b) 天气日数单位为"日"。

c) 各月、年天气日数为3位，初终月份(MM)、日期(DD)分别为2位数。位数不足，高位补"0"。

⑧蒸发量(L)

a) 蒸发量要素项目只有一个数据段，13条记录。分别由各月(年)的小型、E-601B型蒸发量2组数据组成。

b) 蒸发量单位为"0.1 mm"。

c) 蒸发量值为5位数，位数不足，高位补"0"。

⑨积雪(Z)

a) 积雪要素项目只有一个数据段，13条记录。第1～12条记录，分别由各月最大雪深及出现日期，最大雪压及出现日期4组数据组成；第13条记录由年最大雪深及出现月份、日期，最大雪压及出现月份、日期6组数据组成。

b) 雪深单位为"cm"；雪压单位为"0.1 g/cm^2"。

c) 雪深、雪压值为3位数，位数不足，高位补"0"。

d) 年、月极值及出现月份(MM)、日期(DD)的表示同"气压"。

⑩电线积冰(G)

a) 电线积冰要素项目只有一个数据段，13条记录。第1～12条记录，分别由各月的电线积冰现象符号、南北和东西向积冰直径、厚度、最大重量、日期及气温、风向、风速12组数据组成；第13条记录由年最大电线积冰的现象符号、南北和东西向积冰直径、厚度、最大重量、月份、日期及气温、风向、风速14组数据组成。

b) 雨凇和雾凇直径、厚度单位为"mm"，重量单位为"g/m"，气温单位为"0.1℃"，风速单位为"0.1 m/s"。

c) 现象符号为4位数，其中现象编码的前2位为雨凇，后2位为雾凇，若某现象缺，在其相应的位置上录入"00"；积冰直径、厚度为3位数，最大重量为5位数，月份(MM)、日期(DD)为2位数，气温为4位数，风向、风速分别为3位数。除风向外，位数不足，高位补"0"。风向位数不足，高位补"P"。

⑪风(F)

a) 风要素项目由风速、风的统计、最多风向三个数据段组成。

风速数据段：13条记录。第1～12条记录，分别由各月平均风速，月最大风速、风向、出现日期，月极大风速、风向、出现日期7组数据组成；第13条记录由年平均风速，年最大风速、风向、出现月份、日期，年极大风速、风向、出现月份、日期9组数据组成。

风的统计数据段：65条记录。第1～48条记录为各月16方位风的统计数据，每月4条记录，分别为"N、NNE、NE、ENE"，"E、ESE、SE、SSE"，"S、SSW、SW、WSW"，"W、WNW、NW、NNW"4组方位的风速合计、出现回数、平均风速、风向频率、最大风速，每条记录20组数据；第49～60条记录为各月C(静风)的统计数据，每条记录由出现回数、风向频率2组数据组成；第61～64条记录，每条记录分别由以上4组方位对应风向的年风速合计、出现回数、平均风速、风向频率、最大风速及出现月份24组数据组成；第65条记录为C(静风)的年合计、风向频率2组数据。

最多风向数据段：13条记录。分别由各月(年)的“最多风向、频率”和“次多风向、频率”4组数据组成。如没有次多风向时，第3、4组数据用“.”表示。

b) 风速单位为“0.1 m/s”，出现回数单位为“回”，风向频率单位为“%”。

c) 月、年平均风速、最大风速、极大风速、风向分别为3位数，风向频率及出现月份(MM)为2位数，月、年风速合计为6位数，出现回数为4位数。除风向外，位数不足，高位补“0”。风向位数不足，高位补“P”。

d) 某风向未出现，有关统计项数据用“.”表示。频率<0.5，记“00”。

e) 月、年最大、极大风速的风向记个数时，加“500”表示。

f) 注有“>”、“<”等符号的月极值被挑为年极值时，该符号应保留，数据取整数。

g) 各风向年最大风速，月份记个数时，加“50”表示。

⑫浅层地温(D)

a) 浅层地温要素项目由地面温度和浅层地温两个数据段组成。

地面温度数据段：13条记录。第1～12条记录，分别由各月的月平均、月平均最高和最低、月极端最高和最低及其出现日期、日最低≤0.0 ℃日数8组数据组成；第13条记录由年平均、年平均最高和最低、年极端最高和最低及其出现月份、日期，日最低≤0.0℃日数10组数据组成。

浅层地温数据段：13条记录。分别由各月(年)的5 cm，10 cm，15 cm，20 cm，40 cm平均地温5组数据组成。

b) 浅层地温单位为“0.1℃”，日数单位为“日”。

c) 浅层地温为4位数，第一位为符号位，正为“0”，负为“－”；日数为3位。位数不足，高位补“0”。

d) 年、月极值及出现月份(MM)、日期(DD)的表示同“气压”。

⑬深层地温(K)

a) 深层地温要素项目只有一个数据段，13条记录。分别由各月(年)的80 cm，160 cm，320 cm地温3组数据组成。

b) 深层地温单位为“0.1℃”。

c) 深层地温为4位数，第一位为符号位，正为“0”，负为“－”。位数不足，高位补“0”。

⑭冻土深度(A)

a) 冻土深度要素项目只有一个数据段，13条记录。第1～12条记录，分别由各月最大冻土深度、出现日期2组数据组成；第13条记录由年最大冻土深度、出现月份、日期3组数据组成。

b) 冻土深度单位为“cm”。

c) 冻土深度为4位数，位数不足，高位补“0”。

d) 年最大冻土深度出现日期取3位数，位数不足，高位补“0”。当年最大冻土深度出现两次或以上相同，出现月份(MM)加“50”、日期(DDD)加“500”表示。

⑮日照(S)

a）日照要素项目只有一个数据段，13 条记录。第 1～12 条记录，分别由 1～12 月各月的逐旬合计、月合计、百分率、月≥60％、≤20％的量别日数 7 组数据组成；第 13 条记录由年合计、百分率、年≥60％、≤20％的量别日数 4 组数据组成。

b）日照时数单位为“0.1h”，日照百分率单位为“％”。

c）日照时数为 5 位数，百分率为 2 位、量别日数为 3 位。以上各项位数不足，高位补“0”。

⑯草面(雪面)温度(B)

a）草面(或雪面)温度要素项目只有一个数据段，13 条记录。第 1～12 条记录，分别由各月的月平均、月平均最高和最低、月极端最高和最低及其出现日期、日最低≤0.0 ℃日数 8 组数据组成；第 13 条记录由年平均、年平均最高和最低、年极端最高和最低及其出现月份、日期、日最低≤0.0℃日数 10 组数据组成。

b）草面(雪面)温度单位为“0.1℃”，日数单位为“日”。

c）草面(雪面)温度为 4 位数，第一位为符号位，正为“0”，负为“－”；日数为 3 位。位数不足，高位补“0”。

d）年、月极值及出现月份(MM)、日期(DD)的表示同“气压”。

O.2.3 附加信息

(1)数据结构

附加信息部分由“年报封面”、“本年天气气候概况”、“备注”、“现用仪器”四个数据段组成，其标识符分别为 FM，GK，BZ，YQ。各段结束符为“＝＜CR＞”。

(2)年报封面

①标识符：FM＜CR＞

②“年报封面”段由 12 条记录组成，各条记录只有一组数据。记录结束符为“＜CR＞”。其数据结构详见附录“Y 文件结构”的“年报封面”。

③各组数据说明

a）台站档案号(DDddd)：由 5 位数组成，前 2 位为省(区、市)编号，后 3 位为台站编号。

b）省(区、市)名：不定长，最大字符数为 20，为台站所在省(区、市)名全称，如“广西壮族自治区”。

c）台站名称：不定长，最大字符数为 36，为本台(站)的单位名称。

d）地址：不定长，最大字符数为 42，为台(站)所在详细地址，所属省(区、市)名称可省略。

e）地理环境：不定长，最大字符数为 20。台站若同时处于两个以上环境，则并列表示，其间用“；”分隔，如：“市区；山顶”。

f）台(站)长：不定长，最大字符数为 16，为台(站)长姓名。

g）输入：不定长，最大字符数为 16，为观测数据录入人员姓名，如多人参加录入，选填一名主要录入者。

h）校对：不定长，最大字符数为 16，为观测数据录入校对人员姓名，如多人参加校对，选填一名主要校对者。

i) 预审：不定长，最大字符数为 16，为报表数据文件预审人员姓名。

j) 审核：不定长，最大字符数为 16，为报表数据文件审核人员姓名。

k) 传输：不定长，最大字符数为 16，为报表数据文件传输人员姓名。

l) 传输日期(YYYYMMDD)：8 个字符，为报表数据报送传输时间，其中“年”占 4 位，“月”、“日”各占两位，位数不足，高位补“0”。

(3)本年天气气候概况

①标识符：GK<CR>

②“本年天气气候概况”段最多由 5 条记录组成，每条记录由项目标识码及项目内容描述两组数据组成。各组数据之间分隔符为“/”，记录结束符为“<CR>”。其数据结构详见附录“Y 文件结构”的“本年天气气候概况”。

③本数据段标识码及项目内容规定见表 O.1。

表 O.1　天气气候数据段标识码及内容说明表

标识代码	内容
01	主要天气气候特点
02	异常气候现象
03	重大灾害性、关键性天气及其影响
04	持续时间较长的不利天气影响
05	天气气候综合评价

a) 主要天气气候特点(01)和天气气候综合评价(05)记录为必报项目；其他项目如未出现，可以空缺。

b) 各条记录文字描述内容为不定长，文字要求简明扼要。

④各组数据说明

a) 主要天气气候特点：内容包括气温特征及与常年平均值、极端值比较，降水特征与常年平均值、极端值比较，主要天气气候特点及程度描述。

b) 异常气候现象：指月、年平均气温、降水总量等主要气候要素出现 30 年以上一遇，或离散程度达到 2 倍标准差以上的极端情况。

c) 重大灾害性、关键性天气及其影响：内容包括灾害性、关键性天气名称、出现时间、地点、影响范围、程度。

d) 持续时间长的不利天气影响：指长期干旱、少雨、连阴雨等不利天气对工农业生产及其他方面产生的影响，应综合全年情况进行分析。

e) 本年天气气候综合评价：对本年天气气候情况进行综合性评述。

(4)备注

①标识符：BZ<CR>

②“备注”数据段录入内容分“气象观测中一般备注事项记载”、“气象观测站精确至秒的纬度和经度记载”和“有关台站沿革变动情况记载”，其数据结构详见附录“Y 文件结构”的

“备注”。

a）气象观测中一般备注事项记载：由多条记录组成，每条记录由标识码（BB）、事项时间（MMDD或MMDD－MMDD）、事项说明三组数据组成，事项说明数据组为不定长。各组数据之间分隔符为“/”，记录结束符为“<CR>”。

b）气象观测站精确至秒的纬度和经度记载。为1条记录，由标识码（00）、纬度和经度3组数据组成。各组数据之间分隔符为“/”。区站号第1个字符为字母的观测站该项为必报项。

c）有关台站沿革变动情况记载：由多条记录组成，每条记录由变动项目标识码、变动时间（MMDD）及变动情况多组数据组成。各变动情况数据组为不定长，但不得超过规定的最大字符数。各组数据之间分隔符为“/”，记录结束符为“<CR>”。

台站沿革变动项目标识码及项目内容规定见表O.2。

表O.2　台站沿革变动标识码及内容说明表

标识代码	内容说明	标识代码	内容说明
01	台站名称	08	观测仪器
02	区站号	09	观测时制
03	台站级别	10	观测时间
04	所属机构	11	守班情况
05[55]	台站位置	12	其他变动事项
06	障碍物	13	附加图像文件
07[77]	观测要素		

其中标识码“10”和“11”项为必报项，其余项目如未出现，则该项省缺；如某项多次变动，按标识码重复录入。

台站位置迁移，其变动标识码用“05”；台站位置不变，而经纬度、海拔高度因测量方法不同或地址、地理环境改变，其变动标识码用“55”。增加观测要素，其变动标识码用“07”；减少观测要素，其变动标识码用“77”。

③各组数据说明

a）一般备注事项标识码：用“BB”表示。如多条备注事项记录，按标识码重复录入。

b）事项时间（MMDD或MMDD-MMDD）：具体事项出现的月份（MM）和日期（DD）或起止时间（月份、日期），起、止时间用“-”分隔。若某一事项时间比较多而不连续，其起、止时间记第一个和最后一个时间，并在事项说明中分别注明出现的具体时间。

c）事项说明：包括对某次或某时段观测记录质量有直接影响的原因、仪器性能不良或故障对观测记录的影响、仪器更换（非换型号）、非迁站情况的台站周围环境变化（包括台站周围建筑物、道路、河流、湖泊、树木、绿化、土地利用、耕作制度、距城镇的方位距离等）对观测记录的影响以及观测规范规定应备注的其他事项。涉及台站沿革变动的事项放在有关变动项目中。

d）气象观测站精确至秒的纬度和经度：纬度为6位数字，第1～2位为度，第3～4位为分,第5～6位为秒;经度为7位数字,第1～3位为度,第4～5位为分,第6～7位为秒;在度、分、秒各项位长不足时,高位补“0”。

e) 项目变动标识:按规定的项目变动标识码表示。

- 变动时间(MMDD):4个字符,项目具体变动的月份(MM)和日期(DD)。“月”、“日”各占两位,位数不足,高位补“0”。
- 台站名称:不定长,最大字符数为36,为变动后的台站名称。
- 台站级别:不定长,最大字符数为10。指“基准站”、“基本站”、“一般站”、“自动气象站”,按变动后的台站级别录入。
- 所属机构:不定长,最大字符数为30。指气象台站业务管辖部门简称,填到省、部(局)级,如:“国家海洋局”。气象部门所属台站填“某某省(区、市)气象局”,按变动后的所属机构录入。
- 纬度:同“台站参数”部分,按变动后纬度录入。
- 经度:同“台站参数”部分,按变动后经度录入。
- 观测场海拔高度:同“台站参数”部分,按变动后观测场海拔高度录入。
- 地址:不定长,最大字符数为42。同“年报封面”数据段,按变动后地址录入。
- 地理环境:不定长,最大字符数为20。同“年报封面”数据段,按变动后地理环境录入。
- 距原址距离方向:9个字符,其中距离5位、方向3位、分隔符“;”1位。距离不足位,前位补“0”。方向不足位,后位补空。为台站迁址后新观测场距原站址观测场直线距离和方向。距离以“m”为单位;方向按16方位的大写英文字母表示。
- 方位:3个字符,按16方位的大写英文字母表示,不足位,后位补空。若同一方位有两个以上障碍物,选择对观测记录影响较大的障碍物。若同一障碍物影响几个方位时,按所影响的方位分别录入。某方位无障碍物影响,该方位空缺。
- 障碍物名称:不定长,最大字符数为6。所谓障碍物是指观测场周围的建筑物、树木、山等遮挡物边缘与观测场边缘的距离,小于遮挡物高度的10倍时,该遮挡物即确定为障碍物。如某10 m高的建筑物,距观测场边缘小于100 m,则应列入障碍物。观测场周围,对气象观测记录的代表性、准确性、比较性有直接影响的障碍物名称,如“建筑物”、“树木”、“山”等,照实录入。
- 仰角:2个字符,不足位,前位补“0”。为障碍物的高度角,从观测场中心位置测量,精确到度。
- 宽度角:2个字符,不足位,前位补“0”。为各方位障碍物的宽度角,从观测场中心位置测量,精确到度,障碍物最大的宽度角为23°。
- 距离:5个字符,不足位,前位补“0”。为各方位障碍物距观测场中心的距离,以“m”为单位。
- 要素名称:不定长,最大字符数为14,气象观测要素简称。
- 仪器名称:不定长,最大字符数为30。为换型后的观测仪器名称,规格型式未变,仅是号码改变的仪器变动不必录入。
- 仪器距地或平台高度:6个字符,不足位,前位补“0”。为观测仪器(感应部分)安装距观测场或观测平台地面高度(注:气压表高度为海拔高度),以“0.1 m”为单位。若观测仪器(感应部分)低于观测场地面高度,则在高度前加“－”号。气压、气温、湿度、风、降水、蒸发(小型)、日照等气象要素,应填报此项,其他气象要素器测项目的仪器距地高度变动均予省略。

- 平台距观测场地面高度:4个字符,不足位,前位补“0”。以“0.1 m”为单位。
- 观测时制:不定长,最大字符数为10,为变动后的时制。
- 观测次数:不定长,最大字符数为2。人工定时观测的次数(03或04或24),不包括辅助观测次数或以自记记录代替的时次。
- 观测时间:不定长,最大字符数为72。每日人工定时观测的具体时间,各时次之间用“;”分隔,如“02;08;14;20”。每小时观测一次,则录入“逐时观测”。若连续自动观测,则录入“某时至某时连续观测”或“24小时连续观测”。
- 夜间守班情况:不定长,最大字符数为6。按“守班”、“不守班”,照实录入。
- 其他事项说明:不定长,最大字符数为60。为台站所属行政地名改变和对记录质量有直接影响的其他事项(不包括上述各变动事项)。
- 图像文件名:指作为录入、存档的有关灾害性天气事件或台站环境照片或录像等图像文件,其文件名为“YIIiii-YYYYxx.JPG(或TIF/GIF)”,“xx”为图像文件顺序号,位数不足,高位补“0”。图像文件说明:文件说明内容包括图像名称、拍摄时间、地点、责任者(拍摄单位或个人)、记录长度。

(5)现用仪器

①标识符:YQ<CR>

②记录格式:详见附录中的“现用仪器”部分。

③“现用仪器”数据段最多由36条记录组成,每条记录由仪器标识码、规格型号、号码、厂名、检定日期5组数据组成。各组数据之间用“/”分隔,记录结束符为“<CR>”。

④本数据段录入年内使用的主要观测仪器的有关资料。年内未使用的仪器不必录入。

同一类仪器,台站如有不同规格型号的仪器同时进行观测时,只录入用作正式记录的观测仪器的规格型号、号码等。如某站同时配有翻斗式遥测雨量计和虹吸式雨量计,以翻斗式遥测雨量计作正式的自记记录,只录入翻斗式遥测雨量计的各项资料。

⑤各组数据说明

a)仪器标识码:按规定的仪器标识码录入。

b)规格型号:不定长,最大字符数为25,为观测仪器的规格型号。如最低温度表,“套管式,0.5分度,－35～30℃”等。

c)号码:不定长,最大字符数为10,为观测仪器的号码,如“60514”等。

d)厂名:不定长,最大字符数为20,为观测仪器的生产厂名,如“上海气象仪器厂”等。

e)检定日期(YYYYMMDD):8个字符,其中年份4位,月份2位,日期2位,位数不足,高位补“0”。为仪器检定的年、月、日,无检定证而有合格证的,录入“有合格证”。

O.3 Y文件结构

IIiii QQQQQ LLLLLL $H_1H_1H_1H_1H_1H_1$ $H_2H_2H_2H_2H_2H_2$ $H_3H_3H_3$ $H_4H_4H_4$ Sx_1x_2 CCC YYYY P<CR>

(本站气压)xxxxx xxxxx xxxxx xxxxx DD xxxxx DD<CR>…(各月值,12 条记录)

xxxxx xxxxx xxxxx xxxxx MM DD xxxxx MM DD=<CR>(年值,1 条记录)

(海平面气压)xxxxx<CR>…(各月值,12 条记录)

xxxxx=<CR>(年值,1 条记录)

T<CR>

xxxx xxxx xxxx xxxx xxxx xxxx xxxx xxxx xxxx xxxx xxxx xxxx xxxx DD xxxx DD<CR>…(各月值,12 条记录)

xxxx xxxx xxxx xxxx MM DD xxxx MM DD=<CR>(年值,1 条记录)

E<CR>

xxx xxx DD xxx DD<CR>…(各月值,12 条记录)

xxx xxx MM DD xxx MM DD=<CR>(年值,1 条记录)

U<CR>

xx xx DD<CR>…(各月值,12 条记录)

xx xx MM DD=<CR>(年值,1 条记录)

N<CR>

(平均云量)xxx xxx<CR>…(各月值,12 条记录)

xxx xxx=<CR>(年值,1 条记录)

(日平均云量量别日数)xxx xxx xxx xxx xxx xxx<CR>…(各月值,12 条记录)

xxx xxx xxx xxx xxx xxx=<CR>(年值,1 条记录)

R<CR>

(降水量)xxxxx xxxxx xxxxx xxxxx xxxxx xxxxx xxxxx xxxxx xxxxx xxxxx xxxxx DD<CR>…(各月值,12 条记录)

xxxxx xxxxx MM DD=<CR>(年值,1 条记录)

(各级降水日数)xxxx xxxx xxxx xxxx xxxx xxxx xxxx xxxx<CR>…(各月值,12 条记录)

xxxx xxxx xxxx xxxx xxxx xxxx xxxx xxxx=<CR>(年值,1 条记录)

(各时段年最大降水量)xxxxx MM DD HH SS<CR>…(15 条记录)=<CR>

(最长连续降水日数)xxxx xxxxx MM DD MM DD<CR>…(各月值,12 条记录)

xxxx xxxxx YYYY MM DD YYYY MM DD=<CR>(年值,1 条记录)

(最长连续无降水日数)xxxx MM DD MM DD<CR>…(各月值,12 条记录)

xxxx YYYY MM DD YYYY MM DD=<CR>(年值,1 条记录)

W<CR>

(天气日数)xxx xxx xxx xxx xxx xxx xxx xxx xxx xxx xxx xxx xxx xxx xxx xxx xxx xxx xxx xxx xxx xxx xxx xxx xxx<CR>…(各月值,12 条记录)

xxx xxx xxx xxx xxx xxx xxx xxx xxx xxx xxx xxx xxx xxx xxx xxx xxx xxx xxx xxx xxx xxx xxx xxx xxx=<CR>(年值,1 条记录)

(初终日期)MM DD MM DD xxx MM DD<CR>…(年值,7 条记录)

MM DD MM DD xxx<CR>(年值,1 条记录)

xxx=<CR>(年值,1 条记录)

L<CR>

xxxxx xxxxx<CR>…(各月值,12 条记录)

xxxxx xxxxx=<CR>(年值,1 条记录)

Z<CR>

xxx DD xxx DD<CR>…(各月值,12 条记录)

xxx MM DD xxx MM DD=<CR>(年值,1 条记录)

G<CR>

xxxx xxx xxx xxxxx DD xxx xxx xxxxx DD xxxx ddd xxx<CR>…(各月值,12 条记录)

xxxx xxx xxx xxxxx MM DD xxx xxx xxxxx MM DD xxxx ddd xxx=<CR>(年值,1 条记录)

F<CR>

(风速)xxx xxx ddd DD xxx ddd DD<CR>…(各月值,12 条记录)

xxx xxx ddd MM DD xxx ddd MM DD=<CR>(年值,1 条记录)

(风的统计)xxxxxx xxxx xxx xx xxx xxxxxx xxxx xxx xx xxx xxxxxx xxxx xxx xx xxx xxxxxx xxxx xxx xx xxx<CR>(各月值,每月 4 条记录,共 48 条记录)

xxxx xx<CR>…(各月值,12 条记录)

xxxxxx xxxx xxx xx xxx MM xxxxxx xxxx xxx xx xxx MM xxxxxx xxxx xxx xx xxx MM xxxxxx xxxx xxx xx xxx MM<CR>(年值,4 条记录)

xxxx xx=<CR>(年值,1 条记录)

(最多风向)ddd xx ddd xx <CR>…(各月值,12 条记录)

ddd xx ddd xx =<CR>(年值,1 条记录)

D<CR>

(地面温度)xxxx xxxx xxxx xxxx DD xxxx DD xxx<CR>…(各月值,12 条记录)

xxxx xxxx xxxx xxxx MM DD xxxx MM DD xxx=<CR>(年值,1 条记录)

(浅层地温)xxxx xxxx xxxx xxxx xxxx<CR>…(各月值,12 条记录)

xxxx xxxx xxxx xxxx xxxx=<CR>(年值,1 条记录)

K<CR>

xxxx xxxx xxxx<CR>…(各月值,12 条记录)

xxxx xxxx xxxx=<CR>(年值,1 条记录)

A<CR>

xxxx DD<CR>…(各月值,12 条记录)

xxxx MM DDD=<CR>(年值,1 条记录)

S<CR>

xxxxx xxxxx xxxxx xxxxx xx xxx xxx<CR>…(各月值,12 条记录)

xxxxx xx xxx xxx=<CR>(年值,1 条记录)

B<CR>

xxxx xxxx xxxx xxxx DD xxxx DD xxx<CR>…(各月值,12 条记录)

xxxx xxxx xxxx xxxx MM DD xxxx MM DD xxx=<CR>(年值,1 条记录)

?????? <CR>("年报数据"部分结束符)

FM<CR>(年报封面)

台站档案号<CR>

省(区、市)名<CR>

台站名称<CR>

地址<CR>

地理环境<CR>

台(站)长<CR>

输入<CR>

校对<CR>

预审<CR>

审核<CR>

传输<CR>

传输日期=<CR>

GK<CR>(本年天气气候概况)

01(主要天气气候特点标识)/文字描述<CR>

02(异常气候现象标识)/文字描述<CR>

03(重大灾害性、关键性天气及其影响标识)/文字描述<CR>

04(持续时间较长的不利天气影响标识)/文字描述<CR>

05(本年天气气候综合评价标识)/文字描述=<CR>

BZ〈CR〉(备注)

BB(一般备注事项标识)/事项时间/事项说明<CR>

00(气象观测站精确至秒的纬度和经度标识)/纬度/经度<CR>01(台站名称变动标识)/变动时间/台站名称<CR>

02(区站号变动标识)/变动时间/区站号<CR>

03(台站级别变动标识)/变动时间/台站级别<CR>

04(台站所属机构变动标识)/变动时间/所属机构<CR>

05[55](台站位置变动标识)/变动时间/纬度/经度/观测场海拔高度/地址/地理环境/距原址距离;方向<CR>

06(台站周围障碍物变动标识)/变动时间/方位/障碍物名称/仰角/宽度角/距离<CR>

07[77](观测要素变动标识)/变动时间/增[减]要素名称<CR>

08(观测仪器变动标识)/变动时间/要素名称/仪器名称/仪器距地或平台高度/平台距观测场地面高度<CR>

09(观测时制变动标识)/变动时间/观测时制<CR>

10(定时观测时间标识)/观测次数/观测时间<CR>

11(夜间守班标识)/夜间守班情况<CR>

12(其他事项标识)/时间/事项说明<CR>

13(附加图像文件标识)/图像文件名/图像文字说明=<CR>

YQ<CR>(现用仪器)

01(测云仪标识)/规格型号/号码/厂名/检定日期<CR>

02(水银气压表(传感器)标识)/规格型号/号码/厂名/检定日期<CR>

03(气压计标识)/规格型号/号码/厂名/检定日期<CR>

04(百叶箱标识)/规格型号/号码/厂名/检定日期<CR>

05(干球温度表(传感器)标识)/规格型号/号码/厂名/检定日期<CR>

06(湿球温度表(传感器)标识)/规格型号/号码/厂名/检定日期<CR>

07(最高温度表标识)/规格型号/号码/厂名/检定日期<CR>

08(最低温度表标识)/规格型号/号码/厂名/检定日期<CR>

09(毛发湿度表标识)/规格型号/号码/厂名/检定日期<CR>

10(温度计标识)/规格型号/号码/厂名/检定日期<CR>

11(湿度计(传感器)标识)/规格型号/号码/厂名/检定日期<CR>

12(风向风速计(传感器)标识)/规格型号/号码/厂名/检定日期<CR>

13(雨量器标识)/规格型号/号码/厂名/检定日期<CR>

14(雨量计(传感器)标识)/规格型号/号码/厂名/检定日期<CR>

15(量雪尺标识)/规格型号/号码/厂名/检定日期<CR>

16(量(称)雪器标识)/规格型号/号码/厂名/检定日期<CR>
17(日照计(传感器)标识)/规格型号/号码/厂名/检定日期<CR>
18(小型蒸发器标识)/规格型号/号码/厂名/检定日期<CR>
19(E601 型蒸发器(传感器)标识)/规格型号/号码/厂名/检定日期<CR>
20(地面温度表(传感器)标识)/规格型号/号码/厂名/检定日期<CR>
21(地面最高温度表标识)/规格型号/号码/厂名/检定日期<CR>
22(地面最低温度表标识)/规格型号/号码/厂名/检定日期<CR>
23(草面(雪面)温度传感器标识)/规格型号/号码/厂名/检定日期<CR>
24(5 cm 曲管地温表(传感器)标识)/规格型号/号码/厂名/检定日期<CR>
25(10 cm 曲管地温表(传感器)标识)/规格型号/号码/厂名/检定日期<CR>
26(15 cm 曲管地温表(传感器)标识)/规格型号/号码/厂名/检定日期<CR>
27(20 cm 曲管地温表(传感器)标识)/规格型号/号码/厂名/检定日期<CR>
28(40 cm 直管地温表(传感器)标识)/规格型号/号码/厂名/检定日期<CR>
29(80 cm 直管地温表(传感器)标识)/规格型号/号码/厂名/检定日期<CR>
30(160 cm 直管地温表(传感器)标识)/规格型号/号码/厂名/检定日期<CR>
31(320 cm 直管地温表(传感器)标识)/规格型号/号码/厂名/检定日期<CR>
32(冻土器标识)/规格型号/号码/厂名/检定日期<CR>
33(电线积冰架标识)/规格型号/号码/厂名/检定日期<CR>
34(自动气象站标识)/规格型号/号码/厂名/检定日期<CR>
35(观测用微机标识)/规格型号/号码/厂名/检定日期<CR>
36(观测用钟(表)标识)/规格型号/号码/厂名/检定日期=<CR>
######(“附加信息”结束符)

附录P 天气现象编码原则

根据综改方案，天气现象编码遵循以下原则。

(1)取消观测的雷暴，与之相关的天气现象编码也取消。(不再编17,29,90～99。)

(2)取消观测的米雪、冰粒，与之相关的天气现象编码同雪。(不再编77,79,归为70～75。)

(3)取消观测的霰，与之相关的天气现象编码同阵雪。(不再编87,88,归为85,86。)

(4)取消观测的烟幕、尘卷风、吹雪、雪暴、闪电、飑、极光、冰针、龙卷，天气现象记录无现象，编码为00。(不再编04,08,13,18,19,36～39,76。)

(5)其他规定

由于以往对“间歇”和“连续”的判据来自云状，新的改革方案取消云状观测，并取消与云状相关的审核。这里根据间歇性现象比连续性更长出现这一事实，选择输出结果都为间歇性现象。(输出70,72,74,60,62,64,50,52,54,而不输出71,73,75,61,63,65,51,53,55。)

对无法自动判断强度的现象，如冰雹、阵性雨夹雪、雨夹雪、雨，代码中区分强度的编码(89,90;83,84;60～69;58,59)都按照小强度输出(89,83,60,66,68,58)。

对于无法自动判别的涉及“天空可辨别”和“天空不可辨”的代码(42～49)，根据天空可辨别出现次数较多这一事实，选择天空可辨别的编码(42,44,46,48)。

附录Q　新型自动站气象要素数据文件格式

Q.1　小时常规气象要素数据文件

Q.1.1　文件名格式

AWS_H_Z_IIiii_yyyyMM. TXT，简称 H_Z 文件。其中，AWS 表示自动气象站；H、Z 为指示符，表示为各时次常规气象要素正点数据；IIiii 为区站号；yyyy 为年份，MM 为月份，不足两位时，前面补“0”，TXT 为固定编码，表示此文件为 ASCII 格式。

Q.1.2　文件形成

(1)H_Z 文件每站月一个，采用定长的随机文件记录方式写入，每一条记录 434Byte，记录尾用回车换行结束，ASCII 字符写入，每个要素值高位不足补空格。

(2)文件第一次生成时应进行初始化，初始化的过程是：首先检测 H_Z 文件是否存在，如无当月 H_Z 文件，则生成该文件，将全月逐日逐时各要素的位置一律存入相应字长的“－”字符(即减号)。

(3)H_Z 文件按北京时计时，以北京时 20 时为日界，00 分数据作为正点数据。

Q.1.3　文件内容

(1)H_Z 文件的第 1 条记录为本站当月基本参数，内容及排列顺序见表 Q.1。

表 Q.1　小时常规气象要素数据文件基本参数行格式

序号	参数	字长(Byte)	序号	参数	字长(Byte)
1	区站号	5	9	平台距地高度	5
2	年	5	10	自动站类型标识	5
3	月	5	11	百叶箱气温传感器标识	5
4	经度	8	12	通风防辐射罩气温传感器 1 标识	5
5	纬度	7	13	通风防辐射罩气温传感器 2 标识	5
6	观测场海拔高度	5	14	通风防辐射罩气温传感器 3 标识	5
7	气压传感器海拔高度	5	15	通风防辐射罩 1 标识	5
8	风速传感器距地(平台)高度	5	16	通风防辐射罩 2 标识	5

续表

序号	参数	字长(Byte)	序号	参数	字长(Byte)
17	通风防辐射罩 3 标识	5	34	40 cm 地温传感器标识	5
18	湿球温度传感器标识	5	35	80 cm 地温传感器标识	5
19	湿敏电容传感器标识	5	36	160 cm 地温传感器标识	5
20	气压传感器标识	5	37	320 cm 地温传感器标识	5
21	风向传感器标识	5	38	蒸发传感器标识	5
22	风速传感器标识	5	39	能见度传感器标识	5
23	风速传感器标识(气候辅助观测)	5	40	云高传感器标识	5
24	翻斗式或容栅式雨量传感器标识(RAT)	5	41	云量传感器标识	5
25	翻斗降水量传感器标识(RAT1)	5	42	现在天气现象传感器标识	5
26	称重式降水量传感器标识	5	43	积雪传感器标识	5
27	草面温度传感器标识	5	44	电线积冰传感器标识	5
28	地表温度传感器标识	5	45	冻土传感器标识	5
29	红外地表温度传感器标识(气候辅助观测)	5	46	闪电频次传感器标识	5
30	5 cm 地温传感器标识	5	47	版本号	5
31	10 cm 地温传感器标识	5	48	保留	194
32	15 cm 地温传感器标识	5	49	回车换行	2
33	20 cm 地温传感器标识	5	50		

注:经度和纬度按度分秒存放,最后 1 位为东、西经标识和南、北纬度标识,经度的度为 3 位,分和秒均为 2 位,高位不足补“0”,东经标识“E”,西经标识“W”;纬度的度为 2 位,分和秒均为 2 位,高位不足补“0”,北纬标识为“N”,南纬标识为“S”;

观测场海拔高度、气压传感器海拔高度、风速传感器距地(平台)高度、平台距地高度:保留 1 位小数,原值扩大 10 倍存入;

自动气象站类型标识:基本要素站存“1”,气候观测站存“2”,基本要素与气候观测要素综合站存“3”;

各传感器标识:有该项目存“1”,无该项目存“0”;

保留位均用“-”填充;

版本号:以便版本升级和功能扩展,现为 V1.00。

(2)H_Z 文件中每一时次为一条记录,每日 24 条记录。记录号的计算方法:

$$N=D\times 24+T-19$$

式中,N 为记录号;D 为北京时日期,对于北京时的上月最后一天的 21—24 时 D 取 0;T 为北京时。

(3)H_Z 文件中第 1 条后的每一条记录,存 82 个要素的正点值和对应在数据质量控制标志,以 ASCII 字符写入,除本站气压、能见度、云高为 5 Byte,天气现象为 12 Byte 外,其他每个要素长度为 4 Byte，最后两位为回车换行符，内容和排列顺序见表 Q.2。

表 Q.2　小时常规气象要素数据文件各要素位长及排列顺序

序号	要素名	字长(Byte)	序号	要素名	字长(Byte)
1	日、时(北京时)	4	30	最高气温(通风防辐射罩)	4
2	2 分钟平均风向	4	31	最高气温出现时间(通风防辐射罩)	4
3	2 分钟平均风速	4	32	最低气温(通风防辐射罩)	4
4	10 分钟平均风向	4	33	最低气温出现时间(通风防辐射罩)	4
5	10 分钟平均风速	4	34	通风防辐射罩通风速度	4
6	最大风速的风向	4	35	湿球温度	4
7	最大风速	4	36	湿敏电容湿度值	4
8	最大风速出现时间	4	37	相对湿度	4
9	分钟内最大瞬时风速的风向	4	38	最小相对湿度	4
10	分钟内最大瞬时风速	4	39	最小相对湿度出现时间	4
11	极大风向	4	40	水汽压	4
12	极大风速	4	41	露点温度	4
13	极大风速出现时间	4	42	本站气压	5
14	2 分钟平均风速(气候辅助观测)	4	43	最高本站气压	5
15	10 分钟平均风速(气候辅助观测)	4	44	最高本站气压出现时间	4
16	最大风速(气候辅助观测)	4	45	最低本站气压	5
17	最大风速出现时间(气候辅助观测)	4	46	最低本站气压出现时间	4
18	分钟极大风速(气候辅助观测)	4	47	草面温度	4
19	极大风速(气候辅助观测)	4	48	草面最高温度	4
20	极大风速出现时间(气候辅助观测)	4	49	草面最高出现时间	4
21	小时累计降水量(翻斗式或容栅式，RAT)	4	50	草面最低温度	4
22	小时累计降水量(RAT1)	4	51	草面最低出现时间	4
23	小时累计降水量(称重式)	4	52	地表温度(铂电阻)	4
24	气温(百叶箱)	4	53	地表最高温度(铂电阻)	4
25	最高气温(百叶箱)	4	54	地表最高出现时间(铂电阻)	4
26	最高气温出现时间(百叶箱)	4	55	地表最低温度(铂电阻)	4
27	最低气温(百叶箱)	4	56	地表最低出现时间(铂电阻)	4
28	最低气温出现时间(百叶箱)	4	57	地表温度(红外)	4
29	气温(通风防辐射罩)	4	58	地表最高温度(红外)	4

续表

序号	要素名	字长(Byte)	序号	要素名	字长(Byte)
59	地表最高出现时间(红外)	4	73	10 min 平均能见度	5
60	地表最低温度(红外)	4	74	最小 10 min 平均能见度	5
61	地表最低出现时间(红外)	4	75	最小 10 min 平均能见度出现时间	4
62	5 cm 地温	4	76	云高	5
63	10 cm 地温	4	77	总云量	4
64	15 cm 地温	4	78	低云量	4
65	20 cm 地温	4	79	现在天气现象编码	12
66	40 cm 地温	4	80	积雪深度	4
67	80 cm 地温	4	81	冻雨	4
68	160 cm 地温	4	82	电线积冰厚度	4
69	320 cm 地温	4	83	冻土深度	4
70	正点分钟蒸发水位	4	84	闪电频次	4
71	小时累计蒸发量	4	85	数据质量控制标志	83
72	1 min 平均能见度	5	86	回车换行	2

注:除特殊说明外,正点值的含义是指北京时整点采集的数据;

“日、时”作为记录识别标志用,日、时各两位,高位不足补“0”,其中“日”是按北京时的日期;“时”是指正点小时;

小时累计值和小时内极值的开始计时时间为上一时次的 01 分,结束时间为本次正点 00 分;

若要素缺测,除有特殊规定外,则均应按约定的字长,每个字节位均存入一个“/”字符,若因无传感器或停用,则相应位置仍保持“-”字符;

对于降水量,无降水时存入“0000”,微量降水存入“,,,,”;

当使用湿敏电容测定湿度时,除在湿敏电容数据位写入相应的数据值外,同时应将求出的相对湿度值存入相对湿度数据位置,在湿球温度位置一律存“****”;

现在天气现象编码按 WMO 有关自动气象站 SYNOP 天气代码表示,每种天气现象 2 位,最多存入 6 种现象。

(4)数据的记录单位按以《地面气象观测规范》规定为准,存储各要素值不含小数点,具体规定见表 Q.3。

表 Q.3 常规气象要素数据文件各要素记录单位和存储规定

要素名	记录单位	存储规定
气压	0.1 hPa	原值扩大 10 倍
温度	0.1℃	原值扩大 10 倍
相对湿度	1 %	原值

续表

要素名	记录单位	存储规定
水汽压	0.1 hPa	原值扩大 10 倍
露点温度	0.1℃	原值扩大 10 倍
降水量	0.1 mm	原值扩大 10 倍
风向	1°	原值
风速	0.1 m/s	原值扩大 10 倍
蒸发水位、蒸发量	0.1 mm	原值扩大 10 倍
能见度	1 m	原值
云高	1 m	原值
云量	1 成	原值
现在天气现象编码	每种现象 2 个字节	按 WMO 有关自动气象站 SYNOP 天气代码表示
积雪深度	1 cm	原值
冻雨	1 min	原值
电线积冰厚度	1 mm	原值
冻土深度	1 cm	原值
闪电频次	1 次	原值

数据质量控制标识由终端微机处理软件按照《新型自动气象(气候)站功能规格书》中数据质量控制的内容处理和生成。

Q.2 分钟常规要素数据文件

Q.2.1 文件名格式

AWS_M_Z_IIiii_yyyyMMDD.TXT,简称 M_Z 文件。其中,AWS 表示自动气象站,M、Z 为指示符,表示常规气象要素分钟数据;IIiii 为区站号;yyyy 为年份,MM 为月份,DD 为日期,月和日期不足两位时,前面补"0",TXT 为固定编码,表示此文件为 ASCII 格式。

Q.2.2 文件形成

(1)分钟常规气象要素数据文件每站日一个,采用定长的随机文件记录方式写入,每一条记录 250Byte,记录尾用回车换行结束,ASCII 字符写入,每个要素值高位不足补空格。

(2)文件第一次生成时应进行初始化,初始化的过程是:首先检测分钟常规气象要素数据文件是否存在,如无该日分钟常规气象要素数据文件,则生成该文件,要素位置一律存相应长度的"-"字符(即减号)。

(3)分钟常规气象要素数据文件按北京时计时。

Q.2.3 文件内容

(1)常规气象要素数据文件的第 1 条记录为本站当日基本参数,内容及排列顺序见表 Q.4。

表 Q.4 常规气象要素数据文件基本参数行格式

序号	参数	字长(Byte)	序号	参数	字长(Byte)
1	区站号	5	26	翻斗式雨量传感器标识(RAT1)	1
2	年	5	27	称重式降水传感器标识	1
3	月	5	28	草面温度传感器标识	1
4	日	5	29	地表温度传感器标识	1
5	经度	8	30	红外地表温度传感器标识(气候辅助观测)	1
6	纬度	7	31	5 cm 地温传感器标识	1
7	观测场海拔高度	5	32	10 cm 地温传感器标识	1
8	气压传感器海拔高度	5	33	15 cm 地温传感器标识	1
9	风速传感器距地(平台)高度	5	34	20 cm 地温传感器标识	1
10	平台距地高度	5	35	40 cm 地温传感器标识	1
11	自动站类型标识	1	36	80 cm 地温传感器标识	1
12	百叶箱气温传感器标识	1	37	160 cm 地温传感器标识	1
13	通风防辐射罩气温传感器 1 标识	1	38	320 cm 地温传感器标识	1
14	通风防辐射罩气温传感器 2 标识	1	39	蒸发传感器标识	1
15	通风防辐射罩气温传感器 3 标识	1	40	能见度传感器标识	1
16	通风防辐射罩 1 标识	1	41	云高传感器标识	1
17	通风防辐射罩 2 标识	1	42	云量传感器标识	1
18	通风防辐射罩 3 标识	1	43	现在天气现象传感器标识	1
19	湿球温度传感器标识	1	44	积雪传感器标识	1
20	湿敏电容传感器标识	1	45	电线积冰传感器标识	1
21	气压传感器标识	1	46	冻土传感器标识	1
22	风向传感器标识	1	47	闪电频次传感器标识	1
23	风速传感器标识	1	48	版本号	5
24	风速传感器标识(气候辅助观测)	1	49	保留	159
25	翻斗式或容栅式雨量传感器标识(RAT)	1	50	回车换行	2

注:经度和纬度按度分秒存放,最后 1 位为东、西经标识和南、北纬度标识,经度的度为 3 位,分和秒均为 2 位,高位不足补“0”,东经标识“E”,西经标识“W”;纬度的度为 2 位,分和秒均为 2 位,高位不足补“0”,北纬标识为“N”,南纬标识为“S”;

观测场海拔高度、气压传感器海拔高度、风速传感器距地(平台)高度、平台距地高度:保留 1 位小数,原值扩大 10 倍存入;

自动气象站类型标识:基本要素站存“1”,气候观测站存“2”,基本要素与气候观测要素综合站存“3”;

各传感器标识:有该项目存“1”,无该项目存“0”;

保留位均用“-”填充;

版本号:以便版本升级和功能扩展,现为 V1.00。

(2)文件中每分钟为一条记录，每小时 60 条记录。记录号的计算方法：

当 $H>20$ 时，　　　　$N=(\mathrm{H}-20)\times 60+M+1$

当 $H\leqslant 20$ 时，　　　　$N=(\mathrm{H}+4)\times 60+M+1$

式中：N—记录号；H—北京时；M—分钟。

(3)文件中第 1 条后的每一条记录，存 48 个要素的分钟值和对应在数据质量控制标志，以 ASCII 字符写入，除本站气压、能见度、云高为 5 Byte，天气现象为 8 Byte 外，每个要素长度为 4 Byte，最后两位为回车换行符，内容和排列顺序见表 Q.5。

表 Q.5　分钟常规气象要素数据文件各要素位长及排列顺序

序号	要素名	字长(Byte)	序号	要素名	字长(Byte)
1	时、分(北京时)	4	23	水汽压	4
2	2 min 平均风向	4	24	露点温度	4
3	2 min 平均风速	4	25	本站气压	5
4	10 min 平均风向	4	26	草面温度	4
5	10 min 平均风速	4	27	地表温度(铂电阻)	4
6	分钟内最大瞬时风速的风向	4	28	地表温度(红外)	4
7	分钟内最大瞬时风速	4	29	5 cm 地温	4
8	2 min 平均风速(气候辅助观测)	4	30	10 cm 地温	4
9	10 min 平均风速(气候辅助观测)	4	31	15 cm 地温	4
10	分钟内极大风速(气候辅助观测)	4	32	20 cm 地温	4
11	分钟降水量(翻斗式或容栅式，RAT)	4	33	40 cm 地温	4
12	小时累计降水量(翻斗式或容栅式，RAT)	4	34	80 cm 地温	4
13	分钟降水量(翻斗式或容栅式，RAT1)	4	35	160 cm 地温	4
14	小时累计降水量(翻斗式或容栅式，RAT1)	4	36	320 cm 地温	4
15	分钟降水量(称重式)	4	37	当前分钟蒸发水位	4
16	小时累计降水量(称重式)	4	38	小时累计蒸发量	4
17	气温(百叶箱)	4	39	1 min 平均能见度	5
18	通风防辐射罩通风速度	4	40	10 min 平均能见度	5
19	气温(通风防辐射罩)	4	41	云高	5
20	湿球温度	4	42	总云量	4
21	湿敏电容湿度值	4	43	低云量	4
22	相对湿度	4	44	现在天气现象编码	12

续表

序号	要素名	字长(Byte)	序号	要素名	字长(Byte)
45	积雪深度	4	49	闪电频次	4
46	冻雨	4	50	数据质量控制标志	48
47	电线积冰厚度	4	51	回车换行	2
48	冻土深度	4	52		

注:“日、时”作为记录识别标志用,日、时各两位,高位不足补“0”,其中“日”是按北京时的日期;“时”是指正点小时;

若要素缺测,除有特殊规定外,则均应按约定的字长,每个字节位均存入一个“/”字符,若因无传感器或停用,则相应位置仍保持“－”字符;对于降水量,无降水时存入“0000”,微量降水存入“,,,,”;

当使用湿敏电容测定湿度时,除在湿敏电容数据位写入相应的数据值外,同时应将求出的相对湿度值存入相对湿度数据位置,在湿球温度位置一律存“****”;现在天气现象编码按 WMO 有关自动气象站 SYNOP 天气代码表示,每种天气现象 2 位,最多存入 6 种现象,不足 6 种现象时低位用 00 填充。

(4)数据的记录单位按以《地面气象观测规范》规定为准,存储各要素值不含小数点,具体规定见表 Q.6。

表 Q.6　常规气象要素数据文件各要素记录单位和存储规定

要素名	记录单位	存储规定
气压	0.1 hPa	原值扩大 10 倍
温度	0.1℃	原值扩大 10 倍
相对湿度	1 %	原值
水汽压	0.1 hPa	原值扩大 10 倍
露点温度	0.1℃	原值扩大 10 倍
降水量	0.1 mm	原值扩大 10 倍
风向	1°	原值
风速	0.1 m/s	原值扩大 10 倍
蒸发水位、蒸发量	0.1 mm	原值扩大 10 倍
能见度	1 m	原值
云高	1 m	原值
云量	1 成	原值
现在天气现象编码	每种现象 2 个字节	按 WMO 有关自动气象站 SYNOP 天气代码表示
积雪深度	1 cm	原值
冻雨	1 min	原值
电线积冰厚度	1 mm	原值
冻土深度	1 cm	原值
闪电频次	1 次	原值

Q.3 分钟云要素数据文件

Q.3.1 文件名格式

IIiii_cloud_value_yyyyMMDD.TXT，表示分钟云要素数据文件；IIiii 为区站号；yyyy 为年份，MM 为月份，DD 为日期，月和日期不足两位时，前面补“0”，TXT 为固定编码，表示此文件为 ASCII 格式。

Q.3.2 文件形成

(1)云气象要素分钟数据文件每站日一个，采用定长的随机文件记录方式写入，记录尾用回车换行结束，ASCII 字符写入，每个要素值高位不足补空格。

(2)文件第一次生成时应进行初始化，初始化的过程是：首先检测分钟常规气象要素数据文件是否存在，如无该日分钟常规气象要素数据文件，则生成该文件，要素位置一律存相应长度的“－”字符(即减号)。

(3)云气象要素数据文件按北京时计时。

(4)文件中每分钟为一条记录，每小时 60 条记录。记录号的计算方法：

当 $H>20$ 时，　　$N=(H-20)\times 60+M+1$

当 $H\leqslant 20$ 时，　　$N=(H+4)\times 60+M+1$

式中：N—记录号；H—北京时；M—分钟。

Q.3.3 文件内容

文件第 1 条记录为台站基本参数记录。

文件中第 1 条后的每一条记录，存 19 个要素的分钟值和对应在数据质量控制标志，以 ASCII 字符写入，天空无云时则写入*，内容和排列顺序见表 Q.7。

表 Q.7　分钟云要素数据文件各要素位长及排列顺序

序号	要素名	字长(Byte)	序号	要素名	字长(Byte)
1	时、分(北京时)	4	12	天顶云高 4	5
2	第一层云族	1	13	天顶云高 5	5
3	第二层云族	1	14	云状	29
4	第三层云族	1	15	垂直能见度	6
5	全天空总云量	4	16	第一层积分云量	4
6	高云量	4	17	第二层积分云量	4
7	中云量	4	18	第三层积分云量	4
8	低云量	4	19	第四层积分云量	4
9	天顶云高 1	5	20	第五层积分云量	4
10	天顶云高 2	5	21	质量控制码	19
11	天顶云高 3	5	22	回车换行	2

Q.4 分钟能见度要素数据文件

Q.4.1 文件名格式

IIiii_Visibility_value_yyyyMMDD.TXT，表示分钟能见度要素数据文件；IIiii 为区站号；yyyy 为年份，MM 为月份，DD 为日期，月和日期不足两位时，前面补“0”，TXT 为固定编码，表示此文件为 ASCII 格式。

Q.4.2 文件形成

分钟能见度要素数据文件每站日一个，文件形成类似分钟云要素数据文件。

Q.4.3 文件内容

文件第 1 条记录为台站基本参数记录。

文件中第 1 条后的每一条记录，存 10 个要素的分钟值和对应在数据质量控制标志，以 ASCII 字符写入，内容和排列顺序见表 Q.8。

表 Q.8 分钟能见度要素数据文件各要素位长及排列顺序

序号	要素名	字长(Byte)	序号	要素名	字长(Byte)
1	时、分(北京时)	4	8	10 min 最大能见度	6
2	分钟能见度	6	9	10 min 最大能见度时间	4
3	分钟最大能见度	6	10	10 min 最小能见度	6
4	分钟最大能见度时间	4	11	10 min 最小能见度时间	4
5	分钟最小能见度	6	12	质量控制码	10
6	分钟最小能见度时间	4	13	回车换行	2
7	10 min 能见度	6			

Q.5 分钟辐射要素数据文件

Q.5.1 文件名格式

AWS_M_R_IIiii_yyyyMMDD.TXT，表示分钟辐射要素数据文件；IIiii 为区站号；yyyy 为年份，MM 为月份，DD 为日期，月和日期不足两位时，前面补“0”，TXT 为固定编码，表示此文件为 ASCII 格式。

Q.5.2 文件形成

分钟辐射要素数据文件每站日一个，文件形成类似分钟常规要素数据文件。

Q.5.3　文件内容

文件第 1 条记录为台站基本参数记录。

文件中第 1 条后的每一条记录，存 93 个要素的分钟值和对应在数据质量控制标志，以 ASCII 字符写入，内容和排列顺序见表 Q.9。

表 Q.9　分钟辐射要素数据文件各要素位长及排列顺序

序号	要素名	字长(Byte)	序号	要素名	字长(Byte)
1	时、分(北京时)	4	27	直接辐射表表体温度	4
2	时、分(地方时)	4	28	散射辐射辐照度	4
3	总辐射辐照度	4	29	散射辐射曝辐量	4
4	总辐射曝辐量	4	30	散射辐射小时极大值	4
5	总辐射辐照度小时极大值	4	31	散射辐射小时极大值时间	4
6	总辐射辐照度小时极大值时间	4	32	散射辐射分钟最大值	4
7	总辐射辐照度分钟最大值	4	33	散射辐射分钟最小值	4
8	总辐射辐照度分钟最小值	4	384	散射辐射分钟标准差	
9	总辐射辐照度分钟标准差	8	35	散射辐射表表体温度	4
10	总辐射辐照度表表体温度	4	36	净全辐射辐照度	4
11	反射辐射辐照度	4	37	净全辐射曝辐量	4
12	AJBA	4	38	净全辐射小时极大值	4
13	反射辐射辐照度小时极大值	4	39	净全辐射小时极大值时间	4
14	反射辐射辐照度小时极大值时间	4	40	净全辐射小时极小值	4
15	反射辐射辐照度分钟最大值	4	41	净全辐射小时极小值时间	4
16	反射辐射辐照度分钟最小值	4	42	紫外辐射(A+B)辐照度	4
17	反射辐射辐照度分钟标准差	8	43	紫外辐射曝辐量	4
18	反射辐射辐照度表表体温度	4	44	紫外辐射小时极大值	4
19	直接辐射辐照度	4	45	紫外辐射小时极大值时间	4
20	直接辐射曝辐量	4	46	紫外辐射表恒温器分钟平均温度	4
21	直接辐射小时极大值	4	47	紫外 A 辐射辐照度	4
22	直接辐射小时极大值时间	4	48	紫外 A 辐射曝辐量	4
23	水平直接辐射曝辐量	4	49	紫外 A 辐射小时极大值	4
24	直接辐射分钟最大值	4	50	紫外 A 辐射小时极大值时间	4
25	直接辐射分钟最小值	4	51	紫外 A 辐射分钟最大值	4
26	直接辐射分钟标准差	8	52	紫外 A 辐射分钟最小值	4

续表

序号	要素名	字长(Byte)	序号	要素名	字长(Byte)
53	紫外A辐射分钟标准差	8	76	大气长波辐射分钟标准差	8
54	紫外B辐射辐照度	4	77	地面长波辐射辐照度	4
55	紫外B辐射曝辐量	4	78	地面长波辐射曝辐量	4
56	紫外B辐射小时极大值	4	79	地面长波辐射小时极大辐照度	4
57	紫外B辐射小时极大值时间	4	80	地面长波辐射小时极大辐照度时间	4
58	紫外B辐射分钟最大值	4	81	地面长波辐射小时极小辐照度	4
59	紫外B辐射分钟最小值	4	82	地面长波辐射小时极小辐照度时间	4
60	紫外B辐射分钟标准差	8	83	地面长波辐射分钟最大值	4
61	光合有效辐射辐照度	4	84	地面长波辐射分钟最小值	4
62	光合有效辐射曝辐量	4	85	地面长波辐射分钟标准差	8
63	光合有效辐射小时极大辐照度	4	86	大气长波腔体温度	4
64	光合有效辐射小时极大辐照度时间	4	87	大气长波腔体最高温度	4
65	光合有效辐射分钟最大值	4	88	大气长波腔体最高温度时间	4
66	光合有效辐射分钟最小值	4	89	大气长波腔体最低温度	4
67	光合有效辐射分钟标准差	8	90	大气长波腔体最低温度时间	4
68	大气长波辐射辐照度	4	91	地面长波腔体温度	4
69	大气长波辐射曝辐量	4	92	地面长波腔体最高温度	4
70	大气长波辐射小时极大辐照度	4	93	地面长波腔体最高温度时间	4
71	大气长波辐射小时极大辐照度时间	4	94	地面长波腔体最低温度	4
72	大气长波辐射小时极小辐照度	4	95	地面长波腔体最低温度时间	4
73	大气长波辐射小时极小辐照度时间	4	96	地方时	12
74	大气长波辐射分钟最大值	4	97	数据质量控制标志	94
75	大气长波辐射分钟最小值	4	98	回车换行	2

Q.6 分钟天气现象要素数据文件

Q.6.1 文件名格式

IIiii_weather_value_yyyyMMDD.TXT，表示分钟天气现象要素数据文件；IIiii 为区站号；yyyy 为年份，MM 为月份，DD 为日期，月和日期不足两位时，前面补“0”，TXT 为固定编码，表示此文件为 ASCII 格式。

Q.6.2 文件形成

分钟天气现象要素数据文件每站日一个，文件形成类似分钟云要素数据文件。

Q.6.3 文件内容

文件第1条记录为台站基本参数记录。

文件中第1条后的每一条记录，存35个要素的分钟值和对应在数据质量控制标志，以ASCII字符写入，内容和排列顺序见表Q.10。

表Q.10 分钟天气现象要素数据文件各要素位长及排列顺序

序号	要素名	字长(Byte)	序号	要素名	字长(Byte)
1	时、分(北京时)	4	20	浮尘	1
2	雨	1	21	霾	1
3	阵雨	1	22	烟幕	1
4	毛毛雨	1	23	露	1
5	雪	1	24	霜	1
6	阵雪	1	25	雨凇	1
7	雨夹雪	1	26	雾凇	1
8	阵性雨夹雪	1	27	雷暴	1
9	霰	1	28	闪电	1
10	米雪	1	29	极光	1
11	冰粒	1	30	大风	1
12	冰雹	1	31	飑	1
13	未知类型的降水	1	32	龙卷	1
14	雾	1	33	尘龙卷	1
15	轻雾	1	34	冰针	1
16	吹雪	1	35	积雪	1
17	雪暴	1	36	结冰	1
18	扬沙	1	37	质量控制	39
19	沙尘暴	1	38	回车换行	2

Q.7 分钟天气现象综合判别要素数据文件

Q.7.1 文件名格式

IIiii_weather_value_yyyyMMDD.TXT，表示分钟天气现象综合判别要素数据文件；IIiii为区站号；yyyy为年份，MM为月份，DD为日期，月和日期不足两位时，前面补“0”，TXT为固定编码，表示此文件为 ASCII 格式。

Q.7.2 文件形成

分钟天气现象综合判别要素数据文件每站日一个，文件形成类似分钟云要素数据文件。

Q.7.3 文件内容

文件第 1 条记录为台站基本参数记录。

文件中第 1 条后的每一条记录，存 49 个要素的分钟值和对应在数据质量控制标志，以 ASCII 字符写入，内容和排列顺序见表 Q.11。

表 Q.11 分钟天气现象综合判别要素数据文件各要素位长及排列顺序

序号	要素名	字长(Byte)	序号	要素名	字长(Byte)
1	时、分(北京时)	4	27	尘卷风	1
2	雨	1	28	雷电	1
3	毛毛雨	1	29	极光	1
4	雪	1	30	大风	1
5	雨夹雪	1	31	飑	1
6	阵雨	1	32	阵性降水	1
7	阵雪	1	33	保留	1
8	冰粒	1	34	保留	1
9	冰雹	1	35	保留	1
10	冰针	1	36	气温	4
11	雾	1	37	十分钟滑动相对湿度	4
12	轻雾	1	38	本站气压	4
13	露	1	39	瞬时风向	4
14	霜	1	40	瞬时风速	4
15	雨凇	1	41	降水量	4
16	雾凇	1	42	雨强	4
17	吹雪	1	43	降水粒子相态	1
18	雪暴	1	44	降水粒子平均直径	4
19	龙卷	1	45	降水粒子平均速度	4
20	积雪	1	46	雨凇、雾凇平均直径	4
21	结冰	1	47	十分钟滑动能见度	5
22	沙尘暴	1	48	积雪深度	5
23	扬沙	1	49	雷电次数	4
24	浮尘	1	50	地面状况	2
25	烟幕	1	51	数据质量控制标志	34
26	霾	1	52	回车换行	2

附录 R　MOI 数据库文件说明

MOI 数据存储在 Sqlite 数据库，分为三类数据库，原始数据库、当前小时数据库、中间数据库，分别为 CIIiii_yyyy. db 数据库（简称 C 库）、DIIiii_yyyyMMddHH. db 数据库（简称 D 库）和 BIIiii_yyyy. db 数据库（简称 B 库），其中 D 库中的表结构和 C 库完全一致，D 库仅仅存储当前小时的数据。B 库是存放所有经过质控的数据，包括 Z 文件数据、小时数据、日数据、编制报表的各种数据。

R. 1　C 数据库部分表说明

C 库中包含 AWSHour、AWSMinute、CloudMinute、RadiationMinute、TQXX、VisibilityMinute、WeatherAutoDay、WeatherMinute 表，其中 CloudMinute、RadiationMinute 暂时不用。

R. 1. 1　AWSHour

与附录 Q 中的小时常规气象要素数据文件（AWS_H_Z_IIiii_yyyyMM. TXT）存的是一一对应的数据，具体字段名详见表 R. 1。

表 R. 1　AWSHour 小时常规气象要素数据表

序号	字段名	字段说明	字段类型
1	ID	自增索引	int
2	ObserveTime	观测时间（北京时），格式 yyyyMMddHH	varchar
3	ObserveMonth	观测月，格式 yyyyMM	varchar
4	InsertTime	插入时间（北京时），格式 yyyyMMddHHmmss	varchar
5	WindDir2	2 min 平均风向	varchar
6	Windspeed2	2 min 平均风速	varchar
7	WindDir10	10 min 平均风向	varchar
8	Windspeed10	10 min 平均风速	varchar
9	maxWindspeed_Dir	最大风速的风向	varchar
10	maxWindspeed	最大风速	varchar
11	maxWindspeedtime	最大风速出现时间	varchar
12	WindDir	瞬时风向	varchar
13	Windspeed	瞬时风速	varchar

续表

序号	字段名	字段说明	字段类型
14	exWindspeed_Dir	极大风速的风向	varchar
15	exWindspeed	极大风速	varchar
16	exWindspeedtime	极大风速出现时间	varchar
17	Windspeed2c	2 min 平均风速(气候辅助观测)	varchar
18	Windspeed10c	10 min 平均风速(气候辅助观测)	varchar
19	maxWindspeedc	最大风速(气候辅助观测)	varchar
20	maxWindspeedtimec	最大风速出现时间(气候辅助观测)	varchar
21	MinutexWindspeedc	分钟极大风速(气候辅助观测)	varchar
22	exWindspeedc	极大风速(气候辅助观测)	varchar
23	exWindspeedtimec	极大风速出现时间(气候辅助观测)	varchar
24	HRainrat	小时累计降水量(翻斗式或容栅式,RAT)	varchar
25	HRainrat1	小时累计降水量(RAT1)	varchar
26	HRainweight	小时累计降水量(称重式)	varchar
27	tempis	气温(百叶箱)	varchar
28	Maxtempis	最高气温(百叶箱)	varchar
29	Maxtemptimeis	最高气温出现时间(百叶箱)	varchar
30	Mintempis	最低气温(百叶箱)	varchar
31	Mintemptimeis	最低气温出现时间(百叶箱)	varchar
32	temprs	气温(通风防辐射罩)	varchar
33	Maxtemprs	最高气温(通风防辐射罩)	varchar
34	Maxtemptimers	最高气温出现时间(通风防辐射罩)	varchar
35	Mintemprs	最低气温(通风防辐射罩)	varchar
36	Mintemptimers	最低气温出现时间(通风防辐射罩)	varchar
37	rsWindspeed	通风防辐射罩通风速度	varchar
38	Wettemp	湿球温度	varchar
39	HumicapRH	湿敏电容湿度值	varchar
40	Rh	相对湿度	varchar
41	MinRh	最小相对湿度	varchar
42	MinRhtime	最小相对湿度出现时间	varchar
43	VPressure	水汽压	varchar
44	DewPointtemp	露点温度	varchar
45	Pressure	本站气压	varchar

续表

序号	字段名	字段说明	字段类型
46	MaxPressure	最高本站气压	varchar
47	MaxPressuretime	最高本站气压出现时间	varchar
48	MinPressure	最低本站气压	varchar
49	MinPressuretime	最低本站气压出现时间	varchar
50	Grasstemp	草面温度	varchar
51	MaxGrasstemp	草面最高温度	varchar
52	MaxGrasstemptime	草面最高出现时间	varchar
53	MinGrasstemp	草面最低温度	varchar
54	MinGrasstemptime	草面最低出现时间	varchar
55	Groundtemppt	地表温度(铂电阻)	varchar
56	MaxGroundtemp	地表最高温度(铂电阻)	varchar
57	MaxGroundtemptime	地表最高出现时间(铂电阻)	varchar
58	MinGroundtemp	地表最低温度(铂电阻)	varchar
59	MinGroundtemptime	地表最低出现时间(铂电阻)	varchar
60	Groundtempinfrared	地表温度(红外)	varchar
61	Maxgtempinfrared	地表最高温度(红外)	varchar
62	Maxgtempinfraredtime	地表最高出现时间(红外)	varchar
63	Mingtempinfrared	地表最低温度(红外)	varchar
64	Mingtempinfraredtime	地表最低出现时间(红外)	varchar
65	g5temp	5 cm 地温	varchar
66	G10temp	10 cm 地温	varchar
67	G15temp	15 cm 地温	varchar
68	G20temp	20 cm 地温	varchar
69	G40temp	40 cm 地温	varchar
70	G80temp	80 cm 地温	varchar
71	G160temp	160 cm 地温	varchar
72	G320temp	320 cm 地温	varchar
73	OntimeEvacap	正点分钟蒸发水位	varchar
74	EvaCapactiy	小时累计蒸发量	varchar
75	Vis1 min	1 min 能见度	varchar
76	Vis	10 min 能见度	varchar
77	MinVis	最小能见度	varchar

续表

序号	字段名	字段说明	字段类型
78	MinVistime	最小能见度出现时间	varchar
79	Cloudheight	云高	varchar
80	Cloudage	总云量	varchar
81	Lowcloudage	低云量	varchar
82	Weatherphcode	现在天气现象编码	varchar
83	Snowdeep	积雪深度	varchar
84	Freezingrain	冻雨	varchar
85	Wireice	电线积冰	varchar
86	Frozensoildeep	冻土深度	varchar
87	Lightingfreq	闪电频次	varchar
88	DataQuality	数据质量控制标识	varchar

R. 1. 2 AWSMinute

与附录 Q 中的分钟常规气象要素数据文件(AWS_M_Z_IIiii_yyyyMMDD. TXT)存的是一一对应的数据,具体字段名详见表 R. 2。

表 R. 2 AWSMinute 分钟常规气象要素数据表

序号	字段名	字段说明	字段类型
1	ID	自增索引	int
2	ObserveTime	观测时间(北京时),格式 yyyyMMddHHmm	varchar
3	ObserveMonth	观测月,格式 yyyyMM	varchar
4	InsertTime	插入时间(北京时),格式 yyyyMMddHHmmss	varchar
5	WindDir2	2 min 平均风向	varchar
6	Windspeed2	2 min 平均风速	varchar
7	WindDir10	10 min 平均风向	varchar
8	Windspeed10	10 min 平均风速	varchar
9	WindDir	瞬时风向	varchar
10	Windspeed	瞬时风速	varchar
11	Windspeed2c	2 min 平均风速(气候辅助观测)	varchar
12	Windspeed10c	10 min 平均风速(气候辅助观测)	varchar
13	MinutexWindspeedc	分钟内极大风速(气候辅助观测)	varchar
14	Mrainrat	分钟降水量(翻斗式或容栅式,RAT)	varchar

续表

序号	字段名	字段说明	字段类型
15	HRainrat	小时累计降水量(翻斗式或容栅式,RAT)	varchar
16	Mrainrat1	分钟降水量(翻斗式或容栅式,RAT1)	varchar
17	HRainrat1	小时累计降水量(翻斗式或容栅式,RAT1)	varchar
18	Mrainweight	分钟降水量(称重式)	varchar
19	HRainweight	小时累计降水量(称重式)	varchar
20	tempis	气温(百叶箱)	varchar
21	rsWindspeed	通风防辐射罩通风速度	varchar
22	temprs	气温(通风防辐射罩)	varchar
23	Wettemp	湿球温度	varchar
24	HumicapRH	湿敏电容湿度值	varchar
25	Rh	相对湿度	varchar
26	VPressure	水汽压	varchar
27	DewPointtemp	露点温度	varchar
28	Pressure	本站气压	varchar
29	Grasstemp	草面温度	varchar
30	Groundtemppt	地表温度(铂电阻)	varchar
31	Groundtempinfrared	地表温度(红外)	varchar
32	g5temp	5 cm 地温	varchar
33	g10temp	10 cm 地温	varchar
34	g15temp	15 cm 地温	varchar
35	g20temp	20 cm 地温	varchar
36	g40temp	40 cm 地温	varchar
37	g80temp	80 cm 地温	varchar
38	g160temp	160 cm 地温	varchar
39	g320temp	320 cm 地温	varchar
40	OntimeEvacap	正点分钟蒸发量	varchar
41	EvaCapactiy	蒸发量	varchar
42	Vismin	最小能见度	varchar
43	Vis	能见度	varchar
44	Cloudheight	云高	varchar
45	Cloudage	总云量	varchar
46	Lowcloudage	低云量	varchar

续表

序号	字段名	字段说明	字段类型
47	Weatherphcode	现在天气现象编码	varchar
48	Snowdeep	积雪深度	varchar
49	Freezingrain	冻雨	varchar
50	Wireice	电线结冰	varchar
51	Frozensoildeep	冻土深度	varchar
52	Lightingfreq	闪电频次	varchar
53	DataQuality	数据质量控制标识	varchar

R.1.3 TQXX

与附录 Q 中的分钟天气现象综合判别要素数据文件(TQXX_M_Z_IIiii _yyyyMMDD.TXT)存的是一一对应的数据,具体字段名详见表 R.3。

表 R.3 TQXX 分钟天气现象综合判别要素数据表

序号	字段名	字段说明	字段类型
1	ID	自增索引	int
2	ObserveTime	观测时间(北京时),格式 yyyyMMddHHmm	varchar
3	ObserveMonth	观测月,格式 yyyyMM	varchar
4	InsertTime	插入时间(北京时),格式 yyyyMMddHHmmss	varchar
5	recogResult	识别结果	varchar
6	wTemp	气温	varchar
7	wRh	相对湿度	varchar
8	wPress	本站气压	varchar
9	wWinddir	瞬时风向	varchar
10	wWindspeed	瞬时风速	varchar
11	wrain	降水量	varchar
12	raininess	雨强	varchar
13	ppp	降水粒子相态	varchar
14	ppdia	降水粒子平均直径	varchar
15	ppv	降水粒子平均速度	varchar
16	GRDiameter	雨凇、雾凇平均直径	varchar
17	hrizvis	水平能见度	varchar
18	wSnowdeep	积雪深度	varchar

续表

序号	字段名	字段说明	字段类型
19	ThunderTimes	雷电次数	varchar
20	SStatus	地面状况	varchar
21	TQXXQC	数据质量控制标识	varchar

R.1.4 VisibilityMinute

与附录 Q 中的分钟能见度要素数据文件(IIiii_Visibility_value_yyyyMMDD.TXT)存的是一一对应的数据,具体字段名详见表 R.4。

表 R.4 VisibilityMinute 分钟能见度要素数据表

序号	字段名	字段说明	字段类型
1	ID	自增索引	int
2	observetime	观测时间(北京时),格式 yyyyMMddHHmm	varchar
3	ObserveMonth	观测月,格式 yyyyMM	varchar
4	InsertTime	插入时间(北京时),格式 yyyyMMddHHmmss	varchar
5	visibility1	1 min 能见度	varchar
6	maxvisibility1	最大 1 min 能见度	varchar
7	maxvisibility1time	最大 1 min 能见度出现时间	varchar
8	minvisibility1	最小 1 min 能见度	varchar
9	minvisibility1time	最小 1 min 能见度出现时间	varchar
10	visibility10	10 min 能见度	varchar
11	maxvisibility10	最大 10 min 能见度	varchar
12	maxvisibility10time	最大 10 min 能见度出现时间	varchar
13	minvisibility10	最小 10 min 能见度	varchar
14	minvisibility10time	最小 10 min 能见度出现时间	varchar
15	VisQC	数据质量控制标识	varchar

R.1.5 WeatherMinute

与附录 Q 中的分钟天气现象要素数据文件(IIiii_weather_value_yyyyMMDD.TXT)存的是一一对应的数据,具体字段名详见表 R.5。

表 R.5 WeatherMinute 分钟天气现象要素数据表

序号	字段名	字段说明	字段类型
1	ID	自增索引	int
2	ObserveTime	观测时间(北京时),格式 yyyyMMddHHmm	varchar
3	ObserveMonth	观测月,格式 yyyyMM	varchar

续表

序号	字段名	字段说明	字段类型
4	InsertTime	插入时间(北京时),格式 yyyyMMddHHmmss	varchar
5	ANA	降水类天气现象	varchar
6	ANB	视程障碍	varchar
7	ANC	凝结类天气现象	varchar
8	Weather_AND	雷电	varchar
9	AN0E	大风	varchar
10	AN1E	飑	varchar
11	AN2E	龙卷	varchar
12	AN3E	尘龙卷	varchar
13	AN4E	冰针	varchar
14	AN5E	积雪	varchar
15	AN6E	结冰	varchar
16	weatherQC	数据质量控制标识	varchar

R.1.6 WeatherAutoDay

WeatherAutoDay 表中按天存储自动天气现象和人工相结合的天气现象数据。WeatherAutoDay 表中存储字段的说明见表 R.6。

表 R.6 WeatherAutoDay 表中的字段说明

序号	字段名	字段说明	字段类型
1	ID	自增索引	integer
2	observeDay	观测时间,以气象日为日界,格式为 yyyyMMdd	varchar
3	InsertTime	数据插入或更新时间	varchar
4	WeatherDayOrder	天气现象白天顺序	integer
5	WeatherNightOrder	天气现象夜间顺序	integer
6	WeatherCode	天气现象编码	varchar
7	WeatherData	天气现象时间组	varchar
8	WeatherLinkData	天气现象出现在夜间、白天或是均出现,0 表示夜间、1 表示白天,2 表示均出现。	varchar
9	Backup1	天气现象关联能见度,格式为 vvv[HHmm],vvv 表示能见度值,HHmm 表示最小能见度出现时间点	varchar
10	Backup2	人工天气现象是否延续到当前标识,0 表示未延续,1 表示延续	varchar
11	Backup3	雾天气现象点线连接时间组,如 0830...0930	varchar

R.2 B数据库部分表说明

B库中包含AtmosphereStatus，ClimateMonthlyDay，DayStatistics，MonthlyCover，MonthlySummary，R_Apparatus，R_ElseChange，R_MonthlyCover，RadiationData，RadiationTurbidity，RemarkTable，Sunshine，UpdateRecord，WeatherStore，WireFreeze，Zdata，ZdataQc，其中ClimateMonthlyDay，DayStatistics，R_Apparatus，WeatherStore，ZdataQc未使用，UpdateRecord为软件版本升级记录表。

R.2.1 ZData

Zdata表按小时存储每个正点的气象观测要素数据。

ZData表中存储字段的说明，见表R.7。

表R.7 ZData表中的字段说明

序号	字段名	字段说明	字段类型	序号	字段名	字段说明	字段类型
1	ID	自增索引	int	15	WBT	湿球温度（该字段已弃用）	varchar
2	ObserveMonth	观测月，格式yyyyMM	varchar	16	MaxT	最高气温	varchar
3	ObserveTime	观测时间（北京时），格式yyyyMMddHH	varchar	17	MaxTT	最高气温出现时间	varchar
4	InsertTime	插入时间（北京时），格式yyyyMMddHHmmss	varchar	18	MinT	最低气温	varchar
5	UpdateTime	更新时间（北京时），格式yyyyMMddHHmmss	varchar	19	MinTT	最低气温出现时间	varchar
6	P	本站气压	varchar	20	VT24	24 h变温	varchar
7	SP	海平面气压	varchar	21	MaxT24	过去24 h最高气温	varchar
8	VP3	3 h变压	varchar	22	MinT24	过去24 h最低气温	varchar
9	VP24	24 h变压	varchar	23	TD	露点温度	varchar
10	MaxP	最高本站气压	varchar	24	RH	相对湿度	varchar
11	MaxPT	最高本站气压出现时间	varchar	25	MinRH	最小相对湿度	varchar
12	MinP	最低本站气压	varchar	26	MinRHT	最小相对湿度出现时间	varchar
13	MinPT	最低本站气压出现时间	varchar	27	WP	水汽压	varchar
14	T	气温	varchar	28	HRain	小时降水量	varchar

续表

序号	字段名	字段说明	字段类型	序号	字段名	字段说明	字段类型
29	Rain3	过去 3 h 降水量	varchar	56	MinETT	地表最低温度出现时间	varchar
30	Rain6	过去 6 h 降水量	varchar	57	MinET12	过去 12 h 最低地面温度	varchar
31	Rain12	过去 12 h 降水量	varchar	58	ET5	5 cm 地温	varchar
32	Rain24	24 h 降水量	varchar	59	ET10	10 cm 地温	varchar
33	RainMT	人工加密观测降水量描述时间周期	varchar	60	ET15	15 cm 地温	varchar
34	RainM	人工加密观测降水量	varchar	61	ET20	20 cm 地温	varchar
35	E	小时蒸发量	varchar	62	ET40	40 cm 地温	varchar
36	WD2	2 min 风向	varchar	63	ET80	80 cm 地温	varchar
37	WS2	2 min 平均风速	varchar	64	ET160	160 cm 地温	varchar
38	WD10	10 min 风向	varchar	65	ET320	320 cm 地温	varchar
39	WS10	10 min 平均风速	varchar	66	GT	草面温度	varchar
40	MaxWD	最大风速的风向	varchar	67	MaxGT	草面最高温度	varchar
41	MaxWS	最大风速	varchar	68	MaxGTT	草面最高出现时间	varchar
42	MaxWST	最大风速出现时间	varchar	69	MinGT	草面最低温度	varchar
43	WD	瞬时风向	varchar	70	MinGTT	草面最低出现时间	varchar
44	WS	瞬时风速	varchar	71	V1	1 min 平均水平能见度	varchar
45	ExWD	极大风速的风向	varchar	72	V10	10 min 平均水平能见度	varchar
46	ExWS	极大风速	varchar	73	MinV	最小能见度	varchar
47	ExWST	极大风速出现时间	varchar	74	MinVT	最小能见度出现时间	varchar
48	ExWS6	过去 6 h 极大风速	varchar	75	V	能见度	varchar
49	ExWD6	过去 6 h 极大风向	varchar	76	CA	总云量	varchar
50	ExWS12	过去 12 h 极大风速	varchar	77	LCA	低云量	varchar
51	ExWD12	过去 12 h 极大风向	varchar	78	RCA	编报云量	varchar
52	ET	地表温度	varchar	79	CH	云高	varchar
53	MaxET	地表最高温度	varchar	80	CF	云状	varchar
54	MaxETT	地表最高温度出现时间	varchar	81	CFC	云状编码(云码)	varchar
55	MinET	地面表最低温度	varchar	82	WW	现在天气现象编码	varchar

续表

序号	字段名	字段说明	字段类型	序号	字段名	字段说明	字段类型
83	WT	过去天气描述时间周期	varchar	101	MCA	中云量	varchar
84	W1	过去天气(1)	varchar	102	LCCA	低云量	varchar
85	W2	过去天气(2)	varchar	103	HCH	高云高	varchar
86	EC	地面状态	varchar	104	MCH	中云高	varchar
87	SnowD	积雪深度	varchar	105	LCH	低云高	varchar
88	SnowP	雪压	varchar	106	CRB	天顶云层数	varchar
89	FE1U	冻土深度第 1 栏上限值	varchar	107	CRH1	天顶云高 1	varchar
90	FE1D	冻土深度第 1 栏下限值	varchar	108	CRH2	天顶云高 2	varchar
91	FE2U	冻土深度第 2 栏上限值	varchar	109	CRH3	天顶云高 3	varchar
92	FE2D	冻土深度第 2 栏下限值	varchar	110	CRH4	天顶云高 4	varchar
93	TRT	龙卷、尘卷风距测站距离编码	varchar	111	CRH5	天顶云高 5	varchar
94	TRD	龙卷、尘卷风距测站方位编码	varchar	112	AR	自动观测结果	varchar
95	GA	电线积冰(雨凇)直径	varchar	113	AEC	地面状况	varchar
96	HA	最大冰雹直径	varchar	114	AWW	现在天气现象编码	varchar
97	HMRain	小时内每分钟降水量数据	varchar	115	MWW	人工观测连续天气现象	varchar
98	CC	云族	varchar	116	NightWW	人工的夜间天气现象	varchar
99	CCA	总云量	varchar	117	DayWW	人工的白天天气现象	varchar
100	HCA	高云量	varchar	118	Waterlevel	蒸发水位	varchar

R. 2. 2 RadiationData

RadiationData 表按小时存储每个地方时正点的辐射数据。

RadiationData 表中存储字段的说明，见表 R. 8。

表 R. 8 RadiationData 表中的字段说明

序号	字段名	字段说明	字段类型
1	ID	自增索引	int
2	ObserveDfMonth	观测月(地方时)，格式 yyyyMM	varchar
3	ObserveBjTime	观测时间(北京时)，格式 yyyyMMddHH	varchar

续表

序号	字段名	字段说明	字段类型
4	ObserveDfTime	观测时间(地方时),格式 yyyyMMddHH	varchar
5	InsertTime	插入时间(北京时),格式 yyyyMMddHHmmss	varchar
6	UpdateTime	更新时间(北京时),格式 yyyyMMddHHmmss	varchar
7	QRE	总辐射曝辐量	varchar
8	QIMax	总辐射辐照度最大值	varchar
9	QIMaxT	总辐射辐照度最大出现时间	varchar
10	SS	日照	varchar
11	NRE	净辐射曝辐量	varchar
12	NIMax	净辐射辐照度最大值	varchar
13	NIMaxT	净辐射辐照度最大出现时间	varchar
14	NIMin	净辐射辐照度最小值	varchar
15	NIMinT	净辐射辐照度最小出现时间	varchar
16	DRE	散射辐射曝辐量	varchar
17	DIMax	散射辐射辐照度最大值	varchar
18	DIMaxT	散射辐射辐照度最大出现时间	varchar
19	SRE	直接辐射曝辐量	varchar
20	SIMax	直接辐射辐照度最大值	varchar
21	SIMaxT	直接辐射辐照度最大出现时间	varchar
22	RRE	反射辐射曝辐量	varchar
23	RIMax	反射辐射辐照度最大值	varchar
24	RImaxT	反射辐射辐照度最大出现时间	varchar
25	HDR	水平面直接辐射	varchar
26	URE	紫外辐射曝辐量	varchar
27	UIMax	紫外辐射最大值	varchar
28	UImaxT	紫外辐射最大出现时间	varchar
29	UARE	紫外 A 辐射曝辐量	varchar
30	UAIMax	紫外辐射 A 最大值	varchar
31	UAImaxT	紫外辐射 A 最大出现时间	varchar
32	UBRE	紫外 B 辐射曝辐量	varchar
33	UBIMax	紫外辐射 B 最大值	varchar
34	UBImaxT	紫外辐射 B 最大出现时间	varchar

续表

序号	字段名	字段说明	字段类型
35	PRE	光合有效辐射曝辐量	varchar
36	PIMax	光合有效辐射辐照度最大值	varchar
37	PImaxT	光合有效辐射辐照度最大出现时间	varchar
38	ALRE	大气长波辐射曝辐量	varchar
39	ALIMax	大气长波辐射辐照度最大值	varchar
40	ALIMaxT	大气长波辐射辐照度最大出现时间	varchar
41	ALIMin	大气长波辐射辐照度最小值	varchar
42	ALIMinT	大气长波辐射辐照度最小出现时间	varchar
43	SLRE	地面长波辐射曝辐量	varchar
44	SLIMax	地面长波辐射辐照度最大值	varchar
45	SLIMaxT	地面长波辐射辐照度最大出现时间	varchar
46	SLIMin	地面长波辐射辐照度最小值	varchar
47	SLIMinT	地面长波辐射辐照度最小出现时间	varchar
48	ALCT	大气长波腔体温度	varchar
49	ALCMax	大气长波腔体最高温度	varchar
50	ALCMaxT	大气长波腔体最高温度出现时间	varchar
51	ALCMin	大气长波腔体最低温度	varchar
52	ALCMinT	大气长波腔体最低温度出现时间	varchar
53	SLCT	地面长波腔体温度	varchar
54	SLCMax	地面长波腔体最高温度	varchar
55	SLCMaxT	地面长波腔体最高温度出现时间	varchar
56	SLCMin	地面长波腔体最低温度	varchar
57	SLCMinT	地面长波腔体最低温度出现时间	varchar

R.2.3 WireFreeze

WireFreeze 表按气象日存储每天的日数据文件资料。WireFreeze 表中存储字段的说明见表 R.9。

表 R.9 WireFreeze 表中的字段说明

序号	字段名	字段说明	字段类型
1	ID	自增索引	int
2	ObserveDate	观测时间(北京时),格式 yyyyMMdd	varchar

续表

序号	字段名	字段说明	字段类型
3	InsertTime	插入时间(北京时),格式 yyyyMMddHHmmss	varchar
4	UpdateTime	更新时间(北京时),格式 yyyyMMddHHmmss	varchar
5	ExistMark	数据是否存在。1:存在;0:缺测	int
6	Evaporation	日蒸发量	varchar
7	Rain08_20	08—20 时雨量筒观测降水量	varchar
8	Rain20_08	20—08 时雨量筒观测降水量	varchar
9	WireIcePh	电线积冰—现象	varchar
10	SNdia	电线积冰—南北方向直径	varchar
11	SNthick	电线积冰—南北方向厚度	varchar
12	SNweight	电线积冰—南北方向重量	varchar
13	EWdia	电线积冰—东西方向直径	varchar
14	EWthick	电线积冰—东西方向厚度	varchar
15	EWweight	电线积冰—东西方向重量	varchar
16	Temp	电线积冰—温度	varchar
17	Winddir	电线积冰—风向	varchar
18	Windspeed	电线积冰—风速	varchar

R.2.4 Sunshine

Sunshine 表按北京时存储每天日照数据文件资料。Sunshine 表中存储字段的说明见表 R.10。

表 R.10 Sunshine 表中的字段说明

序号	字段名	字段说明	字段类型
1	ID	自增索引	int
2	ObserveDate	观测时间(北京时),格式 yyyyMMdd	varchar
3	InsertTime	插入时间(北京时),格式 yyyyMMddHHmmss	varchar
4	UpdateTime	更新时间(北京时),格式 yyyyMMddHHmmss	varchar
5	ExistMark	数据是否存在。1:存在;0:缺测	int
6	SS00_01	0 点到 1 点期间的日照时数	varchar
7	SS01_02	1 点到 2 点期间的日照时数	varchar
8	SS02_03	2 点到 3 点期间的日照时数	varchar
9	SS03_04	3 点到 4 点期间的日照时数	varchar

续表

序号	字段名	字段说明	字段类型
10	SS04_05	4 点到 5 点期间的日照时数	varchar
11	SS05_06	5 点到 6 点期间的日照时数	varchar
12	SS06_07	6 点到 7 点期间的日照时数	varchar
13	SS07_08	7 点到 8 点期间的日照时数	varchar
14	SS08_09	8 点到 9 点期间的日照时数	varchar
15	SS09_10	9 点到 10 点期间的日照时数	varchar
16	SS10_11	10 点到 11 点期间的日照时数	varchar
17	SS11_12	11 点到 12 点期间的日照时数	varchar
18	SS12_13	12 点到 13 点期间的日照时数	varchar
19	SS13_14	13 点到 14 点期间的日照时数	varchar
20	SS14_15	14 点到 15 点期间的日照时数	varchar
21	SS15_16	15 点到 16 点期间的日照时数	varchar
22	SS16_17	16 点到 17 点期间的日照时数	varchar
23	SS17_18	17 点到 18 点期间的日照时数	varchar
24	SS18_19	18 点到 19 点期间的日照时数	varchar
25	SS19_20	19 点到 20 点期间的日照时数	varchar
26	SS20_21	20 点到 21 点期间的日照时数	varchar
27	SS21_22	21 点到 22 点期间的日照时数	varchar
28	SS22_23	22 点到 23 点期间的日照时数	varchar
29	SS23_00	23 点到 00 点期间的日照时数	varchar

R.2.5 RadiationTurbidity

RadiationTurbidity 表按北京时按日存储每天的日照数据文件资料。RadiationTurbidity 表中存储字段的说明，见表 R.11。

表 R.11 RadiationTurbidity 表中的字段说明

序号	字段名	字段说明	字段类型
1	ID	自增索引	int
2	ObserveBjDate	观测时间(北京时)，格式 yyyyMMdd	varchar
3	ObserveDfDate	观测时间(地方时)，格式 yyyyMMdd	varchar
4	InsertTime	插入时间(北京时)，格式 yyyyMMddHHmmss	varchar
5	UpdateTime	更新时间(北京时)，格式 yyyyMMddHHmmss	varchar

续表

序号	字段名	字段说明	字段类型
6	ExistMark	数据是否存在。=1:存在;=0:缺测	int
7	ZSI	作用层情况	varchar
8	ZST	作用层状况	varchar
9	DSR9	太阳直接辐射 9 时	varchar
10	DSR12	太阳直接辐射 12 时	varchar
11	DSR15	太阳直接辐射 15 时	varchar
12	AT9	大气浑浊度 9 时	varchar
13	AT12	大气浑浊度 12 时	varchar
14	AT15	大气浑浊度 15 时	varchar
15	DayR	日反射比	varchar

R. 2. 6　MonthlyCover

MonthlyCover 表按月存储月报表文件中的台站信息和报表制作审核等人员等封面信息。MonthlyCover 表中存储字段的说明见表 R. 12。

表 R. 12　MonthlyCover 表中的字段说明

序号	字段名	字段说明	字段类型	序号	字段名	字段说明	字段类型
1	ID	自增索引	int	13	Observation Mode	观测方式	varchar
2	InsertTime	插入时间(北京时),格式 yyyyMMddHHmmss	varchar	14	StationType	测站类别	varchar
3	UpdateTime	更新时间(北京时),格式 yyyyMMddHHmmss	varchar	15	ObserveTimes	人工定时观测次数	varchar
4	MonthlyMonth	月报年月,格式 yyyyMM	varchar	16	Platform Elevation	平台距地面高度	varchar
5	MYear	月报年,格式 yyyy	varchar	17	WindDir Height	风向传感器高度	varchar
6	MMonth	月报月,格式 MM	varchar	18	WindSpeed Height	风速传感器高度	varchar
7	StationID	区站号	varchar	19	OS_V	能见度	varchar
8	StationFileID	档案号	varchar	20	OS_N	云量	varchar
9	Lon	经度	varchar	21	OS_H	云高	varchar
10	Lat	纬度	varchar	22	OS_W	天气现象	varchar
11	Observation SiteAltitude	观测场海拔高度	varchar	23	OS_ZD	雪深	varchar
12	PressureSensors Altitude	气压感应器海拔高度	varchar	24	OS_ZP	雪压	varchar

续表

序号	字段名	字段说明	字段类型	序号	字段名	字段说明	字段类型
25	OS_S	日照	varchar	43	OS_D15	15 cm 地温	varchar
26	OS_A	冻土	varchar	44	OS_D20	20 cm 地温	varchar
27	OS_G	电线结冰	varchar	45	OS_D40	40 cm 地温	varchar
28	OS_GS	地面状态	varchar	46	OS_K80	80 cm 地温	varchar
29	OS_P	气压	varchar	47	OS_K160	160 cm 地温	varchar
30	OS_T	温度	varchar	48	OS_K320	320 cm 地温	varchar
31	OS_U	湿度	varchar	49	StationName	台站名	varchar
32	OS_Td	露点温度	varchar	50	Address	台站地址	varchar
33	OS_E	水气压	varchar	51	StationEnv	地理环境	varchar
34	OS_F	风	varchar	52	ProvinceName	省(区、市)名	varchar
35	OS_R	定时降水量	varchar	53	StationMaster Name	台站长	varchar
36	OS_RH	自记降水量	varchar	54	EnterName	输入	varchar
37	OS_L	小型蒸发	varchar	55	ProofName	校对	varchar
38	OS_LB	大型蒸发	varchar	56	PreVerifyName	预审	varchar
39	OS_B	草温	varchar	57	VerifyName	审核	varchar
40	OS_D	0 cm 地温	varchar	58	TransferName	打印/传输	varchar
41	OS_D5	5 cm 地温	varchar	59	TransferDate	传输日期	varchar
42	OS_D10	10 cm 地温	varchar				varchar

R. 2. 7 MonthlySummary

MonthlySummary 表按月存储月报表文件中的气候纪要数据。MonthlySummary 表中字段的说明，见表 R. 13。

表 R. 13 MonthlySummary 表中的字段说明

序号	字段名	字段说明	字段类型
1	ID	自增索引	int
2	InsertTime	插入时间(北京时)，格式 yyyyMMddHHmmss	varchar
3	UpdateTime	更新时间(北京时)，格式 yyyyMMddHHmmss	varchar
4	MonthlyMonth	月报年月，格式 yyyyMM	varchar
5	StationID	区站号	varchar
6	SummaryDate	纪要日期	varchar

续表

序号	字段名	字段说明	字段类型
7	RecordID	记载内容编号： 01:重要天气现象及其影响、02:江河湖海状况、03:道路状况、04:高山积雪状况、05:冰雹状况、06:罕见特殊现象、07、人工影响天气、08:其他	varchar
8	Description	具体描述	Text

R. 2. 8 AtmosphereStatus

AtmosphereStatus 表按月存储月报表文件中气候概况数据。AtmosphereStatus 表字段说明见表 R. 14。

表 R. 14 AtmosphereStatus 表中的字段说明

序号	字段名	字段说明	字段类型
1	ID	自增索引	int
2	InsertTime	插入时间(北京时),格式 yyyyMMddHHmmss	varchar
3	UpdateTime	更新时间(北京时),格式 yyyyMMddHHmmss	varchar
4	MonthlyMonth	月报年月,格式 yyyyMM	varchar
5	ExistMark	数据是否存在。1:存在;0:缺测	int
6	StationID	区站号	varchar
7	Description01	内容	text
8	Description02	内容	text
9	Description03	内容	text
10	Description04	内容	text
11	Description05	内容	text

说明:7～11 项名称编号如下。

01:主要天气气候特征、02:主要天气过程、03:重要灾害性、关键性天气及其影响、04:持续天气的不利影响、05:天气气候综合评价

R. 2. 9 RemarkTable

RemarkTable 表按月存储月报表文件中的台站沿革数据。RemarkTable 表中字段说明见表 R. 15。

表 R.15 RemarkTable 表中的字段说明

序号	字段名	字段说明	字段类型
1	ID	自增索引	int
2	InsertTime	插入时间(北京时),格式 yyyyMMddHHmmss	varchar
3	UpdateTime	更新时间(北京时),格式 yyyyMMddHHmmss	varchar
4	MonthlyMonth	月报年月,格式 yyyyMM	varchar
5	ExistMark	数据是否存在。1:存在;0:缺测	int
6	StationID	区站号	varchar
7	RemarkTypeID	备注数据段标识码	varchar
8	RecordDate	日期	varchar
9	Position	(距原址)方位	varchar
10	ChangeName	变动名称(要素名)	varchar
11	Elevation	仰角	varchar
12	WidthAngle	宽度角	varchar
13	Distance	(距原址)距离	varchar
14	ApparatusName	仪器名称	varchar
15	ApparatusHeight	仪器距平台高度	varchar
16	PlatformHeight	平台(或台站海拔)高度	varchar
17	Lat	纬度	varchar
18	Long	经度	varchar
19	Address	地址	varchar
20	Geography	地理环境	varchar
21	Description	说明、内容、描述	text

R.2.10 R_MonthlyCover

R_MonthlyCover 表按月存储月辐射报表文件中的台站信息和报表制作审核等人员等封面信息。R_MonthlyCover 表中存储字段的说明,见表 R.16。

表 R.16 R_MonthlyCover 表中的字段说明

序号	字段名	字段说明	字段类型
1	ID	自增索引	int
2	InsertTime	插入时间(北京时),格式 yyyyMMddHHmmss	varchar
3	UpdateTime	更新时间(北京时),格式 yyyyMMddHHmmss	varchar
4	MonthlyMonth	月报年月,格式 yyyyMM	varchar

续表

序号	字段名	字段说明	字段类型
5	ExistMark	数据是否存在。1:存在;0:缺测	int
6	MYear	月报年,格式 yyyy	int
7	MMonth	月报月,格式 MM	varchar
8	StationID	区站号	varchar
9	StationFileID	档案号	varchar
10	Lon	经度	varchar
11	Lat	纬度	varchar
12	RadiationLevel	辐射站级别	varchar
13	ObservationSiteAltitude	观测场海拔高度	varchar
14	RQ_Height	总辐射传感器距地高度	varchar
15	RN_Height	净全辐射传感器距地高度	varchar
16	RD_Height	散射辐射传感器距地高度	varchar
17	RS_Height	直接辐射传感器距地高度	varchar
18	RR_Height	反射辐射传感器距地高度	varchar
19	StationName	台站名	varchar
20	Address	台站地址	varchar
21	StationEnv	地理环境	varchar
22	ProvinceName	省(区、市)名	varchar
23	StationMasterName	台站长	varchar
24	EnterName	输入	varchar
25	ProofName	校对	varchar
26	PreVerifyName	预审	varchar
27	VerifyName	审核	varchar
28	TransferName	打印/传输	varchar
29	TransferDate	传输日期	varchar
30	R_Choose	参数配置中所选择的辐射项 说明:利用 5 位 2 进制码代表所选择的辐射项 排序依次为:总辐射、净辐射、直接辐射、散射辐射、反射辐射	varchar

R. 2. 11 R_ElseChange

R_ElseChange 数据表存储辐射月报备注、作用层状态及场地环境变化数据，备注每天最多一条，作用层状态及场地环境变化每天最多一条，见表 R. 17。

表 R. 17 R_ElseChange 表中的字段说明

序号	字段名	字段说明	字段类型
1	ID	自增索引	int
2	InsertTime	插入时间(北京时)，格式 yyyyMMddHHmmss	varchar
3	UpdateTime	更新时间(北京时)，格式 yyyyMMddHHmmss	varchar
4	MonthlyMonth	月报年月，格式 yyyyMM	varchar
5	ExistMark	数据是否存在。=1:存在;=0:缺测	int
6	R_Mark	内容类型。1:备注;2 作用层状态及场地环境变化	int
7	MonthlyDay	年月日，格式 yyyyMMdd	varchar
8	State	备注事项说明	Varchar
9	EnvironmentDescription	场地周围环境变化描述	varchar
10	OtherBusiness	其他有关事项	varchar

附录S 地面观测气象数据字典

S.1 概述

S.1.1 背景

随着气象探测技术的进步和地面观测自动化的发展，特别是近年来云、能见度、天气现象等各种新型观测设备开始布设到气象台站的建设，设备种类繁多，在提升地面观测能力的同时也造成台站设备终端多、数据标准多、通信线路多、软件系统多等问题，导致数据资料的统一存储和数据共享应用极其困难，严重影响了观测效益的发挥。亟需建立一套完整的按照既定规则可灵活扩充的数据格式规范——地面气象观测数据字典，约束观测设备内部的数据格式，形成统一的要求，保证气象观测要素数据以标准化形式进入业务终端，便于业务应用软件的识别、处理和存储。

S.1.2 主要内容

本部分主要规定设备数据传输的帧格式、观测要素编码和状态要素编码共三个方面的内容。

S.1.3 适用范围

本部分内容适用于地面气象自动观测设备到终端业务软件的数据流传输格式。

S.1.4 参考依据

本部分主要参考《地面气象观测规范》(2007 版)，明确观测要素名称及其观测要素值的规定。

S.2 数据帧格式

S.2.1 帧格式

帧格式如表 S.1 所示。一个完整数据帧分为 5 部分信息段，其中 0 段、1 段、3 段和 4 段数据定长，2 段数据主体包含观测要素信息、观测数据质量控制信息和状态要素信息三部分，数据不定长。数据帧传输采用 ASCII 字符(8Bit)。数据帧各信息段由一个或多个字段表示，字段间以英文半角字符','分割。字段是指由一组指定的 ASCII 字符(大小写英文字母、0～9 数字字符以及_下划线字符)构成的字符串，用于描述帧起始与结束标识、数据包头信息、要素变量名以及要素变量值等信息。

表 S.1　帧格式定义表

段名称	帧内容
0 段	起始标识
1 段	数据包头
2 段	数据主体
3 段	校验码
4 段	结束标识

S.2.2　帧格式说明

(1)0 段——起始标识

固定长度，2 个字母，以“BG”表示。

(2)1 段——数据包头

固定长度，包含 8 个字段，每个字段亦固定长度。

① 区站号(5 位字符)，保持现有台站区站号不变，在观测司发布新台站号时另行更新。

② 服务类型(2 位数字)，以 00 代表基准站，01 代表基本站，02 代表一般站，03 代表区域气象站，04 交通气象站，05 电力气象站，06 农业气象站，07 旅游气象站，08 海洋气象站，09 风能气象站，10 太阳能气象站，11 生态气象站，12 辐射气象站，13 便携站……。

③ 设备标识位(4 位字母)，传感器或某一设备类型。以大写字母 Y 开头表示设备标识，后三位字母为对应观测设备英文名称的缩写，不遵循字母先后顺序编码。设备标识符针对业务中的设备类型进行明确定义，不允许厂家自定义设备标识符。目前业务中用的设备标识符如表 S.2 所示。

表 S.2　设备标识符

设备代号	设备名称	设备代号	设备名称
YAWS	自动气象站	YMOC	人工观测项目
YROS	大气辐射观测仪		
云观测设备			
YCCL	激光测云仪	YCIR	红外测云仪
YCCR	云雷达	YCVI	可见光测云仪
YCLR	微脉冲激光雷达	YCDW	双波段测云仪
能见度观测设备			
YFSV	前向散射能见度仪	YCTV	摄像能见度仪
YLTV	透射能见度仪		

续表

设备代号	设备名称	设备代号	设备名称
天气现象观测设备			
YWTQ	天气现象仪	YWYG	感雨器
YWTR	降水天气现象仪	YWSD	闪电计数器
YWDP	雨滴谱仪	YWDC	大气电场仪
YWDY	冻雨传感器		

④ 设备 ID(3 位数字)，用于区分同一个区站号台站中同类设备；如某站有两个激光云高仪，ID:000，ID:001。设备 ID 从 000 开始顺序编号。有多个设备时，服务数据以 ID 为 000 的设备观测为准，当 000 出现故障时，则使用 001 设备的数据。

⑤ 观测时间(14 位数字)，采用北京时方式，年月日时分秒，yyyyMMddhhmmss，如 20120706132500。

⑥帧标识(3 位数字)，用于区分数据类型和观测时间间隔，由两部分组成:D T。D 为 1 位数字，用于区数据类型:0 代表实时数据，1 代表定时数据，2～9 预留。T 表示一个 2 位十进制数值，代表观测时间间隔:00 代表秒，01～59 依次代表 1～59 min 间隔，60～83 依次代表 1～24 h间隔。如:分钟实时数据用 001 表示，整点定时数据用 160 表示。

说明:

a)实时数据是指设备输出以瞬时气象值为主的观测数据，瞬时气象值由规定的观测时间间隔内的采样值计算得到。部分设备输出的实时数据也可能包含统计量数据，只有在观测时间与统计时段一致时统计量数据才有意义。如前向散射能见度仪每分钟输出的实时数据中有分钟能见度、小时最大分钟能见度、小时最小分钟能见度等，但只有在整点 00 分时输出的小时最大和最小分钟能见度才是有意义的统计值。通常，实时数据时间间隔为秒或分钟级，不会为小时级间隔。

b)定时数据是指设备输出统计气象值为主的观测数据，统计气象值是从规定的时间间隔内观测到的瞬时气象值挑选出的最大、最小、极大、极小值，或累计值。定时数据时间间隔为分钟或小时级，不会为秒级。目前，地面观测中统计值的挑选时间间隔为小时。如，目前业务中，自动气象站在整点时，会发送两个数据包，一个为分钟实时数据，一个为整点定时数据，定时数据中主要输出从前小时 01 分钟到本小时 00 分钟瞬时气象值的统计量。

⑦观测要素变量数(3 位数字)，取值 000～999，表示观测要素数量；如 003，表示有 3 个观测要素。

说明:a)若设备的观测要素是不连续的(如激光云高仪)，未探测到的观测要素不输出，观测要素变量数为实际探测到的要素数；当出现故障时未探测到任何观测要素时，该类设备输出观测要素变量数为 0，并在状态信息中输出故障的信息。

b)对于输出要素是连续固定的设备(如自动气象站)，设备或传感器故障时，对应传感器或设备的全部观测要素均输出缺测，对应变量数值处用'/'字符填充。

⑧设备状态变量数(2 位数字)，取值 01～99，表示状态变量数量。如 28，表示有 28 个状态变量。

说明：a)设备自检状态变量为必输出项，当设备自检通过时只输出自检状态变量，即状态变量数为1。

b)当设备某些属性状态不正常时，除输出自检状态变量外，还需输出所有状态不正常的状态变量名。

(3)2段——数据主体

不定长，包含观测数据、观测数据质量控制和状态数据三部分。

① 观测数据，由一系列观测要素数据对组成，数据对中观测要素变量名与变量值一一对应。观测要素变量名以及变量值的描述(数据单位、比例因子、字节长度等)在观测要素编码表中定义说明。数据对的个数与第(2)条⑦观测要素变量数一致。观测要素名按字母先后顺序输出。

② 质量控制，由一系列质量控制码组成，字符数量与第(2)条⑦观测要素变量数一致，一个字符代表一个数据的质量控制码，按顺序与①观测数据中的数据对一一对应。质量控制码定义与世界气象组织(WMO)仪器和观测方法委员会(CIMO)规定的质量控制码一致，如表S.3所示。

表S.3 质量控制码表

质控码	描述
1	“正确”：数据没有超过给定界限。
2	“不一致”：一个或多个参数不一致；不同要素的关系不满足规定的标准。
3	“存疑”：不可信的。
4	“错误”：错误数据，已超过给定界限。
5	“没有检查”：该变量没有经过任何质量控制检查。
6	“修改数据”：数据缺测时，通过统计方法计算值或查询数据替换。
7～8	预留，暂不用。
9	“缺失”：缺测数据。

说明：a)若有数据质量控制判断为错误时，在设备终端数据输出时，其值仍给出，相应质量控制标识为“4”，但错误的数据不能参加后续相关计算或统计。

b)对于瞬时气象值，若属采集器或通信原因引起数据缺测，在设备终端数据输出时直接给出缺失，相应质量控制标识为“9”。

c)当台站业务软件将设备置为维护停用状态时，自动上传维护日志，同时上传数据时对应要素置为缺测。

③ 状态数据，由一系列设备状态要素数据对组成，数据对中状态要素变量名与状态值一一对应。设备状态变量名在设备状态编码表中定义说明，第一个状态变量名必须为设备自检状态，其他状态变量输出顺序不做明确要求。状态值采用一个字符编码表示，状态值含义如表S.4所示。

表 S.4　设备状态码表

状态码	状态描述
0	“正常”,设备状态节点检测且判断正常
1	“异常”,设备状态节点能工作,但检测值判断超出正常范围
2	“故障”,设备状态节点处于故障状态
3	“偏高”,设备状态节点检测值超出正常范围
4	“偏低”,设备状态节点检测值低于正常范围
5	“停止”,设备节点工作处于停止状态
6	“轻微”或“交流”,设备污染判断为轻微;或设备供电为交流方式
7	“一般”或“直流”,设备污染判断为一般;或设备供电为直流方式
8	“重度”或“未接外部电源”,设备污染判断为重度;或设备供电未接外部电源

说明:a)设备所有状态均不输出具体的数值,而是以状态码进行输出,以更直观地指导维护保障工作。

b)本表只给出设备状态码的简单含义描述,设备需根据每个状态检测数值制定状态判断依据,输出符合本状态码的状态码。

c)如果观测要素是运算量,即没有设备而是通过其他要素计算出来的,不用输出状态要素;上位机软件在质检的时候,通过设备配置文件对设备状态进行质检,配置文件中没有配置该设备的不用对状态进行质检。

(4)3 段——校验码

定长,4 位数字。采用校验和方式,从“BG”开始一直到校验段前,包括分隔符‘,’号在内以 ASCII 码全部累加。累加值以 10 进制无符号编码,高位在前,高位溢出,取低四位。

(5)4 段——结束标识

固定长度,2 个字母,以“ED”表示。

S.2.3　帧格式示例

完整数据帧格式示例

<table>
<tr><td rowspan="2">起始标识</td><td colspan="8">数据包头</td></tr>
<tr><td>区站号</td><td>服务类型</td><td>设备标识位</td><td>设备 ID</td><td>观测时间</td><td>帧标识</td><td>观测要素变量数</td><td>设备状态变量数</td></tr>
<tr><td>BG</td><td>5 位字符</td><td>2 位数字</td><td>4 位字母</td><td>3 位数字</td><td>14 位数字</td><td>3 位数字</td><td>3 位数字</td><td>2 位数字</td></tr>
</table>

<table>
<tr><td colspan="9">数据主体</td><td rowspan="2">校验码</td><td rowspan="2">结束标识</td></tr>
<tr><td colspan="5">观测数据和质量控制</td><td colspan="4">状态信息</td></tr>
<tr><td>观测要素变量名 1</td><td>观测要素变量值 1</td><td>观测要素变量名 m</td><td>观测要素变量值 m</td><td>质量控制位</td><td>状态变量名 1</td><td>状态变量值 1</td><td>状态变量名 n</td><td>状态变量值 n</td><td>4 位数字</td><td>ED</td></tr>
</table>

如前散能见度仪输出的数据格式为：

BG，12345，01，YFSV，001，20120912131000，001，010，01，AMA，008995，AMAa，010000，AMAb，1300，AMAc，008990，AMAd，1309，AMB，009180，AMBa，009992，AMBb，1300，AMBc，009105，AMBd，1309，0000000000，z，0，9574，ED

前散能见度仪输出的数据为2012年9月12日13:10:00观测的实时分钟数据，输出10个观测要素及对应的质量控制码和1个状态要素。

S.3 观测要素编码

S.3.1 编码规则

(1)一般规则

① 观测要素名称定义准确，对应的变量名唯一、明确。观测要素变量名的编码结构层次清楚，可扩展性强。

② 观测要素名称对应的变量值是将原值乘以10的 n 次幂（n 为比例因子，取值大于等于0）变为整数并以ASCII字符显示的数字字符串。每个观测要素值单独固定字节长度，高位不足补'0'。

③ 观测要素编码表中明确各观测要素的单位、比例因子、输出字节长度，个别观测要素给以备注，以便数据使用方更好地理解观测数据含义。常用气象要素单位定义如表S.5所示。

表S.5 观测要素物理单位一览表

观测要素名称	单位名称	单位符号	扩大倍数	比例因子
气压	百帕	hPa	10	1
气温	摄氏度	℃	10	1
相对湿度	百分数	%	10	1
露点温度	摄氏度	℃	10	1
水汽压	百帕	hPa	10	1
风向	度	°	1	0
风速	米每秒	m/s	10	1
降水	毫米	mm	10	1
雪深	厘米	cm	1(四舍五入取整)	0
雪压	克每平方厘米	g/cm^2	10	1
蒸发水位	毫米	mm	10	1
蒸发量	毫米	mm	10	1
辐射量	焦[耳]每平方米	J/m^2	1	0
辐照度	瓦[特]每平方米	W/m^2	1	0
紫外辐射辐照度	瓦[特]每平方米	W/m^2	100	2

续表

观测要素名称	单位名称	单位符号	扩大倍数	比例因子
曝辐量	兆焦[耳]每平方米	MJ/m^2	100	2
紫外辐射曝辐量	兆焦[耳]每平方米	MJ/m^2	10000	4
光合有效辐射辐照度	微摩尔每平方米每秒	$\mu mol/(m^2 \cdot s)$	1	0
光合有效辐射曝辐量	摩尔每平方米	mol/m^2	100	2
日照日累计	[小]时	h	10	1
日照日累计数	[小]时	h	10	1
地温	摄氏度	℃	10	1
云高	米	m	1	0
云量	百分数	%	10	1
垂直能见度	米	m	1	0
能见度	米	m	1	0
路面温度	摄氏度	℃	10	1
冰点温度	摄氏度	℃	10	1
水膜厚度	毫米	mm	10	1
冰层厚度	毫米	mm	10	1
雪层厚度	毫米	mm	10	1
融雪剂浓度	百分比	%	10	1

(2) 变量名命名原则

①观测要素名称对应的变量名编码由观测类、观测码和后缀三部分组成。采用 ASCII 字符中的英文大小写字母、数字和下划线组合表示编码，区分大小写字母。小写字母表示观测要素的特定含义数据。

②观测类用两个大写字母表示，第一个大写字母表示观测大类，第二个大写字母表示观测子类。观测大类按地面常规观测、农业气象观测、高空观测等进行划分，本部分定义的地面观测大类用大写字母'A'表示。观测子类是按观测大类下的各气象要素进行分类，如地面观测中的气温、地温、液温、湿度等，从大写字母 A 开始依次编码。地面观测要素编码定义的观测类如表 S.6 所示。

表 S.6　观测要素观测类编码表

编码	观测类名称	编码	观测类名称	编码	观测类名称
AA	气温	AG	气压	AM	能见度
AB	地温	AH	降水	AN	天气现象
AC	液温	AI	蒸发	AP	电线积冰
AD	湿度	AJ	辐射	AQ	路面状况
AE	风向	AK	日照	AR	土壤水分
AF	风速	AL	云		

③观测码用大写字母和数字表示，用于表示观测要素类下相关气象要素名称。观测码大写字母从A到Z顺序依次编码，在观测要素名称较多时，可采用两个大写字母组合。观测码中的整数数字(≥0)代表高度、深度、时间累计、现象编码序号等信息，在表示高度和深度时，单位为厘米；表示时间累计时，单位为分钟。目前气象业务中用到的1.5 m高气温湿度、10 m高的风速风向和地表温度的高度或深度信息及降水小时累积量的时间间隔不用数字表示，而是采用固定大写字母表示；其他高度、深度、时间累计等观测码用数字表示，且需按业务规范规定的数值数字表示。目前业务中定义的云状、天气现象和路面状况的编码序号如表S.7所示。

表S.7 云、天、路面状况编码序号

云状编码序号	云状	云状编码序号	云状
0	淡积云	15	蔽光高层云
1	碎积云	16	透光高积云
2	浓积云	17	蔽光高积云
3	秃积雨云	18	荚状高积云
4	鬃积雨云	19	积云性高积云
5	透光层积云	20	絮状高积云
6	蔽光层积云	21	堡状高积云
7	积云性层积云	22	毛卷云
8	堡状层积云	23	密卷云
9	荚状层积云	24	伪卷云
10	层云	25	钩卷云
11	碎层云	26	毛卷层云
12	雨层云	27	匀卷层云
13	碎雨云	28	卷积云
14	透光高层云		
降水类编码序号	降水类天气现象	降水类编码序号	降水类天气现象
0	雨	6	阵性雨夹雪
1	阵雨	7	霰
2	毛毛雨	8	米雪
3	雪	9	冰粒
4	阵雪	10	冰雹
5	雨夹雪	11	未知类型的降水
凝结类编码序号	地面凝结天气现象	凝结类编码序号	地面凝结天气现象
0	露	2	雨凇（冻雨即雨凇）
1	霜	3	雾凇

续表

视程障碍编码序号	视程障碍天气现象	视程障碍编码序号	视程障碍天气现象
0	雾	5	沙尘暴
1	轻雾	6	浮尘
2	吹雪	7	霾
3	雪暴	8	烟幕
4	扬沙	9	沙尘暴
雷电类编码序号	雷电类天气现象	雷电类编码序号	雷电类天气现象
0	雷暴	2	极光
1	闪电		
其他类编码序号	其他类天气现象	其他类编码序号	其他类天气现象
0	大风	4	冰针
1	飑	5	积雪
2	龙卷	6	结冰
3	尘龙卷		
路面状况编码序号	路面状况	路面状况编码序号	路面状况
0	干雪	8	干燥
1	湿雪	9	潮湿
2	融雪	10	积水
3	雪或霜	11	雪
4	干冰	12	冰
5	黑冰	13	霜
6	冰或霜	14	有融雪剂
7	冰水混合物	15	未知或其他

④后缀用小写字母或下划线＋数字表示。小写字母用表示特定含义的观测要素名称，下划线＋数字用于表示多传感器输出的要素名称。

观测变量名中出现小写字母分表代表以下含义：a 代表最大值，b 代表最大值出现时间，c 代表最小值，d 代表最小值出现时间，e 代表极大值，f 代表极大值出现时间，g 代表极小值，h 代表极小值出现时间，i 代表平均值，j 代表人工观测项目（自动观测设备不出现 j 后缀变量）。

后缀中没有下划线＋数字的代表只有一个传感器或是多个传感器融合输出的结果。观测设备和业务软件使用时，根据业务实际安装个数明确具体数值。当存在多个传感器时，必须输出多个传感器数据融合处理后的数据（即输出一组同类要素不带下划线＋数字的要素变量）。如有三支气温传感器，第一支传感器的气温值用 AAA_1 表示，第二支传感器的气温值用 AAA_2 表示，第三支传感器的气温值用 AAA_3 表示，采集器对三支传感器进行数据处理给出最终的气温结果，该值用 AAA 表示。

⑤ 变量名开头使用大写字母，不能出现数字，以明显区分变量名与变量值；所有变量名中不出现大小写字母“O”，避免与数字“0”混淆。

说明：在后续扩展农气、高空等观测时，需要注意变量名中第一个字符不能使用大写字母“Y”，以避免和设备标示符混淆；变量名前两个字符不能出现起始标识“BG”和结束标志“ED”。

S. 3. 2　观测要素编码

(1)AA——气温类编码

表 S. 8　气温类观测要素编码表

变量名编码	观测要素名称	单位	比例因子	字节长度(Byte)
AAA	1.5 m 高度的空气温度	℃	1	4
AAAa	最高温度	℃	1	4
AAAb	最高温度时间	时分(hhmm)	0	4
AAAc	最低温度	℃	1	4
AAAd	最低温度时间	时分(hhmm)	0	4
AAB	默认 10 m 的超声风传感器虚温	℃	1	4

说明：

a)当业务出现其他高度的空气温度时，变量名用 AA$[?]表示，$ 为正整数数字，代表 $ 厘米处。“?”代表 a～d 特定的小写后缀字母。

b)当业务出现其他高度的超声风传感器虚温时，变量名用 AAB$ 表示，$ 为正整数数字，代表 $ 厘米处。“?”代表 a～d 特定的小写后缀字母。

(2)AB——地温类编码

表 S. 9　地温类观测要素编码表

变量名编码	观测要素名称	单位	比例因子	字节长度(Byte)
ABA	草面温度	℃	1	4
ABAa	最高草面温度	℃	1	4
ABAb	最高草温出现时间	时分	0	4
ABAc	最低草面温度	℃	1	4
ABAd	最低草温出现时间	时分	0	4
ABB	地表温度	℃	1	4
ABBa	最高地表温度	℃	1	4
ABBb	最高地表温度出现时间	时分	0	4
ABBc	最低地表温度	℃	1	4

续表

变量名编码	观测要素名称	单位	比例因子	字节长度(Byte)
ABBd	最低地表温度出现时间	时分	0	4
AB5	5 cm 浅层地温	℃	1	4
AB5a	5 cm 浅层最高地温	℃	1	4
AB5b	5 cm 浅层最高地温出现时间	时分	0	4
AB5c	5 cm 浅层地温最低温度	℃	1	4
AB5d	5 cm 浅层地温最低温度出现时间	时分	0	4
AB10	10 cm 浅层地温(路基温度一般安装深度为 10 cm,用该代码)	℃	1	4
AB10a	10 cm 浅层最高地温	℃	1	4
AB10b	10 cm 浅层最高地温出现时间	时分	0	4
AB10c	10 cm 浅层地温最低温度	℃	1	4
AB10d	10 cm 浅层地温最低温度出现时间	时分	0	4
AB15	15 cm 浅层地温	℃	1	4
AB15a	15 cm 浅层最高地温	℃	1	4
AB15b	15 cm 浅层最高地温出现时间	时分	0	4
AB15c	15 cm 浅层地温最低温度	℃	1	4
AB15d	15 cm 浅层地温最低温度出现时间	时分	0	4
AB20	20 cm 浅层地温	℃	1	4
AB20a	20 cm 浅层最高地温	℃	1	4
AB20b	20 cm 浅层最高地温出现时间	时分	0	4
AB20c	20 cm 浅层地温最低温度	℃	1	4
AB20d	20 cm 浅层地温最低温度出现时间	时分	0	4
AB40	40 cm 深层地温	℃	1	4
AB40a	40 cm 深层最高地温	℃	1	4
AB40b	40 cm 深层最高地温出现时间	时分	0	4
AB40c	40 cm 深层地温最低温度	℃	1	4
AB40d	40 cm 深层地温最低温度出现时间	时分	0	4
AB80	80 cm 深层地温	℃	1	4
AB80a	80 cm 深层最高地温	℃	1	4
AB80b	80 cm 深层最高地温出现时间	时分	0	4
AB80c	80 cm 深层地温最低温度	℃	1	4

续表

变量名编码	观测要素名称	单位	比例因子	字节长度(Byte)
AB80d	80 cm 深层地温最低温度出现时间	时分	0	4
AB160	160 cm 深层地温	℃	1	4
AB160a	160 cm 深层最高地温	℃	1	4
AB160b	160 cm 深层最高地温出现时间	时分	0	4
AB160c	160 cm 深层地温最低温度	℃	1	4
AB160d	160 cm 深层地温最低温度出现时间	时分	0	4
AB320	320 cm 深层地温	℃	1	4
AB320a	320 cm 深层最高地温	℃	1	4
AB320b	320 cm 深层最高地温出现时间	时分	0	4
AB320c	320 cm 深层地温最低温度	℃	1	4
AB320d	320 cm 深层地温最低温度出现时间	时分	0	4

(3)AC——液温类编码

表 S.10　液温类观测要素编码表

变量名编码	观测要素名称	单位	比例因子	字节长度(Byte)
ACA	液面温度	℃	1	4
ACAa	最高液面温度	℃	1	4
ACAb	最高液面温度出现时间	时分	0	4
ACAc	最低液面温度	℃	1	4
ACAd	最低液面温度出现时间	时分	0	4
ACB	冰点温度	℃	1	4

(4)AD——湿度类编码

表 S.11　湿度类观测要素编码表

变量名编码	观测要素名称	单位	比例因子	字节长度(Byte)
ADA	1.5 m 高度的相对湿度	%	0	3
ADAa	1.5 m 高度的最高相对湿度	%	0	3
ADAb	1.5 m 高度的最高相对湿度时间	时分	0	4
ADAc	1.5 m 高度的最低相对湿度	%	0	3
ADAd	1.5 m 高度的最低相对湿度时间	时分	0	4
ADB	露点温度	℃	1	4
ADC	水汽压	hPa	1	4
ADD	湿球温度	℃	1	4

(5)AE——风向类编码

表 S.12 风向类观测要素编码表

变量名编码	观测要素名称	单位	比例因子	字节长度(Byte)
AEA	默认 10 m 的瞬时风向(1 s 采样)	°	0	3
AEB	默认 10 m 的 1 min 均风向	°	0	3
AEC	默认 10 m 的 2 min 平均风向	°	0	3
AED	默认 10 m 的 10 min 平均风向	°	0	3
AEE	默认 10 m 的某时间段内的(如小时、天等)极大风速(瞬时风速)对应风向	°	0	3
AEF	默认 10 m 的分钟内极大风速(瞬时风速)对应风向	°	0	3
AEG	默认 10 m 的某时间段内的(如小时、天等)最大风速(10 min 平均分速)对应风向	°	0	3

说明：

a)AEE：默认 10 m 的某时间段内的(如小时、天等)极大风速(瞬时风速)对应风向。对观测设备端是指小时极大风速(即从 240＊60 个瞬时风速里挑选)出现时间最近的风向;对上位机软件是统计某时间段的(如小时、天等)极大风速出现时间最近的风向)。

b)AEG：默认 10 m 的某时间段内的(如小时、天等)最大风速(10 min 平均分速)对应风向。对观测设备端是指小时最大十分钟平均风速风速(从 60 个 10 min 平均风速里挑选)对应的风向;对上位机软件是统计某时间段的(如小时、天等)最大 10 min 平均风速对应的风向)。

(6)AF——风速类编码

表 S.13 风速类观测要素编码表

变量名编码	观测要素名称	单位	比例因子	字节长度(Byte)
AFA	默认 10 m 高的瞬时风速	m/s	1	3
AFAa	默认 10 m 高的分钟内极大风速	m/s	1	3
AFAe	默认 10 m 高的某时间段内的极大风速	m/s	1	3
AFAf	默认 10 m 高的某时间段内的(如小时、天等)极大风速时间	时分	0	4
AFB	默认 10 m 高的 1 min 平均风速	m/s	1	3
AFC	默认 10 m 高的 2 min 平均风速	m/s	1	3
AFD	默认 10 m 高的 10 min 平均风速	m/s	1	3
AFDa	默认 10 m 高的某时间段内的最大风速	m/s	1	3
AFDb	默认 10 m 高的某时间段内的(如小时、天等)最大风速(10 min 平均风速)时间	时分	1	4

续表

变量名编码	观测要素名称	单位	比例因子	字节长度(Byte)
AFG	默认 10 m 超声风 X-方向风速。	m/s	1	4
AFH	默认 10 m 高度的超声风 Y-方向风速。	m/s	1	4
AFI	默认 10 m 高度的超声风 Z-方向风速。	m/s	1	4
AFJ	通风防辐射罩通风速度(默认 1.5 m 处)	m/s	1	4

说明：

a)AFAe：默认 10 m 高的某时间段内的极大风速。对观测设备端是指小时极大风速(从 240 * 60 个瞬时风速里挑选)；对上位机软件是统计某时间段的(如小时、天等)极大风速)。

b)AFDa：默认 10 m 高的某时间段内的最大风速。对设备端是指小时最大 10 min 平均风速(从 60 个 10 min 平均风速里挑选)；对上位机软件是统计某时间段的(如小时、天等)最大 10 min。

(7)AG——气压类编码

表 S.14 气压类观测要素编码表

变量名编码	观测要素名称	单位	比例因子	字节长度(Byte)
AGA	本站气压	hPa	1	5
AGAa	最高气压	hPa	1	5
AGAb	最高气压时间	时分	0	4
AGAc	最低气压	hPa	1	5
AGAd	最低气压时间	时分	0	4
AGB	海平面气压	hPa	1	5
AGC	气压(梯度或探空等气压)	hPa	1	5
AGCa	最高气压	hPa	1	5
AGCb	最高气压时间	时分	0	4
AGCc	最低气压	hPa	1	5
AGCd	最低气压时间	时分	0	4
AGD	对应海平面气压	hPa	1	5

(8)AH——降水类编码

表 S.15 降水类观测要素编码表

变量名编码	观测要素名称	单位	比例因子	字节长度(Byte)
AHA	分钟降水	mm	1	3
AHB	小时累计降水	mm	1	4
AHC	称重分钟降水	mm	1	3

续表

变量名编码	观测要素名称	单位	比例因子	字节长度(Byte)
AHD	称重小时累计降水	mm	1	4
AHE	称重当前重量	g	1	6
AHF	雪压	g/cm^2	1	4
AHG	雪水当量	mm	1	4
AHH	雪深	cm	1	4
AHI	冰雹直径	mm	1	4
AHIa	最大冰雹直径	mm	1	4
AHIj	人工观测最大冰雹直径	mm	1	4
AHJj	人工观测重要天气报冰雹直径	mm	1	4
AH5	5 min 累计降水	mm	1	4
AH10	10 min 累计降水	mm	1	4

(9)AI——蒸发类编码

表 S.16 蒸发类观测要素编码表

变量名编码	观测要素名称	单位	比例因子	字节长度(Byte)
AIA	蒸发水位	mm	1	4
AIB	分钟蒸发量	mm	1	4
AIC	小时蒸发量	mm	1	4

(10)AJ——辐射类编码

表 S.17 辐射类观测要素编码表

变量名编码	观测要素名称	单位	比例因子	字节长度(Byte)
AJA	总辐射辐照度（A 开头代表总辐射表）	W/m^2	0	4
AJAa	总辐射辐照度分钟最大值(分钟 30 个采样值里输出最大采样值)	W/m^2	0	4
AJAc	总辐射辐照度分钟最小值(分钟 30 个采样值里输出最小采样值)	W/m^2	0	4
AJAe	总辐射辐照度小时极大值	W/m^2	0	4
AJAf	总辐射辐照度小时极大值时间	时分	0	4
AJAA	总辐射曝辐量	MJ/m^2	2	4
AJAB	总辐射辐照度分钟标准差	W/m^2	1	5

续表

变量名编码	观测要素名称	单位	比例因子	字节长度(Byte)
AJAC	总辐射辐照度表表体温度	℃	1	4
AJB	反射辐射辐照度(B开头代表反射辐射表)	W/m^2	0	4
AJBa	反射辐射辐照度分钟最大值	W/m^2	0	4
AJBc	反射辐射辐照度分钟最小值	W/m^2	0	4
AJBe	反射辐射辐照度小时极大值	W/m^2	0	4
AJBf	反射辐射辐照度小时极大值时间	时分	0	4
AJBA	反射辐射曝辐量	MJ/m^2	2	4
AJBB	反射辐射辐照度分钟标准差	W/m^2	1	5
AJBC	反射辐射辐照度表表体温度	℃	1	4
AJC	直接辐射辐照度(C开头代表直接辐射表)	W/m^2	0	4
AJCa	直接辐射分钟最大值	W/m^2	0	4
AJCc	直接辐射分钟最小值	W/m^2	0	4
AJCe	直接辐射小时极大值	W/m^2	0	4
AJCf	直接辐射小时极大值时间	时分	0	4
AJCA	直接辐射曝辐量	MJ/m^2	2	4
AJCB	直接辐射分钟标准差	W/m^2	1	5
AJCC	直接辐射表表体温度	℃	1	4
AJCD	水平直接辐射曝辐量(由直接辐射表计算得到,作为直接辐射表下面的要素输出)	MJ/m^2	2	4
AJD	散射辐射辐照度(D开头代表散射辐射表)	W/m^2	0	4
AJDa	散射辐射分钟最大值	W/m^2	0	4
AJDc	散射辐射分钟最小值	W/m^2	0	4
AJDe	散射辐射小时极大值	W/m^2	0	4
AJDf	散射辐射小时极大值时间	时分	0	4
AJDA	散射辐射曝辐量	MJ/m^2	2	4
AJDB	散射辐射分钟标准差	W/m^2	1	5
AJDC	散射辐射表表体温度	℃	1	4
AJE	净全辐射辐照度(E开头代表净辐射表,净辐射也可能是计算出的数值)	W/m^2	0	4
AJEe	净全辐射小时极大值	W/m^2	0	4
AJEf	净全辐射小时极大值时间	时分	0	4

续表

变量名编码	观测要素名称	单位	比例因子	字节长度(Byte)
AJEg	净全辐射小时极小值	W/m²	0	4
AJEh	净全辐射小时极小值时间	时分	0	4
AJEA	净全辐射曝辐量	MJ/m²	2	4
AJF	紫外辐射(A+B)辐照度（F 开头代表紫外 UV 辐射表）	W/m²	2	4
AJFe	紫外辐射小时极大值	W/m²	2	4
AJFf	紫外辐射小时极大值时间	时分	0	4
AJFA	紫外辐射曝辐量	MJ/m²	4	4
AJFB	紫外辐射表恒温器分钟平均温度	℃	1	4
AJG	紫外 A 辐射 辐照度(G 开头代表紫外 A-UVA 辐射表)	W/m²	2	4
AJGa	紫外 A 辐射分钟最大值	W/m²	2	4
AJGc	紫外 A 辐射分钟最小值	W/m²	2	4
AJGe	紫外 A 辐射小时极大值	W/m²	2	4
AJGf	紫外 A 辐射小时极大值时间	时分	0	4
AJGA	紫外 A 辐射曝辐量	MJ/m²	4	4
AJGB	紫外 A 辐射分钟标准差	W/m²	3	5
AJH	紫外 B 辐射 辐照度(H 开头代表紫外 B-UVB 辐射表)	W/m²	2	4
AJHa	紫外 B 辐射分钟最大值	W/m²	2	4
AJHc	紫外 B 辐射分钟最小值	W/m²	2	4
AJHe	紫外 B 辐射小时极大值	W/m²	2	4
AJHf	紫外 B 辐射小时极大值时间	时分	0	4
AJHA	紫外 B 辐射曝辐量	MJ/m²	4	4
AJHB	紫外 B 辐射分钟标准差	W/m²	3	5
AJI	光合有效辐射辐照度(I 开头代表光合有效辐射表)	μmol/(m²·s)	0	4
AJIa	光合有效辐射分钟最大值	μmol/(m²·s))	0	4
AJIc	光合有效辐射分钟最小值	μmol/(m²·s))	0	4
AJIe	光合有效辐射小时极大辐照度	μmol/(m²·s)	0	4
AJIf	光合有效辐射小时极大辐照度时间	时分	0	4
AJIA	光合有效辐射曝辐量	mol/m²	2	4

续表

变量名编码	观测要素名称	单位	比例因子	字节长度(Byte)
AJIB	光合有效辐射分钟标准差	μmol/(m² · s)	1	5
AJJ	大气长波辐射辐照度(J 开头代表大气长波辐射表)	W/m²	0	4
AJJa	大气长波辐射分钟最大值	W/m²	0	4
AJJc	大气长波辐射分钟最小值	W/m²	0	4
AJJe	大气长波辐射小时极大辐照度	W/m²	0	4
AJJf	大气长波辐射小时极大辐照度时间	时分	0	4
AJJg	大气长波辐射小时极小辐照度	W/m²	0	4
AJJh	大气长波辐射小时极小辐照度时间	时分	0	4
AJJA	大气长波辐射曝辐量	MJ/m²	2	4
AJJB	大气长波辐射分钟标准差	W/m²	1	5
AJK	地面长波辐射辐照度(K 开头代表地面长波辐射表)	W/m²	0	4
AJKa	地面长波辐射分钟最大值	W/m²	0	4
AJKc	地面长波辐射分钟最小值	W/m²	0	4
AJKe	地面长波辐射小时极大辐照度	W/m²	0	4
AJKf	地面长波辐射小时极大辐照度时间	时分	0	4
AJKg	地面长波辐射小时极小辐照度	W/m²	0	4
AJKh	地面长波辐射小时极小辐照度时间	时分	0	4
AJKA	地面长波辐射曝辐量	MJ/m²	2	4
AJKB	地面长波辐射分钟标准差	W/m²	1	5
AJL	大气长波腔体温度	℃	1	4
AJLa	大气长波腔体最高温度	℃	1	4
AJLb	大气长波腔体最高温度时间	时分	0	4
AJLc	大气长波腔体最低温度	℃	1	4
AJLd	大气长波腔体最低温度时间	时分	0	4
AJM	地面长波腔体温度	℃	1	4
AJMa	地面长波腔体最高温度	℃	1	4
AJMb	地面长波腔体最高温度时间	时分	0	4
AJMc	地面长波腔体最低温度	℃	1	4
AJMd	地面长波腔体最低温度时间	时分	0	4
AJT	地方时	年月日时分	0	12

(11)AK——日照类编码

表 S.18 日照类观测要素编码表

变量名编码	观测要素名称	单位	比例因子	字节长度(Byte)
AKA	分钟内有无日照	0/1	0	1
AKB	日照小时累计(分钟)	分钟	0	2
AKBj	人工观测日照小时累计(分钟)	分钟	0	2
AKC	日照日累计数(小时)	小时	1	3
AKCj	人工观测日照日累计数(小时)	小时	1	3
AKD	太阳能电池分钟最大功率	W	3	5
AKE	太阳能电池最大功率时电压	V	3	5
AKF	太阳能电池最大功率时电流	A	3	5
AKG	太阳能电池分钟平均温度	℃	1	5

(12)AL——云类编码

表 S.19 云类观测要素编码表

变量名编码	观测要素名称	单位	比例因子	字节长度(Byte)
ALA:仪器观测天顶云高				
ALA0	第一层天顶云高	m	0	5
ALA1	第二层天顶云高	m	0	5
ALA2	第三层天顶云高	m	0	5
ALA3	第四层天顶云高	m	0	5
ALA4	第五层天顶云高	m	0	5
ALB:仪器观测积分云量				
ALB0	第一层积分云量		1	4
ALB1	第二层积分云量		1	4
ALB2	第三层积分云量		1	4
ALB3	第四层积分云量		1	4
ALB4	第五层积分云量		1	4
ALC:云量				
ALCj	人工观测编报云量		0	3
ALC0	全天空总云量		1	4
ALC0j	人工观测总云量		0	3
ALC1	低云云量		1	4

续表

变量名编码	观测要素名称	单位	比例因子	字节长度(Byte)
ALC1j	人工观测低云量		0	3
ALC2	中云云量		1	4
ALC3	高云云量		1	4
ALD:天顶云族				
ALD0	第一层天顶云族		0	1
ALD1	第二层天顶云族		0	1
ALD2	第三层天顶云族		0	1
ALD3	第四层天顶云族		0	1
ALD4	第五层天顶云族		0	1
ALE:云状				
ALEj	人工观测云状		0	8
ALEAj	人工观测云状编码		0	8
ALE0	淡积云		0	1
ALE1	碎积云		0	1
ALE2	浓积云		0	1
ALE3	秃积雨云		0	1
ALE4	鬃积雨云		0	1
ALE5	透光层积云		0	1
ALE6	蔽光层积云		0	1
ALE7	积云性层积云		0	1
ALE8	堡状层积云		0	1
ALE9	荚状层积云		0	1
ALE10	层云		0	1
ALE11	碎层云		0	1
ALE12	雨层云		0	1
ALE13	碎雨云		0	1
ALE14	透光高层云		0	1
ALE15	蔽光高层云		0	1
ALE16	透光高积云		0	1
ALE17	蔽光高积云		0	1
ALE18	荚状高积云		0	1

续表

变量名编码	观测要素名称	单位	比例因子	字节长度(Byte)
ALE19	积云性高积云		0	1
ALE20	絮状高积云		0	1
ALE21	堡状高积云		0	1
ALE22	毛卷云		0	1
ALE23	密卷云		0	1
ALE24	伪卷云		0	1
ALE25	钩卷云		0	1
ALE26	毛卷层云		0	1
ALE27	匀卷层云		0	1
ALE28	卷积云		0	1
ALF	垂直能见度		0	6

说明：

a)云族和云状采用枚举型，对各个云族和云状均用独立的变量名表示。设备只输出观测到的云族或云状变量，未观测到的则不输出。

b)云族或云状对应的各变量名对应的数值为 1，代表有该类云族或云状。

(13)AM——能见度类编码

表 S.20 能见度类观测要素编码表

变量名编码	观测要素名称	单位	比例因子	字节长度(Byte)
AMA	分钟能见度	m	0	6
AMAa	小时分钟最大能见度	m	0	6
AMAb	小时分钟最大能见度时间	时分	0	4
AMAc	小时分钟最小能见度	m	0	6
AMAd	小时分钟最小能见度时间	时分	0	4
AMB	10 min 滑动能见度	m	0	6
AMBa	小时 10 min 滑动最大能见度	m	0	6
AMBb	小时 10 min 滑动最大能见度时间	时分	0	4
AMBc	小时 10 min 滑动最小能见度	m	0	6
AMBd	小时 10 min 滑动最小能见度时间	时分	0	4

(14)AN——天气现象类编码

表 S.21 天气现象类观测要素编码表

变量名编码	观测要素名称	单位	比例因子	字节长度(Byte)
ANA:降水类天气现象				
ANA0	雨		0	1
ANA1	阵雨		0	1
ANA2	毛毛雨		0	1
ANA3	雪		0	1
ANA4	阵雪		0	1
ANA5	雨夹雪		0	1
ANA6	阵性雨夹雪		0	1
ANA7	霰		0	1
ANA8	米雪		0	1
ANA9	冰粒		0	1
ANA10	冰雹		0	1
ANA11	未知类型的降水		0	1
ANB:视程障碍类天气现象				
ANB0	雾		0	1
ANB1	轻雾		0	1
ANB2	吹雪		0	1
ANB3	雪暴		0	1
ANB4	扬沙		0	1
ANB5	沙尘暴		0	1
ANB6	浮尘		0	1
ANB7	霾		0	1
ANB8	烟幕		0	1
ANC:凝结类天气现象				
ANC0	露		0	1
ANC1	霜		0	1
ANC2	雨凇(冻雨即雨凇)		0	1
ANC3	雾凇		0	1
AND:雷电类天气现象				
AND0	雷暴		0	1

续表

变量名编码	观测要素名称	单位	比例因子	字节长度(Byte)
AND1	闪电		0	1
AND2	极光		0	1
ANE:其他天气现象				
ANE0	大风		0	1
ANE1	飑		0	1
ANE2	龙卷		0	1
ANE3	尘龙卷		0	1
ANE4	冰针		0	1
ANE5	积雪		0	1
ANE6	结冰		0	1
ANHj	人工观测现在天气现象编码		0	8
ANIj	人工观测过去天气码 1		0	8
ANJj	人工观测过去天气码 2		0	8
ANKj	人工观测其余天气现象		0	8
ANLj	人工观测龙卷风距测站距离编码(Mw)		0	8
ANMj	人工观测龙卷风距测站方位编码		0	8
ANNj	人工观测重要天气报龙卷电码、方位		0	8
ANPj	人工观测重要天气报省地方段		0	8
ANQj	人工观测气候月报本月雷暴、冰雹日数		0	8

说明：

a)设备观测输出的各类天气现象采用枚举型，每种天气现象用独立的变量名表示。设备只输出观测到的天气现象变量，未观测到的则不输出。

b)设备观测到输出的各变量名对应的数值为 1，代表有该天气现象发生。

c)人工观测的数据长度暂时用长度 8 表示。

(15)AP——电线积冰类编码

表 S.22 电线积冰类观测要素编码表

变量名编码	观测要素名称	单位	比例因子	字节长度(Byte)
APA	电线积冰直径	mm	1	4
APAj	人工观测电线积冰(雨凇)直径	mm	0	3
APAAj	人工观测电线积冰(雨凇)南北方向直径	mm	0	3
APABj	人工观测电线积冰(雨凇)东西方向直径	mm	0	3
APACj	人工观测重要天气报雨凇直径	mm	0	3

续表

变量名编码	观测要素名称	单位	比例因子	字节长度(Byte)
APB	电线积冰厚度	mm	1	4
APBj	人工观测电线积冰(雨凇)厚度	mm	0	3
APBAj	人工观测电线积冰(雨凇)南北方向厚度	mm	0	3
APBBj	人工观测电线积冰(雨凇)东西方向厚度	mm	0	3
APC	积冰重量	g/m	1	6
APCj	人工观测电线积冰(雨凇)重量	g/m	0	5
APCAj	人工观测电线积冰(雨凇)南北方向重量	g/m	0	5
APCBj	人工观测电线积冰(雨凇)东西方向重量	g/m	0	5
APDj	人工观测电线积冰现象		0	8

(16)AQ——路面状况类编码

表 S.23　路面状况类观测要素编码表

变量名编码	观测要素名称	单位	比例因子	字节长度(Byte)
AQA	水膜厚度	mm	1	4
AQAa	最高水膜厚度	mm	1	4
AQAb	最高水膜厚度出现时间	时分	0	4
AQAc	最低水膜厚度	mm	1	4
AQAd	最低水膜厚度出现时间	时分	0	4
AQB	冰层厚度	mm	1	4
AQBa	最高冰层厚度	mm	1	4
AQBb	最高冰层厚度出现时间	时分	0	4
AQBc	最低冰层厚度	mm	1	4
AQBd	最低冰层厚度出现时间	时分	0	4
AQC	雪层厚度	mm	1	4
AQCa	最高雪层厚度	mm	1	4
AQCb	最高雪层厚度出现时间	时分	0	4
AQCc	最低雪层厚度	mm	1	4
AQCd	最低雪层厚度出现时间	时分	0	4
AQD	融雪剂浓度	mm	1	3
AQDa	最高融雪剂浓度	%	1	3
AQDb	最高融雪剂浓度出现时间	时分	0	4

续表

变量名编码	观测要素名称	单位	比例因子	字节长度(Byte)
AQDc	最低融雪剂浓度	%	1	3
AQDd	最低融雪剂浓度出现时间	时分	0	4
AQE:路面状况				
AQEj	人工观测地面状况(14时)		0	8
AQE0	干雪		0	1
AQE1	湿雪		0	1
AQE2	融雪		0	1
AQE3	雪或霜		0	1
AQE4	干冰		0	1
AQE5	黑冰		0	1
AQE6	冰或霜		0	1
AQE7	冰水混合物		0	1
AQE8	干燥		0	1
AQE9	潮湿		0	1
AQE10	积水		0	1
AQE11	雪		0	1
AQE12	冰		0	1
AQE13	霜		0	1
AQE14	有融雪剂		0	1
AQE15	未知或其他		0	1

说明：

a)设备观测输出的各类路面状况采用枚举型，每种路面状况用独立的变量名表示。设备只输出观测到的路面状况变量，未观测到的则不输出。

b)设备观测到输出的各变量名对应的数值为1，代表有该路面状况发生。

c)人工观测的路面状况数据长度暂时用长度8表示。

(17)AR——土壤水分类编码

表S.24　土壤水分类观测要素编码表

变量名编码	观测要素名称	单位	比例因子	字节长度(Byte)
ARA10	0～10 cm正点瞬时土壤体积含水量	g/cm^3	1	4
ARA20	10～20 cm正点瞬时土壤体积含水量	g/cm^3	1	4
ARA30	20～30 cm正点瞬时土壤体积含水量	g/cm^3	1	4
ARA40	30～40 cm正点瞬时土壤体积含水量	g/cm^3	1	4

续表

变量名编码	观测要素名称	单位	比例因子	字节长度(Byte)
ARA50	40～50 cm 正点瞬时土壤体积含水量	g/cm^3	1	4
ARA60	50～60 cm 正点瞬时土壤体积含水量	g/cm^3	1	4
ARA70	60～70 cm 正点瞬时土壤体积含水量	g/cm^3	1	4
ARA80	70～80 cm 正点瞬时土壤体积含水量	g/cm^3	1	4
ARA90	80～90 cm 正点瞬时土壤体积含水量	g/cm^3	1	4
ARA100	90～100 cm 正点瞬时土壤体积含水量	g/cm^3	1	4
ARB10	0～10 cm 小时平均土壤体积含水量	g/cm^3	1	4
ARB20	10～20 cm 小时平均土壤体积含水量	g/cm^3	1	4
ARB30	20～30 cm 小时平均土壤体积含水量	g/cm^3	1	4
ARB40	30～40 cm 小时平均土壤体积含水量	g/cm^3	1	4
ARB50	40～50 cm 小时平均土壤体积含水量	g/cm^3	1	4
ARB60	50～60 cm 小时平均土壤体积含水量	g/cm^3	1	4
ARB70	60～70 cm 小时平均土壤体积含水量	g/cm^3	1	4
ARB80	70～80 cm 小时平均土壤体积含水量	g/cm^3	1	4
ARB90	80～90 cm 小时平均土壤体积含水量	g/cm^3	1	4
ARB100	90～100 cm 小时平均土壤体积含水量	g/cm^3	1	4
ARC10	0～10 cm 正点瞬时土壤相对湿度	%	1	4
ARC20	10～20 cm 正点瞬时土壤相对湿度	%	1	4
ARC30	20～30 cm 正点瞬时土壤相对湿度	%	1	4
ARC40	30～40 cm 正点瞬时土壤相对湿度	%	1	4
ARC50	40～50 cm 正点瞬时土壤相对湿度	%	1	4
ARC60	50～60 cm 正点瞬时土壤相对湿度	%	1	4
ARC70	60～70 cm 正点瞬时土壤相对湿度	%	1	4
ARC80	70～80 cm 正点瞬时土壤相对湿度	%	1	4
ARC90	80～90 cm 正点瞬时土壤相对湿度	%	1	4
ARC100	90～100 cm 正点瞬时土壤相对湿度	%	1	4
ARD10	0～10 cm 小时平均土壤相对湿度	%	1	4
ARD20	10～20 cm 小时平均土壤相对湿度	%	1	4
ARD30	20～30 cm 小时平均土壤相对湿度	%	1	4
ARD40	30～40 cm 小时平均土壤相对湿度	%	1	4
ARD50	40～50 cm 小时平均土壤相对湿度	%	1	4

续表

变量名编码	观测要素名称	单位	比例因子	字节长度(Byte)
ARD60	50～60 cm 小时平均土壤相对湿度	%	1	4
ARD70	60～70 cm 小时平均土壤相对湿度	%	1	4
ARD80	70～80 cm 小时平均土壤相对湿度	%	1	4
ARD90	80～90 cm 小时平均土壤相对湿度	%	1	4
ARD100	90～100 cm 小时平均土壤相对湿度	%	1	4
ARE10	0～10 cm 小时平均土壤重量含水率	%	1	4
ARE20	10～20 cm 小时平均土壤重量含水率	%	1	4
ARE30	20～30 cm 小时平均土壤重量含水率	%	1	4
ARE40	30～40 cm 小时平均土壤重量含水率	%	1	4
ARE50	40～50 cm 小时平均土壤重量含水率	%	1	4
ARE60	50～60 cm 小时平均土壤重量含水率	%	1	4
ARE70	60～70 cm 小时平均土壤重量含水率	%	1	4
ARE80	70～80 cm 小时平均土壤重量含水率	%	1	4
ARE90	80～90 cm 小时平均土壤重量含水率	%	1	4
ARE100	90～100 cm 小时平均土壤重量含水率	%	1	4
ARF10	0～10 cm 小时平均土壤有效水分贮存量	mm	0	4
ARF20	10～20 cm 小时平均土壤有效水分贮存量	mm	0	4
ARF30	20～30 cm 小时平均土壤有效水分贮存量	mm	0	4
ARF40	30～40 cm 小时平均土壤有效水分贮存量	mm	0	4
ARF50	40～50 cm 小时平均土壤有效水分贮存量	mm	0	4
ARF60	50～60 cm 小时平均土壤有效水分贮存量	mm	0	4
ARF70	60～70 cm 小时平均土壤有效水分贮存量	mm	0	4
ARF80	70～80 cm 小时平均土壤有效水分贮存量	mm	0	4
ARF90	80～90 cm 小时平均土壤有效水分贮存量	mm	0	4
ARF100	90～100 cm 小时平均土壤有效水分贮存量	mm	0	4
ARG10	0～10 cm 瞬时土壤体积含水量	g/cm^3	1	4
ARG20	10～20 cm 瞬时土壤体积含水量	g/cm^3	1	4
ARG30	20～30 cm 瞬时土壤体积含水量	g/cm^3	1	4
ARG40	30～40 cm 瞬时土壤体积含水量	g/cm^3	1	4
ARG50	40～50 cm 瞬时土壤体积含水量	g/cm^3	1	4
ARG60	50～60 cm 瞬时土壤体积含水量	g/cm^3	1	4

续表

变量名编码	观测要素名称	单位	比例因子	字节长度(Byte)
ARG70	60～70 cm 瞬时土壤体积含水量	g/cm^3	1	4
ARG80	70～80 cm 瞬时土壤体积含水量	g/cm^3	1	4
ARG90	80～90 cm 瞬时土壤体积含水量	g/cm^3	1	4
ARG100	90～100 cm 瞬时土壤体积含水量	g/cm^3	1	4
ARH	冻土深度	cm	0	3
ARHaj	人工观测冻土深度第一栏上限值(08 时)	cm	0	3
ARHBj	人工观测冻土深度第一栏下限值(08 时)	cm	0	3
ARIaj	人工观测冻土深度第二栏上限值(08 时)	cm	0	3
ARIbj	人工观测冻土深度第二栏下限值(08 时)	cm	0	3

S.4 设备状态要素编码

S.4.1 编码规则

(1)一般规则

① 设备状态要素名称定义准确,对应的变量名唯一、明确。状态要素变量名的编码结构层次清楚,可扩展性强。

② 设备状态要素名称对应的变量值以状态码表示,1 个字节,可以直观指示设备工作状况。状态码含义如表 S.25 所示。

表 S.25 状态码含义表

状态码	状态描述
0	“正常”,设备状态节点检测且判断正常
1	“异常”,设备状态节点能工作,但检测值判断超出正常范围
2	“故障”,设备状态节点处于故障状态
3	“偏高”,设备状态节点检测值超出正常范围
4	“偏低”,设备状态节点检测值低于正常范围
5	“停止”,设备节点工作处于停止状态
6	“轻微”或“交流”,设备污染判断为轻微;或设备供电为交流方式
7	“一般”或“直流”,设备污染判断为一般;或设备供电为直流方式
8	“重度” 或“未接外部电源”,设备污染判断为重度;或设备供电未接外部电源

说明:

a)设备在检测各状态数字后,对状态进行判断,按表格要求输出对应的状态码。

b)状态属性不同,状态码 5、6 和 7 表示不同的状态含义。

(2)变量名命名原则

①设备状态名称对应的变量名编码由属性类、属性码和后缀三部分组成。采用ASCII字符中的英文大小写字母、数字和下划线组合表示编码，区分大小写字母。

②状态属性类用小写字母表示，以与观测要素变量名明显区分。状态属性类分为：设备自检、传感器状态、电源状态、工作温度状态、加热部件状态、通风部件状态、通信状态、窗口污染状态和设备工作状态。依次用小写字母z,y,x,w,v,u,t,s,r表示。一些人工观测仪器的状态用m表示。避免状态属性类小写字母与观测要素特定义小写字母重叠使用。

③属性码采用大写字母表示，按照A～Z顺序对状态属性类下的各状态名称依次编码。

④后缀用下划线加大写字母的观测要素类或观测要素名标示对应分采集器或传感器的状态；用下划线加大写字母的设备标示符标示多个设备状态。自动观测设备端不使用设备标示符后缀，当台站软件需要融合多个设备的数据包为一个大的数据包时方使用设备标示符以区分不同设备。

S.4.2 设备状态编码

(1)z —— 设备自检状态

表S.26 设备自检状态编码表

变量名编码	设备状态要素名称	单位	字节长度	取值范围
z	设备自检状态	代码表	1	0或1
z_AA	气候分采自检状态	代码表	1	0或1
z_AB	地温分采自检状态	代码表	1	0或1
z_AD	温湿分采自检状态	代码表	1	0或1
z_AJ	辐射分采自检状态	代码表	1	0或1
z_AR	土壤水分分采自检状态	代码表	1	0或1

说明：

a)设备在完成各个状态要素检测后，进行状态判断，当所有状态都为正常时，设备自检正常，对应状态值为0。

b)设备在完成各个状态要素检测后，进行状态判断，当有一个或多个状态处于非正常状态时，设备自检异常正常，对应状态值为1。

c)自动气象站挂接分采集器时，分采集器的状态编码通过添加观测类(2位大写字母)作为后缀表示。

(2)y —— 传感器工作状态

表S.27 传感器工作状态编码表

变量名编码	设备状态要素名称	单位	字节长度	取值范围
y	传感器工作状态	代码表	1	0、1或2
y_AAA	1.5 m气温传感器状态	代码表	1	0、1或2
y_ABA	草面温度传感器状态	代码表	1	0、1或2

续表

变量名编码	设备状态要素名称	单位	字节长度	取值范围
y_ABB	地表温度传感器状态	代码表	1	0、1 或 2
y_AB5	5 cm 地温传感器状态	代码表	1	0、1 或 2
y_AB10	浅层 10 cm 地温传感器的工作状态	代码表	1	0、1 或 2
y_AB15	浅层 15 cm 地温传感器的工作状态	代码表	1	0、1 或 2
y_AB20	浅层 20 cm 地温传感器的工作状态	代码表	1	0、1 或 2
y_AB40	深层 40 cm 地温传感器的工作状态	代码表	1	0、1 或 2
y_AB80	深层 80 cm 地温传感器的工作状态	代码表	1	0、1 或 2
y_AB160	深层 160 cm 地温传感器的工作状态	代码表	1	0、1 或 2
y_AB320	深层 320 cm 地温传感器的工作状态	代码表	1	0、1 或 2
y_ACA	液面温传感器的工作状态	代码表	1	0、1 或 2
y_ACB	冰点温度传感器的工作状态	代码表	1	0、1 或 2
y_ADA	1.5 m 相对湿度传感器的工作状态	代码表	1	0、1 或 2
y_AEA	风向传感器的工作状态	代码表	1	0、1 或 2
y_AFA	风速传感器的工作状态	代码表	1	0、1 或 2
y_AGA	气压传感器的工作状态	代码表	1	0、1 或 2
y_AHA	雨量传感器(非称重方式)的工作状态	代码表	1	0、1 或 2
y_AHC	称重雨量传感器的工作状态	代码表	1	0、1 或 2
y_AIA	蒸发传感器的工作状态	代码表	1	0、1 或 2
y_AJA	总辐射表传感器的工作状态	代码表	1	0、1 或 2
y_AJB	反射辐射表传感器的工作状态	代码表	1	0、1 或 2
y_AJC	直接辐射表传感器的工作状态	代码表	1	0、1 或 2
y_AJD	散射辐射表传感器的工作状态	代码表	1	0、1 或 2
y_AJE	净全辐射表传感器的工作状态	代码表	1	0、1 或 2
y_AJF	紫外(A＋B)辐射表传感器的工作状态	代码表	1	0、1 或 2
y_AJG	紫外 A 辐射表传感器的工作状态	代码表	1	0、1 或 2
y_AJH	紫外 B 辐射表传感器的工作状态	代码表	1	0、1 或 2
y_AJI	光合有效辐射表传感器的工作状态	代码表	1	0、1 或 2
y_AJJ	大气长波辐射表传感器的工作状态	代码表	1	0、1 或 2
y_AJK	地面长波辐射表传感器的工作状态	代码表	1	0、1 或 2
y_AKA	日照传感器的工作状态	代码表	1	0、1 或 2
y_ALA	云高传感器的工作状态	代码表	1	0、1 或 2

续表

变量名编码	设备状态要素名称	单位	字节长度	取值范围
y_ALC	云量传感器仪的工作状态	代码表	1	0、1 或 2
y_ALE	云状传感器仪的工作状态	代码表	1	0、1 或 2
y_AMA	能见度仪的工作状态	代码表	1	0、1 或 2
y_ANA	天气现象仪的工作状态	代码表	1	0、1 或 2
y_APA	天线结冰传感器的工作状态	代码表	1	0、1 或 2
y_AQA	路面状况传感器的工作状态	代码表	1	0、1 或 2
y_ARA10	0～10 cm 土壤水分传感器的工作状态	代码表	1	0、1 或 2
y_ARA20	10～20 cm 土壤水分传感器的工作状态	代码表	1	0、1 或 2
y_ARA30	20～30 cm 土壤水分传感器的工作状态	代码表	1	0、1 或 2
y_ARA40	30～40 cm 土壤水分传感器的工作状态	代码表	1	0、1 或 2
y_ARA50	40～50 cm 土壤水分传感器的工作状态	代码表	1	0、1 或 2
y_ARA60	50～60 cm 土壤水分传感器的工作状态	代码表	1	0、1 或 2
y_ARA70	60～70 cm 土壤水分传感器的工作状态	代码表	1	0、1 或 2
y_ARA80	70～80 cm 土壤水分传感器的工作状态	代码表	1	0、1 或 2
y_ARA90	80～90 cm 土壤水分传感器的工作状态	代码表	1	0、1 或 2
y_ARA100	90～100 cm 土壤水分传感器的工作状态	代码表	1	0、1 或 2

说明：

a)智能传感器作为独立设备存在时，其工作状态作为设备自检状态 z 输出，不输出自身传感器工作状态 y。

b)一个设备挂接多个传感器时，状态变量名通过添加传感器对应的观测要素编码作为后缀来表示。

c)传感器输出的数值合理时，为正常情况；传感器不能工作，为故障情况；传感器能输出数值，但数值超出合理值范围，为异常情况。

(3)x ——电源类状态

表 S.28 电源类状态编码表

变量名编码	设备状态要素名称	单位	字节长度	取值范围
xA	外接电源(独立设备或主采集器不需要后缀)	代码表	1	6、7 或 8
xA_AA	气候分采外接电源状态	代码表	1	6、7 或 8
xA_AB	地温分采外接电源状态	代码表	1	6、7 或 8
xA_AD	温湿分采外接电源状态	代码表	1	6、7 或 8
xA_AJ	辐射分采外接电源状态	代码表	1	6、7 或 8
xA_AR	土壤水分分采外接电源状态	代码表	1	6、7 或 8
xB	设备/主采主板电压状态	代码表	1	0、3 或 4

续表

变量名编码	设备状态要素名称	单位	字节长度	取值范围
xB_AA	气候分采的主板电压状态	代码表	1	0、3 或 4
xB_AB	地温分采的主板电压状态	代码表	1	0、3 或 4
xB_AD	温湿分采的主板电压状态	代码表	1	0、3 或 4
xB_AJ	辐射分采的主板电压状态	代码表	1	0、3 或 4
xB_AR	土壤水分分采的主板电压状态	代码表	1	0、3 或 4
xC	图像主采主板工作电压状态	代码表	1	0、3 或 4
xD	蓄电池电压状态	代码表	1	0、3、4 或 5
xE	AC－DC 电压状态	代码表	1	0、3、4 或 5
xF	遮阳板工作电压状态	代码表	1	0、3、4 或 5
xG	旋转云台工作电压状态	代码表	1	0、3、4 或 5
xH	设备/主采 工作电流状态	代码表	1	0、3、4 或 5
xH_AA	气温分采的工作电流状态	代码表	1	0、3、4 或 5
xH_AB	地温分采的工作电流状态	代码表	1	0、3、4 或 5
xH_AD	温湿分采的工作电流状态	代码表	1	0、3、4 或 5
xH_AJ	辐射分采的工作电流状态	代码表	1	0、3、4 或 5
xH_AR	土壤水分分采的工作电流状态	代码表	1	0、3、4 或 5
xI	太阳能电池板状态	代码表	1	0 或 2

(4)w ——工作温度类状态

表 S.29　工作温度类状态编码表

变量名编码	设备状态要素名称	单位	字节长度	取值范围
wA	设备/主采主板环境温度状态	代码表	1	0、3 或 4
wA_AA	气温分采的主板温度状态	代码表	1	0、3 或 4
wA_AB	地温分采的主板温度状态	代码表	1	0、3 或 4
wA_AD	温湿分采的主板温度状态	代码表	1	0、3 或 4
wA_AJ	辐射分采的主板温度状态	代码表	1	0、3 或 4
wA_AR	土壤水分分采的主板温度状态	代码表	1	0、3 或 4
wB	探测器温度状态	代码表	1	0、3 或 4
wC	腔体温度状态	代码表	1	0 或 1
wC_AJA	总辐射表腔体温度状态	代码表	1	0 或 1
wC_AJB	反射辐射表腔体温度状态	代码表	1	0 或 1

续表

变量名编码	设备状态要素名称	单位	字节长度	取值范围
wC_AJC	直接辐射表腔体温度状态	代码表	1	0 或 1
wC_AJD	散射辐射表腔体温度状态	代码表	1	0 或 1
wC_AJE	净全辐射表腔体温度状态	代码表	1	0 或 1
wC_AJF	紫外(A+B)辐射表腔体温度状态	代码表	1	0 或 1
wC_AJG	紫外 A 辐射表腔体温度状态	代码表	1	0 或 1
wC_AJH	紫外 B 辐射表腔体温度状态	代码表	1	0 或 1
wC_AJI	光合有效辐射表腔体温度状态	代码表	1	0 或 1
wC_AJJ	大气长波辐射表腔体温度状态	代码表	1	0 或 1
wC_AJK	地面长波辐射表腔体温度状态	代码表	1	0 或 1
wD	恒温器温度状态	代码表	1	0 或 1
wD_AJA	总辐射表恒温器温度状态	代码表	1	0 或 1
wD_AJB	反射辐射表恒温器温度状态	代码表	1	0 或 1
wD_AJC	直接辐射表恒温器温度状态	代码表	1	0 或 1
wD_AJD	散射辐射表恒温器温度状态	代码表	1	0 或 1
wD_AJE	净全辐射表恒温器温度状态	代码表	1	0 或 1
wD_AJF	紫外(A+B)辐射表恒温器温度状态	代码表	1	0 或 1
wD_AJG	紫外 A 辐射表恒温器温度状态	代码表	1	0 或 1
wD_AJH	紫外 B 辐射表恒温器温度状态	代码表	1	0 或 1
wD_AJI	光合有效辐射表恒温器温度状态	代码表	1	0 或 1
wD_AJJ	大气长波辐射表恒温器温度状态	代码表	1	0 或 1
wD_AJK	地面长波辐射表恒温器温度状态	代码表	1	0 或 1
wE	机箱温度状态	代码表	1	0、3 或 4

(5)v ——加热部件工作状态

表 S.30　加热部件工作状态编码表

变量名编码	设备状态要素名称	单位	字节长度	取值范围
vA	设备加热	代码表	1	0、2、3 或 4
vB	发射器加热	代码表	1	0、2、3 或 4
vC	接收器加热	代码表	1	0、2、3 或 4
vD	相机加热	代码表	1	0、2、3 或 4
vE	摄像机加热	代码表	1	0、2、3 或 4

(6)u ——通风部件工作状态

表 S.31 通风部件工作状态编码表

变量名编码	设备状态要素名称	单位	字节长度	取值范围
uA	设备通风状态	代码表	1	0、2、3 或 4
uB	发射器通风状态	代码表	1	0、2、3 或 4
uC	接收器通风状态	代码表	1	0、2、3 或 4
uD	通风罩通风状态	代码表	1	0、2、3 或 4
uD_AAA	气温观测通风罩速度	代码表	1	0、2、3 或 4
uE_AJA	总辐射表通风状态	代码表	1	0 或 1
uE_AJB	反射辐射表通风状态	代码表	1	0 或 1
uE_AJC	直接辐射表通风状态	代码表	1	0 或 1
uE_AJD	散射辐射表通风状态	代码表	1	0 或 1
uE_AJE	净全辐射表通风状态	代码表	1	0 或 1
uE_AJF	紫外(A+B)辐射表通风状态	代码表	1	0 或 1
uE_AJG	紫外 A 辐射表通风状态	代码表	1	0 或 1
uE_AJH	紫外 B 辐射表通风状态	代码表	1	0 或 1
uE_AJI	光合有效辐射表通风状态	代码表	1	0 或 1
uE_AJJ	大气长波辐射表通风状态	代码表	1	0 或 1
uE_AJK	地面长波辐射表通风状态	代码表	1	0 或 1

(7)t ——通信类工作状态

表 S.32 通信类工作状态编码表

变量名编码	设备状态要素名称	单位	字节长度	取值范围
tA	设备(主采)到串口服务器或 PC 终端连接的通信状态	代码表	1	0、1 或 2
tB	总线状态(设备与分采或其他智能传感器的总线状态指示)	代码表	1	0、1 或 2
tC	RS232/485/422 状态	代码表	1	0、1 或 2
tC_AA	气温分采的 RS232/485/422 状态	代码表	1	0、1 或 2
tC_AB	地温分采的 RS232/485/422 状态	代码表	1	0、1 或 2
tC_AD	温湿分采的 RS232/485/422 状态	代码表	1	0、1 或 2
tC_AJ	辐射分采的 RS232/485/422 状态	代码表	1	0、1 或 2
tC_AR	土壤水分分采的 RS232/485/422 状态	代码表	1	0、1 或 2

续表

变量名编码	设备状态要素名称	单位	字节长度	取值范围
tD	RJ45/LAN 通信状态	代码表	1	0、1 或 2
tE	卫星通信状态	代码表	1	0、1 或 2
tF	无线通信状态	代码表	1	0、1 或 2
tG	光纤通信状态	代码表	1	0、1 或 2

(9)s ——窗口污染类工作状态

表 S.33 窗口污染类工作状态编码表

变量名编码	设备状态要素名称	单位	字节长度	取值范围
sA	窗口污染情况	代码表	1	0、6、7 或 8
sB	探测器污染情况	代码表	1	0、6、7 或 8
sC	相机镜头污染情况	代码表	1	0、6、7 或 8
sD	摄像机镜头污染情况	代码表	1	0、6、7 或 8

(10)r ——设备工作状况状态

表 S.34 设备工作状况状态编码表

变量名编码	设备状态要素名称	单位	字节长度	取值范围
rA	发射器能量	代码表	1	0、3 或 4
rB	接收器状态	代码表	1	0、1 或 2
rC	发射器状态	代码表	1	0、1 或 2
rD	遮阳板工作状况	代码表	1	0、1 或 2
rE	旋转云台工作状况	代码表	1	0、1 或 2
rF	摄像机工作状况	代码表	1	0、1 或 2
rG	相机工作状况	代码表	1	0、1 或 2
rH	跟踪器状态	代码表	1	0、1 或 2
rI	采集器运行状态	代码表	1	0、1 或 2
rI_AA	气温分采的采集器运行状态	代码表	1	0、1 或 2
rI_AB	地温分采的采集器运行状态	代码表	1	0、1 或 2
rI_AD	温湿分采的采集器运行状态	代码表	1	0、1 或 2
rI_AJ	辐射分采的采集器运行状态	代码表	1	0、1 或 2
rI_AR	土壤水分分采的采集器运行状态	代码表	1	0、1 或 2
rJ	AD 状态	代码表	1	0、1 或 2

续表

变量名编码	设备状态要素名称	单位	字节长度	取值范围
rJ_AA	气温分采的 AD 状态	代码表	1	0、1 或 2
rJ_AB	地温分采的 AD 状态	代码表	1	0、1 或 2
rJ_AD	温湿分采的 AD 状态	代码表	1	0、1 或 2
rJ_AJ	辐射分采的 AD 状态	代码表	1	0、1 或 2
rJ_AR	土壤水分分采的 AD 状态	代码表	1	0、1 或 2
rK	计数器状态	代码表	1	0、1 或 2
rK_AA	气温分采的计数器状态	代码表	1	0、1 或 2
rK_AB	地温分采的计数器状态	代码表	1	0、1 或 2
rK_AD	温湿分采的计数器状态	代码表	1	0、1 或 2
rK_AJ	辐射分采的计数器状态	代码表	1	0、1 或 2
rK_AR	土壤水分分采的计数器状态	代码表	1	0、1 或 2
rL	门状态	代码表	1	0、1 或 2
rL_AA	气温分采的门状态	代码表	1	0、1 或 2
rL_AB	地温分采的门状态	代码表	1	0、1 或 2
rL_AD	温湿分采的门状态	代码表	1	0、1 或 2
rL_AJ	辐射分采的门状态	代码表	1	0、1 或 2
rL_AR	土壤水分分采的门状态	代码表	1	0、1 或 2
rM	进水状态	代码表	1	0 或 1
rN	移位状态	代码表	1	0 或 1
rP	水位状态	代码表	1	0、2、3 或 4
rP_AHC	称重传感器盛水桶水位状态	代码表	1	0、2、3 或 4
rP_AIA	蒸发池(皿)水位状态	代码表	1	0、2、3 或 4
rQ	外存储卡状态	代码表	1	0、2 或 4
rR	部件转速状态	代码表	1	0、2、3 或 4
rS	部件振动频率状态	代码表	1	0、2、3 或 4
rT	定位辅助设备工作状态	代码表	1	0、1 或 2
rU	对时辅助设备工作状态	代码表	1	0、1 或 2

S.5 地面观测要素与状态要素 XML Schema

为使业务软件能够快速识别观测设备输出的数据内容，针对观测要素编码和状态要素编码制作可扩展标记语言(XML)文本格式。

S.5.1 观测要素编码 XML Schema

(1)规则说明

将观测类作为根元素,观测类编码和观测类名称作为根元素的属性显示;观测要素作为元素,观测要素的编码名、要素名称、单位、比例因子、字节长度和备注说明等作为子元素。

观测要素编码 XML 的 Schema 网格视图如图 S.1 所示。

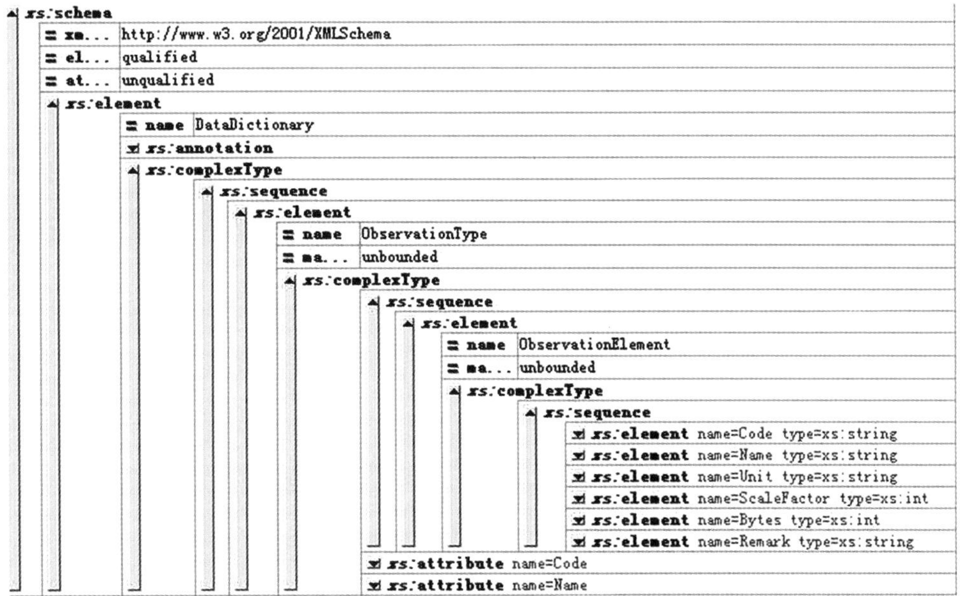

图 S.1 观测要素编码的 schema 网格视图

(2)气温 XML 网格视图示例

气温 XML 网格视图示例如图 S.2 所示。

ObservationType (17)

	= Code	= Name	() ObservationElement
1	AA	气温	ObservationElement (6)

	() Code	() Name	() Unit	() ScaleFactor	() Bytes	() Remark
1	AAA	1.5米高度的空气温度	℃	1	4	保留一位小数
2	AAAa	最高温度	℃	1	4	保留一位小数
3	AAAb	最高温度时间	时分	0	4	4位(hhmm)
4	AAAc	最低温度	℃	1	4	保留一位小数
5	AAAd	最低温度时间	时分	0	4	4位(hhmm)
6	AAB	默认10米的超声风传感器虚温	℃	1	4	保留一位小数

图 S.2 气温 XML 网格视图

S.5.2 状态要素编码 XML Schema

(1)规则说明

将状态属性类作为根元素,状态属性类编码和状态属性类名称作为根元素的属性显示;状态要素作为元素,状态要素的编码名、状态名称、单位、字节长度、取值范围和备注说明等作为子元素。

状态要素编码的 schema 网格视图如图 S.3 所示。

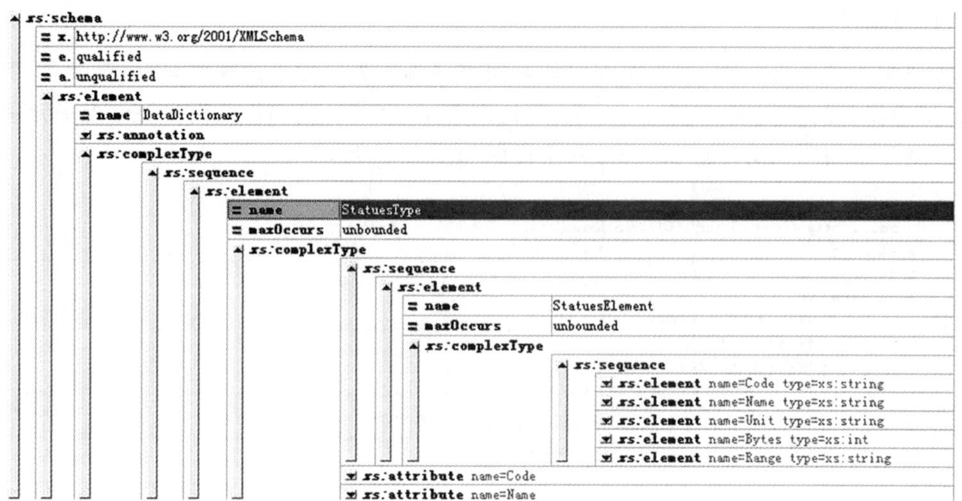

图 S.3　状态要素编码的 schema 网格视图

(2)设备自检状态 XML 网格视图

设备自检状态 XML 网格视图示例如图 S.4 所示。

StatuesType (10)

	= Code	= Name	() StatuesElement
1	z	自检状态	StatuesElement (6)

	() Code	() Name	() Unit	() Bytes	() Range
1	z	设备自检状态	代码表	1	0-正常，1-异常
2	z_AA	气候分采系统的自检状况	代码表	1	0-正常，1-异常
3	z_AB	地温分采系统的自检状况	代码表	1	0-正常，1-异常
4	z_AD	温湿分采系统的自检状况	代码表	1	0-正常，1-异常
5	z_AJ	辐射分采系统的自检状况	代码表	1	0-正常，1-异常
6	z_AR	土壤水分分采系统的自检状况	代码表	1	0-正常，1-异常

图 S.4　设备自检状态 XML 网格视图

附录T　自动站主采集器数据采集算法

T.1　算法的常用计算公式和适用场合

T.1.1　算术平均法

(1)计算公式

$$\overline{Y}=\frac{\sum_{i=1}^{N}y_i}{m} \tag{T.1}$$

式中：$\overline{Y}$——观测时段内气象变量的平均值；

y_i——观测时段内第 i 个气象变量的采样瞬时值(样本)，其中，"错误"、"可疑"等非"正确"的样本应丢弃而不用于计算，即令 $y_i=0$；

N——观测时段内的样本总数，由"采样频率"和"平均值时间区间"决定；

m——观测时段内"正确"的样本数($m\leqslant N$)。

(2)适用场合

气压、温度、相对湿度、1 min平均风速、2 min平均风速、草温、地温、辐照度、能见度、土壤水分等气象变量平均值的计算。

T.1.2　滑动平均法

(1)计算公式

$$\overline{Y_n}=\frac{\sum_{i=a}^{n}y_i}{m} \tag{T.2}$$

式中：$\overline{Y_n}$——第 n 次计算的气象变量的平均值；

y_i——第 i 个样本值，其中，"错误"、"可疑"等非"正确"的样本应丢弃而不用于计算；

n——在移动着的平均值时间区间内的第1个样本：当 $n\leqslant N$ 时 $a=1$，当 $n>N$ 时 $a=n-N+1$；N是平均值时间区间内的样本总数，由采样频率和平均值时间区间决定；

m——在移动着的平均值时间区间内"正确"的数据样本数($m\leqslant N$)。

(2)适用场合

3s平均风速、10 min平均风速、10 min平均能见度等气象变量平均值的计算。

T.1.3 单位矢量平均法

(1)计算公式

$$\overline{W_D}=\text{arctg}\left(\frac{\overline{X}}{\overline{Y}}\right) \tag{T.3}$$

$$\overline{X}=\frac{1}{N}\times\sum_{i=1}^{N}\sin D_i$$

$$\overline{Y}=\frac{1}{N}\times\sum_{i=1}^{N}\cos D_i$$

式中:$\overline{W_D}$——观测时段内的平均风向。

D_i——观测时段内第 i 个风矢量的幅角(与 y 轴的夹角)。

$\overline{X}$——观测时段内单位矢量在 x 轴(西东方向)上的平均分量。

$\overline{Y}$——观测时段内单位矢量在 y 轴(南北方向)上的平均分量。

N——观测时段内的样本数,由“采样频率”和“平均值时间区间”决定。

海上浮标、船泊的风向采样瞬时值应作浮标、船泊方位的修正,用修正后值作为风矢量的幅角。

(2)平均风向的修正

应根据 $\overline{X}$、$\overline{Y}$ 的正负,对$\overline{W_D}$进行修正。

$\overline{X}>0$、$\overline{Y}>0$,$\overline{W_D}$无需修正。

$\overline{X}>0$、$\overline{Y}<0$ 或 $\overline{X}<0$、$\overline{Y}<0$,$\overline{W_D}$加 180°。

$\overline{X}<0$、$\overline{Y}>0$,$\overline{W_D}$加 360°。

(3)适用场合

3 s 平均风向、1 min 平均风向、2 min 平均风向、10 min 平均风向等气象变量平均值的计算。

T.2 瞬时值、平均值、累计值计算

T.2.1 气压、气温、湿度、草温、地温、辐射 1 min 平均值(瞬时值)

有两种不同计算方法,根据不同应用场合进行选择:

(1)对 1 min 内的“正确”的采样值计算平均值,应有大于 66%(2/3)的采样瞬时值可用于计算瞬时值,若不符合这一质量控制规程,则当前瞬时值标识为“缺失”。

(2)用 1 min 内的采样值计算均方差 σ,凡样本值与平均值的差的绝对值大于 3σ 的样本值予以剔除,对剩余的样本值计算平均作为瞬时值。

T.2.2 气候观测气温(3 支温度传感器)1 min 平均值(瞬时值)

如果配置 3 支通风防辐射罩(或百叶箱)气温传感器,需对 3 支传感器所测得的瞬时气象值相互比较,根据两两偏差确定取值。在 −50～50℃范围内时,两两之间误差阈值设为

0.3℃；在小于－50℃和大于50℃时两两之间误差阈值设为0.6℃。

通风辐射罩的通风要求：风扇的标称通风转速 F_{Ni}，风扇的临界通风转速 F_{ci}（判别风速是否合乎要求的阈值），F_i 为实际工作通风转速。其中 $F_{ci}=0.8\times F_{Ni}$。

第一步：两两计算偏差。

$D12=|T1-T2|$

$D23=|T2-T3|$

$D31=|T3-T1|$

其中，$T1$，$T2$，$T3$ 分别为3支温度传感器的1 min平均温度（即瞬时值），$D12$，$D23$，$D31$ 分别为两两之间的差值（℃），若瞬时气温值出现缺失，相关 Dij 按缺失处理。

第二步：定义两两偏差允许范围。

$\text{Tol}(i,j)=0.3$℃，当－50.0 ℃$\leqslant Ti\leqslant$50.0℃，－50.0 ℃$\leqslant Tj\leqslant$50.0℃；

$\text{Tol}(i,j)=0.6$℃，当$|Ti|>$ 50.0℃ 或$|Tj|>$50.0℃

a）如果 $Dij\leqslant\text{Tol}(i,j)$，$Dij$ 在允许范围之内；

b）如果 $Dij>\text{Tol}(i,j)$，Dij 在允许范围之外；

c）Dij 缺失时，按在允许范围之外处理。

第三步：计算结果。

a）如果 Dij 均在允许范围之内，取 $T1$，$T2$，$T3$ 的中间值作为结果；

b）如果 Dij 有2个在允许范围之内，取 $T1$，$T2$，$T3$ 的中间值作为结果；

c）如果仅有1个 Dij 在允许范围之内，取形成该 Dij 的两支温度值的平均值作为结果，最高、最低值计算方法：先计算形成该 Dij 的两支温度传感器的每分钟平均值，再从每分钟平均值序列中挑取。

d）如果所有 Dij 都不在允许范围之内，结果标识为缺测。

第四步：通风速度的处理。

当 Fi（1 min平均值，下同）均$\geqslant Fci$ 时：

a）如果 Dij 均在允许范围之内，取 $T1$，$T2$，$T3$ 的中间值作为结果；

b）如果 Dij 有2个在允许范围之内，取 $T1$，$T2$，$T3$ 的中间值作为结果。

如果仅有1个 Dij 在允许范围之内，取形成该 Dij 的两支温度值的平均值作为结果。

如果所有 Dij 都不在允许范围之内，结果标识为缺测。

当只有2个 $Fi\geqslant Fci$ 时：

a）如果2个风扇正常工作的传感器 Dij 在允许范围之内，取形成该 Dij 传感器的平均值作为结果；

b）如果2个风扇正常工作的传感器 Dij 在允许范围之外，结果标识为缺测。

当只有1个 $Fi\geqslant Fci$ 时：此时不考虑 Dij 是否在允许范围，直接取该传感器的温度值作为结果。

当没有 $Fi\geqslant Fci$ 时：结果标识为缺测。

T.2.3 风向、风速

(1)3s平均值

对于风速以0.25s为时间步长，滑动求取每0.25s的3s平均风速，对3s内的“正确”的采样值计算平均值，应有大于 75%(3/4)的采样瞬时值可用于计算 3s 平均值，若不符合这一质量控制规程，则当前 3s 平均值标识为“缺失”。

风向用 1 min 平均值代替。

(2)1 min 平均值

以 1 秒钟为时间步长，取每整秒的瞬时值，对 1 min 内的“正确”的瞬时值计算平均值，应有大于 75%(3/4)的瞬时值可用于计算 1 min 平均值，若不符合这一质量控制规程，则当前 1 min 平均值标识为“缺失”。

(3)2 min 平均值

以 1 min 为时间步长，取每整秒的瞬时值，对 2 min 内的“正确”的瞬时值计算平均值，应有大于 75%(3/4)的瞬时值可用于计算 2 min 平均值，若不符合这一质量控制规程，则当前 2 min 平均值标识为“缺失”。(除正点外，其他时间也应计算，数据不存储，保存在缓存中实时刷新。)

(4)10 min 平均值

以 1 min 为时间步长，对每分钟的 1 min 平均值求每分钟的 10 min 滑动平均。对 10 min内的“正确”的 1 min 平均值计算 10 min 平均值，应有大于 75%(3/4)的 1 min 平均值可用于计算 10 min 平均值，若不符合这一质量控制规程，则当前 10 min 平均值标识为“缺失”。

T.2.4 翻斗式或容栅式降水量

(1)1 min 累计值：对传感器 1 min 内的输出脉冲或累计量进行计数得到。

(2)1 h 累计值：1 h 内 60 个 1 min 累计值中的“正确”的 1 min 累计值的累计值。

T.2.5 称重式降水量

(1)1 min 累计值：1 min 内的降水量累计值，可根据选用的传感器的特性选择合适的算法。

(2)1 h 累计值：1 min 内的降水量累计值，可根据选用的传感器的特性选择合适的算法。通用的算法为：1 h 内 60 个 1 min 累计值中的“正确”的 1 min 累计值的累计值。

T.2.6 蒸发量

蒸发量的计算应考虑降水量和溢出量的影响。

(1)1 min 累计值：1 min 内的蒸发量累计值，可根据选用的传感器的特性选择合适的算法。当前分钟的蒸发量为当前 1 min 内平均水位与前 1 min 平均水位的差。实时给出的是当前小时内的累计值，由当时分钟的平均水位与本小时开始分钟的平均水位差。

注：为了检验每分钟的时内小时累计蒸发量和日累计蒸发量，在每分钟数据中需给出当前 1 min 内平均水位。

(2)1 h 累计值：1 h 内的蒸发量累计值，可根据选用的传感器的特性选择合适的算法。通用的算法为：以小时内前后 1 min 的平均水位差计算得到。

T.2.7 土壤水分、地下水位

(1)1 min 平均值：对 1 min 内的“正确”的采样值计算平均值，应有大于 66%(2/3)的采样瞬时值可用于计算瞬时值，若不符合这一质量控制规程，则当前瞬时值标识为“缺失”。

(2)1 h 平均值：对 1 h 内的 60 个 1 min 平均值中的“正确”的 1 min 平均值计算平均值，应有大于 66%(2/3)的“正确”值可用于计算 1 h 平均值，若不符合这一质量控制规程，则 1 h 平均值标识为“缺失”。

T.2.8 通风防辐射罩通风速度

(1)1 min 平均值：根据 1 min 内转速，转化为平均通风速度。

(2)1 h 平均值：对 1 h 内的 60 个 1 min 平均值中的“正确”的 1 min 平均值计算平均值，应有大于 66%(2/3)的“正确”值可用于计算 1 h 平均值，若不符合这一质量控制规程，则 1 h 平均值标识为“缺失”。

T.2.9 地下水位 1 min 平均值

对 1 min 内的“正确”的采样值计算平均值，应有大于 66%(2/3)的采样瞬时值可用于计算瞬时值，若不符合这一质量控制规程，则当前瞬时值标识为“缺失”。

T.2.10 海水观测要素

海水观测要素包括表层海水温度、表层海水盐度、表层海水电导率、波高、波周期、波向、表层海洋面流速、潮高、海水浊度、海水叶绿素浓度 1 min 平均值(瞬时值)。

有两种不同计算方法，根据不同应用场合进行选择：

(1)对 1 min 内的“正确”的采样值计算平均值，应有大于 66%(2/3)的采样瞬时值可用于计算瞬时值，若不符合这一质量控制规程，则当前瞬时值标识为“缺失”；

(2)用 1 min 内的采样值计算均方差 σ，凡样本值与平均值的差的绝对值大于 3σ 的样本值予以剔除，对剩余的样本值计算平均作为瞬时值。

T.3 导出量的计算

T.3.1 海平面气压

按“地面气象观测规范 中国气象局编. 北京：气象出版社，2003.11”(以下称《地面气象观测规范》)第 7 章公式 (7.2)计算。要求计算：1 min 平均海平面气压。

T.3.2 水汽压

按《地面气象观测规范》“附录 2 2. 水汽压”中的公式计算。要求计算：1 min 平均水汽压。

T.3.3 露点温度

按《地面气象观测规范》“附录 2 4. 露点温度”中的公式计算。要求计算：1 min 平均露点温度。

T.3.4 水平面直接辐射总量

按《地面气象观测规范》第 13 章公式(13.1)计算。要求计算:1 min 水平面直接辐射总量、1 h 水平面直接辐射总量。

T.3.5 大气浑浊度

按《地面气象观测规范》第 13 章式 (13.13)、式(13.14) 计算。要求计算:1 min 水平面直接辐射辐照度、1 min 本站气压 P 与太阳高度角 H_A。

T.3.6 土壤重量含水率

由土壤体积含水量导出。

$$\theta_g = \theta_v \frac{\rho_w}{\rho_b} \tag{T.4}$$

式中:θ_g——土壤重量含水率,单位是百分率(%);

θ_v——土壤体积含水量,单位是百分率(%);

ρ_w——土壤水分密度,单位是克每立方厘米(g/cm^3);

ρ_b——干土壤体积密度,单位是克每立方厘米(g/cm^3)。

要求计算:正点时的 1 min 平均值、1 h 平均值。

T.3.7 土壤相对湿度

由土壤体积含水量导出。

$$U_s = \frac{\theta_g}{f_c} \times 100\% \tag{T.5}$$

式中:U_s——土壤相对湿度,单位是百分率(%);

θ_g——土壤重量含水率,单位是百分率(%);

f_c——田间持水量,用重量含水率表示,单位是百分率(%)。

要求计算:正点时的 1 min 平均值、1 h 平均值。

T.3.8 土壤水分贮存量

由土壤体积含水量导出。

$$W_v = 10 \times h \times \rho_b \times \theta_g \tag{T.6}$$

式中:W_v——土壤水分贮存量,单位是毫米(mm);

h——土层厚度,单位是厘米(cm);

ρ_b——干土壤体积密度,单位是克每立方厘米(g/cm^3);

θ_g——土壤重量含水量,单位是百分率(%)。

T.3.9 有效土壤水分贮存量

由土壤体积含水量导出。

$$W_u = 10 \times h \times \rho_b \times (\theta_g - \theta_w) \tag{T.7}$$

式中：W_u——有效土壤水贮存量，单位是毫米(mm)；

h——土层厚度，单位是厘米(cm)；

ρ_b——干土壤体积密度，单位是克每立方厘米(g/cm^3)；

θ_g——土壤重量含水量，单位是百分率(%)；

θ_w——凋萎湿度，单位是百分率(%)。

要求计算：1 h 平均值。

T.3.10 日照时间

用太阳直接辐射表间接测算日照时间，辐照度≥120 W/m^2算为有日照。

(1)1 min 日照时间：如果该分钟的直接辐射辐照度超过 120 W/m^2，则该分钟日照时间记为 1，否则记为 0。如果直接辐射辐照度被质量控制规程标记为不"正确"，则该分钟日照时间标记为"缺失"。

(2)1 h 日照时间：1 h 内"正确"的 1 min 日照时间的累计时间。

T.3.11 曝辐量

(1)1 min 曝辐量：每分钟的曝辐量等于该分钟的瞬时辐照度值乘以 60s。

(2)1 h 曝辐量：由每分钟曝辐量累加计算得到每小时辐射曝辐量。

T.4 极值挑选

T.4.1 气温、草温、地表温度、本站气压、辐射等

(1)最高(大)值：从 1 h 内 60 个 1 min 平均值的"正确"值中挑选最高(大)值，并记录时间。

(2)最低(小)值：从 1 h 内 60 个 1 min 平均值的"正确"值中挑选最低(小)值，并记录时间。辐射要素仅净辐射、长波辐射有最小值。

T.4.2 湿度

最小值：从 1 h 内 60 个 1 min 平均值的"正确"的 1 min 平均值中挑选最小值，并记录时间。

T.4.3 能见度

最小值：从 1 h 内 60 个 10 min 滑动平均值的"正确"的 10 min 滑动平均值中挑选最小值，并记录时间。

T.4.4 风向、风速

(1)最大值：从 1 h 内 60 个 10 min 平均风速的"正确"值中挑选最大值，并记录相应的风向和时间。

(2)极大值：分别从 1 min、1 h 内所有 3s 平均风速的"正确"值中挑选最大值，并记录对应整分时风向和时间。

T.5　传感器测量值修正

在进行自动气象站标校时，若某传感器的测量值与标校值存在差值，按照传感器的校准规程进行校正。

附录 U 自动站采集器气象要素采样频率

表 U.1 各要素的采样频率表

<table>
<tr><th>测量要素</th><th>采样频率</th><th>计算平均值</th><th>计算累计值</th><th>计算极值</th></tr>
<tr><td>气压</td><td rowspan="7">30 次/min</td><td rowspan="7">每分钟算术平均</td><td rowspan="5">—</td><td rowspan="6">小时内极值及出现时间</td></tr>
<tr><td>气温</td></tr>
<tr><td>湿度</td></tr>
<tr><td>草温</td></tr>
<tr><td>地温</td></tr>
<tr><td>辐射(辐照度)</td><td>小时累计值(曝辐量)</td></tr>
<tr><td>辐射传感器腔件温度</td><td>—</td><td>—</td></tr>
<tr><td>通风防辐射罩通风速度</td><td>1 次/min</td><td>每分钟、小时平均</td><td>—</td><td>—</td></tr>
<tr><td>日照</td><td>1 次/min</td><td>—</td><td>每分钟、小时累计值</td><td>—</td></tr>
<tr><td>风速</td><td>4 次/s</td><td>以 0.25 s 为步长求 3 s 滑动平均值;以 1 s 为步长(取整秒时的瞬时值)计算每分钟的 1 min、2 min 算术平均;以 1 min 为步长(取 1 min 平均值)计算每分钟的 10 min 滑动平均</td><td>—</td><td>每分钟、每小时内 3 s 极值(即极大风速);每小时内 10 min 极值(即最大风速);小时内极值对应时间</td></tr>
<tr><td>风向</td><td>1 次/s</td><td>求 1 min、2 min 平均;以 1 min为步长(取 1 min 平均值)计算每分钟的 10 min 平均</td><td>—</td><td>对应极大风速和最大风速时的风向</td></tr>
<tr><td>降水量</td><td>1 次/min</td><td>—</td><td rowspan="2">每分钟、小时累计值</td><td rowspan="2">—</td></tr>
<tr><td>蒸发量</td><td>6 次/min</td><td>每分钟水位的算术平均</td></tr>
<tr><td>能见度(气象光学视程)</td><td>4 次/min</td><td>1 min 内采样数据的算术平均值计算 1 min 平均能见度(瞬时值);以 1 min 为时间步长,对每分钟的 1 min 平均值求每分钟的 10 min 滑动平均</td><td>—</td><td>小时内极值及出现时间(记终止时间)
最小能见度取小时内最小 10 min 平均能见度</td></tr>
</table>

续表

<table>
<tr><th>测量要素</th><th>采样频率</th><th>计算平均值</th><th>计算累计值</th><th>计算极值</th></tr>
<tr><td>土壤水分(体积含水率)</td><td>6 次/min</td><td>每分钟、小时算术平均</td><td>—</td><td>—</td></tr>
<tr><td>云高</td><td></td><td></td><td></td><td></td></tr>
<tr><td>云量</td><td></td><td></td><td></td><td></td></tr>
<tr><td>地下水位</td><td>6 次/min</td><td>每分钟水位的算术平均</td><td>—</td><td></td></tr>
<tr><td>积雪深度</td><td>10 次/min</td><td>每分钟算术平均</td><td></td><td></td></tr>
<tr><td>雪压</td><td></td><td></td><td></td><td></td></tr>
<tr><td>天气现象</td><td>1 次/min</td><td></td><td></td><td></td></tr>
<tr><td>浮标方位</td><td>1 次/s</td><td>—</td><td>—</td><td>—</td></tr>
<tr><td>海温</td><td>30 次/min</td><td rowspan="11">每分钟算术平均</td><td rowspan="11">—</td><td>小时内极值及出现时间</td></tr>
<tr><td>表层海水盐度</td><td>30 次/min</td><td>—</td></tr>
<tr><td>表层海水电导率</td><td>30 次/min</td><td>—</td></tr>
<tr><td>波高</td><td>30 次/min</td><td>小时内极值及出现时间</td></tr>
<tr><td>波周期</td><td>30 次/min</td><td>—</td></tr>
<tr><td>波向</td><td>1 次/s</td><td>—</td></tr>
<tr><td>表层海洋面流速</td><td>1 次/s</td><td>—</td></tr>
<tr><td>潮高</td><td>6 次/min</td><td>小时内极值</td></tr>
<tr><td>海水浊度</td><td>30 次/min</td><td>—</td></tr>
<tr><td>海水叶绿素浓度</td><td>30 次/min</td><td>—</td></tr>
</table>

附录 V 自动站的主要技术指标

表 V.1 自动气象站测量性能指标要求

测量要素	范围	分辨力	最大允许误差
气压	450～1100 hPa	0.1 hPa	±0.3 hPa
气温	−50～50℃	0.1℃(天气观测)	±0.2℃(天气观测)
		0.01℃(气候观测)	±0.1℃(气候观测)
相对湿度	5%～100%	1%	±3%(≤80%)
			±5%(>80%)
露点温度	−60～50℃	0.1℃	±0.5℃
风向	0～360°	3°	±5°
风速	0～60 m/s	0.1 m/s	±(0.5+0.03 V)m/s
降水量	翻斗 0.1 mm:雨强 0～4 mm/min	0.1 mm	±0.4 mm(≤10 mm)
			±4%(>10 mm)
	翻斗 0.5mm:雨强 0～10 mm/min	0.5mm	±5%(雨强≤4 mm/min)
			±8%(雨强>4 mm/min)
	称重:0～400 mm	0.1 mm	±0.4 mm(≤10 mm)
			±4%(>10 mm)
地表温度	−50～80℃	0.1℃	−50～50℃:±0.2℃
			50～80℃:±0.5℃
红外地表温度	−50～80℃	0.1℃	±0.5℃
浅层地温	−40～60℃	0.1℃	±0.3℃
深层地温	−30～40℃	0.1℃	±0.3℃
日照	0～24 h	1 min	±0.1 h
总辐射	0～1400 W/m^2	5 W/m^2	±5%(日累计)
净全辐射	−200～1400 W/m^2	1MJ/(m^2·d)	±0.4 MJ/(m^2·d)(≤8 MJ/(m^2·d))
			±5%(>8 MJ/(m^2·d))
直接辐射	0～1400 W/m^2	1 W/m^2	±1%(日累计)
散射辐射		5 W/m^2	±5%(日累计)

续表

测量要素	范围	分辨力	最大允许误差
反射辐射		5 W/m²	±5%(日累计)
UV	0～200 W/m²	0.1 W/m²	±5%(日累计)
UVA	0～200 W/m²	0.1 W/m²	±5%(日累计)
UVB	0～200 W/m²	0.1 W/m²	±5%(日累计)
光合有效辐射	2～2000 μmol/(m²·s)	1 μmol/(m²·s)	±10%(日累计)
大气长波辐射	0～2000 W/m²	1 W/m²	±5%(日累计)
地球长波辐射	0～2000 W/m²	1 W/m²	±5%(日累计)
蒸发量	0～100 mm	0.1 mm	±0.2 mm(≤10 mm)
			±2%(>10 mm)
土壤水分	0～100%土壤体积含水量	0.1%	±1%(≤40%)
			±2%(>40%)
地下水位	0～2000 cm	1 cm	±5 cm
能见度	10～30000 m	1 m	±10%(≤1500 m)
云量			±20%(>1500 m)
云高	60～7500 m	1 m	±5m
积雪深度	0～2 m	1 mm	±10 mm

附录 W　风向角度与格雷码对照表

表 W.1　风向角度与 7 位格雷码对照表

角度	格雷码	角度	格雷码	角度	格雷码	角度	格雷码
0	0000000	90	0110000	180	1100000	270	1010000
3	0000001	93	0110001	183	1100001	273	1010001
6	0000011	96	0110011	186	1100011	276	1010011
8	0000010	98	0110010	188	1100010	278	1010010
11	0000110	101	0110110	191	1100110	281	1010110
14	0000111	104	0110111	194	1100111	284	1010111
17	0000101	107	0110101	197	1100101	287	1010101
20	0000100	110	0110100	200	1100100	290	1010100
22	0001100	112	0111100	202	1101100	292	1011100
25	0001101	115	0111101	205	1101101	295	1011101
28	0001111	118	0111111	208	1101111	298	1011111
31	0001110	121	0111110	211	1101110	301	1011110
34	0001010	124	0111010	214	1101010	304	1011010
37	0001011	127	0111011	217	1101011	307	1011011
39	0001001	129	0111001	219	1101001	309	1011001
42	0001000	132	0111000	222	1101000	312	1011000
45	0011000	135	0101000	225	1111000	315	1001000
48	0011001	138	0101001	228	1111001	318	1001001
51	0011011	141	0101011	231	1111011	321	1001011
53	0011010	143	0101010	233	1111010	323	1001010
56	0011110	146	0101110	236	1111110	326	1001110
59	0011111	149	0101111	239	1111111	329	1001111
62	0011101	152	0101101	242	1111101	332	1001101
65	0011100	155	0101100	245	1111100	335	1001100
68	0010100	158	0100100	248	1110100	338	1000100

续表

角度	格雷码	角度	格雷码	角度	格雷码	角度	格雷码
70	0010101	160	0100101	250	1110101	340	1000101
73	0010111	163	0100111	253	1110111	343	1000111
76	0010110	166	0100110	256	1110110	346	1000110
79	0010010	169	0100010	259	1110010	349	1000010
82	0010011	172	0100011	262	1110011	352	1000011
84	0010001	174	0100001	264	1110001	354	1000001
87	0010000	177	0100000	267	1110000	357	1000000

表 W.2 EL15-2D,EL15-2E 型风向角度与 7 位格雷码、输出电压对照表(0～177)

角度 单位:°	格雷码 G F E D C B A	输出电压 单位:V	角度 单位:°	格雷码 G F E D C B A	输出电压 单位:V
0	0 0 0 0 0 0 0	0	90	0 1 1 0 0 0 0	0.625
3	0 0 0 0 0 0 1	0.02	93	0 1 1 0 0 0 1	0.645
6	0 0 0 0 0 1 1	0.039	96	0 1 1 0 0 1 1	0.664
8	0 0 0 0 0 1 0	0.059	98	0 1 1 0 0 1 0	0.684
11	0 0 0 0 1 1 0	0.078	101	0 1 1 0 1 1 0	0.703
14	0 0 0 0 1 1 1	0.098	104	0 1 1 0 1 1 1	0.722
17	0 0 0 0 1 0 1	0.117	107	0 1 1 0 1 0 1	0.742
20	0 0 0 0 1 0 0	0.137	110	0 1 1 0 1 0 0	0.762
22	0 0 0 1 1 0 0	0.156	112	0 1 1 1 1 0 0	0.781
25	0 0 0 1 1 0 1	0.176	115	0 1 1 1 1 0 1	0.801
28	0 0 0 1 1 1 1	0.195	118	0 1 1 1 1 1 1	0.82
31	0 0 0 1 1 1 0	0.215	121	0 1 1 1 1 1 0	0.84
34	0 0 0 1 0 1 0	0.234	124	0 1 1 1 0 1 0	0.859
37	0 0 0 1 0 1 1	0.254	127	0 1 1 1 0 1 1	0.879
39	0 0 0 1 0 0 1	0.273	129	0 1 1 1 0 0 1	0.898
42	0 0 0 1 0 0 0	0.293	132	0 1 1 1 0 0 0	0.918
45	0 0 1 1 0 0 0	0.313	135	0 1 0 1 0 0 0	0.938
48	0 0 1 1 0 0 1	0.332	138	0 1 0 1 0 0 1	0.957
51	0 0 1 1 0 1 1	0.352	141	0 1 0 1 0 1 1	0.977
53	0 0 1 1 0 1 0	0.371	143	0 1 0 1 0 1 0	0.996
56	0 0 1 1 1 1 0	0.391	146	0 1 0 1 1 1 0	1.016

续表

角度 单位:°	格雷码 G F E D C B A	输出电压 单位:V	角度 单位:°	格雷码 G F E D C B A	输出电压 单位:V
59	0 0 1 1 1 1 1	0.41	149	0 1 0 1 1 1 1	1.035
62	0 0 1 1 1 0 1	0.43	152	0 1 0 1 1 0 1	1.055
65	0 0 1 1 1 0 0	0.449	155	0 1 0 1 1 0 0	1.074
68	0 0 1 0 1 0 0	0.469	158	0 1 0 0 1 0 0	1.094
70	0 0 1 0 1 0 1	0.488	160	0 1 0 0 1 0 1	1.113
73	0 0 1 0 1 1 1	0.508	163	0 1 0 0 1 1 1	1.133
76	0 0 1 0 1 1 0	0.527	166	0 1 0 0 1 1 0	1.152
79	0 0 1 0 0 1 0	0.547	169	0 1 0 0 0 1 0	1.172
82	0 0 1 0 0 1 1	0.566	172	0 1 0 0 0 1 1	1.191
84	0 0 1 0 0 0 1	0.586	174	0 1 0 0 0 0 1	1.211
87	0 0 1 0 0 0 0	0.606	177	0 1 0 0 0 0 0	1.231

表 W.3 EL15-2D,EL15-2E 型风向角度与 7 位格雷码、输出电压对照表(180～357)

角度 单位:°	格雷码 G F E D C B A	输出电压 单位:V	角度 单位:°	格雷码 G F E D C B A	输出电压 单位:V
180	1 1 0 0 0 0 0	1.25	270	1 0 1 0 0 0 0	1.875
183	1 1 0 0 0 0 1	1.27	273	1 0 1 0 0 0 1	1.895
186	1 1 0 0 0 1 1	1.289	276	1 0 1 0 0 1 1	1.914
188	1 1 0 0 0 1 0	1.309	278	1 0 1 0 0 1 0	1.934
191	1 1 0 0 1 1 0	1.328	281	1 0 1 0 1 1 0	1.953
194	1 1 0 0 1 1 1	1.348	284	1 0 1 0 1 1 1	1.973
197	1 1 0 0 1 0 1	1.367	287	1 0 1 0 1 0 1	1.992
200	1 1 0 0 1 0 0	1.387	290	1 0 1 0 1 0 0	2.012
202	1 1 0 1 1 0 0	1.406	292	1 0 1 1 1 0 0	2.031
205	1 1 0 1 1 0 1	1.426	295	1 0 1 1 1 0 1	2.051
208	1 1 0 1 1 1 1	1 445	298	1 0 1 1 1 1 1	2.07
211	1 1 0 1 1 1 0	1.465	301	1 0 1 1 1 1 0	2.09
214	1 1 0 1 0 1 0	1.484	304	1 0 1 1 0 1 0	2.109
217	1 1 0 1 0 1 1	1.504	307	1 0 1 1 0 1 1	2.129
219	1 1 0 1 0 0 1	1.523	309	1 0 1 1 0 0 1	2.148
222	1 1 0 1 0 0 0	1.543	312	1 0 1 1 0 0 0	2.168

续表

角度 单位:°	格雷码 G F E D C B A	输出电压 单位:V	角度 单位:°	格雷码 G F E D C B A	输出电压 单位:V
225	1 1 1 1 0 0 0	1.563	315	1 0 0 1 0 0 0	2.188
228	1 1 1 1 0 0 1	1.582	318	1 0 0 1 0 0 1	2.207
231	1 1 1 1 0 1 1	1.602	321	1 0 0 1 0 1 1	2.227
233	1 1 1 1 0 1 0	1.621	323	1 0 0 1 0 1 0	2.246
236	1 1 1 1 1 1 0	1.64	326	1 0 0 1 1 1 0	2.266
239	1 1 1 1 1 1 1	1.66	329	1 0 0 1 1 1 1	2.285
242	1 1 1 1 1 0 1	1.68	332	1 0 0 1 1 0 1	2.305
245	1 1 1 1 1 0 0	1.699	335	1 0 0 1 1 0 0	2.324
248	1 1 1 0 1 0 0	1.719	338	1 0 0 0 1 0 0	2.344
250	1 1 1 0 1 0 1	1.738	340	1 0 0 0 1 0 1	2.363
253	1 1 1 0 1 1 1	1.758	343	1 0 0 0 1 1 1	2.383
256	1 1 1 0 1 1 0	1.777	346	1 0 0 0 1 1 0	2.402
259	1 1 1 0 0 1 0	1.797	349	1 0 0 0 0 1 0	2.422
262	1 1 1 0 0 1 1	1.816	352	1 0 0 0 0 1 1	2.441
264	1 1 1 0 0 0 1	1.836	354	1 0 0 0 0 0 1	2.461
267	1 1 1 0 0 0 0	1.855	357	1 0 0 0 0 0 0	2.481

表 W.4　EL15-2A 型风向传感器风向角度与 8 位格雷码对照表

角度 Angle	风向信号 HGFEDCBA	角度 Angle	风向信号 HGFEDCBA	角度 Angle	风向信号 HGFEDCBA	角度 Angle	风向信号 HGFEDCBA
0.0	00000000	90.0	00110110	180.0	11100100	270.0	10110010
2.5	00000001	92.5	00110111	182.5	11100101	272.5	10110011
5.0	00000011	95.0	00110101	185.0	11100111	275.0	10110001
7.5	00000010	97.5	00110100	187.5	11100110	277.5	10110000
10.0	00000110	100.0	00111100	190.0	11100010	280.0	10010000
12.5	00000111	102.5	00111101	192.5	11100011	282.5	10010001
15.0	00000101	105.0	00111111	195.0	11100001	285.0	10010011
17.5	00000100	107.5	00111110	197.5	11100000	287.5	10010010
20.0	00001100	110.0	00111010	200.0	10100000	290.0	10010110
22.5	00001101	112.5	00111011	202.5	10100001	292.5	10010111
25.0	00001111	115.0	00111001	205.0	10100011	295.0	10010101

续表

角度 Angle	风向信号 HGFEDCBA	角度 Angle	风向信号 HGFEDCBA	角度 Angle	风向信号 HGFEDCBA	角度 Angle	风向信号 HGFEDCBA
27.5	00001110	117.5	00111000	207.5	10100010	297.5	10010100
30.0	00001010	120.0	00101000	210.0	10100110	300.0	10011100
32.5	00001011	122.5	00101001	212.5	10100111	302.5	10011101
35.0	00001001	125.0	00101011	215.0	10100101	305.0	10011111
37.5	00001000	127.5	00101010	217.5	10100100	307.5	10011110
40.0	00011000	130.0	00101110	220.0	10101100	310.0	10011010
42.5	00011001	132.5	00101111	222.5	10101101	312.5	10011011
45.0	00011011	135.0	00101101	225.0	10101111	315.0	10011001
47.5	00011010	137.5	00101100	227.5	10101110	317.5	10011000
50.0	00011110	140.0	00100100	230.0	10101010	320.0	10001000
52.5	00011111	142.5	00100101	232.5	10101011	322.5	10001001
55.0	00011101	145.0	00100111	235.0	10101001	325.0	10001011
57.5	00011100	147.5	00100110	237.5	10101000	327.5	10001010
60.0	00010100	150.0	00100010	240.0	10111000	330.0	10001110
62.5	00010101	152.5	00100011	242.5	10111001	332.5	10001111
65.0	00010111	155.0	00100001	245.0	10111011	335.0	10001101
67.5	00010110	157.5	00100000	247.5	10111010	337.5	10001100
70.0	00010010	160.0	01100000	250.0	10111110	340.0	10000100
72.5	00010011	162.5	01100001	252.5	10111111	342.5	10000101
75.0	00010001	165.0	01100011	255.0	10111101	345.0	10000111
77.5	00010000	167.5	01100010	257.5	10111100	347.5	10000110
80.0	00110000	170.0	01100110	260.0	10110100	350.0	10000010
82.5	00110001	172.5	01100111	262.5	10110101	352.5	10000011
85.0	00110011	175.0	01100101	265.0	10110111	355.0	10000001
87.5	00110010	177.5	01100100	267.5	10110110	357.5	10000000
90.0	00110110	180.0	11100100	270.0	10110010	360.0	00000000

附录X　气象网络授时系统说明与配置指南

X.1　气象网络授时系统情况说明

气象网络授时系统（简称“授时系统”）由部署在国家级的4台授时服务器和部署在全国30个省（区、市）气象局（不含北京市气象局）的60台授时服务器构成。

X.1.1　国家级授时服务器

中国气象局骨干网内部署2台授时服务器，通过互联网时钟源获取时间，作为整个授时系统的一级时钟源，并为中国气象局骨干网内（包括北京市气象局）应用服务器提供授时服务。在全国气象广域网安全区内部署2台授时服务器，作为授时系统二级时钟源，向全国省级授时系统提供时间。

X.1.2　省级授时服务器

省级系统部署2台授时服务器。1台部署在气象广域网安全区内，从国家级授时系统获取时间，并为安全区内服务器授时；1台部署在省级局域网内，为本省局域网络内、地市和县级应用系统授时。

X.1.3　授时系统服务器IP地址表

表X.1　气象网络授时系统服务器IP地址表

地点	IP地址（局域网）	IP地址（广域网安全区）
国家局	172.17.1.40	10.1.72.140
	172.17.1.41	10.1.72.141
天津	10.226.2.24	10.226.72.15
河北	10.48.2.24	10.48.72.15
山西	10.56.2.24	10.56.104.15
内蒙古	10.62.2.24	10.62.72.15
辽宁	10.86.2.24	10.86.104.15
吉林	10.92.2.24	10.92.72.15
黑龙江	10.96.2.24	10.96.72.15

续表

地点	IP 地址(局域网)	IP 地址(广域网安全区)
上海	10.228.2.24	10.228.72.15
江苏	10.124.2.24	10.124.72.15
浙江	10.135.2.24	10.135.72.15
安徽	10.129.2.24	10.129.72.15
福建	10.140.2.24	10.140.72.15
江西	10.116.2.24	10.116.72.15
山东	10.76.2.24	10.76.72.15
河南	10.69.2.24	10.69.72.15
湖北	10.104.2.24	10.104.72.15
湖南	10.110.2.24	10.110.72.15
广东	10.148.2.24	10.148.72.15
广西	10.158.2.24	10.158.72.15
海南	10.155.2.24	10.155.72.15
重庆	10.230.2.24	10.230.72.15
四川	10.194.2.24	10.194.72.15
贵州	10.203.2.24	10.203.72.15
云南	10.208.2.24	10.208.104.15
西藏	10.216.16.24	10.216.72.15
陕西	10.172.2.24	10.172.72.15
甘肃	10.166.2.24	10.166.72.15
青海	10.181.23.24	10.181.72.15
宁夏	10.178.2.24	10.178.72.15
新疆	10.185.2.24	10.185.72.15

X.2 网络时间同步配置方法

X.2.1 Windows 系统客户端

可通过双击系统托盘下方的时间，弹出“日期时间属性”对话框，选择“Internet 时间”选项卡。在服务器地址栏输入授时服务器的 IP 地址或域名，然后点击“确定”按钮保存。可以勾选自动同步，也可以手动按“立即更新”来同步时间。

Windows 系统默认的时间同步间隔是 7 天，可以通过修改注册表的键值：

HKEY_LOCAL_MACHINE\SYSTEM\CurrentControlSet\Services\W32Time\
更改自动同步间隔以提高同步精度。

Windows 操作系统提供了命令行方式，手工更新校准系统时间。用法及参数：

w32tm /resync （WindowsXP、Windows7 操作系统）

w32tm [/? |/register |/unregister]

register — 注册为作为服务运行并且添加默认配置到注册表。

unregister — 解除服务注册并删除所有配置来自注册表的信息。

X.2.2 Linux 系统客户端

(1)方法 1

Linux 系统客户端可以启动本机网络时间协议(NTP)服务来校准本机时间。具体方法为：

编辑/etc/ntp.conf 文件

[root@ntpserver]# vi /etc/ntp.conf

restrict default kod nomodify notrap nopeer noquery

#若互相校时，上面命令去掉 nopeer 参数

restrict 127.0.0.1

server xxx.xxx.xxxx.xxx # NTP 服务器地址

server 127.127.1.0

fudge 127.127.1.0 stratum 10

driftfile /var/lib/ntp/drift

在/etc/rc.d/rc.local 这个脚本的末尾加上：/sbin/service ntpd start 使系统开机时自动启动该服务。或：

[root@ntpserver]# chkconfig ntpd on

启动 ntp 服务：

[root@ntpserver]# service ntpd start

检查时间同步的状态：

[root@ntpserver]# ntpq - p

(2)方法 2

启动 crond 定时作业来更新校准系统时间

在/etc/rc.d/rc.local 这个脚本的末尾添加：/sbin/service crond start 使系统开机时自动启动该服务。或：

[root@ntpserver]# chkconfig crond on

以 root 身份运行 crond 定时作业：

[root@ntpserver]# crontab —e

添加以下内容，每天 15:00 更新一下时间：

0 15 *** ntpdate ntp_server //ntp_server 为所配时间服务器地址

可以根据实际情况来确定校时时间及校时频率。

X.2.3　Unix(AIX 为例)系统客户端

主要步骤:

(1)编辑/etc/ntp.conf 文件

[root@ntpserver]# vi /etc/ntp.conf

restrict default kod nomodify notrap nopeer noquery

(若互相校时,上面命令去掉 nopeer 参数)

restrict 127.0.0.1

server　xxx.xxx.xxxx.xxx　# NTP 服务器地址

server 127.127.1.0

fudge　127.127.1.0 stratum 10

driftfile /var/lib/ntp/drift

(2)启动 xntpd 服务

[root@ntpserver]# startsrc-s xntpd　或

[root@ntpserver]# smit xntpd(建议使用 smit xntpd 命令)

(3)运行状态检查

使用[root@ntpserver]#lssrc-ls xntpd 命令检测 xntpd 的运行状态

(4)配置自动启动

修改/etc/rc.net,使 NTP 客户端具备自启动功能,将下列命令加在文件最后一行:

/usr/sbin/xntpd-c ntp.conf-p /var/run/xntpd.pid

附录Y 自动气象站场室防雷技术规范(QX 30－2004)

Y.1 范围

本标准规定了自动气象站场室雷电防护原则，对雷电防护区、防雷等级进行了划分，对自动气象站工作室与室外观测场的雷电防护、自动气象站场室接地网络设计施工等规定了技术要求，明确了自动气象站场室电涌防护措施和自动气象站场室防雷装置维护与管理制度。

本标准适用于新建、改建、扩建自动气象站场室的防雷设计、施工和防雷装置的维护。对于安装在其他场所的各种单要素或多要素自动气象站的雷电防护，可参照本标准执行。

Y.2 规范性引用文件

下列文件中的条款通过本标准的引用而成为本标准的条款。凡是注明日期的引用文件，其随后所有的修改单(不包括勘误的内容)或修订版均不适用于本标准，然而，鼓励根据本标准达成协议的各方研究是否可使用这些文件的最新版本。凡是不注明日期的引用文件，其最新版本适用于本标准。

GB 50057—1994　建筑物防雷设计规范(2000年版)

QX/T 1—2000　II型自动气象站

QX 3—2000　气象信息系统雷击电磁脉冲防护规范

QX 4—2000　气象台(站)防雷技术规范

Y.3 术语和定义

下列术语和定义适用于本标准。

Y.3.1 直击雷 direct lightning flash

闪电直接击在建筑物、其他物体、大地或防雷装置上，产生电效应、热效应和机械力者。
[GB 50057 附录八]

Y.3.2 防雷装置 lightning protection system,LPS

接闪器、引下线、接地装置、电涌保护器及其他连接导体的总和。

[GB 50057 附录八]

Y.3.3 雷击电磁脉冲 lightning electromagnetic impulse,LEMP

是一种干扰源。本规范指闪电直接击在建筑物防雷装置和建筑物附近所引起的效应。绝大多数是通过连接导体的干扰,如雷电流或部分雷电流、被雷电击中的装置的电位升高以及电磁辐射干扰。

[GB 50057 附录八]

Y.3.4 雷电防护区 lightning protection zone,LPZ

根据被保护设备所在位置、所能耐受的电磁场强度及要求相应采取的防护措施而划分的防护区域。

[QX 2 3.9]

Y.3.5 电涌保护器 surge protective device,SPD

目的在于限制暂态过电压和分走电涌电流的器件,它至少应含有一非线性元件。

[GB 50057 附录八]

Y.3.6 等电位连接 equipotential bonding

将分开的装置、诸导电物体用等电位连接导体或电涌保护器连接起来以减小雷电流在它们之间产生的电位差。

[GB 50057 附录八]

Y.3.7 等电位连接带 bonding bar

将金属装置、外来导电物、电力线路、通信线路及其他电缆连于其上以能与防雷装置做等电位连接的金属带。

[GB 50057 附录八]

Y.3.8 自动气象站 automatic weather station,AWS

自动气象站是一种能自动地观测和存储气象观测数据的设备。如果需要,可直接或在中心站编发气象报告,也可以按业务需求编制各类气象报表。

Y.3.9 自动气象站场室 location of AWS

用以安装自动气象站装置的室内外场所,一般由室外观测场和工作室组成。

Y.4 防护原则

Y.4.1 自动气象站场室在进行防雷设计时，应依据当地的地理、地质、气侯、环境等因素和雷电活动规律，结合自动气象站的性能特点进行系统设计，综合防护。

Y.4.2 自动气象站场室的防雷设计、施工宜与自动气象站场室的建设或改造同步进行。

Y.4.3 自动气象站场室直击雷的防雷设计应按 GB 50057 规定的第二类或第三类防雷建筑物的相关规定进行设计。自动气象站场室雷击电磁脉冲防护应按 QX 3 的相关规定进行设计。

Y.4.4 自动气象站场室的防雷设计应采用接闪、分流、屏蔽、等电位连接、综合布线、电涌保护和共用接地系统等进行综合防护。

Y.4.5 自动气象站场室使用的防雷装置应符合现行国家和行业标准规定的使用要求。

Y.5 雷电防护区的划分

Y.5.1 雷电防护区划分的原则

将自动气象站场室需要保护的空间划分为不同的雷电防护区(LPZ)，以确定各 LPZ 空间的雷击电磁脉冲的强度，并明确各雷电防护区界面等电位连接的位置，以便采取相应的防护措施。

Y.5.2 雷电防护区(LPZ)划分标准

——直击雷非防护区(LPZ0A)：本区内的各类物体完全暴露在外部防雷装置的保护范围以外，可能遭到直接雷击；本区内的电磁场强度未得到衰减，属完全暴露的不设防区。

——直击雷防护区(LPZ0B)：本区内的各类物体处在外部防雷装置保护范围以内，应不可能遭到大于所选滚球半径对应的雷电流直接雷击；但本区内的电磁强度场未得到任何衰减，属充分暴露的直击雷防护区。

——第一屏蔽防护区(LPZ1)：本区内的各类物体不可能遭到雷电流直接雷击，流经各类导体的电流已经分流，比 LPZ0B 区进一步减小；且由于建筑物的屏蔽措施，本区内的电磁场强度已经得到初步的衰减，衰减程度取决于屏蔽措施。

——第二屏蔽防护区(LPZ2)：当需要进一步减小流入的电流或空间电磁场强度而增设的后续防护区，并按照需要保护的对象所要求的环境选择后续屏蔽防护区的要求条件。

Y.5.3 自动气象站工作室的雷电防护区划分

如图 Y.1 所示。

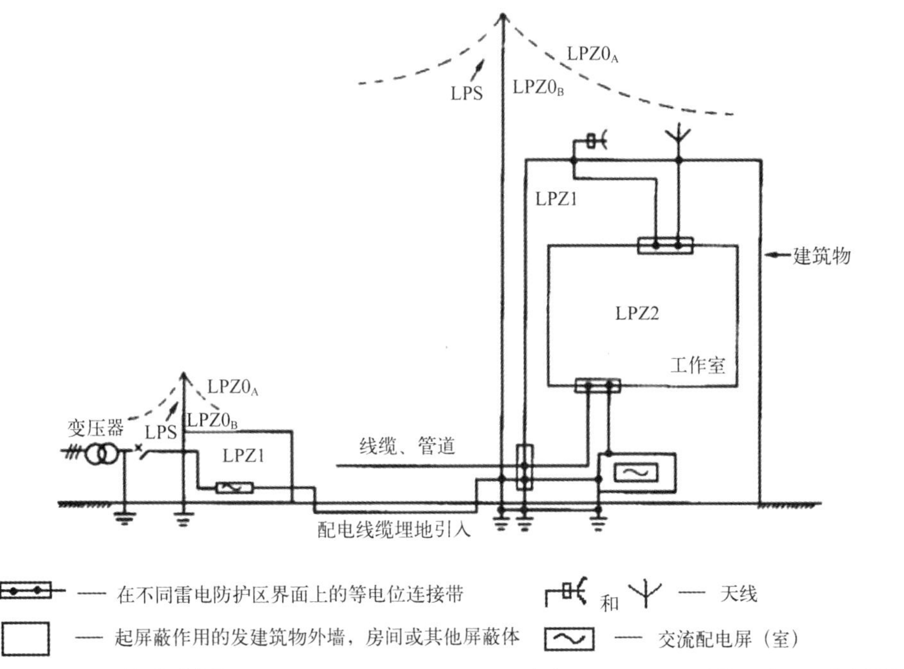

图 Y.1 自动气象站工作室雷电防护区划分以及工作室设备等电位连接示例

Y.5.4 自动气象站观测场的雷电防护区划分

如图 Y.2 所示。

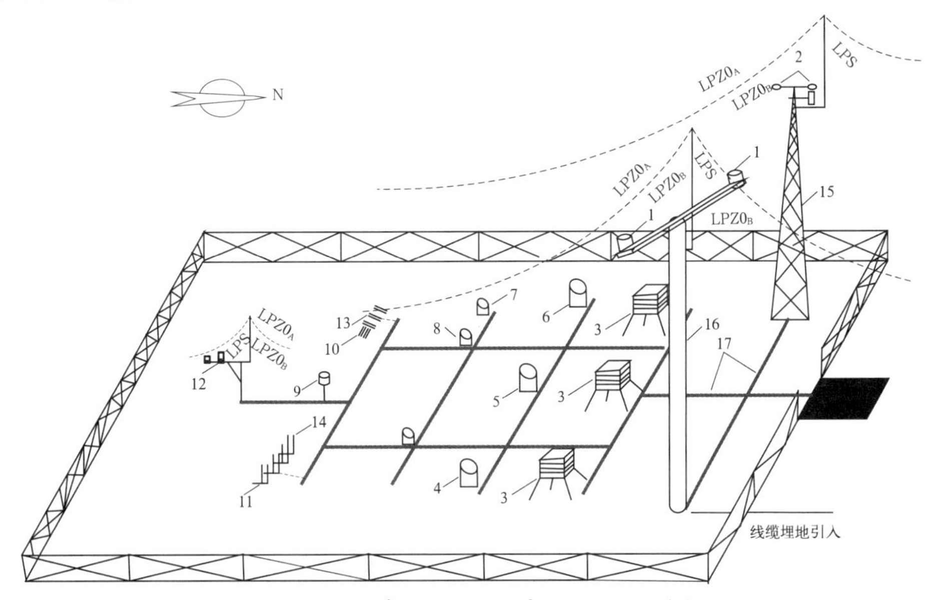

图 Y.2 自动气象站观测场雷电防护区划分示例

1—风向风速传感器；2—风向风速计感应器；3—百叶箱；4—雨量计；5—雨量传感器；6—雨量器；7—蒸发传感器；8—小型蒸发器；9—日照计；10—浅层地温；11—深层地温；12—辐射仪器；13—草温；14—冻土计；15—风塔；16—风杆；17—观测场人行路

Y.6 自动气象站场室防雷等级划分

Y.6.1 根据安装自动气象站的台站性质、发生雷击事故的可能性和后果以及雷暴日数，将自动气象站场室的雷电防护等级分为三级。

Y.6.2 遇有下列情况之一时，自动气象站场室防雷等级应划分为一级。

a)国家基准气候站、大气本底站；

b)地处平均雷暴日大于(含)30 d/a(d/a:天/年)的国家基本气象站；

c)地处平均雷暴日大于(含)80 d/a 的一般气象站以及其他场所。

Y.6.3 遇有下列情况之一时，自动气象站场室防雷等级应划分为二级。

a)地处平均雷暴日小于 30 d/a 国家基本气象站；

b)地处平均雷暴日大于(含)40 d/a 且小于 80 d/a 的一般气象站和其他场所。

Y.6.4 除一级和二级防雷自动气象站场室以外的自动气象站场室，均应划为三级防雷自动气象站场室。

Y.7 自动气象站观测场雷电防护

Y.7.1 自动气象站观测场内的所有观测设备均应处于 LPZ0B 区内，有条件的台站宜采用独立避雷针保护，具体安装应符合 GB 50057 和地面观测规范的要求。当采用风杆作为避雷针的支撑体，尚有部分设备不在 LPZ0B 区内时，应在该设备附近安装避雷针，使其处于 LPZ0B 区内。避雷针的接地体应与共用接地装置电气连接。

Y.7.2 观测场风杆宜采用金属管作支撑体，应在距风杆顶端 200 mm～300 mm 处设置避雷针，避雷针通过绝缘杆固定于风杆上；避雷针应选用直径不小于 16 mm 的圆钢，其长度不小于 1500 mm，水平绝缘距离不应小于 500 mm。避雷针引下线应沿风杆上端拉线入地，该拉线应通过绝缘等级为 35kV(1.2/50 μs)的拉线绝缘子与风杆绝缘，引下线宜采用屏蔽电缆，其芯线的多股铜线的截面积不应小于 50 mm^2。若风杆无拉线，引下线可沿风杆外表固定入地。引下线入地点附近应设置不少于一根垂直接地体，并与观测场地网作可靠电气连接。具体做法见图 Y.3。

Y.7.3 当辐射传感器等设施不在 LPZ0B 区时，应在其北侧按照 Y.7.2 条要求增设避雷针，使其处于 LPZ0B 区内。

Y.7.4 风向、风速数据传输线应采用带屏蔽层的线缆经金属风杆内敷设，传输线的外屏蔽层首尾两端与风杆应电气连接；当数据传输线无法敷设在金属风杆内或采用金属塔作为支撑物时，应将数据传输线穿金属管垂直敷设，传输线的外屏蔽层和金属管均应在首尾两端与风杆或金属塔作电气连接，金属管首尾应电气贯通。

Y.7.5 观测场内金属围栏，百叶箱支架、雨量器、遥测雨量计、虹吸雨量计、小型蒸发皿、校对蒸发雨量器、自动气象站信号转接盒等金属外壳应就近与观测场地网电气连接。

Y.7.6 观测场观测设备数据传输线应选用带屏蔽层的电缆，并宜穿金属管埋地敷设，金属管和数据传输线的外屏蔽层在进入电缆沟处、外转接盒处应就近接地。金属管首尾应电气贯通，若该金属管长度超过 $2\sqrt{\rho}$ (ρ：土壤电阻率，单位 Ω·m)时应增加其接地点。数据传

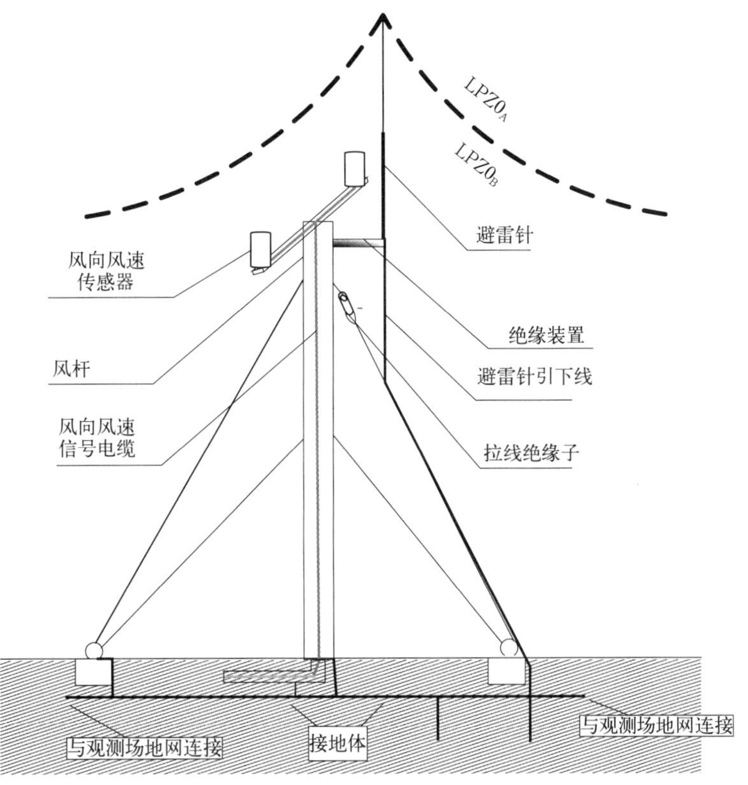

图 Y.3 风杆线缆埋设示例

输线埋设及线缆等电位连接见图 Y.4 所示。

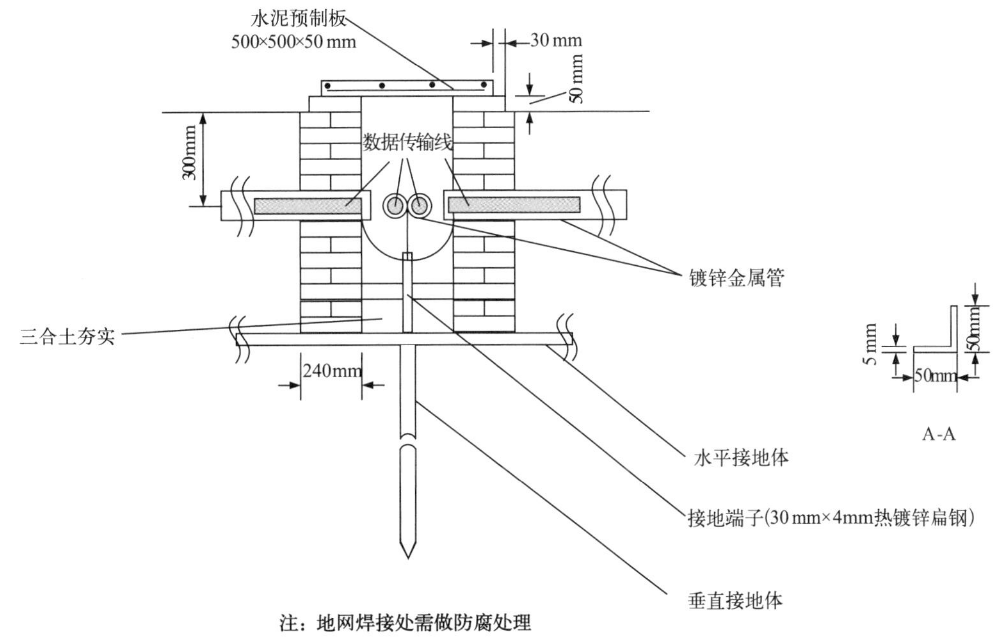

图 Y.4 数据传输线埋设及线缆等电位连接示例

Y.7.7 由观测场至工作室的数据传输线外屏蔽层及金属管在观测场地网边缘处应就近接入观测场地网，金属管首尾应电气贯通，若该金属管长度超过 $2\sqrt{\rho}$ 时应增加其接地点。

Y.7.8 当数据传输线无法埋地时，宜穿金属管或金属桥架屏蔽敷设，金属管应电气贯通并在首尾接入地网，当金属管长度超过 20 m 时应在适当的位置增加其接地点。

Y.8 自动气象站地网设计及施工要求

Y.8.1 自动气象站场室宜采用共用接地系统，共用接地系统如图 Y.5 所示。

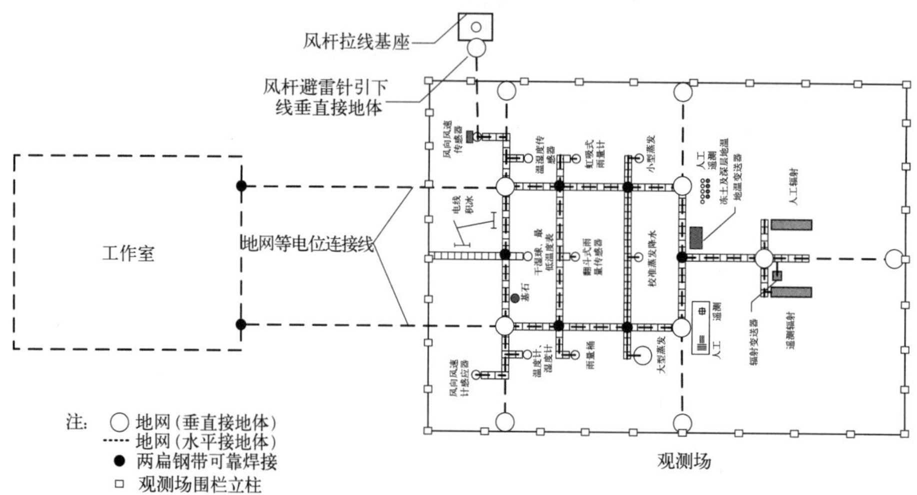

<table>
<tr><td colspan="4" rowspan="2">黑龙江省气象技术装备中心</td><td rowspan="2">工程名称</td><td rowspan="2">自动站建设</td><td>比例</td><td></td></tr>
<tr><td>日期</td><td></td></tr>
<tr><td colspan="4"></td><td>施工单位</td><td></td><td>图别</td><td></td></tr>
<tr><td>绘图</td><td>周宝才</td><td>审核</td><td>王国贵</td><td rowspan="3">图纸内容</td><td rowspan="3"></td><td rowspan="3">图号</td><td rowspan="3"></td></tr>
<tr><td>核对</td><td>涂群</td><td>计算</td><td></td></tr>
<tr><td>负责</td><td>王会山</td><td>设计</td><td>关屹瀛</td></tr>
</table>

图 Y.5 自动气象站场室接地系统示例

Y.8.2 自动气象站场室共用接地系统由工作室地网、室外观测场地网共同组成；两地网间的连接带不应少于两条，应使用不小于 Φ16 的镀锌圆钢或相应规格的其他金属材料进行连接，连接带的埋设深度不宜小于 500 mm。

当两地网之间的距离大于 75m 时，可不另设专用连接带，但各地网接地电阻应符合相关要求。

当两地网之间的距离小于 75m，且距离大于 $2\sqrt{\rho}$ 时，应在适当位置增设人工垂直接地体。

Y.8.3 自动气象站观测场应采用人工垂直接地体与水平接地体结合的方式埋设人工接地体，人工水平接地体的埋设深度不应小于 500 mm；人工垂直接地体应沿水平接地体均匀埋设，其长度宜为 2500 mm，垂直接地体的间距宜大于其长度的两倍。施工过程中，宜在自动气象站观测场电缆沟下埋设人工接地体。

Y.8.4 人工垂直接地体宜采用角钢、钢管或圆钢；人工水平接地体宜采用扁钢或圆钢；

接地体规格要求如下：

圆钢直径不应小于 10 mm；

扁钢截面不应小于 100 mm^2，其厚度不应小于 4 mm；

角钢厚度不应小于 4 mm；

钢管壁厚不应小于 3.5 mm。

Y.8.5 自动气象站工作室宜优先利用建筑物基础接地体作为共用接地系统的接地装置。当建筑物没有基础接地体可利用或建筑物基础钢筋达不到地网要求时，应在建筑物四周增设闭合环型接地网。在需作接地的设备附近，应预留接地端子。

Y.8.6 自动气象站观测场所有设备宜共用同一接地系统，其接地电阻不宜大于 4Ω。在土壤电阻率大于 1000 Ω·m 的地区，可适当放宽其接地电阻值要求，但此时接地系统环形接地网等效半径不应小于 5000 mm。

Y.9 自动气象站工作室雷电防护

Y.9.1 自动气象站工作室所在建筑物应按 GB50057 规定的第二类和第三类防雷建筑物要求安装直击雷防护装置。防雷等级为一级的自动气象站工作室所在建筑物的防雷设计应符合第二类防雷建筑物的要求，二、三级自动气象站工作室所在建筑物的防雷设计应符合第三类防雷建筑物的要求。如自动气象站数据采用无线传输，应使天线处于 LPZ0B 区内。

Y.9.2 进入自动气象站工作室的所有线缆应使用屏蔽线缆，并宜穿金属管埋地引入。线缆屏蔽层和金属管应在建筑物入口处进行等电位连接，并在进入每一 LPZ 交界处进行局部等电位连接。

Y.9.3 自动气象站工作室内应设置等电位连接板进行星形(S 型)连接，或铺设环型等电位连接带进行网形(M 型)连接。连接板或连接带应与建筑物内钢筋或人工接地体作电气连接。

当采用 S 型连接时，除在等电位连接板处(ERP)外，设备之间、设备至连接板的连接导线之间应有大于 10kV(1.2/50 μs)的绝缘。工作室内所有设备的金属外壳、防静电接地、信号地、PE 线和 SPD 接地线、屏蔽金属管和屏蔽线缆的金属外护层均应就近与等电位连接板进行电气连接。

当采用 M 型连接时，环型等电位连接带宜每隔不大于 5 m 与建筑物内主钢筋连接。当建筑物无钢筋或建筑物内钢筋截面达不到地网要求时，M 型等电位连接带应有不少于两处与人工地网可靠连接。M 型和 S 型等电位连接的基本方法见图 Y.6，自动气象站工作室内设备等电位连接示例见图 Y.7，设备与 M 型等电位连接带的连接应在设备的一对角处，并用两条不等长导线分别与环型等电位连接带连接，其连接示例见图 Y.8。

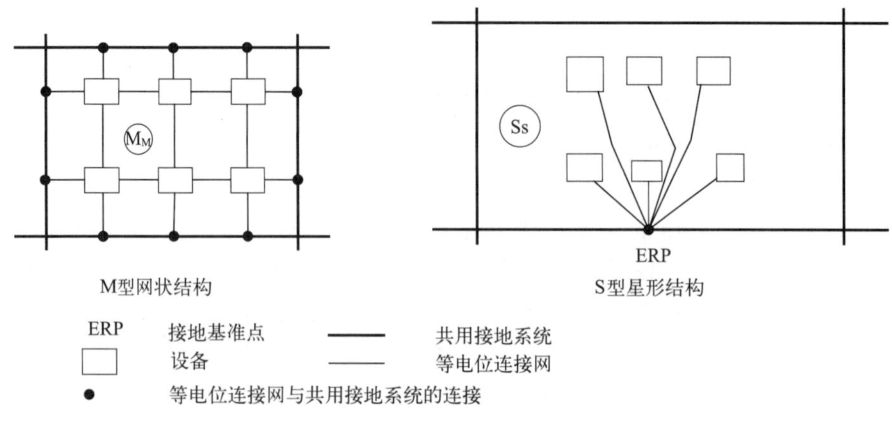

图 Y.6 室内等电位连接的基本方法示例

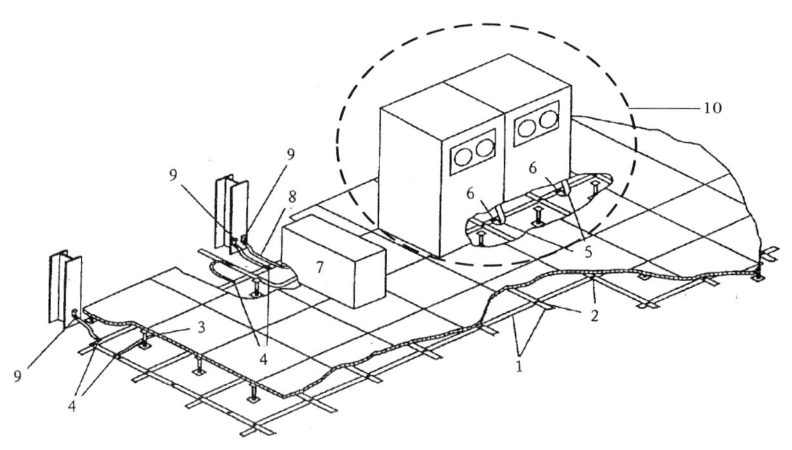

图 Y.7 自动气象站工作室内设备等电位连接示例

1—网形连接带，可用 0.25×100 mm 薄铜带；2—网形连接带之间的焊接连接；3—网形连接带与立柱之间的焊接连接；4—网形连接带与等电位连接带之间的焊接连接；5—设备的低阻抗等电位连接带；6—网形连接带与设备等电位连接带之间的焊接连接；7—电源配电中心；8—电源配电中心的接地线；9—信号基准网络与周围建筑物预埋件的焊接连接；10—电子设备接地

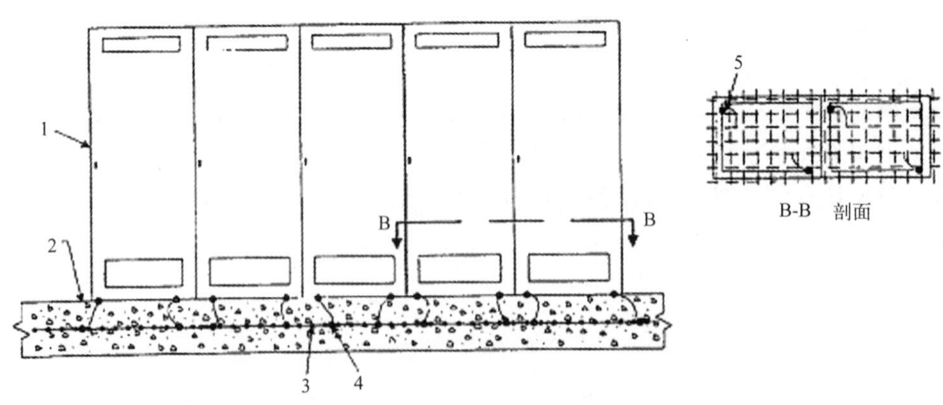

图 Y.8 电子设备接地详细示例

1—电子设备的金属外壳；2—混凝土地面的上部；3—地面内焊接钢筋网；4—高频等电位跨接线，其长度宜短于 500 mm；5—电子设备外壳应有两根不同长度的等电位跨接线，并设在外壳的对角处。

Y.10 电涌防护措施

Y.10.1 自动气象站场室低压配电应采用 TN—S 或 TN—C—S 系统。

Y.10.2 自动气象站场室供电线路宜采用具有金属护套或绝缘护套电缆穿金属管埋地引入,埋地长度不应小于 $2\sqrt{\rho}$,且最短不应小于 15 m。金属管及电缆金属护套两端应就近可靠接地。

当采用架空线路时,宜将架空线路终端杆和终端杆前第一、二杆上的绝缘子铁脚作接地处理,同时应在终端杆上装设相应等级避雷器。

Y.10.3 自动气象站场室防雷等级划分为一级的,低压配电系统应安装 3 级 SPD 进行保护,其中:

SPD1:安装在总配电柜上,每条相线和中性线上选用冲击电流 Iimp 不小于 20 kA 或者标称放电电流 In 不小于 80 kA,电压保护水平不大于 2.5 kV 的 SPD;

SPD2:安装在分配电盘上,每条相线和中性线上选用标称放电电流 In 不小于 15 kA,电压保护水平不大于 1.5 kV 的 SPD;

SPD3:安装在设备前端,每条相线和中性线上选用标称放电电流 In 不小于 5 kA,电压保护水平不大于 0.9 kV 的 SPD;

自动气象站场室防雷等级划分为二级的,低压配电系统中应安装 3 级 SPD 进行防护,其中:

SPD1:安装在总配电柜上,每条相线和中性线上选用冲击电流 Iimp 不小于 15 kA 或者标称放电电流 In 不小于 60 kA,电压保护水平不大于 2.5 kV 的 SPD;

SPD2:安装在分配电盘上,每条相线和中性线上选用标称放电电流 In 不小于 15 kA,电压保护水平不大于 1.5 kV 的 SPD;

SPD3:安装在设备前端,每条相线和中性线上选用标称放电电流 In 不小于 5 kA,电压保护水平不大于 0.9 kV 的 SPD;

自动气象站场室防雷等级划分为三级的,低压配电系统中应安装 2 级 SPD 进行防护,其中:

SPD1:安装在总配电柜上,每条相线和中性线上选用冲击电流 Iimp 不小于 12.5 kA 或者标称放电电流 In 不小于 50 kA,电压保护水平不大于 2.5 kV 的 SPD;

SPD2:安装在分配电盘上,每条相线和中性线上选用标称放电电流 In 不小于 15 kA,电压保护水平不大于 1.5 kV 的 SPD;

若因条件所限,无法实现上述要求的,可在低压配电盘上的每根相线和中性线上安装开关型和限压型复合 SPD,Iimp 宜不小于 25 kA,电压保护水平宜不大于 1.2 kV。

Y.10.4 使用直流电源供电的自动气象站设备,应在直流电源线路上安装与设备额定电压等级相同的直流电源 SPD。

Y.10.5 自动气象站工作室调制解调器前端应加装符合其接口型式(一般为 RJ11/RJ45)的信号 SPD;在计算机前端的网络数据线上安装接口型式为 RS232 或 RJ45 的信号 SPD。信号 SPD 的最大持续工作电压应大于 $1.5U_c$,在设备前端加装 Iimp 大于 0.5 kA(10/350 μs)或 In 大于 5 kA(8/20 μs)的信号 SPD,其他参数应符合系统要求。

Y.10.6 自动气象站数据若采用无线方式传输，宜安装同轴通信 SPD，其最大持续工作电压应大于 1.5U_c，In 应大于 5 kA(8/20 μs)，插入损耗对甚高频系统(30～300 MHz)应不大于 0.2 dB，对高频系统(3～30 kHz)应不大于 0.5 dB，其他参数如工作频率、驻波比、残压、特性阻抗、分布电容等参数均应符合系统的要求。

Y.10.7 自动气象站数据传输线进入转接盒及采集器前端宜加装 In 大于 5 kA(8/20 μs)的信号 SPD。

Y.10.8 自动气象站观测场照明以及其他辅助设备系统宜在该系统电源线输出装置处安装标称放电电流 In 不小于 40 kA(8/20 μs)的 SPD。

Y.11 防雷装置的维护与管理

Y.11.1 自动气象站场室的防雷装置必须确定专人负责维护管理。防雷装置的设计、安装、配线等图纸资料应及时归档保存。

Y.11.2 每年雷雨季节前后应对自动气象站场室的防雷装置进行检测，每年的检测报告应存档，如需整改，应及时制定整改措施并加以落实，消除隐患。

附录 Z 3G 通信报警一体机使用手册

3G 通信报警一体机(以下简称一体机)是为地面气象观测业务专门设计的一款应急数据通信和报警信息发送的专用设备(如图 Z.1 所示)。该设备采用工业级的 3G 无线路由器和无线移动通信模块,并配置稳定的开关稳压电源,具有高可靠性和稳定性,符合地面测报业务自动化的要求。为 MOIFTP 通信软件配套,具有 FTP 方式的自动数据传输、网络通信监测、自动站实时运行监控、各种信息提示、故障报警等功能。

Z.1 主要功能

(1)3G 数据通信

地面气象测报的数据文件和气象电报通常情况下是通过内网有线宽带传输到省信息网络中心。但因设备故障、人为、自然等因素造成有线线路不通时,需要一种应急通信替代内网通信。3G 无线移动通信提供了最佳的选择。通信软件实现主副通道数据传输,满足一主一备的可靠通信要求,确保测报业务数据通信不中断。传输的数据文件包括分钟观测资料(Z 文件)、气象电报,以及其他测报业务数据文件或单站观测资料远程备份等,确保测报业务数据通信不中断。比以往程控拨号通信有诸多的优越性,如速度快、实时在线、设备小巧、不依赖有线光纤,不易遭雷击。3G 移动通信以 CDMA2000 为例,上行传输速率可达 1.8 Mbps,下行速率 3.1 Mbps,而程控拨号的通信速率通常为 9600 bps。

(2)通信链路监测

通过计算机中的配套软件对有线网络和 3G 无线网络进行轮流实时监测,根据监测状态自动切换路由。当有线网络线路正常情况下气象报文通过有线主通道线路传输文件和气象电报;当有线通信中断时,自动切换到 3G 应急备份通道传输。当通信链路发生故障则通过短信或语音电话及时通知值班员或网络保障员,及时处理线路故障。

(3)报警提醒

一体机配置了移动通信 GSM 模块,用于发送短信和拨打语音报警电话。当计算机中的软件发现需要报警提醒的故障或异常情况,则根据预设的值班员和业务管理员手机号码,发送短信或拨打语音电话。一体机配置了语音自动合成集成模块,根据报警信息将文字转换为语音,拨通手机后播放语音。

(4)停电报警

为了满足测报值班室停电报警的需求,专门设计了停电自动拨打值班员电话的功能。机内配置了 12V 锂电池,用于市电中断情况下提供工作电源。当检测到市电中断时,自动提取预存的值班手机号码,拨打电话和播放停电信息,通知值班员及时处理停电故障。尽管在测报业务计算机配置了 UPS 供电，但往往在夜间发生停电，易造成 UPS 的蓄电瓶过放电而导致后备电源电能耗尽影响业务工作。

图 Z.1　MOIC-3G 型通信报警一体机

Z.2　设备连接

Z.2.1　安装前准备

(1)计算机网卡一块，2～3 m 的网络线一根；

(2)USB 转串口的专业线缆一根；

(3)GSM 移动通信 SIM 一张(用于短信发送和语音电话拨打)；

(4)电信 3G 手机 UIM 卡一张(用于数据通信)。

图 Z.2　一体机背面各种接口图示

Z.2.2　设备安装

(1)将 SIM 卡和 UIM 卡插入机壳背面的对应插槽中。先用细的竹签或钉子对准插槽右侧的小白点往里面顶进去，将卡托顶出来(图 Z.2 和图 Z.3)。SIM 卡或 UIM 卡放入托架内，如图 Z.4 所示，有金属的一面向上，对准斜口，再对准导轨推入卡槽内(图 Z.5)到底；

图 Z.3　SIM 卡托架

图 Z.4　SIM 卡安装

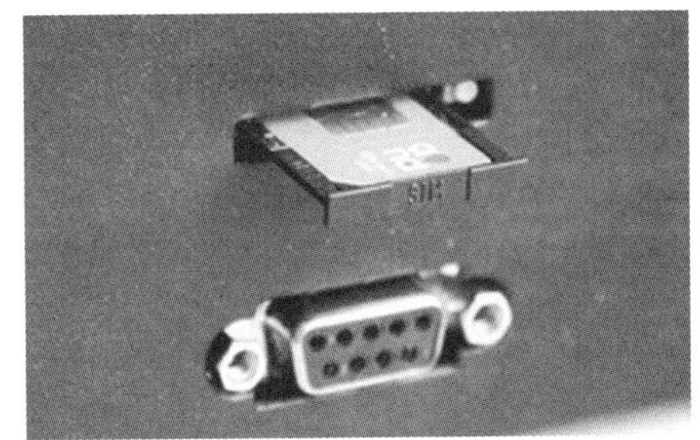

图 Z.5　SIM 卡插入

(2)安装电信 3G 通信天线和 GSM 移动通信天线；

(3)利用串口线将串口连接到计算机的串口。如果计算机的串口不够用,则可用 USB 转串口线连接,文后有安装指导；

(4)用短网线连接网口到计算机的网卡端口上,如果网卡不够需要另外增加一块,具体安装请参考第 Z.6 节 Z.6.2 条；

(5)一体机插上电源。

Z.2.3　开机测试

安装就绪可以开发电源开关。在移动信号能达到手机通话的信号强度,移动通信模块和 3G 路由器就能正常工作,自动连接上线。

Z.2.4　面板指示灯和按钮

如图 Z.6 所示,从左到右的指示灯说明如下：

(1)"网络"灯是显示计算机与一体机数据通信模块之间的连接状态,正常应该是常亮；

(2)"3G"灯表示 UIM 卡工作状态,数据通信是否已经连接到电信的 3G 移动通信网络,正常状态是常亮；

(3)"电源 1"灯是 3G 通信模块直流电状态显示,正常状态是常亮；

(4)"短信"灯表示 GSM 通信模块是否长长连接到无线移动网络,正常状态是常亮；

(5)"电源 2" 灯表示 GSM 模块的直流电源工作状态,正常状态是闪烁；

(6)"总电源"灯表示交流电源的状态,交流电中断或关闭的情况下不亮；

(7)"信号强度"灯表示 GSM 无线移动网络的信号强度,亮的越多信号越强；

最右侧还有"复位"按键,当通信机有异常或假死时可以按复位按钮,使得通信模块重新上电初始化,或者可以直接拨动机箱右侧面的电源开关,强行关闭和重开电源。

图 Z.6　3G 通信报警一体机面板

Z.3 通信设置

Z.3.1 FTP 参数设置

一体机是为新型自动站配套的设备，在 ISOS 软件中包含了通信软件（MOIFTP）。启动通信软件（MOIFTP），在菜单上选中【参数设置】打开参数设置界面（如图 Z.7 所示）。

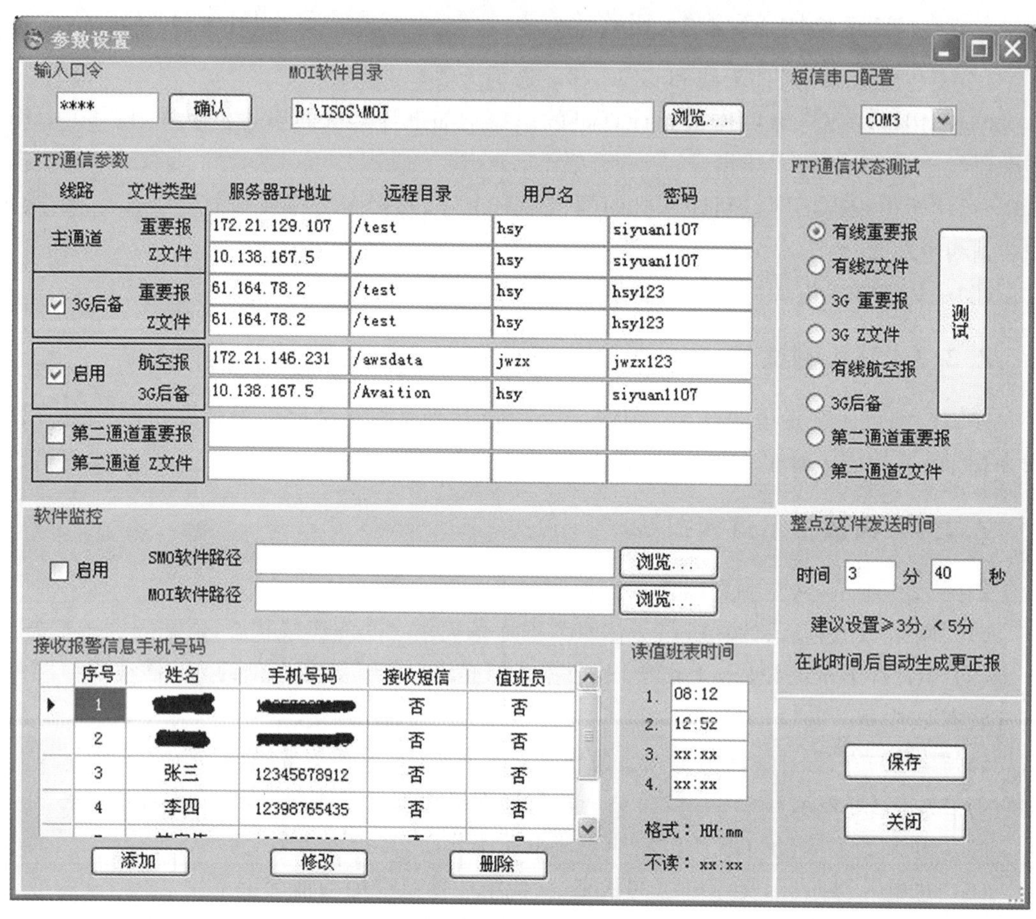

图 Z.7　参数设置界面（图中的参数只是一个示范）

根据本省信息网络中心的接收报文的 FTP 服务器参数，填写 3G 后备重要报和 Z 文件的传输参数（左边框内）；在右面的 FTP 通信状态测试栏中选中 3G 重要报和 3G Z 文件的选项，进行通信状态的测试，但必须预先设置 3G 通信路由，请看下一节的路由设置。

Z.3.2 通信路由设置

一体机中的 3G 路由器默认网关地址是：192.168.8.1，需要在计算机上添加网络路由才能实现 3G 通信。设置前需连接好计算机到一体机的网线，并打开一体机的电源。配置计算机的网卡的地址，详见下文 Z.6.2 条。在 DOS 界面中直接打入 route 指令添加路由，也可以编辑一个批处理文件，添加路由指令保存到这个文件，文件扩展名保存为“. bat”的批处理文件，运行这个文件即可添加路由。

添加路由的指令如下：

route add xxx. xxx. xxx. xxx mask 255. 255. 255. 255 yyy. yyy. yyy. yyy - p

xxx. xxx. xxx. xxx 省信息网络中心外网接收文件的 FTP 服务器地址；yyy. yyy. yyy. yyy 网关地址

如浙江省台站添加路由指令：

route add 122. 224. 174. 179 mask 255. 255. 255. 255 192. 168. 8. 1 - p

设置完成后用 ping 的指令检查路由是否设置正确。指令如下：ping122. 224. 174. 179

122. 224. 174. 179 为省信息网络中心外网接收文件的 FTP 服务器地址，如果能 ping 通，就说明添加成功了。

Z. 3. 3 报警设置

(1)报警手机号码设置

一体机配置了移动通信 GSM 模块，用于发送短信和拨打语音报警电话。当计算机中的软件发现需要报警提醒的故障或异常情况，则根据预设的值班员和业务管理员手机号码，发送短信或拨打语音电话。一体机配置了语音自动合成集成模块，根据报警信息将文字转换为语音，拨通手机后播放语音。

因此，需将所有值班员的手机号码设置到“接收报警信息手机号码”列表中（见图 Z. 7 左下表格）。软件自动读取 MOI 的值班员信息，将手机号码自动对应到当前值班员，有报警信息或拨打语音电话都自动通过一体机来实现。

(2)报警串口设置

右上角的短信串口配置栏中，选择对应已安装的一体机接入串口号。可以通过计算机的设备管理器查看当前与一体机连接的串口号。通信软件每次启动会自动检测模块的在线状态。

Z. 4 服务器端安装软件

Z. 4. 1 新型自动站 3G 应急通信网络通信

对于实时通信来说通常并不是单向的，往往需要发送和接收方的互动和协调，因此需要在省气象信息网络中心建立接收服务器。从县局到省局的整体网络通信部署如图 Z. 8 所示。

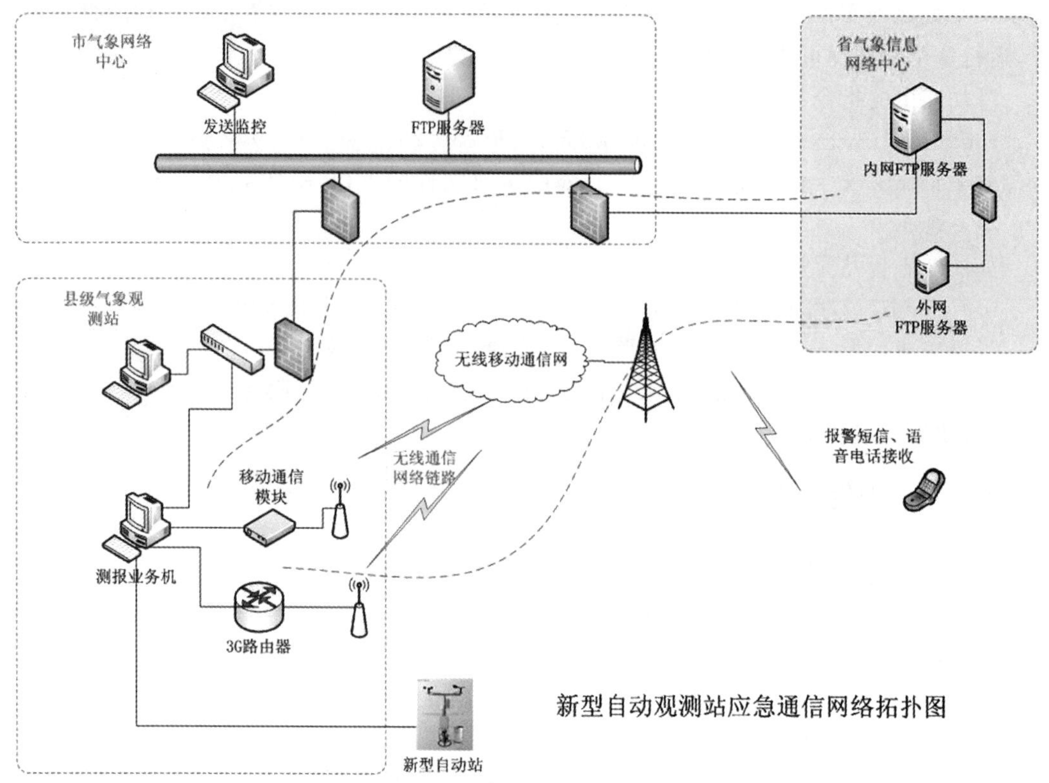

图 Z.8　测报业务应急通信网络拓扑图

Z.4.2　省信息网络中心安装软件

(1)安装 FTP 服务器软件。在省信息网络中心选择一台外网服务器,安装 FTP 服务软件,用于接收从 3G 链路发送的文件。为台站 MOIFTP 软件配置对应的 FTP 通信参数:IP 地址、保存文件的目录、用户名、密码。

(2)安装服务端通信转报软件。这两个软件为绿色软件,在业务机上建个文件目录,将文件拷贝进去就可以运行,要求有.NET Formework 4.0 以上的运行环境。第一个软件是心跳包应答程序(3G 通信链路测试服务端),用于台站的通信软件 MOIFTP 监测 3G 通信状态和链路保持。客户端每间隔一定时间向服务器发送一个心跳包,服务端自动回应每个台站发送的心跳包。如图 Z.9 所示。第二个软件是自动转发文件的程序(气象观测资料 3G 接收转发 FTP 工具软件)。该程序是监控 FTP 服务器的文件接收目录,自动转到内网的报文接收服务器。如图 Z.10 所示。

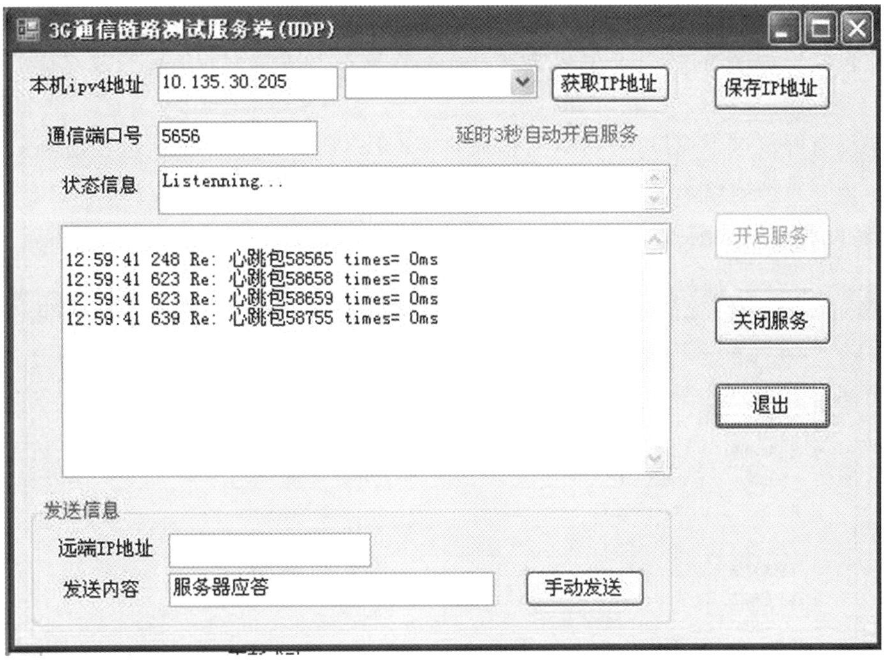

图 Z.9　FTP 服务器端的 3G 通信链测试服务端软件界面

图 Z.10　FTP 服务器端的文件转发软件界面

(3)开放端口

心跳包应答程序通过 UDP 通信方式，因此，在服务器或防火墙上要开放对应的端口号。该软件的 UDP 通信端口号为：5656。

如果没有开放这个端口，台站的通信软件 MOIFTP 将不能将心跳包发送到服务器上，没有应答会导致网络链路测试失败和 3G 通信不稳定。

(4)转发程序参数配置

设置参数

转发目录和FTP服务器参数

	名称	本地目录	远程FTP目录	IP地址	用户名	密码
1	本地大气成分	d:\sxb\cawn	/sxb/cawn	172.21.129.108	sxb	sxb1
2	酸雨观测	d:\sxb\sygc	/sxb/sygc	172.21.129.108	sxb	sxb1
3	高空探测资料	d:\sxb\gaokong	/sxb/baowen	172.21.129.108	sxb	sxb1
4	气象电报	D:\NB3G\baowen	/sxb/baowen	172.21.129.108	sxb	sxb1
5	新型自动...	D:\NB3G\awsdata	/awsdata	172.21.129.107	awsftp	awsftp
6	test	D:\省网络中心转报软...	/nbtest	172.21.129.107	awsftp	awsftp
7	高空基数据	d:\sxb\gaokong	/sxb/upar	172.21.129.108	sxb	sxb1
8	临安自动站	d:\k1448\baowen	/bfile/k1448/baowen	172.41.129.9	laqx	58448
9						
10						
11						

名称　本地目录　浏览　远程目录　IP地址　用户名　密码　测试　添加　修改　删除　保存　关闭

图 Z.11　FTP 服务器端的文件转发软件参数设置界面

图 Z.11 是 FTP 服务器端的文件转发软件参数设置界面，可以通过添加、修改和删除设置监控转发目录（服务器本地目录），以及内网的报文接收目录（远程 FTP 目录）、地址、用户名、密码。该软件会自动扫描监控目录，及时将文件转到内网服务器中。

Z.5　停电报警设置

为了满足测报值班室停电报警的需求，专门设计了停电自动拨打值班员电话的功能。机内配置了 12V 锂电池，用于市电中断情况下提供工作电源。当检测到市电中断时，自动提取预存的值班手机号码，拨打电话和播放停电信息，通知值班员及时处理停电故障。尽管在测报业务计算机配置了 UPS 供电，但往往在夜间发生停电，易造成 UPS 的蓄电瓶过放电而导致后备电源电能耗尽影响业务工作。

在主界面的【辅助功能】菜单下有【停电报警设置】的子菜单（见图 Z.12），点击菜单进入设置界面，将需要报警的手机号码设置到一体机中。

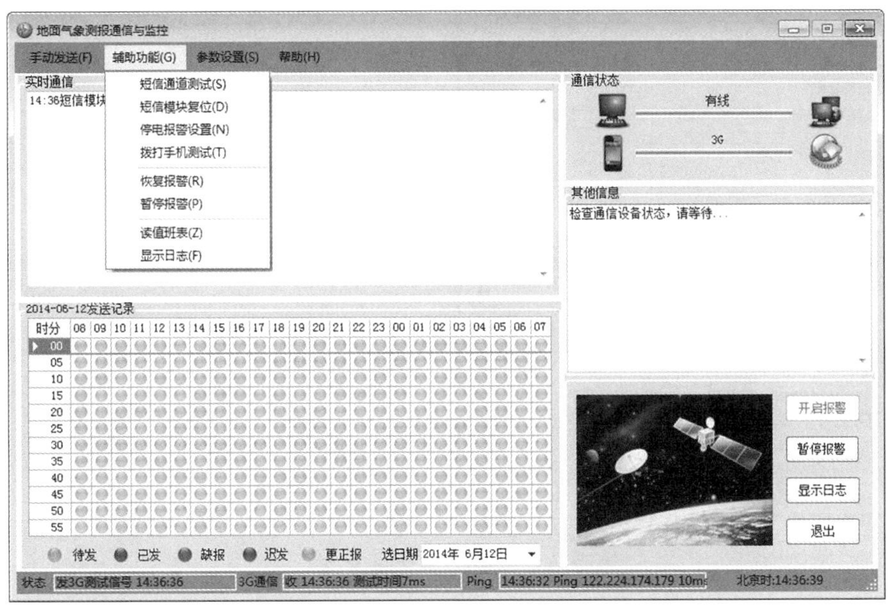

图 Z.12　MOIFTP 软件中的子菜单图

还可以利用子菜单中的测试短信模块状态，对模块进行复位，拨打手机测试以及短信发送等功能进行相关辅助操作。

Z.6　本机网卡和设置

Z.6.1　计算机网卡安装

安装网卡前退出业务软件，关闭测报计算机电源，打开机箱，将网卡插入扩展槽内，关好机箱。安装前注意报文发送时间，尽量选择在发送两份文件之间，不影响或少影响分钟 Z 文件的生成。网卡一般来说无需另外安装驱动，在计算机开启以后系统会自动加载驱动。开机后检查测报软件是否正常启动，确保不影响测报业务工作。

Z.6.2　网络设置

在计算机的控制面板中打开网络连接的窗口界面，找到刚在安装的网卡，将网络名称重命名为“3G 通信”，用鼠标右键在图标上调出快捷菜单，开打属性菜单的窗口。按照图 Z.13 所示设置对应的参数。

将“自动获得 IP 地址”改为固定 IP，IP 地址设 192.168.8.X(192.168.8.1 是 3G 路由器的 IP 地址。X 可任选“1”以外的其他数值)；子网掩码为：255.255.255.0；默认网关切勿设置，留空；DNS 服务器地址不用设。

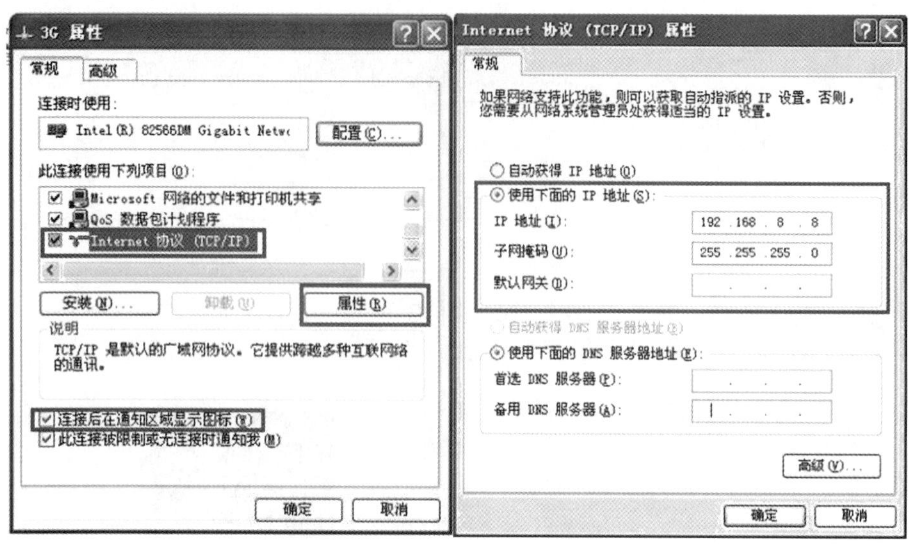

图 Z.13 网络属性设置界面

Z.6.3 USB 转串口线缆安装

在安装 USB 转串口线缆驱动软件之前，先不要打开 3G 通信报警一体机电源、也不要插 USB 转串口线缆到计算机上，等安装好驱动再连接 USB 转串口线缆，并打开 3G 通信报警一体机的电源。

安装 USB 转串口驱动。将随 USB 转串口线缆配套的驱动程序光盘放入光驱，运行光盘中的 autorun.exe 找到指定的 USB 转串口驱动，根据计算机的操作系统选择对应的驱动程序文件夹，找到安装程序双击即可安装驱动程序，如图 Z.14 所示。

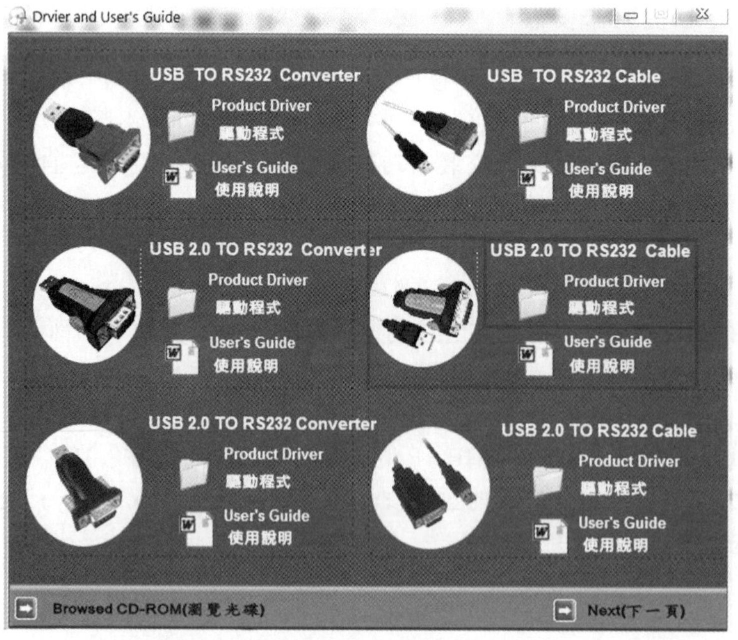

图 Z.14 USB 转串口驱动安装界面

驱动安装成功以后,将 USB 转串口的线缆插入计算机 USB 口。系统自动在设备管理器中添加了串口设备。如果要改变串口号,可以打开计算机系统的设备管理器,在串口设备的分支上点击属性,进行修改串口号,记录下串口号,便于在 MOIFTP 通信软件中设置报警串口的参数。

附录AA 新型自动气象站维护服务

(1)DZZ5型新型自动站维护服务信息:
免费客服热线:400-818-6116
公司名称:华云升达(北京)气象科技有限责任公司
公司地址:北京市海淀区中关村南大街46号
邮编:100081
网站:http://www.hysdqx.com/
(2)DZZ4型新型自动站维护服务信息:
免费客服热线:400-113-9918,800-828-7130
公司名称:江苏省无线电科学研究所有限公司
公司地址:江苏省无锡市滨湖区未名路28号
邮编:214127
网站:http://www.js1959.com/
(3) CJY型能见度仪和CYY型激光云高仪维护服务信息:
客服热线:0379－63384924,0379－6338424
公司名称:凯迈(洛阳)环测有限公司
公司地址:河南省洛阳市解放路105号
邮编:471000
网站:http://www.camaem.com/

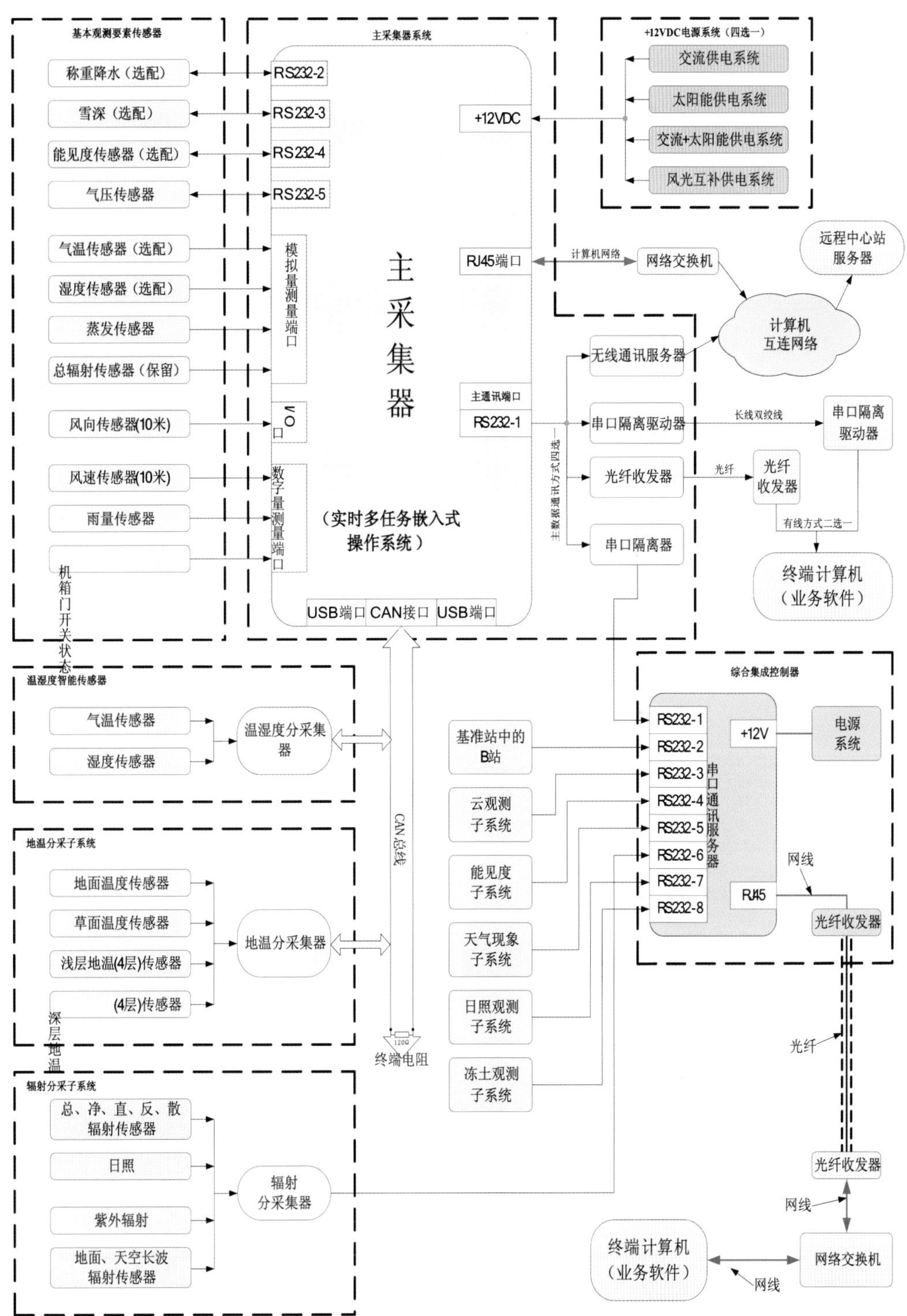

彩图1　集成式新型自动气象站总体结构图

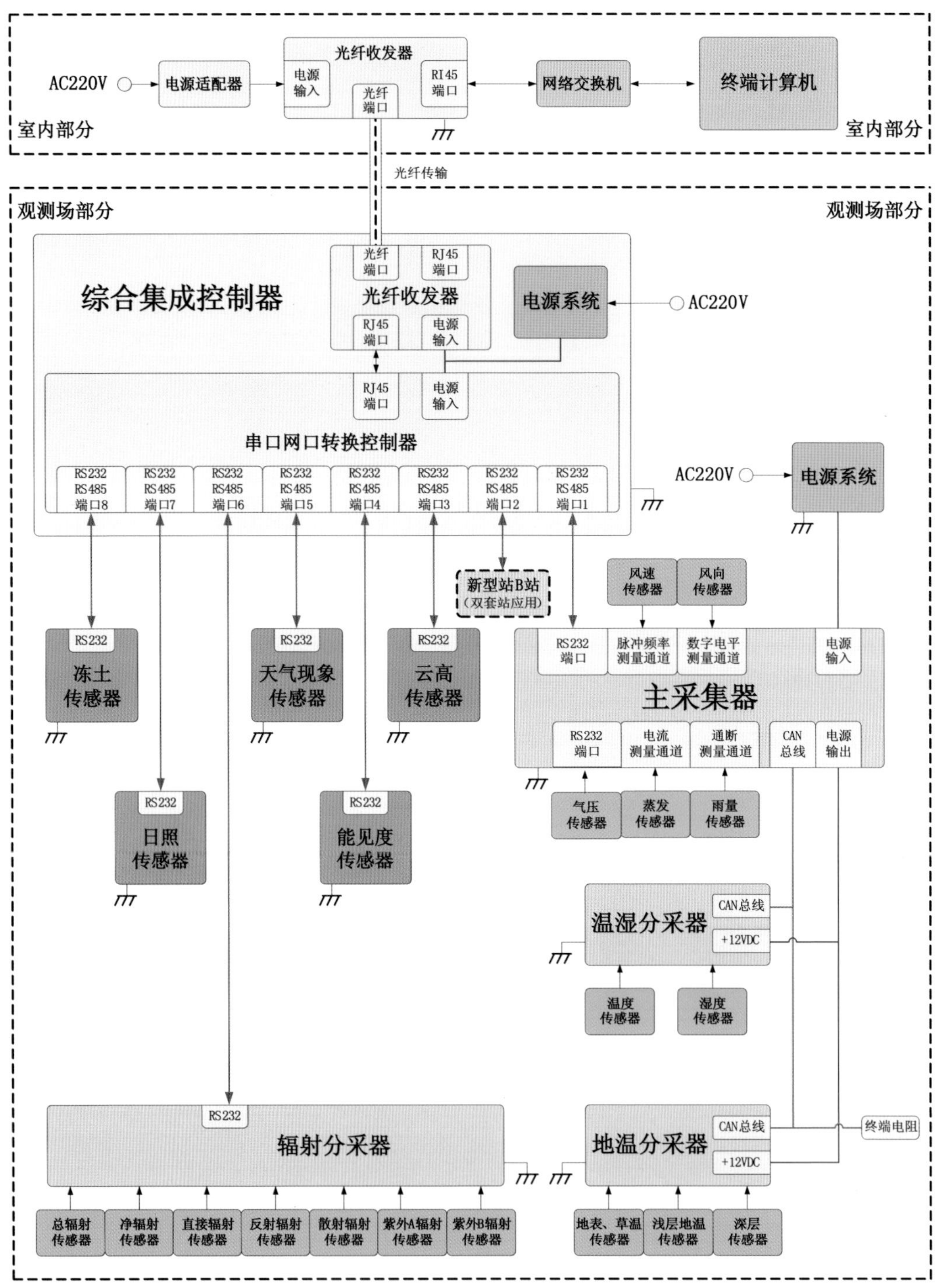

彩图 2　地面综合气象观测系统布局框图

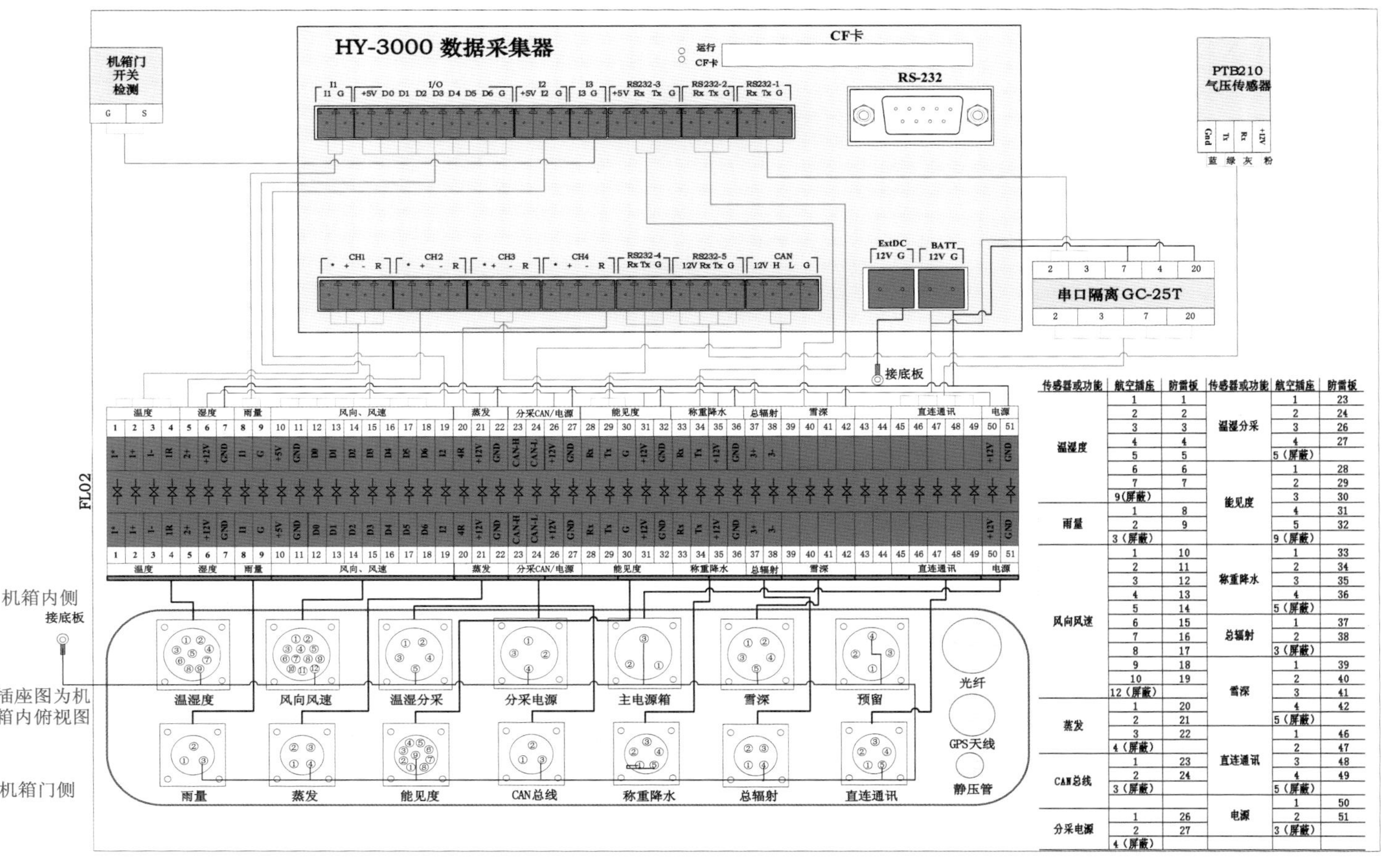

传感器或功能	航空插座	防雷板
温湿度	1	1
	2	2
	3	3
	4	4
	5	5
	6	6
	7	7
	9(屏蔽)	
雨量	1	8
	2	9
	3(屏蔽)	
风向风速	1	10
	2	11
	3	12
	4	13
	5	14
	6	15
	7	16
	8	17
	9	18
	10	19
	12(屏蔽)	
蒸发	1	20
	2	21
	3	22
	4(屏蔽)	
CAN总线	1	23
	2	24
	3(屏蔽)	
分采电源	1	26
	2	27
	4(屏蔽)	

传感器或功能	航空插座	防雷板
温湿分采	1	23
	2	24
	3	26
	4	27
	5(屏蔽)	
能见度	1	28
	2	29
	3	30
	4	31
	5	32
	9(屏蔽)	
称重降水	1	33
	2	34
	3	35
	4	36
	5(屏蔽)	
总辐射	1	37
	2	38
	3(屏蔽)	
雪深	1	39
	2	40
	3	41
	4	42
	5(屏蔽)	
直连通讯	1	46
	2	47
	3	48
	4	49
	5(屏蔽)	
电源	1	50
	2	51
	3(屏蔽)	

机箱内侧 接底板

插座图为机箱内俯视图

机箱门侧

彩图 3 DZZ5 型新型自动气象站主采集器接线图

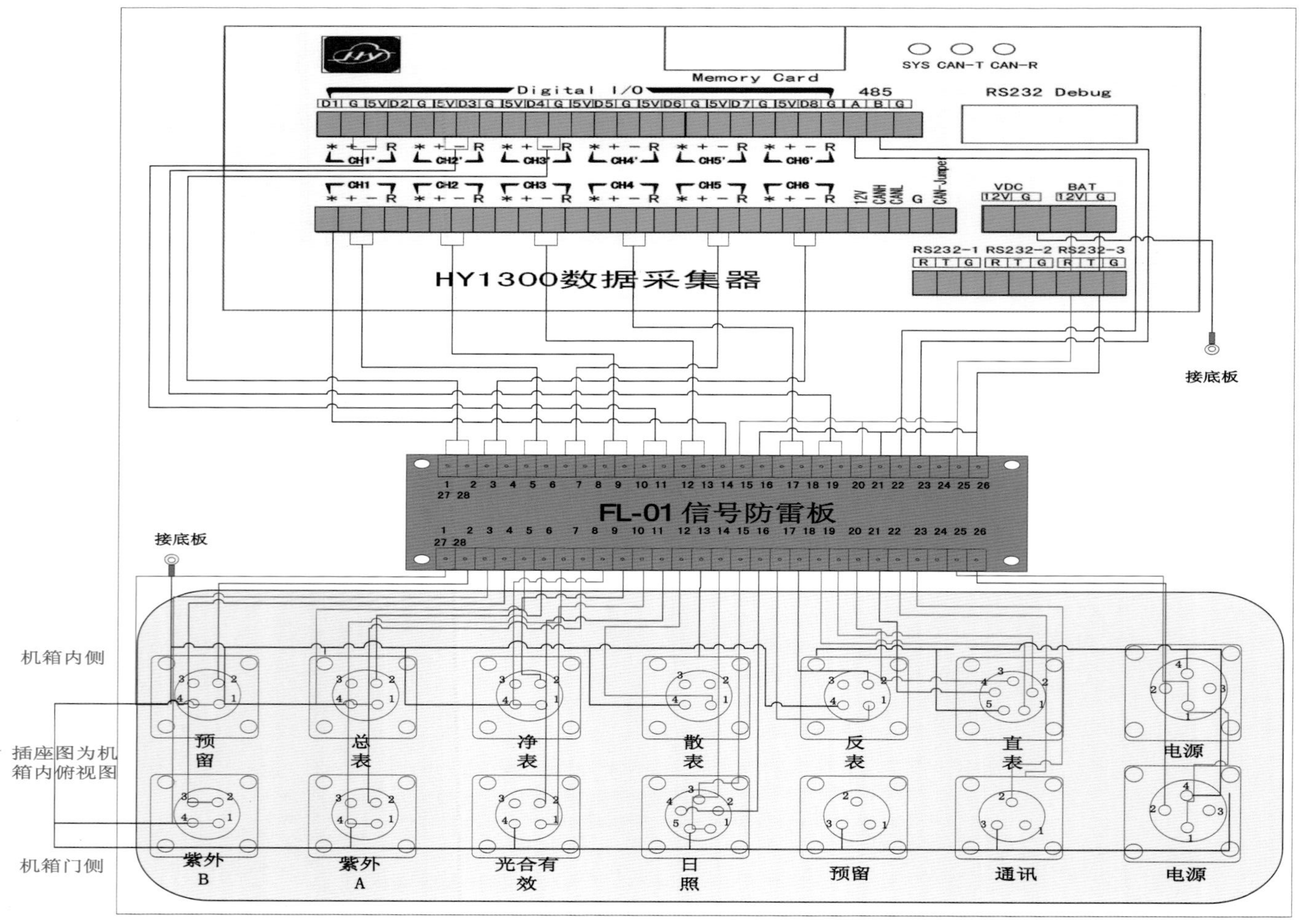

彩图4　DZZ5型新型自动气象站辐射采集器接线图

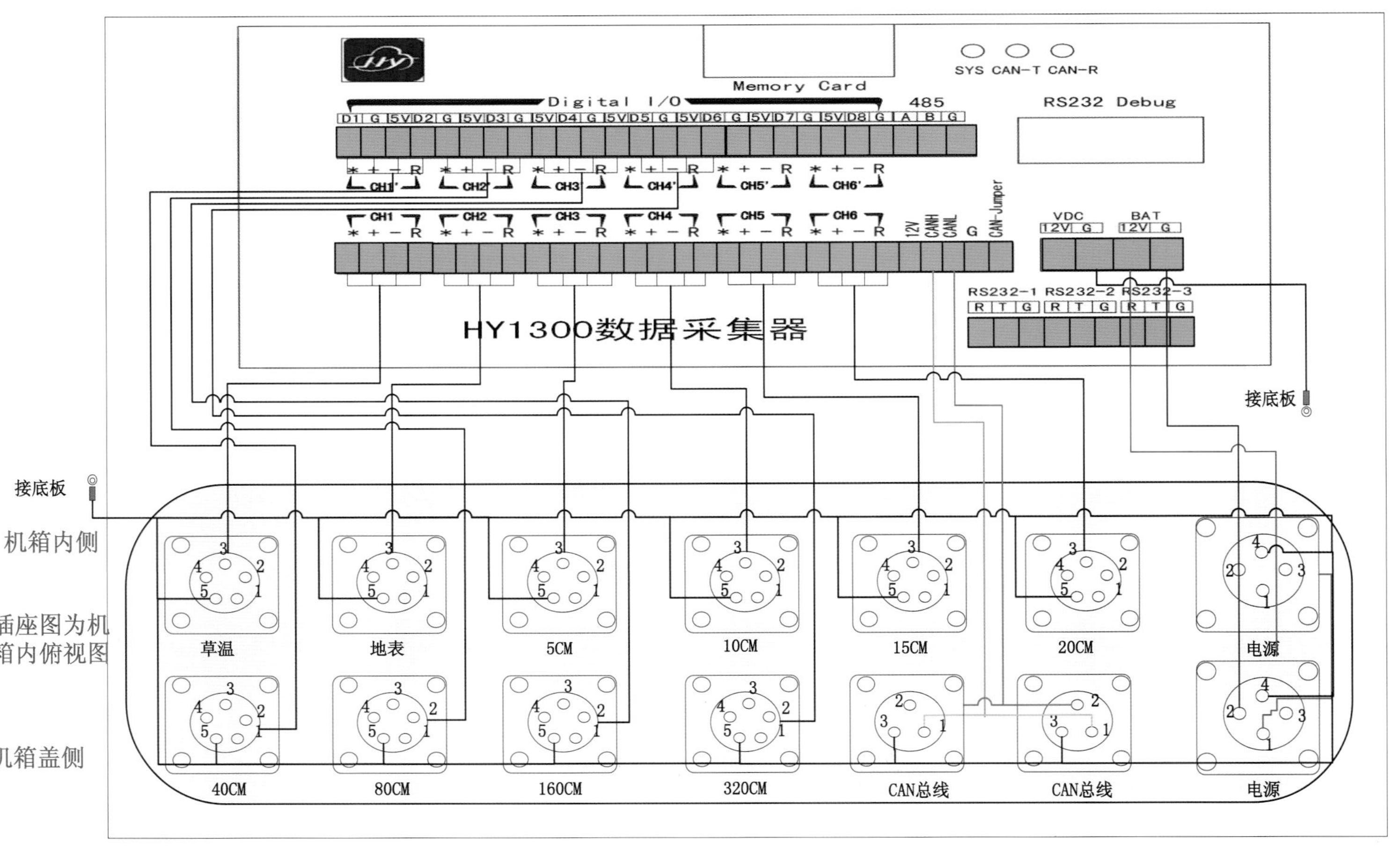

彩图5 DZZ5 型新型自动气象站地温分采集器接线图

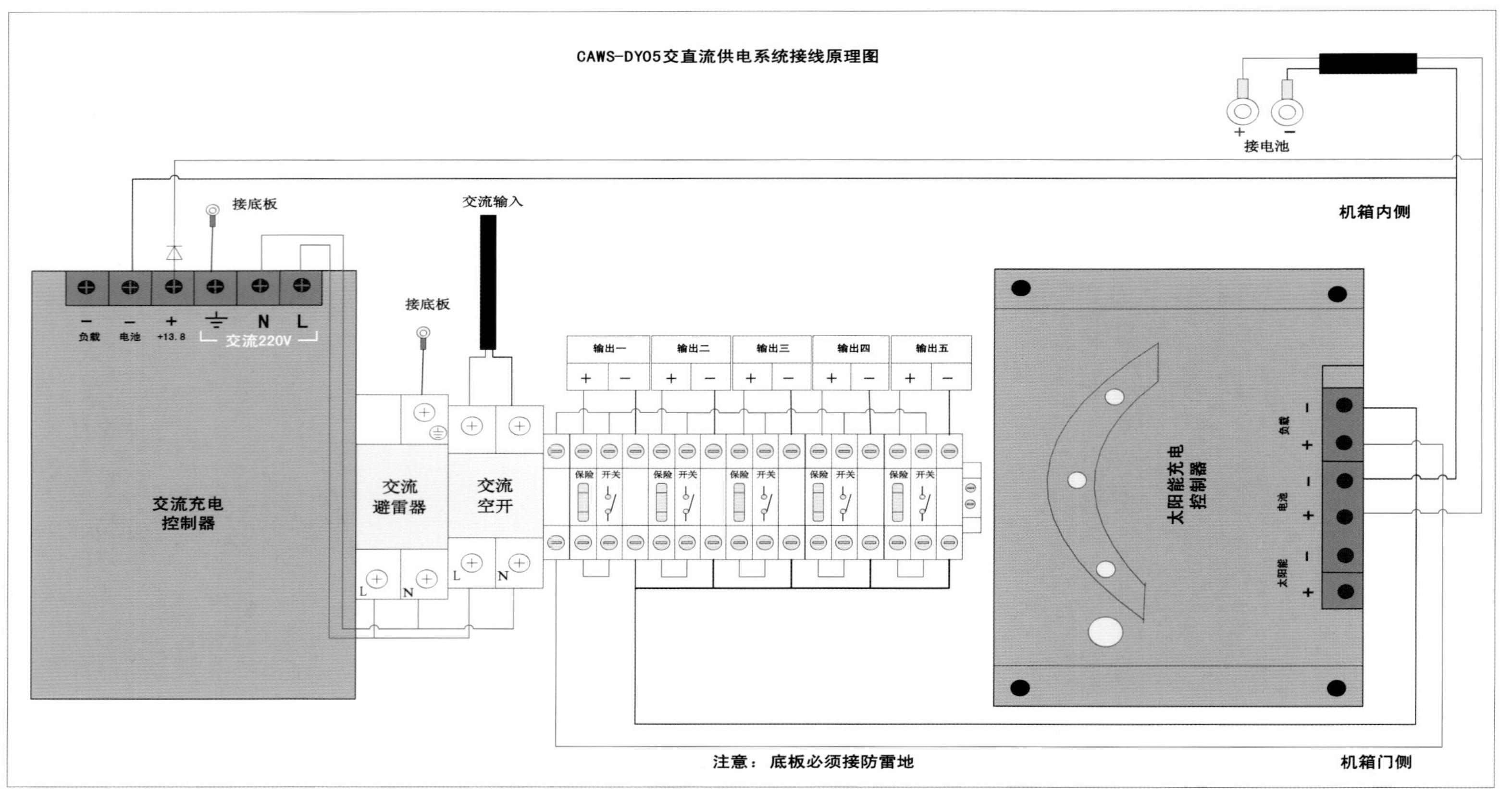

彩图 6　DZZ5 型新型自动气象站交直流电源接线图

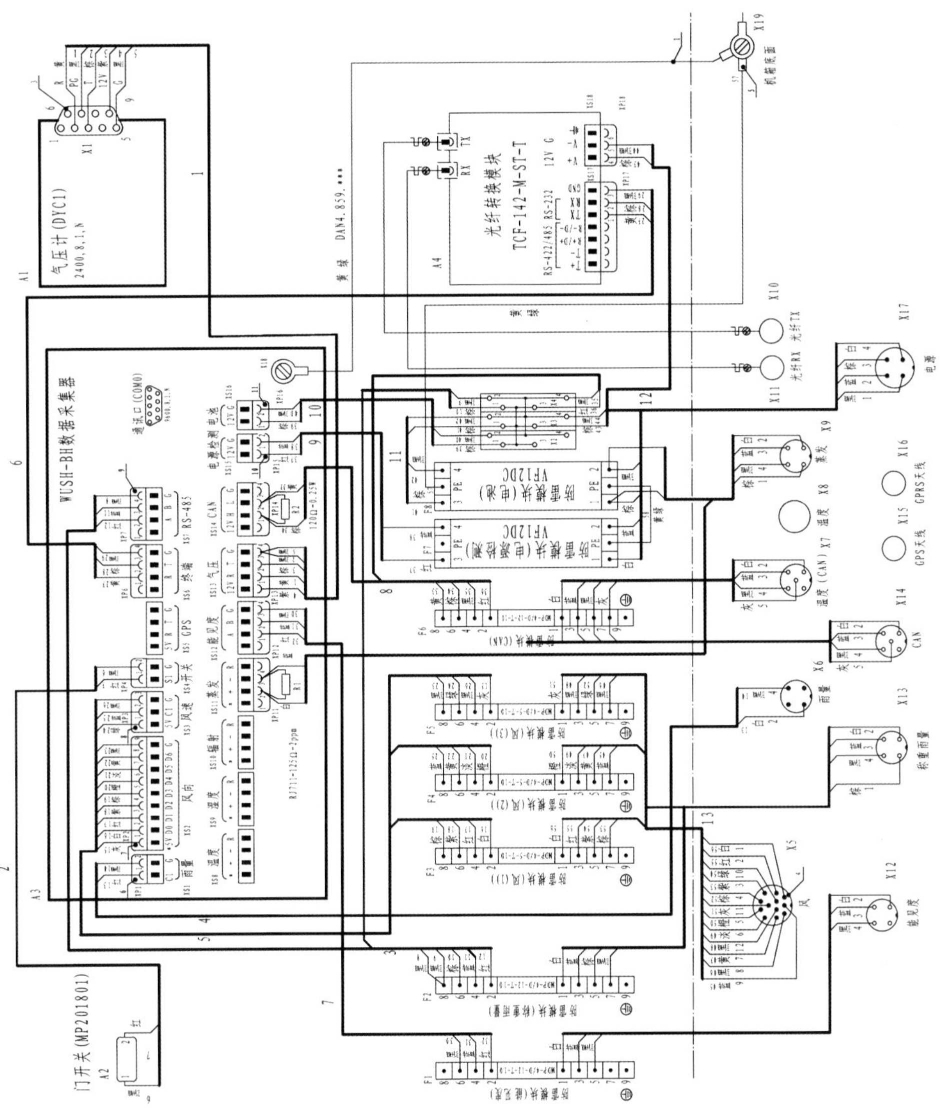

彩图7 DZZ4型新型自动气象站主采集器接线图

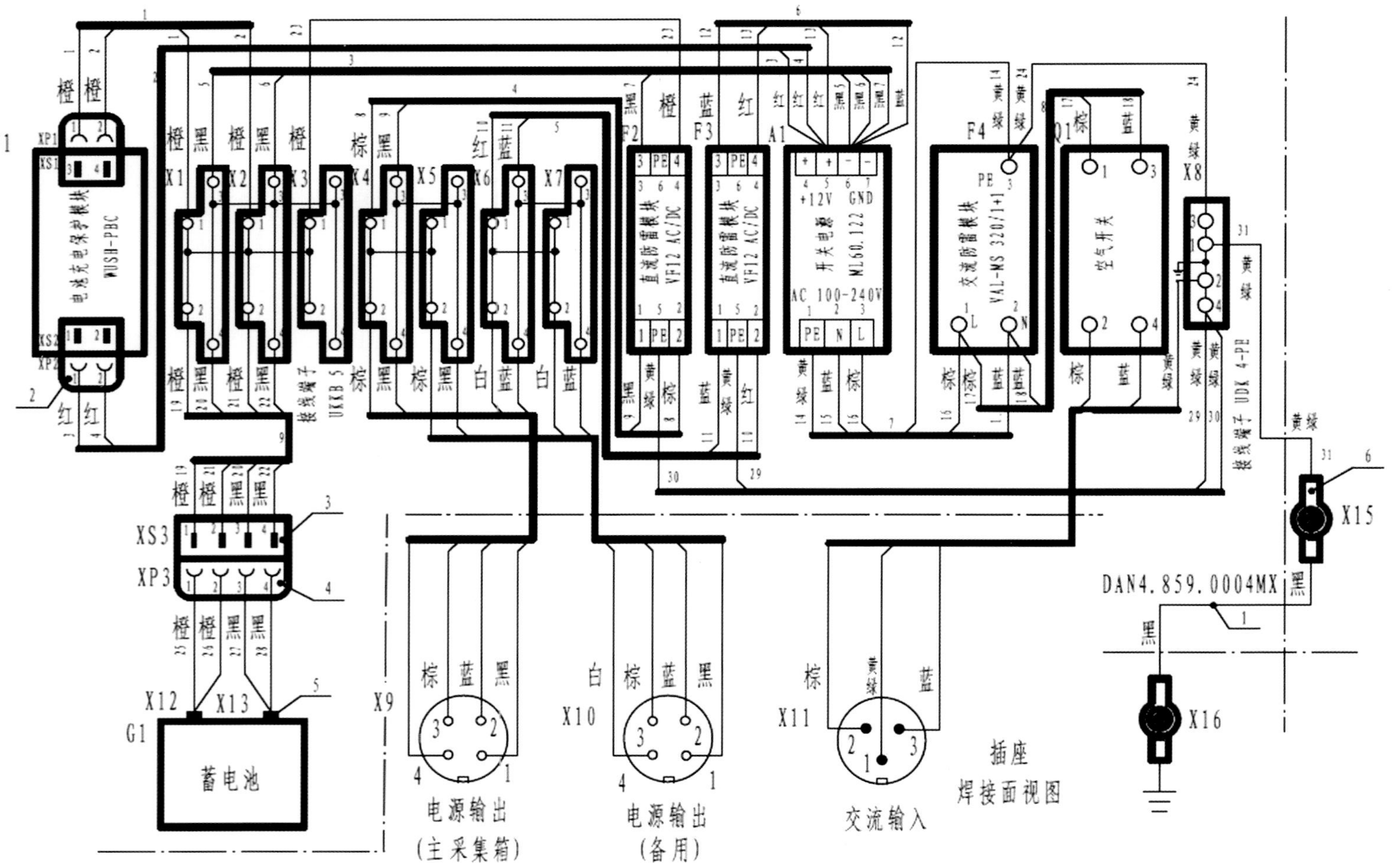

彩图 8 DZZ4 型新型自动气象站电源箱接线图

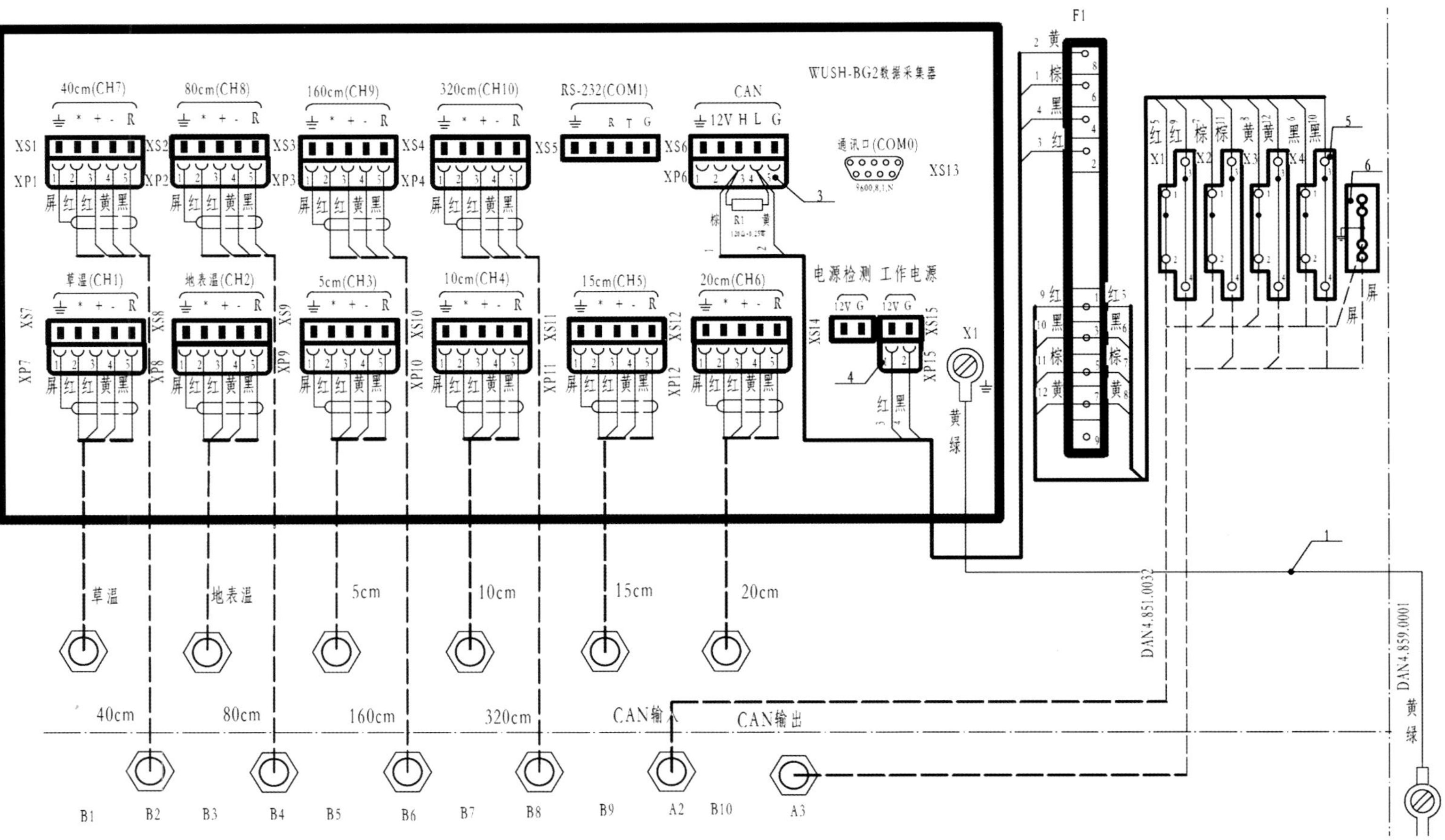

彩图 9　DZZ4 型新型自动气象站地温分采集器接线图

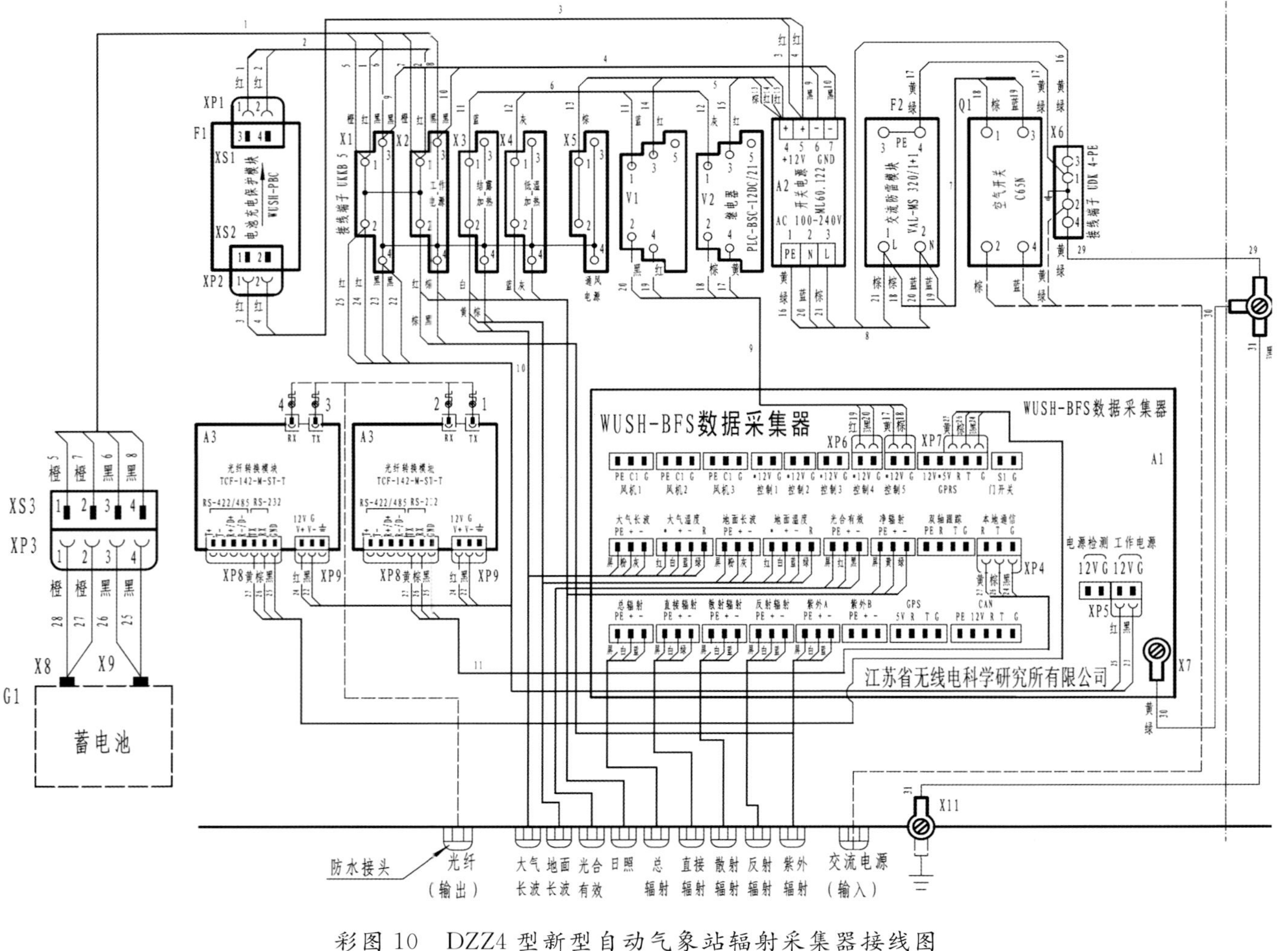

彩图 10 DZZ4 型新型自动气象站辐射采集器接线图

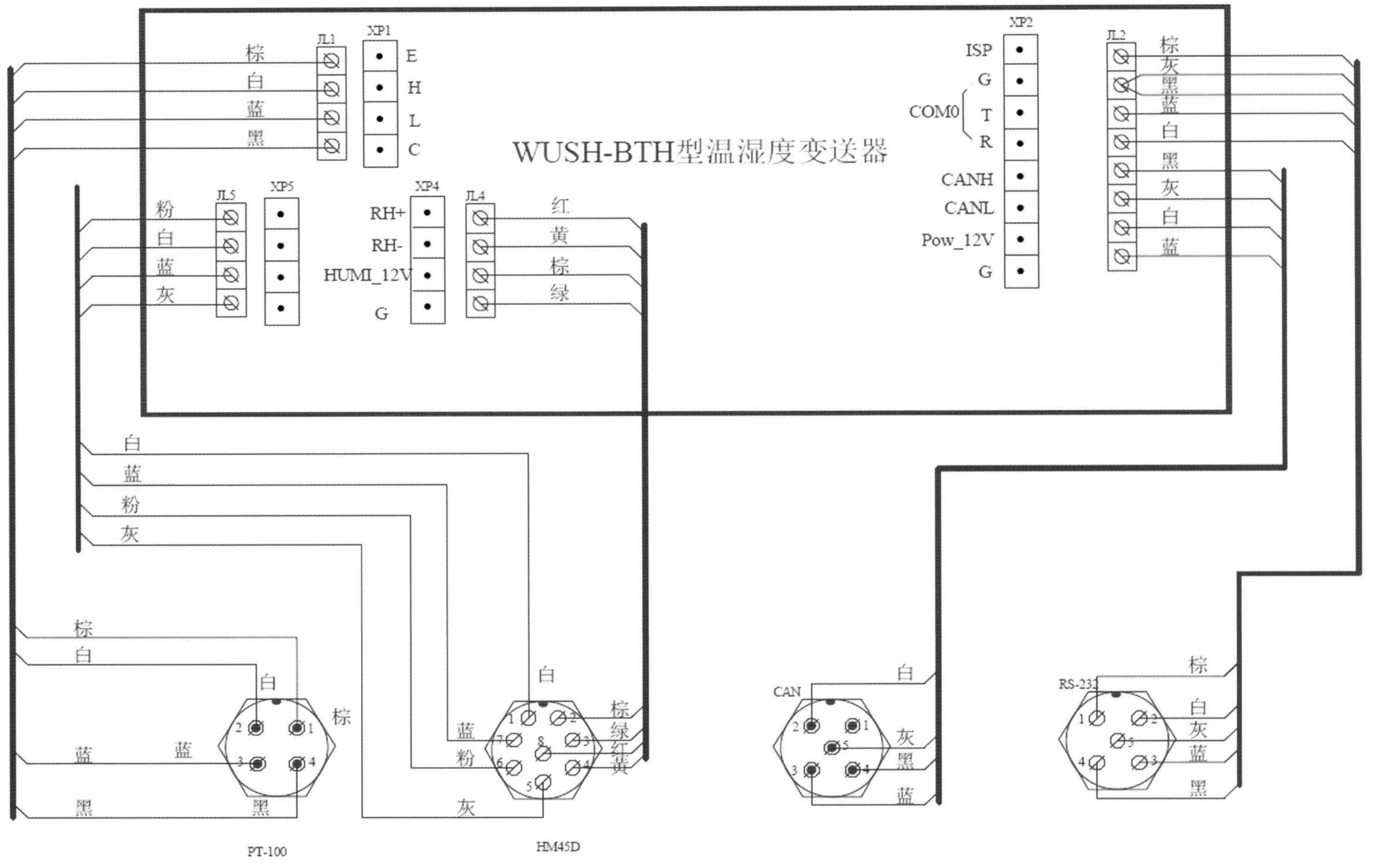

彩图 11 DZZ4 型新型自动气象站温湿度分采集器接线图

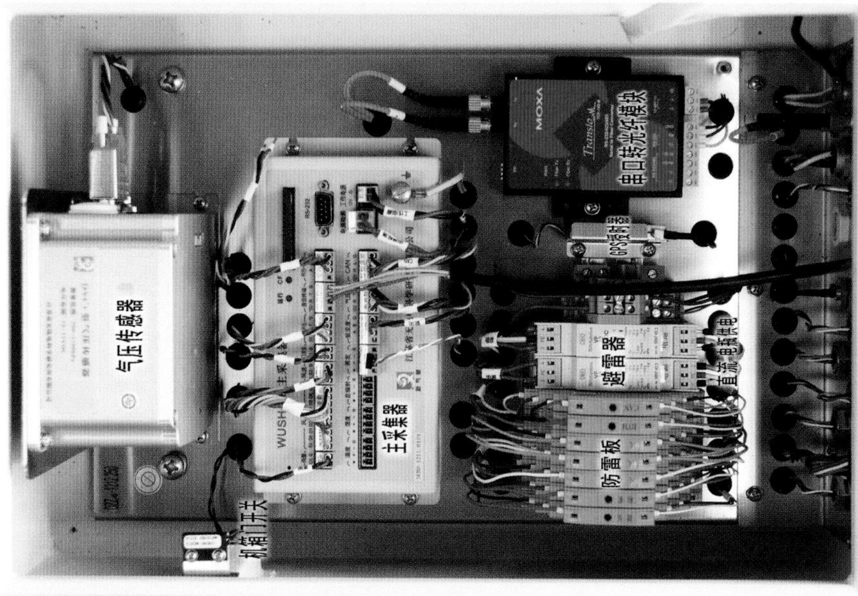

DZZ4型主采集器机箱布局图

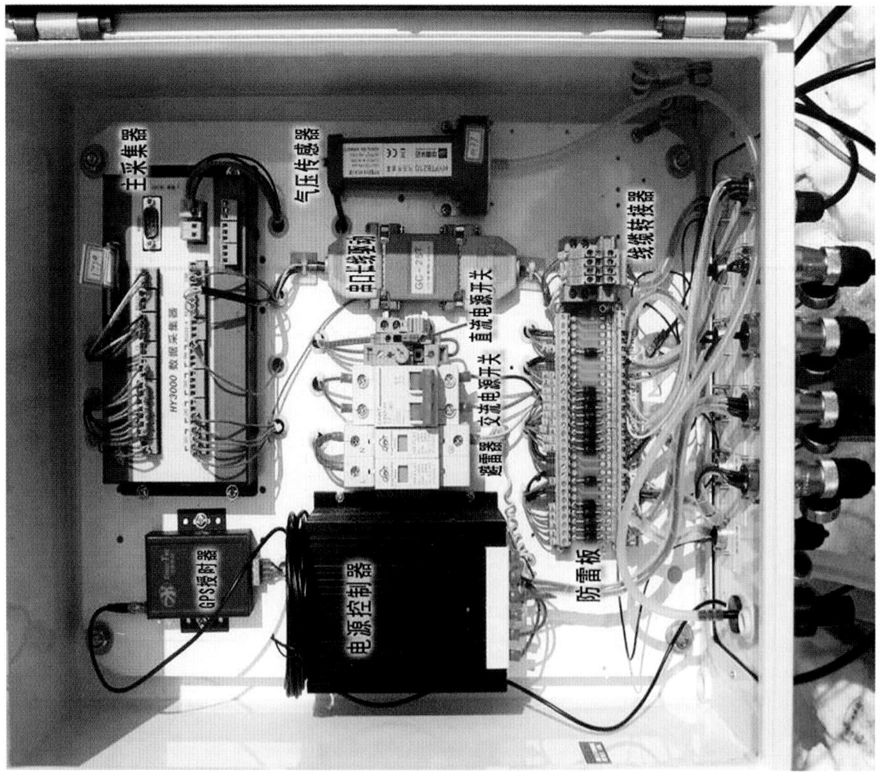

DZZ5型主采集器机箱布局图

彩图 12　新型自动气象站主采集器机箱实物图

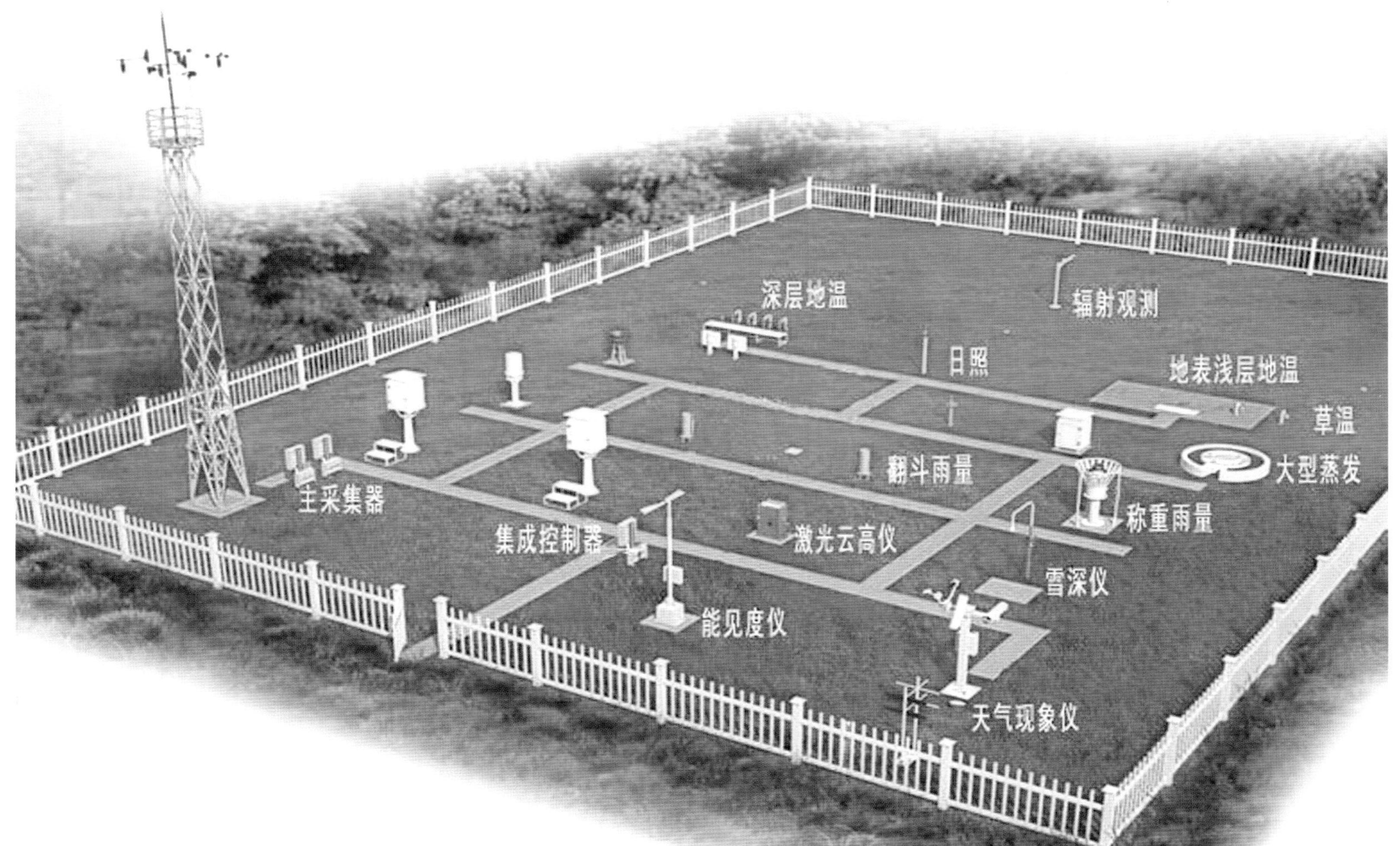

彩图 13　集成式新型自动气象站布局图

SR50A型超声波雪深仪

WUSH-PW降水现象仪

HY-MPW11型天气现象仪

DNQ1型能见度仪

HY-CL51型激光云高仪

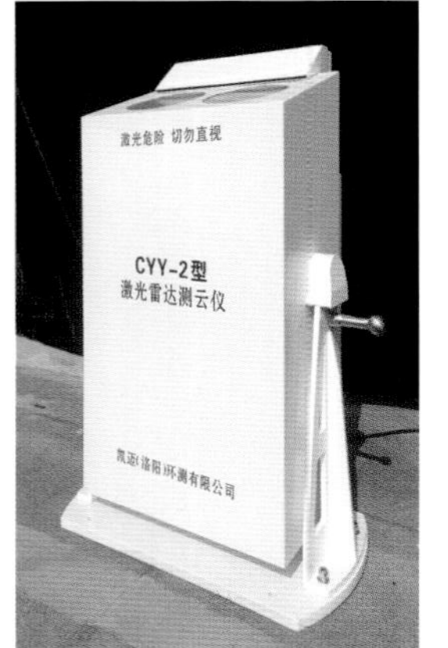

CYY-2型激光云高仪

E601B大型蒸发自动观测仪

DSC1型称重式雨量计

彩图 14　地面新型观测设备实物图

彩图 15　国家基准气候站观测场

彩图 16　国家基本气候站观测场

彩图 17　国家一般气候站观测场